现代控制理论及应用

田小敏 ◎ 编著

電子工業出版社
Publishing House of Electronics Industry
北京·BEIJING

内 容 简 介

本书共7章，主要介绍现代控制理论的基本知识，包括系统的状态空间表达式的建立及特殊标准型、系统的状态方程的求解及性质、系统的能控性和能观性的标准型及结构分解、李雅普诺夫意义下稳定性的判别及应用、线性系统反馈控制器及状态观测器的设计等。在介绍现代控制理论基本知识前，本书还辅以必要的矩阵数学知识来帮助读者在后续学习过程中更容易理解和掌握相关内容。

本书内容在结构安排上深入浅出，按照先基础后综合、先理论后应用的原则，尽可能从实际背景的分析中提出要讨论的问题、概念和方法。主要内容所在章节还给出了相应的MATLAB应用实例，方便读者进一步理解课程内容。

为让读者理解现代控制理论与传统经典控制理论之间的关系，本书部分内容将两者之间的联系通过相关工程实例予以显示，并介绍相互转化的方法，方便读者学习掌握。

本书积极挖掘内容中蕴含的课程思政元素，进一步贯彻落实党的教育方针，推行五育并举的教学理念，培养担当民族复兴大任的时代新人。

本书适合作为高等院校自动化类、电气工程类等专业本科生和控制类专业研究生的教材，也适合作为从事自动化方面工作的科技人员的学习参考书。

未经许可，不得以任何方式复制或抄袭本书之部分或全部内容。
版权所有，侵权必究。

图书在版编目（CIP）数据

现代控制理论及应用 / 田小敏编著. -- 北京 ：电子工业出版社, 2025. 5. -- ISBN 978-7-121-50218-7

Ⅰ. O231

中国国家版本馆CIP数据核字第2025J8421C号

责任编辑：冯　琦
印　　刷：北京雁林吉兆印刷有限公司
装　　订：北京雁林吉兆印刷有限公司
出版发行：电子工业出版社
　　　　　北京市海淀区万寿路173信箱　　邮编：100036
开　　本：787×1092　1/16　印张：19.75　字数：493千字
版　　次：2025年5月第1版
印　　次：2025年5月第1次印刷
定　　价：98.00元

凡所购买电子工业出版社图书有缺损问题，请向购买书店调换。若书店售缺，请与本社发行部联系，联系及邮购电话：(010) 88254888，88258888。

质量投诉请发邮件至 zlts@phei.com.cn，盗版侵权举报请发邮件至 dbqq@phei.com.cn。

本书咨询联系方式：(010) 88254434，fengq@phei.com.cn。

前言

“现代控制理论”是大学自动化类专业的核心课程，是以自动控制、电气与信息工程及计算机技术学科为基础发展建立的一门理论与实践相结合的课程。随着科技的发展，智能控制与基础学科的结合日益密切，面对高技术智能产品在市场上的激烈竞争，原来对控制技术涉足不深的机械类、仪器类学科对控制技术的需求空前增长。日新月异的高技术创新型智能产品的更新速度越来越快，经典控制技术已经难以适应现状，最优控制、自适应控制、智能控制等现代控制技术不断发展成熟，其将会被引入更多相关学科甚至交叉学科中。

为适应我国新工科人才培养的要求，本书对传统现代控制理论课程的教学体系和教学内容进行了更新。本书根据现代控制理论理论性强、内容抽象的特点，注重基本概念和理论的阐述方式，精选内容，尽量做到深入浅出，理论联系实际，结构清晰，同时响应国家立德树人的教育理念，在第 3～7 章的“本章小结及思政元素”部分给出课程思政元素与本书知识的结合点，以适应新工科控制理论的教学改革需要。

在本书的编写过程中，鉴于读者对先导课程的掌握程度不同，特别增加了第 2 章基本数学知识以帮助读者理解本书后续内容。本书注重培养读者独立分析和解决问题的能力，与国内外同类教材相比，本书的主要特色与创新为：①结构清晰，便于读者从整体上掌握现代控制理论的全部内容，本书贯穿动态系统在状态空间表达式基础上的“数学建模→系统求解→性能分析→控制综合”这一结构主线；②注重理论概念，理论与实例配合紧密，易于理解，突出现代控制理论的工程背景，便于读者运用理论知识解决实际问题，书中重点章节给出了习题，以提升读者对重点内容的掌握能力；③在保证理论知识体系结构完整的前提下，引入现代技术工具 MATLAB，研究其在现代控制理论中的应用；④有些内容附有较丰富的例题、习题、上机实验题，便于读者自学，有利于提高读者的计算机应用能力和研究能力。

全书共 7 章，涵盖了现代控制理论的基本内容。第 1 章绪论主要介绍了控制理论的发展与应用。第 2 章对本书涉及的基本数学知识进行了总结，以帮助读者理解和掌握后续章节内容。第 3 章介绍了状态空间表达式的基本概念、建立、线性变换及传递函数（阵）求解等，将现代控制理论和经典控制理论相结合进行研究。第 4 章给出了线性系统的状态空间表达式的求解公式，并对不同输入条件下系统解的形式进行介绍。第 5 章主要介绍了系统的能控性和能观性的判别方法、标准型、结构分解及最小实现等内容。第 6 章主要介绍了李雅普诺夫稳定性理论、判别方法，以及其在线性系统和非线性系统中的应用。第 7 章针对线性定常系统，分别介绍了线性反馈、极点配置、系统镇定、系统解耦、全维和降维观测器设计、带状态观测器的状态反馈系统等重要内容。

另外，MATLAB 作为现代理工科教学及工程实际问题分析的重要技术工具，给现代控制理论的学习带来了极大的便利，使读者有更直观的认识。因此，本书某些章节提供了相应的 MATLAB 应用实例，方便读者进一步理解内容。

在本书的编写过程中，编著者学习和参考了很多相关文献、教学资料，参考文献未能全部一一列出，在此表示歉意。

编著者

2023 年 12 月

目录

CONTENTS

第 1 章　绪　论

控制理论是自动控制技术的理论基础，由于自动控制技术不断发展，控制理论也得到了进一步发展，特别是自 20 世纪 50 年代以来，控制理论迅速发展并逐步形成了很多重要的分支。例如，20 世纪 50 年代中期兴起的以航空航天为代表的空间技术的发展迫切要求建立新的控制理论，以解决如何用最少的燃料或最短的时间将火箭、宇宙飞船和人造卫星精确地发射到预定轨道一类的控制问题。为了解决这类十分复杂的控制问题，现代控制理论问世。

1.1　控制理论的产生与发展

控制理论的研究内容是如何按照被控对象和环境的特性，能动地采集和运用信息并施加控制作用，使系统在变化或不确定的条件下保持预定的功能。控制理论是从人类认识和改造世界的实践活动中发展起来的，人们根据控制理论可以认识事物运动的规律，也可以改造客观世界。

控制理论的形成和发展源于技术发展，其出发点是解决生产实践问题。人类发明具有“自动化”功能的装置，可以追溯到公元前 15 世纪，当时古埃及出现了自动计时装置——漏壶。公元前 26 世纪，我国发明的指南车是以开环控制方式自动指示方向的装置。公元 1086—1092 年，我国苏颂等发明了以闭环控制方式工作的具有“天衡”自动调节机制和报时机制的水运仪象台。工业革命时期，英国科学家瓦特（J. Watt）于 1788 年运用反馈控制原理设计了适用于蒸汽机的飞锤式离心调速器。后来，英国学者麦克斯韦（J. C. Maxwell）于 1868 年发表了名为《论调速器》的论文，对飞锤式离心调速器的稳定性进行了分析，指出控制系统的品质可用微分方程来描述，控制系统的稳定性可根据特征方程根的位置和形式进行研究。

随着人们对技术问题的直觉理解，形成了控制理论的雏形。劳斯（E. J. Routh）于 1877 年和赫尔维兹（A. Hurwitz）于 1895 年先后提出了根据代数方程系数判别系统稳定性的准则；1892 年，俄罗斯的李雅普诺夫（A. M. Lyapunov）在其博士论文《运动稳定性的一般问题》中提出了运动稳定性理论，以及一种用类能量函数的正定性及其导数的负定性来判别系统稳定性的准则，建立了从概念到方法的关于稳定性理论的完整体系，为后来关于稳定性的研究奠定了理论基础。1948 年，美国著名科学家维纳（N. Wiener）在《控制论——或关于在动物和机器中控制和通信的科学》中系统地论述了控制理论的一般原理和方法，推广了反馈的概念，为控制理论成为一门独立学科奠定了基础。

控制理论与社会生产及科学技术的发展密切相关，并在近代得到了极为迅速的发展。它不仅已被成功地运用并渗透到各个学科领域，如工农业生产、国防军事、人口控制论、经济控制论、生态控制论和社会控制论等，还逐步发展成为一门内涵极为丰富的新兴学科。

1.2 现代控制理论的基本内容

概括地说，现代控制理论的基本内容如下。

（1）线性系统理论。它是现代控制理论的基础，主要研究线性系统状态的运动规律和改变这些规律的可能性与实施方法；建立和揭示系统的结构、参数、行为与性能之间的关系。它包括系统的能控性、能观性、稳定性分析，以及状态反馈、状态估计和关于补偿器的理论与设计方法等内容。

（2）最优滤波理论。它所研究的对象为由随机微分方程或随机差分方程所描述的随机系统。这类系统除了具有描述系统和外部联系的输入、输出，还受到不确定因素（随机噪声）的影响。根据最优滤波理论，并利用被噪声污染的量测数据，按照某种判别准则获得有用信号的最优估计。根据卡尔曼滤波理论，通过状态空间法设计的最佳滤波器实用性强且适用于非平稳过程，是滤波理论的一大突破。

（3）系统辨识。研究系统的状态，建立系统在状态空间的数学模型是一项基本工作。但是，由于系统具有复杂性，因此并不总是可以应用解析法来直接建立数学模型。系统辨识就是在系统输入—输出试验数据的基础上，从一组给定的模型类型中确定一个与所测系统本质特征等价的模型。模型的结构确定后，只需用输入—输出的量测值来确定其参数，它称为参数估计；而同时确定模型的结构和参数则泛称系统辨识。

（4）最优控制。最优控制就是在给定限制条件和性能指标的情况下，寻找能够使系统性能在一定意义下达到最优的控制规律。限制条件是指在物理上对系统施加的一些限制；性能指标是指为评价系统的优劣而人为规定的指标，它是将系统在整个工作期间的性能作为一个整体而出现的。寻找控制规律也就是综合设计所需的控制器。在解决最优控制问题的过程中，庞特里亚金最大值原理和贝尔曼动态规划法是两种重要的方法，它们以不同的形式给出了最优控制必须满足的条件。

（5）自适应控制。自适应控制是指随时辨识系统的数学模型，并按此模型调整最优控制规律。它的基本思想是，当被控对象内部的结构和参数及外部的环境干扰存在不确定性时，在系统运行期间，系统自身能对有关信息实现在线测量和处理，不断地修正系统结构的有关参数和控制作用，使之处于所要求的最优状态，得到所期望的控制结果。常用的自适应控制方案有编程控制、模型参考自适应控制和自校正控制。自适应控制理论的发展是自学习系统理论、自组织系统理论。

（6）非线性系统理论。非线性系统理论主要研究非线性系统的运动规律和改变这些规律的可能性与实施方法，建立和揭示系统的结构、参数、行为与性能之间的关系。它主要包括能控性、能观性、稳定性、线性化、解耦、反馈控制、状态估计等理论。

1.3 现代控制理论的应用

现代控制理论基于状态空间的系统分析和设计方法，阐明了状态空间模型反映的系统内部状态信息对高性能复杂控制系统设计的重要性。在经典控制理论的单回路反馈控制系统设计中，随着开环放大倍数的增大，会出现系统静态控制精度和动态特性之间的矛盾，以及快速性和稳定性之间的矛盾。采用一阶滞后、一阶超前和二阶滞后、二阶超前调节器，通过对开环放大倍数和调节器参数进行调整，只能实现对系统根轨迹主分支的走向、中频段幅值穿越频率和稳定裕度的调整，控制系统达到的性能指标被限制在一定的范围内。为提高系统的控制性能，可以采用更复杂的高阶串联调节器。除此以外，在反馈校正内环中可以应用输出的微分反馈，即测速反馈，这样控制作用就不再只是输出误差和调节器状态的函数了，还增加了被控对象的状态变量，这正是现代控制理论应用状态反馈进行系统动态设计的简单例子。在现代控制理论的多变量控制系统设计中，状态反馈是内环，输出反馈是外环，根据状态反馈实现的极点配置、系统镇定、去耦设计是用定量化方法完成的。尽管模型不确定、参数偏差会影响极点配置和去耦设计的精度，但只要输出变量被准确测量，由于输出反馈外环的存在，闭环系统的性能对极点配置和去耦设计的误差就不敏感，即使在最优控制系统中，根据状态反馈实现的最优控制策略对系统建模误差也同样具有鲁棒性。控制工程多年来的实践说明，建立在系统状态空间模型基础上的状态空间方法已经成为现代控制工程分析和设计的主流方法。除航空航天和军事领域外，控制工程应用中理论与实际之间的差距正在逐渐缩小，下面是一些具体的应用实例。

在传统的电力传动领域，20 世纪 80 年代以来，由于可关断功率器件的出现和微处理器技术的高速发展，交流传动领域一直是现代控制理论应用最为活跃和最有成效的领域之一。通过旋转变换和磁场观测将控制算法从静止坐标系旋转到电机同步坐标系下，实现了磁场和转矩的去耦控制，使出现于 20 世纪 70 年代的矢量控制策略得以实现。除此以外，为实现无速度传感器控制，各种转速观测器的设计方案，基于卡尔曼滤波器的设计方案，以及基于李雅普诺夫稳定性、超稳定性的设计方案在实际中得到了应用。为减小电机参数随温度变化给系统控制性能带来的影响，各种参数辨识算法和自适应控制方法得到了开发。经过多年的发展，交流传动系统的理论和实践取得了巨大的成功，交流传动系统的性能不仅可以与直流传动系统的性能相媲美，还成了变速传动的主流。

在电力变换和应用领域，近 30 年来，电力电子技术的作用越来越重要。电力电子技术涉及电力电子器件、微处理器和控制理论，其中，电力电子器件是基础，而变流控制技术是核心。在电力电子变换装置中，功率器件工作在高频开关状态，引起电路拓扑结构的快速切换，不同的电路拓扑结构有不同的状态空间描述，状态空间模型在电力电子控制装置的分析和设计中被广泛采用。在应用已经普及的有源功率因数校正装置和谐波补偿装置中，谐波观测、去耦控制、重复控制、非线性反馈线性化等先进控制算法得到了开发与应用。近 10 年来，随着新能源的开发与利用，光伏发电和风能发电系统中的并网逆变技术，效率最大化控制技术，混合动力汽车、纯电动汽车和燃料电池汽车中的电机控制技术与多能源优化利用都是现代控制理论的重要应用领域。

在电力行业，现代大型发电厂为妥善处理生产过程中的各个变量（如压力、氧气含量、温度、速度等）之间的关系，以提高发电量，广泛采用了越来越多的计算机控制技术，并集中采用了许多现代控制工程领域先进的研究成果。另外，电力系统中常常发生大扰动，这些扰动来源于负荷的突变、线路事故或切合操作。当发生诸如短路这样的大事故时，系统会脱离稳态工作点，进入故障暂态，在这种情况下，继电保护装置检测出事故原因并断开事故线路需要一定的时间。为保证供电安全和防止大范围停电事故的发生，关于电力系统暂态稳定性分析所要做的是，应用李雅普诺夫稳定性分析方法对系统重新回到稳定工作点的能力、稳定域和临界清除时间进行估计。

目前，我国正处在社会主义现代化建设的新时期，能源短缺已经成为限制社会发展的关键因素，节能降耗，建设资源节约型、环境友好型社会是全社会面临的首要课题和艰巨任务。分布式智能电网是今后的一个发展方向，其优势在于可以充分开发利用各种分散存在的能源，并对其进行优化配置，以提高能源的利用率并降低污染，其中涉及分散并网风电、太阳能发电技术、风光储发电互补技术、余热余压发电技术、电热多联供技术等，它们将对输配电系统的安全稳定运行产生极大的影响。分布式电网的稳定性分析与控制，以及各供电设备和储能装置间的动态优化管理与控制都将成为现代控制理论的重要应用领域。

1.4　控制一个动态系统的基本步骤

简单地说，控制一个动态系统有以下几个基本步骤。

（1）模型建立。为被控对象建立数学模型是控制工程中最重要的工作之一。建立数学模型的过程又称模型化，是系统分析与设计的基础。建立能够完整描述一个实际系统的模型需要包含所有细节，如大量非线性、时变，以及不确定环节等。所以在建模过程中，往往会对实际系统进行简化，降低模型建立的复杂度，选出实际系统中的典型环节，进行近似建模。模型建立分为两个步骤：一是选择合适的模型结构，有的实际系统可以用现有典型环节或几种典型环节的组合来模拟；二是在模型结构确定的基础上确定模型的参数，使得所建立的模型尽可能准确地描述实际系统。

（2）系统分析。对被控对象模型进行系统分析是自动控制理论研究中的一项重要任务。系统分析可以从定性（Quality）和定量（Quantity）出发，对系统的稳定性、能控性、能观性，以及时域指标、频域指标做一系列分析。通过系统分析，我们可以加深对系统的认识，掌握系统从输入到输出的静态、动态特性，以及各个时刻不同状态的特性，从而尽可能全面地对现有系统的多项控制指标进行衡量，为设计合适的控制器打下基础。系统分析工作直接影响整个自动控制系统的运行品质。

（3）控制系统综合。在模型建立和系统分析的基础上设计合适的控制器，使得系统符合性能要求，如被控对象的零极点位置可以通过控制系统综合进行调节，使整个闭环系统的零极点分布在较为理想的位置。利用控制系统综合，可以以控制器结构为基础，设计合适的控制器参数，从而使系统达到最优运行状态。

（4）系统实施。实施所设计的控制系统也是应用控制理论的一个重要步骤。绝大多数控制器环节可以用程序或一些电子器件实现，而对于一些物理上难以实现的理想控制器环节，则需要加入一些校正环节来近似实现。

（5）调整与验证。在整个控制系统搭建好以后，在模型建立和系统实施过程中，都不同程度地应用了近似方法，所得到的控制效果与理想的控制效果是有一定的差距的。所以调整与验证也是设计一个控制系统的重要步骤，只有经过反复调整与验证，所设计的控制系统才有可能达到实际所需的控制效果。

第 2 章 基本数学知识

本章介绍现代控制理论应用涉及的主要基础数学知识，包括矩阵与行列式、基本矩阵与特殊矩阵、特征值问题和矩阵秩、矩阵变换。这些预备数学知识对于后续章节中现代控制理论内容的学习和理解是十分重要的。

2.1 矩阵与行列式

2.1.1 矩阵

1. 矩阵的定义

矩阵是一个阵列或一定数目的方形网格。一个 $m\times n$ 矩阵 $\boldsymbol{A}$ 具有如下形式：

$$\boldsymbol{A}=\begin{pmatrix} a_{11} & a_{12} & \cdots & a_{1n} \\ a_{21} & a_{22} & \cdots & a_{2n} \\ \vdots & \vdots & & \vdots \\ a_{m1} & a_{m2} & \cdots & a_{mn} \end{pmatrix}_{m\times n}$$

它有 m 行 n 列，其中，a_{ij} 是矩阵 $\boldsymbol{A}$ 的元或元素，第 i 行第 j 列的元是 a_{ij}，$i=1,2,\cdots,m$，$j=1,2,\cdots,n$。在矩阵 $\boldsymbol{A}$ 中，需要用圆括号“()”把阵列围起来，而有的书使用的则是方括号“[]”。矩阵 $\boldsymbol{A}$ 的右下标 $m\times n$ 表示矩阵的维数：m 行 n 列，即 $\boldsymbol{A}$ 是一个 $m\times n$ 维矩阵，记作 $\boldsymbol{A}=\boldsymbol{A}_{m\times n}=(a_{ij})_{m\times n}$，矩阵维数一般省略。

2. 方阵

如果矩阵 $\boldsymbol{A}$ 的行数 m 与列数 n 相等，则说明 $\boldsymbol{A}$ 是一个 $n\times n$ 维方阵，简称 n 阶方阵。例如：

$$\boldsymbol{A}=\begin{pmatrix} a_{11} & a_{12} & \cdots & a_{1n} \\ a_{21} & a_{22} & \cdots & a_{2n} \\ \vdots & \vdots & & \vdots \\ a_{n1} & a_{n2} & \cdots & a_{nn} \end{pmatrix}$$

$\boldsymbol{A}$ 是一个方阵。方阵 $\boldsymbol{A}$ 中行号等于列号的元 a_{ii} 称为对角元或对角元素，对角元的位置在对角线上。a_{11} 与 a_{nn} 的连线称为主对角线，a_{n1} 与 a_{1n} 的连线称为斜对角线。

当矩阵只有一列时，就称该矩阵为列矩阵或**列矢量**；当矩阵只有一行时，就称该矩阵为**行矢量**，列矢量与行矢量统称为矢量。

3. 零矩阵

当矩阵 $\boldsymbol{A}$ 的所有元 a_{ij} 都为零，即 $a_{ij}=0$ 时，称该矩阵为零矩阵，即

$$A=\begin{pmatrix}0 & \dots & 0\\ \vdots & & \vdots\\ 0 & \dots & 0\end{pmatrix}$$

出于方便，在分块矩阵中，经常把零矩阵（块）写为 **0**，其维数需根据上下文确定。

4. 单位矩阵或单位阵

单位阵是一个方阵。当 $i=j$ 时，对角元 $a_{ij}=1$；当 $i\neq j$ 时，非对角元 $a_{ij}=0$ 的矩阵称为 **n 阶单位阵**。也就是说，单位阵的对角元都为 1，非对角元都为 0。本书用 $\boldsymbol{I}$ 表示适当维数的单位阵（其维数需根据上下文确定），用 $\boldsymbol{I}_n$ 表示 n 阶单位阵，即 $n\times n$ 维单位阵。单位阵具有以下形式：

$$\boldsymbol{I}=\begin{pmatrix}1 & 0 & \dots & 0\\ 0 & 1 & \dots & 0\\ \vdots & \vdots & & \vdots\\ 0 & 0 & \dots & 1\end{pmatrix}$$

单位阵中有许多 0 元，在不混淆的情况下，有时可省略这些 0 元。这些省略经常发生在分块矩阵和稀疏矩阵（许多元为 0 的矩阵称为稀疏矩阵）中。单位阵也可写为

$$\boldsymbol{I}=\begin{pmatrix}1 & & & \\ & 1 & & \\ & & \ddots & \\ & & & 1\end{pmatrix} \text{或} \boldsymbol{I}=\mathrm{diag}(1,1,\cdots,1)$$

2.1.2 矩阵运算

1. 矩阵加（减）法

矩阵加（减）法的定义是两个矩阵的对应元相加（减）。此运算只适用于维数相同的两个矩阵。两个 2×3 维矩阵的加法运算举例如下：

$$\begin{pmatrix}a_{11} & a_{12} & a_{13}\\ a_{21} & a_{22} & a_{23}\end{pmatrix}\pm\begin{pmatrix}b_{11} & b_{12} & b_{13}\\ b_{21} & b_{22} & b_{23}\end{pmatrix}=\begin{pmatrix}a_{11}\pm b_{11} & a_{12}\pm b_{12} & a_{13}\pm b_{13}\\ a_{21}\pm b_{21} & a_{22}\pm b_{22} & a_{23}\pm b_{23}\end{pmatrix}$$

矩阵加（减）法的性质如下。

设 $\boldsymbol{A}$、$\boldsymbol{B}$、$\boldsymbol{C}$ 是适当维数的矩阵，则有以下结论。

（1）$\boldsymbol{A}+\boldsymbol{0}=\boldsymbol{A}$。

（2）$\boldsymbol{A}+\boldsymbol{B}=\boldsymbol{B}+\boldsymbol{A}$。

（3）$\boldsymbol{A}+\boldsymbol{B}+\boldsymbol{C}=\boldsymbol{A}+(\boldsymbol{B}+\boldsymbol{C})$。

2. 矩阵乘法

设

$$\boldsymbol{A}=(a_{ij})_{m\times s}=\begin{pmatrix}a_{11} & a_{12} & \dots & a_{1s}\\ a_{21} & a_{22} & \dots & a_{2s}\\ \vdots & \vdots & & \vdots\\ a_{m1} & a_{m2} & \dots & a_{ms}\end{pmatrix},\quad \boldsymbol{B}=(b_{ij})_{s\times n}=\begin{pmatrix}b_{11} & b_{12} & \dots & b_{1n}\\ b_{21} & b_{22} & \dots & b_{2n}\\ \vdots & \vdots & & \vdots\\ b_{s1} & b_{s2} & \dots & b_{sn}\end{pmatrix}$$

矩阵 $\boldsymbol{A}$ 与矩阵 $\boldsymbol{B}$ 的乘积记作 $\boldsymbol{AB}$，规定为

$$\boldsymbol{AB} = (c_{ij})_{m\times n} = \begin{pmatrix} c_{11} & c_{12} & \cdots & c_{1n} \\ c_{21} & c_{22} & \cdots & c_{2n} \\ \vdots & \vdots & & \vdots \\ c_{m1} & c_{m2} & \cdots & c_{mn} \end{pmatrix}$$

其中，$c_{ij} = a_{i1}b_{1j} + a_{i2}b_{2j} + \cdots + a_{is}b_{sj} = \sum_{k=1}^{s} a_{ik}b_{kj}$，$i = 1,2,\cdots,m$，$j = 1,2,\cdots,n$。

$\boldsymbol{AB}$ 常读作 $\boldsymbol{A}$ 左乘 $\boldsymbol{B}$ 或 $\boldsymbol{B}$ 右乘 $\boldsymbol{A}$。

【注意】只有左边矩阵的列数等于右边矩阵的行数时，两个矩阵才能进行乘法运算。

若 $\boldsymbol{C}=\boldsymbol{AB}$，则矩阵 $\boldsymbol{C}$ 的元 c_{ij} 为矩阵 $\boldsymbol{A}$ 的第 i 行元与对应的矩阵 $\boldsymbol{B}$ 的第 j 列元乘积的和，即

$$c_{ij} = (a_{i1}, a_{i2}, \cdots, a_{is}) \begin{pmatrix} b_{1j} \\ b_{2j} \\ \vdots \\ b_{sj} \end{pmatrix} = a_{i1}b_{1j} + a_{i2}b_{2j} + \cdots + a_{is}b_{sj}$$

显然，矩阵乘法不满足交换律，即 $\boldsymbol{AB} \neq \boldsymbol{BA}$，因为 $\boldsymbol{BA}$ 不一定满足维数要求，故二者不可相乘。即使都是方阵（满足维数要求），矩阵乘法一般也不满足交换律。

一个 2×3 维矩阵与一个 3×2 维矩阵相乘的例子如下，设

$$\boldsymbol{A} = \begin{pmatrix} a_{11} & a_{12} & a_{13} \\ a_{21} & a_{22} & a_{23} \end{pmatrix}, \quad \boldsymbol{B} = \begin{pmatrix} b_{11} & b_{12} \\ b_{21} & b_{22} \\ b_{31} & b_{32} \end{pmatrix}$$

它们的乘积为

$$\boldsymbol{AB} = \begin{pmatrix} a_{11}b_{11} + a_{12}b_{21} + a_{13}b_{31} & a_{11}b_{12} + a_{12}b_{22} + a_{13}b_{32} \\ a_{21}b_{11} + a_{22}b_{21} + a_{23}b_{31} & a_{21}b_{12} + a_{22}b_{22} + a_{23}b_{32} \end{pmatrix}$$

$$\boldsymbol{BA} = \begin{pmatrix} b_{11}a_{11} + b_{12}a_{21} & b_{11}a_{12} + b_{12}a_{22} & b_{11}a_{13} + b_{12}a_{23} \\ b_{21}a_{11} + b_{22}a_{21} & b_{21}a_{12} + b_{22}a_{22} & b_{21}a_{13} + b_{22}a_{23} \\ b_{31}a_{11} + b_{32}a_{21} & b_{31}a_{12} + b_{32}a_{22} & b_{31}a_{13} + b_{32}a_{23} \end{pmatrix}$$

对于方阵 $\boldsymbol{A}$ 和 $\boldsymbol{B}$，如果等式 $\boldsymbol{AB}=\boldsymbol{BA}$ 成立，就称 $\boldsymbol{A}$ 与 $\boldsymbol{B}$ 是**可交换矩阵**。

矩阵乘法满足下列运算规律（假定运算都是可行的）。

（1）$\boldsymbol{ABC}=(\boldsymbol{AB})\boldsymbol{C}=\boldsymbol{A}(\boldsymbol{BC})$。

（2）$(\boldsymbol{A}+\boldsymbol{B})\boldsymbol{C}=\boldsymbol{AC}+\boldsymbol{BC}$；$\boldsymbol{A}(\boldsymbol{B}+\boldsymbol{C})=\boldsymbol{AB}+\boldsymbol{AC}$。

（3）$\boldsymbol{AI}=\boldsymbol{IA}=\boldsymbol{A}$。

（4）$c\boldsymbol{AB}=c(\boldsymbol{AB})=\boldsymbol{A}(c\boldsymbol{B})=(c\boldsymbol{A})\boldsymbol{B}$，其中，$c$ 是一个标量。

（5）$\boldsymbol{A}^k=\boldsymbol{A}\boldsymbol{A}^{k-1}=\boldsymbol{A}^{k-1}\boldsymbol{A}$，$\boldsymbol{A}^0=\boldsymbol{I}$，其中，$k$ 为正整数。

（6）如果方阵 $\boldsymbol{A}$ 与 $\boldsymbol{B}$ 是可交换矩阵，满足 $\boldsymbol{AB}=\boldsymbol{BA}$，那么 $\boldsymbol{A}+\boldsymbol{B}$ 的矩阵指数等于它们的矩阵指数之积，即

$$e^{A+B}=e^{A}e^{B}$$

或

$$\exp(A+B)=\exp(A)\exp(B)$$

在一般情况下，$\exp(A+B)\neq\exp(A)\exp(B)$。

3. 逆矩阵

如果方阵 B 与 A 满足关系 $AB=BA=I$，那么矩阵 B 称为 A 的逆矩阵。根据矩阵乘法，如果方阵 A 的逆记作 A^{-1}，则有 $B=A^{-1}$。如果 A 是 B 的逆，那么 B 也是 A 的逆。

逆矩阵只在方阵中存在，对于非方阵，稍后介绍广义逆。

逆矩阵 A^{-1} 存在的前提条件是其行列式不等于零：$|A|\neq 0$（或写作 $\det(A)\neq 0$）。在这个条件下，称矩阵 A 是可逆的或 A 是可逆矩阵，或者说 A 是非奇异矩阵。

矩阵 A 的逆可通过下式进行计算：

$$A^{-1}=\frac{\operatorname{adj}(A)}{\det(A)}$$

其中，$\operatorname{adj}(A)$为 A 的伴随矩阵（也可写作 A^{*}），这说明逆矩阵存在时，其行列式不为零。

另一种人工计算矩阵的逆的方法是首先构造增广矩阵$(A|I)$，然后使用初等行变换法，把它的左半部分变换成单位阵 I，变换后增广矩阵的右半部分是 A^{-1}，即最后的矩阵为$(I|A^{-1})$。

逆矩阵具有以下运算性质。

（1）若矩阵 A 可逆，则 A^{-1} 也可逆，且$(A^{-1})^{-1}=A$。

（2）若矩阵 A 可逆，$k\neq 0$，则 $(kA)^{-1}=\dfrac{1}{k}A^{-1}$。

（3）两个同阶可逆矩阵 A、B 的乘积是可逆矩阵，且$(AB)^{-1}=B^{-1}A^{-1}$。

（4）若矩阵 A 可逆，则 A^{T} 也可逆，且有$(A^{T})^{-1}=(A^{-1})^{T}$。

（5）若矩阵 A 可逆，则$|A^{-1}|=|A|^{-1}$。

4. 矩阵的初等变换

矩阵的下列三种变换称为矩阵的初等行变换。

（1）交换矩阵的两行（交换 i、j 两行，记作 $r_i\leftrightarrow r_j$）。

（2）以一个非零的数 k 乘以矩阵的某一行（第 i 行乘以数 k，记作 $r_i\times k$）。

（3）把矩阵的某一行的 k 倍加到另一行（第 j 行乘以数 k 加到第 i 行，记作 r_i+kr_j）。

把上述内容中的行换成列，即得矩阵的初等列变换的定义（在相应记号中把 r 换成 c）。

初等行变换与初等列变换统称为初等变换。

【注意】初等变换的逆变换仍是初等变换，且变换类型相同。若矩阵 A 经过有限次初等变换变成矩阵 B，则称矩阵 A 与矩阵 B 等价。

因此，求矩阵 A 的逆矩阵 A^{-1} 时，可首先构造上面所述的增广矩阵$(A|I)$，然后通过对其施以初等行变换将矩阵 A 转化为单位阵 I，上述初等行变换同时将其中的单位阵 I 转化为 A^{-1}，即$(A|I)\xrightarrow{\text{初等行变换}}(I|A^{-1})$，这就是求逆矩阵的初等变换法。

【例 2.1】已知 $\boldsymbol{A}=\begin{pmatrix}1 & 0 & 1\\ 2 & 1 & 0\\ -3 & 2 & -5\end{pmatrix}$，求$(\boldsymbol{I}-\boldsymbol{A})^{-1}$。

解

方法一（采用伴随矩阵求矩阵的逆）。

令 $\boldsymbol{B}=\boldsymbol{I}-\boldsymbol{A}=\begin{pmatrix}0 & 0 & -1\\ -2 & 0 & 0\\ 3 & -2 & 6\end{pmatrix}$，则$|\boldsymbol{B}|=-4\neq 0$，所以 $\boldsymbol{B}=\boldsymbol{I}-\boldsymbol{A}$ 可逆，又因为 $\boldsymbol{B}$ 的各代数余子式如下：

$$\begin{cases}B_{11}=(-1)^{1+1}\begin{vmatrix}0 & 0\\ -2 & 6\end{vmatrix}=0\\ B_{12}=(-1)^{1+2}\begin{vmatrix}-2 & 0\\ 3 & 6\end{vmatrix}=12\\ B_{13}=(-1)^{1+3}\begin{vmatrix}-2 & 0\\ 3 & -2\end{vmatrix}=4\end{cases},\quad \begin{cases}B_{21}=(-1)^{2+1}\begin{vmatrix}0 & -1\\ -2 & 6\end{vmatrix}=2\\ B_{22}=(-1)^{2+2}\begin{vmatrix}0 & -1\\ 3 & 6\end{vmatrix}=3\\ B_{23}=(-1)^{2+3}\begin{vmatrix}0 & 0\\ 3 & -2\end{vmatrix}=0\end{cases},\quad \begin{cases}B_{31}=(-1)^{3+1}\begin{vmatrix}0 & -1\\ 0 & 0\end{vmatrix}=0\\ B_{32}=(-1)^{3+2}\begin{vmatrix}0 & -1\\ -2 & 0\end{vmatrix}=2\\ B_{33}=(-1)^{3+3}\begin{vmatrix}0 & 0\\ -2 & 0\end{vmatrix}=0\end{cases}$$

所以 $\boldsymbol{B}$ 的伴随矩阵为

$$\mathrm{adj}(\boldsymbol{B})=\begin{pmatrix}B_{11} & B_{21} & B_{31}\\ B_{12} & B_{22} & B_{32}\\ B_{13} & B_{23} & B_{33}\end{pmatrix}$$

$\boldsymbol{I}-\boldsymbol{A}$ 的逆矩阵为

$$(\boldsymbol{I}-\boldsymbol{A})^{-1}=\frac{\mathrm{adj}(\boldsymbol{B})}{|\boldsymbol{B}|}=\begin{pmatrix}0 & -1/2 & 0\\ -3 & -3/4 & -1/2\\ -1 & 0 & 0\end{pmatrix}$$

方法二（采用初等行变换法求矩阵的逆）。

因为 $\boldsymbol{I}-\boldsymbol{A}=\begin{pmatrix}0 & 0 & -1\\ -2 & 0 & 0\\ 3 & -2 & 6\end{pmatrix}$，构造矩阵并进行初等行变换，有

$$(\boldsymbol{I}-\boldsymbol{A}\mid\boldsymbol{I})=\left(\begin{array}{ccc|ccc}0 & 0 & -1 & 1 & 0 & 0\\ -2 & 0 & 0 & 0 & 1 & 0\\ 3 & -2 & 6 & 0 & 0 & 1\end{array}\right)\xrightarrow{r_1\leftrightarrow r_2,\ r_2\leftrightarrow r_3}\left(\begin{array}{ccc|ccc}-2 & 0 & 0 & 0 & 1 & 0\\ 3 & -2 & 6 & 0 & 0 & 1\\ 0 & 0 & -1 & 1 & 0 & 0\end{array}\right)$$

$$\xrightarrow{-\frac{1}{2}\times r_1,\ (-1)\times r_3}\left(\begin{array}{ccc|ccc}1 & 0 & 0 & 0 & -\frac{1}{2} & 0\\ 3 & -2 & 6 & 0 & 0 & 1\\ 0 & 0 & 1 & -1 & 0 & 0\end{array}\right)\xrightarrow{-3r_1+r_2}\left(\begin{array}{ccc|ccc}1 & 0 & 0 & 0 & -\frac{1}{2} & 0\\ 0 & -2 & 6 & 0 & \frac{3}{2} & 1\\ 0 & 0 & 1 & -1 & 0 & 0\end{array}\right)$$

$$\xrightarrow{-\frac{1}{2}\times r_2}\left(\begin{array}{ccc|ccc} 1 & 0 & 0 & 0 & -\frac{1}{2} & 0 \\ 0 & 1 & -3 & 0 & -\frac{3}{4} & -\frac{1}{2} \\ 0 & 0 & 1 & -1 & 0 & 0 \end{array}\right)\xrightarrow{3r_3+r_2}\left(\begin{array}{ccc|ccc} 1 & 0 & 0 & 0 & -\frac{1}{2} & 0 \\ 0 & 1 & 0 & -3 & -\frac{3}{4} & -\frac{1}{2} \\ 0 & 0 & 1 & -1 & 0 & 0 \end{array}\right)$$

所以

$$(\boldsymbol{I}-\boldsymbol{A})^{-1}=\frac{\operatorname{adj}(\boldsymbol{B})}{|\boldsymbol{B}|}=\begin{pmatrix} 0 & -1/2 & 0 \\ -3 & -3/4 & -1/2 \\ -1 & 0 & 0 \end{pmatrix}$$

利用初等行变换法求矩阵的逆往往比利用伴随矩阵求矩阵的逆要简单、准确，特别是当阶数较高时，这种方法的优越性就更明显。因此，高阶矩阵求逆时，一般多采用初等行变换法。

5. 矩阵广义逆

如果方阵 $\boldsymbol{A}$ 与其逆满足 $\boldsymbol{A}\boldsymbol{A}^{-1}\boldsymbol{A}=\boldsymbol{A}$，则这种矩阵逆称为矩阵常规逆，它要求 $\boldsymbol{A}$ 是非奇异方阵。当 $\boldsymbol{A}$ 是长方阵或奇异矩阵时，对方阵的逆进行推广，假设 $\boldsymbol{A}=(a_{ij})_{m\times n}$，把满足 $\boldsymbol{A}\boldsymbol{A}^{-}\boldsymbol{A}=\boldsymbol{A}$ 的矩阵 $\boldsymbol{A}^{-}$称为 $\boldsymbol{A}$ 的广义逆，它是一个 $n\times m$ 维矩阵。

例如，设 $\boldsymbol{A}=\begin{pmatrix} 2 & 3 & 0 \\ 1 & 2 & 0 \\ 0 & 0 & 0 \end{pmatrix}$，则形式如矩阵 $\boldsymbol{A}^{-}=\begin{pmatrix} 2 & -3 & a \\ -1 & 2 & b \\ c & d & e \end{pmatrix}$ 的都是 $\boldsymbol{A}$ 的广义逆，这种广义逆是不唯一的。

检验这个例子的 MATLAB 程序如下：

```
clear;                                   % 从内存中清除变量和函数
format short g                           % 设置输出格式
syms a b c d e real                      % 构造符号数字、变量和对象
A=[2, 3, 0; 1, 2, 0; 0, 0, 0]
Ainv=[2, -3, a; -1, 2, b; c, d, e]       % 广义逆 A^{-}
B=A*Ainv                                 % AA^{-}
C=A*Ainv*A                               % AA^{-}A
```

在 MATLAB 命令行窗口中输入上述程序，或者把上述代码保存在一个扩展名为.m 的文本文件中，在 MATLAB 中的运行结果如下：

```
A=
     2   3   0
     1   2   0
     0   0   0

Ainv =
[ 2,  -3,  a]
[ -1,  2,  b]
[ c,   d,  e]
```

```
B =
[ 1, 0, 2*a + 3*b]
[ 0, 1,    a + 2*b]
[ 0, 0,          0]

C =
[ 2, 3, 0]
[ 1, 2, 0]
[ 0, 0, 0]
```

2.1.3 分块矩阵

分块矩阵的元是由其他小矩阵构成的，这些维数小的矩阵称为块矩阵或**子矩阵**。例如，对于5×5矩阵

$$\boldsymbol{A}=\left(\begin{array}{cc:ccc}1&0&1&2&3\\0&1&1&2&3\\\hdashline 2&3&9&9&9\\2&3&9&9&9\\2&3&9&9&9\end{array}\right)$$

通过定义一些小矩阵

$$\boldsymbol{A}_{11}=\begin{pmatrix}1&0\\0&1\end{pmatrix},\quad \boldsymbol{A}_{12}=\begin{pmatrix}1&2&3\\1&2&3\end{pmatrix},\quad \boldsymbol{A}_{21}=\begin{pmatrix}2&3\\2&3\\2&3\end{pmatrix},\quad \boldsymbol{A}_{22}=\begin{pmatrix}9&9&9\\9&9&9\\9&9&9\end{pmatrix}$$

矩阵 $\boldsymbol{A}$ 可以写作

$$\boldsymbol{A}=\begin{pmatrix}\boldsymbol{A}_{11}&\boldsymbol{A}_{12}\\\boldsymbol{A}_{21}&\boldsymbol{A}_{22}\end{pmatrix}\text{或}\boldsymbol{A}=\left(\begin{array}{c:c}\boldsymbol{A}_{11}&\boldsymbol{A}_{12}\\\hdashline\boldsymbol{A}_{21}&\boldsymbol{A}_{22}\end{array}\right)$$

1. 分块矩阵运算

分块矩阵运算与矩阵的加法、减法、乘法的运算规则一致，但必须满足维数一致的条件。例如，两个分块矩阵的乘法运算规则如下：

$$\begin{pmatrix}\boldsymbol{A}_{11}&\boldsymbol{A}_{12}\\\boldsymbol{A}_{21}&\boldsymbol{A}_{22}\\\boldsymbol{A}_{31}&\boldsymbol{A}_{32}\end{pmatrix}\begin{pmatrix}\boldsymbol{B}_{11}&\boldsymbol{B}_{12}\\\boldsymbol{B}_{21}&\boldsymbol{B}_{22}\end{pmatrix}=\begin{pmatrix}\boldsymbol{A}_{11}\boldsymbol{B}_{11}+\boldsymbol{A}_{12}\boldsymbol{B}_{21}&\boldsymbol{A}_{11}\boldsymbol{B}_{12}+\boldsymbol{A}_{12}\boldsymbol{B}_{22}\\\boldsymbol{A}_{21}\boldsymbol{B}_{11}+\boldsymbol{A}_{22}\boldsymbol{B}_{21}&\boldsymbol{A}_{21}\boldsymbol{B}_{12}+\boldsymbol{A}_{22}\boldsymbol{B}_{22}\\\boldsymbol{A}_{31}\boldsymbol{B}_{11}+\boldsymbol{A}_{32}\boldsymbol{B}_{21}&\boldsymbol{A}_{31}\boldsymbol{B}_{12}+\boldsymbol{A}_{32}\boldsymbol{B}_{22}\end{pmatrix}$$

2. 块对角矩阵

设 $\boldsymbol{A}_1,\boldsymbol{A}_2,\cdots,\boldsymbol{A}_k$ 为方阵（不一定维数相同），它们构成的块对角矩阵 $\boldsymbol{A}$ 定义为

$$\boldsymbol{A}=\begin{pmatrix}\boldsymbol{A}_1&&&\\&\boldsymbol{A}_2&&\\&&\ddots&\\&&&\boldsymbol{A}_k\end{pmatrix}$$

其中，非对角块为零（矩阵），上面的矩阵把零矩阵块 **0** 都省略了。块对角矩阵的维数是对角线上子矩阵维数之和。在不混淆的情况下，有时也将上述块对角矩阵简写成 $\boldsymbol{A}=\mathrm{diag}(\boldsymbol{A}_1, \boldsymbol{A}_2,\cdots, \boldsymbol{A}_k)$。

3. 块对角矩阵的幂

块对角矩阵 $\boldsymbol{A}$ 的 n 次幂为

$$\boldsymbol{A}^n=\begin{pmatrix} \boldsymbol{A}_1^n & & & \\ & \boldsymbol{A}_2^n & & \\ & & \ddots & \\ & & & \boldsymbol{A}_k^n \end{pmatrix}$$

块对角矩阵 $\boldsymbol{A}$ 的矩阵指数为

$$\exp(\boldsymbol{A})=\begin{pmatrix} \exp(\boldsymbol{A}_1) & & & \\ & \exp(\boldsymbol{A}_2) & & \\ & & \ddots & \\ & & & \exp(\boldsymbol{A}_k) \end{pmatrix}$$

2.1.4 行列式的定义与计算

行列式是一种代数运算，它把方阵 $\boldsymbol{A}$ 映射为标量。这种运算有许多重要性质，如果矩阵 $\boldsymbol{A}$ 的行列式为零，那么 $\boldsymbol{A}$ 就是奇异的（奇异矩阵），即 $\boldsymbol{A}$ 的逆不存在，只有方阵才有行列式。矩阵

$$\boldsymbol{A}=\begin{pmatrix} a_{11} & a_{12} & \cdots & a_{1n} \\ a_{21} & a_{22} & \cdots & a_{2n} \\ \vdots & \vdots & & \vdots \\ a_{n1} & a_{n2} & \cdots & a_{nn} \end{pmatrix}$$

的行列式记作 $\det(\boldsymbol{A})$或$|\boldsymbol{A}|$，其通常是按行或按列用代数余子式展开进行计算的。例如，2×2 矩阵的行列式为

$$\begin{vmatrix} a_{11} & a_{12} \\ a_{21} & a_{22} \end{vmatrix}=a_{11}a_{22}-a_{12}a_{21}$$

3×3 行列式有 $3!=6$ 项，其计算方式按第 1 行展开为

$$\begin{aligned}\begin{vmatrix} a_{11} & a_{12} & a_{13} \\ a_{21} & a_{22} & a_{23} \\ a_{31} & a_{32} & a_{33} \end{vmatrix}&=(-1)^{1+1}a_{11}\begin{vmatrix} a_{22} & a_{23} \\ a_{32} & a_{33} \end{vmatrix}+(-1)^{1+2}a_{12}\begin{vmatrix} a_{21} & a_{23} \\ a_{31} & a_{33} \end{vmatrix}+(-1)^{1+3}a_{13}\begin{vmatrix} a_{21} & a_{22} \\ a_{31} & a_{32} \end{vmatrix}\\ &=a_{11}a_{22}a_{33}+a_{12}a_{23}a_{31}+a_{21}a_{32}a_{13}-a_{31}a_{22}a_{13}-a_{21}a_{12}a_{33}-a_{32}a_{23}a_{11}\end{aligned}$$

4 阶以上的行列式可以按这种方法类推计算，这里使用了**余子式**，下面介绍余子式的概念。

如果删去一个行列式中的某些行和列，则余下的称为**余子式**。包含 $(-1)^{i+j}$ 符号的余子式称为代数余子式，这里的 i 、 j 分别为被删去的行和列的行号与列号。

行列式的性质如下。

（1）矩阵与其转置矩阵的行列式相等，即$|\boldsymbol{A}|=|\boldsymbol{A}^{\mathrm{T}}|$。

（2）行列式的任意两行（两列）互换位置，行列式的值改变符号。

（3）行列式一行（列）的公因子可以被提到行列式符号的外面。

（4）方阵乘积的行列式等于其行列式的乘积。也就是说，对于任意两个方阵 $\boldsymbol{A}$、$\boldsymbol{B}$，总有 $|\boldsymbol{AB}|=|\boldsymbol{A}||\boldsymbol{B}|$。

（5）把满足 $|\boldsymbol{A}|\neq 0$ 的方阵 $\boldsymbol{A}$ 称为非奇异矩阵，否则就称为奇异矩阵。

（6）下三角矩阵行列式（或上三角矩阵行列式）等于对角元的乘积。

（7）对于方阵 $\boldsymbol{A}$ 和可逆矩阵 $\boldsymbol{P}$，有 $|\boldsymbol{PAP}^{-1}|=|\boldsymbol{A}|$。

（8）方阵 $\boldsymbol{A}$ 的行列式等于其所有特征值的乘积，包括重特征值。设 $\boldsymbol{A}$ 的特征值为 $\lambda_1, \lambda_2,\cdots,\lambda_n$，则有 $|\boldsymbol{A}|=\lambda_1\lambda_2\cdots\lambda_n$。

（9）方阵 $\boldsymbol{A}$ 与其逆矩阵 $\boldsymbol{A}^{-1}$ 的行列式满足 $|\boldsymbol{A}^{-1}|=|\boldsymbol{A}|^{-1}$。

下列说法是等价的。

（1）$\boldsymbol{A}$ 是可逆的。

（2）$\boldsymbol{A}$ 是非奇异的。

（3）$\boldsymbol{A}^{-1}$ 或 $\boldsymbol{A}$ 的逆存在。

（4）$\boldsymbol{A}$ 的行列式不等于 0。

（5）$\boldsymbol{A}$ 是满秩的，即 $\text{rank}\boldsymbol{A}=n$。

（6）$\boldsymbol{A}$ 的列线性无关，$\boldsymbol{A}$ 的行线性无关。

2.1.5 分块矩阵行列式的性质

分块矩阵行列式有下列性质。

（1）如果 $\boldsymbol{A}$ 和 $\boldsymbol{D}$ 都是方阵，且 $\boldsymbol{A}$ 是非奇异矩阵，则有

$$\begin{vmatrix}\boldsymbol{A} & \boldsymbol{B}\\ \boldsymbol{C} & \boldsymbol{D}\end{vmatrix}=|\boldsymbol{A}||\boldsymbol{D}-\boldsymbol{CA}^{-1}\boldsymbol{B}|$$

（2）如果 $\boldsymbol{A}$ 和 $\boldsymbol{D}$ 都是方阵，则有

$$\begin{vmatrix}\boldsymbol{A} & \boldsymbol{B}\\ \boldsymbol{0} & \boldsymbol{D}\end{vmatrix}=|\boldsymbol{A}||\boldsymbol{D}|,\quad \begin{vmatrix}\boldsymbol{A} & \boldsymbol{0}\\ \boldsymbol{C} & \boldsymbol{D}\end{vmatrix}=|\boldsymbol{A}||\boldsymbol{D}|$$

2.2 基本矩阵与特殊矩阵

2.2.1 对角矩阵

对角矩阵是一个方阵，矩阵 $\boldsymbol{\Lambda}$ 称为对角矩阵或对角阵是指它的所有非主对角元都为 0。由这个定义可知，一个 $n\times n$ 对角矩阵完全由它的对角线元确定，设对角元为 $\lambda_1,\lambda_2,\cdots,\lambda_n$，那么对角矩阵 $\boldsymbol{\Lambda}$ 可表示为

$$\boldsymbol{\Lambda}=\begin{pmatrix}\lambda_1 & 0 & \cdots & 0\\ 0 & \lambda_2 & \cdots & 0\\ \vdots & \vdots & & \vdots\\ 0 & 0 & \cdots & \lambda_n\end{pmatrix}$$

有时为方便起见，把上述对角矩阵简单写为

$$\boldsymbol{\Lambda} = \mathrm{diag}(\lambda_1, \lambda_2, \cdots, \lambda_n)$$

很明显，**单位阵**和**零矩阵**都是对角矩阵。

对角矩阵的性质如下。

（1）如果一个方阵 $\boldsymbol{A}$ 既是上三角矩阵，又是下三角矩阵，则 $\boldsymbol{A}$ 是对角矩阵。

（2）如果对角元不等于零，对角矩阵的逆是对角矩阵，则其逆矩阵为

$$\boldsymbol{\Lambda}^{-1} = \mathrm{diag}(\lambda_1^{-1}, \lambda_2^{-1}, \cdots, \lambda_n^{-1})$$

对角矩阵的幂为

$$\boldsymbol{\Lambda}^k = \mathrm{diag}(\lambda_1^k, \lambda_2^k, \cdots, \lambda_n^k)$$

（3）对角矩阵 $\boldsymbol{\Lambda}$ 的行列式等于对角元的乘积，即

$$|\boldsymbol{\Lambda}| = \lambda_1 \lambda_2 \cdots \lambda_n$$

（4）对角矩阵 $\boldsymbol{\Lambda}$ 的矩阵指数 $\mathrm{e}^{\boldsymbol{\Lambda}} = \exp(\boldsymbol{\Lambda})$ 为

$$\exp(\boldsymbol{\Lambda}) = \mathrm{diag}(\mathrm{e}^{\lambda_1}, \mathrm{e}^{\lambda_2}, \cdots, \mathrm{e}^{\lambda_n})$$

2.2.2 奇异矩阵与三角矩阵

1. 奇异矩阵

如果 $n \times n$ 矩阵 $\boldsymbol{A}$ 的行或列是线性相关的，那么就说 $\boldsymbol{A}$ 是奇异的或奇异矩阵，下列说法是等价的。

（1）$\boldsymbol{A}$ 的行列式为零，即$|\boldsymbol{A}|=0$。

（2）$\boldsymbol{A}$ 的秩小于 n，即 $\mathrm{rank}\boldsymbol{A}<n$。

2. 三角矩阵

三角矩阵也称三角阵，**三角阵**也是方阵，是**上三角阵**和**下三角阵**的统称。上三角阵也称为**右三角阵**，下三角阵也称为**左三角阵**。上三角阵 $\boldsymbol{U}$ 和下三角阵 $\boldsymbol{L}$ 具有下列形式：

$$\boldsymbol{U} = \begin{pmatrix} a_{11} & a_{12} & a_{13} & \cdots & a_{1n} \\ 0 & a_{22} & a_{23} & \cdots & a_{2n} \\ 0 & 0 & a_{33} & \cdots & a_{3n} \\ \vdots & \vdots & \vdots & & \vdots \\ 0 & 0 & 0 & \cdots & a_{nn} \end{pmatrix}, \quad \boldsymbol{L} = \begin{pmatrix} a_{11} & 0 & 0 & \cdots & 0 \\ a_{21} & a_{22} & 0 & \cdots & 0 \\ a_{31} & a_{32} & a_{33} & \cdots & 0 \\ \vdots & \vdots & \vdots & & \vdots \\ a_{n1} & a_{n2} & a_{n3} & \cdots & a_{nn} \end{pmatrix}$$

特别地，对角元都为 0 的三角阵称为**严格三角阵**；对角元都为 1 的三角阵称为**单位三角阵**。

三角阵的性质如下。

（1）两个上（下）三角阵之积或代数和是上（下）三角阵。

（2）三角阵的行列式等于对角元之积。

（3）三角阵的逆是三角阵（假设逆存在）。

（4）三角阵的特征值是对角元。

（5）严格三角阵是一个幂零矩阵，如果 $\boldsymbol{A}$ 是一个 $n\times n$ 严格三角阵，那么它的 n 次幂为零矩阵，即 $\boldsymbol{A}^n=\boldsymbol{0}$。

2.2.3 转置矩阵与对称矩阵

1. 转置矩阵

矩阵 $\boldsymbol{A}$ 的转置矩阵是指矩阵 $\boldsymbol{A}$ 的第 i 行第 j 列的元 a_{ij} 调换到第 j 行第 i 列的位置上。矩阵 $\boldsymbol{A}$ 的转置矩阵通常记作 $\boldsymbol{A}^{\mathrm{T}}$，即对于一个 $m\times n$ 矩阵

$$\boldsymbol{A}=\begin{pmatrix} a_{11} & a_{12} & \cdots & a_{1n} \\ a_{21} & a_{22} & \cdots & a_{2n} \\ a_{31} & a_{32} & \cdots & a_{3n} \\ \vdots & \vdots & & \vdots \\ a_{m1} & a_{m2} & \cdots & a_{mn} \end{pmatrix}_{m\times n}$$

它的转置矩阵为

$$\boldsymbol{A}^{\mathrm{T}}=\begin{pmatrix} a_{11} & a_{21} & a_{31} & \cdots & a_{m1} \\ a_{12} & a_{22} & a_{32} & \cdots & a_{m2} \\ \vdots & \vdots & \vdots & & \vdots \\ a_{1n} & a_{2n} & a_{3n} & \cdots & a_{mn} \end{pmatrix}_{n\times m}$$

矩阵与其转置矩阵的第 i 行第 i 列的元相同，都是 a_{ii}。

转置矩阵的性质如下。

（1）转置运算具有线性算子性质：

$$(\boldsymbol{A}^{\mathrm{T}})^{\mathrm{T}}=\boldsymbol{A}\text{，}\ (c_1\boldsymbol{A})^{\mathrm{T}}=c_1(\boldsymbol{A})^{\mathrm{T}}\text{，}\ (c_1\boldsymbol{A}+c_2\boldsymbol{B})^{\mathrm{T}}=c_1\boldsymbol{A}^{\mathrm{T}}+c_2\boldsymbol{B}^{\mathrm{T}}$$

其中，c_i 为常数；$\boldsymbol{A}$ 和 $\boldsymbol{B}$ 为 $m\times n$ 矩阵。

（2）两个矩阵之积的转置等于它们转置的倒序乘积，即

$$(\boldsymbol{AB})^{\mathrm{T}}=\boldsymbol{B}^{\mathrm{T}}\boldsymbol{A}^{\mathrm{T}}$$

（3）矩阵转置的逆等于矩阵逆的转置，如果方阵 $\boldsymbol{A}$ 是可逆矩阵，则有

$$(\boldsymbol{A}^{\mathrm{T}})^{-1}=(\boldsymbol{A}^{-1})^{\mathrm{T}}=\boldsymbol{A}^{-\mathrm{T}}$$

（4）如果 $\boldsymbol{A}$ 是 $m\times n$ 实矩阵，则 $\boldsymbol{A}^{\mathrm{T}}\boldsymbol{A}$ 和 $\boldsymbol{A}\boldsymbol{A}^{\mathrm{T}}$ 都是非负定矩阵，即

$$\boldsymbol{A}^{\mathrm{T}}\boldsymbol{A}\geqslant 0\text{，}\boldsymbol{A}\boldsymbol{A}^{\mathrm{T}}\geqslant 0$$

2. 对称矩阵

n 阶方阵 $\boldsymbol{A}$ 是对称矩阵，也称对称阵，它的元满足关系 $a_{ij}=a_{ji}$，$i=1,2,\cdots,n$，$j=1,2,\cdots,n$。n 阶对称矩阵有 $\dfrac{n(n+1)}{2}$ 个独立元。对称矩阵举例如下：

$$\begin{pmatrix} a_{11} & a_{12} & a_{13} & a_{14} \\ a_{12} & a_{22} & a_{23} & a_{24} \\ a_{13} & a_{23} & a_{33} & a_{34} \\ a_{14} & a_{24} & a_{34} & a_{44} \end{pmatrix}$$

对称矩阵的性质如下。

（1）对角矩阵是对称矩阵。

（2）如果 $\boldsymbol{A}^{\mathrm{T}}=\boldsymbol{A}$，那么 $\boldsymbol{A}$ 是对称矩阵。

（3）如果 $\boldsymbol{A}$ 是方阵，那么 $\boldsymbol{A}+\boldsymbol{A}^{\mathrm{T}}$、$\boldsymbol{A}\boldsymbol{A}^{\mathrm{T}}$ 和 $\boldsymbol{A}^{\mathrm{T}}\boldsymbol{A}$ 都是对称矩阵。

（4）设 $\boldsymbol{A}$ 与 $\boldsymbol{B}$ 都是对称矩阵，那么 $\boldsymbol{A}+\boldsymbol{B}$ 是对称矩阵；一般 $\boldsymbol{AB}$ 不是对称矩阵，当且仅当对称矩阵 $\boldsymbol{A}$ 与 $\boldsymbol{B}$ 是乘法可交换矩阵（$\boldsymbol{AB}=\boldsymbol{BA}$）时，$\boldsymbol{AB}$ 才是对称矩阵。

2.2.4 正定矩阵与特殊矩阵

1. 正定矩阵

设 $\boldsymbol{A}$ 是一个 $n\times n$ 实对称方阵，如果对任意非零实矢量 $\boldsymbol{x}$ 有 $\boldsymbol{x}^{\mathrm{T}}\boldsymbol{A}\boldsymbol{x}>0$ 成立，那么 $\boldsymbol{A}$ 是**正定矩阵**。正定矩阵的特征值都大于零。如果对任意非零矢量 $\boldsymbol{x}$ 有 $\boldsymbol{x}^{\mathrm{T}}\boldsymbol{A}\boldsymbol{x}\geqslant 0$ 成立，那么 $\boldsymbol{A}$ 是**半正定矩阵（非负定矩阵）**。半正定矩阵的特征值都大于或等于零。

如果 $\boldsymbol{A}$ 是正定矩阵，那么 $-\boldsymbol{A}$ 是负定矩阵；如果 $\boldsymbol{A}$ 是半正定矩阵，那么 $-\boldsymbol{A}$ 是**半负定矩阵（非正定矩阵）**。

正定矩阵的判断方法如下。

（1）如果对称矩阵 $\boldsymbol{A}$ 的特征值都为正数，那么 $\boldsymbol{A}$ 是正定矩阵；如果 $\boldsymbol{A}$ 的特征值为非负数，那么 $\boldsymbol{A}$ 是非负定矩阵。

（2）如果对称矩阵 $\boldsymbol{A}$ 的各阶顺序主子式都大于零，即

$$\Delta_1=a_{11}>0\,,\Delta_2=\begin{vmatrix}a_{11}&a_{12}\\a_{21}&a_{22}\end{vmatrix}>0,\cdots,\Delta_n=|\boldsymbol{A}|=\begin{vmatrix}a_{11}&a_{12}&\cdots&a_{1n}\\a_{21}&a_{22}&\cdots&a_{2n}\\\vdots&\vdots&&\vdots\\a_{n1}&a_{n2}&\cdots&a_{nn}\end{vmatrix}>0$$

那么 $\boldsymbol{A}$ 为正定矩阵，如果将上述大于号“>”改为大于或等于号“≥”，那么 $\boldsymbol{A}$ 为半正定矩阵。

2. 特殊矩阵

（1）范德蒙矩阵。

$n\times n$ 范德蒙矩阵具有以下形式：

$$\begin{pmatrix}1&x_1&x_1^2&\cdots&x_1^{n-1}\\1&x_2&x_2^2&\cdots&x_2^{n-1}\\1&x_3&x_3^2&\cdots&x_3^{n-1}\\\vdots&\vdots&\vdots&&\vdots\\1&x_n&x_n^2&\cdots&x_n^{n-1}\end{pmatrix}$$

（2）幂零矩阵。

方阵 $\boldsymbol{A}$ 是幂零矩阵是指存在一个正整数 k，使得 $\boldsymbol{A}^k$ 为零矩阵，即

$$\boldsymbol{A}^k=\underbrace{\boldsymbol{A}\boldsymbol{A}\cdots\boldsymbol{A}}_{k\text{个}}=\boldsymbol{0}$$

显然有 $\boldsymbol{A}^{k+i}=\boldsymbol{0}$，$i=1,2,3,\cdots$。

幂零矩阵的性质如下。

① 对于 2×2 非零矩阵 $\boldsymbol{A}$，如果 $\boldsymbol{A}$ 是幂零矩阵，那么 $\boldsymbol{A}^2=\boldsymbol{0}$。

② 一个矩阵为幂零矩阵当且仅当它所有的特征值为 0。

③ 因为矩阵行列式等于特征值的乘积，所以幂零矩阵的行列式为零。

（3）幂等矩阵。

方阵 $\boldsymbol{A}$ 是幂等矩阵是指 $\boldsymbol{A}^2=\boldsymbol{A}$。显然有 $\boldsymbol{A}^k=\boldsymbol{A}$，$k=2,3,4,\cdots$。

幂等矩阵的性质如下。

① 一个矩阵为幂等矩阵当且仅当它所有的特征值为 0 或 1。

② 单位阵是一个幂等矩阵，除单位阵外，所有幂等矩阵都是奇异的。

③ 幂等矩阵总是可对角化。

④ 单位阵减去幂等矩阵仍为幂等矩阵，假设 $\boldsymbol{A}$ 为幂等矩阵，则有

$$\boldsymbol{A}^2=\boldsymbol{A}$$

$$(\boldsymbol{I}-\boldsymbol{A})^2=\boldsymbol{I}-2\boldsymbol{A}+\boldsymbol{A}^2=\boldsymbol{I}-\boldsymbol{A}$$

2.3　特征值问题和矩阵秩

2.3.1　特征多项式和特征方程

1. 特征多项式

方阵 $\boldsymbol{A}$ 的特征多项式定义为 $s\boldsymbol{I}-\boldsymbol{A}$ 的行列式

$$p(s)=\det(s\boldsymbol{I}-\boldsymbol{A})=\begin{vmatrix} s-a_{11} & -a_{22} & \cdots & -a_{1n} \\ -a_{21} & s-a_{22} & \cdots & -a_{2n} \\ \vdots & \vdots & & \vdots \\ -a_{n1} & -a_{n2} & \cdots & s-a_{nn} \end{vmatrix}$$

它是 s 的一个 n 次首一多项式。

2. 特征方程

特征方程定义为 $p(s)=0$，即 $\det(s\boldsymbol{I}-\boldsymbol{A})=0$，或

$$\begin{vmatrix} s-a_{11} & -a_{22} & \cdots & -a_{1n} \\ -a_{21} & s-a_{22} & \cdots & -a_{2n} \\ \vdots & \vdots & & \vdots \\ -a_{n1} & -a_{n2} & \cdots & s-a_{nn} \end{vmatrix}=0$$

3. 特征值

工程上，矩阵 $\boldsymbol{A}$ 的特征值简单定义为特征方程 $\det(s\boldsymbol{I}-\boldsymbol{A})=0$ 的根 s_i，n 阶矩阵共有 n 个特征值 $s_1,s_2,\cdots,s_n$，可能包含重特征值。实矩阵的特征值不一定是实数，**对称矩阵的特征值为实数**。例如：

$$\boldsymbol{A}=\begin{pmatrix} 0 & -1 \\ 1 & 0 \end{pmatrix}$$

其特征方程为

$$p(s)=\det(s\boldsymbol{I}-\boldsymbol{A})=\begin{vmatrix} s & 1 \\ -1 & s \end{vmatrix}=s^2+1=0$$

这个方程没有实数解，所以矩阵 $\boldsymbol{A}$ 没有实数特征值，只有两个共轭复数特征值：$s_1=\lambda_1=\mathrm{j}$ 和 $s_2=\lambda_2=-\mathrm{j}$。

特征值的性质如下。

① 矩阵 $\boldsymbol{A}$ 和 $\boldsymbol{A}^{\mathrm{T}}$ 有相同的特征值，因为 $\det(s\boldsymbol{I}-\boldsymbol{A})=\det(s\boldsymbol{I}-\boldsymbol{A}^{\mathrm{T}})$。

② 反对称矩阵（$\boldsymbol{A}=-\boldsymbol{A}^{\mathrm{T}}$）的特征值是虚数或零。

③ 如果矩阵 $\boldsymbol{A}$ 的所有特征值都不同，那么 $\boldsymbol{A}$ 可对角化。

2.3.2 特征矢量

设 $\boldsymbol{A}$ 是一个 $n\times n$ 方阵，λ 是 $\boldsymbol{A}$ 的特征值，满足方程 $\boldsymbol{Ap}=\lambda\boldsymbol{p}$ 的非零 n 维列矢量 $\boldsymbol{p}$ 称为矩阵 $\boldsymbol{A}$ 的特征矢量。由这个定义可知，特征矢量不是唯一的，因为对于非零常数 k，$k\boldsymbol{p}$ 也是矩阵 $\boldsymbol{A}$ 的特征矢量。

对应矩阵 $\boldsymbol{A}$ 的特征值 λ_i 的特征矢量 $\boldsymbol{p}_i$ 通过求解 $\boldsymbol{Ap}_i=\lambda_i\boldsymbol{p}_i$ 得到，这是求特征矢量的一种方法，但不是唯一的方法。

如果矩阵 $\boldsymbol{A}$ 存在 n 个独立的特征矢量 $\boldsymbol{p}_1,\boldsymbol{p}_2,\cdots,\boldsymbol{p}_n$，那么矩阵 $\boldsymbol{A}$ 类似于一个对角矩阵。事实上，将

$$\boldsymbol{Ap}_i=\lambda_i\boldsymbol{p}_i,\quad i=1,2,\cdots,n$$

写成紧凑形式为

$$[\boldsymbol{Ap}_1,\boldsymbol{Ap}_2,\cdots,\boldsymbol{Ap}_n]=[\lambda_1\boldsymbol{p}_1,\lambda_2\boldsymbol{p}_2,\cdots,\lambda_n\boldsymbol{p}_n]$$

或

$$\boldsymbol{A}[\boldsymbol{p}_1,\boldsymbol{p}_2,\cdots,\boldsymbol{p}_n]=[\boldsymbol{p}_1,\boldsymbol{p}_2,\cdots,\boldsymbol{p}_n]\begin{pmatrix} \lambda_1 & & & \\ & \lambda_2 & & \\ & & \ddots & \\ & & & \lambda_n \end{pmatrix}$$

定义由特征矢量构成的矩阵

$$\boldsymbol{P}=[\boldsymbol{p}_1,\boldsymbol{p}_2,\cdots,\boldsymbol{p}_n]$$

那么矩阵 $\boldsymbol{A}$ 类似于一个对角矩阵，即

$$\boldsymbol{P}^{-1}\boldsymbol{AP}=\mathrm{diag}[\lambda_1,\lambda_2,\cdots,\lambda_n]$$

【例 2.2】试求

$$\boldsymbol{A}=\begin{pmatrix} 0 & 1 & -1 \\ -6 & -11 & 6 \\ -6 & -11 & 5 \end{pmatrix}$$

的特征矢量。

解

矩阵 $\boldsymbol{A}$ 的特征方程为

$$|\lambda I - A| = \begin{vmatrix} \lambda & -1 & 1 \\ 6 & \lambda+11 & -6 \\ 6 & 11 & \lambda-5 \end{vmatrix} = 0$$

即

$$\lambda^3 + 6\lambda^2 + 11\lambda + 6 = 0$$
$$(\lambda+1)(\lambda+2)(\lambda+3) = 0$$

也可以通过 MATLAB 求解，得

$$\lambda_1 = -1\,,\quad \lambda_2 = -2\,,\quad \lambda_3 = -3$$

（1）求对应 $\lambda_1 = -1$ 的特征矢量 $\boldsymbol{p}_1$，设 $\boldsymbol{p}_1 = \begin{pmatrix} p_{11} \\ p_{21} \\ p_{31} \end{pmatrix}$，按定义

$$\boldsymbol{A}\boldsymbol{p}_1 = \lambda_1 \boldsymbol{p}_1$$

有

$$\begin{pmatrix} 0 & 1 & -1 \\ -6 & -11 & 6 \\ -6 & -11 & 5 \end{pmatrix}\begin{pmatrix} p_{11} \\ p_{21} \\ p_{31} \end{pmatrix} = \begin{pmatrix} -p_{11} \\ -p_{21} \\ -p_{31} \end{pmatrix}$$

即

$$p_{11} + p_{21} - p_{31} = 0$$
$$-6p_{11} - 10p_{21} + 6p_{31} = 0$$
$$-6p_{11} - 11p_{21} + 6p_{31} = 0$$

解得

$$p_{21} = 0\,,\quad p_{11} = p_{31}$$

令

$$p_{11} = p_{31} = 1$$

于是

$$\boldsymbol{p}_1 = \begin{pmatrix} 1 \\ 0 \\ 1 \end{pmatrix}$$

（2）同理，可以算出对应 $\lambda_2 = -2$ 的特征矢量：

$$\boldsymbol{p}_2 = \begin{pmatrix} 1 \\ 2 \\ 4 \end{pmatrix}$$

以及对应 $\lambda_3 = -3$ 的特征矢量：

$$\boldsymbol{p}_3 = \begin{pmatrix} 1 \\ 6 \\ 9 \end{pmatrix}$$

2.3.3 矩阵的秩

矩阵的列秩定义为矩阵的线性无关列的最大数目，矩阵的行秩定义为矩阵的线性无关行的最大数目。矩阵的列秩总是等于矩阵的行秩，因此，矩阵的秩定义为矩阵的列秩或行秩。矩阵的秩用英文单词 rank 表示，rank$\boldsymbol{A}$ 表示矩阵 $\boldsymbol{A}$ 的秩。

矩阵的秩的性质如下。

（1）设矩阵 $\boldsymbol{A}$、$\boldsymbol{B}$ 的维数满足可相乘条件，则有

$$\mathrm{rank}(\boldsymbol{AB}) \leqslant \min\{\mathrm{rank}\boldsymbol{A}, \mathrm{rank}\boldsymbol{B}\}$$

（2）设 $\boldsymbol{A}_i$ 的维数满足可相乘条件，则有

$$\mathrm{rank}(\boldsymbol{A}_1\boldsymbol{A}_2\cdots\boldsymbol{A}_k) \leqslant \min\{\mathrm{rank}\boldsymbol{A}_1, \mathrm{rank}\boldsymbol{A}_2, \cdots, \mathrm{rank}\boldsymbol{A}_k\}$$

（3）如果 $\boldsymbol{P}$、$\boldsymbol{Q}$ 都是可逆方阵，那么

$$\mathrm{rank}\boldsymbol{A}=\mathrm{rank}(\boldsymbol{PA})=\mathrm{rank}(\boldsymbol{AQ})=\mathrm{rank}(\boldsymbol{PAQ})$$

2.4 矩阵变换

2.4.1 相似变换

相似矩阵：方阵 $\boldsymbol{A}$ 与方阵 $\boldsymbol{B}$ 相似是指存在一个非奇异矩阵 $\boldsymbol{T}$ 满足

$$\boldsymbol{T}^{-1}\boldsymbol{AT}=\boldsymbol{B}$$

并称 $\boldsymbol{A}$ 到 $\boldsymbol{B}$ 的变换为相似变换，矩阵 $\boldsymbol{T}$ 称为相似变换矩阵。显然，如果 $\boldsymbol{A}$ 相似于 $\boldsymbol{B}$（记作 $\boldsymbol{A}\sim\boldsymbol{B}$），那么 $\boldsymbol{B}$ 也相似于 $\boldsymbol{A}$，因为 $\boldsymbol{A}=(\boldsymbol{T}^{-1})^{-1}\boldsymbol{BT}^{-1}$，所以说 $\boldsymbol{T}^{-1}\boldsymbol{AT}$ 或 $\boldsymbol{TAT}^{-1}$ 是相似变换，一个矩阵总是与自己相似。

相似变换的一个重要用途是可以把矩阵 $\boldsymbol{A}$ 变换为对角矩阵或约旦标准型矩阵。

相似矩阵的性质如下。

（1）一个矩阵总是与自己相似，即 $\boldsymbol{A}\sim\boldsymbol{A}$。

（2）如果 $\boldsymbol{A}$ 相似于 $\boldsymbol{B}$，$\boldsymbol{B}$ 又相似于 $\boldsymbol{C}$，那么 $\boldsymbol{A}$ 也相似于 $\boldsymbol{C}$，因为

$$\boldsymbol{C}=\boldsymbol{S}^{-1}\boldsymbol{BS}=\boldsymbol{S}^{-1}(\boldsymbol{T}^{-1}\boldsymbol{AT})\boldsymbol{S}=(\boldsymbol{TS})^{-1}\boldsymbol{A}(\boldsymbol{TS})$$

（3）矩阵 $\boldsymbol{A}$ 与它的转置矩阵 $\boldsymbol{A}^{\mathrm{T}}$ 相似。

（4）相似矩阵有相同的秩，若 $\boldsymbol{A}\sim\boldsymbol{B}$，则 rank$\boldsymbol{A}$=rank$\boldsymbol{B}$。

（5）若 $\boldsymbol{A}\sim\boldsymbol{B}$，且 $\boldsymbol{A}$ 可逆，则 $\boldsymbol{B}$ 也可逆，且 $\boldsymbol{B}^{-1}\sim\boldsymbol{A}^{-1}$。

（6）若 $\boldsymbol{A}$ 与对角矩阵 $\boldsymbol{\Lambda}$ 相似，则称 $\boldsymbol{A}$ 为可对角化矩阵。

（7）若 $\boldsymbol{A}\sim\boldsymbol{B}$，$c$ 为常数，则 $c\boldsymbol{A}\sim c\boldsymbol{B}$。

（8）若 $\boldsymbol{A}\sim\boldsymbol{B}$，$k$ 为常数，则 $\boldsymbol{A}^k\sim\boldsymbol{B}^k$。

（9）若 $\boldsymbol{A}\sim\boldsymbol{B}$，$f(\cdot)$ 为多项式，则 $f(\boldsymbol{A})\sim f(\boldsymbol{B})$。

（10）若 $\boldsymbol{A}\sim\boldsymbol{B}$，则 $\exp(\boldsymbol{A})\sim\exp(\boldsymbol{B})$。

相似矩阵有相同的行列式、特征值、特征多项式，因为

$$|\boldsymbol{A}|=|\boldsymbol{T}^{-1}\boldsymbol{BT}|=|\boldsymbol{T}^{-1}||\boldsymbol{B}||\boldsymbol{T}|=|\boldsymbol{T}|^{-1}|\boldsymbol{B}||\boldsymbol{T}|=|\boldsymbol{B}|$$

$$
\begin{aligned}
|s\boldsymbol{I}-\boldsymbol{A}| &= |s\boldsymbol{I}-\boldsymbol{T}^{-1}\boldsymbol{B}\boldsymbol{T}| = |\boldsymbol{T}^{-1}(s\boldsymbol{I}-\boldsymbol{B})\boldsymbol{T}| \\
&= |\boldsymbol{T}^{-1}||s\boldsymbol{I}-\boldsymbol{B}||\boldsymbol{T}| = |s\boldsymbol{I}-\boldsymbol{B}|
\end{aligned}
$$

2.4.2 矩阵对角化

一个矩阵可对角化是指这个矩阵可以通过相似变换转化为对角矩阵。也就是说，如果矩阵 $\boldsymbol{A}$ 可对角化，那么必存在一个非奇异矩阵 $\boldsymbol{T}$，使得 $\boldsymbol{T}^{-1}\boldsymbol{A}\boldsymbol{T}$ 是一个对角矩阵。

矩阵对角化是有条件的，不是所有矩阵都可对角化，如矩阵$\begin{pmatrix} 0 & 1 \\ 0 & 0 \end{pmatrix}$是不可对角化的。矩阵只有存在与矩阵阶数相同的线性无关特征矢量时才可对角化。下面是一些关于矩阵对角化的结论。

（1）所有特征值都互异的矩阵可对角化。

（2）所有对称矩阵都可对角化。

【例 2.3】

设

$$
\boldsymbol{A}=\begin{pmatrix} 1 & 2 & 0 \\ 0 & 3 & 0 \\ 2 & -4 & 2 \end{pmatrix}
$$

计算 $\boldsymbol{A}^{100}$。

解

计算 $\boldsymbol{A}$ 的特征值可得 $\lambda_1=1$，$\lambda_2=2$，$\lambda_3=3$。根据 $\boldsymbol{A}\boldsymbol{p}_i=\lambda_i\boldsymbol{p}_i$，类似例 2.2，可求出矩阵对应特征值的 3 个特征矢量，分别为

$$
\boldsymbol{p}_1=\begin{pmatrix} 1 \\ 0 \\ -2 \end{pmatrix},\quad \boldsymbol{p}_2=\begin{pmatrix} 0 \\ 0 \\ 1 \end{pmatrix},\quad \boldsymbol{p}_3=\begin{pmatrix} 1 \\ 1 \\ -2 \end{pmatrix}
$$

由特征矢量构成非奇异矩阵

$$
\boldsymbol{P}=(\boldsymbol{p}_1,\boldsymbol{p}_2,\boldsymbol{p}_3)=\begin{pmatrix} 1 & 0 & 1 \\ 0 & 0 & 1 \\ -2 & 1 & -2 \end{pmatrix}
$$

因此有

$$
\boldsymbol{P}^{-1}=\begin{pmatrix} 1 & -1 & 0 \\ 2 & 0 & 1 \\ 0 & 1 & 0 \end{pmatrix}
$$

根据矩阵对角化性质，有

$$
\boldsymbol{P}^{-1}\boldsymbol{A}\boldsymbol{P}=\begin{pmatrix} 1 & & \\ & 2 & \\ & & 3 \end{pmatrix}=\boldsymbol{\Lambda}
$$

进一步

$$A = P\Lambda P^{-1}$$
$$A^2 = (P\Lambda P^{-1})(P\Lambda P^{-1}) = P\Lambda P^{-1}P\Lambda P^{-1} = P\Lambda^2 P^{-1}$$
$$A^3 = A^2 A = (P\Lambda^2 P^{-1})(P\Lambda P^{-1}) = P\Lambda^3 P^{-1}$$
$$\vdots$$
$$A^{100} = P\Lambda^{100}P^{-1} = \begin{pmatrix} 1 & 0 & 1 \\ 0 & 0 & 1 \\ -2 & 1 & -2 \end{pmatrix}\begin{pmatrix} 1 & & \\ & 2^{100} & \\ & & 3^{100} \end{pmatrix}\begin{pmatrix} 1 & -1 & 0 \\ 2 & 0 & 1 \\ 0 & 1 & 0 \end{pmatrix}$$
$$= \begin{pmatrix} 1 & -1+3^{100} & 0 \\ 0 & 3^{100} & 0 \\ -2+2^{101} & 2-2\times 3^{100} & 2^{100} \end{pmatrix}$$

习题

2.1 判断矩阵的秩有哪些方法？

2.2 求矩阵的逆有哪些方法？

2.3 矩阵的行列式和矩阵的特征值有什么关系？

2.4 设 $n\times n$ 实数矩阵 A 的特征值为 $1,2,\cdots,n$，计算行列式 $\det(A-\frac{1}{2}I)$，并判断矩阵 A^2+A+I 是否可对角化。

2.5 设 $\alpha=(a_1,a_2,\cdots,a_n)$，$\beta=(b_1,b_2,\cdots,b_n)$，试计算 $A=\alpha^{\mathrm{T}}\beta$，$B=\beta\alpha^{\mathrm{T}}$ 及 A^k；当 $\alpha=(1,2,3,4)$，$\beta=(1,1,1,1)$ 时，求 $(\alpha^{\mathrm{T}}\beta)^k$。

2.6 已知 n 阶方阵 A 满足 $2A(A-I)=A^3$，证明 $I-A$ 可逆，并求 $(I-A)^{-1}$。

2.7 设 A、B 为 n 阶可逆方阵，令 $M=\begin{pmatrix} A & A \\ C-B & C \end{pmatrix}$，求 M^{-1}。

2.8 设 A、B 为 3 阶方阵，且满足 $2A^{-1}B=B-4I$，其中，I 为 3 阶单位阵。若 $B=\begin{pmatrix} 1 & -2 & 0 \\ 1 & 2 & 0 \\ 0 & 0 & 2 \end{pmatrix}$，求矩阵 A。

2.9 当 $A=\begin{pmatrix} \frac{1}{2} & -\frac{\sqrt{3}}{2} \\ \frac{\sqrt{3}}{2} & \frac{1}{2} \end{pmatrix}$ 时，$A^6=I$，求 A^{11}。

2.10 设 A、B 为 n 阶方阵，证明 $\mathrm{rank}(AB)\geqslant \mathrm{rank}A+\mathrm{rank}B-n$。

第 3 章 控制系统的状态空间表达式

控制系统的状态空间表达式是分析和综合线性系统的基础。在经典控制理论中，对于一个线性定常系统可用常微分方程或传递函数加以描述，可将某个单变量作为输出，并将其直接与输入联系起来。实际上，系统除了输出量这个变量，还包含其他相互独立的变量，而常微分方程或传递函数不便于对这些内部的中间变量进行描述，因而不能包含系统的所有信息。显然，从能否完全揭示系统的全部运动状态的角度来说，用常微分方程或传递函数来描述一个线性定常系统有其不足之处。

在用状态空间法分析系统时，系统的动态特性是用由状态变量构成的一阶微分方程组来描述的。它能反映系统的全部独立变量的变化，从而同时确定系统的全部内部运动状态，而且可以方便地处理初始条件。这样，在设计控制系统时，不再只局限于输入量、输出量、误差量，为提高系统性能提供了有力的工具。加之可利用计算机进行分析设计及实时控制，因而状态空间法可以应用于非线性系统、时变系统、多输入—多输出系统及随机过程等。

本章对控制系统状态空间表达式的基本原理和组成方法进行了较为全面的介绍，主要内容包括状态空间的概念，状态空间表达式的组成方法、描述形式、特性和变换等。本章的结果对于后续章节的展开是不可缺少的。

3.1 基本概念

控制系统的状态空间表达式建立在状态矢量和状态空间的概念基础上。因此，首先对状态矢量和状态空间等基本概念进行严格的定义与相应的讨论。

系统动态过程的两类数学描述如下。

由于系统动态过程是引入状态矢量和状态空间的背景，因此我们先简要讨论其两类数学描述。一个动态系统是由相互制约和相互作用的一些部分组成的一个整体，习惯采用如图 3.1 所示的方块来表征，方块以外的部分为系统环境。环境对系统的作用为系统输入，输入变量表示为$u_1,u_2,\cdots,u_r$；系统对环境的作用为系统输出，输出变量表示为$y_1,y_2,\cdots,y_m$；输入系统和输出系统构成系统的外部变量。刻画系统在每个时刻所处态势的变量为系统状态，状态变量表示为$x_1,x_2,\cdots,x_n$，它们属于系统内部变量。

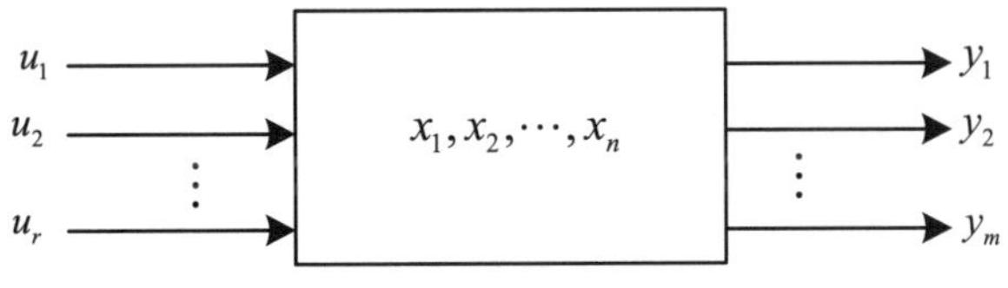

图 3.1　系统方块图表示及其变量

系统的行为由状态变量随时间的变化过程表征。系统动态过程的数学描述实质上就是反映各组系统变量间因果关系的一个数学模型。通常可把系统的数学描述分为外部描述和内部描述两种基本类型。两类描述的区别在于，在表征系统动态过程的动态因果关系中，分别将输出变量和状态变量作为外部输入的直接响应。

1. 外部描述

外部描述常被称为输出—输入描述。外部描述的基本出发点是把系统当成一个“黑箱”来处理，即假设系统的内部结构和内部信息是无法知道的。基于这个前提，外部描述的特点是，避开表征系统内部的动态过程，直接反映系统外部变量（输出变量和输入变量）间的动态因果关系。

设所考察的是一个线性的和参数不随时间改变的系统，且只有一个输入变量 u 和一个输出变量 y。那么，如同经典线性系统理论中所熟知的，此类系统在时间域内的外部描述就是形如下式的一个单变量高阶常系数线性微分方程，即

$$y^{(n)}+a_{n-1}y^{(n-1)}+\cdots+a_1y^{(1)}+a_0y=b_{n-1}u^{(n-1)}+b_{n-2}u^{(n-2)}+\cdots+b_1u^{(1)}+b_0u \tag{3.1}$$

其中

$$y^{(i)}=\mathrm{d}^iy/\mathrm{d}t^i\text{，}\quad u^{(j)}=\mathrm{d}^ju/\mathrm{d}t^j\quad（a_i\text{ 和 }b_j\text{ 为实常数}）$$

$$i=1,2,\cdots,n-1\text{，}\quad j=1,2,\cdots,n-1$$

进一步，对上述微分方程取拉普拉斯变换，并假定系统具有零初始条件，则由此可以导出系统的复频域描述，即传递函数描述的形式为

$$G(s)=\frac{Y(s)}{U(s)}=\frac{b_{n-1}s^{n-1}+\cdots+b_1s+b_0}{s^n+a_{n-1}s^{n-1}+\cdots+a_1s+a_0} \tag{3.2}$$

其中，$U(s)$ 和 $Y(s)$ 分别为输入变量 $u(t)$ 与输出变量 $y(t)$ 的拉普拉斯变换；s 为复变量。

2. 内部描述

状态空间表达式是内部描述的基本形式。内部描述的出发点是认为系统是一个“白箱”，即系统的内部结构和内部信息是可以知道的。内部描述以系统的内部结构分析为基础，其数学模型由两个方程表征：一个是状态方程，用以反映系统状态变量 $x_1,x_2,\cdots,x_n$ 和输入变量 $u_1,u_2,\cdots,u_r$ 间的动态因果关系，其数学表达式对于连续时间系统为一阶微分方程组，对于离散时间系统为一阶差分方程组；另一个是输出方程，用以表征系统状态变量 $x_1,x_2,\cdots,x_n$ 与输入变量 $u_1,u_2,\cdots,u_r$ 和输出变量 $y_1,y_2,\cdots,y_m$ 间的转换关系，其数学表达式为代数方程组。

3. 外部描述和内部描述的比较

对于线性系统，一般来说，外部描述只是对系统的一种不完全描述，不能反映“黑箱”内部结构的不能控或不能观的部分。内部描述是对系统的一种完全描述，能够完全表征系统结构的每个部分，能够完全反映系统的所有动力学特性。已经证明，只有在系统满足一定条件的前提下，系统的外部描述和内部描述才具有等价的关系。

3.2　状态空间描述

3.2.1　几个定义

（1）**状态变量**。一个动力学系统的状态变量定义为能完全表征其时间域行为的一个最小内部变量组，表示为 $x_1(t),x_2(t),\cdots,x_n(t)$，其中，$t$ 为自变量时间。一个用 n 阶微分方程描述的系统有 n 个独立变量，当这 n 个独立变量的时间响应都求得时，系统的运动状态也就被揭示了。因此，可以说该系统的状态变量就是 n 阶系统的 n 个独立变量。

同一个系统，究竟选取哪些变量作为独立变量不是唯一的，重要的是这些变量应该是相互独立的，且其个数应等于微分方程的阶数；又由于微分方程的阶数唯一地取决于系统中独立储能元件的个数，因此状态变量的个数应等于系统独立储能元件的个数。

（2）**状态矢量**。如果 n 个状态变量用 $x_1(t),x_2(t),\cdots,x_n(t)$ 表示，并把这些状态变量看作矢量 $\boldsymbol{x}(t)$ 的分量，则 $\boldsymbol{x}(t)$ 就称为状态矢量，记作

$$\boldsymbol{x}(t)=\begin{pmatrix} x_1(t) \\ x_2(t) \\ \vdots \\ x_n(t) \end{pmatrix} \text{或 } \boldsymbol{x}^{\mathrm{T}}(t)=\left[x_1(t), x_2(t),\cdots, x_n(t)\right]$$

（3）**状态空间**。以状态变量 $x_1(t),x_2(t),\cdots,x_n(t)$ 为坐标轴构成的 n 维空间称为状态空间。在特定时刻 t，状态矢量 $\boldsymbol{x}(t)$ 在状态空间中是一个点。已知初始时刻 t_0 的状态 $\boldsymbol{x}(t_0)$，即可得状态空间中的一个初始点。随着时间的推移，$\boldsymbol{x}(t)$ 将在状态空间中描绘出一条轨迹，这条轨迹称为状态轨线。状态矢量的状态空间表示将状态矢量的代数表示和几何概念联系起来了。

（4）**状态方程**。把系统的状态变量与输入之间的关系用一组一阶微分方程来描述的数学模型称为状态方程。

（5）**输出方程**。在指定系统输出的情况下，该输出与状态变量间的函数关系式称为系统的输出方程。

（6）**状态空间表达式**。将状态方程和输出方程组合起来，构成对一个系统动态行为的完整描述，此完整描述称为系统的状态空间表达式。

3.2.2　状态空间表达式的一般形式

1. 线性定常系统状态空间表达式的一般形式

n 阶单输入—单输出线性定常系统的状态空间表达式的一般形式为

$$\begin{cases} \dot{x}_1 = a_{11}x_1 + a_{12}x_2 + \cdots + a_{1n}x_n + b_1u \\ \dot{x}_2 = a_{21}x_1 + a_{22}x_2 + \cdots + a_{2n}x_n + b_2u \\ \qquad\vdots \\ \dot{x}_n = a_{n1}x_1 + a_{n2}x_2 + \cdots + a_{nn}x_n + b_nu \\ y = c_1x_1 + c_2x_2 + \cdots + c_nx_n + du \end{cases} \tag{3.3}$$

用矢量矩阵形式表示为

$$\begin{cases}\dot{\boldsymbol{x}} = \boldsymbol{A}\boldsymbol{x} + \boldsymbol{b}u \\ y = \boldsymbol{c}\boldsymbol{x} + du\end{cases} \tag{3.4}$$

在式（3.4）中，

$\boldsymbol{x} = \begin{pmatrix} x_1 \\ x_2 \\ \vdots \\ x_n \end{pmatrix}$ 为 n 维状态矢量；

$\boldsymbol{A} = \begin{pmatrix} a_{11} & a_{12} & \cdots & a_{1n} \\ a_{21} & a_{22} & \cdots & a_{2n} \\ \vdots & \vdots & & \vdots \\ a_{n1} & a_{n2} & \cdots & a_{nn} \end{pmatrix}$ 为系统矩阵，为 $n\times n$ 方阵，表示系统内部各状态变量之间的关联情况；

$\boldsymbol{b} = \begin{pmatrix} b_1 \\ b_2 \\ \vdots \\ b_n \end{pmatrix}$ 为输入矩阵或控制矩阵，为 $n\times 1$ 列矢量，表示输入对每个状态变量的作用情况；

$\boldsymbol{c} = \begin{pmatrix} c_1 & c_2 & \cdots & c_n \end{pmatrix}$ 为输出矩阵，为 $1\times n$ 行矢量，表示输出与每个状态变量的组成关系；

d 为直接传递矩阵，对于单输入—单输出系统，其为标量。

对于多输入—多输出线性定常系统，设有 n 个状态，r 个输入，m 个输出，则其状态空间表达式的一般形式为

$$\begin{cases}\dot{x}_1 = a_{11}x_1 + a_{12}x_2 + \cdots + a_{1n}x_n + b_{11}u_1 + b_{12}u_2 + \cdots + b_{1r}u_r \\ \dot{x}_2 = a_{21}x_1 + a_{22}x_2 + \cdots + a_{2n}x_n + b_{21}u_1 + b_{22}u_2 + \cdots + b_{2r}u_r \\ \qquad \vdots \\ \dot{x}_n = a_{n1}x_1 + a_{n2}x_2 + \cdots + a_{nn}x_n + b_{n1}u_1 + b_{n2}u_2 + \cdots + b_{nr}u_r \end{cases}$$
$$\begin{cases} y_1 = c_{11}x_1 + c_{12}x_2 + \cdots + c_{1n}x_n + d_{11}u_1 + d_{12}u_2 + \cdots d_{1r}u_r \\ y_2 = c_{21}x_1 + c_{22}x_2 + \cdots + c_{2n}x_n + d_{21}u_1 + d_{22}u_2 + \cdots d_{2r}u_r \\ \qquad \vdots \\ y_m = c_{m1}x_1 + c_{m2}x_2 + \cdots + c_{mn}x_n + d_{m1}u_1 + d_{m2}u_2 + \cdots d_{mr}u_r \end{cases} \tag{3.5}$$

写成矩阵形式为

$$\begin{cases}\dot{\boldsymbol{x}} = \boldsymbol{A}\boldsymbol{x} + \boldsymbol{B}\boldsymbol{u} \\ \boldsymbol{y} = \boldsymbol{C}\boldsymbol{x} + \boldsymbol{D}\boldsymbol{u}\end{cases} \tag{3.6}$$

其中，$\boldsymbol{x}$ 和 $\boldsymbol{A}$ 与单输入—单输出系统相同，分别为 n 维状态矢量和 $n\times n$ 系统矩阵；

$\boldsymbol{u} = \begin{pmatrix} u_1 \\ u_2 \\ \vdots \\ u_r \end{pmatrix}$ 为 r 维输入（或控制）矢量；

$\boldsymbol{y}=\begin{pmatrix} y_1 \\ y_2 \\ \vdots \\ y_m \end{pmatrix}$ 为 m 维输出矢量；

$\boldsymbol{B}=\begin{pmatrix} b_{11} & b_{12} & \cdots & b_{1r} \\ b_{21} & b_{22} & \cdots & b_{2r} \\ \vdots & \vdots & & \vdots \\ b_{n1} & b_{n2} & \cdots & b_{nr} \end{pmatrix}$ 为 $n\times r$ 输入（或控制）矩阵；

$\boldsymbol{C}=\begin{pmatrix} c_{11} & c_{12} & \cdots & c_{1n} \\ c_{21} & c_{22} & \cdots & c_{2n} \\ \vdots & \vdots & & \vdots \\ c_{m1} & c_{m2} & \cdots & c_{mn} \end{pmatrix}$ 为 $m\times n$ 输出矩阵；

$\boldsymbol{D}=\begin{pmatrix} d_{11} & d_{12} & \cdots & d_{1r} \\ d_{21} & d_{22} & \cdots & d_{2r} \\ \vdots & \vdots & & \vdots \\ d_{m1} & d_{m2} & \cdots & d_{mr} \end{pmatrix}$ 为 $m\times r$ 直接传递矩阵，是前馈矩阵，表示输入对输出的直接作用，通常为 $\boldsymbol{0}$。

对于线性定常系统，$\boldsymbol{A}$、$\boldsymbol{B}$、$\boldsymbol{C}$、$\boldsymbol{D}$ 为常数矩阵，是与时间、输入、输出无关，但与系统本身的结构、参数有关的参数矩阵。由于 $\boldsymbol{A}$、$\boldsymbol{B}$、$\boldsymbol{C}$、$\boldsymbol{D}$ 这 4 个矩阵描述了线性系统状态空间表达式的全部内容，故常用符号 $\Sigma(\boldsymbol{A},\boldsymbol{B},\boldsymbol{C},\boldsymbol{D})$ 来表示所讨论的动力学系统。

【例 3.1】 图 3.2 所示为 RLC 电路（一种由电阻、电感、电容组成的电路），输入为电压 $u(t)$，电流方向如图中所示，输出为电压 $u_0(t)$。求此电路的状态空间表达式。

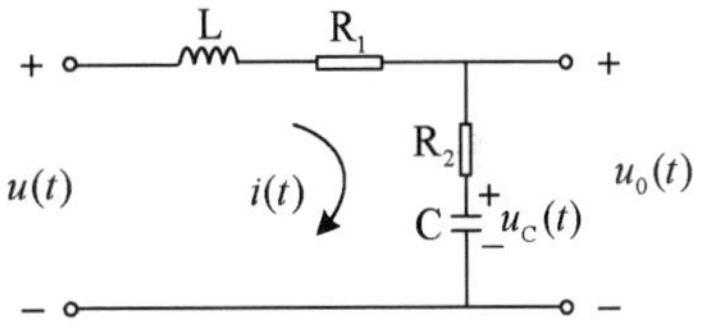

图 3.2　RLC 电路

解

根据基尔霍夫电压定律，有

$$u_{\mathrm{L}}+R_1 i+R_2 i+u_{\mathrm{C}}=u$$

且有

$$\begin{cases} u_{\mathrm{L}}=L\dfrac{\mathrm{d}i}{\mathrm{d}t} \\ i=C\dfrac{\mathrm{d}u_{\mathrm{C}}}{\mathrm{d}t} \end{cases}$$

则

$$\begin{cases} \dfrac{\mathrm{d}i}{\mathrm{d}t}=-\dfrac{R_1+R_2}{L}i-\dfrac{1}{L}u_{\mathrm{C}}+\dfrac{1}{L}u \\ \dfrac{\mathrm{d}u_{\mathrm{C}}}{\mathrm{d}t}=\dfrac{1}{C}i \end{cases}$$

系统有两个储能元件 L、C，根据选取状态变量的一般原则，取 i、u_{C} 为状态变量，两

变量之间相互线性独立，即令 $i=x_1$，$u_C=x_2$，则系统的状态空间表达式为

$$\begin{pmatrix}\dot{x}_1\\ \dot{x}_2\end{pmatrix}=\begin{pmatrix}-\dfrac{R_1+R_2}{L} & -\dfrac{1}{L}\\ \dfrac{1}{C} & 0\end{pmatrix}\begin{pmatrix}x_1\\ x_2\end{pmatrix}+\begin{pmatrix}\dfrac{1}{L}\\ 0\end{pmatrix}u$$

$$y=\begin{pmatrix}R_2 & 1\end{pmatrix}\begin{pmatrix}x_1\\ x_2\end{pmatrix}$$

和经典控制理论类似，可以用状态结构图表示信号的传递关系，对于式（3.4）所描述的单输入—单输出系统和式（3.6）所描述的多输入—多输出系统，其状态结构图分别如图 3.3（a）、（b）所示。

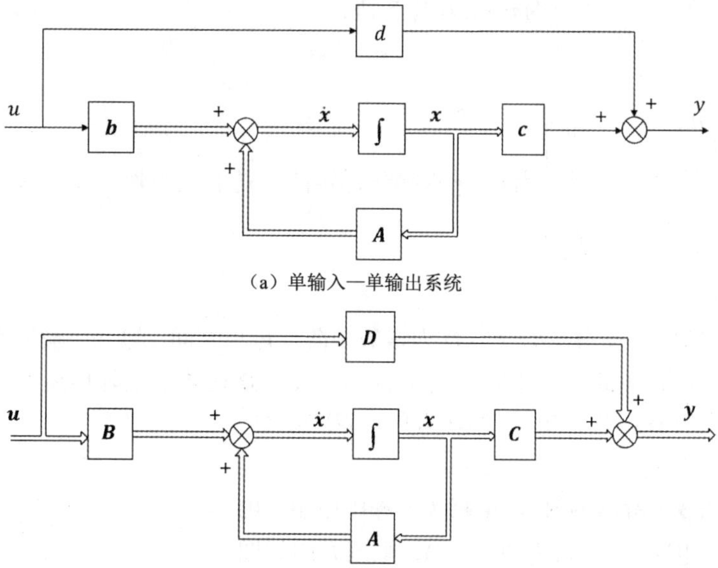

（a）单输入—单输出系统

（b）多输入—多输出系统

图 3.3　线性定常系统的状态结构图

图 3.3 中用单线箭头表示标量信号传递，用双线箭头表示矢量信号传递。

状态空间表达式和状态结构图都能清楚地说明，它们既表征了输入与系统内部状态的因果关系，又反映了系统内部状态对输出的影响。所以二者都是对系统的一种完全描述。

2. 线性时变系统的状态空间表达式的一般形式

线性时变系统的状态空间表达式为

$$\begin{cases}\dot{\boldsymbol{x}}=\boldsymbol{A}(t)\boldsymbol{x}+\boldsymbol{B}(t)\boldsymbol{u}\\ \boldsymbol{y}=\boldsymbol{C}(t)\boldsymbol{x}+\boldsymbol{D}(t)\boldsymbol{u}\end{cases}\tag{3.7}$$

其中

$$\boldsymbol{A}(t)=\begin{pmatrix}a_{11}(t) & a_{12}(t) & \cdots & a_{1n}(t)\\ a_{21}(t) & a_{22}(t) & \cdots & a_{2n}(t)\\ \vdots & \vdots & & \vdots\\ a_{n1}(t) & a_{n2}(t) & \cdots & a_{nn}(t)\end{pmatrix}$$

$$\boldsymbol{B}(t)=\begin{pmatrix} b_{11}(t) & b_{12}(t) & \cdots & b_{1r}(t) \\ b_{21}(t) & b_{22}(t) & \cdots & b_{2r}(t) \\ \vdots & \vdots & & \vdots \\ b_{n1}(t) & b_{n2}(t) & \cdots & b_{nr}(t) \end{pmatrix}$$

$$\boldsymbol{C}(t)=\begin{pmatrix} c_{11}(t) & c_{12}(t) & \cdots & c_{1n}(t) \\ c_{21}(t) & c_{22}(t) & \cdots & c_{2n}(t) \\ \vdots & \vdots & & \vdots \\ c_{m1}(t) & c_{m2}(t) & \cdots & c_{mn}(t) \end{pmatrix}$$

$$\boldsymbol{D}(t)=\begin{pmatrix} d_{11}(t) & d_{12}(t) & \cdots & d_{1r}(t) \\ d_{21}(t) & d_{22}(t) & \cdots & d_{2r}(t) \\ \vdots & \vdots & & \vdots \\ d_{m1}(t) & d_{m2}(t) & \cdots & d_{mr}(t) \end{pmatrix}$$

它们的元有些或全部是时间 t 的函数。

3. 非线性系统的状态空间表达式

严格地说，实际物理系统都是非线性的。

非线性系统的状态空间表达式可用下列组合来表示，即

$$\begin{cases} \dot{\boldsymbol{x}}=\boldsymbol{f}(\boldsymbol{x},\boldsymbol{u},t) \\ \boldsymbol{y}=\boldsymbol{g}(\boldsymbol{x},\boldsymbol{u},t) \end{cases} \tag{3.8}$$

非线性系统的状态方程求解比较困难，不用数值法一般是解不出的。但是大部分非线性系统可以在足够精度下通过线性化近似为线性系统，使系统的分析和综合都大为简化。

设 $\boldsymbol{x}_0$、$\boldsymbol{u}_0$、$\boldsymbol{y}_0$ 是满足非线性方程式（3.8）的一组解，即

$$\begin{cases} \dot{\boldsymbol{x}}_0=\boldsymbol{f}(\boldsymbol{x}_0,\boldsymbol{u}_0,t) \\ \boldsymbol{y}_0=\boldsymbol{g}(\boldsymbol{x}_0,\boldsymbol{u}_0,t) \end{cases} \tag{3.9}$$

将 $\boldsymbol{f}(\boldsymbol{x},\boldsymbol{u},t)$ 和 $\boldsymbol{g}(\boldsymbol{x},\boldsymbol{u},t)$ 在 $(\boldsymbol{x}_0,\boldsymbol{u}_0)$ 邻域内展开成泰勒级数，有

$$\begin{aligned} \boldsymbol{f}(\boldsymbol{x},\boldsymbol{u},t)&=\boldsymbol{f}(\boldsymbol{x}_0,\boldsymbol{u}_0,t)+\left.\frac{\partial \boldsymbol{f}}{\partial \boldsymbol{x}}\right|_{\boldsymbol{x}_0,\boldsymbol{u}_0}\delta\boldsymbol{x}+\left.\frac{\partial \boldsymbol{f}}{\partial \boldsymbol{u}}\right|_{\boldsymbol{x}_0,\boldsymbol{u}_0}\delta\boldsymbol{u}+\boldsymbol{\alpha}(\delta\boldsymbol{x},\delta\boldsymbol{u},t) \\ \boldsymbol{g}(\boldsymbol{x},\boldsymbol{u},t)&=\boldsymbol{g}(\boldsymbol{x}_0,\boldsymbol{u}_0,t)+\left.\frac{\partial \boldsymbol{g}}{\partial \boldsymbol{x}}\right|_{\boldsymbol{x}_0,\boldsymbol{u}_0}\delta\boldsymbol{x}+\left.\frac{\partial \boldsymbol{g}}{\partial \boldsymbol{u}}\right|_{\boldsymbol{x}_0,\boldsymbol{u}_0}\delta\boldsymbol{u}+\boldsymbol{\beta}(\delta\boldsymbol{x},\delta\boldsymbol{u},t) \end{aligned} \tag{3.10}$$

其中，$\delta\boldsymbol{x}=\boldsymbol{x}-\boldsymbol{x}_0$；$\delta\boldsymbol{u}=\boldsymbol{u}-\boldsymbol{u}_0$；$\boldsymbol{\alpha}(\delta\boldsymbol{x},\delta\boldsymbol{u},t)$ 和 $\boldsymbol{\beta}(\delta\boldsymbol{x},\delta\boldsymbol{u},t)$ 是泰勒级数的高次项；

$\dfrac{\partial \boldsymbol{f}}{\partial \boldsymbol{x}}$ 和 $\dfrac{\partial \boldsymbol{f}}{\partial \boldsymbol{u}}$ 分别是矢量 $\boldsymbol{f}(\boldsymbol{x},\boldsymbol{u},t)$ 对矢量 $\boldsymbol{x}$ 与 $\boldsymbol{u}$ 的偏导数；

$\dfrac{\partial \boldsymbol{g}}{\partial \boldsymbol{x}}$ 和 $\dfrac{\partial \boldsymbol{g}}{\partial \boldsymbol{u}}$ 分别是矢量 $\boldsymbol{g}(\boldsymbol{x},\boldsymbol{u},t)$ 对矢量 $\boldsymbol{x}$ 与 $\boldsymbol{u}$ 的偏导数。

$\dfrac{\partial \boldsymbol{f}}{\partial \boldsymbol{x}}$、$\dfrac{\partial \boldsymbol{f}}{\partial \boldsymbol{u}}$、$\dfrac{\partial \boldsymbol{g}}{\partial \boldsymbol{x}}$、$\dfrac{\partial \boldsymbol{g}}{\partial \boldsymbol{u}}$ 分别是 $n\times n$、$n\times r$、$m\times n$ 和 $m\times r$ 矩阵，其定义为

$$\frac{\partial \boldsymbol{f}}{\partial \boldsymbol{x}} \triangleq \begin{pmatrix} \frac{\partial f_1}{\partial x_1} & \frac{\partial f_1}{\partial x_2} & \cdots & \frac{\partial f_1}{\partial x_n} \\ \frac{\partial f_2}{\partial x_1} & \frac{\partial f_2}{\partial x_2} & \cdots & \frac{\partial f_2}{\partial x_n} \\ \vdots & \vdots & & \vdots \\ \frac{\partial f_n}{\partial x_1} & \frac{\partial f_n}{\partial x_2} & \cdots & \frac{\partial f_n}{\partial x_n} \end{pmatrix}, \qquad \frac{\partial \boldsymbol{f}}{\partial \boldsymbol{u}} \triangleq \begin{pmatrix} \frac{\partial f_1}{\partial u_1} & \frac{\partial f_1}{\partial u_2} & \cdots & \frac{\partial f_1}{\partial u_r} \\ \frac{\partial f_2}{\partial u_1} & \frac{\partial f_2}{\partial u_2} & \cdots & \frac{\partial f_2}{\partial u_r} \\ \vdots & \vdots & & \vdots \\ \frac{\partial f_n}{\partial u_1} & \frac{\partial f_n}{\partial u_2} & \cdots & \frac{\partial f_n}{\partial u_r} \end{pmatrix}$$

$$\frac{\partial \boldsymbol{g}}{\partial \boldsymbol{x}} \triangleq \begin{pmatrix} \frac{\partial g_1}{\partial x_1} & \frac{\partial g_1}{\partial x_2} & \cdots & \frac{\partial g_1}{\partial x_n} \\ \frac{\partial g_2}{\partial x_1} & \frac{\partial g_2}{\partial x_2} & \cdots & \frac{\partial g_2}{\partial x_n} \\ \vdots & \vdots & & \vdots \\ \frac{\partial g_n}{\partial x_1} & \frac{\partial g_n}{\partial x_2} & \cdots & \frac{\partial g_n}{\partial x_n} \end{pmatrix}, \qquad \frac{\partial \boldsymbol{g}}{\partial \boldsymbol{u}} \triangleq \begin{pmatrix} \frac{\partial g_1}{\partial u_1} & \frac{\partial g_1}{\partial u_2} & \cdots & \frac{\partial g_1}{\partial u_r} \\ \frac{\partial g_2}{\partial u_1} & \frac{\partial g_2}{\partial u_2} & \cdots & \frac{\partial g_2}{\partial u_r} \\ \vdots & \vdots & & \vdots \\ \frac{\partial g_n}{\partial u_1} & \frac{\partial g_n}{\partial u_2} & \cdots & \frac{\partial g_n}{\partial u_r} \end{pmatrix}$$

当$\delta \boldsymbol{x} = \boldsymbol{x} - \boldsymbol{x}_0$，$\delta \boldsymbol{u} = \boldsymbol{u} - \boldsymbol{u}_0$很小时，略去泰勒级数的高次项$\boldsymbol{\alpha}(\delta \boldsymbol{x}, \delta \boldsymbol{u}, t)$和$\boldsymbol{\beta}(\delta \boldsymbol{x}, \delta \boldsymbol{u}, t)$，式（3.10）可改写为

$$\begin{aligned} \boldsymbol{f}(\boldsymbol{x},\boldsymbol{u},t) &= \boldsymbol{f}(\boldsymbol{x}_0,\boldsymbol{u}_0,t) + \left.\frac{\partial \boldsymbol{f}}{\partial \boldsymbol{x}}\right|_{\boldsymbol{x}_0,\boldsymbol{u}_0} \delta \boldsymbol{x} + \left.\frac{\partial \boldsymbol{f}}{\partial \boldsymbol{u}}\right|_{\boldsymbol{x}_0,\boldsymbol{u}_0} \delta \boldsymbol{u} \\ \boldsymbol{g}(\boldsymbol{x},\boldsymbol{u},t) &= \boldsymbol{g}(\boldsymbol{x}_0,\boldsymbol{u}_0,t) + \left.\frac{\partial \boldsymbol{g}}{\partial \boldsymbol{x}}\right|_{\boldsymbol{x}_0,\boldsymbol{u}_0} \delta \boldsymbol{x} + \left.\frac{\partial \boldsymbol{g}}{\partial \boldsymbol{u}}\right|_{\boldsymbol{x}_0,\boldsymbol{u}_0} \delta \boldsymbol{u} \end{aligned} \tag{3.11}$$

或

$$\begin{aligned} \delta \dot{\boldsymbol{x}} = \dot{\boldsymbol{x}} - \dot{\boldsymbol{x}}_0 = \boldsymbol{f}(\boldsymbol{x},\boldsymbol{u},t) - \boldsymbol{f}(\boldsymbol{x}_0,\boldsymbol{u}_0,t) &= \left.\frac{\partial \boldsymbol{f}}{\partial \boldsymbol{x}}\right|_{\boldsymbol{x}_0,\boldsymbol{u}_0} \delta \boldsymbol{x} + \left.\frac{\partial \boldsymbol{f}}{\partial \boldsymbol{u}}\right|_{\boldsymbol{x}_0,\boldsymbol{u}_0} \delta \boldsymbol{u} \\ \delta \boldsymbol{y} = \boldsymbol{y} - \boldsymbol{y}_0 = \boldsymbol{g}(\boldsymbol{x},\boldsymbol{u},t) - \boldsymbol{g}(\boldsymbol{x}_0,\boldsymbol{u}_0,t) &= \left.\frac{\partial \boldsymbol{g}}{\partial \boldsymbol{x}}\right|_{\boldsymbol{x}_0,\boldsymbol{u}_0} \delta \boldsymbol{x} + \left.\frac{\partial \boldsymbol{g}}{\partial \boldsymbol{u}}\right|_{\boldsymbol{x}_0,\boldsymbol{u}_0} \delta \boldsymbol{u} \end{aligned} \tag{3.12}$$

引用下列符号

$$\hat{\boldsymbol{x}} \triangleq \delta \boldsymbol{x}, \quad \hat{\boldsymbol{u}} \triangleq \delta \boldsymbol{u}, \quad \hat{\boldsymbol{y}} \triangleq \delta \boldsymbol{y}$$

$$\boldsymbol{A}(t) \triangleq \left.\frac{\partial \boldsymbol{f}}{\partial \boldsymbol{x}}\right|_{\boldsymbol{x}_0,\boldsymbol{u}_0}, \quad \boldsymbol{B}(t) \triangleq \left.\frac{\partial \boldsymbol{f}}{\partial \boldsymbol{u}}\right|_{\boldsymbol{x}_0,\boldsymbol{u}_0}, \quad \boldsymbol{C}(t) \triangleq \left.\frac{\partial \boldsymbol{g}}{\partial \boldsymbol{x}}\right|_{\boldsymbol{x}_0,\boldsymbol{u}_0}, \quad \boldsymbol{D}(t) \triangleq \left.\frac{\partial \boldsymbol{g}}{\partial \boldsymbol{u}}\right|_{\boldsymbol{x}_0,\boldsymbol{u}_0}$$

则系统在$(\boldsymbol{x}_0, \boldsymbol{u}_0)$邻域内线性化后的状态空间表达式为

$$\begin{cases} \dot{\hat{\boldsymbol{x}}} = \boldsymbol{A}(t)\hat{\boldsymbol{x}} + \boldsymbol{B}(t)\hat{\boldsymbol{u}} \\ \hat{\boldsymbol{y}} = \boldsymbol{C}(t)\hat{\boldsymbol{x}} + \boldsymbol{D}(t)\hat{\boldsymbol{u}} \end{cases} \tag{3.13}$$

若系统为非线性定常系统，$\boldsymbol{A}$、$\boldsymbol{B}$、$\boldsymbol{C}$、$\boldsymbol{D}$与时间无关，则系统在$(\boldsymbol{x}_0, \boldsymbol{u}_0)$邻域内线性化后的状态空间表达式为

$$\begin{cases} \dot{\hat{\boldsymbol{x}}} = \boldsymbol{A}\hat{\boldsymbol{x}} + \boldsymbol{B}\hat{\boldsymbol{u}} \\ \hat{\boldsymbol{y}} = \boldsymbol{C}\hat{\boldsymbol{x}} + \boldsymbol{D}\hat{\boldsymbol{u}} \end{cases} \tag{3.14}$$

【例 3.2】试求非线性系统

$$\begin{cases}\dot{x}_1 = x_1 + 2x_2 + u \\ \dot{x}_2 = x_1 + x_2 + x_2^2 + 2u^2 \\ y = x_1 + x_2^2\end{cases}$$

在 $\boldsymbol{x}_0 = \boldsymbol{0}$，$u_0 = 0$ 处的线性化方程。

解

由已知状态方程和输出方程可知

$$\begin{cases}f_1(x_1, x_2, u) = x_1 + 2x_2 + u \\ f_2(x_1, x_2, u) = x_1 + x_2 + x_2^2 + 2u^2 \\ g_1(x_1, x_2, u) = x_1 + x_2^2\end{cases}$$

则

$$\left.\frac{\partial f_1}{\partial x_1}\right|_{x_0,u_0} = 1，\left.\frac{\partial f_1}{\partial x_2}\right|_{x_0,u_0} = 2，\left.\frac{\partial f_2}{\partial x_1}\right|_{x_0,u_0} = 1，\left.\frac{\partial f_2}{\partial x_2}\right|_{x_0,u_0} = (1+2x_2)|_{x_0,u_0} = 1$$

$$\left.\frac{\partial f_1}{\partial u}\right|_{x_0,u_0} = 1，\left.\frac{\partial f_2}{\partial u}\right|_{x_0,u_0} = 4u = 0，\left.\frac{\partial g_1}{\partial x_1}\right|_{x_0,u_0} = 1，\left.\frac{\partial g_1}{\partial x_2}\right|_{x_0,u_0} = 2x_2|_{x_0,u_0} = 0$$

于是

$$\boldsymbol{A} = \left.\frac{\partial \boldsymbol{f}}{\partial \boldsymbol{x}}\right|_{x_0,u_0} = \begin{pmatrix}1 & 2 \\ 1 & 1\end{pmatrix}，\boldsymbol{B} = \left.\frac{\partial \boldsymbol{f}}{\partial \boldsymbol{u}}\right|_{x_0,u_0} = \begin{pmatrix}1 \\ 0\end{pmatrix}，\boldsymbol{C} = \left.\frac{\partial \boldsymbol{g}}{\partial \boldsymbol{x}}\right|_{x_0,u_0} = \begin{pmatrix}1 & 0\end{pmatrix}，\boldsymbol{D} = \left.\frac{\partial \boldsymbol{g}}{\partial \boldsymbol{u}}\right|_{x_0,u_0} = 0$$

所以该系统在 $\boldsymbol{x}_0 = \boldsymbol{0}$，$u_0 = 0$ 处的线性化方程为

$$\begin{cases}\dot{\hat{\boldsymbol{x}}} = \begin{pmatrix}1 & 2 \\ 1 & 1\end{pmatrix}\hat{\boldsymbol{x}} + \begin{pmatrix}1 \\ 0\end{pmatrix}\hat{u} \\ \hat{y} = \begin{pmatrix}1 & 0\end{pmatrix}\hat{\boldsymbol{x}}\end{cases}$$

3.3　状态空间表达式的模拟结构图

在状态空间分析中，采用模拟结构图来反映系统各状态变量之间的信息传递关系，对建立系统的状态空间表达式很有帮助。

3.3.1　绘制模拟结构图的基本方法

1. 基本元件表示

模拟结构图中的基本元件如图 3.4 所示。

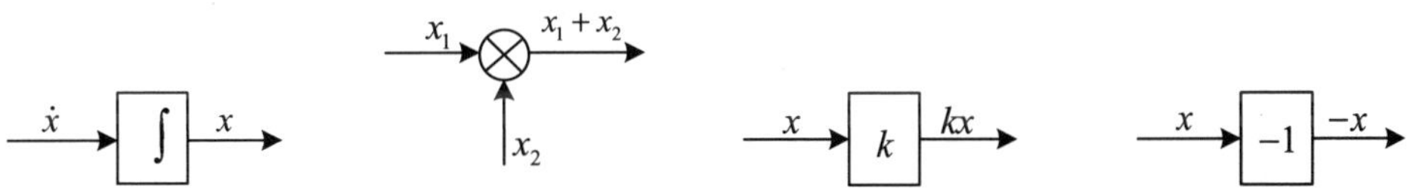

（a）积分器　（b）加法器　（c）放大器　（d）反相器

图 3.4　模拟结构图中的基本元件

2. 绘制模拟结构图的基本步骤

（1）积分器的数量等于状态变量的数量，也等于系统的阶数，将它们画在适当的位置。

（2）每个积分器输出表示相应的某个状态变量。

（3）根据给出的状态方程和输出方程，画出相应的加法器、放大器。

（4）根据信号的走向用带箭头的连线将各元件连接起来。

3.3.2 一阶系统的模拟结构图

设某元件可用下面的一阶微分方程来描述：

$$\dot{y} = ay + bu$$

设状态变量 $x = y$，则其状态空间表达式为

$$\begin{cases} \dot{x} = ax + bu \\ y = x \end{cases}$$

其模拟结构图如图 3.5 所示。

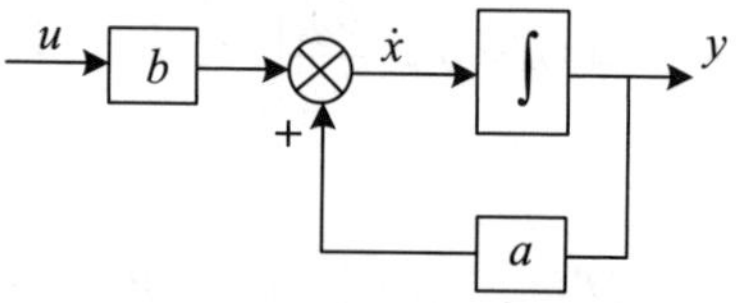

图 3.5 一阶微分方程的模拟结构图

3.3.3 单输入—单输出三阶系统的模拟结构图

单输入—单输出三阶系统（三阶单变量系统）的状态空间描述为

$$\begin{cases} \dot{x}_1 = x_2 \\ \dot{x}_2 = x_3 \\ \dot{x}_3 = -6x_1 - 3x_2 - 2x_3 + 3u \\ y = x_1 + 2x_2 + x_3 \end{cases}$$

三阶单变量系统的模拟结构图如图 3.6 所示。

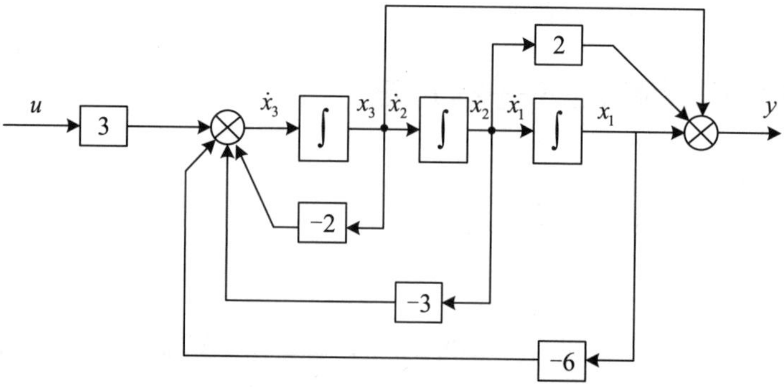

图 3.6 三阶单变量系统的模拟结构图

3.3.4　两输入—两输出二阶系统的模拟结构图

两输入—两输出二阶系统的模拟结构图如图 3.7 所示。

$$\begin{cases}\dot{x}_1 = a_{11}x_1 + a_{12}x_2 + b_{11}u_1 + b_{12}u_2 \\ \dot{x}_2 = a_{21}x_1 + a_{22}x_2 + b_{21}u_1 + b_{22}u_2\end{cases}$$

$$\begin{cases}y_1 = c_{11}x_1 + c_{12}x_2 \\ y_2 = c_{21}x_1 + c_{22}x_2\end{cases}$$

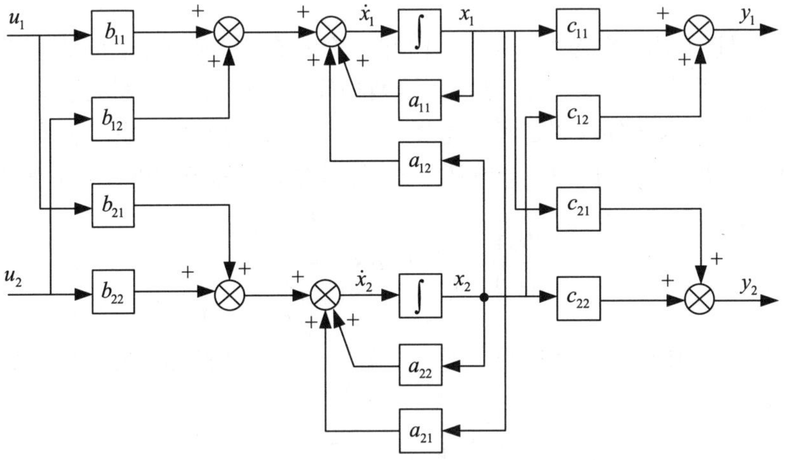

图 3.7　两输入—两输出二阶系统的模拟结构图

可以看到，图 3.7 所示的两输入—两输出二阶系统的模拟结构图相当复杂，如果系统再复杂一点，则其信息传递关系会更加复杂。所以多输入—多输出系统的模拟结构图常常以图 3.8 所示的矢量模拟结构图的形式表示。

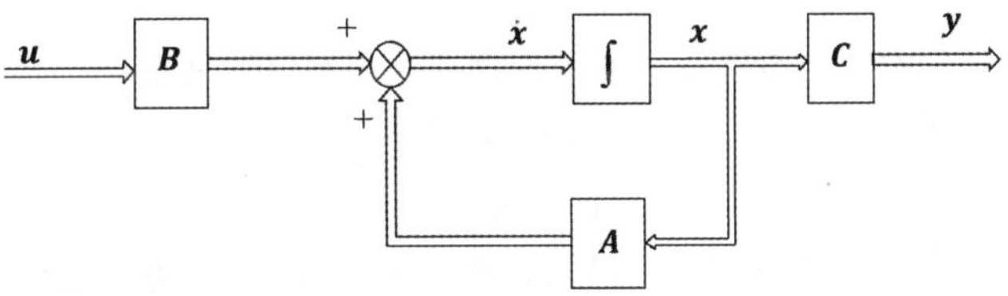

图 3.8　矢量模拟结构图

3.4　状态空间表达式的建立

用状态空间法分析系统时，首先要建立给定系统的状态空间表达式。建立系统的状态空间表达式的四种方法如下。

（1）建立系统结构图（动态结构图），根据系统各个环节的实际连接写出相应的状态空间表达式。

（2）直接从物理系统的内在机理出发，适当简化条件，根据系统运动的有关物理定理、定律进行推导，得出状态空间表达式。

（3）由描述系统运动过程的高阶微分方程或传递函数演化得到状态空间表达式。

（4）通过试验或试验与理论相结合的方式来建立相应的状态空间表达式。

3.4.1 根据系统结构图建立状态空间表达式

设系统的开环传递函数有下列形式：

$$W(s)=\frac{K}{s^{v}}\cdot\frac{\prod_{i=1}^{m_1}(s+z_i)\prod_{k=1}^{m_2}(s^2+2\xi_k\omega_k s+\omega_k^2)}{\prod_{j=1}^{n_1}(s+p_j)\prod_{l=1}^{n_2}(s^2+2\xi_l\omega_l s+\omega_l^2)} \tag{3.15}$$

由式（3.15）可以看出，它是由一系列一阶和二阶环节串联而成的，因此这两种环节的状态空间表达式是最简单、最基本的。掌握了这两种环节的状态空间表达式的建立方法后，其他任何复杂系统都可以被分解成这两种环节，从而建立相应的状态空间表达式。

对于图 3.9（a）所示的结构图（一阶环节），可以对其传递函数进行如下变化：

$$\frac{Y(s)}{U(s)}=\frac{b}{s+a}=b\times\frac{\frac{1}{s}}{1+a\frac{1}{s}}$$

结合经典控制理论中的负反馈控制，可以将图 3.9（a）变换为相应的模拟结构图，如图 3.9（b）所示。

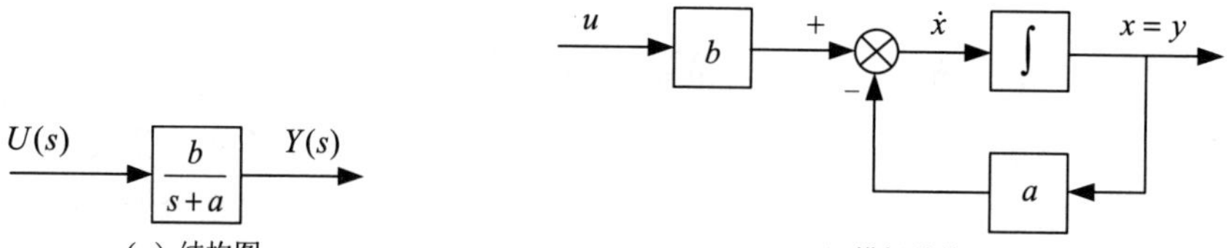

（a）结构图　　（b）模拟结构图

图 3.9　一阶环节

把积分器的输出选为状态变量 x，其输入便是 $\dot{x}$，则一阶环节相应的状态空间表达式为

$$\begin{cases}\dot{x}=-ax+bu\\ y=x\end{cases} \tag{3.16}$$

对于图 3.10（a）所示的结构图（二阶环节），可以对其传递函数进行如下变化：

$$\frac{Y(s)}{U(s)}=\frac{b}{s^2+a_1s+a_0}=b\frac{s^{-2}}{1+a_1s^{-1}+a_0s^{-2}}$$

将其变换为相应的模拟结构图，如图 3.10（b）所示。

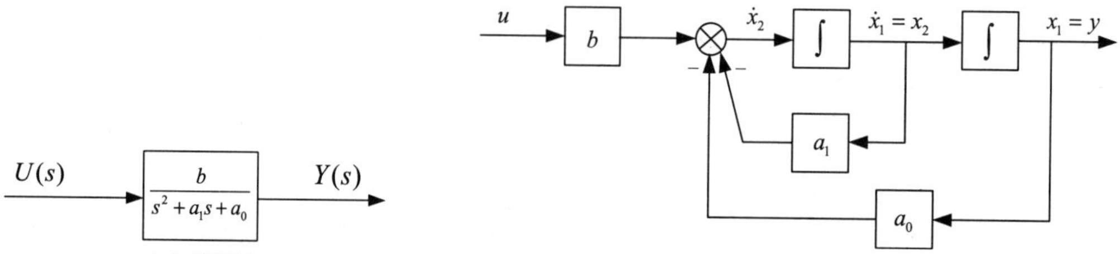

（a）结构图　　（b）模拟结构图

图 3.10　二阶环节

把每个积分器的输出选为状态变量 x_i，其输入便是 $\dot{x}_i$，则二阶环节相应的状态空间表达式为

$$\begin{cases}\dot{x}_1 = x_2 \\ \dot{x}_2 = -a_0x_1 - a_1x_2 + bu \\ y = x_1\end{cases} \tag{3.17}$$

图 3.9（a）和图 3.10（a）所示的一阶环节与二阶环节的结构图也可分别变换为图 3.11（a）、（b）所示的模拟结构图。

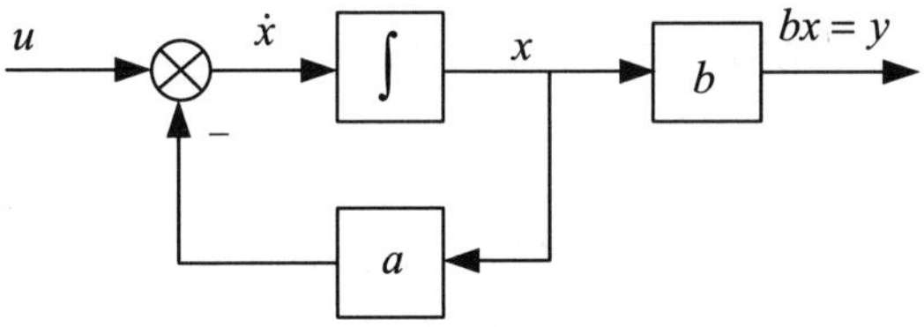

（a）一阶环节

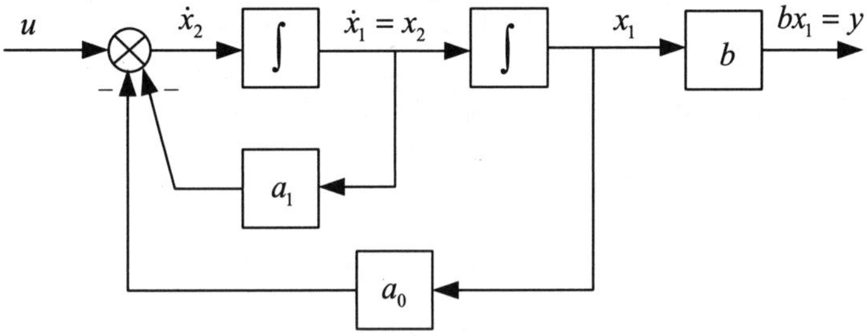

（b）二阶环节

图 3.11　另一种形式的模拟结构图

此时，相应的一阶环节状态空间表达式为

$$\begin{cases}\dot{x} = -ax + u \\ y = bx\end{cases} \tag{3.18}$$

相应的二阶环节状态空间表达式为

$$\begin{cases}\dot{x}_1 = x_2 \\ \dot{x}_2 = -a_0x_1 - a_1x_2 + u \\ y = bx_1\end{cases} \tag{3.19}$$

这说明由系统结构图建立的状态空间表达式也不是唯一的。

【例 3.3】 系统结构图如图 3.12（a）所示，输入为 u，输出为 y。试求其状态空间表达式。

解

将系统结构图中的各环节转化为相应的模拟结构图，如图 3.12（b）所示。由图 3.12（b）可知：

$$
\begin{cases}
\dot{x}_1 = \dfrac{K_3}{T_3}x_2 \\
\dot{x}_2 = -\dfrac{1}{T_2}x_2 + \dfrac{K_2}{T_2}x_3 \\
\dot{x}_3 = -\dfrac{K_1K_4}{T_1}x_1 - \dfrac{1}{T_1}x_3 + \dfrac{K_1}{T_1}u \\
y = x_1
\end{cases}
$$

写成矢量矩阵形式，系统的状态空间表达式为

$$
\dot{\boldsymbol{x}} = \begin{pmatrix} 0 & \dfrac{K_3}{T_3} & 0 \\ 0 & -\dfrac{1}{T_2} & \dfrac{K_2}{T_2} \\ -\dfrac{K_1K_4}{T_1} & 0 & -\dfrac{1}{T_1} \end{pmatrix}\boldsymbol{x} + \begin{pmatrix} 0 \\ 0 \\ \dfrac{K_1}{T_1} \end{pmatrix}u \qquad \text{状态方程}
$$

$$
y = \begin{pmatrix} 1 & 0 & 0 \end{pmatrix}\boldsymbol{x} \qquad \text{输出方程}
$$

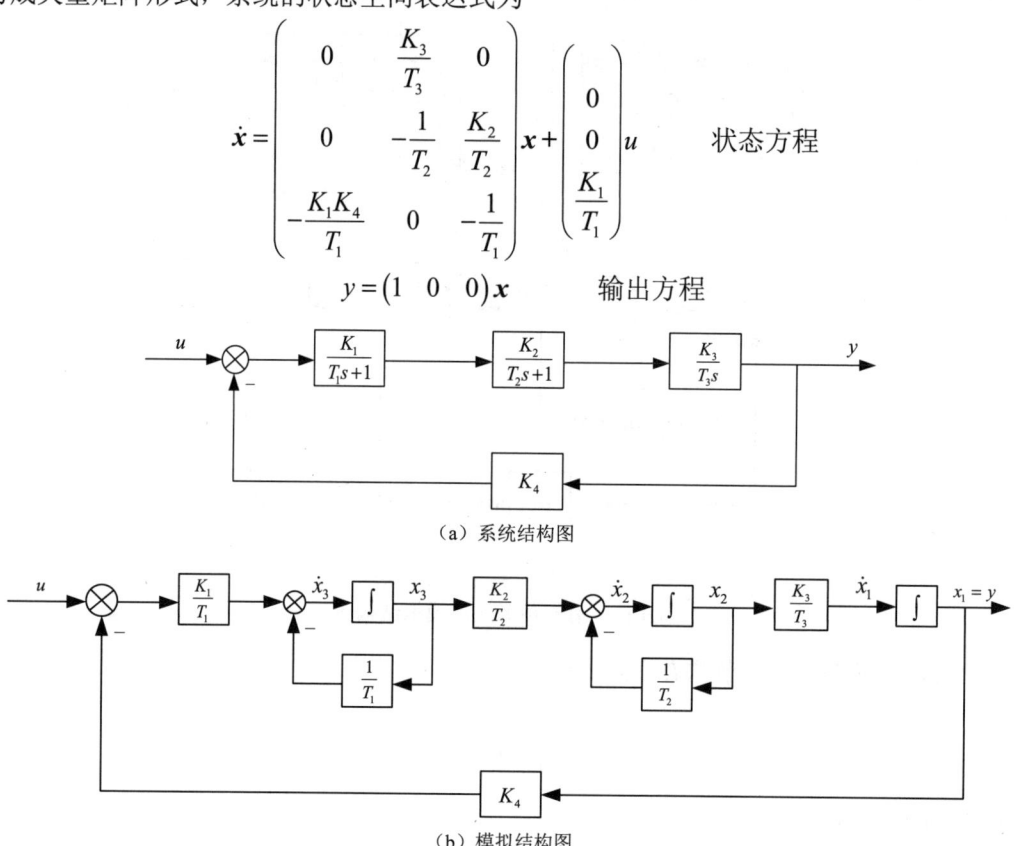

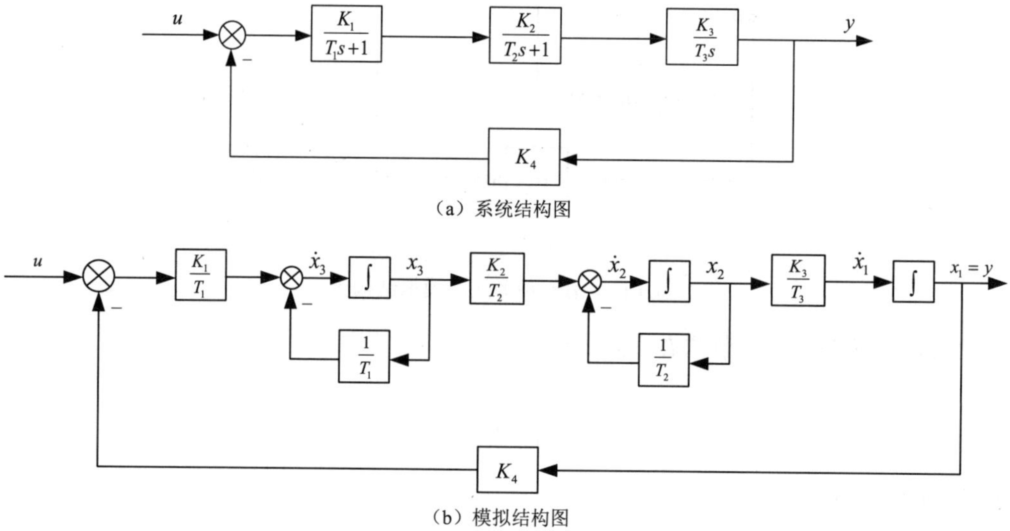

图 3.12　系统结构图和模拟结构图

【例 3.4】系统结构图如图 3.13（a）所示，该系统有一个零点。试求其状态空间表达式。

解

首先把前向通道的传递函数分解为一阶环节和二阶环节，如图 3.13（b）所示；再把含有零点的一阶环节展开成部分分式，即

$$
\frac{s+z}{s+p} = 1 + \frac{z-p}{s+p}
$$

可得等效结构图，如图 3.13（c）所示，则其模拟结构图如图 3.13（d）所示。由图 3.13（d）可得系统的状态空间表达式为

$$\dot{\boldsymbol{x}}=\begin{pmatrix}0 & 1 & 0\\ -(a_0+K) & -a_1 & K\\ -(z-p) & 0 & -p\end{pmatrix}\boldsymbol{x}+\begin{pmatrix}0\\ K\\ z-p\end{pmatrix}u$$

$$y=\begin{pmatrix}1 & 0 & 0\end{pmatrix}\boldsymbol{x}$$

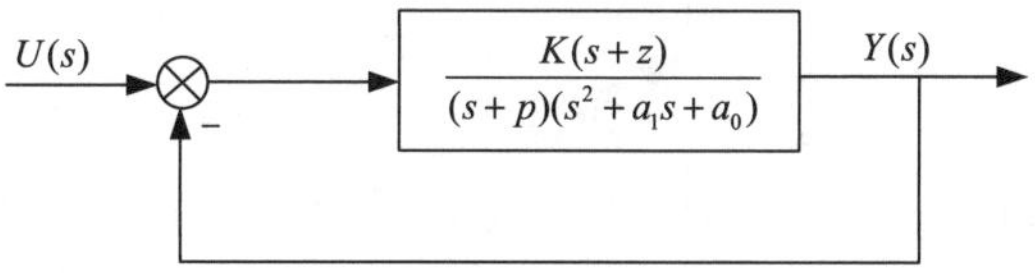

（a）系统结构图

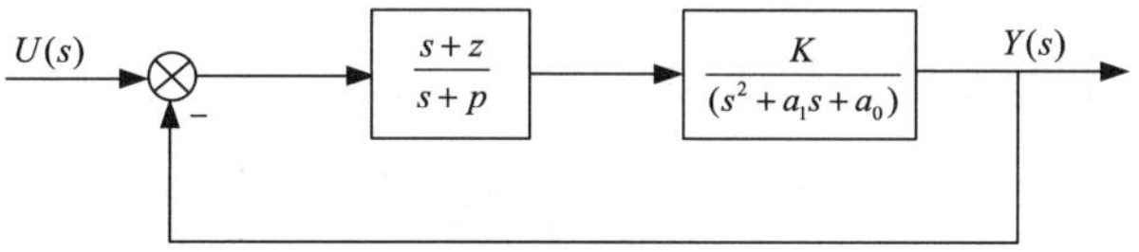

（b）环节分解

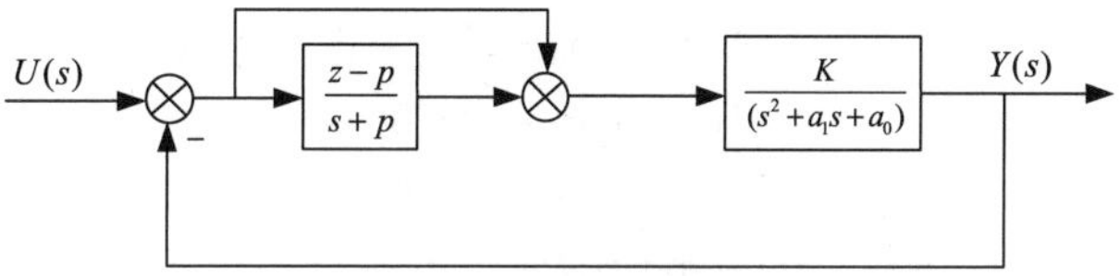

（c）等效结构图

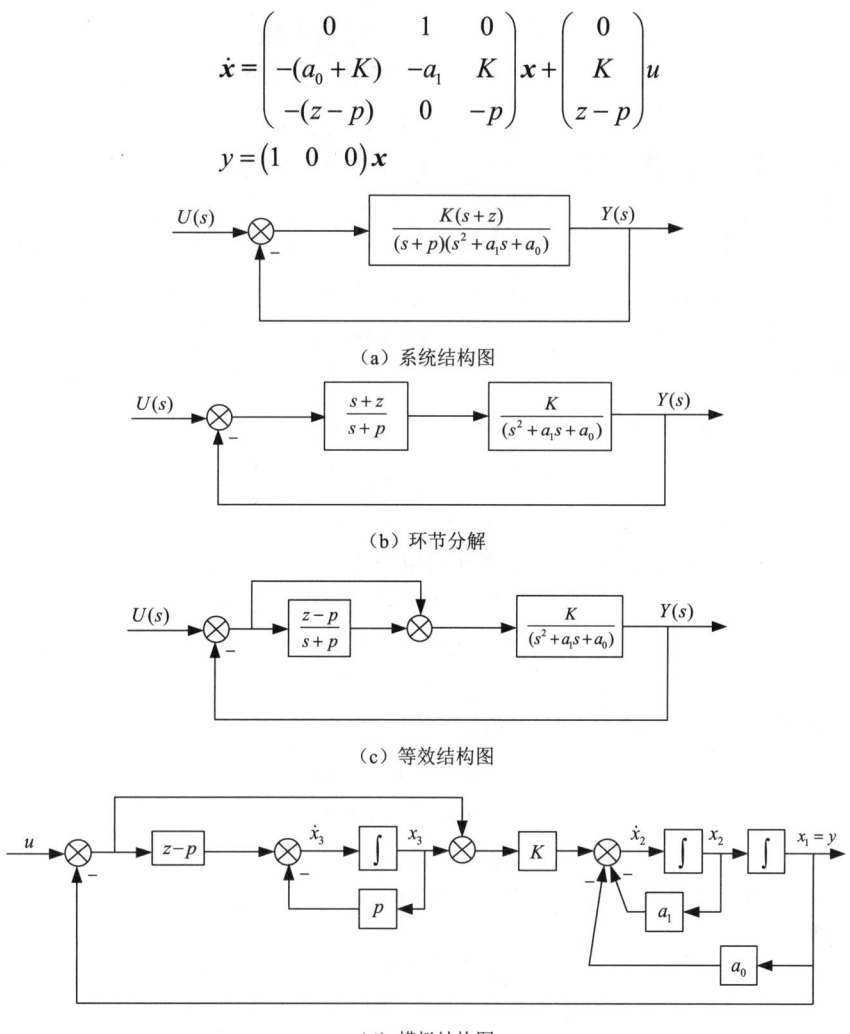

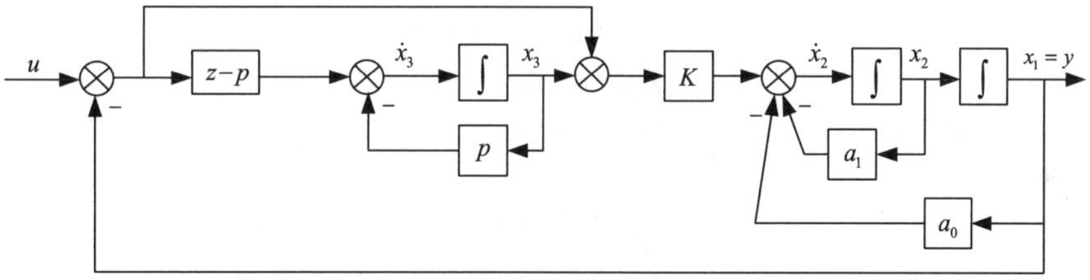

（d）模拟结构图

图 3.13　系统结构图、环节分解、等效结构图和模拟结构图

3.4.2　由系统机理建立状态空间表达式

动力学系统是一个能够储存输入信息的系统，根据系统中的储能元件及其相应的能量方程就能很方便地写出状态方程。一般常见的控制系统按其能量属性可分为电气、机械、机电、液压、热力等系统。根据其物理定律，如基尔霍夫定律、牛顿定律、能量守恒定律等即可建立系统的状态方程。指定系统的输出后也很容易写出系统的输出方程。

常见的储能元件参数及相应的能量方程如表 3.1 所示。

表 3.1　常见的储能元件参数及相应的能量方程

储能元件参数	电容 C	电感 L	质量 M	转动惯量 J	弹性系数 k
能量方程	$\frac{1}{2}Cu^2$	$\frac{1}{2}Li^2$	$\frac{1}{2}Mv^2$	$\frac{1}{2}J\omega^2$	$\frac{1}{2}kx^2$
物理变量	电压 u	电流 i	速度 v	角速度 ω	长度变化 x

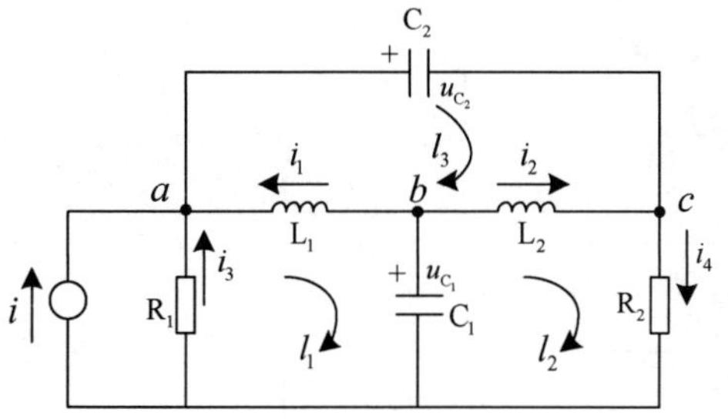

图 3.14　电路

1. 电系统

【例 3.5】电路如图 3.14 所示，以电流为输入，并指定电容 C_1 和 C_2 上的电压为输出，求此电路的状态空间表达式。

解

此电路没有纯电容回路，也没有纯电感割集，因为有 2 个电容 2 个电感，共 4 个独立储能元件，故有 4 个独立变量。

以电容 C_1 和 C_2 上的电压 u_{C_1} 和 u_{C_2} 及电感 L_1 和 L_2 中的电流 i_1 和 i_2 为状态变量，即令

$$u_{C_1}=x_1,\quad u_{C_2}=x_2$$

$$i_1=x_3,\quad i_2=x_4$$

根据节点 a、b、c，按基尔霍夫电流定律列出电流方程：

$$\begin{cases} i+i_3+x_3-C_2\dot{x}_2=0 \\ C_1\dot{x}_1+x_3+x_4=0 \\ C_2\dot{x}_2+x_4-i_4=0 \end{cases}$$

根据 3 个回路 l_1、l_2、l_3，按基尔霍夫电压定律列出电压方程：

$$\begin{cases} -L_1\dot{x}_3+x_1+R_1i_3=0 \\ -x_1+L_2\dot{x}_4+R_2i_4=0 \\ L_2\dot{x}_4-L_1\dot{x}_3-x_2=0 \end{cases}$$

从以上 6 个式子中消去非独立变量 i_3 和 i_4，可得

$$\begin{cases} \dot{x}_1=-\dfrac{1}{C_1}x_3-\dfrac{1}{C_1}x_4 \\ R_1C_2\dot{x}_2-L_1\dot{x}_3=-x_1+R_1x_3+R_1i \\ R_2C_2\dot{x}_2+L_2\dot{x}_4=x_1-R_2x_4 \\ -L_1\dot{x}_3+L_2\dot{x}_4=x_2 \end{cases}$$

解出 $\dot{x}_1$、$\dot{x}_2$、$\dot{x}_3$、$\dot{x}_4$，最终得到状态空间表达式：

$$\begin{pmatrix}\dot{x}_1\\ \dot{x}_2\\ \dot{x}_3\\ \dot{x}_4\end{pmatrix}=\begin{pmatrix} 0 & 0 & -\dfrac{1}{C_1} & -\dfrac{1}{C_1} \\ 0 & -\dfrac{1}{C_2(R_1+R_2)} & \dfrac{R_1}{C_2(R_1+R_2)} & -\dfrac{R_2}{C_2(R_1+R_2)} \\ \dfrac{1}{L_1} & -\dfrac{R_1}{L_1(R_1+R_2)} & -\dfrac{R_1R_2}{L_1(R_1+R_2)} & -\dfrac{R_1R_2}{L_1(R_1+R_2)} \\ \dfrac{1}{L_2} & -\dfrac{R_2}{L_2(R_1+R_2)} & -\dfrac{R_1R_2}{L_2(R_1+R_2)} & -\dfrac{R_1R_2}{L_2(R_1+R_2)} \end{pmatrix}\begin{pmatrix}x_1\\ x_2\\ x_3\\ x_4\end{pmatrix}+\begin{pmatrix} 0 \\ \dfrac{R_1}{C_2(R_1+R_2)} \\ -\dfrac{R_1R_2}{L_1(R_1+R_2)} \\ -\dfrac{R_1R_2}{L_2(R_1+R_2)} \end{pmatrix}i$$

$$\begin{pmatrix} y_1 \\ y_2 \end{pmatrix} = \begin{pmatrix} u_{C_1} \\ u_{C_2} \end{pmatrix} = \begin{pmatrix} 1 & 0 & 0 & 0 \\ 0 & 1 & 0 & 0 \end{pmatrix} \begin{pmatrix} x_1 \\ x_2 \\ x_3 \\ x_4 \end{pmatrix}$$

2. 机械系统

机械系统一般由 3 种基础元件——弹簧、阻尼器和质量块组成。在这些元件中，位移 x 与作用力之间的关系如下。

弹簧：$f_k = kx$，k 为弹性系数。

阻尼器：$f_d = D\dot{x} = Dv$，D 为阻尼系数。

质量块：$f_m = m\ddot{x} = ma$，m 为质量。

状态方程就是根据以上关系和力平衡法则建立的，一般地，把位移和速度选作状态变量较为方便。

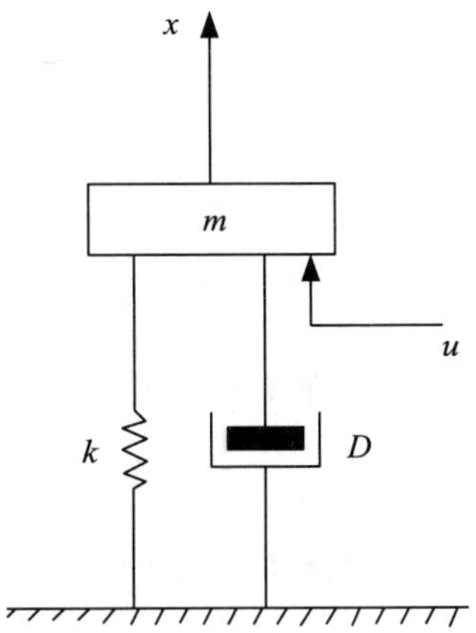

图 3.15　机械系统

【例 3.6】机械系统如图 3.15 所示，质量块在输入变量 u 的作用下产生的位移为 x，D 为阻尼器的阻尼系数，k 为弹簧的弹性系数，试推导该系统的状态空间表达式。

解

弹簧和质量块都是储能元件，因此该系统有两个储能元件。根据牛顿运动定律及力的平衡条件可得

$$m\ddot{x} = u - kx - D\dot{x}$$

即

$$m\ddot{x} + kx + D\dot{x} = u$$

可将质量块的位移 x 作为状态变量 x_1，即

$$\begin{cases} x_1 = x \\ x_2 = \dot{x} = \dot{x}_1 \end{cases}$$

于是有

$$m\dot{x}_2 + kx_1 + Dx_2 = u$$

即

$$\dot{x}_2 = -\frac{k}{m}x_1 - \frac{D}{m}x_2 + \frac{1}{m}u$$

整理后得状态方程

$$\begin{pmatrix} \dot{x}_1 \\ \dot{x}_2 \end{pmatrix} = \begin{pmatrix} 0 & 1 \\ -\dfrac{k}{m} & -\dfrac{D}{m} \end{pmatrix} \begin{pmatrix} x_1 \\ x_2 \end{pmatrix} + \begin{pmatrix} 0 \\ \dfrac{1}{m} \end{pmatrix} u$$

指定 x_1 为输出，则输出方程为

$$y = \begin{pmatrix} 1 & 0 \end{pmatrix} \begin{pmatrix} x_1 \\ x_2 \end{pmatrix}$$

3. 机电系统

【例 3.7】图 3.16 所示为电枢控制直流电动机，其中的 L_a、R_a 分别为电枢回路的电感和电阻，J（图中不显示）为机械旋转部分的转动惯量，B 为机械旋转部分的黏性摩擦系数。在 u_a 和外力矩 M_c 的同时作用下，求以转角 θ 为输出的状态空间表达式。

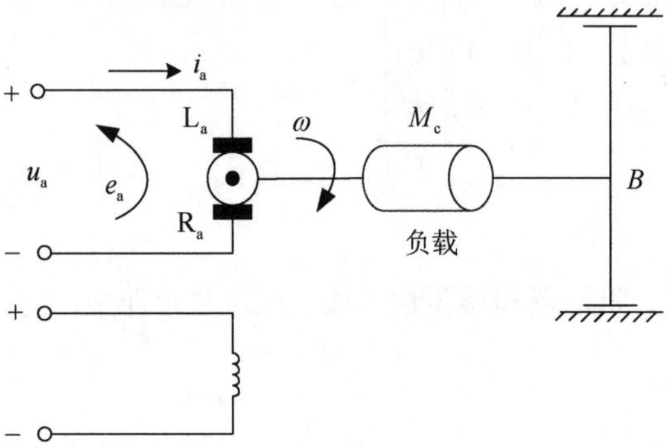

图 3.16　电枢控制直流电动机

解

对照表 3.1，L_a 和 J 分别对应的电流 i_a 和角速度 ω 是相互独立的，故可将其作为状态变量，即 $x_1 = i_a$，$x_2 = \omega$，则有

$$\frac{\mathrm{d}x_1}{\mathrm{d}t} = \frac{\mathrm{d}i_a}{\mathrm{d}t},\quad \frac{\mathrm{d}x_2}{\mathrm{d}t} = \frac{\mathrm{d}\omega}{\mathrm{d}t}$$

由电枢回路的电路方程有

$$L_a \frac{\mathrm{d}i_a}{\mathrm{d}t} + R_a i_a + e_a = u_a$$

电动机转轴上的转矩平衡方程为

$$J\frac{\mathrm{d}\omega}{\mathrm{d}t} + B\omega + M_c = M$$

电动机的电磁转矩方程为

$$M = C_m i_a$$

其中，C_m 为电动机的转矩常数。

电动机的反电势方程为

$$e_a = C_e \omega$$

其中，C_e 为电动机的电动势常数。

对以上各式进行推导，消去 e_a、M，通过整理可得

$$\begin{cases} \dfrac{\mathrm{d}i_a}{\mathrm{d}t} = -\dfrac{R_a}{L_a} i_a - \dfrac{C_e}{L_a}\omega + \dfrac{1}{L_a} u_a \\ \dfrac{\mathrm{d}\omega}{\mathrm{d}t} = \dfrac{C_m}{J} i_a - \dfrac{B}{J}\omega - \dfrac{1}{J} M_c \end{cases}$$

将 $x_1 = i_a$，$x_2 = \omega$ 代入上式，并令 $u_1 = u_a$，$u_2 = M_c$，有

$$\begin{pmatrix} \dot{x}_1 \\ \dot{x}_2 \end{pmatrix} = \begin{pmatrix} -\dfrac{R_a}{L_a} & -\dfrac{C_e}{L_a} \\ \dfrac{C_m}{J} & -\dfrac{B}{J} \end{pmatrix} \begin{pmatrix} x_1 \\ x_2 \end{pmatrix} + \begin{pmatrix} \dfrac{1}{L_a} & 0 \\ 0 & -\dfrac{1}{J} \end{pmatrix} \begin{pmatrix} u_1 \\ u_2 \end{pmatrix}$$

若指定角速度 ω 为输出，则

$$y = x_2 = \begin{pmatrix} 0 & 1 \end{pmatrix} \begin{pmatrix} x_1 \\ x_2 \end{pmatrix}$$

若指定电动机的转角θ为输出，则$x_1 = i_a$，$x_2 = \omega$这两个状态变量不能对系统的时间域行为进行全面描述，还必须增添一个状态变量$x_3 = \theta$，将其对时间求导，则有$\dot{x}_3 = \dot{\theta} = x_2$。

于是，系统的状态方程为

$$\begin{pmatrix} \dot{x}_1 \\ \dot{x}_2 \\ \dot{x}_3 \end{pmatrix} = \begin{pmatrix} -\frac{R_a}{L_a} & -\frac{C_e}{L_a} & 0 \\ \frac{C_m}{J} & -\frac{B}{J} & 0 \\ 0 & 1 & 0 \end{pmatrix} \begin{pmatrix} x_1 \\ x_2 \\ x_3 \end{pmatrix} + \begin{pmatrix} \frac{1}{L_a} & 0 \\ 0 & -\frac{1}{J} \\ 0 & 0 \end{pmatrix} \begin{pmatrix} u_1 \\ u_2 \end{pmatrix}$$

以转角θ为输出，输出方程为

$$y = x_3 = \begin{pmatrix} 0 & 0 & 1 \end{pmatrix} \begin{pmatrix} x_1 \\ x_2 \\ x_3 \end{pmatrix}$$

3.4.3 由系统运动方程或传递函数建立状态空间表达式

如3.4.2节所述，已知系统的内部结构很容易求得它的状态空间表达式，已知系统的状态空间表达式也很容易求得它的外部描述——运动方程或传递函数。其中，后者将在后续章节中介绍，而它的逆问题，即根据描述系统输入—输出动态关系的运动方程或传递函数建立系统的状态空间表达式被称为**实现问题**。所求得的状态空间表达式既保持了原传递函数确定的输入—输出关系，又能将系统的内部关系揭示出来。这是一个比较复杂的问题，因为根据输入—输出关系求得的状态空间表达式并不是唯一的，会有无穷多个内部结构能够产生相同的输入—输出关系。这个问题将在3.5节中进一步讨论。

考虑一个单变量线性定常系统，它的运动方程是一个n阶常系数线性微分方程：

$$y^{(n)} + a_{n-1}y^{(n-1)} + \cdots + a_1\dot{y} + a_0 y = b_m u^{(m)} + b_{m-1}u^{(m-1)} + \cdots + b_1\dot{u} + b_0 u \tag{3.20}$$

相应的传递函数为

$$W(s) = \frac{Y(s)}{U(s)} = \frac{b_m s^m + b_{m-1}s^{m-1} + \cdots + b_1 s + b_0}{s^n + a_{n-1}s^{n-1} + \cdots + a_1 s + a_0}, \quad m \leqslant n \tag{3.21}$$

实现问题就是根据上述两式寻求以下状态空间表达式：

$$\begin{aligned} \dot{\boldsymbol{x}} &= \boldsymbol{A}\boldsymbol{x} + \boldsymbol{b}u \\ y &= \boldsymbol{c}\boldsymbol{x} + du \end{aligned} \tag{3.22}$$

并非由任意的微分方程或传递函数都能求得其实现，实现的存在条件是$m \leqslant n$。当$m < n$时，式（3.22）中的$d = 0$；而当$m = n$时，式（3.22）中的$d = b_m \neq 0$。诚然，在这种情况下，式（3.21）可写成下面的形式：

$$W(s) = b_m + \frac{(b_{m-1} - a_{n-1}b_m)s^{n-1} + (b_{m-2} - a_{n-2}b_m)s^{n-2} + \cdots + (b_0 - a_0 b_m)}{s^n + a_{n-1}s^{n-1} + \cdots + a_1 s + a_0} \tag{3.23}$$

这意味着输出含有与输入直接关联的项。

应该指出，由传递函数求得的状态空间表达式并不是唯一的。因此，在由式（3.20）或

式（3.21）求得的式（3.22）中，$\boldsymbol{A}$、$\boldsymbol{b}$、$\boldsymbol{c}$、d 可以取无穷多种形式，这就是所谓的实现的非唯一性。

尽管实现是非唯一的，但只要原系统传递函数中的分子和分母没有公因子，即不出现零极点对消，n 阶系统就必有 n 个独立的状态变量，且必有 n 个一阶微分方程与之等效。系统矩阵 $\boldsymbol{A}$ 的元取值虽各有不同，但既然为一个系统的实现，那么其特征根必是相同的。通常把这种没有零极点对消的传递函数的实现称为最小实现。本节仅讨论最小实现问题。

1. 传递函数中没有零点对消时的实现

在这种情况下，系统的微分方程为

$$y^{(n)}+a_{n-1}y^{(n-1)}+\cdots+a_1\dot{y}+a_0y=b_0u \tag{3.24}$$

相应的系统传递函数为

$$W(s)=\frac{b_0}{s^n+a_{n-1}s^{n-1}+\cdots+a_1s+a_0} \tag{3.25}$$

如前所述，式（3.24）的实现可以有多种结构，常用的简便形式可由相应的系统模拟结构图（见图 3.17）导出。这种由中间变量到输入端的负反馈是一种常见的结构形式，也是一种最易求得的结构形式。

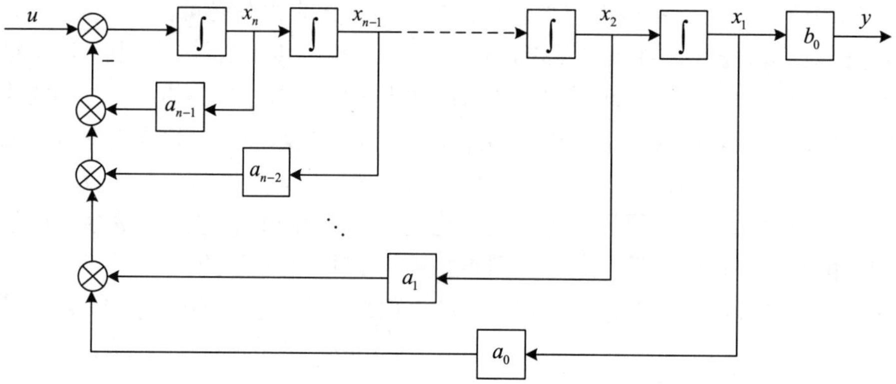

图 3.17　系统模拟结构图 1

将图 3.17 中每个积分器的输出作为状态变量，有时称其为相变量，它是输出 y（或 y/b_0）的各阶导数。每个积分器的输入显然就是各状态变量的导数。

根据图 3.17 容易列出系统的状态方程：

$$\begin{cases}\dot{x}_1=x_2\\ \dot{x}_2=x_3\\ \quad\vdots\\ \dot{x}_{n-1}=x_n\\ \dot{x}_n=-a_0x_1-a_1x_2-\cdots-a_{n-2}x_{n-1}-a_{n-1}x_n+u\end{cases}$$

输出方程为

$$y=b_0x_1$$

表示成矩阵形式为

$$\underbrace{\begin{pmatrix}\dot{x}_1\\ \dot{x}_2\\ \vdots\\ \dot{x}_{n-1}\\ \dot{x}_n\end{pmatrix}}_{\dot{x}}=\underbrace{\begin{pmatrix}0 & 1 & 0 & \cdots & 0\\ 0 & 0 & 1 & \cdots & 0\\ \vdots & \vdots & \vdots & & \vdots\\ 0 & 0 & 0 & \cdots & 1\\ -a_0 & -a_1 & -a_2 & \cdots & -a_{n-1}\end{pmatrix}}_{A}\underbrace{\begin{pmatrix}x_1\\ x_2\\ \vdots\\ x_{n-1}\\ x_n\end{pmatrix}}_{x}+\underbrace{\begin{pmatrix}0\\ 0\\ \vdots\\ 0\\ 1\end{pmatrix}}_{b}u \tag{3.26}$$

$$y=\underbrace{\begin{pmatrix}b_0 & 0 & 0 & \cdots & 0\end{pmatrix}}_{c}\boldsymbol{x}$$

顺便指出，当矩阵 $\boldsymbol{A}$ 具有如式（3.26）所示的形式时，称其为友矩阵。友矩阵的特点是主对角线上方的元均为 1，最后一行的元可取任意值，其余的元均为 0。

【例 3.8】系统的输入—输出微分方程为

$$\dddot{y}+6\ddot{y}+41\dot{y}+7y=6u$$

列写其状态方程和输出方程。

解

选择 $y/6$、$\dot{y}/6$、$\ddot{y}/6$ 为状态变量，即

$$x_1=\frac{y}{6},\quad x_2=\frac{\dot{y}}{6},\quad x_3=\frac{\ddot{y}}{6}$$

可得

$$\begin{cases}\dot{x}_1=\dfrac{\dot{y}}{6}=x_2\\ \dot{x}_2=\dfrac{\ddot{y}}{6}=x_3\\ \dot{x}_3=\dfrac{\dddot{y}}{6}=-7x_1-41x_2-6x_3+u\end{cases}$$

写成矩阵形式为

$$\begin{pmatrix}\dot{x}_1\\ \dot{x}_2\\ \dot{x}_3\end{pmatrix}=\begin{pmatrix}0 & 1 & 0\\ 0 & 0 & 1\\ -7 & -41 & -6\end{pmatrix}\begin{pmatrix}x_1\\ x_2\\ x_3\end{pmatrix}+\begin{pmatrix}0\\ 0\\ 1\end{pmatrix}u$$

$$y=6x_1=\begin{pmatrix}6 & 0 & 0\end{pmatrix}\begin{pmatrix}x_1\\ x_2\\ x_3\end{pmatrix}$$

【思考】绘制例 3.8 中的状态空间表达式所描述的系统的模拟结构图。

2. 传递函数中有零点时的实现

当传递函数中有零点时，系统的微分方程为

$$y^{(n)}+a_{n-1}y^{(n-1)}+\cdots+a_1\dot{y}+a_0y=b_mu^{(m)}+b_{m-1}u^{(m-1)}+\cdots+b_1\dot{u}+b_0u$$

相应地，系统的传递函数为

$$W(s)=\frac{b_ms^m+b_{m-1}s^{m-1}+\cdots+b_1s+b_0}{s^n+a_{n-1}s^{n-1}+\cdots+a_1s+a_0},\quad m\leqslant n \tag{3.27}$$

这种包含输入函数导数的实现问题与前述实现问题的不同之处主要在于：解决这种包含输入函数导数的实现问题需要选取合适的结构，使得状态方程不包含输入函数的导数项，以免给求解和物理实现带来麻烦。

为了说明方便，又不失一般性，这里先从三阶系统出发，找出其实现规律，再推广到 n 阶系统。

设待实现的系统的传递函数为

$$W(s)=\frac{Y(s)}{U(s)}=\frac{b_3s^3+b_2s^2+b_1s+b_0}{s^3+a_2s^2+a_1s+a_0}, \quad n=m=3 \tag{3.28}$$

因为 $n=m$，所以上式可变换为

$$W(s)=b_3+\frac{(b_2-a_2b_3)s^2+(b_1-a_1b_3)s+(b_0-a_0b_3)}{s^3+a_2s^2+a_1s+a_0}$$

令

$$Y_1(s)=\frac{1}{s^3+a_2s^2+a_1s+a_0}U(s)$$

则

$$Y(s)=b_3U(s)+Y_1(s)[(b_2-a_2b_3)s^2+(b_1-a_1b_3)s+(b_0-a_0b_3)]$$

对上式求拉普拉斯逆变换可得

$$y=b_3u+(b_2-a_2b_3)\ddot{y}_1+(b_1-a_1b_3)\dot{y}_1+(b_0-a_0b_3)y_1$$

据此可得系统模拟结构图，如图 3.18 所示。

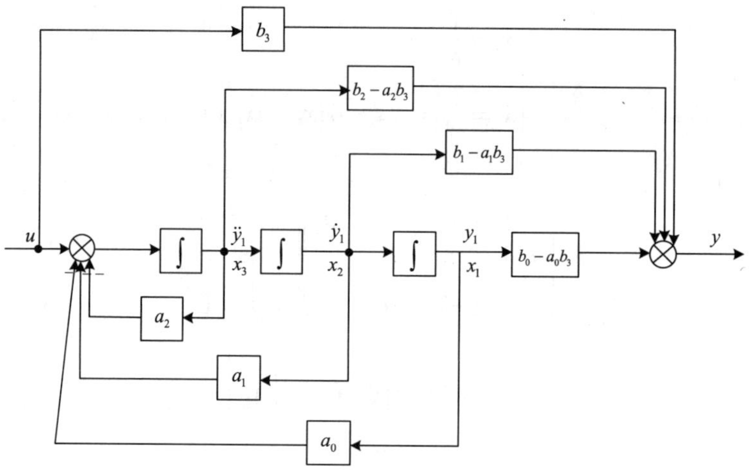

图 3.18　系统模拟结构图 2

每个积分器的输出为一个状态变量，可得系统的状态空间表达式为

$$\begin{cases}\dot{x}_1=x_2\\ \dot{x}_2=x_3\\ \dot{x}_3=-a_0x_1-a_1x_2-a_2x_3+u\\ y=b_3u+(b_2-a_2b_3)x_3+(b_1-a_1b_3)x_2+(b_0-a_0b_3)x_1\end{cases}$$

或表示为

$$\begin{pmatrix}\dot{x}_1\\ \dot{x}_2\\ \dot{x}_3\end{pmatrix}=\begin{pmatrix}0 & 1 & 0\\ 0 & 0 & 1\\ -a_0 & -a_1 & -a_2\end{pmatrix}\begin{pmatrix}x_1\\ x_2\\ x_3\end{pmatrix}+\begin{pmatrix}0\\ 0\\ 1\end{pmatrix}u$$

$$y=\left[(b_0-a_0b_3),(b_1-a_1b_3),(b_2-a_2b_3)\right]\begin{pmatrix}x_1\\ x_2\\ x_3\end{pmatrix}+b_3u \tag{3.29}$$

推广到 n 阶系统，式（3.28）的实现可以为

$$\begin{pmatrix}\dot{x}_1\\ \dot{x}_2\\ \vdots\\ \dot{x}_{n-1}\\ \dot{x}_n\end{pmatrix}=\begin{pmatrix}0 & 1 & 0 & \cdots & 0\\ 0 & 0 & 1 & \cdots & 0\\ \vdots & \vdots & \vdots & & \vdots\\ 0 & 0 & 0 & \cdots & 1\\ -a_0 & -a_1 & -a_2 & \cdots & -a_{n-1}\end{pmatrix}\begin{pmatrix}x_1\\ x_2\\ \vdots\\ x_{n-1}\\ x_n\end{pmatrix}+\begin{pmatrix}0\\ 0\\ \vdots\\ 0\\ 1\end{pmatrix}u$$

$$y=\left[(b_0-a_0b_n),(b_1-a_1b_n),\cdots,(b_{n-1}-a_{n-1}b_n)\right]\begin{pmatrix}x_1\\ x_2\\ \vdots\\ x_{n-1}\\ x_n\end{pmatrix}+b_nu \tag{3.30}$$

它的状态方程与式（3.26）的是相同的，不同的只是输出方程。注意到这个差别，就很容易根据式(3.30)，通过传递函数中分子、分母多项式的系数写出系统的状态空间表达式。

前面提到，实现是非唯一的。现仍从三阶系统出发，以如式（3.28）所示的传递函数为例，在图3.19中，从输入—输出的关系看，二者是等效的。由图3.19可以看出，对输入函数的各阶导数 $\dfrac{\mathrm{d}u}{\mathrm{d}t}$、$\dfrac{\mathrm{d}^2u}{\mathrm{d}t^2}$、$\dfrac{\mathrm{d}^3u}{\mathrm{d}t^3}$ 做适当的等效移动可以用图3.20（a）表示，只要 β_0、β_1、β_2、β_3 系数选择适当，从系统的输入—输出的关系看，二者就是完全等效的。将综合点等效地移到前面，得到等效模拟结构图，如图3.20（b）所示。

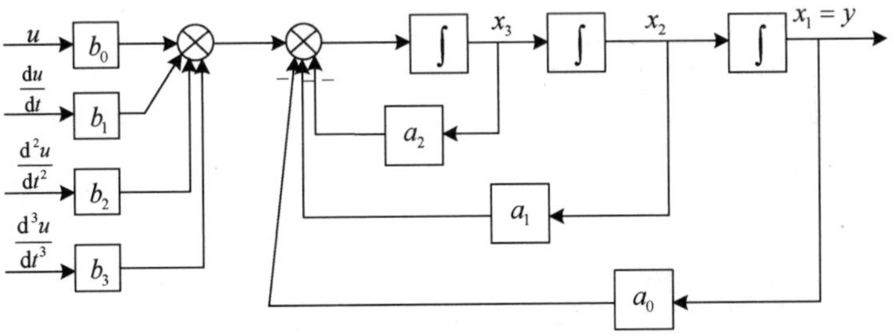

图3.19 系统模拟结构图3

由图3.20（b）容易求得其对应的传递函数为

$$\begin{aligned}W(s)&=\frac{\beta_3(s^3+a_2s^2+a_1s+a_0)+\beta_2(s^2+a_2s+a_1)+\beta_1(s+a_2)+\beta_0}{s^3+a_2s^2+a_1s+a_0}\\&=\frac{\beta_3s^3+(a_2\beta_3+\beta_2)s^2+(a_1\beta_3+a_2\beta_2+\beta_1)s+(a_0\beta_3+a_1\beta_2+a_2\beta_1+\beta_0)}{s^3+a_2s^2+a_1s+a_0}\end{aligned} \tag{3.31}$$

为求得 β_i，令式（3.31）与式（3.28）相等，通过对 s 多项式的系数进行比较可得

$$\begin{cases} \beta_3 = b_3 \\ a_2\beta_3 + \beta_2 = b_2 \\ a_1\beta_3 + a_2\beta_2 + \beta_1 = b_1 \\ a_0\beta_3 + a_1\beta_2 + a_2\beta_1 + \beta_0 = b_0 \end{cases}$$

故得

$$\begin{cases} \beta_3 = b_3 \\ \beta_2 = b_2 - a_2\beta_3 \\ \beta_1 = b_1 - a_1\beta_3 - a_2\beta_2 \\ \beta_0 = b_0 - a_0\beta_3 - a_1\beta_2 - a_2\beta_1 \end{cases} \tag{3.32}$$

也可将式（3.32）写为下式，以便记忆：

$$\begin{pmatrix} 1 & 0 & 0 & 0 \\ a_2 & 1 & 0 & 0 \\ a_1 & a_2 & 1 & 0 \\ a_0 & a_1 & a_2 & 1 \end{pmatrix}\begin{pmatrix} \beta_3 \\ \beta_2 \\ \beta_1 \\ \beta_0 \end{pmatrix} = \begin{pmatrix} b_3 \\ b_2 \\ b_1 \\ b_0 \end{pmatrix} \tag{3.33}$$

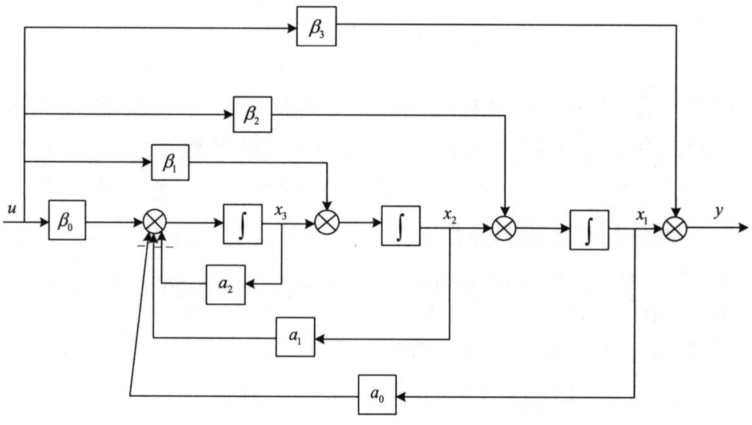

（a）

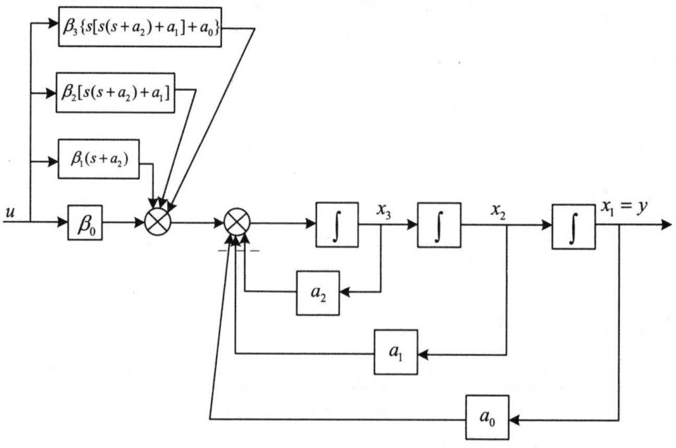

（b）

图 3.20　系统模拟结构图 4

将图 3.20（a）的每个积分器输出作为状态变量，可得这种结构下的状态空间表达式：

$$\begin{cases}\dot{x}_1 = x_2 + \beta_2 u \\ \dot{x}_2 = x_3 + \beta_1 u \\ \dot{x}_3 = -a_0 x_1 - a_1 x_2 - a_2 x_3 + \beta_0 u \\ y = x_1 + \beta_3 u\end{cases}$$

即

$$\begin{pmatrix}\dot{x}_1 \\ \dot{x}_2 \\ \dot{x}_3\end{pmatrix} = \begin{pmatrix}0 & 1 & 0 \\ 0 & 0 & 1 \\ -a_0 & -a_1 & -a_2\end{pmatrix}\begin{pmatrix}x_1 \\ x_2 \\ x_3\end{pmatrix} + \begin{pmatrix}\beta_2 \\ \beta_1 \\ \beta_0\end{pmatrix} u$$

$$y = (1,0,0)\begin{pmatrix}x_1 \\ x_2 \\ x_3\end{pmatrix} + \beta_3 u \tag{3.34}$$

扩展到 n 阶系统，其状态空间表达式为

$$\begin{pmatrix}\dot{x}_1 \\ \dot{x}_2 \\ \vdots \\ \dot{x}_{n-1} \\ \dot{x}_n\end{pmatrix} = \begin{pmatrix}0 & 1 & 0 & \cdots & 0 \\ 0 & 0 & 1 & \cdots & 0 \\ \vdots & \vdots & \vdots & & \vdots \\ 0 & 0 & 0 & \cdots & 1 \\ -a_0 & -a_1 & -a_2 & \cdots & -a_{n-1}\end{pmatrix}\begin{pmatrix}x_1 \\ x_2 \\ \vdots \\ x_{n-1} \\ x_n\end{pmatrix} + \begin{pmatrix}\beta_{n-1} \\ \beta_{n-2} \\ \vdots \\ \beta_1 \\ \beta_0\end{pmatrix} u$$

$$y = (1,0,\cdots,0,0)\begin{pmatrix}x_1 \\ x_2 \\ \vdots \\ x_{n-1} \\ x_n\end{pmatrix} + \beta_n u \tag{3.35}$$

其中，

$$\begin{cases}\beta_n = b_n \\ \beta_{n-1} = b_{n-1} - a_{n-1}\beta_n \\ \beta_{n-2} = b_{n-2} - a_{n-2}\beta_n - a_{n-1}\beta_{n-1} \\ \qquad\vdots \\ \beta_0 = b_0 - a_0\beta_n - a_1\beta_{n-1} - \cdots - a_{n-1}\beta_1 = b_0 - \sum_{i=0}^{n-1} a_i \beta_{n-i}\end{cases} \tag{3.36}$$

或记为

$$\begin{pmatrix}1 & & & & \\ a_{n-1} & 1 & & & \\ a_{n-2} & a_{n-1} & 1 & & \\ \vdots & \vdots & \ddots & \ddots & \\ a_0 & a_1 & \cdots & a_{n-1} & 1\end{pmatrix}\begin{pmatrix}\beta_n \\ \beta_{n-1} \\ \beta_{n-2} \\ \vdots \\ \beta_0\end{pmatrix} = \begin{pmatrix}b_n \\ b_{n-1} \\ b_{n-2} \\ \vdots \\ b_0\end{pmatrix}$$

【例 3.9】已知系统的输入—输出微分方程为

$$\dddot{y}+28\ddot{y}+196\dot{y}+740y=360\dot{u}+440u$$

试列写其状态空间表达式。

解

由微分方程系数可知：

$$a_2=28，\quad a_1=196，\quad a_0=740，\quad b_3=0，\quad b_2=0，\quad b_1=360，\quad b_0=440$$

（1）按式（3.30）所示的方法列写：

$$\begin{pmatrix}\dot{x}_1\\ \dot{x}_2\\ \dot{x}_3\end{pmatrix}=\begin{pmatrix}0&1&0\\0&0&1\\-740&-196&-28\end{pmatrix}\begin{pmatrix}x_1\\x_2\\x_3\end{pmatrix}+\begin{pmatrix}0\\0\\1\end{pmatrix}u$$

$$y=(440,360,0)\begin{pmatrix}x_1\\x_2\\x_3\end{pmatrix}$$

（2）首先根据式（3.36）求 β_i：

$$\begin{cases}\beta_3=b_3=0\\ \beta_2=b_2-a_2\beta_3=0\\ \beta_1=b_1-a_1\beta_3-a_2\beta_2=360\\ \beta_0=b_0-a_0\beta_3-a_1\beta_2-a_2\beta_1=-9640\end{cases}$$

然后按照式（3.35）直接写出状态方程和输出方程：

$$\begin{pmatrix}\dot{x}_1\\ \dot{x}_2\\ \dot{x}_3\end{pmatrix}=\begin{pmatrix}0&1&0\\0&0&1\\-740&-196&-28\end{pmatrix}\begin{pmatrix}x_1\\x_2\\x_3\end{pmatrix}+\begin{pmatrix}0\\360\\-9640\end{pmatrix}u$$

$$y=(1,0,0)\begin{pmatrix}x_1\\x_2\\x_3\end{pmatrix}$$

值得注意的是，通过这两种方法选择的状态变量是不同的。这一点从它们的模拟结构图［见图 3.19 和图 3.20（a）］中可以很清楚地看到。

3. 多输入—多输出系统微分方程的实现

以两输入—两输出的三阶系统为例，设系统的微分方程为

$$\begin{cases}\ddot{y}_1+a_1\dot{y}_1+a_2y_2=b_1\dot{u}_1+b_2u_1+b_3u_2\\ \dot{y}_2+a_3y_2+a_4y_1=b_4u_2\end{cases}\tag{3.37}$$

与单输入—单输出系统一样，式（3.37）对应的系统的实现也是非唯一的。现采用模拟结构图方法，按高阶导数求解：

$$\begin{cases}\ddot{y}_1=-a_1\dot{y}_1+b_1\dot{u}_1-a_2y_2+b_2u_1+b_3u_2\\ \dot{y}_2=-a_3y_2-a_4y_1+b_4u_2\end{cases}$$

对每个方程进行积分：

$$\begin{aligned}y_1 &= \iint[(-a_1\dot{y}_1 + b_1\dot{u}_1) - a_2y_2 + b_2u_1 + b_3u_2]\mathrm{d}t^2 \\ &= \iint(-a_1\dot{y}_1 + b_1\dot{u}_1)\mathrm{d}t^2 + \iint(b_2u_1 + b_3u_2 - a_2y_2)\mathrm{d}t^2 \\ &= \int(-a_1y_1 + b_1u_1)\mathrm{d}t + \iint(b_2u_1 + b_3u_2 - a_2y_2)\mathrm{d}t^2 \\ y_2 &= \int(-a_3y_2 - a_4y_1 + b_4u_2)\mathrm{d}t\end{aligned}$$

故得系统模拟结构图，如图 3.21 所示。

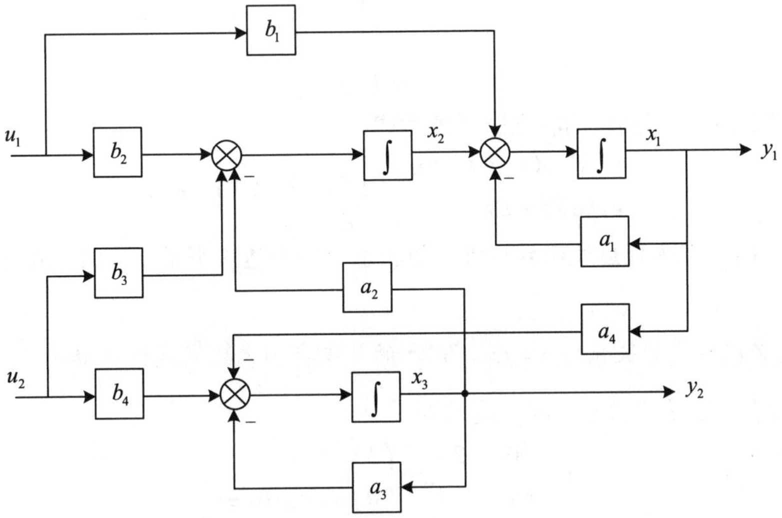

图 3.21　系统模拟结构图 5

取图 3.21 中的每个积分器的输出为一个状态变量，则式（3.37）的一种实现为

$$\begin{cases}\dot{x}_1 = -a_1x_1 + x_2 + b_1u_1 \\ \dot{x}_2 = -a_2x_3 + b_2u_1 + b_3u_2 \\ \dot{x}_3 = -a_4x_1 - a_3x_3 + b_4u_2\end{cases}$$

或表示为

$$\begin{pmatrix}\dot{x}_1 \\ \dot{x}_2 \\ \dot{x}_3\end{pmatrix} = \begin{pmatrix}-a_1 & 1 & 0 \\ 0 & 0 & -a_2 \\ -a_4 & 0 & -a_3\end{pmatrix}\begin{pmatrix}x_1 \\ x_2 \\ x_3\end{pmatrix} + \begin{pmatrix}b_1 & 0 \\ b_2 & b_3 \\ 0 & b_4\end{pmatrix}\begin{pmatrix}u_1 \\ u_2\end{pmatrix}$$

$$\begin{pmatrix}y_1 \\ y_2\end{pmatrix} = \begin{pmatrix}1 & 0 & 0 \\ 0 & 0 & 1\end{pmatrix}\begin{pmatrix}x_1 \\ x_2 \\ x_3\end{pmatrix}$$

3.5　状态矢量的线性变换（坐标变换）

3.5.1　系统状态空间表达式的非唯一性

对于一个给定的定常系统，可以选取多种状态变量，相应地有许多状态空间表达式描述同一个系统，即系统可以有多种结构形式。所选取的状态变量之间的关系实际上是一种

矢量的**线性变换**（或坐标变换）。

设给定系统为

$$\begin{aligned}\dot{\boldsymbol{x}} &= \boldsymbol{Ax}+\boldsymbol{Bu} \\ \boldsymbol{y} &= \boldsymbol{Cx}+\boldsymbol{Du}\end{aligned},\quad \boldsymbol{x}(0)=\boldsymbol{x}_0 \tag{3.38}$$

我们总可以找到任意一个非奇异矩阵 $\boldsymbol{T}$，对原状态矢量 $\boldsymbol{x}$ 做线性变换，得到另一状态矢量 $\boldsymbol{z}$，设变换关系为

$$\boldsymbol{x}=\boldsymbol{Tz}$$

即

$$\boldsymbol{z}=\boldsymbol{T}^{-1}\boldsymbol{x}$$

将其代入式（3.38），得到新的状态空间表达式：

$$\begin{aligned}\dot{\boldsymbol{z}} &= \boldsymbol{T}^{-1}\boldsymbol{ATz}+\boldsymbol{T}^{-1}\boldsymbol{Bu} \\ \boldsymbol{y} &= \boldsymbol{CTz}+\boldsymbol{Du}\end{aligned},\quad \boldsymbol{z}(0)=\boldsymbol{T}^{-1}\boldsymbol{x}(0)=\boldsymbol{T}^{-1}\boldsymbol{x}_0 \tag{3.39}$$

很明显，由于 $\boldsymbol{T}$ 为任意非奇异矩阵，故状态空间表达式不是唯一的。通常称 $\boldsymbol{T}$ 为变换矩阵。

【思考】 *若坐标变换关系为 $\boldsymbol{z}=\boldsymbol{Tx}$，则新的状态空间表达式是什么形式？*

【例 3.10】 某系统的状态空间表达式为

$$\begin{aligned}\dot{\boldsymbol{x}} &= \begin{pmatrix}0 & -2\\ 1 & -3\end{pmatrix}\boldsymbol{x}+\begin{pmatrix}3\\ 0\end{pmatrix}u,\quad \boldsymbol{x}(0)=\begin{pmatrix}1\\ 1\end{pmatrix} \\ y &= (0,2)\,\boldsymbol{x}\end{aligned} \tag{3.40}$$

（1）若取变换矩阵：

$$\boldsymbol{T}_1=\begin{pmatrix}6 & 2\\ 2 & 0\end{pmatrix}$$

即

$$\boldsymbol{T}_1^{-1}=-\frac{1}{4}\begin{pmatrix}0 & -2\\ -2 & 6\end{pmatrix}=\frac{1}{2}\begin{pmatrix}0 & 1\\ 1 & -3\end{pmatrix}$$

则新的状态矢量为

$$\boldsymbol{z}=\boldsymbol{T}_1^{-1}\boldsymbol{x}=\frac{1}{2}\begin{pmatrix}0 & 1\\ 1 & -3\end{pmatrix}\boldsymbol{x}$$

即

$$\begin{cases} z_1=\dfrac{1}{2}x_2 \\ z_2=\dfrac{1}{2}x_1-\dfrac{3}{2}x_2\end{cases}$$

即新的状态变量 z_1、z_2 是原状态变量 x_1、x_2 的线性组合。在新的状态变量下，变换后的状态空间表达式为

$$\dot{z} = T_1^{-1}AT_1z + T_1^{-1}bu$$
$$= \frac{1}{2}\begin{pmatrix} 0 & 1 \\ 1 & -3 \end{pmatrix}\begin{pmatrix} 0 & -2 \\ 1 & -3 \end{pmatrix}\begin{pmatrix} 6 & 2 \\ 2 & 0 \end{pmatrix}z + \frac{1}{2}\begin{pmatrix} 0 & 1 \\ 1 & -3 \end{pmatrix}\begin{pmatrix} 3 \\ 0 \end{pmatrix}u$$
$$= \begin{pmatrix} 0 & 1 \\ -2 & -3 \end{pmatrix}z + \begin{pmatrix} 0 \\ \frac{3}{2} \end{pmatrix}u \tag{3.41}$$
$$y = cT_1z = \begin{pmatrix} 0 & 2 \end{pmatrix}\begin{pmatrix} 6 & 2 \\ 2 & 0 \end{pmatrix}z = \begin{pmatrix} 4 & 0 \end{pmatrix}z$$
$$z(0) = T_1^{-1}x_0 = \frac{1}{2}\begin{pmatrix} 0 & 1 \\ 1 & -3 \end{pmatrix}\begin{pmatrix} 1 \\ 1 \end{pmatrix} = \begin{pmatrix} \frac{1}{2} \\ -1 \end{pmatrix}$$

（2）若取变换矩阵：

$$T_2 = \begin{pmatrix} 2 & 1 \\ 1 & 1 \end{pmatrix}$$

即

$$T_2^{-1} = \begin{pmatrix} 1 & -1 \\ -1 & 2 \end{pmatrix}$$

则新的状态矢量为

$$\bar{z} = T_2^{-1}x = \begin{pmatrix} 1 & -1 \\ -1 & 2 \end{pmatrix}x$$

在该组状态变量下，变换后的状态空间表达式为

$$\dot{\bar{z}} = T_2^{-1}AT_2\bar{z} + T_2^{-1}bu$$
$$= \begin{pmatrix} 1 & -1 \\ -1 & 2 \end{pmatrix}\begin{pmatrix} 0 & -2 \\ 1 & -3 \end{pmatrix}\begin{pmatrix} 2 & 1 \\ 1 & 1 \end{pmatrix}\bar{z} + \begin{pmatrix} 1 & -1 \\ -1 & 2 \end{pmatrix}\begin{pmatrix} 3 \\ 0 \end{pmatrix}u$$
$$= \begin{pmatrix} -1 & 0 \\ 0 & -2 \end{pmatrix}\bar{z} + \begin{pmatrix} 3 \\ -3 \end{pmatrix}u \tag{3.42}$$
$$y = cT_2\bar{z} = \begin{pmatrix} 0 & 2 \end{pmatrix}\begin{pmatrix} 2 & 1 \\ 1 & 1 \end{pmatrix}\bar{z} = \begin{pmatrix} 2 & 2 \end{pmatrix}\bar{z}$$
$$\bar{z}(0) = T_2^{-1}x_0 = \begin{pmatrix} 1 & -1 \\ -1 & 2 \end{pmatrix}\begin{pmatrix} 1 \\ 1 \end{pmatrix} = \begin{pmatrix} 0 \\ 1 \end{pmatrix}$$

可见，式（3.42）表示的状态空间表达式的系统矩阵为对角线型，因此也称式（3.42）为对角线标准型。

（3）若欲将式（3.42）的控制输入矩阵 b 从 $\begin{pmatrix} 3 \\ -3 \end{pmatrix}$ 变换成 $\begin{pmatrix} 1 \\ 1 \end{pmatrix}$，则需要再次对其进行变换，寻求一个变换阵 T_3，满足

$$T_3^{-1}\begin{pmatrix} 3 \\ -3 \end{pmatrix} = \begin{pmatrix} 1 \\ 1 \end{pmatrix}$$

亦即

$$\boldsymbol{T}_3\begin{pmatrix}1\\1\end{pmatrix}=\begin{pmatrix}3\\-3\end{pmatrix}$$

故可选

$$\boldsymbol{T}_3=\begin{pmatrix}3&0\\0&-3\end{pmatrix},\quad \boldsymbol{T}_3^{-1}=\begin{pmatrix}\frac{1}{3}&0\\0&-\frac{1}{3}\end{pmatrix}$$

则

$$\overline{\overline{\boldsymbol{z}}}=\boldsymbol{T}_3^{-1}\overline{\boldsymbol{z}}=\begin{pmatrix}\frac{1}{3}&0\\0&-\frac{1}{3}\end{pmatrix}\overline{\boldsymbol{z}}$$

再次变换后的状态空间表达式为

$$\begin{aligned}\dot{\overline{\overline{\boldsymbol{z}}}}&=\boldsymbol{T}_3^{-1}\boldsymbol{A}\boldsymbol{T}_3\overline{\overline{\boldsymbol{z}}}+\boldsymbol{T}_3^{-1}\boldsymbol{b}u=\begin{pmatrix}\frac{1}{3}&0\\0&-\frac{1}{3}\end{pmatrix}\begin{pmatrix}-1&0\\0&-2\end{pmatrix}\begin{pmatrix}3&0\\0&-3\end{pmatrix}\overline{\overline{\boldsymbol{z}}}\\&\quad+\begin{pmatrix}\frac{1}{3}&0\\0&-\frac{1}{3}\end{pmatrix}\begin{pmatrix}3\\-3\end{pmatrix}u=\begin{pmatrix}-1&0\\0&-2\end{pmatrix}\overline{\overline{\boldsymbol{z}}}+\begin{pmatrix}1\\1\end{pmatrix}u\\y&=\boldsymbol{c}\boldsymbol{T}_3\overline{\overline{\boldsymbol{z}}}=\begin{pmatrix}2&2\end{pmatrix}\begin{pmatrix}3&0\\0&-3\end{pmatrix}\overline{\overline{\boldsymbol{z}}}=\begin{pmatrix}6&-6\end{pmatrix}\overline{\overline{\boldsymbol{z}}}\\\overline{\overline{\boldsymbol{z}}}(0)&=\boldsymbol{T}_3^{-1}\overline{\boldsymbol{z}}_0=\begin{pmatrix}\frac{1}{3}&0\\0&-\frac{1}{3}\end{pmatrix}\begin{pmatrix}0\\1\end{pmatrix}=\begin{pmatrix}0\\-\frac{1}{3}\end{pmatrix}\end{aligned}\tag{3.43}$$

3.5.2 系统特征值的不变性和系统的不变量

1. 系统特征值

对于线性定常系统，系统特征值是一个重要概念，它决定了系统的基本特性。有关系统特征值的概念，在经典控制理论中是根据高阶齐次微分方程对应的特征方程来讨论的。在现代控制理论中，数学模型采用状态方程。状态方程的齐次微分方程仅与系统矩阵 $\boldsymbol{A}$ 有关。它同样反映了系统的基本性能。因此，在现代控制理论中，有关系统特征值的概念要根据系统矩阵 $\boldsymbol{A}$ 得出。

系统

$$\begin{cases}\dot{\boldsymbol{x}}=\boldsymbol{A}\boldsymbol{x}+\boldsymbol{B}\boldsymbol{u}\\\boldsymbol{y}=\boldsymbol{C}\boldsymbol{x}+\boldsymbol{D}\boldsymbol{u}\end{cases}$$

的特征值就是系统矩阵的特征值，也即特征方程

$$|\lambda \boldsymbol{I}-\boldsymbol{A}|=0 \tag{3.44}$$

的根。$n\times n$ 方阵 $\boldsymbol{A}$ 有 n 个特征根，在实际物理系统中，$\boldsymbol{A}$ 为实数方阵，故特征值或为实数，或为成对共轭复数。如果 $\boldsymbol{A}$ 为实数对称方阵，则其特征值都是实数。

2. 线性变换不改变系统的本质性能

同一个系统经过非奇异变换后为

$$\begin{cases}\dot{z}=\boldsymbol{T}^{-1}\boldsymbol{A}\boldsymbol{T}\boldsymbol{x}+\boldsymbol{T}^{-1}\boldsymbol{B}\boldsymbol{u}\\ \boldsymbol{y}=\boldsymbol{C}\boldsymbol{T}\boldsymbol{x}+\boldsymbol{D}\boldsymbol{u}\end{cases}$$

其特征方程为

$$|\lambda \boldsymbol{I}-\boldsymbol{T}^{-1}\boldsymbol{A}\boldsymbol{T}|=0 \tag{3.45}$$

式（3.44）和式（3.45）虽然形式不同，但是实际上是等价的，即系统经过非奇异变换后，其特征方程不变，特征值也不变。

现证明如下：

$$\begin{aligned}|\lambda \boldsymbol{I}-\boldsymbol{T}^{-1}\boldsymbol{A}\boldsymbol{T}|&=|\lambda \boldsymbol{T}^{-1}\boldsymbol{T}-\boldsymbol{T}^{-1}\boldsymbol{A}\boldsymbol{T}|=|\boldsymbol{T}^{-1}\lambda \boldsymbol{T}-\boldsymbol{T}^{-1}\boldsymbol{A}\boldsymbol{T}|\\ &=|\boldsymbol{T}^{-1}(\lambda \boldsymbol{I}-\boldsymbol{A})\boldsymbol{T}|=|\boldsymbol{T}^{-1}||\lambda \boldsymbol{I}-\boldsymbol{A}||\boldsymbol{T}|\\ &=|\boldsymbol{T}^{-1}||\boldsymbol{T}||\lambda \boldsymbol{I}-\boldsymbol{A}|=|\boldsymbol{T}^{-1}\boldsymbol{T}||\lambda \boldsymbol{I}-\boldsymbol{A}|\\ &=|\lambda \boldsymbol{I}-\boldsymbol{A}|\end{aligned}$$

将特征方程写成多项式形式：

$$|\lambda \boldsymbol{I}-\boldsymbol{T}^{-1}\boldsymbol{A}\boldsymbol{T}|=\lambda^n+a_{n-1}\lambda^{n-1}+\cdots+a_1\lambda+a_0=0$$

由于特征方程不变，故特征多项式的系数 $a_{n-1},\cdots,a_1,a_0$ 也不变，所以称特征多项式的系数为系统的不变量。

可见，线性变换不改变系统的本质性能，其特征方程、方程的系数及方程的根均不改变。因此，为分析系统方便，常通过线性变换将系统矩阵转化为一些特定的标准形式。

【例 3.11】 试求系统矩阵 $\boldsymbol{A}=\begin{pmatrix}5&2\\4&3\end{pmatrix}$ 的特征值，并取线性变换 $\boldsymbol{T}=\begin{pmatrix}2&1\\1&1\end{pmatrix}$，检验特征值是否发生了变化。

解

求特征值

$$|\lambda \boldsymbol{I}-\boldsymbol{A}|=\begin{vmatrix}\lambda-5&-2\\-4&\lambda-3\end{vmatrix}=\lambda^2-8\lambda+7=0$$

得

$$\lambda_1=1，\ \lambda_2=7$$

若取线性变换 $\boldsymbol{T}$，则

$$\boldsymbol{T}^{-1}=\begin{pmatrix}1&-1\\-1&2\end{pmatrix}$$

则矩阵 $\boldsymbol{A}$ 的变换为

$$\hat{\boldsymbol{A}}=\boldsymbol{T}^{-1}\boldsymbol{A}\boldsymbol{T}=\begin{pmatrix}1 & -1\\ -1 & 2\end{pmatrix}\begin{pmatrix}5 & 2\\ 4 & 3\end{pmatrix}\begin{pmatrix}2 & 1\\ 1 & 1\end{pmatrix}=\begin{pmatrix}1 & 0\\ 10 & 7\end{pmatrix}$$

$$\left|\lambda\boldsymbol{I}-\hat{\boldsymbol{A}}\right|=\begin{vmatrix}\lambda-1 & 0\\ -10 & \lambda-7\end{vmatrix}=(\lambda-1)(\lambda-7)=0$$

得

$$\lambda_1=1，\ \lambda_2=7$$

可见，特征值不变。

3. 线性变换不改变系统的传递函数矩阵

设原系统 $\begin{cases}\dot{\boldsymbol{x}}=\boldsymbol{A}\boldsymbol{x}+\boldsymbol{B}\boldsymbol{u}\\ \boldsymbol{y}=\boldsymbol{C}\boldsymbol{x}+\boldsymbol{D}\boldsymbol{u}\end{cases}$ 的传递函数矩阵为 $\boldsymbol{W}(s)$，经过 $\boldsymbol{z}=\boldsymbol{T}^{-1}\boldsymbol{x}$（$\boldsymbol{T}$ 为非奇异矩阵）变换后的系统为 $\begin{cases}\dot{\boldsymbol{z}}=\hat{\boldsymbol{A}}\boldsymbol{z}+\hat{\boldsymbol{B}}\boldsymbol{u}\\ \boldsymbol{y}=\hat{\boldsymbol{C}}\boldsymbol{z}+\hat{\boldsymbol{D}}\boldsymbol{u}\end{cases}$，其传递函数矩阵为 $\hat{\boldsymbol{W}}(s)$，则 $\boldsymbol{W}(s)=\hat{\boldsymbol{W}}(s)$。

现证明如下：

$$\begin{aligned}\hat{\boldsymbol{W}}(s)&=\hat{\boldsymbol{C}}(s\boldsymbol{I}-\hat{\boldsymbol{A}})^{-1}\hat{\boldsymbol{B}}+\hat{\boldsymbol{D}}\\ &=\boldsymbol{C}\boldsymbol{T}(s\boldsymbol{I}-\boldsymbol{T}^{-1}\boldsymbol{A}\boldsymbol{T})^{-1}\boldsymbol{T}^{-1}\boldsymbol{B}+\boldsymbol{D}\\ &=\boldsymbol{C}[\boldsymbol{T}(s\boldsymbol{I}-\boldsymbol{T}^{-1}\boldsymbol{A}\boldsymbol{T})\boldsymbol{T}^{-1}]^{-1}\boldsymbol{B}+\boldsymbol{D}\\ &=\boldsymbol{C}[\boldsymbol{T}s\boldsymbol{T}^{-1}-\boldsymbol{T}\boldsymbol{T}^{-1}\boldsymbol{A}\boldsymbol{T}\boldsymbol{T}^{-1}]^{-1}\boldsymbol{B}+\boldsymbol{D}\\ &=\boldsymbol{C}[s\boldsymbol{I}-\boldsymbol{A}]^{-1}\boldsymbol{B}+\boldsymbol{D}\\ &=\boldsymbol{W}(s)\end{aligned}$$

4. 特征矢量

一个 n 维矢量 $\boldsymbol{p}_i$ 经过以 $\boldsymbol{A}$ 为变换矩阵的变换后，成为一个新的矢量 $\hat{\boldsymbol{p}}_i$，即

$$\hat{\boldsymbol{p}}_i=\boldsymbol{A}\boldsymbol{p}_i$$

如果有

$$\hat{\boldsymbol{p}}_i=\lambda_i\boldsymbol{p}_i$$

即矢量 $\boldsymbol{p}_i$ 经过变换矩阵 $\boldsymbol{A}$ 线性变换后，方向不变，仅长度变化 λ_i 倍（λ_i 为标量，它是变换矩阵 $\boldsymbol{A}$ 的特征值），则称 $\boldsymbol{p}_i$ 为变换矩阵 $\boldsymbol{A}$ 的对应 λ_i 的特征矢量，此时有 $\boldsymbol{A}\boldsymbol{p}_i=\lambda_i\boldsymbol{p}_i$。

【例 3.12】试求

$$\boldsymbol{A}=\begin{pmatrix}0 & 1 & 0\\ 3 & 0 & 2\\ -12 & -7 & -6\end{pmatrix}$$

的特征矢量。

解

$\boldsymbol{A}$ 的特征方程为

$$|\lambda\boldsymbol{I}-\boldsymbol{A}|=\begin{vmatrix}\lambda & -1 & 0\\ -3 & \lambda & -2\\ 12 & 7 & \lambda+6\end{vmatrix}=0$$

即

$$(\lambda+1)(\lambda+2)(\lambda+3)=0$$

求得特征值

$$\lambda_1=-1\text{，}\quad\lambda_2=-2\text{，}\quad\lambda_3=-3$$

（1）设对应 $\lambda_1=-1$ 的特征矢量 $\boldsymbol{p}_1$ 为

$$\boldsymbol{p}_1=\begin{pmatrix}p_{11}\\ p_{12}\\ p_{13}\end{pmatrix}$$

按定义

$$\boldsymbol{A}\boldsymbol{p}_i=\lambda_i\boldsymbol{p}_i$$

则

$$\begin{pmatrix}0 & 1 & 0\\ 3 & 0 & 2\\ -12 & -7 & -6\end{pmatrix}\begin{pmatrix}p_{11}\\ p_{12}\\ p_{13}\end{pmatrix}=\begin{pmatrix}-p_{11}\\ -p_{12}\\ -p_{13}\end{pmatrix}$$

$$\begin{pmatrix}p_{12}\\ 3p_{11}+2p_{13}\\ -12p_{11}-7p_{12}-6p_{13}\end{pmatrix}=\begin{pmatrix}-p_{11}\\ -p_{12}\\ -p_{13}\end{pmatrix}$$

解之得

$$\begin{cases}-p_{11}=p_{12}\\ p_{12}=p_{13}\end{cases}$$

令

$$p_{11}=1$$

则

$$\boldsymbol{p}_1=\begin{pmatrix}1\\ -1\\ -1\end{pmatrix}$$

（2）同理，对应 $\lambda_2=-2$ 的特征矢量 $\boldsymbol{p}_2$ 为

$$\boldsymbol{p}_2=\begin{pmatrix}p_{21}\\ p_{22}\\ p_{23}\end{pmatrix}=\begin{pmatrix}2\\ -4\\ 1\end{pmatrix}$$

对应 $\lambda_3=-3$ 的特征矢量 $\boldsymbol{p}_3$ 为

$$\boldsymbol{p}_3=\begin{pmatrix}p_{31}\\ p_{32}\\ p_{33}\end{pmatrix}=\begin{pmatrix}1\\ -3\\ 3\end{pmatrix}$$

【注意】根据定义 $\boldsymbol{A}\boldsymbol{p}_i=\lambda_i\boldsymbol{p}_i$，$k_i\boldsymbol{p}_i(k_i\neq 0)$也是$\lambda_i$的特征矢量，其特征矢量有无穷个。

3.5.3 状态空间表达式变换为约旦标准型实现

设 n 维线性定常系统 $\Sigma(\boldsymbol{A},\boldsymbol{B},\boldsymbol{C},\boldsymbol{D})$ 具有 n 个互不相同的特征值 $\lambda_1,\lambda_2,\cdots,\lambda_n$，则相应的 n 个特征矢量 $\boldsymbol{p}_1,\boldsymbol{p}_2,\cdots,\boldsymbol{p}_n$ 线性无关，可用这 n 个特征矢量构成非奇异变换矩阵 $\boldsymbol{T}=(\boldsymbol{p}_1,\boldsymbol{p}_2,\cdots,\boldsymbol{p}_n)$，将原系统

$$\begin{cases}\dot{\boldsymbol{x}}=\boldsymbol{A}\boldsymbol{x}+\boldsymbol{B}\boldsymbol{u}\\ \boldsymbol{y}=\boldsymbol{C}\boldsymbol{x}\end{cases}\tag{3.46}$$

变换为

$$\begin{cases}\dot{\boldsymbol{z}}=\boldsymbol{T}^{-1}\boldsymbol{A}\boldsymbol{T}\boldsymbol{z}+\boldsymbol{T}^{-1}\boldsymbol{B}\boldsymbol{u}=\boldsymbol{J}\boldsymbol{z}+\boldsymbol{T}^{-1}\boldsymbol{B}\boldsymbol{u}\\ \boldsymbol{y}=\boldsymbol{C}\boldsymbol{T}\boldsymbol{z}\end{cases}\tag{3.47}$$

目标是选择适当的变换矩阵 $\boldsymbol{T}$，使变换后的系统矩阵 $\boldsymbol{J}$ 为约旦标准型矩阵，即

$$\boldsymbol{J}=\boldsymbol{T}^{-1}\boldsymbol{A}\boldsymbol{T}=\begin{pmatrix}\boldsymbol{J}_1 & \boldsymbol{0} & \cdots & \boldsymbol{0}\\ \boldsymbol{0} & \boldsymbol{J}_2 & \cdots & \boldsymbol{0}\\ \vdots & \vdots & & \vdots\\ \boldsymbol{0} & \boldsymbol{0} & \cdots & \boldsymbol{J}_l\end{pmatrix}\tag{3.48}$$

$$\boldsymbol{J}_i=\begin{pmatrix}\lambda_i & 1 & & \boldsymbol{0}\\ & \lambda_i & \ddots & \\ & & \ddots & 1\\ & & & \lambda_i\end{pmatrix}_{\sigma_i\times\sigma_i}\tag{3.49}$$

这里假定特征值λ_1（σ_1重）,λ_2（σ_2重）,$\cdots$,λ_l（σ_l重），则有

$$\sigma_1+\sigma_2+\cdots+\sigma_l=n$$

当特征值λ_i为单根时，$\sigma_i=1$，$J_i=(\lambda_i)$，此时，$\boldsymbol{J}$ 为对角矩阵。

下面根据有无重根及矩阵 $\boldsymbol{A}$ 的形式介绍求取变换矩阵 $\boldsymbol{T}$ 的方法。

1. 矩阵 A 为任意形式

1）特征值无重根时

设λ_i为 $\boldsymbol{A}$ 的 n 个互异特征根（$i=1,2,\cdots,n$），求出与λ_i相对应的特征矢量为

$$\boldsymbol{p}_i=\begin{pmatrix}p_{i1}\\ p_{i2}\\ \vdots\\ p_{in}\end{pmatrix}\tag{3.50}$$

由各特征矢量构成的矩阵即变换矩阵 $\boldsymbol{T}$

$$\boldsymbol{T}=\begin{pmatrix}p_{11} & p_{21} & \cdots & p_{n1}\\ p_{12} & p_{22} & \cdots & p_{n2}\\ \vdots & \vdots & & \vdots\\ p_{1n} & p_{2n} & \cdots & p_{nn}\end{pmatrix}\tag{3.51}$$

证明：变换矩阵

$$T=(p_1,p_2,\cdots,p_n)$$

则

$$J=T^{-1}AT=T^{-1}A(p_1,p_2,\cdots,p_n)$$

由特征矢量的定义

$$Ap_i=\lambda_i p_i$$

有

$$\begin{aligned}J&=T^{-1}(\lambda_1 p_1,\lambda_2 p_2,\cdots,\lambda_n p_n)\\&=T^{-1}(p_1\lambda_1,p_2\lambda_2,\cdots,p_n\lambda_n)\\&=T^{-1}(p_1,p_2,\cdots,p_n)\begin{pmatrix}\lambda_1&0&\cdots&0\\0&\lambda_2&\cdots&0\\\vdots&\vdots&&\vdots\\0&0&\cdots&\lambda_n\end{pmatrix}\\&=\begin{pmatrix}\lambda_1&0&\cdots&0\\0&\lambda_2&\cdots&0\\\vdots&\vdots&&\vdots\\0&0&\cdots&\lambda_n\end{pmatrix}\end{aligned}$$

从而证明 J 确实为对角矩阵。

【例 3.13】 系统矩阵 A 如下，试求变换矩阵 T，使 $T^{-1}AT=\Lambda$（Λ 为对角矩阵）。

$$A=\begin{pmatrix}0&1&0\\3&0&2\\-12&-7&-6\end{pmatrix}$$

解

A 的特征值及对应各特征值的特征矢量已在例 3.12 中求出，分别为

$$\lambda_1=-1,\quad \lambda_2=-2,\quad \lambda_3=-3$$

$$p_1=\begin{pmatrix}1\\-1\\-1\end{pmatrix},\quad p_2=\begin{pmatrix}2\\-4\\1\end{pmatrix},\quad p_3=\begin{pmatrix}1\\-3\\3\end{pmatrix}$$

则可构成变换矩阵 T：

$$T=\begin{pmatrix}1&2&1\\-1&-4&-3\\-1&1&3\end{pmatrix}$$

其逆矩阵为

$$T^{-1}=\begin{pmatrix}\frac{9}{2}&\frac{5}{2}&1\\-3&-2&-1\\\frac{5}{2}&\frac{3}{2}&1\end{pmatrix}$$

作为验证，计算

$$T^{-1}AT=\begin{pmatrix}\frac{9}{2} & \frac{5}{2} & 1\\ -3 & -2 & -1\\ \frac{5}{2} & \frac{3}{2} & 1\end{pmatrix}\begin{pmatrix}0 & 1 & 0\\ 3 & 0 & 2\\ -12 & -7 & -6\end{pmatrix}\begin{pmatrix}1 & 2 & 1\\ -1 & -4 & -3\\ -1 & 1 & 3\end{pmatrix}=\begin{pmatrix}-1 & 0 & 0\\ 0 & -2 & 0\\ 0 & 0 & -3\end{pmatrix}$$

【注意】由于特征矢量的非唯一性，$k_i\boldsymbol{p}_i(k_i\neq 0)$为特征矢量，因此变换矩阵 $\boldsymbol{T}$ 非唯一。但变换后的系统矩阵$\boldsymbol{T}^{-1}\boldsymbol{AT}$必为完全相同的对角线型，而$\boldsymbol{T}^{-1}\boldsymbol{B}$、$\boldsymbol{CT}$的元可为不同取值。

2）特征值有重根时

设 $\boldsymbol{A}$ 的特征根有 q 个 λ_1 的重根，其余 $n-q$ 个为互异根（单根），现不加证明地引出变换矩阵 $\boldsymbol{T}$ 的计算公式如下：

$$\boldsymbol{T}=\left(\boldsymbol{p}_1,\boldsymbol{p}_2,\cdots,\boldsymbol{p}_q,\boldsymbol{p}_{q+1},\cdots,\boldsymbol{p}_n\right) \tag{3.52}$$

式（3.52）中的 $\boldsymbol{p}_{q+1},\cdots,\boldsymbol{p}_n$ 是对应 $n-q$ 个单根的特征矢量，求解方法同前；对应 q 个 λ_1 重根的特征矢量 $\boldsymbol{p}_1,\boldsymbol{p}_2,\cdots,\boldsymbol{p}_q$ 根据下式计算：

$$\begin{cases}\lambda_1\boldsymbol{p}_1-\boldsymbol{A}\boldsymbol{p}_1=\boldsymbol{0}\\ \lambda_1\boldsymbol{p}_2-\boldsymbol{A}\boldsymbol{p}_2=-\boldsymbol{p}_1\\ \qquad\vdots\\ \lambda_1\boldsymbol{p}_q-\boldsymbol{A}\boldsymbol{p}_q=-\boldsymbol{p}_{q-1}\end{cases} \tag{3.53}$$

显然，$\boldsymbol{p}_1$ 仍为 λ_1 对应的特征矢量，其余的 $\boldsymbol{p}_2,\cdots,\boldsymbol{p}_q$ 则称为广义特征矢量。

【例 3.14】系统矩阵 $\boldsymbol{A}$ 如下，试求将其变换成约旦标准型矩阵的变换矩阵 $\boldsymbol{T}$。

$$\boldsymbol{A}=\begin{pmatrix}4 & 1 & -2\\ 1 & 0 & 2\\ 1 & -1 & 3\end{pmatrix}$$

解

（1）求 $\boldsymbol{A}$ 的特征值：

$$|\lambda\boldsymbol{I}-\boldsymbol{A}|=\begin{vmatrix}\lambda-4 & -1 & 2\\ -1 & \lambda & -2\\ -1 & 1 & \lambda-3\end{vmatrix}=(\lambda-1)(\lambda-3)^2=0$$

求得

$$\lambda_1=\lambda_2=3,\quad \lambda_3=1$$

（2）求特征矢量：

对应 $\lambda_1=3$ 的特征矢量 $\boldsymbol{p}_1$，按

$$\lambda_1\boldsymbol{p}_1-\boldsymbol{A}\boldsymbol{p}_1=\boldsymbol{0}$$

即

$$\begin{pmatrix} 3p_{11} \\ 3p_{12} \\ 3p_{13} \end{pmatrix} - \begin{pmatrix} 4 & 1 & -2 \\ 1 & 0 & 2 \\ 1 & -1 & 3 \end{pmatrix} \begin{pmatrix} p_{11} \\ p_{12} \\ p_{13} \end{pmatrix} = \mathbf{0}$$

解得

$$\boldsymbol{p}_1 = \begin{pmatrix} p_{11} \\ p_{12} \\ p_{13} \end{pmatrix} = \begin{pmatrix} 1 \\ 1 \\ 1 \end{pmatrix}$$

对应 $\lambda_2 = 3$ 的广义特征矢量 $\boldsymbol{p}_2$，按

$$\lambda_1 \boldsymbol{p}_2 - \boldsymbol{A}\boldsymbol{p}_2 = -\boldsymbol{p}_1$$

即

$$\begin{pmatrix} 3p_{21} \\ 3p_{22} \\ 3p_{23} \end{pmatrix} - \begin{pmatrix} 4 & 1 & -2 \\ 1 & 0 & 2 \\ 1 & -1 & 3 \end{pmatrix} \begin{pmatrix} p_{21} \\ p_{22} \\ p_{23} \end{pmatrix} = -\begin{pmatrix} 1 \\ 1 \\ 1 \end{pmatrix}$$

解得

$$\boldsymbol{p}_2 = \begin{pmatrix} p_{21} \\ p_{22} \\ p_{23} \end{pmatrix} = \begin{pmatrix} 1 \\ 0 \\ 0 \end{pmatrix}$$

对应 $\lambda_3 = 1$ 的特征矢量 $\boldsymbol{p}_3$，按

$$\lambda_3 \boldsymbol{p}_3 - \boldsymbol{A}\boldsymbol{p}_3 = \mathbf{0}$$

即

$$\begin{pmatrix} p_{31} \\ p_{32} \\ p_{33} \end{pmatrix} - \begin{pmatrix} 4 & 1 & -2 \\ 1 & 0 & 2 \\ 1 & -1 & 3 \end{pmatrix} \begin{pmatrix} p_{31} \\ p_{32} \\ p_{33} \end{pmatrix} = \mathbf{0}$$

解得

$$\boldsymbol{p}_3 = \begin{pmatrix} p_{31} \\ p_{32} \\ p_{33} \end{pmatrix} = \begin{pmatrix} 0 \\ 2 \\ 1 \end{pmatrix}$$

构造变换矩阵 $\boldsymbol{T}$

$$\boldsymbol{T} = \begin{pmatrix} 1 & 1 & 0 \\ 1 & 0 & 2 \\ 1 & 0 & 1 \end{pmatrix}$$

求得其逆矩阵为

$$\boldsymbol{T}^{-1} = \begin{pmatrix} 0 & -1 & 2 \\ 1 & 1 & -2 \\ 0 & 1 & -1 \end{pmatrix}$$

变换后的约旦标准型矩阵为

$$J=T^{-1}AT=\begin{pmatrix}0 & -1 & 2\\1 & 1 & -2\\0 & 1 & -1\end{pmatrix}\begin{pmatrix}4 & 1 & -2\\1 & 0 & 2\\1 & -1 & 3\end{pmatrix}\begin{pmatrix}1 & 1 & 0\\1 & 0 & 2\\1 & 0 & 1\end{pmatrix}=\begin{pmatrix}3 & 1 & 0\\0 & 3 & 0\\0 & 0 & 1\end{pmatrix}$$

【例 3.15】试将下列状态空间表达式转化为约旦标准型矩阵。

$$\dot{\boldsymbol{x}}=\begin{pmatrix}0 & 1 & 0\\0 & 0 & 1\\2 & 3 & 0\end{pmatrix}\boldsymbol{x}+\begin{pmatrix}0\\0\\1\end{pmatrix}u$$

$$y=(1,0,0)\boldsymbol{x}$$

解

先求出 $\boldsymbol{A}$ 的特征值：

$$|\lambda\boldsymbol{I}-\boldsymbol{A}|=\begin{vmatrix}\lambda & -1 & 0\\0 & \lambda & -1\\-2 & -3 & \lambda\end{vmatrix}=0$$

即

$$\lambda^3-3\lambda-2=0$$

得

$$\lambda_1=\lambda_2=-1，\ \lambda_3=2$$

同理，对照例 3.14，可求得对应上述特征值的特征矢量分别为

$$\boldsymbol{p}_1=\begin{pmatrix}1\\-1\\1\end{pmatrix}，\ \boldsymbol{p}_2=\begin{pmatrix}1\\0\\-1\end{pmatrix}，\ \boldsymbol{p}_3=\begin{pmatrix}1\\2\\4\end{pmatrix}$$

于是，变换矩阵 $\boldsymbol{T}$ 的构造为

$$\boldsymbol{T}=(\boldsymbol{p}_1,\boldsymbol{p}_2,\boldsymbol{p}_3)=\begin{pmatrix}1 & 1 & 1\\-1 & 0 & 2\\1 & -1 & 4\end{pmatrix}$$

计算得

$$\boldsymbol{T}^{-1}=\frac{1}{9}\begin{pmatrix}2 & -5 & 2\\6 & 3 & -3\\1 & 2 & 1\end{pmatrix}$$

这样可计算出变换后的约旦标准型矩阵中的各矩阵分别为

$$\boldsymbol{J}=\boldsymbol{T}^{-1}\boldsymbol{A}\boldsymbol{T}=\begin{pmatrix}-1 & 1 & 0\\0 & -1 & 0\\0 & 0 & 2\end{pmatrix}，\ \boldsymbol{T}^{-1}\boldsymbol{B}=\begin{pmatrix}\frac{2}{9}\\-\frac{1}{3}\\\frac{1}{9}\end{pmatrix}，\ \boldsymbol{C}\boldsymbol{T}=(1,\ 1,\ 1)$$

2. 矩阵 A 为标准型

即

$$A=\begin{pmatrix}0&1&0&\cdots&0\\0&0&1&\cdots&0\\\vdots&\vdots&\vdots&&\vdots\\0&0&0&\cdots&1\\-a_0&-a_1&-a_2&\cdots&-a_{n-1}\end{pmatrix}$$

（1）$\boldsymbol{A}$ 的特征值无重根时，其变换矩阵是一个**范德蒙矩阵**，即

$$T=\begin{pmatrix}1&1&\cdots&1\\\lambda_1&\lambda_2&\cdots&\lambda_n\\\lambda_1^2&\lambda_2^2&\cdots&\lambda_n^2\\\vdots&\vdots&&\vdots\\\lambda_1^{n-1}&\lambda_2^{n-1}&\cdots&\lambda_n^{n-1}\end{pmatrix}\tag{3.54}$$

（2）$\boldsymbol{A}$ 的特征值有重根时，以 λ_1 的三重根为例：

$$T=\left(\begin{array}{ccc|ccc}1&0&0&1&\cdots&1\\\lambda_1&1&0&\lambda_4&\cdots&\lambda_n\\\lambda_1^2&2\lambda_1&1&\lambda_4^2&\cdots&\lambda_n^2\\\vdots&\vdots&\vdots&\vdots&&\vdots\\\lambda_1^{n-1}&\dfrac{\mathrm{d}}{\mathrm{d}\lambda_1}(\lambda_1^{n-1})&\dfrac{1}{2}\dfrac{\mathrm{d}^2}{\mathrm{d}\lambda_1^2}(\lambda_1^{n-1})&\lambda_4^{n-1}&\cdots&\lambda_n^{n-1}\end{array}\right)\tag{3.55}$$

（3）$\boldsymbol{A}$ 的特征值有共轭复根时，以四阶系统中有一对共轭复根为例，即 $\lambda_{1,2}=\sigma\pm j\omega$，$\lambda_3\neq\lambda_4$。

$$T=\begin{pmatrix}1&0&1&1\\\sigma&\omega&\lambda_3&\lambda_4\\\sigma^2-\omega^2&2\sigma\omega&\lambda_3^2&\lambda_4^2\\\sigma^3-3\sigma\omega^2&3\sigma^2\omega-\omega^3&\lambda_3^3&\lambda_4^3\end{pmatrix}\tag{3.56}$$

此时：

$$T^{-1}AT=\begin{pmatrix}\sigma&\omega&0&0\\-\omega&\sigma&0&0\\0&0&\lambda_3&0\\0&0&0&\lambda_4\end{pmatrix}\tag{3.57}$$

3. 系统的并联型实现

已知系统传递函数

$$W(s)=\frac{b_m s^m + b_{m-1}s^{m-1}+\cdots+b_1 s+b_0}{s^n + a_{n-1}s^{n-1}+\cdots+a_1 s+a_0} \tag{3.58}$$

现将式（3.58）展开成部分分式。系统的特征根有两种情况：一是具有互异根，二是具有重根。分别讨论如下。

1）具有互异根的情况

此时式（3.58）可写为

$$W(s)=\frac{b_m s^m + b_{m-1}s^{m-1}+\cdots+b_1 s+b_0}{(s-\lambda_1)(s-\lambda_2)\cdots(s-\lambda_n)} \tag{3.59}$$

其中，$\lambda_1,\lambda_2,\cdots,\lambda_n$ 为系统的特征根。

将其展开成部分分式：

$$W(s)=\frac{c_1}{(s-\lambda_1)}+\frac{c_2}{(s-\lambda_2)}+\cdots+\frac{c_n}{(s-\lambda_n)}=\sum_{i=1}^{n}\frac{c_i}{(s-\lambda_i)} \tag{3.60}$$

式（3.60）的模拟结构图如图 3.22（a）或图 3.22（b）所示，这种结构采取的是积分器并联的形式。

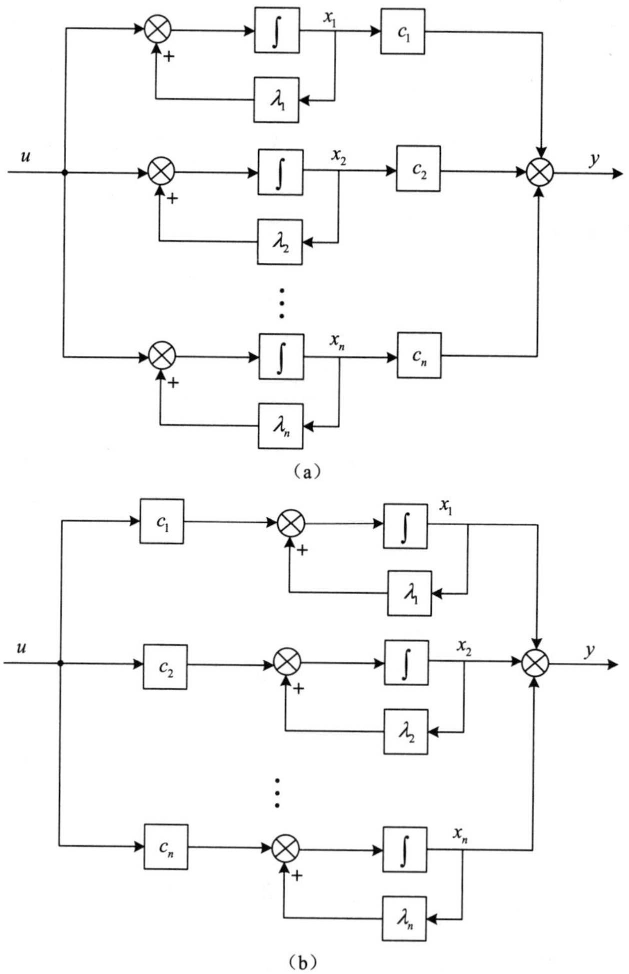

图 3.22　积分器并联型模拟结构图

将每个积分器的输出作为一个状态变量，系统的状态空间表达式分别为

$$\dot{\boldsymbol{x}}=\begin{pmatrix}\lambda_1 & 0 & \cdots & 0\\ 0 & \lambda_2 & \cdots & 0\\ \vdots & \vdots & & \vdots\\ 0 & 0 & \cdots & \lambda_n\end{pmatrix}\boldsymbol{x}+\begin{pmatrix}1\\1\\ \vdots\\1\end{pmatrix}u \tag{3.61}$$
$$y=(c_1,c_2,\cdots,c_n)\boldsymbol{x}$$

或

$$\dot{\boldsymbol{x}}=\begin{pmatrix}\lambda_1 & 0 & \cdots & 0\\ 0 & \lambda_2 & \cdots & 0\\ \vdots & \vdots & & \vdots\\ 0 & 0 & \cdots & \lambda_n\end{pmatrix}\boldsymbol{x}+\begin{pmatrix}c_1\\c_2\\ \vdots\\c_n\end{pmatrix}u \tag{3.62}$$
$$y=(1,1,\cdots,1)\boldsymbol{x}$$

式（3.61）和式（3.62）是互为对偶的。同理图 3.22（a）和图 3.22（b）也有其对偶关系。

式（3.61）和式（3.62）都属于约旦标准型（或对角线标准型）实现，因此，约旦标准型实现基于并联型结构。

【思考】求 $W(s)=\dfrac{2}{s^2+5s+6}$ 并联型实现及系统模拟结构图。

2）具有重根的情况

设一个 q 重根的主根 λ_1，$\lambda_{q+1},\lambda_{q+2},\cdots,\lambda_n$ 为互异根。这时 $W(s)$ 的部分分式展开式为

$$W(s)=\frac{c_{1q}}{(s-\lambda_1)^q}+\frac{c_{1(q-1)}}{(s-\lambda_1)^{q-1}}+\cdots+\frac{c_{12}}{(s-\lambda_1)^2}+\frac{c_{11}}{(s-\lambda_1)}+\sum_{i=q+1}^{n}\frac{c_i}{(s-\lambda_i)} \tag{3.63}$$

由式（3.63）可知系统的一种实现具有图 3.23 所示的结构，除重根取积分器串联的形式外，其余均为积分器并联的形式。

$$\begin{cases}\dot{x}_1=\lambda_1x_1+x_2\\ \dot{x}_2=\lambda_1x_2+x_3\\ \qquad\vdots\\ \dot{x}_{q-1}=\lambda_1x_{q-1}+x_q\\ \dot{x}_q=\lambda_1x_q+u\\ \dot{x}_{q+1}=\lambda_{q+1}x_{q+1}+u\\ \qquad\vdots\\ \dot{x}_n=\lambda_nx_n+u\end{cases}$$
$$y=c_{1q}x_1+c_{1(q-1)}x_2+\cdots+c_{12}x_{q-1}+c_{11}x_q+c_{q+1}x_{q+1}+\cdots+c_nx_n$$

用矢量矩阵形式表示有

$$\begin{pmatrix} \dot{x}_1 \\ \dot{x}_2 \\ \vdots \\ \dot{x}_{q-1} \\ \dot{x}_q \\ \dot{x}_{q+1} \\ \vdots \\ \dot{x}_n \end{pmatrix} = \begin{pmatrix} \lambda_1 & 1 & 0 & \cdots & 0 & 0 & \cdots & 0 \\ 0 & \lambda_1 & 1 & \cdots & 0 & 0 & \cdots & 0 \\ \vdots & \vdots & \vdots & & \vdots & \vdots & & \vdots \\ 0 & 0 & 0 & \cdots & 1 & 0 & \cdots & 0 \\ 0 & 0 & 0 & \cdots & \lambda_1 & 0 & \cdots & 0 \\ 0 & 0 & 0 & \cdots & 0 & \lambda_{q+1} & \cdots & 0 \\ \vdots & \vdots & \vdots & & \vdots & \vdots & & \vdots \\ 0 & 0 & 0 & \cdots & 0 & 0 & \cdots & \lambda_n \end{pmatrix} \begin{pmatrix} x_1 \\ x_2 \\ \vdots \\ x_{q-1} \\ x_q \\ x_{q+1} \\ \vdots \\ x_n \end{pmatrix} + \begin{pmatrix} 0 \\ 0 \\ \vdots \\ 0 \\ 1 \\ 1 \\ \vdots \\ 1 \end{pmatrix} u \tag{3.64}$$

$$y = \left(c_{1q}, c_{1(q-1)}, \cdots, c_{12}, c_{11}, c_{q+1}, \cdots, c_n\right) \begin{pmatrix} x_1 \\ x_2 \\ \vdots \\ x_{q-1} \\ x_q \\ x_{q+1} \\ \vdots \\ x_n \end{pmatrix}$$

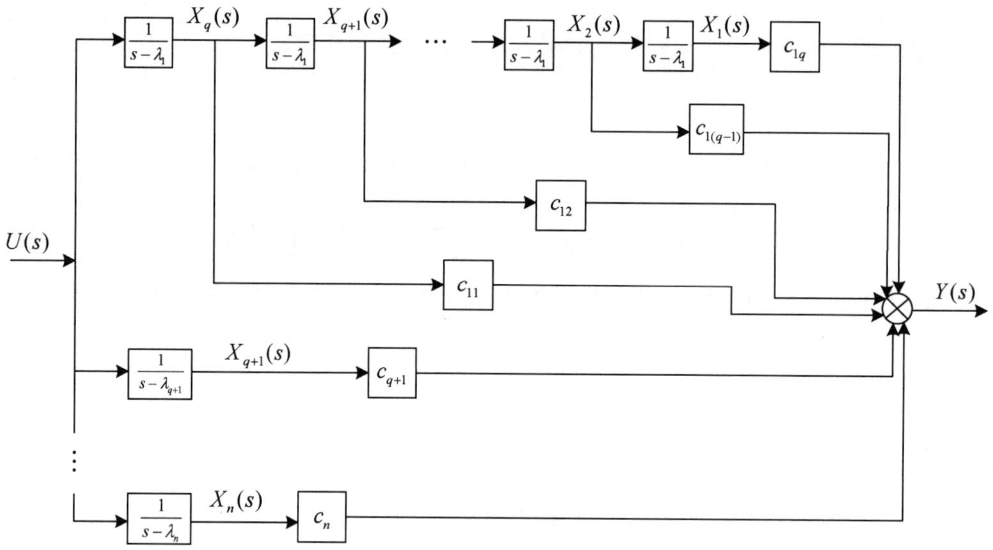

图 3.23 并联型模拟结构图

3.6 由状态空间表达式求传递函数（阵）

以上介绍了根据传递函数求状态空间表达式的问题及系统的实现问题。本节介绍根据状态空间表达式求传递函数（阵）的问题。

3.6.1 传递函数（阵）

1. 单输入—单输出系统

已知系统的状态空间表达式为

$$\begin{cases}\dot{\boldsymbol{x}}=\boldsymbol{A}\boldsymbol{x}+\boldsymbol{b}u\\ y=\boldsymbol{c}\boldsymbol{x}+du\end{cases} \tag{3.65}$$

其中，$\boldsymbol{x}$ 为 n 维状态矢量；y 和 u 为输出和输入，它们都是标量；$\boldsymbol{A}$ 为 $n\times n$ 方阵；$\boldsymbol{b}$ 为 $n\times 1$ 列阵；$\boldsymbol{c}$ 为 $1\times n$ 行阵；d 为标量，一般为零。

对式（3.65）进行拉普拉斯变换，并假定初始条件为零，则有

$$\begin{cases}\boldsymbol{X}(s)=(s\boldsymbol{I}-\boldsymbol{A})^{-1}\boldsymbol{b}U(s)\\ Y(s)=\boldsymbol{c}\boldsymbol{X}(s)+dU(s)\end{cases} \tag{3.66}$$

故 U–$\boldsymbol{X}$ 间的传递函数为

$$\boldsymbol{W}_{ux}(s)=\frac{\boldsymbol{X}(s)}{U(s)}=(s\boldsymbol{I}-\boldsymbol{A})^{-1}\boldsymbol{b} \tag{3.67}$$

它是一个 $n\times 1$ 的列阵函数。

U–Y 间的传递函数为

$$W(s)=\frac{Y(s)}{U(s)}=\boldsymbol{c}(s\boldsymbol{I}-\boldsymbol{A})^{-1}\boldsymbol{b}+d \tag{3.68}$$

它是一个标量。

2. 多输入—多输出系统

已知系统的状态空间表达式为

$$\begin{cases}\dot{\boldsymbol{x}}=\boldsymbol{A}\boldsymbol{x}+\boldsymbol{B}\boldsymbol{u}\\ \boldsymbol{y}=\boldsymbol{C}\boldsymbol{x}+\boldsymbol{D}\boldsymbol{u}\end{cases} \tag{3.69}$$

其中，$\boldsymbol{u}$ 为 $r\times 1$ 输入列矢量；$\boldsymbol{y}$ 为 $m\times 1$ 输出矢量；$\boldsymbol{B}$ 为 $n\times r$ 控制矩阵；$\boldsymbol{C}$ 为 $m\times n$ 输出矩阵；$\boldsymbol{D}$ 为 $m\times r$ 直接传递矩阵；$\boldsymbol{x}$、$\boldsymbol{A}$ 为同单变量系统。

同前，对式（3.69）作拉普拉斯变换并认为初始条件为零，得

$$\begin{cases}\boldsymbol{X}(s)=(s\boldsymbol{I}-\boldsymbol{A})^{-1}\boldsymbol{B}\boldsymbol{U}(s)\\ \boldsymbol{Y}(s)=\boldsymbol{C}\boldsymbol{X}(s)+\boldsymbol{D}\boldsymbol{U}(s)\end{cases} \tag{3.70}$$

故 $\boldsymbol{U}$–$\boldsymbol{X}$ 间的传递函数为

$$\boldsymbol{W}_{ux}(s)=\frac{\boldsymbol{X}(s)}{\boldsymbol{U}(s)}=(s\boldsymbol{I}-\boldsymbol{A})^{-1}\boldsymbol{B} \tag{3.71}$$

它是一个 $n\times r$ 矩阵函数。

故 $\boldsymbol{U}$–$\boldsymbol{Y}$ 间的传递函数为

$$\boldsymbol{W}(s)=\boldsymbol{C}(s\boldsymbol{I}-\boldsymbol{A})^{-1}\boldsymbol{B}+\boldsymbol{D} \tag{3.72}$$

它是一个 $m\times r$ 矩阵函数，即

$$
\boldsymbol{W}(s)=\begin{pmatrix} W_{11}(s) & W_{12}(s) & \cdots & W_{1r}(s) \\ W_{21}(s) & W_{22}(s) & \cdots & W_{2r}(s) \\ \vdots & \vdots & & \vdots \\ W_{m1}(s) & W_{m2}(s) & \cdots & W_{mr}(s) \end{pmatrix}
$$

其中，各元素$W_{ij}(s)$都是标量函数，它表征第 j 个输入对第 i 个输出的传递关系。当$i \neq j$时，意味着不同标号的输入与输出互相关联，称为有耦合关系，这正是多变量系统的特点。

式（3.72）还可以表示为

$$
\boldsymbol{W}(s)=\frac{1}{|s\boldsymbol{I}-\boldsymbol{A}|}\left[\boldsymbol{C}\mathrm{adj}(s\boldsymbol{I}-\boldsymbol{A})\boldsymbol{B}+\boldsymbol{D}|s\boldsymbol{I}-\boldsymbol{A}|\right] \tag{3.73}
$$

可以看出，$\boldsymbol{W}(s)$的分母就是系统矩阵$\boldsymbol{A}$的特征多项式，$\boldsymbol{W}(s)$的分子是一个多项式矩阵。

3.6.2 组合系统的传递函数（阵）

由一些子系统按一定规律连接构成的系统称为组合系统。一个实际的控制系统常常就是一个组合系统，或者可以表示为组合系统。现以两个子系统为例，推导其并联、串联和反馈连接的等效传递函数（阵）。

令子系统Ⅰ为

$$
\begin{cases} \dot{\boldsymbol{x}}_1=\boldsymbol{A}_1\boldsymbol{x}_1+\boldsymbol{B}_1\boldsymbol{u}_1 \\ \boldsymbol{y}_1=\boldsymbol{C}_1\boldsymbol{x}_1+\boldsymbol{D}_1\boldsymbol{u}_1 \end{cases} \tag{3.74}
$$

简记为$\Sigma_1(\boldsymbol{A}_1,\boldsymbol{B}_1,\boldsymbol{C}_1,\boldsymbol{D}_1)$。

令子系统Ⅱ为

$$
\begin{cases} \dot{\boldsymbol{x}}_2=\boldsymbol{A}_2\boldsymbol{x}_2+\boldsymbol{B}_2\boldsymbol{u}_2 \\ \boldsymbol{y}_2=\boldsymbol{C}_2\boldsymbol{x}_2+\boldsymbol{D}_2\boldsymbol{u}_2 \end{cases} \tag{3.75}
$$

简记为$\Sigma_2(\boldsymbol{A}_2,\boldsymbol{B}_2,\boldsymbol{C}_2,\boldsymbol{D}_2)$。

1. 并联连接

并联连接的特点是，各子系统有相同的输入，而组合系统的输出等于各子系统输出的代数和。并联连接系统结构图如图 3.24 所示。

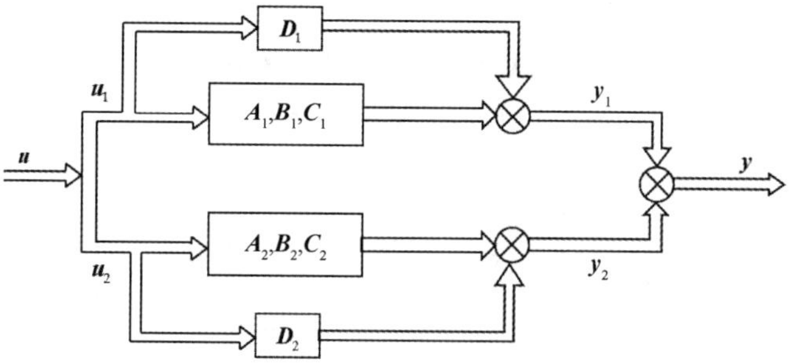

图 3.24 并联连接系统结构图

由图 3.24 可知，$\boldsymbol{u}_1=\boldsymbol{u}_2=\boldsymbol{u}$，$\boldsymbol{y}=\boldsymbol{y}_1+\boldsymbol{y}_2$，由式（3.74）和式（3.75）可得系统的状态空间表达式为

$$\begin{cases}\begin{pmatrix}\dot{\boldsymbol{x}}_1\\ \dot{\boldsymbol{x}}_2\end{pmatrix}=\begin{pmatrix}\boldsymbol{A}_1 & \boldsymbol{0}\\ \boldsymbol{0} & \boldsymbol{A}_2\end{pmatrix}\begin{pmatrix}\boldsymbol{x}_1\\ \boldsymbol{x}_2\end{pmatrix}+\begin{pmatrix}\boldsymbol{B}_1\\ \boldsymbol{B}_2\end{pmatrix}\boldsymbol{u}\\ \boldsymbol{y}=\begin{pmatrix}\boldsymbol{C}_1 & \boldsymbol{C}_2\end{pmatrix}\begin{pmatrix}\boldsymbol{x}_1\\ \boldsymbol{x}_2\end{pmatrix}+(\boldsymbol{D}_1+\boldsymbol{D}_2)\boldsymbol{u}\end{cases} \tag{3.76}$$

则系统的传递函数（阵）为

$$\begin{aligned}\boldsymbol{W}(s)&=\begin{pmatrix}\boldsymbol{C}_1 & \boldsymbol{C}_2\end{pmatrix}\begin{pmatrix}(s\boldsymbol{I}-\boldsymbol{A}_1)^{-1} & \boldsymbol{0}\\ \boldsymbol{0} & (s\boldsymbol{I}-\boldsymbol{A}_2)^{-1}\end{pmatrix}\begin{pmatrix}\boldsymbol{B}_1\\ \boldsymbol{B}_2\end{pmatrix}+(\boldsymbol{D}_1+\boldsymbol{D}_2)\\ &=\left[\boldsymbol{C}_1(s\boldsymbol{I}-\boldsymbol{A}_1)^{-1}\boldsymbol{B}_1+\boldsymbol{D}_1\right]+\left[\boldsymbol{C}_2(s\boldsymbol{I}-\boldsymbol{A}_2)^{-1}\boldsymbol{B}_2+\boldsymbol{D}_2\right]\\ &=\boldsymbol{W}_1(s)+\boldsymbol{W}_2(s)\end{aligned}$$

可见，系统并联时，组合系统的传递函数（阵）等于各子系统传递函数（阵）的代数和，即

$$\boldsymbol{W}(s)=\sum_{i=1}^{n}\boldsymbol{W}_i(s) \tag{3.77}$$

2. 串联连接

串联连接的特点是，前一个子系统的输出是后一个子系统的输入，组合系统的输入是第一个子系统的输入，组合系统的输出是最后一个子系统的输出，如图 3.25 所示。

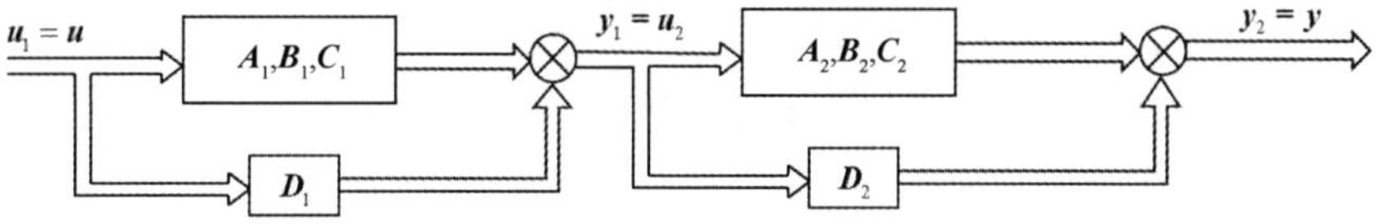

图 3.25　串联连接系统结构图

由图 3.25 可知，$\boldsymbol{u}_1=\boldsymbol{u}$，$\boldsymbol{y}_1=\boldsymbol{u}_2$，$\boldsymbol{y}_2=\boldsymbol{y}$，由式（3.74）和式（3.75）可得系统的状态空间表达式为

$$\begin{cases}\begin{pmatrix}\dot{\boldsymbol{x}}_1\\ \dot{\boldsymbol{x}}_2\end{pmatrix}=\begin{pmatrix}\boldsymbol{A}_1 & \boldsymbol{0}\\ \boldsymbol{B}_2\boldsymbol{C}_1 & \boldsymbol{A}_2\end{pmatrix}\begin{pmatrix}\boldsymbol{x}_1\\ \boldsymbol{x}_2\end{pmatrix}+\begin{pmatrix}\boldsymbol{B}_1\\ \boldsymbol{B}_2\boldsymbol{D}_1\end{pmatrix}\boldsymbol{u}\\ \boldsymbol{y}=\begin{pmatrix}\boldsymbol{D}_2\boldsymbol{C}_1 & \boldsymbol{C}_2\end{pmatrix}\begin{pmatrix}\boldsymbol{x}_1\\ \boldsymbol{x}_2\end{pmatrix}+\boldsymbol{D}_2\boldsymbol{D}_1\boldsymbol{u}\end{cases} \tag{3.78}$$

则系统的传递函数（阵）为

$$\boldsymbol{W}(s)=\begin{pmatrix}\boldsymbol{D}_2\boldsymbol{C}_1 & \boldsymbol{C}_2\end{pmatrix}\begin{pmatrix}s\boldsymbol{I}-\boldsymbol{A}_1 & \boldsymbol{0}\\ -\boldsymbol{B}_2\boldsymbol{C}_1 & s\boldsymbol{I}-\boldsymbol{A}_2\end{pmatrix}^{-1}\begin{pmatrix}\boldsymbol{B}_1\\ \boldsymbol{B}_2\boldsymbol{D}_1\end{pmatrix}+\boldsymbol{D}_2\boldsymbol{D}_1$$

根据分块矩阵的求逆公式有

$$\begin{pmatrix}s\boldsymbol{I}-\boldsymbol{A}_1 & \boldsymbol{0}\\ -\boldsymbol{B}_2\boldsymbol{C}_1 & s\boldsymbol{I}-\boldsymbol{A}_2\end{pmatrix}^{-1}=\begin{pmatrix}(s\boldsymbol{I}-\boldsymbol{A}_1)^{-1} & \boldsymbol{0}\\ (s\boldsymbol{I}-\boldsymbol{A}_2)^{-1}\boldsymbol{B}_2\boldsymbol{C}_1(s\boldsymbol{I}-\boldsymbol{A}_1)^{-1} & (s\boldsymbol{I}-\boldsymbol{A}_2)^{-1}\end{pmatrix}$$

则

$$
\begin{aligned}
W(s) &= \begin{pmatrix} D_2C_1 & C_2 \end{pmatrix}\begin{pmatrix} (sI-A_1)^{-1} & 0 \\ (sI-A_2)^{-1}B_2C_1(sI-A_1)^{-1} & (sI-A_2)^{-1} \end{pmatrix}\begin{pmatrix} B_1 \\ B_2D_1 \end{pmatrix} + D_2D_1 \\
&= D_2C_1(sI-A_1)^{-1}B_1 + C_2(sI-A_2)^{-1}B_2C_1(sI-A_1)^{-1}B_1 \\
&\quad + C_2(sI-A_2)^{-1}B_2D_1 + D_2D_1 \\
&= \left[C_1(sI-A_1)^{-1}B_1 + D_1\right]\times\left[C_2(sI-A_2)^{-1}B_2 + D_2\right] \\
&= W_2(s)\cdot W_1(s)
\end{aligned}
$$

可见系统串联时，组合系统的传递函数（阵）等于各子系统传递函数（阵）之积，即

$$
W(s) = \prod_{i=0}^{n-1} W_{n-i}(s) \tag{3.79}
$$

但需要注意的是，式(3.79)中的传递函数(阵)的排列顺序和它们在系统中的连接顺序相反，不能颠倒。这一点和单输入—单输出系统不同。

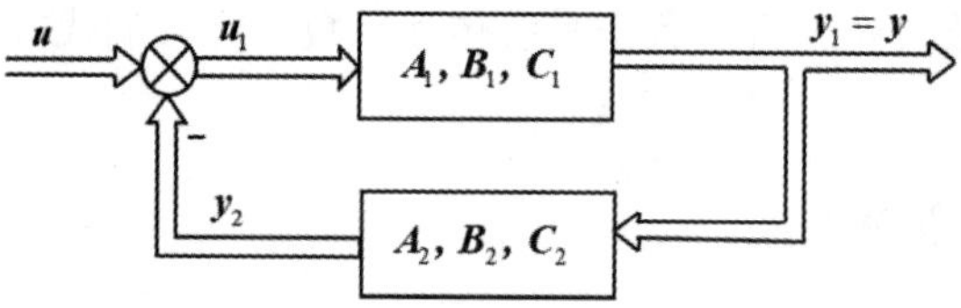

图 3.26 反馈连接系统结构图

3. 反馈连接

反馈连接系统结构图如图 3.26 所示。

由图 3.26 可知

$$
\begin{cases}
\dot{x}_1 = A_1x_1 + B_1(u - C_2x_2) \\
\dot{x}_2 = A_2x_2 + B_2C_1x_1 \\
y = y_1 = C_1x_1
\end{cases}
$$

写成矩阵形式，有

$$
\begin{cases}
\begin{pmatrix} \dot{x}_1 \\ \dot{x}_2 \end{pmatrix} = \begin{pmatrix} A_1 & -B_1C_2 \\ B_2C_1 & A_2 \end{pmatrix}\begin{pmatrix} x_1 \\ x_2 \end{pmatrix} A_1x_1 + \begin{pmatrix} B_1 \\ 0 \end{pmatrix} u \\
y = \begin{pmatrix} C_1 & 0 \end{pmatrix}\begin{pmatrix} x_1 \\ x_2 \end{pmatrix}
\end{cases} \tag{3.80}
$$

则系统的传递函数（阵）为

$$
W(s) = \begin{pmatrix} C_1 & 0 \end{pmatrix}\begin{pmatrix} sI-A_1 & B_1C_2 \\ -B_2C_1 & sI-A_2 \end{pmatrix}^{-1}\begin{pmatrix} B_1 \\ 0 \end{pmatrix}
$$

令

$$
\begin{pmatrix} sI-A_1 & B_1C_2 \\ -B_2C_1 & sI-A_2 \end{pmatrix}^{-1} = \begin{pmatrix} F_{11} & F_{12} \\ F_{21} & F_{22} \end{pmatrix}
$$

故有

$$
\begin{pmatrix} F_{11} & F_{12} \\ F_{21} & F_{22} \end{pmatrix}\begin{pmatrix} sI-A_1 & B_1C_2 \\ -B_2C_1 & sI-A_2 \end{pmatrix} = \begin{pmatrix} I & 0 \\ 0 & I \end{pmatrix}
$$

可得

$$
\begin{aligned}
F_{11}(sI-A_1) - F_{12}B_2C_1 &= I \\
F_{11}B_1C_2 + F_{12}(sI-A_2) &= 0
\end{aligned}
$$

由以上两式求得

$$\boldsymbol{F}_{11} = (s\boldsymbol{I} - \boldsymbol{A}_1)^{-1} - \boldsymbol{F}_{11}\boldsymbol{B}_1\boldsymbol{C}_2(s\boldsymbol{I} - \boldsymbol{A}_2)^{-1}\boldsymbol{B}_2\boldsymbol{C}_1(s\boldsymbol{I} - \boldsymbol{A}_1)^{-1}$$

则

$$\begin{aligned}\boldsymbol{W}(s) &= \begin{pmatrix}\boldsymbol{C}_1 & \boldsymbol{0}\end{pmatrix}\begin{pmatrix}\boldsymbol{F}_{11} & \boldsymbol{F}_{12} \\ \boldsymbol{F}_{21} & \boldsymbol{F}_{22}\end{pmatrix}\begin{pmatrix}\boldsymbol{B}_1 \\ \boldsymbol{0}\end{pmatrix} = \boldsymbol{C}_1\boldsymbol{F}_{11}\boldsymbol{B}_1 \\ &= \boldsymbol{C}_1(s\boldsymbol{I} - \boldsymbol{A}_1)^{-1}\boldsymbol{B}_1 - \boldsymbol{C}_1\boldsymbol{F}_{11}\boldsymbol{B}_1\boldsymbol{C}_2(s\boldsymbol{I} - \boldsymbol{A}_2)^{-1}\boldsymbol{B}_2\boldsymbol{C}_1(s\boldsymbol{I} - \boldsymbol{A}_1)^{-1}\boldsymbol{B}_1 \\ &= \boldsymbol{W}_1(s) - \boldsymbol{W}(s)\boldsymbol{W}_2(s)\boldsymbol{W}_1(s)\end{aligned}$$

所以有

$$\boldsymbol{W}(s) = \boldsymbol{W}_1(s)\left[\boldsymbol{I} + \boldsymbol{W}_2(s)\boldsymbol{W}_1(s)\right]^{-1} \tag{3.81}$$

同理也可求得

$$\boldsymbol{W}(s) = \left[\boldsymbol{I} + \boldsymbol{W}_1(s)\boldsymbol{W}_2(s)\right]^{-1}\boldsymbol{W}_1(s) \tag{3.82}$$

3.7 离散时间系统的状态空间表达式

以上各节所讨论的都是连续时间系统，其特点是输入和输出都是时间的连续函数。本节研究离散时间系统，这类系统的输入和输出仅定义在一些离散时间上。连续时间系统的状态空间分析法完全适用于离散时间系统。类似于在连续时间系统中，根据微分方程或传递函数建立状态空间表达式是一种实现方式，在离散时间系统中，根据差分方程或脉冲传递函数求取离散状态空间表达式也是一种实现方式。

3.7.1 状态空间描述

1. 差分方程中不含输入量的差分项

线性定常离散时间系统的差分方程为

$$y(k+n) + a_{n-1}y(k+n-1) + \cdots + a_1 y(k+1) + a_0 y(k) = b_0 u(k) \tag{3.83}$$

其中，k 为系统运动过程中的第 k 个采样时刻。

选取 $y(k), y(k+1), \cdots, y(k+n-1)$ 作为状态变量，令

$$\begin{cases} x_1(k) = y(k) \\ x_1(k+1) = y(k+1) = x_2(k) \\ x_2(k+1) = y(k+2) = x_3(k) \\ \qquad\vdots \\ x_{n-1}(k+1) = y(k+n-1) = x_n(k) \\ x_n(k+1) = y(k+n) \\ \qquad = -a_{n-1}y(k+n-1) - \cdots - a_1 y(k+1) - a_0 y(k) + b_0 u(k) \\ \qquad = -a_0 x_1(k) - a_1 x_2(k) - \cdots - a_{n-1}x_n(k) + b_0 u(k) \end{cases}$$

记为矩阵形式

$$\begin{cases}\begin{pmatrix}x_1(k+1)\\x_2(k+1)\\\vdots\\x_{n-1}(k+1)\\x_n(k+1)\end{pmatrix}=\begin{pmatrix}0&1&0&\cdots&0\\0&0&1&\cdots&0\\\vdots&\vdots&\vdots&&\vdots\\0&0&0&\cdots&1\\-a_0&-a_1&-a_2&\cdots&-a_{n-1}\end{pmatrix}\begin{pmatrix}x_1(k)\\x_2(k)\\\vdots\\x_{n-1}(k)\\x_n(k)\end{pmatrix}+\begin{pmatrix}0\\0\\\vdots\\0\\b_0\end{pmatrix}u(k)\\ y(k)=(1,0,\cdots,0,0)\begin{pmatrix}x_1(k)\\x_2(k)\\\vdots\\x_{n-1}(k)\\x_n(k)\end{pmatrix}\end{cases}$$

或

$$\begin{cases}\boldsymbol{x}(k+1)=\boldsymbol{Gx}(k)+\boldsymbol{h}u(k)\\ y(k)=\boldsymbol{cx}(k)\end{cases} \tag{3.84}$$

其中，

$$\boldsymbol{x}(k)=\begin{pmatrix}x_1(k+1)\\x_2(k+1)\\\vdots\\x_{n-1}(k+1)\\x_n(k+1)\end{pmatrix},\quad \boldsymbol{G}=\begin{pmatrix}0&1&0&\cdots&0\\0&0&1&\cdots&0\\\vdots&\vdots&\vdots&&\vdots\\0&0&0&\cdots&1\\-a_0&-a_1&-a_2&\cdots&-a_{n-1}\end{pmatrix},\quad \boldsymbol{h}=\begin{pmatrix}0\\0\\\vdots\\0\\b_0\end{pmatrix},\quad \boldsymbol{c}=(1,0,\cdots,0,0)$$

差分方程中不含输入量的差分项的离散时间系统结构图如图 3.27 所示。

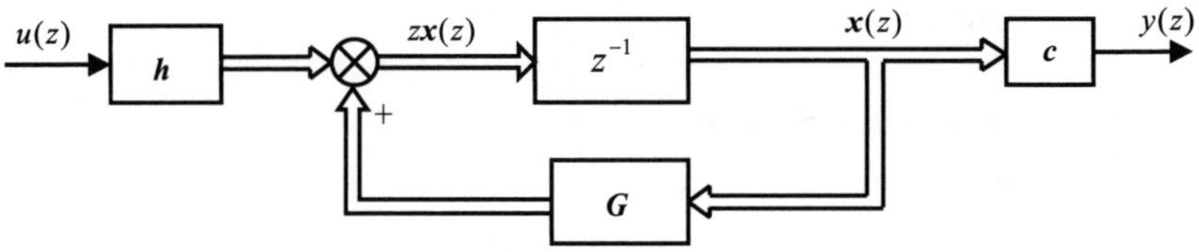

图 3.27　差分方程中不含输入量的差分项的离散时间系统结构图

2. 差分方程中含有输入量的差分项

在这种情况下，线性定常离散时间系统的差分方程为

$$\begin{aligned}&y(k+n)+a_{n-1}y(k+n-1)+\cdots+a_1y(k+1)+a_0y(k)\\&=b_nu(k+n)+b_{n-1}u(k+n-1)+\cdots+b_1u(k+1)+b_0u(k)\end{aligned} \tag{3.85}$$

类似于连续时间系统，有

$$\begin{cases}\beta_n=b_n\\ \beta_{n-1}=b_{n-1}-a_{n-1}\beta_n\\ \beta_{n-2}=b_{n-2}-a_{n-2}\beta_n-a_{n-1}\beta_{n-1}\\ \qquad\vdots\\ \beta_0=b_0-a_0\beta_n-a_1\beta_{n-1}-\cdots-a_{n-1}\beta_1\end{cases}$$

记为矩阵形式

$$\begin{cases}\begin{pmatrix}x_1(k+1)\\x_2(k+1)\\\vdots\\x_{n-1}(k+1)\\x_n(k+1)\end{pmatrix}=\begin{pmatrix}0&1&0&\cdots&0\\0&0&1&\cdots&0\\\vdots&\vdots&\vdots&&\vdots\\0&0&0&\cdots&1\\-a_0&-a_1&-a_2&\cdots&-a_{n-1}\end{pmatrix}\begin{pmatrix}x_1(k)\\x_2(k)\\\vdots\\x_{n-1}(k)\\x_n(k)\end{pmatrix}+\begin{pmatrix}\beta_{n-1}\\\beta_{n-2}\\\vdots\\\beta_1\\\beta_0\end{pmatrix}u(k)\\ y(k)=(1,0,\cdots,0,0)\begin{pmatrix}x_1(k)\\x_2(k)\\\vdots\\x_{n-1}(k)\\x_n(k)\end{pmatrix}+\beta_n u(k)\end{cases}\tag{3.86}$$

或

$$\begin{cases}\boldsymbol{x}(k+1)=\boldsymbol{Gx}(k)+\boldsymbol{h}u(k)\\ y(k)=\boldsymbol{cx}(k)+du(k)\end{cases}\tag{3.87}$$

其中，

$$\boldsymbol{x}(k)=\begin{pmatrix}x_1(k+1)\\x_2(k+1)\\\vdots\\x_{n-1}(k+1)\\x_n(k+1)\end{pmatrix},\ \boldsymbol{G}=\begin{pmatrix}0&1&0&\cdots&0\\0&0&1&\cdots&0\\\vdots&\vdots&\vdots&&\vdots\\0&0&0&\cdots&1\\-a_0&-a_1&-a_2&\cdots&-a_{n-1}\end{pmatrix},\ \boldsymbol{h}=\begin{pmatrix}\beta_{n-1}\\\beta_{n-2}\\\vdots\\\beta_1\\\beta_0\end{pmatrix},\ \boldsymbol{c}=(1,0,\cdots,0,0),\ d=\beta_n$$

差分方程中含有输入量的差分项的离散时间系统结构图如图 3.28 所示。

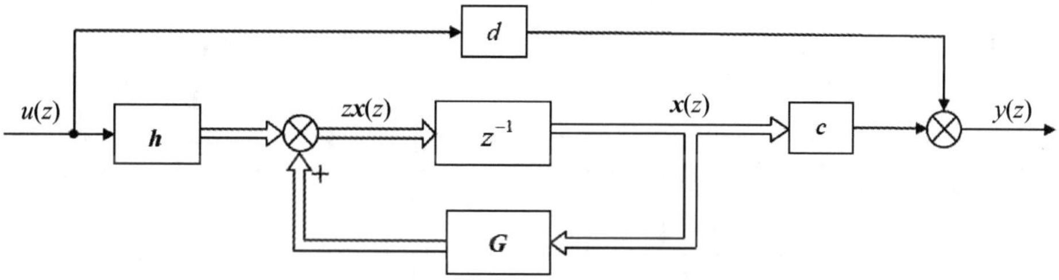

图 3.28　差分方程中含有输入量的差分项的离散时间系统结构图

多输入—多输出线性时变系统的状态空间表达式为

$$\begin{cases}\boldsymbol{x}(k+1)=\boldsymbol{G}(k)\boldsymbol{x}(k)+\boldsymbol{H}(k)\boldsymbol{u}(k)\\ \boldsymbol{y}(k)=\boldsymbol{C}(k)\boldsymbol{x}(k)+\boldsymbol{D}(k)\boldsymbol{u}(k)\end{cases}\tag{3.88}$$

其中，$\boldsymbol{x}(k)$ 为 n 维离散状态矢量；$\boldsymbol{u}(k)$ 为 r 维离散输入矢量；$\boldsymbol{y}(k)$ 为 m 维离散输出矢量；$\boldsymbol{G}(k)$ 为 $n\times n$ 系统矩阵；$\boldsymbol{H}(k)$ 为 $n\times r$ 输入矩阵；$\boldsymbol{C}(k)$ 为 $m\times n$ 输出矩阵；$\boldsymbol{D}(k)$ 为 $m\times r$ 直接传递矩阵。

当 $\boldsymbol{G}(k)$、$\boldsymbol{H}(k)$、$\boldsymbol{C}(k)$、$\boldsymbol{D}(k)$ 的诸元素与时刻 k 无关时，即得到线性定常离散时间系统的一般状态空间表达式：

$$\begin{cases}\boldsymbol{x}(k+1)=\boldsymbol{Gx}(k)+\boldsymbol{Hu}(k)\\ \boldsymbol{y}(k)=\boldsymbol{Cx}(k)+\boldsymbol{Du}(k)\end{cases}\tag{3.89}$$

【例 3.16】已知线性定常离散时间系统的差分方程为

$$y(k+3)+2y(k+2)+3y(k+1)+y(k)=u(k+3)+3u(k+2)+2u(k+1)+4u(k)$$

试求其状态空间表达式。

解

先计算

$$\begin{cases}\beta_3=b_3=1\\ \beta_2=b_2-a_2\beta_3=3-2\times1=1\\ \beta_1=b_1-a_1\beta_3-a_2\beta_2=2-3\times1-2\times1=-3\\ \beta_0=b_0-a_0\beta_3-a_1\beta_2-a_2\beta_1=4-1\times1-3\times1-2\times(-3)=6\end{cases}$$

所以该系统的状态空间表达式为

$$\begin{cases}\begin{pmatrix}x_1(k+1)\\x_2(k+1)\\x_3(k+1)\end{pmatrix}=\begin{pmatrix}0&1&0\\0&0&1\\-1&-3&-2\end{pmatrix}\begin{pmatrix}x_1(k)\\x_2(k)\\x_3(k)\end{pmatrix}+\begin{pmatrix}1\\-3\\6\end{pmatrix}u(k)\\ y(k)=(1,0,0)\begin{pmatrix}x_1(k)\\x_2(k)\\x_3(k)\end{pmatrix}+u(k)\end{cases}$$

例 3.16 系统的结构图如图 3.29 所示。

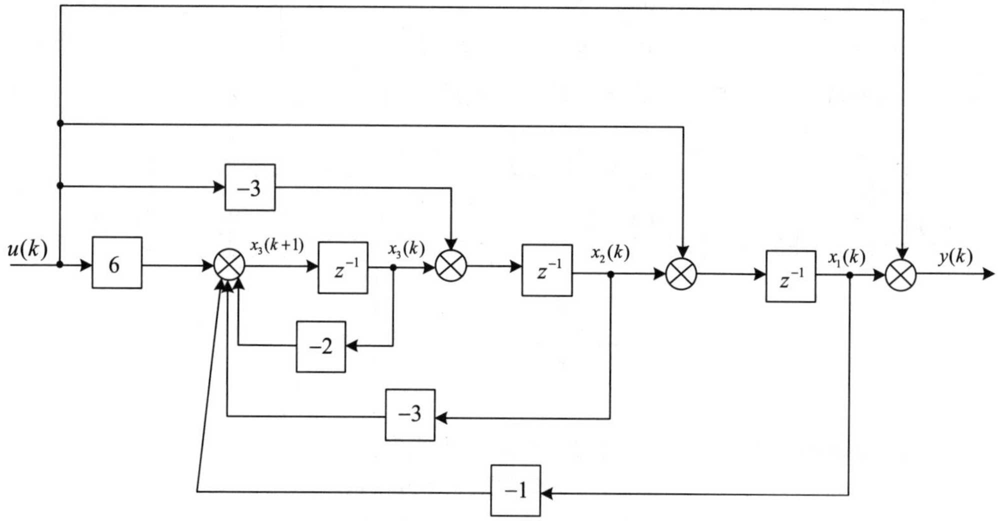

图 3.29　例 3.16 系统的结构图

3.7.2　脉冲传递（函数）矩阵

对于描述线性定常离散时间系统的差分方程，通过 z 变换，在系统初始条件为零时，可以求得系统的脉冲传递（函数）矩阵。当给出系统的状态空间表达式时，通过 z 变换也可以得到脉冲传递（函数）矩阵。

将式（3.89）进行 z 变换可得

$$z\boldsymbol{X}(z)-z\boldsymbol{x}(0)=\boldsymbol{G}\boldsymbol{X}(z)+\boldsymbol{H}\boldsymbol{U}(z)$$

其中，$\boldsymbol{x}(0)$ 为初始状态

$$\left(z\boldsymbol{I}-\boldsymbol{G}\right)\boldsymbol{X}(z)=\boldsymbol{H}\boldsymbol{U}(z)+z\boldsymbol{x}(0)$$

如果 $\left(z\boldsymbol{I}-\boldsymbol{G}\right)^{-1}$ 存在，则

$$\boldsymbol{X}(z)=\left(z\boldsymbol{I}-\boldsymbol{G}\right)^{-1}\boldsymbol{H}\boldsymbol{U}(z)+\left(z\boldsymbol{I}-\boldsymbol{G}\right)^{-1}z\boldsymbol{x}(0)$$

当初始条件为零，即 $\boldsymbol{x}(0)=\boldsymbol{0}$ 时：

$$\boldsymbol{X}(z)=\left(z\boldsymbol{I}-\boldsymbol{G}\right)^{-1}\boldsymbol{H}\boldsymbol{U}(z)=\boldsymbol{G}_{xu}(z)\boldsymbol{U}(z) \tag{3.90}$$

其中，

$$\boldsymbol{G}_{xu}(z)=\frac{\boldsymbol{X}(z)}{\boldsymbol{U}(z)}=\left(z\boldsymbol{I}-\boldsymbol{G}\right)^{-1}\boldsymbol{H} \tag{3.91}$$

它为系统状态矢量对输入矢量的 $n\times r$ 脉冲传递函数矩阵。

$$\begin{aligned}\boldsymbol{Y}(z)&=\boldsymbol{C}\boldsymbol{X}(z)+\boldsymbol{D}\boldsymbol{U}(z)\\&=\boldsymbol{C}\left(z\boldsymbol{I}-\boldsymbol{G}\right)^{-1}\boldsymbol{H}\boldsymbol{U}(z)+\boldsymbol{D}\boldsymbol{U}(z)\\&=\left[\boldsymbol{C}\left(z\boldsymbol{I}-\boldsymbol{G}\right)^{-1}\boldsymbol{H}+\boldsymbol{D}\right]\boldsymbol{U}(z)\\&=\boldsymbol{G}_{yu}(z)\boldsymbol{U}(z)\end{aligned}$$

其中，

$$\boldsymbol{G}_{yu}(z)=\frac{\boldsymbol{Y}(z)}{\boldsymbol{U}(z)}=\boldsymbol{C}\left(z\boldsymbol{I}-\boldsymbol{G}\right)^{-1}\boldsymbol{H}+\boldsymbol{D} \tag{3.92}$$

为系统输出矢量对输入矢量的 $m\times r$ 脉冲传递函数矩阵。

【例 3.17】已知线性定常离散时间系统的方程为

$$\begin{cases}\boldsymbol{x}(k+1)=\begin{pmatrix}0 & -1\\2 & 1\end{pmatrix}\boldsymbol{x}(k)+\begin{pmatrix}0\\1\end{pmatrix}u(k)\\ \boldsymbol{y}(k)=\begin{pmatrix}1 & 1\\0 & 1\end{pmatrix}\boldsymbol{x}(k)\end{cases}$$

求其脉冲传递函数矩阵。

解

$$\begin{aligned}\boldsymbol{G}_{yu}(z)&=\boldsymbol{C}\left(z\boldsymbol{I}-\boldsymbol{G}\right)^{-1}\boldsymbol{h}=\begin{pmatrix}1 & 1\\0 & 1\end{pmatrix}\begin{pmatrix}z & 1\\2 & z-1\end{pmatrix}^{-1}\begin{pmatrix}0\\1\end{pmatrix}\\&=\begin{pmatrix}1 & 1\\0 & 1\end{pmatrix}\begin{pmatrix}\dfrac{z-1}{(z-2)(z+1)} & \dfrac{-1}{(z-2)(z+1)}\\ \dfrac{-2}{(z-2)(z+1)} & \dfrac{z}{(z-2)(z+1)}\end{pmatrix}\begin{pmatrix}0\\1\end{pmatrix}=\begin{pmatrix}\dfrac{z-1}{(z-2)(z+1)}\\ \dfrac{z}{(z-2)(z+1)}\end{pmatrix}\end{aligned}$$

3.8 状态空间的 MATLAB 描述

3.8.1 数学模型的建立

1. 传递函数模型的建立

线性系统的传递函数如下式表示

$$W(s)=\frac{Y(s)}{U(s)}=\frac{b_m s^m+b_{m-1}s^{m-1}+\cdots+b_1 s+b_0}{s^n+a_{n-1}s^{n-1}+\cdots+a_1 s+a_0}$$

在 MATLAB 中，用以下命令建立传递函数模型。

$\mathrm{num}=[\mathrm{b_m},\mathrm{b_{m-1}},\cdots,\mathrm{b_0}]$，表示传递函数分子矢量，括号中是各个分子系数，阶次从高到低。

$\mathrm{den}=[1,\mathrm{a_{n-1}},\cdots,\mathrm{a_0}]$，表示传递函数分母矢量，括号中是各个分母系数，阶次从高到低。

$\mathrm{sys}=\mathrm{tf(num,den)}$，生成传递函数模型。

【例 3.18】已知控制系统的传递函数为

$$W(s)=\frac{2s^2+11s+6}{s^3+8s^2+17s+10}$$

用 MATLAB 建立其传递函数模型。

解

在 MATLAB 中执行以下命令。

```
num=[2, 11, 6];
den=[1, 8, 17, 10];
sys=tf(num, den)
```

运行结果为

```
Transfer function
2s^2+11s+6
-------------------------------------------------
s^3+8s^2+17s+10
```

2. 零极点增益模型

线性系统的传递函数也可表示为零极点增益形式，即

$$W(s)=K_g\frac{\prod_{i=1}^{m}(s+z_i)}{\prod_{j=1}^{n}(s+p_j)}$$

在 MATLAB 中，用以下命令建立系统的零极点增益模型。

$\mathrm{z}=[\mathrm{z_1},\mathrm{z_2},\cdots,\mathrm{z_m}]$，表示零点（zero）。

$\mathrm{p}=[\mathrm{p_1},\mathrm{p_2},\cdots,\mathrm{p_n}]$，表示极点（pole）。

$\mathrm{k}=[\mathrm{K_g}]$，表示增益。

$\mathrm{sys}=\mathrm{zpk(z,p,k)}$，生成零极点增益模型。

【例 3.19】已知控制系统的传递函数为

$$W(s)=\frac{2(s+0.5)(s+6)}{(s+1)(s+2)(s+5)}$$

用 MATLAB 建立其零极点增益模型。

解

在 MATLAB 中执行以下命令。

```
z=[-0.5, -6];
p=[-1, -2, -5];
k=2;
sys1=zpk(z, p, k)              %建立系统的零极点增益模型
```

运行结果为

```
Zero/pole/gain
2(s+0.5)(s+6)
-------------------------------------
(s+1)(s+2)(s+5)
```

3. 状态空间模型

线性定常系统的状态空间表达式如下式所示：

$$\begin{cases}\dot{\boldsymbol{x}}=\boldsymbol{A}\boldsymbol{x}+\boldsymbol{B}\boldsymbol{u}\\ \boldsymbol{y}=\boldsymbol{C}\boldsymbol{x}+\boldsymbol{D}\boldsymbol{u}\end{cases}$$

在 MATLAB 中，通过以下命令建立状态空间模型。

A=[a_{11}, a_{12}, …, a_{1n}; a_{21}, a_{22}, …, a_{2n}; …; a_{n1}, a_{n2}, …, a_{nn}]，表示系统矩阵 $\boldsymbol{A}$。

B=[b_{11}, b_{12}, …, b_{1r}; b_{21}, b_{22}, …, b_{2r}; …; b_{n1}, b_{n2}, …, b_{nr}]，表示输入矩阵 $\boldsymbol{B}$。

C=[c_{11}, c_{12}, …, c_{1n}; c_{21}, c_{22}, …, c_{2n}; …; c_{m1}, c_{m2}, …, c_{mn}]，表示输出矩阵 $\boldsymbol{C}$。

D=[d_{11}, d_{12}, …, d_{1r}; d_{21}, d_{22}, …, d_{2r}; …; d_{m1}, d_{m2}, …, d_{mr}]，表示直接传递矩阵 $\boldsymbol{D}$。

sys=ss(A, B, C, D)，生成系统的状态空间模型。

【例 3.20】已知控制系统的状态空间表达式为

$$\begin{cases}\dot{\boldsymbol{x}}=\begin{pmatrix}2&1&0\\3&0&1\\-5&-6&-8\end{pmatrix}\boldsymbol{x}+\begin{pmatrix}4&6\\2&1\\5&2\end{pmatrix}\boldsymbol{u}\\ \boldsymbol{y}=\begin{pmatrix}0&0&1\\1&2&1\end{pmatrix}\boldsymbol{x}+\begin{pmatrix}2&0\\0&1\end{pmatrix}\boldsymbol{u}\end{cases}$$

用 MATLAB 建立其状态空间模型。

解

在 MATLAB 中执行以下命令。

```
    A=[2, 1, 0; 3, 0, 1; -5, -6, -8]; B=[4, 6; 2, 1; 5, 2]; C=[0, 0, 1; 1, 2,
1]; D=[2, 0; 0, 1];
    sys=ss(A, B, C, D)
```

运行结果为

```
a=
        x1  x2  x3
   x1   2   1   0
   x2   3   0   1
   x3  -5  -6  -8
b=
      u1  u2
  x1   4   6
  x2   2   1
  x3   5   2
c=
      x1  x2  x3
  y1   0   0   1
  y2   1   2   1
d=
      u1  u2
  y1   2   0
  y2   0   1
Continuous-time model
```

3.8.2 模型间的转换

在 MATLAB 中可以方便地进行各种模型之间的转换。命令格式和功能如下。

（1）格式：[z, p, k]=tf2zp(num, den)。

功能：将分子矢量和分母矢量分别为 num 和 den 的传递函数模型转换为零极点增益模型，零点矢量为 $\boldsymbol{z}$、极点矢量为 $\boldsymbol{p}$、增益为 k。

（2）格式：[num, den]=zp2ss(z, p, k)。

功能：将零点矢量为 $\boldsymbol{z}$、极点矢量为 $\boldsymbol{p}$、增益为 k 的零极点增益模型转换为分子矢量和分母矢量分别为 num 和 den 的传递函数模型。

（3）格式：[A, B, C, D]=tf2ss(num, den)。

功能：将分子矢量和分母矢量分别为 num 和 den 的传递函数模型转换为状态空间模型（$\boldsymbol{A}, \boldsymbol{B}, \boldsymbol{C}, \boldsymbol{D}$）。

（4）格式：[num, den]=ss2tf(A, B, C, D, iu)。

功能：将状态空间模型（$\boldsymbol{A}, \boldsymbol{B}, \boldsymbol{C}, \boldsymbol{D}$）转换为传递函数模型的分子矢量 num 和分母矢量 den，得到第 iu 个输入矢量至全部输出之间的传递函数（阵）参数。

（5）格式：[A, B, C, D]=zp2ss(z, p, k)。

功能：将零点矢量为 $\boldsymbol{z}$、极点矢量为 $\boldsymbol{p}$、增益为 k 的零极点增益模型转换为状态空间模型（$\boldsymbol{A}, \boldsymbol{B}, \boldsymbol{C}, \boldsymbol{D}$）。

（6）格式：[z, p ,k]=ss2zp(A, B, C, D, iu)。

功能：将状态空间模型（$\boldsymbol{A}, \boldsymbol{B}, \boldsymbol{C}, \boldsymbol{D}$）转换为零点矢量为 $\boldsymbol{z}$、极点矢量为 $\boldsymbol{p}$、增益为 k 的

零极点增益模型，得到第 iu 个输入矢量至全部输出之间零极点增益模型的参数。

【例 3.21】 已知控制系统的传递函数为

$$W(s)=\frac{2s+2}{s^3+6s^2+11s+6}$$

用 MATLAB 建立其状态空间模型。

解

在 MATLAB 中执行以下命令。

```
num=[2, 2];
den=[1, 6, 11, 6];
[A, B, C, D]=tf2ss(num, den)
```

运行结果为

```
A=
   -6  -11  -6
    1   0   0
    0   1   0
B=
   1
   0
   0
C=
   0  2  2
D=
   0
```

【例 3.22】 已知控制系统的状态空间表达式为

$$\begin{cases}\dot{\boldsymbol{x}}=\begin{pmatrix}1 & 1 & 0\\ 0 & 0 & 1\\ -1 & -7 & -8\end{pmatrix}\boldsymbol{x}+\begin{pmatrix}2 & 1\\ 0 & 1\\ 1 & 2\end{pmatrix}\boldsymbol{u}\\ \boldsymbol{y}=\begin{pmatrix}1 & 0 & 1\\ 1 & 1 & 1\end{pmatrix}\boldsymbol{x}+\begin{pmatrix}2 & 1\\ 1 & -1\end{pmatrix}\boldsymbol{u}\end{cases}$$

将其转换为传递函数模型。

解

在 MATLAB 中执行以下命令。

```
A=[1, 1, 0; 0, 0, 1; -1, -7, -8]; B=[2, 1; 0, 1; 1, 2]; C=[1, 0, 1; 1, 1,
1]; D=[2, 1; 1, -1];
[num, den]=ss2tf(A, B, C, D, 1)
```

运行结果为

```
num=
     2.0000  17.0000  11.0000  3.0000
     1.0000  10.0000  13.0000  6.0000
den=
1.0000  7.0000  -1.0000  -6.0000
```

【例 3.23】已知控制系统的零极点增益模型为

$$W(s)=\frac{9s^2(s+5)(s+6)}{(s+2-3j)(s+2+3j)(s+2)(s+3)}$$

将其转换为状态空间模型。

解

在 MATLAB 中执行以下命令

```
z=[0 0 -5 -6]; k=9;
p=[-2+3i -2-3i -2 -3];          % p 和 z 为列矢量
[A, B, C, D]=zp2ss(z, p, k)
```

运行结果为

```
A=
   -4.000  -3.6056     0        0
   3.6056     0        0        0
   7.0000  4.7150  -5.0000  -2.4495
      0       0     2.4495      0
B=
   1
   0
   1
   0
C=
   63.0000 42.4346 -45.0000 -22.0454
D=
   9
```

3.8.3 组合系统的传递函数（阵）

在 MATLAB 中，模型建立的命令中有一些组合系统计算命令，包括并联（parallel）、串联（series）和反馈（feedback）。命令格式和功能如下。

1. parallel

格式：sys=parallel(sys1, sys2)或[A, B, C, D]=parallel(A1, B1, C1, D1, A2, B2, C2, D2)。

功能：可得两个系统并联后组合系统的状态空间描述，如式（3.76）所示。

2. series

格式：sys=series(sys1, sys2)或[A, B, C, D]=series(A1, B1, C1, D1, A2, B2, C2, D2)。

功能：可得两个系统串联后组合系统的状态空间描述，如式（3.78）所示。

3. feedback

格式：sys=feedback(sys1, sys2)或[A, B, C, D]=feedback(A1, B1, C1, D1, A2, B2, C2, D2)。

功能：可得两个系统反馈连接后组合系统的状态空间描述，如式（3.80）所示。

【例 3.24】已知两个子系统的状态空间描述分别是

$$\Sigma_1\begin{cases}\dot{\boldsymbol{x}}_1=\begin{pmatrix}0 & 1\\ -1 & 2\end{pmatrix}\boldsymbol{x}_1+\begin{pmatrix}1\\ 0\end{pmatrix}u_1\\ \boldsymbol{y}_1=\begin{pmatrix}0 & 1\\ -1 & 0\end{pmatrix}\boldsymbol{x}_1+\begin{pmatrix}1\\ 2\end{pmatrix}u_1\end{cases}$$

$$\Sigma_2\begin{cases}\dot{\boldsymbol{x}}_2=\begin{pmatrix}2 & 1\\ -1 & 0\end{pmatrix}\boldsymbol{x}_2+\begin{pmatrix}1\\ 1\end{pmatrix}u_2\\ \boldsymbol{y}_2=\begin{pmatrix}1 & 0\\ -1 & 1\end{pmatrix}\boldsymbol{x}_2+\begin{pmatrix}0\\ 2\end{pmatrix}u_2\end{cases}$$

求两个子系统并联后的组合系统的状态空间描述。

解

在 MATLAB 中执行以下命令。

```
A1=[0, 1; -1, 2]; B1=[1; 0]; C1=[0, 1; -1, 0]; D1=[1; 2];
A2=[2, 1; -1, 0]; B2=[1; 1]; C2=[1, 0; -1, 1]; D2=[0; 2];
[A, B, C, D]=parallel(A1, B1, C1, D1, A2, B2, C2, D2)
```

运行结果为

```
A=
    0  1  0  0
   -1  2  0  0
    0  0  2  1
    0  0 -1  0
B=
   1
   0
   1
   1


C=
   0  1  1  0
  -1  0 -1  1
D=
   1
   4
```

3.8.4　线性变换

MATLAB 提供了状态空间模型的线性变换功能。

1. 变换为约旦标准型矩阵

格式：J=Jordan(A)。

功能：求矩阵 $\boldsymbol{A}$ 的约旦标准型矩阵 $\boldsymbol{J}$。

格式：[V, J]=Jordan(A)。

功能：求矩阵 $\boldsymbol{A}$ 的约旦标准型矩阵 $\boldsymbol{J}$，并返回相似变换矩阵 $\boldsymbol{V}$。

说明：矩阵 $\boldsymbol{A}$ 为符号或数值矩阵，返回相似变换矩阵 $\boldsymbol{V}$ 的列为广义特征矢量，且满足 $\boldsymbol{V}^{-1}\boldsymbol{A}\boldsymbol{V}=\boldsymbol{J}$。

【例 3.25】 求与例 3.13 中的系统矩阵 $\boldsymbol{A}$ 对应的约旦标准型矩阵。

解

在 MATLAB 中执行以下命令。

```
A=[0, 1, 0; 3, 0, 2; -12, -7, 6];
[V, J]=Jordan(A)
```

运行结果为

```
V=
    0.3333    2.0000   -1.0000
   -1.0000   -4.0000    1.0000
    1.0000    1.0000    1.0000
J=
   -3  0  0
    0 -2  0
    0  0 -1
```

可见，运行结果中的矩阵 $\boldsymbol{J}$ 为对角矩阵，是约旦标准型矩阵的一种特殊情况。

该结果可以验证如下。

```
V\A*V
```

运行结果为

```
ans=
     -3.0000  0.0000  -0.0000
     -0.0000 -2.0000  -0.0000
     -0.0000  0.0000  -1.0000
```

【例 3.26】 求与例 3.14 对应的约旦标准型矩阵。

解

在 MATLAB 中执行以下命令。

```
A=[4, 1, -2; 1, 0, 2; 1, -1, 3];
J=Jordan(A)
```

运行结果为

```
J=
   1  0  0
   0  3  1
   0  0  3
```

2. 变换为模态型

格式：cycs=canon(sys, ‘type’)。

功能：求系统 sys 在指定规范形式时的状态空间模型规范型。

说明：

（1）字符 type 指定规范型的形式，包括 model（模态规范型）和 companion（伴随规范型）两种选项。

（2）当矩阵 $\boldsymbol{A}$ 既有实数特征值，也有成对出现的共轭复数特征根时，矩阵 $\boldsymbol{A}$ 规范化后的矩阵成为模态规范型矩阵，形式如式（3.57）所示。

（3）设系统的特征多项式为 $p(s)=s^n+a_{n-1}s^{n-1}+\cdots+a_1s+a_0$，则其伴随规范型矩阵的形式如下式，即

$$\boldsymbol{A}=\begin{pmatrix} 0 & 1 & 0 & \cdots & 0 \\ 0 & 0 & 1 & \cdots & 0 \\ \vdots & \vdots & \vdots & & \vdots \\ 0 & 0 & 0 & \cdots & 1 \\ -a_0 & -a_1 & -a_2 & \cdots & -a_{n-1} \end{pmatrix}$$

上式所示形式的矩阵也称为友矩阵。

【例 3.27】已知线性定常系统的状态空间描述为

$$\begin{cases} \dot{\boldsymbol{x}}=\begin{pmatrix} 0 & 1 & 0 \\ 0 & 0 & 1 \\ -2 & -4 & -3 \end{pmatrix}\boldsymbol{x}+\begin{pmatrix} 0 \\ 1 \\ 2 \end{pmatrix}u \\ y=\begin{pmatrix} 1 & 0 & 1 \end{pmatrix}\boldsymbol{x} \end{cases}$$

求其模态规范型实现和伴随规范型实现。

解

① 模态规范型实现，在 MATLAB 中执行以下命令。

```
A=[0, 1, 0; 0, 0, 1; -2, -4, -3]; B=[0; 1; 2];
C=[1, 0, 1]; D=0;
sys=ss(A, B, C, D);
cycs=canon(sys, 'model')
```

运行结果为

```
a=
        x1  x2  x3
    x1  -1   1   0
    x2  -1  -1   0
    x3   0   0  -1
b=
          u1
    x1  -2.121
    x2   3.536
    x3     6
c=
            x1       x2      x3
     y1  -0.7071  -2.121  1.333
```

```
d=
      u1
  y1  0
Continuous-time model
```

② 伴随规范型实现，只需将上述 MATLAB 命令的最后一条改写成

```
cycs=canon(sys, 'companion')
```

运行结果为

```
a=
      x1  x2  x3
  x1  0   0   -2
  x2  1   0   -4
  x3  0   1   -3
b=
      u1
  x1  1
  x2  0
  x3  0
c=
      x1  x2  x3
  y1  2   -9  22
d=
      u1
  y1  0
Continuous-time model.
```

可见，此时的矩阵 $\boldsymbol{A}$ 为伴随规范型矩阵（友矩阵）的转置矩阵。

本章小结及思政元素

本章通过状态空间法分析研究控制系统的基本概念、理论和方法。首先，介绍了从定义状态变量、选取状态变量到建立状态空间表达式的整个过程；讨论了通过结构图、物理系统机理及描述输入—输出关系的微分方程和传递函数等求取状态空间描述的一般方法。然后，介绍了根据状态空间描述求取传递函数的方法，引入了多变量系统的传递函数（阵）的概念，分析了由子系统并联、串联和反馈连接而成的组合系统的状态空间描述；讨论了线性定常系统状态变量的变换关系，以及如何利用这种关系得到便于应用且简单的状态空间表达式；介绍了离散系统的状态空间表达式。最后，介绍了 MATLAB 在建立系统模型中的应用。

本章涉及的思政元素主要有：①由状态空间表达式具有规范形式，引出任何行为必须符合相关规范要求，要以一定的准则约束自身的行为，只有这样自身才能有序、平衡地发展；②由将经典控制理论的传递函数数学模型和现代控制理论的状态空间表达式数学模型进行相互转换，引出通过仔细分析，认真观察，可以发现看似不同的事物之间可能存在某些必然的联系，这就要求我们在分析问题时要勤加思考，或许能从侧面得到问题的解决方

案；③由系统的状态空间表达式经过相应变换可以转化为约旦标准型矩阵，该矩阵具有较好的结构特点，便于对系统特性进行分析，引出每个人都有自己的闪光点，要正确认识自己，合理发掘这些闪光点，提升自身价值。

习题

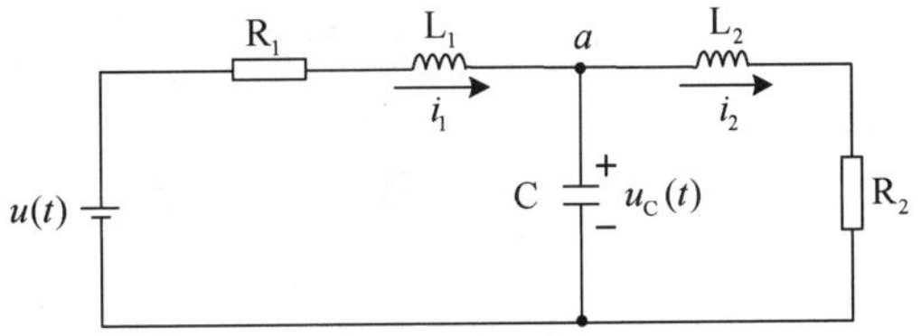

题 3.1 图 电路

3.1 电路如题 3.1 图所示，以电压 $u(t)$ 为输入，求以电感内的电流和电容上的电压作为状态变量的状态方程，以及以电阻 R_2 上的电压作为输出的方程。

3.2 系统的模拟结构图如题 3.2 图所示，建立其状态空间表达式。

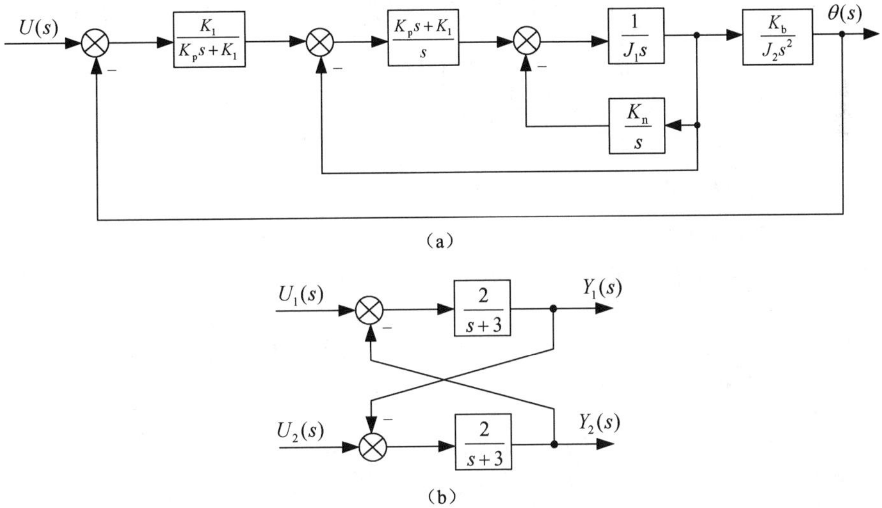

题 3.2 图 系统的模拟结构图

3.3 两输入为 u_1、u_2，两输出为 y_1、y_2 的系统，该两输入—两输出系统的模拟结构图如题 3.3 图所示，试求其状态空间表达式。

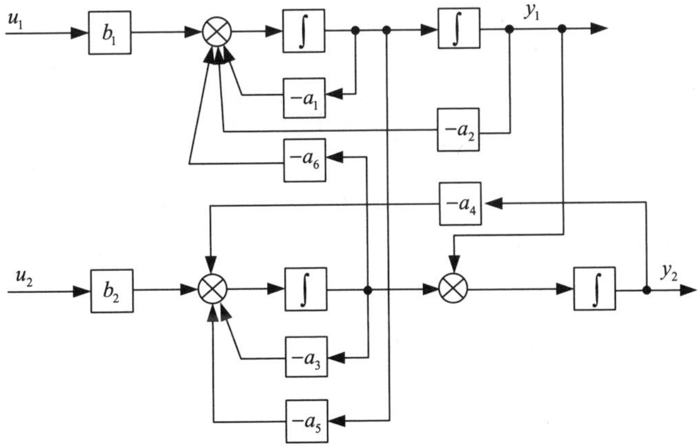

题 3.3 图 两输入—两输出系统的模拟结构图

3.4 已知系统的微分方程，试建立其状态空间表达式，并画出相应的模拟结构图。

（1）$\dddot{y}+5\ddot{y}+7\dot{y}+3y=\dot{u}+2u$

（2）$\dddot{y}+2\ddot{y}+3\dot{y}+5y=5\dddot{u}+7u$

（3）$\dddot{y}+3\ddot{y}+4\dot{y}+5y=2u$

3.5 已知系统的传递函数，试求出该系统的约旦标准型实现，并画出相应的模拟结构图。

（1）$W(s)=\dfrac{10(s-1)}{s(s+1)(s+3)}$　　（2）$W(s)=\dfrac{s^2+3s+2}{s^3+6s^2+11s+6}$

3.6 给定下列状态空间表达式：

$$\begin{cases}\begin{pmatrix}\dot{x}_1\\\dot{x}_2\\\dot{x}_3\end{pmatrix}=\begin{pmatrix}0&1&0\\-2&-3&0\\-1&1&-3\end{pmatrix}\begin{pmatrix}x_1\\x_2\\x_3\end{pmatrix}+\begin{pmatrix}0\\1\\2\end{pmatrix}u\\ y=(0,0,1)\begin{pmatrix}x_1\\x_2\\x_3\end{pmatrix}\end{cases}$$

（1）画出其模拟结构图。

（2）求系统的传递函数。

3.7 求下列矩阵的特征矢量。

（1）$\boldsymbol{A}=\begin{pmatrix}-2&1\\-1&-2\end{pmatrix}$　　（2）$\boldsymbol{A}=\begin{pmatrix}0&1\\-6&-5\end{pmatrix}$

（3）$\boldsymbol{A}=\begin{pmatrix}0&1&0\\3&0&2\\-12&-7&-6\end{pmatrix}$　　（4）$\boldsymbol{A}=\begin{pmatrix}1&2&-1\\-1&0&-1\\4&4&5\end{pmatrix}$

3.8 试将下列状态空间表达式转化为约旦标准型矩阵。

（1）$\begin{cases}\begin{pmatrix}\dot{x}_1\\\dot{x}_2\end{pmatrix}=\begin{pmatrix}-2&1\\1&-2\end{pmatrix}\begin{pmatrix}x_1\\x_2\end{pmatrix}+\begin{pmatrix}0\\1\end{pmatrix}u\\ y=(1,0)\begin{pmatrix}x_1\\x_2\end{pmatrix}\end{cases}$

（2）$\begin{cases}\begin{pmatrix}\dot{x}_1\\\dot{x}_2\\\dot{x}_3\end{pmatrix}=\begin{pmatrix}4&1&-2\\1&0&2\\1&-1&3\end{pmatrix}\begin{pmatrix}x_1\\x_2\\x_3\end{pmatrix}+\begin{pmatrix}3&1\\2&7\\5&3\end{pmatrix}\begin{pmatrix}u_1\\u_2\end{pmatrix}\\ \begin{pmatrix}y_1\\y_2\end{pmatrix}=\begin{pmatrix}1&2&0\\0&1&1\end{pmatrix}\begin{pmatrix}x_1\\x_2\\x_3\end{pmatrix}\end{cases}$

3.9 已知两子系统的传递函数（阵）$\boldsymbol{W}_1(s)$ 和 $\boldsymbol{W}_2(s)$ 分别为

$$\boldsymbol{W}_1(s)=\begin{pmatrix}\dfrac{1}{s+1} & \dfrac{1}{s+2}\\ 0 & \dfrac{s+1}{s+2}\end{pmatrix},\qquad \boldsymbol{W}_2(s)=\begin{pmatrix}\dfrac{1}{s+3} & \dfrac{1}{s+4}\\ \dfrac{1}{s+1} & 0\end{pmatrix}$$

试求两子系统串联连接和并联连接时，系统的传递函数（阵）。

3.10 如题 3.10 图所示为反馈连接结构图，其中两个子系统的传递函数（阵）分别为

$$\boldsymbol{W}_1(s)=\begin{pmatrix}\dfrac{1}{s+1} & \dfrac{-1}{s}\\ 0 & \dfrac{1}{s+2}\end{pmatrix},\qquad \boldsymbol{W}_2(s)=\begin{pmatrix}1 & 0\\ 0 & 1\end{pmatrix}$$

试求系统的闭环传递函数（阵）。

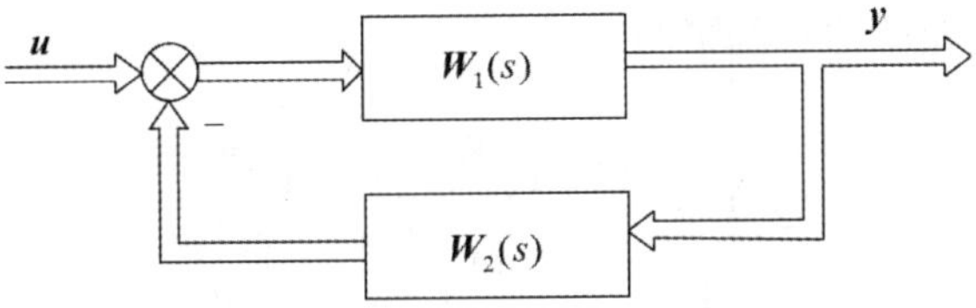

题 3.10 图　反馈连接结构图

MATLAB 实验

M3.1 建立控制系统的传递函数模型：

$$W(s)=\frac{5s^2+6s+2}{s^3+12s^2+9s+8}$$

M3.2 建立控制系统的状态空间模型：

$$\begin{cases}\dot{\boldsymbol{x}}=\begin{pmatrix}2 & 1 & 0\\ 3 & 7 & 5\\ 4 & 6 & 1\end{pmatrix}\boldsymbol{x}+\begin{pmatrix}2 & 3\\ 1 & 4\\ 5 & 7\end{pmatrix}\boldsymbol{u}\\ \boldsymbol{y}=\begin{pmatrix}0 & 1 & 1\\ 1 & 0 & 2\end{pmatrix}\boldsymbol{x}+\begin{pmatrix}1 & 0\\ 0 & 2\end{pmatrix}\boldsymbol{u}\end{cases}$$

M3.3 建立控制系统的零极点增益模型：

$$W(s)=\frac{4(s+1)(s+5)}{(s+2)(s+7)(s+10)}$$

M3.4 建立控制系统的状态空间模型：

$$W(s)=\frac{5s+6}{s^3+8s^2+9s+7}$$

M3.5 建立控制系统的传递函数模型和零极点增益模型：

$$\begin{cases} \dot{\boldsymbol{x}} = \begin{pmatrix} 1 & 0 & 1 \\ 2 & 1 & 4 \\ -3 & 6 & -7 \end{pmatrix} \boldsymbol{x} + \begin{pmatrix} 1 & 2 \\ 0 & 1 \\ 1 & 0 \end{pmatrix} \boldsymbol{u} \\ \boldsymbol{y} = \begin{pmatrix} 1 & 2 & 1 \\ 0 & 1 & 1 \end{pmatrix} \boldsymbol{x} + \begin{pmatrix} 1 & 2 \\ -1 & 1 \end{pmatrix} \boldsymbol{u} \end{cases}$$

M3.6 建立控制系统的状态空间模型和传递函数模型：

$$W(s) = \frac{2s^2(s+1)(s+3)}{(s+1-j2)(s+1+j2)(s+2)(s+5)}$$

M3.7 建立控制系统的零极点增益模型：

$$W(s) = \frac{2s^3 + 8s^2 + 3s + 6}{s^4 + 3s^3 + s^2 + 2s + 1}$$

M3.8 已知两个子系统的状态空间描述为

$$\Sigma_1 \begin{cases} \dot{\boldsymbol{x}}_1 = \begin{pmatrix} 1 & 0 \\ 1 & 1 \end{pmatrix} \boldsymbol{x}_1 + \begin{pmatrix} 1 & 1 \\ -1 & 0 \end{pmatrix} \boldsymbol{u}_1 \\ \boldsymbol{y}_1 = \begin{pmatrix} 0 & -1 \\ 1 & 0 \end{pmatrix} \boldsymbol{x}_1 + \begin{pmatrix} 2 & 0 \\ 1 & 1 \end{pmatrix} \boldsymbol{u}_1 \end{cases}$$

$$\Sigma_2 \begin{cases} \dot{\boldsymbol{x}}_2 = \begin{pmatrix} 1 & 2 \\ -1 & 0 \end{pmatrix} \boldsymbol{x}_2 + \begin{pmatrix} 0 & 1 \\ 1 & -1 \end{pmatrix} \boldsymbol{u}_2 \\ \boldsymbol{y}_2 = \begin{pmatrix} -1 & 1 \\ 0 & 1 \end{pmatrix} \boldsymbol{x}_2 + \begin{pmatrix} 2 & 1 \\ 0 & 1 \end{pmatrix} \boldsymbol{u}_2 \end{cases}$$

分别求出两个子系统串联、并联和反馈连接后的状态空间描述。

M3.9 系统矩阵 $\boldsymbol{A}$ 如下，用 MATLAB 将其变换为约旦标准型矩阵 $\boldsymbol{J}$。

$$\boldsymbol{A} = \begin{pmatrix} 4 & 1 & -2 \\ 0 & 2 & 1 \\ 1 & -1 & 3 \end{pmatrix}$$

第 4 章 线性系统的运动分析

在建立控制系统的状态空间表达式后，要对其进行求解。本章重点讨论状态转移矩阵的含义、基本性质和计算方法，并导出状态方程的求解公式。

本章讨论的另一个重要问题是连续时间系统的离散化问题。无论是对连续受控对象进行计算机在线控制，还是利用计算机对连续时间系统的状态方程进行求解，都会遇到这个问题。

4.1 线性定常系统齐次状态方程的解（自由解）

系统的自由解是指当系统输入为零时，由初始状态引起的自由运动。此时，状态方程为齐次微分方程，即

$$\dot{\boldsymbol{x}} = \boldsymbol{A}\boldsymbol{x} \tag{4.1}$$

若初始时刻 t_0 的状态给定为 $\boldsymbol{x}(t_0) = \boldsymbol{x}_0$，则式（4.1）有唯一确定解，即

$$\boldsymbol{x}(t) = \mathrm{e}^{\boldsymbol{A}(t-t_0)}\boldsymbol{x}_0, \qquad t \geqslant t_0 \tag{4.2}$$

若初始时刻从 $t_0 = 0$ 开始，即 $\boldsymbol{x}(0) = \boldsymbol{x}_0$，则其解为

$$\boldsymbol{x}(t) = \mathrm{e}^{\boldsymbol{A}t}\boldsymbol{x}_0, \qquad t \geqslant 0 \tag{4.3}$$

证明

和标量微分方程求解类似，先假设式（4.1）的解 $\boldsymbol{x}(t)$ 为 t 的矢量幂级数形式，即

$$\boldsymbol{x}(t) = b_0 + b_1 t + b_2 t^2 + \cdots + b_k t^k + \cdots \tag{4.4}$$

将其代入式（4.1）中得

$$b_1 + 2b_2 t + 3b_3 t^2 + \cdots + kb_k t^{k-1} + \cdots = \boldsymbol{A}(b_0 + b_1 t + b_2 t^2 + \cdots + b_k t^k + \cdots) \tag{4.5}$$

既然式（4.4）是式（4.1）的解，则式（4.5）对任意时刻 t 都成立，故 t 的同次幂项的系数应相等，有

$$\begin{aligned}
b_1 &= \boldsymbol{A}b_0 \\
b_2 &= \frac{1}{2}\boldsymbol{A}b_1 = \frac{1}{2!}\boldsymbol{A}^2 b_0 \\
b_3 &= \frac{1}{3}\boldsymbol{A}b_2 = \frac{1}{3!}\boldsymbol{A}^3 b_0 \\
&\ \ \vdots \\
b_k &= \frac{1}{k}\boldsymbol{A}b_{k-1} = \frac{1}{k!}\boldsymbol{A}^k b_0 \\
&\ \ \vdots
\end{aligned}$$

式（4.4）中，令 t=0，可得

$$b_0 = \boldsymbol{x}(0) = \boldsymbol{x}_0$$

将以上结果代入式（4.4）中，可得

$$\boldsymbol{x}(t)=\left(\boldsymbol{I}+\boldsymbol{A}t+\frac{1}{2!}\boldsymbol{A}^2t^2+\cdots+\frac{1}{k!}\boldsymbol{A}^kt^k+\cdots\right)\boldsymbol{x}_0 \tag{4.6}$$

等式右边括号内的展开式是 $n\times n$ 的矩阵，它是一个矩阵指数函数，记为 $\mathrm{e}^{\boldsymbol{A}t}$，即

$$\mathrm{e}^{\boldsymbol{A}t}=\boldsymbol{I}+\boldsymbol{A}t+\frac{1}{2!}\boldsymbol{A}^2t^2+\cdots+\frac{1}{k!}\boldsymbol{A}^kt^k+\cdots \tag{4.7}$$

于是，式（4.6）可表示为

$$\boldsymbol{x}(t)=\mathrm{e}^{\boldsymbol{A}t}\boldsymbol{x}_0$$

再用 $(t-t_0)$ 代替 $(t-0)$，即在代替 t 的情况下，同样可以证明式（4.2）的正确性。

4.2 矩阵指数函数——状态转移矩阵

4.2.1 状态转移矩阵的含义

线性定常系统齐次状态方程的解为

$$\boldsymbol{x}(t)=\mathrm{e}^{\boldsymbol{A}t}\boldsymbol{x}_0$$

或

$$\boldsymbol{x}(t)=\mathrm{e}^{\boldsymbol{A}(t-t_0)}\boldsymbol{x}_0$$

由解的表达式可知，系统的初始状态 $\boldsymbol{x}_0$ 与 $t>t_0$ 的状态 $\boldsymbol{x}(t)$ 之间是一种矢量变换关系，其变换矩阵就是 $n\times n$ 矩阵指数函数 $\mathrm{e}^{\boldsymbol{A}(t-t_0)}$。矩阵指数函数的元素一般是时间 t 的函数，即 $\mathrm{e}^{\boldsymbol{A}(t-t_0)}$ 是一个 $n\times n$ 时变函数矩阵。随着时间的推移，不断地把初始状态变换为一系列状态矢量 $\boldsymbol{x}(t)$，相当于在状态空间中形成一条轨迹，起到状态转移的作用，所以又把它称为状态转移矩阵，记为 $\boldsymbol{\Phi}(t)$ 或 $\boldsymbol{\Phi}(t-t_0)$，即

$\boldsymbol{\Phi}(t)=\mathrm{e}^{\boldsymbol{A}t}$，表示从 $\boldsymbol{x}(0)$ 到 $\boldsymbol{x}(t)$ 的转移矩阵

或

$\boldsymbol{\Phi}(t-t_0)=\mathrm{e}^{\boldsymbol{A}(t-t_0)}$，表示从 $\boldsymbol{x}(t_0)$ 到 $\boldsymbol{x}(t)$ 的转移矩阵

线性定常系统齐次状态方程的解又可表示为

$$\boldsymbol{x}(t)=\boldsymbol{\Phi}(t)\boldsymbol{x}_0$$

或

$$\boldsymbol{x}(t)=\boldsymbol{\Phi}(t-t_0)\boldsymbol{x}_0$$

如图 4.1 所示，以一个二维状态矢量为例，说明状态转移矩阵的几何意义。

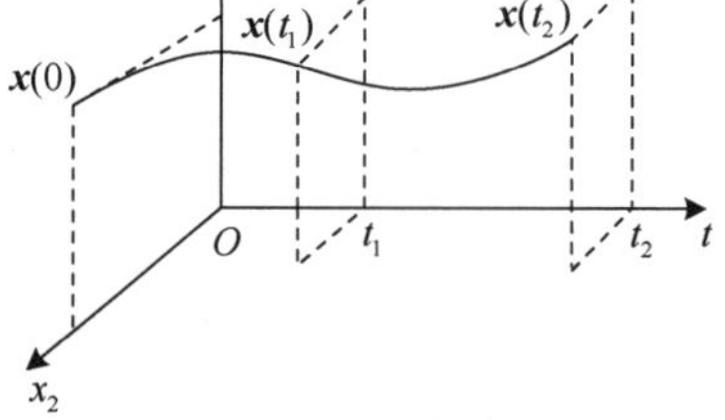

图 4.1　二维状态转移轨迹

由图 4.1 可知，在 $t=0$ 时，$\boldsymbol{x}(0)=\begin{pmatrix}x_{10}\\x_{20}\end{pmatrix}$，以此为初始条件，且已知 $\boldsymbol{\Phi}(t_1)$，则在 $t=t_1$ 时状态将为

$$\boldsymbol{x}(t_1)=\begin{pmatrix}x_{11}\\x_{21}\end{pmatrix}=\boldsymbol{\Phi}(t_1)\boldsymbol{x}(0) \tag{4.8}$$

若已知 $\boldsymbol{\Phi}(t_2)$，则在 $t=t_2$ 时状态将为

$$\boldsymbol{x}(t_2)=\begin{pmatrix}x_{12}\\x_{22}\end{pmatrix}=\boldsymbol{\Phi}(t_2)\boldsymbol{x}(0) \tag{4.9}$$

即状态从 $\boldsymbol{x}(0)$ 开始，随着时间的推移，它将按 $\boldsymbol{\Phi}(t_1)$ 或 $\boldsymbol{\Phi}(t_2)$ 转移到新的状态 $\boldsymbol{x}(t_1)$ 或 $\boldsymbol{x}(t_2)$，从而在状态空间中形成一条轨迹。

若以 t_1 为初始时刻，则状态 $\boldsymbol{x}(t_1)$ 是初始状态，从它转移到 t_2 的状态为

$$\boldsymbol{x}(t_2)=\boldsymbol{\Phi}(t_2-t_1)\boldsymbol{x}(t_1)$$

将式（4.8）的 $\boldsymbol{x}(t_1)$ 代入上式中，可得

$$\boldsymbol{x}(t_2)=\boldsymbol{\Phi}(t_2-t_1)\boldsymbol{\Phi}(t_1)\boldsymbol{x}(0) \tag{4.10}$$

式（4.10）表示从 $\boldsymbol{x}(0)$ 转移到 $\boldsymbol{x}(t_1)$，再从 $\boldsymbol{x}(t_1)$ 转移到 $\boldsymbol{x}(t_2)$ 的运动轨迹。

比较式（4.9）和式（4.10）可知，状态转移矩阵（或矩阵指数函数）有以下关系

$$\boldsymbol{\Phi}(t_2-t_1)\boldsymbol{\Phi}(t_1)=\boldsymbol{\Phi}(t_2)$$

$$\mathrm{e}^{\boldsymbol{A}(t_2-t_1)}\mathrm{e}^{\boldsymbol{A}t_1}=\mathrm{e}^{\boldsymbol{A}t_2}$$

这种关系称为组合性质。

综上分析，可以根据任意指定的初始时刻 t_0 的状态矢量 $\boldsymbol{x}(t_0)$，求得任意时刻 t 的状态矢量 $\boldsymbol{x}(t)$。换言之，矩阵微分方程的解在时间上可以任意分段求取。这是动态系统采用状态空间分析法的又一个优点。因为在经典控制理论中，对于用高阶微分方程描述的系统，在求解时，对初始条件的处理是很困难的，一般都是假定初始时刻 $t_0=0$，初始条件为零，即从零初始条件出发去计算系统的输出响应。

在状态空间分析中，把系统自由运动的一般解表示为状态转移矩阵的形式有重要而普遍的意义。它不仅可以表示系统从 t_0 时刻的任何状态，通过 $\boldsymbol{\Phi}(t-t_0)$ 的作用，转移到 t 时刻的状态，而且可将 $\boldsymbol{\Phi}(t-t_0)$ 视为一种线性算子，将状态空间中 t_0 时刻的状态映射为解空间中 t 时刻的状态。

4.2.2　状态转移矩阵的基本性质

1. 不变性（无时间推移）

$$\boldsymbol{\Phi}(0)=\mathrm{e}^{\boldsymbol{A}0}=\boldsymbol{I}，\quad \boldsymbol{\Phi}(t-t)=\boldsymbol{I} \tag{4.11}$$

证明

$$\mathrm{e}^{\boldsymbol{A}t}=\boldsymbol{I}+\boldsymbol{A}t+\frac{1}{2!}\boldsymbol{A}^2t^2+\cdots+\frac{1}{k!}\boldsymbol{A}^kt^k+\cdots$$

令 $t=0$，可得

$$e^{A0}=\boldsymbol{I}+\boldsymbol{A}\cdot 0+\frac{1}{2!}\boldsymbol{A}^2 0^2+\cdots+\frac{1}{k!}\boldsymbol{A}^k 0^k+\cdots=\boldsymbol{I}$$

该性质表明：若状态矢量从 t 时刻又转移到 t 时刻，则状态矢量没有发生转移，即状态矢量是不变的。这是状态转移矩阵必须满足的条件。

2. 传递性（组合性）

$$\boldsymbol{\Phi}(t_2-t_0)=\boldsymbol{\Phi}(t_2-t_1)\boldsymbol{\Phi}(t_1-t_0) \tag{4.12}$$

或

$$e^{\boldsymbol{A}(t_2-t_0)}=e^{\boldsymbol{A}(t_2-t_1)}e^{\boldsymbol{A}(t_1-t_0)} \tag{4.13}$$

这就是组合性质，其意义在于，状态矢量 $\boldsymbol{x}(t_0)$ 从初始时刻 t_0 先转移到 t_1，再转移到 t_2，与状态矢量 $\boldsymbol{x}(t_0)$ 从初始时刻 t_0 直接转移到 t_2 完全等效，这说明一个转移过程可分为若干个小的转移过程。

3. 可逆性

$$\boldsymbol{\Phi}^{-1}(t)=\boldsymbol{\Phi}(-t)\text{，}\quad \boldsymbol{\Phi}^{-1}(t-t_0)=\boldsymbol{\Phi}(t_0-t) \tag{4.14}$$

或

$$(e^{\boldsymbol{A}t})^{-1}=e^{-\boldsymbol{A}t}\text{，}\quad \left(e^{\boldsymbol{A}(t-t_0)}\right)^{-1}=e^{\boldsymbol{A}(t_0-t)} \tag{4.15}$$

证明

$$\boldsymbol{\Phi}(t-t_0)\boldsymbol{\Phi}(t_0-t)=e^{\boldsymbol{A}(t-t_0)}e^{\boldsymbol{A}(t_0-t)}=\boldsymbol{I}$$

而

$$\boldsymbol{\Phi}(t_0-t)\boldsymbol{\Phi}(t-t_0)=e^{\boldsymbol{A}(t_0-t)}e^{\boldsymbol{A}(t-t_0)}=\boldsymbol{I}$$

式（4.14）和式（4.15）得证。

由此可推导出

$$\boldsymbol{x}(t)=\boldsymbol{\Phi}(t-t_0)\boldsymbol{x}(t_0)$$

$$\boldsymbol{x}(t_0)=\boldsymbol{\Phi}^{-1}(t-t_0)\boldsymbol{x}(t)=\boldsymbol{\Phi}(t_0-t)\boldsymbol{x}(t)$$

当 $t_0=0$ 时，$\boldsymbol{x}(0)=\boldsymbol{\Phi}(-t)\boldsymbol{x}(t)$。

该性质表明：状态转移过程是可以逆转的，即状态转移矩阵的逆矩阵意味着状态矢量按时间的逆向转移。利用这个性质，可由已知的 $\boldsymbol{x}(t)$ 求出小于 t 时刻的初始时刻 t_0 的状态 $\boldsymbol{x}(t_0)$。

4. 分解性（分段转移）

$$\boldsymbol{\Phi}(t_1+t_2)=\boldsymbol{\Phi}(t_1)\boldsymbol{\Phi}(t_2)=\boldsymbol{\Phi}(t_2)\boldsymbol{\Phi}(t_1) \tag{4.16}$$

证明

$$\boldsymbol{\Phi}(t_1+t_2)=e^{\boldsymbol{A}(t_1+t_2)}=e^{\boldsymbol{A}t_1}e^{\boldsymbol{A}t_2}=\boldsymbol{\Phi}(t_1)\boldsymbol{\Phi}(t_2)$$

$$\boldsymbol{\Phi}(t_1+t_2)=e^{\boldsymbol{A}(t_2+t_1)}=e^{\boldsymbol{A}t_2}e^{\boldsymbol{A}t_1}=\boldsymbol{\Phi}(t_2)\boldsymbol{\Phi}(t_1)$$

$$\boldsymbol{\Phi}(t_1+t_2)=\boldsymbol{\Phi}(t_1)\boldsymbol{\Phi}(t_2)=\boldsymbol{\Phi}(t_2)\boldsymbol{\Phi}(t_1)$$

进一步，有

$$\boldsymbol{\Phi}(t_1+t_2)=\boldsymbol{\Phi}[t_1-(-t_2)]=\boldsymbol{\Phi}(t_1-0)\boldsymbol{\Phi}[0-(-t_2)]$$

该性质表明：从 $-t_2$ 到 t_1 的转移等于从 $-t_2$ 到 0 转移后，再从 0 到 t_1 转移。

5. 倍时性

$$[\boldsymbol{\Phi}(t)]^k = \boldsymbol{\Phi}(kt) \tag{4.17}$$

证明

$$[\boldsymbol{\Phi}(t)]^k = \underbrace{\mathrm{e}^{\boldsymbol{A}t}\mathrm{e}^{\boldsymbol{A}t}\cdots\mathrm{e}^{\boldsymbol{A}t}}_{k个} = \mathrm{e}^{\boldsymbol{A}kt} = \boldsymbol{\Phi}(kt)$$

该性质表明：状态转移矩阵的 k 次方等于该状态转移矩阵的时间自变量扩大 k 倍。

6. 微分性和交换性

$$\dot{\boldsymbol{\Phi}}(t) = \boldsymbol{A}\boldsymbol{\Phi}(t) = \boldsymbol{\Phi}(t)\boldsymbol{A} \tag{4.18}$$

证明

根据定义，有

$$\boldsymbol{\Phi}(t) = \boldsymbol{I} + \boldsymbol{A}t + \frac{1}{2!}\boldsymbol{A}^2t^2 + \cdots + \frac{1}{k!}\boldsymbol{A}^kt^k + \cdots$$

由于无穷级数对任意有限时间 t 均收敛，故将上式逐项对 t 求导，可得

$$\begin{aligned}\dot{\boldsymbol{\Phi}}(t) &= \frac{\mathrm{d}\mathrm{e}^{\boldsymbol{A}t}}{\mathrm{d}t} = \boldsymbol{A} + \boldsymbol{A}^2t + \cdots + \frac{1}{(k-1)!}\boldsymbol{A}^kt^{k-1} + \cdots \\ &= \boldsymbol{A}\left[\boldsymbol{I} + \boldsymbol{A}t + \frac{1}{2!}\boldsymbol{A}^2t^2 + \cdots + \frac{1}{(k-1)!}\boldsymbol{A}^{k-1}t^{k-1} + \cdots\right] \\ &= \boldsymbol{A}\boldsymbol{\Phi}(t) = \boldsymbol{\Phi}(t)\boldsymbol{A}\end{aligned}$$

该性质表明：$\boldsymbol{A}$ 和 $\boldsymbol{\Phi}(t)$ 的相乘次序是可以交换的。

除以上 6 个性质外，还有另外两个性质（针对方阵）。

（1）对于 $n \times n$ 方阵 $\boldsymbol{A}$、$\boldsymbol{B}$，如果满足 $\boldsymbol{AB} = \boldsymbol{BA}$，则

$$\mathrm{e}^{(\boldsymbol{A}+\boldsymbol{B})t} = \mathrm{e}^{\boldsymbol{A}t}\mathrm{e}^{\boldsymbol{B}t} = \mathrm{e}^{\boldsymbol{B}t}\mathrm{e}^{\boldsymbol{A}t} \tag{4.19}$$

证明

当 $\boldsymbol{AB} = \boldsymbol{BA}$ 时

$$\begin{aligned}\mathrm{e}^{(\boldsymbol{A}+\boldsymbol{B})t} &= \boldsymbol{I} + (\boldsymbol{A}+\boldsymbol{B})t + \frac{1}{2!}(\boldsymbol{A}+\boldsymbol{B})^2t^2 + \frac{1}{3!}(\boldsymbol{A}+\boldsymbol{B})^3t^3 + \cdots \\ &= \boldsymbol{I} + (\boldsymbol{A}+\boldsymbol{B})t + (\boldsymbol{A}^2 + \boldsymbol{AB} + \boldsymbol{BA} + \boldsymbol{B}^2)\frac{t^2}{2!} \\ &\quad + (\boldsymbol{A}^3 + \boldsymbol{A}^2\boldsymbol{B} + \boldsymbol{ABA} + \boldsymbol{AB}^2 + \boldsymbol{BA}^2 + \boldsymbol{BAB} + \boldsymbol{B}^2\boldsymbol{A} + \boldsymbol{B}^3)\frac{t^3}{3!} + \cdots \\ &= \boldsymbol{I} + (\boldsymbol{A}+\boldsymbol{B})t + (\boldsymbol{A}^2 + 2\boldsymbol{AB} + \boldsymbol{B}^2)\frac{t^2}{2!} + (\boldsymbol{A}^3 + 3\boldsymbol{A}^2\boldsymbol{B} + 3\boldsymbol{AB}^2 + \boldsymbol{B}^3)\frac{t^3}{3!} + \cdots\end{aligned}$$

$$\begin{aligned}\mathrm{e}^{\boldsymbol{A}t}\mathrm{e}^{\boldsymbol{B}t} &= \left(\boldsymbol{I} + \boldsymbol{A}t + \frac{1}{2!}\boldsymbol{A}^2t^2 + \frac{1}{3!}\boldsymbol{A}^3t^3 + \cdots\right)\left(\boldsymbol{I} + \boldsymbol{B}t + \frac{1}{2!}\boldsymbol{B}^2t^2 + \frac{1}{3!}\boldsymbol{B}^3t^3 + \cdots\right) \\ &= \boldsymbol{I} + (\boldsymbol{A}+\boldsymbol{B})t + \left(\frac{\boldsymbol{A}^2}{2!} + \boldsymbol{AB} + \frac{\boldsymbol{B}^2}{2!}\right)t^2 + \left(\frac{\boldsymbol{A}^3}{3!} + \frac{\boldsymbol{A}^2\boldsymbol{B}}{2!} + \frac{\boldsymbol{AB}^2}{2!} + \frac{\boldsymbol{B}^3}{3!}\right)t^3 + \cdots \\ &= \boldsymbol{I} + (\boldsymbol{A}+\boldsymbol{B})t + (\boldsymbol{A}^2 + 2\boldsymbol{AB} + \boldsymbol{B}^2)\frac{t^2}{2!} + (\boldsymbol{A}^3 + 3\boldsymbol{A}^2\boldsymbol{B} + 3\boldsymbol{AB}^2 + \boldsymbol{B}^3)\frac{t^3}{3!} + \cdots\end{aligned}$$

所以

$$e^{(A+B)t} = e^{At}e^{Bt}$$

【注意】若 $AB \neq BA$，则 $e^{(A+B)t} \neq e^{At}e^{Bt}$。

（2）设 A 为 $n\times n$ 方阵，t 和 s 为两个独立的自变量，则有

$$e^{A(t+s)} = e^{At}e^{As} \tag{4.20}$$

证明

根据定义

$$\begin{aligned} e^{At}e^{As} &= \left(I + At + \frac{1}{2!}A^2t^2 + \frac{1}{3!}A^3t^3 + \cdots\right)\left(I + As + \frac{1}{2!}A^2s^2 + \frac{1}{3!}A^3s^3 + \cdots\right) \\ &= I + A(t+s) + A^2\left(\frac{t^2}{2!} + ts + \frac{s^2}{2!}\right) + A^3\left(\frac{t^3}{3!} + \frac{t^2s}{2!} + \frac{ts^2}{2!} + \frac{s^3}{3!}\right) + \cdots \\ &= I + A(t+s) + A^2\frac{(t+s)^2}{2!} + A^3\frac{(t+s)^3}{3!} + \cdots \\ &= e^{A(t+s)} \end{aligned}$$

【思考】已知状态转移矩阵 $\boldsymbol{\Phi}(t) = \begin{pmatrix} 2e^{-t} - e^{-2t} & 2e^{-t} - 2e^{-2t} \\ e^{-t} - e^{-2t} & 2e^{-t} - e^{-2t} \end{pmatrix}$，根据以上相关性质求出与之对应的矩阵 A。

4.2.3 几个特殊的矩阵指数函数

（1）若 A 为 $n\times n$ 对角矩阵，即

$$A = \Lambda = \begin{pmatrix} \lambda_1 & 0 & \cdots & 0 \\ 0 & \lambda_2 & \cdots & 0 \\ \vdots & \vdots & & \vdots \\ 0 & 0 & \cdots & \lambda_n \end{pmatrix} \tag{4.21}$$

则 e^{At} 也为 $n\times n$ 对角矩阵，且为

$$e^{At} = \boldsymbol{\Phi}(t) = \begin{pmatrix} e^{\lambda_1 t} & 0 & \cdots & 0 \\ 0 & e^{\lambda_2 t} & \cdots & 0 \\ \vdots & \vdots & & \vdots \\ 0 & 0 & \cdots & e^{\lambda_n t} \end{pmatrix} \tag{4.22}$$

将式（4.21）的对角矩阵 A 代入定义式，即

$$
\begin{aligned}
\mathrm{e}^{\boldsymbol{A}t} &= \boldsymbol{I}+\boldsymbol{A}t+\frac{1}{2!}\boldsymbol{A}^2t^2+\cdots \\
&=\begin{pmatrix}1&0&\cdots&0\\0&1&\cdots&0\\\vdots&\vdots&&\vdots\\0&0&\cdots&1\end{pmatrix}+\begin{pmatrix}\lambda_1 t&0&\cdots&0\\0&\lambda_2 t&\cdots&0\\\vdots&\vdots&&\vdots\\0&0&\cdots&\lambda_n t\end{pmatrix}+\begin{pmatrix}\frac{1}{2}\lambda_1^2t^2&0&\cdots&0\\0&\frac{1}{2}\lambda_2^2t^2&\cdots&0\\\vdots&\vdots&&\vdots\\0&0&\cdots&\frac{1}{2}\lambda_n^2t^2\end{pmatrix}+\cdots \\
&=\begin{pmatrix}\sum\limits_{k=0}^{\infty}\frac{1}{k!}\lambda_1^kt^k&0&\cdots&0\\0&\sum\limits_{k=0}^{\infty}\frac{1}{k!}\lambda_2^kt^k&\cdots&0\\\vdots&\vdots&&\vdots\\0&0&\cdots&\sum\limits_{k=0}^{\infty}\frac{1}{k!}\lambda_n^kt^k\end{pmatrix}=\begin{pmatrix}\mathrm{e}^{\lambda_1 t}&0&\cdots&0\\0&\mathrm{e}^{\lambda_2 t}&\cdots&0\\\vdots&\vdots&&\vdots\\0&0&\cdots&\mathrm{e}^{\lambda_n t}\end{pmatrix}
\end{aligned}
$$

得证。

（2）若 $\boldsymbol{A}$ 能够通过非奇异变换成为对角矩阵，即

$$\boldsymbol{T}^{-1}\boldsymbol{A}\boldsymbol{T}=\boldsymbol{\Lambda}$$

则

$$\mathrm{e}^{\boldsymbol{A}t}=\boldsymbol{\Phi}(t)=\boldsymbol{T}\begin{pmatrix}\mathrm{e}^{\lambda_1 t}&0&\cdots&0\\0&\mathrm{e}^{\lambda_2 t}&\cdots&0\\\vdots&\vdots&&\vdots\\0&0&\cdots&\mathrm{e}^{\lambda_n t}\end{pmatrix}\boldsymbol{T}^{-1}=\boldsymbol{T}\mathrm{e}^{\boldsymbol{\Lambda}t}\boldsymbol{T}^{-1} \tag{4.23}$$

证明

$$
\begin{aligned}
\mathrm{e}^{\boldsymbol{A}t}&=\sum_{k=0}^{\infty}\frac{1}{k!}\boldsymbol{A}^kt^k\\
&=\boldsymbol{I}+(\boldsymbol{T\Lambda T}^{-1})t+\frac{1}{2!}(\boldsymbol{T\Lambda T}^{-1})(\boldsymbol{T\Lambda T}^{-1})t^2+\cdots\\
&=\boldsymbol{TIT}^{-1}+(\boldsymbol{T\Lambda T}^{-1})t+\frac{1}{2!}(\boldsymbol{T\Lambda}^2\boldsymbol{T}^{-1})t^2+\cdots\\
&=\boldsymbol{T}\left(\boldsymbol{I}+\boldsymbol{\Lambda}t+\frac{1}{2!}\boldsymbol{\Lambda}^2t^2+\cdots\right)\boldsymbol{T}^{-1}\\
&=\boldsymbol{T}\mathrm{e}^{\boldsymbol{\Lambda}t}\boldsymbol{T}^{-1}
\end{aligned}
$$

（3）若 $\boldsymbol{A}_i$ 为 $m\times m$ 约旦标准型矩阵，即

$$\boldsymbol{A}_i=\boldsymbol{J}=\begin{pmatrix}\lambda_i&1&0&\cdots&0\\0&\lambda_i&1&\cdots&0\\\vdots&\vdots&\vdots&&\vdots\\0&0&0&\cdots&1\\0&0&0&\cdots&\lambda_i\end{pmatrix}$$

则

$$e^{A_i t}=\boldsymbol{\Phi}_i(t)=e^{\lambda_i t}\begin{pmatrix}1 & t & \frac{1}{2!}t^2 & \cdots & \frac{1}{(m-1)!}t^{(m-1)} \\ 0 & 1 & t & \cdots & \frac{1}{(m-2)!}t^{(m-2)} \\ \vdots & \vdots & \vdots & & \vdots \\ 0 & 0 & 0 & \cdots & t \\ 0 & 0 & 0 & \cdots & 1\end{pmatrix} \tag{4.24}$$

一旦得到了每个约旦块的矩阵指数函数，便可立即写出约旦标准型矩阵的指数函数。

设矩阵 $\boldsymbol{A}$ 是一个约旦标准型矩阵，即

$$\boldsymbol{A}=\begin{pmatrix}\boldsymbol{A}_1 & \boldsymbol{0} & \cdots & \boldsymbol{0} \\ \boldsymbol{0} & \boldsymbol{A}_2 & \cdots & \boldsymbol{0} \\ \vdots & \vdots & & \vdots \\ \boldsymbol{0} & \boldsymbol{0} & \cdots & \boldsymbol{A}_l\end{pmatrix} \tag{4.25}$$

其中，$\boldsymbol{A}_1,\boldsymbol{A}_2,\cdots,\boldsymbol{A}_l$ 代表约旦块，则

$$e^{\boldsymbol{A}t}=\begin{pmatrix}e^{\boldsymbol{A}_1 t} & \boldsymbol{0} & \cdots & \boldsymbol{0} \\ \boldsymbol{0} & e^{\boldsymbol{A}_2 t} & \cdots & \boldsymbol{0} \\ \vdots & \vdots & & \vdots \\ \boldsymbol{0} & \boldsymbol{0} & \cdots & e^{\boldsymbol{A}_l t}\end{pmatrix} \tag{4.26}$$

其中，$e^{\boldsymbol{A}_1 t},e^{\boldsymbol{A}_2 t},\cdots,e^{\boldsymbol{A}_l t}$ 是由式（4.24）所表示的矩阵。

例如，

$$\boldsymbol{A}=\left(\begin{array}{ccc:cc}\lambda_1 & 1 & 0 & 0 & 0 \\ 0 & \lambda_1 & 1 & 0 & 0 \\ 0 & 0 & \lambda_1 & 0 & 0 \\ \hdashline 0 & 0 & 0 & \lambda_2 & 0 \\ 0 & 0 & 0 & 0 & \lambda_3\end{array}\right)$$

$$e^{\boldsymbol{A}t}=\boldsymbol{\Phi}(t)=\left(\begin{array}{ccc:cc}e^{\lambda_1 t} & te^{\lambda_1 t} & \frac{t^2}{2!}e^{\lambda_1 t} & 0 & 0 \\ 0 & e^{\lambda_1 t} & te^{\lambda_1 t} & 0 & 0 \\ 0 & 0 & e^{\lambda_1 t} & 0 & 0 \\ \hdashline 0 & 0 & 0 & e^{\lambda_2 t} & 0 \\ 0 & 0 & 0 & 0 & e^{\lambda_3 t}\end{array}\right)$$

（4）若 $\boldsymbol{A}$ 为模态矩阵（有一对共轭复根），即

$$\boldsymbol{A}=\begin{pmatrix}\sigma & \omega\\ -\omega & \sigma\end{pmatrix}$$

$$\mathrm{e}^{\boldsymbol{A}t}=\boldsymbol{\Phi}(t)=\mathrm{e}^{\sigma t}\begin{pmatrix}\cos\omega t & \sin\omega t\\ -\sin\omega t & \cos\omega t\end{pmatrix}$$

证明

$$\mathrm{e}^{\boldsymbol{A}t}=\mathrm{e}^{\begin{pmatrix}\sigma & \omega\\ -\omega & \sigma\end{pmatrix}t}=\mathrm{e}^{\begin{pmatrix}\sigma & 0\\ 0 & \sigma\end{pmatrix}t}\mathrm{e}^{\begin{pmatrix}0 & \omega\\ -\omega & 0\end{pmatrix}t}$$

其中，

$$\mathrm{e}^{\begin{pmatrix}\sigma & 0\\ 0 & \sigma\end{pmatrix}t}=\begin{pmatrix}\mathrm{e}^{\sigma t} & 0\\ 0 & \mathrm{e}^{\sigma t}\end{pmatrix}$$

$$\begin{aligned}\mathrm{e}^{\begin{pmatrix}0 & \omega\\ -\omega & 0\end{pmatrix}t}&=\begin{pmatrix}1 & 0\\ 0 & 1\end{pmatrix}+\begin{pmatrix}0 & \omega\\ -\omega & 0\end{pmatrix}t+\frac{1}{2!}\begin{pmatrix}0 & \omega\\ -\omega & 0\end{pmatrix}^2 t^2+\cdots\\ &=\begin{pmatrix}1-\frac{t^2}{2!}\omega^2+\frac{t^4}{4!}\omega^4-\frac{t^6}{6!}\omega^6+\cdots & \omega t-\frac{t^3}{3!}\omega^3+\frac{t^5}{5!}\omega^5+\cdots\\ -\left(\omega t-\frac{t^3}{3!}\omega^3+\frac{t^5}{5!}\omega^5+\cdots\right) & 1-\frac{t^2}{2!}\omega^2+\frac{t^4}{4!}\omega^4-\frac{t^6}{6!}\omega^6+\cdots\end{pmatrix}\\ &=\begin{pmatrix}\cos\omega t & \sin\omega t\\ -\sin\omega t & \cos\omega t\end{pmatrix}\end{aligned}$$

则

$$\begin{aligned}\mathrm{e}^{\boldsymbol{A}t}&=\begin{pmatrix}\mathrm{e}^{\sigma t} & 0\\ 0 & \mathrm{e}^{\sigma t}\end{pmatrix}\begin{pmatrix}\cos\omega t & \sin\omega t\\ -\sin\omega t & \cos\omega t\end{pmatrix}=\begin{pmatrix}\mathrm{e}^{\sigma t}\cos\omega t & \mathrm{e}^{\sigma t}\sin\omega t\\ -\mathrm{e}^{\sigma t}\sin\omega t & \mathrm{e}^{\sigma t}\cos\omega t\end{pmatrix}\\ &=\mathrm{e}^{\sigma t}\begin{pmatrix}\cos\omega t & \sin\omega t\\ -\sin\omega t & \cos\omega t\end{pmatrix}\end{aligned}$$

4.2.4　状态转移矩阵的计算

前面已指出，求状态方程的解实质上可归结为计算状态转移矩阵，即矩阵指数函数 $\mathrm{e}^{\boldsymbol{A}t}$。本节介绍求解 $\mathrm{e}^{\boldsymbol{A}t}$ 的几种方法，它们都有各自的特点，可运用于不同的场合。

1. 定义法

按照 $\mathrm{e}^{\boldsymbol{A}t}$ 的定义，即式（4.7）直接计算

$$\mathrm{e}^{\boldsymbol{A}t}=\boldsymbol{I}+\boldsymbol{A}t+\frac{1}{2!}\boldsymbol{A}^2t^2+\cdots+\frac{1}{k!}\boldsymbol{A}^kt^k+\cdots$$

在计算中，对无穷级数必须考虑其对收敛性的要求。可以证明，对所有常数矩阵 $\boldsymbol{A}$ 和有限的 t 值来说，这个无穷级数都是收敛的。应用这种方法通常很难得到解析形式的结果，但由于计算步骤简单，程序容易编制，因此适合计算机运算。

【例 4.1】 已知 $\boldsymbol{A}=\begin{pmatrix}1 & -1\\ 4 & 0\end{pmatrix}$，试用定义法求状态转移矩阵 $\mathrm{e}^{\boldsymbol{A}t}$。

解

$$\mathrm{e}^{\boldsymbol{A}t}=\boldsymbol{I}+\boldsymbol{A}t+\frac{1}{2!}\boldsymbol{A}^2t^2+\cdots$$
$$=\begin{pmatrix}1&0\\0&1\end{pmatrix}+\begin{pmatrix}1&-1\\4&0\end{pmatrix}t+\frac{1}{2!}\begin{pmatrix}1&-1\\4&0\end{pmatrix}^2t^2+\cdots$$
$$=\begin{pmatrix}1+t-1.5t^2+\cdots & -t-0.5t^2+\cdots\\ 4t+2t^2+\cdots & 1-2t^2+\cdots\end{pmatrix}$$

2. 拉普拉斯逆变换法

$$\mathrm{e}^{\boldsymbol{A}t}=\boldsymbol{\varPhi}(t)=L^{-1}[(s\boldsymbol{I}-\boldsymbol{A})^{-1}] \tag{4.27}$$

证明

有齐次微分方程

$$\dot{\boldsymbol{x}}=\boldsymbol{A}\boldsymbol{x}(t)，\quad \boldsymbol{x}(0)=\boldsymbol{x}_0$$

对其两边做拉普拉斯变换可得

$$s\boldsymbol{X}(s)-\boldsymbol{x}(0)=\boldsymbol{A}\boldsymbol{X}(s)$$

即

$$(s\boldsymbol{I}-\boldsymbol{A})\boldsymbol{X}(s)=\boldsymbol{x}(0)=\boldsymbol{x}_0$$

故

$$\boldsymbol{X}(s)=(s\boldsymbol{I}-\boldsymbol{A})^{-1}\boldsymbol{x}_0$$

对上式两边做拉普拉斯逆变换，得到齐次微分方程的解，即

$$\boldsymbol{x}(t)=L^{-1}[(s\boldsymbol{I}-\boldsymbol{A})^{-1}]\boldsymbol{x}_0$$

上式和式（4.3）相比，有

$$\mathrm{e}^{\boldsymbol{A}t}=L^{-1}[(s\boldsymbol{I}-\boldsymbol{A})^{-1}]$$

【例 4.2】已知 $\boldsymbol{A}=\begin{pmatrix}0&1\\-2&-3\end{pmatrix}$，试用拉普拉斯逆变换法求 $\mathrm{e}^{\boldsymbol{A}t}$。

解

$$s\boldsymbol{I}-\boldsymbol{A}=\begin{pmatrix}s&-1\\2&s+3\end{pmatrix}$$

$$(s\boldsymbol{I}-\boldsymbol{A})^{-1}=\frac{1}{|s\boldsymbol{I}-\boldsymbol{A}|}\mathrm{adj}(s\boldsymbol{I}-\boldsymbol{A})=\frac{1}{(s+1)(s+2)}\begin{pmatrix}s+3&1\\-2&s\end{pmatrix}$$
$$=\begin{pmatrix}\dfrac{s+3}{(s+1)(s+2)}&\dfrac{1}{(s+1)(s+2)}\\ \dfrac{-2}{(s+1)(s+2)}&\dfrac{s}{(s+1)(s+2)}\end{pmatrix}=\begin{pmatrix}\dfrac{2}{s+1}-\dfrac{1}{s+2}&\dfrac{1}{s+1}-\dfrac{1}{s+2}\\ \dfrac{-2}{s+1}+\dfrac{2}{s+2}&\dfrac{-1}{s+1}+\dfrac{2}{s+2}\end{pmatrix}$$

所以

$$\mathrm{e}^{\boldsymbol{A}t}=L^{-1}[(s\boldsymbol{I}-\boldsymbol{A})^{-1}]=\begin{pmatrix}2\mathrm{e}^{-t}-\mathrm{e}^{-2t}&\mathrm{e}^{-t}-\mathrm{e}^{-2t}\\-2\mathrm{e}^{-t}+2\mathrm{e}^{-2t}&-\mathrm{e}^{-t}+2\mathrm{e}^{-2t}\end{pmatrix}$$

3. 将矩阵 A 变换为约旦标准型矩阵

1）矩阵 A 特征值互异

将矩阵 A 变换为对角线标准型矩阵，即

$$T^{-1}AT=\Lambda=\begin{pmatrix}\lambda_1 & 0 & \cdots & 0\\ 0 & \lambda_2 & \cdots & 0\\ \vdots & \vdots & & \vdots\\ 0 & 0 & \cdots & \lambda_n\end{pmatrix}$$

其中，矩阵 T 是将矩阵 A 对角化的非奇异线性变换矩阵。

那么 e^{At} 可由下式给出

$$e^{At}=Te^{\Lambda t}T^{-1}=T\begin{pmatrix}e^{\lambda_1 t} & 0 & \cdots & 0\\ 0 & e^{\lambda_2 t} & \cdots & 0\\ \vdots & \vdots & & \vdots\\ 0 & 0 & \cdots & e^{\lambda_n t}\end{pmatrix}T^{-1} \tag{4.28}$$

2）矩阵 A 具有 n 重特征值

将矩阵 A 变换为约旦标准型矩阵，即

$$T^{-1}AT=J=\begin{pmatrix}\lambda & 1 & 0 & \cdots & 0\\ 0 & \lambda & 1 & \cdots & 0\\ \vdots & \vdots & \vdots & & \vdots\\ 0 & 0 & 0 & \cdots & 1\\ 0 & 0 & 0 & \cdots & \lambda\end{pmatrix}$$

其中，矩阵 T 是将矩阵 A 转化为约旦标准型矩阵的非奇异线性变换矩阵。

那么，e^{At} 可由下式给出

$$e^{At}=Te^{Jt}T^{-1}$$

即

$$e^{At}=T\begin{pmatrix}e^{\lambda t} & te^{\lambda t} & \frac{1}{2!}t^2e^{\lambda t} & \cdots & \frac{1}{(n-1)!}t^{(n-1)}e^{\lambda t}\\ 0 & e^{\lambda t} & te^{\lambda t} & \cdots & \frac{1}{(n-2)!}t^{(n-2)}e^{\lambda t}\\ \vdots & \vdots & \vdots & & \vdots\\ 0 & 0 & 0 & \cdots & te^{\lambda t}\\ 0 & 0 & 0 & \cdots & e^{\lambda t}\end{pmatrix}T^{-1} \tag{4.29}$$

【例 4.3】已知线性定常系统的齐次状态方程为

$$\dot{x}=\begin{pmatrix}0 & 1 & 0\\ 0 & 0 & 1\\ 1 & -3 & 3\end{pmatrix}x$$

求系统的状态转移矩阵 e^{At}。

解

该矩阵的特征方程为

$$|\lambda I - A| = \lambda^3 - 3\lambda^2 + 3\lambda - 1 = (\lambda - 1)^3 = 0$$

因此，矩阵 A 有三重特征值 $\lambda = 1$。

因为矩阵 A 为友矩阵，故变换矩阵 T 可由式（3.55）求得

$$T = \begin{pmatrix} 1 & 0 & 0 \\ \lambda & 1 & 0 \\ \lambda^2 & 2\lambda & 1 \end{pmatrix} = \begin{pmatrix} 1 & 0 & 0 \\ 1 & 1 & 0 \\ 1 & 2 & 1 \end{pmatrix}$$

$$T^{-1} = \begin{pmatrix} 1 & 0 & 0 \\ -1 & 1 & 0 \\ 1 & -2 & 1 \end{pmatrix}$$

于是

$$T^{-1}AT = \begin{pmatrix} 1 & 0 & 0 \\ -1 & 1 & 0 \\ 1 & -2 & 1 \end{pmatrix}\begin{pmatrix} 0 & 1 & 0 \\ 0 & 0 & 1 \\ 1 & -3 & 3 \end{pmatrix}\begin{pmatrix} 1 & 0 & 0 \\ 1 & 1 & 0 \\ 1 & 2 & 1 \end{pmatrix} = \begin{pmatrix} 1 & 1 & 0 \\ 0 & 1 & 1 \\ 0 & 0 & 1 \end{pmatrix} = J$$

注意到

$$e^{Jt} = \begin{pmatrix} e^t & te^t & \frac{1}{2!}t^2e^t \\ 0 & e^t & te^t \\ 0 & 0 & e^t \end{pmatrix}$$

可得系统的状态转移矩阵为

$$e^{At} = Te^{Jt}T^{-1} = \begin{pmatrix} 1 & 0 & 0 \\ 1 & 1 & 0 \\ 1 & 2 & 1 \end{pmatrix}\begin{pmatrix} e^t & te^t & \frac{1}{2!}t^2e^t \\ 0 & e^t & te^t \\ 0 & 0 & e^t \end{pmatrix}\begin{pmatrix} 1 & 0 & 0 \\ -1 & 1 & 0 \\ 1 & -2 & 1 \end{pmatrix}$$

$$= \begin{pmatrix} e^t - te^t + \frac{1}{2}t^2e^t & te^t - t^2e^t & \frac{1}{2}t^2e^t \\ \frac{1}{2}t^2e^t & e^t - te^t + t^2e^t & te^t + \frac{1}{2}t^2e^t \\ te^t + \frac{1}{2}t^2e^t & -3te^t - t^2e^t & e^t + 2te^t + \frac{1}{2}t^2e^t \end{pmatrix}$$

4. 凯莱-哈密顿定理法

这种方法是指，利用凯莱-哈密顿（Cayley-Hamilton）定理，化 e^{At} 为矩阵 A 的有限项，之后通过求待定时间函数获得 e^{At}。必须指出，这种方法相当系统，而且计算过程简单。

1）凯莱-哈密顿定理

设 $\boldsymbol{A}$ 为 $n\times n$ 方阵，其特征多项式为

$$f(\lambda)=|\lambda\boldsymbol{I}-\boldsymbol{A}|=\lambda^n+a_{n-1}\lambda^{n-1}+\cdots+a_1\lambda+a_0=0$$

则矩阵 $\boldsymbol{A}$ 必满足其自身特征方程，即

$$f(\boldsymbol{A})=\boldsymbol{A}^n+a_{n-1}\boldsymbol{A}^{n-1}+\cdots+a_1\boldsymbol{A}+a_0\boldsymbol{I}=\boldsymbol{0}$$

故

$$\boldsymbol{A}^n=-a_{n-1}\boldsymbol{A}^{n-1}-a_{n-2}\boldsymbol{A}^{n-2}-\cdots-a_1\boldsymbol{A}-a_0\boldsymbol{I}$$

它是 $\boldsymbol{A}^{n-1},\boldsymbol{A}^{n-2},\cdots,\boldsymbol{A},\boldsymbol{I}$ 的线性组合。

同理，

$$\begin{aligned}\boldsymbol{A}^{n+1}&=\boldsymbol{A}^n\boldsymbol{A}=-a_{n-1}\boldsymbol{A}^n-a_{n-2}\boldsymbol{A}^{n-1}-a_{n-3}\boldsymbol{A}^{n-2}-\cdots-a_1\boldsymbol{A}^2-a_0\boldsymbol{A}\\&=-a_{n-1}\left(-a_{n-1}\boldsymbol{A}^{n-1}-a_{n-2}\boldsymbol{A}^{n-2}-\cdots-a_1\boldsymbol{A}-a_0\boldsymbol{I}\right)\\&\quad-\left(a_{n-2}\boldsymbol{A}^{n-1}+a_{n-3}\boldsymbol{A}^{n-2}+\cdots+a_1\boldsymbol{A}^2+a_0\boldsymbol{A}\right)\\&=(a_{n-1}^2-a_{n-2})\boldsymbol{A}^{n-1}+(a_{n-1}a_{n-2}-a_{n-3})\boldsymbol{A}^{n-2}+\cdots+(a_{n-1}a_1-a_0)\boldsymbol{A}+a_{n-1}a_0\boldsymbol{I}\end{aligned}$$

以此类推，$\boldsymbol{A}^{n+1},\boldsymbol{A}^{n+2},\cdots$ 都可以用 $\boldsymbol{A}^{n-1},\boldsymbol{A}^{n-2},\cdots,\boldsymbol{A},\boldsymbol{I}$ 的线性组合来表示。

2）化 $\mathrm{e}^{\boldsymbol{A}t}$ 为矩阵 $\boldsymbol{A}$ 的有限项

已知 $n\times n$ 系统矩阵 $\boldsymbol{A}$，其 $\mathrm{e}^{\boldsymbol{A}t}$ 可表示为一个无穷项的幂级数，即

$$\mathrm{e}^{\boldsymbol{A}t}=\boldsymbol{I}+\boldsymbol{A}t+\frac{1}{2!}\boldsymbol{A}^2t^2+\cdots=\sum_{k=0}^{\infty}\frac{1}{k!}\boldsymbol{A}^kt^k$$

由凯莱-哈密顿定理可知，$\boldsymbol{A},\boldsymbol{A}^{n+1},\boldsymbol{A}^{n+2},\cdots$ 可用 $\boldsymbol{A}^{n-1},\boldsymbol{A}^{n-2},\cdots,\boldsymbol{A},\boldsymbol{I}$ 的线性组合来表示，所以矩阵指数 $\mathrm{e}^{\boldsymbol{A}t}$ 的无穷级数表达式可转化为矩阵 $\boldsymbol{A}$ 的 n 个有限项表达式，即

$$\mathrm{e}^{\boldsymbol{A}t}=\alpha_0(t)\boldsymbol{I}+\alpha_1(t)\boldsymbol{A}+\alpha_2(t)\boldsymbol{A}^2+\cdots+\alpha_{n-1}(t)\boldsymbol{A}^{n-1}=\sum_{i=0}^{n-1}\alpha_i(t)\boldsymbol{A}^i \tag{4.30}$$

式中，$\alpha_i(t)$ 是时间 t 的标量函数。

3）$\alpha_i(t)$ 的计算方法

（1）矩阵 $\boldsymbol{A}$ 的特征值互异时，有

$$\begin{pmatrix}\alpha_0(t)\\\alpha_1(t)\\\vdots\\\alpha_{n-1}(t)\end{pmatrix}=\begin{pmatrix}1&\lambda_1&\lambda_1^2&\cdots&\lambda_1^{n-1}\\1&\lambda_2&\lambda_2^2&\cdots&\lambda_2^{n-1}\\\vdots&\vdots&\vdots&&\vdots\\1&\lambda_n&\lambda_n^2&\cdots&\lambda_n^{n-1}\end{pmatrix}^{-1}\begin{pmatrix}\mathrm{e}^{\lambda_1t}\\\mathrm{e}^{\lambda_2t}\\\vdots\\\mathrm{e}^{\lambda_nt}\end{pmatrix} \tag{4.31}$$

证明

根据矩阵 $\boldsymbol{A}$ 满足其自身特征方程的定理可知，特征值 λ 和 $\boldsymbol{A}$ 是可以互换的，所以 λ 也必须满足式（4.30），即

$$\begin{cases}\alpha_0(t)+\alpha_1(t)\lambda_1+\alpha_2(t)\lambda_1^2+\cdots+\alpha_{n-1}(t)\lambda_1^{n-1}=\mathrm{e}^{\lambda_1t}\\\alpha_0(t)+\alpha_1(t)\lambda_2+\alpha_2(t)\lambda_2^2+\cdots+\alpha_{n-1}(t)\lambda_2^{n-1}=\mathrm{e}^{\lambda_2t}\\\qquad\vdots\\\alpha_0(t)+\alpha_1(t)\lambda_n+\alpha_2(t)\lambda_n^2+\cdots+\alpha_{n-1}(t)\lambda_n^{n-1}=\mathrm{e}^{\lambda_nt}\end{cases} \tag{4.32}$$

解方程组（4.32），即可得式（4.31）。

（2）$\boldsymbol{A}$ 具有 n 重特征值 λ_1 时，有

$$\begin{pmatrix}\alpha_0(t)\\ \alpha_1(t)\\ \vdots\\ \alpha_{n-3}(t)\\ \alpha_{n-2}(t)\\ \alpha_{n-1}(t)\end{pmatrix}=\begin{pmatrix}0 & 0 & 0 & \cdots & 0 & 1\\ 0 & 0 & 0 & \cdots & 1 & (n-1)\lambda_1\\ \vdots & \vdots & \vdots & & \vdots & \vdots\\ 0 & 0 & 1 & \cdots & \dfrac{(n-2)(n-3)}{2!}\lambda_1^{n-4} & \dfrac{(n-1)(n-2)}{2!}\lambda_1^{n-3}\\ 0 & 1 & 2\lambda_1 & \cdots & (n-2)\lambda_1^{n-3} & (n-1)\lambda_1^{n-2}\\ 1 & \lambda_1 & \lambda_1^2 & \cdots & \lambda_1^{n-2} & \lambda_1^{n-1}\end{pmatrix}^{-1}\begin{pmatrix}\dfrac{1}{(n-1)!}t^{(n-1)}\mathrm{e}^{\lambda_1 t}\\ \dfrac{1}{(n-2)!}t^{(n-2)}\mathrm{e}^{\lambda_1 t}\\ \vdots\\ \dfrac{1}{2!}t^2\mathrm{e}^{\lambda_1 t}\\ t\mathrm{e}^{\lambda_1 t}\\ \mathrm{e}^{\lambda_1 t}\end{pmatrix} \tag{4.33}$$

证明

同上，有

$$\alpha_0(t)+\alpha_1(t)\lambda_1+\alpha_2(t)\lambda_1^2+\cdots+\alpha_{n-2}(t)\lambda_1^{n-2}+\alpha_{n-1}(t)\lambda_1^{n-1}=\mathrm{e}^{\lambda_1 t}$$

将上式对 λ_1 求导一次，有

$$\alpha_1(t)+2\alpha_2(t)\lambda_1+\cdots+(n-2)\alpha_{n-2}(t)\lambda_1^{n-3}+(n-1)\alpha_{n-1}(t)\lambda_1^{n-2}=t\mathrm{e}^{\lambda_1 t}$$

将上式再对 λ_1 求导一次，有

$$2\alpha_2(t)+6\alpha_3(t)\lambda_2+\cdots+(n-2)(n-3)\alpha_{n-2}(t)\lambda_1^{n-4}+(n-1)(n-2)\alpha_{n-1}(t)\lambda_1^{n-3}=t^2\mathrm{e}^{\lambda_1 t}$$

重复以上步骤，经过（$n-1$）次求导后，有

$$(n-1)!\alpha_{n-1}(t)=t^{n-1}\mathrm{e}^{\lambda_1 t}$$

根据上面的 n 个方程对 $\alpha_i(t)$ 求解，即得式（4.33）。

【例 4.4】 已知 $\boldsymbol{A}=\begin{pmatrix}0 & 1\\ -2 & -3\end{pmatrix}$，根据凯莱-哈密顿定理试求 $\mathrm{e}^{\boldsymbol{A}t}$。

解

同例 4.2，已知 $\lambda_1=-1$，$\lambda_2=-2$，二者为互异根，按式（4.31）可得

$$\begin{pmatrix}\alpha_0(t)\\ \alpha_1(t)\end{pmatrix}=\begin{pmatrix}1 & \lambda_1\\ 1 & \lambda_2\end{pmatrix}^{-1}\begin{pmatrix}\mathrm{e}^{\lambda_1 t}\\ \mathrm{e}^{\lambda_2 t}\end{pmatrix}=\begin{pmatrix}1 & -1\\ 1 & -2\end{pmatrix}^{-1}\begin{pmatrix}\mathrm{e}^{-t}\\ \mathrm{e}^{-2t}\end{pmatrix}$$

$$=\begin{pmatrix}2 & -1\\ 1 & -1\end{pmatrix}\begin{pmatrix}\mathrm{e}^{-t}\\ \mathrm{e}^{-2t}\end{pmatrix}=\begin{pmatrix}2\mathrm{e}^{-t}-\mathrm{e}^{-2t}\\ \mathrm{e}^{-t}-\mathrm{e}^{-2t}\end{pmatrix}$$

所以

$$
\begin{aligned}
\mathrm{e}^{\boldsymbol{A}t} &= \alpha_0(t)\boldsymbol{I} + \alpha_1(t)\boldsymbol{A} \\
&= \left(2\mathrm{e}^{-t} - \mathrm{e}^{-2t}\right)\begin{pmatrix} 1 & 0 \\ 0 & 1 \end{pmatrix} + \left(\mathrm{e}^{-t} - \mathrm{e}^{-2t}\right)\begin{pmatrix} 0 & 1 \\ -2 & -3 \end{pmatrix} \\
&= \begin{pmatrix} 2\mathrm{e}^{-t} - \mathrm{e}^{-2t} & \mathrm{e}^{-t} - \mathrm{e}^{-2t} \\ -2\mathrm{e}^{-t} + 2\mathrm{e}^{-2t} & -\mathrm{e}^{-t} + 2\mathrm{e}^{-2t} \end{pmatrix}
\end{aligned}
$$

【例 4.5】已知

$$
\boldsymbol{A} = \begin{pmatrix} 1 & 0 & 0 \\ 0 & 1 & 0 \\ 0 & 1 & 2 \end{pmatrix}
$$

试根据凯莱-哈密顿定理计算 $\mathrm{e}^{\boldsymbol{A}t}$。

解

由矩阵 $\boldsymbol{A}$ 的特征方程

$$
|\lambda\boldsymbol{I} - \boldsymbol{A}| = (\lambda-1)^2(\lambda-2) = 0
$$

可得 $\lambda_1 = \lambda_2 = 1$，$\lambda_3 = 2$。

对于 $\lambda_3 = 2$，有

$$
\mathrm{e}^{2t} = \alpha_0(t) + 2\alpha_1(t) + 4\alpha_2(t)
$$

对于 $\lambda_1 = \lambda_2 = 1$，有

$$
\mathrm{e}^{t} = \alpha_0(t) + \alpha_1(t) + \alpha_2(t)
$$

因为是二重特征值，将上式对 λ_2 求导，补充一个方程

$$
t\mathrm{e}^{t} = \alpha_1(t) + 2\alpha_2(t)
$$

联立求解，得

$$
\begin{pmatrix} \alpha_0(t) \\ \alpha_1(t) \\ \alpha_2(t) \end{pmatrix} = \begin{pmatrix} 0 & 1 & 2 \\ 1 & 1 & 1 \\ 1 & 2 & 4 \end{pmatrix}^{-1} \begin{pmatrix} t\mathrm{e}^{t} \\ \mathrm{e}^{t} \\ \mathrm{e}^{2t} \end{pmatrix} = \begin{pmatrix} -2 & 0 & 1 \\ 3 & 2 & -2 \\ -1 & -1 & 1 \end{pmatrix} \begin{pmatrix} t\mathrm{e}^{t} \\ \mathrm{e}^{t} \\ \mathrm{e}^{2t} \end{pmatrix} = \begin{pmatrix} -2t\mathrm{e}^{t} + \mathrm{e}^{2t} \\ 3t\mathrm{e}^{t} + 2\mathrm{e}^{t} - 2\mathrm{e}^{2t} \\ -t\mathrm{e}^{t} - \mathrm{e}^{t} + \mathrm{e}^{2t} \end{pmatrix}
$$

由此得

$$
\begin{aligned}
\mathrm{e}^{\boldsymbol{A}t} &= \alpha_0(t)\boldsymbol{I} + \alpha_1(t)\boldsymbol{A} + \alpha_2(t)\boldsymbol{A}^2 \\
&= \begin{pmatrix} -2t\mathrm{e}^{t} + \mathrm{e}^{2t} & 0 & 0 \\ 0 & -2t\mathrm{e}^{t} + \mathrm{e}^{2t} & 0 \\ 0 & 0 & -2t\mathrm{e}^{t} + \mathrm{e}^{2t} \end{pmatrix} + \left(3t\mathrm{e}^{t} + 2\mathrm{e}^{t} - 2\mathrm{e}^{2t}\right)\begin{pmatrix} 1 & 0 & 0 \\ 0 & 1 & 0 \\ 0 & 1 & 2 \end{pmatrix} \\
&\quad + \left(-t\mathrm{e}^{t} - \mathrm{e}^{t} + \mathrm{e}^{2t}\right)\begin{pmatrix} 1 & 0 & 0 \\ 0 & 1 & 0 \\ 0 & 1 & 2 \end{pmatrix}\begin{pmatrix} 1 & 0 & 0 \\ 0 & 1 & 0 \\ 0 & 1 & 2 \end{pmatrix} \\
&= \begin{pmatrix} \mathrm{e}^{t} & 0 & 0 \\ 0 & \mathrm{e}^{t} & 0 \\ 0 & \mathrm{e}^{2t} - \mathrm{e}^{t} & \mathrm{e}^{2t} \end{pmatrix}
\end{aligned}
$$

4.3 线性定常系统非齐次状态方程的解

本节讨论线性定常系统在控制作用 $\boldsymbol{u}(t)$ 下的强制运动，此时，状态方程为非齐次矩阵微分方程，即

$$\dot{\boldsymbol{x}} = \boldsymbol{A}\boldsymbol{x} + \boldsymbol{B}\boldsymbol{u} \tag{4.34}$$

若初始时刻 $t_0 = 0$，则系统的初始状态 $\boldsymbol{x}(t)|_{t=0} = \boldsymbol{x}(0)$ 时，其解为

$$\boldsymbol{x}(t) = \boldsymbol{\Phi}(t)\boldsymbol{x}(0) + \int_0^t \boldsymbol{\Phi}(t-\tau)\boldsymbol{B}\boldsymbol{u}(\tau)\mathrm{d}\tau \tag{4.35}$$

其中，$\boldsymbol{\Phi}(t) = \mathrm{e}^{\boldsymbol{A}t}$。

若初始时刻为 t_0，则系统的初始状态 $\boldsymbol{x}(t)|_{t=t_0} = \boldsymbol{x}(t_0)$ 时，其解为

$$\boldsymbol{x}(t) = \boldsymbol{\Phi}(t-t_0)\boldsymbol{x}(t_0) + \int_{t_0}^t \boldsymbol{\Phi}(t-\tau)\boldsymbol{B}\boldsymbol{u}(\tau)\mathrm{d}\tau \tag{4.36}$$

其中，$\boldsymbol{\Phi}(t-t_0) = \mathrm{e}^{\boldsymbol{A}(t-t_0)}$。

显然，解 $\boldsymbol{x}(t)$ 由两部分组成，式（4.35）和式（4.36）等号右边第一项表示由初始状态引起的自由运动，第二项表示由控制激励作用引起的强制运动，两者加在一起，描述了系统在输入作用的激励下，从初始状态出发到时刻 t 的状态转移。

证明

采用类似标量微分方程求解的方法，将式（4.34）写成

$$\dot{\boldsymbol{x}} - \boldsymbol{A}\boldsymbol{x} = \boldsymbol{B}\boldsymbol{u}$$

等式两边左乘 $\mathrm{e}^{-\boldsymbol{A}t}$，得

$$\mathrm{e}^{-\boldsymbol{A}t}\left(\dot{\boldsymbol{x}} - \boldsymbol{A}\boldsymbol{x}\right) = \mathrm{e}^{-\boldsymbol{A}t}\boldsymbol{B}\boldsymbol{u}$$

即

$$\frac{\mathrm{d}}{\mathrm{d}t}\left(\mathrm{e}^{-\boldsymbol{A}t}\boldsymbol{x}(t)\right) = \mathrm{e}^{-\boldsymbol{A}t}\boldsymbol{B}\boldsymbol{u}(t) \tag{4.37}$$

对式（4.37）在 $[0,t]$ 区间内积分，有

$$\mathrm{e}^{-\boldsymbol{A}t}\boldsymbol{x}(t)\,|_0^t = \int_0^t \mathrm{e}^{-\boldsymbol{A}\tau}\boldsymbol{B}\boldsymbol{u}(\tau)\mathrm{d}\tau$$

整理后可得

$$\boldsymbol{x}(t) = \mathrm{e}^{\boldsymbol{A}t}\boldsymbol{x}(0) + \int_0^t \mathrm{e}^{\boldsymbol{A}(t-\tau)}\boldsymbol{B}\boldsymbol{u}(\tau)\mathrm{d}\tau$$

同理，若对式（4.37）在 $[t_0,t]$ 区间内积分，即可证明式（4.36）。

式（4.35）也可根据拉普拉斯变换法求得，对式（4.34）进行拉普拉斯变换，有

$$s\boldsymbol{X}(s) - \boldsymbol{x}(0) = \boldsymbol{A}\boldsymbol{X}(s) + \boldsymbol{B}\boldsymbol{U}(s)$$

即

$$\left(s\boldsymbol{I} - \boldsymbol{A}\right)\boldsymbol{X}(s) = \boldsymbol{x}(0) + \boldsymbol{B}\boldsymbol{U}(s)$$

上式左乘 $\left(s\boldsymbol{I} - \boldsymbol{A}\right)^{-1}$，得

$$\boldsymbol{X}(s) = \left(s\boldsymbol{I} - \boldsymbol{A}\right)^{-1}\boldsymbol{x}(0) + \left(s\boldsymbol{I} - \boldsymbol{A}\right)^{-1}\boldsymbol{B}\boldsymbol{U}(s) \tag{4.38}$$

注意式（4.38）等号右边第二项，其中，有

$$(s\boldsymbol{I}-\boldsymbol{A})^{-1}=L[\boldsymbol{\Phi}(t)]$$

$$\boldsymbol{U}(s)=L[\boldsymbol{u}(t)]$$

两个拉普拉斯变换函数的积是一个卷积的拉普拉斯变换，即

$$(s\boldsymbol{I}-\boldsymbol{A})^{-1}\boldsymbol{BU}(s)=L\left[\int_0^t \boldsymbol{\Phi}(t-\tau)\boldsymbol{BU}(\tau)\mathrm{d}\tau\right]$$

将其代入式（4.38）中，并取拉普拉斯逆变换，即得 $\boldsymbol{x}(t)$：

$$\boldsymbol{x}(t)=\boldsymbol{\Phi}(t)\boldsymbol{x}(0)+\int_0^t \boldsymbol{\Phi}(t-\tau)\boldsymbol{Bu}(\tau)\mathrm{d}\tau$$

【例 4.6】 试求下列连续时间线性定常系统的解 $\boldsymbol{x}(t)$。

$$\begin{pmatrix}\dot{x}_1\\ \dot{x}_2\end{pmatrix}=\begin{pmatrix}-3 & 1\\ 1 & -3\end{pmatrix}\begin{pmatrix}x_1\\ x_2\end{pmatrix}+\begin{pmatrix}0\\ 1\end{pmatrix}u,\quad \begin{pmatrix}x_1(0)\\ x_2(0)\end{pmatrix}=\begin{pmatrix}1\\ 0\end{pmatrix},\quad u(t)=1(t)$$

解

首先利用拉普拉斯逆变换法求出状态转移矩阵 $\mathrm{e}^{\boldsymbol{A}t}$，即

$$s\boldsymbol{I}-\boldsymbol{A}=\begin{pmatrix}s+3 & -1\\ -1 & s+3\end{pmatrix}$$

进一步，得到

$$(s\boldsymbol{I}-\boldsymbol{A})^{-1}=\frac{1}{(s+2)(s+4)}\begin{pmatrix}s+3 & 1\\ 1 & s+3\end{pmatrix}=\frac{1}{2}\begin{pmatrix}\dfrac{1}{s+2}+\dfrac{1}{s+4} & \dfrac{1}{s+2}-\dfrac{1}{s+4}\\ \dfrac{1}{s+2}-\dfrac{1}{s+4} & \dfrac{1}{s+2}+\dfrac{1}{s+4}\end{pmatrix}$$

则

$$\mathrm{e}^{\boldsymbol{A}t}=\boldsymbol{\Phi}(t)=L^{-1}\left[(s\boldsymbol{I}-\boldsymbol{A})^{-1}\right]=\frac{1}{2}\begin{pmatrix}\mathrm{e}^{-2t}+\mathrm{e}^{-4t} & \mathrm{e}^{-2t}-\mathrm{e}^{-4t}\\ \mathrm{e}^{-2t}-\mathrm{e}^{-4t} & \mathrm{e}^{-2t}+\mathrm{e}^{-4t}\end{pmatrix}$$

根据式（4.35）可得系统的解为

$$\boldsymbol{x}(t)=\frac{1}{8}\begin{pmatrix}2\mathrm{e}^{-2t}+5\mathrm{e}^{-4t}+1\\ 2\mathrm{e}^{-2t}-5\mathrm{e}^{-4t}+3\end{pmatrix}$$

在特定控制作用下，如在脉冲函数、阶跃函数和斜坡函数的激励下，系统解的表达式（4.35）可简化为以下公式。

1. 脉冲函数

当 $\boldsymbol{u}(t)=\boldsymbol{K}\delta(t)$， $\boldsymbol{x}(t)|_{t=0}=\boldsymbol{x}(0)$ 时，

$$\boldsymbol{x}(t)=\mathrm{e}^{\boldsymbol{A}t}\boldsymbol{x}(0)+\mathrm{e}^{\boldsymbol{A}t}\boldsymbol{BK} \tag{4.39}$$

其中，$\boldsymbol{K}$ 为与 $\boldsymbol{u}(t)$ 同维的常数列矢量。

证明

将 $\boldsymbol{u}(t)=\boldsymbol{K}\delta(t)$， $\boldsymbol{x}(t)|_{t=0}=\boldsymbol{x}(0)$ 代入式（4.35）中，有

$$\begin{aligned}\boldsymbol{x}(t)&=\boldsymbol{\Phi}(t)\boldsymbol{x}(0)+\int_0^t \boldsymbol{\Phi}(t-\tau)\boldsymbol{Bu}(\tau)\mathrm{d}\tau\\ &=\mathrm{e}^{\boldsymbol{A}t}\boldsymbol{x}(0)+\int_0^t \mathrm{e}^{\boldsymbol{A}(t-\tau)}\boldsymbol{BK}\delta(\tau)\mathrm{d}\tau\end{aligned}$$

其中，

$$\int_0^t \mathrm{e}^{A(t-\tau)}\boldsymbol{BK}\delta(\tau)\mathrm{d}\tau = \mathrm{e}^{A(t-0)}\boldsymbol{BK} = \mathrm{e}^{At}\boldsymbol{BK}$$

所以，

$$\boldsymbol{x}(t) = \mathrm{e}^{At}\boldsymbol{x}(0) + \mathrm{e}^{At}\boldsymbol{BK}$$

2. 阶跃函数

若 $\boldsymbol{A}$ 为非奇异矩阵，其 $\boldsymbol{A}^{-1}$ 存在，则当 $\boldsymbol{u}(t)=\boldsymbol{K}\cdot 1(t)$， $\boldsymbol{x}(t)|_{t=0}=\boldsymbol{x}(0)$ 时，

$$\boldsymbol{x}(t) = \mathrm{e}^{At}\boldsymbol{x}(0) + \boldsymbol{A}^{-1}\left(\mathrm{e}^{At} - \boldsymbol{I}\right)\boldsymbol{BK} \tag{4.40}$$

证明

由于

$$\boldsymbol{u}(t)=\boldsymbol{K}\cdot 1(t), \quad \boldsymbol{x}(t)|_{t=0}=\boldsymbol{x}(0)$$

所以

$$\begin{aligned}\int_0^t \boldsymbol{\Phi}(t-\tau)\boldsymbol{Bu}(\tau)\mathrm{d}\tau &= \int_0^t \mathrm{e}^{A(t-\tau)}\boldsymbol{BK}\cdot 1(\tau)\mathrm{d}\tau = \int_0^t \mathrm{e}^{A(t-\tau)}\boldsymbol{BK}\mathrm{d}\tau \\ &= \int_0^t \mathrm{e}^{-A(t-\tau)}\boldsymbol{BK}\mathrm{d}(\tau-t) = \left[-\boldsymbol{A}^{-1}\mathrm{e}^{-A(\tau-t)}\boldsymbol{BK}\right]\Big|_0^t \\ &= -\boldsymbol{A}^{-1}\left[\mathrm{e}^{-A(\tau-t)} - \mathrm{e}^{At}\right]\boldsymbol{BK} = \boldsymbol{A}^{-1}\left(\mathrm{e}^{At}-\boldsymbol{I}\right)\boldsymbol{BK}\end{aligned}$$

故

$$\begin{aligned}\boldsymbol{x}(t) &= \boldsymbol{\Phi}(t)\boldsymbol{x}(0) + \int_0^t \boldsymbol{\Phi}(t-\tau)\boldsymbol{Bu}(\tau)\mathrm{d}\tau \\ &= \mathrm{e}^{At}\boldsymbol{x}(0) + \boldsymbol{A}^{-1}\left(\mathrm{e}^{At}-\boldsymbol{I}\right)\boldsymbol{BK}\end{aligned}$$

3. 斜坡函数

若 $\boldsymbol{A}$ 为非奇异矩阵，其 $\boldsymbol{A}^{-1}$ 存在，则当 $\boldsymbol{u}(t)=\boldsymbol{K}t\cdot 1(t)$， $\boldsymbol{x}(t)|_{t=0}=\boldsymbol{x}(0)$ 时，

$$\boldsymbol{x}(t) = \mathrm{e}^{At}\boldsymbol{x}(0) + \left[\boldsymbol{A}^{-2}\left(\mathrm{e}^{At}-\boldsymbol{I}\right) - \boldsymbol{A}^{-1}t\right]\boldsymbol{BK} \tag{4.41}$$

证明

由于

$$\boldsymbol{u}(t)=\boldsymbol{K}t\cdot 1(t), \quad \boldsymbol{x}(t)|_{t=0}=\boldsymbol{x}(0)$$

所以

$$\begin{aligned}\int_0^t \boldsymbol{\Phi}(t-\tau)\boldsymbol{Bu}(\tau)\mathrm{d}\tau &= \int_0^t \mathrm{e}^{A(t-\tau)}\boldsymbol{BK}\tau\cdot 1(\tau)\mathrm{d}\tau = \int_0^t \mathrm{e}^{A(t-\tau)}\boldsymbol{BK}\tau\mathrm{d}\tau \\ &= \int_0^t \mathrm{e}^{-A(\tau-t)}\boldsymbol{BK}\tau\mathrm{d}(\tau-t) = \int_0^t -\boldsymbol{A}^{-1}\mathrm{d}(\mathrm{e}^{-A(\tau-t)})\boldsymbol{BK}\tau \\ &= \left[-\boldsymbol{A}^{-1}\mathrm{e}^{-A(\tau-t)}\boldsymbol{BK}\tau\right]\Big|_0^t - \int_0^t -\boldsymbol{A}^{-1}\mathrm{e}^{-A(\tau-t)}\boldsymbol{BK}\mathrm{d}(\tau) \\ &= -\boldsymbol{A}^{-1}\mathrm{e}^{-A(\tau-t)}\boldsymbol{BK}t + \boldsymbol{A}^{-1}\left[\boldsymbol{A}^{-1}\left(\mathrm{e}^{At}-\boldsymbol{I}\right)\boldsymbol{BK}\right] \\ &= -\boldsymbol{A}^{-1}\boldsymbol{BK}t + \boldsymbol{A}^{-2}\left(\mathrm{e}^{At}-\boldsymbol{I}\right)\boldsymbol{BK} \\ &= \left[\boldsymbol{A}^{-2}\left(\mathrm{e}^{At}-\boldsymbol{I}\right) - \boldsymbol{A}^{-1}t\right]\boldsymbol{BK}\end{aligned}$$

故

$$\boldsymbol{x}(t) = \boldsymbol{\Phi}(t)\boldsymbol{x}(0) + \int_0^t \boldsymbol{\Phi}(t-\tau)\boldsymbol{Bu}(\tau)\mathrm{d}\tau = \mathrm{e}^{At}\boldsymbol{x}(0) + \left[\boldsymbol{A}^{-2}(\mathrm{e}^{At}-\boldsymbol{I}) - \boldsymbol{A}^{-1}t\right]\boldsymbol{BK}$$

【例 4.7】设系统状态方程为

$$\dot{\boldsymbol{x}}(t)=\begin{pmatrix}0 & -1\\ 4 & 0\end{pmatrix}\boldsymbol{x}(t)+\begin{pmatrix}0\\ 1\end{pmatrix}u(t)$$

$$\boldsymbol{x}(0)=\begin{pmatrix}x_1(0)\\ x_2(0)\end{pmatrix}=\begin{pmatrix}1\\ 0\end{pmatrix}$$

试确定该系统在输入作用 $u(t)$ 分别为单位脉冲函数、单位阶跃函数及单位斜坡函数时的状态响应。

解

易求得系统的状态转移矩阵为

$$\mathrm{e}^{\boldsymbol{A}t}=\begin{pmatrix}\cos 2t & -\frac{1}{2}\sin 2t\\ 2\sin 2t & \cos 2t\end{pmatrix}$$

（1）单位脉冲函数，根据式（4.39）可得系统状态方程的解为

$$\boldsymbol{x}(t)=\mathrm{e}^{\boldsymbol{A}t}\boldsymbol{x}_0+\mathrm{e}^{\boldsymbol{A}t}\boldsymbol{BK}=\begin{pmatrix}\cos 2t & -\frac{1}{2}\sin 2t\\ 2\sin 2t & \cos 2t\end{pmatrix}\begin{pmatrix}1\\ 0\end{pmatrix}+\begin{pmatrix}\cos 2t & -\frac{1}{2}\sin 2t\\ 2\sin 2t & \cos 2t\end{pmatrix}\begin{pmatrix}0\\ 1\end{pmatrix}$$

$$=\begin{pmatrix}\cos 2t-\frac{1}{2}\sin 2t\\ 2\sin 2t+\cos 2t\end{pmatrix}$$

（2）单位阶跃函数，根据式（4.40）可得系统状态方程的解为

$$\boldsymbol{x}(t)=\mathrm{e}^{\boldsymbol{A}t}\boldsymbol{x}_0+\boldsymbol{A}^{-1}\left(\mathrm{e}^{\boldsymbol{A}t}-\boldsymbol{I}\right)\boldsymbol{BK}=\begin{pmatrix}\cos 2t & -\frac{1}{2}\sin 2t\\ 2\sin 2t & \cos 2t\end{pmatrix}\begin{pmatrix}1\\ 0\end{pmatrix}$$

$$+\begin{pmatrix}0 & -1\\ 4 & 0\end{pmatrix}^{-1}\left[\begin{pmatrix}\cos 2t & -\frac{1}{2}\sin 2t\\ 2\sin 2t & \cos 2t\end{pmatrix}-\begin{pmatrix}1 & 0\\ 0 & 1\end{pmatrix}\right]\begin{pmatrix}0\\ 1\end{pmatrix}$$

$$=\begin{pmatrix}\cos 2t\\ 2\sin 2t\end{pmatrix}+\frac{1}{4}\begin{pmatrix}0 & 1\\ -4 & 0\end{pmatrix}\begin{pmatrix}\cos 2t-1 & -\frac{1}{2}\sin 2t\\ 2\sin 2t & \cos 2t-1\end{pmatrix}\begin{pmatrix}0\\ 1\end{pmatrix}$$

$$=\begin{pmatrix}\cos 2t\\ 2\sin 2t\end{pmatrix}+\frac{1}{4}\begin{pmatrix}\cos 2t-1\\ 2\sin 2t\end{pmatrix}=\begin{pmatrix}\frac{5}{4}\cos 2t-1\\ \frac{5}{2}\sin 2t\end{pmatrix}$$

（3）单位斜坡函数，根据式（4.41）可得系统状态方程的解为

$$\boldsymbol{x}(t)=\mathrm{e}^{\boldsymbol{A}t}\boldsymbol{x}_0+\left[\boldsymbol{A}^{-2}\left(\mathrm{e}^{\boldsymbol{A}t}-\boldsymbol{I}\right)-\boldsymbol{A}^{-1}t\right]\boldsymbol{BK}$$

其中，

$$
\begin{aligned}
&\left[\boldsymbol{A}^{-2}\left(\mathrm{e}^{\boldsymbol{A}t}-\boldsymbol{I}\right)-\boldsymbol{A}^{-1}t\right] \\
&=\left\{\left[\frac{1}{4}\begin{pmatrix}0 & 1\\ -4 & 0\end{pmatrix}\right]^2\left[\begin{pmatrix}\cos 2t & -\frac{1}{2}\sin 2t\\ 2\sin 2t & \cos 2t\end{pmatrix}-\begin{pmatrix}1 & 0\\ 0 & 1\end{pmatrix}\right]-\frac{1}{4}\begin{pmatrix}0 & 1\\ -4 & 0\end{pmatrix}t\right\}\begin{pmatrix}0\\ 1\end{pmatrix} \\
&=\left[\frac{1}{4}\begin{pmatrix}-1 & 0\\ 0 & -1\end{pmatrix}\begin{pmatrix}\cos 2t-1 & -\frac{1}{2}\sin 2t\\ 2\sin 2t & \cos 2t-1\end{pmatrix}-\frac{1}{4}\begin{pmatrix}0 & 1\\ -4 & 0\end{pmatrix}t\right]\begin{pmatrix}0\\ 1\end{pmatrix} \\
&=\frac{1}{4}\left[\begin{pmatrix}-\cos 2t+1 & \frac{1}{2}\sin 2t\\ -2\sin 2t & -\cos 2t+1\end{pmatrix}-\begin{pmatrix}0 & t\\ -4t & 0\end{pmatrix}\right]\begin{pmatrix}0\\ 1\end{pmatrix} \\
&=\frac{1}{4}\begin{pmatrix}-\cos 2t+1 & \frac{1}{2}\sin 2t-t\\ -2\sin 2t+4t & -\cos 2t+1\end{pmatrix}\begin{pmatrix}0\\ 1\end{pmatrix} \\
&=\begin{pmatrix}\frac{1}{8}\sin 2t-\frac{1}{4}t\\ -\frac{1}{4}\cos 2t+\frac{1}{4}\end{pmatrix}
\end{aligned}
$$

所以系统状态方程的解为

$$
\boldsymbol{x}(t)=\begin{pmatrix}\cos 2t\\ 2\sin 2t\end{pmatrix}+\begin{pmatrix}\frac{1}{8}\sin 2t-\frac{1}{4}t\\ -\frac{1}{4}\cos 2t+\frac{1}{4}\end{pmatrix}=\begin{pmatrix}\cos 2t+\frac{1}{8}\sin 2t-\frac{1}{4}t\\ 2\sin 2t-\frac{1}{4}\cos 2t+\frac{1}{4}\end{pmatrix}
$$

如果线性定常系统的输出方程为

$$
\boldsymbol{y}=\boldsymbol{C}\boldsymbol{x}+\boldsymbol{D}\boldsymbol{u} \tag{4.42}
$$

那么，将式（4.35）或式（4.36）代入式（4.42）中可得

$$
\boldsymbol{y}(t)=\boldsymbol{C}\boldsymbol{\Phi}(t)\boldsymbol{x}(0)+\boldsymbol{C}\int_0^t\boldsymbol{\Phi}(t-\tau)\boldsymbol{B}\boldsymbol{u}(\tau)\mathrm{d}\tau+\boldsymbol{D}\boldsymbol{u}(t) \tag{4.43}
$$

或

$$
\boldsymbol{y}(t)=\boldsymbol{C}\boldsymbol{\Phi}(t-t_0)\boldsymbol{x}(t_0)+\boldsymbol{C}\int_{t_0}^t\boldsymbol{\Phi}(t-\tau)\boldsymbol{B}\boldsymbol{u}(\tau)\mathrm{d}\tau+\boldsymbol{D}\boldsymbol{u}(t) \tag{4.44}
$$

可见，系统的输出 $\boldsymbol{y}(t)$ 由三部分组成：第一部分是当输入矢量等于零时，初始状态 $\boldsymbol{x}(0)$ 或 $\boldsymbol{x}(t_0)$ 激励引起的输出，为系统的零输入响应；第二部分是当初始状态 $\boldsymbol{x}(0)$ 或 $\boldsymbol{x}(t_0)$ 为零时，输入矢量引起的输出，为系统的零状态响应；第三部分是系统的直接传输部分。求出系统状态转移矩阵后，不同输入矢量作用下的系统响应即可求出，进而能够定量分析系统的运动性能，以及通过输入矢量的选取使 $\boldsymbol{y}(t)$ 具有期望的特性。

4.4 线性时变系统的运动分析

如果线性系统含有随时间变化的系数，则称其为线性时变系统，其状态方程描述为

$$\dot{\boldsymbol{x}}=\boldsymbol{A}(t)\boldsymbol{x}+\boldsymbol{B}(t)\boldsymbol{u} \tag{4.45}$$

状态空间分析法的优点之一在于它能够用于分析线性时变系统的运动，并且使解的表达式形式和线性定常系统相统一。

和线性定常系统不同，线性时变系统状态方程的解常常不能写成解析形式，但是如果矩阵 $\boldsymbol{A}(t)$ 和 $\boldsymbol{B}(t)$ 的所有元素在定义区间上是绝对可积的，则对于每一初始状态，系统状态方程的解存在并且是唯一的。

4.4.1 线性时变系统齐次状态方程的解

对于线性时变系统齐次状态方程

$$\dot{\boldsymbol{x}}=\boldsymbol{A}(t)\boldsymbol{x}\,,\quad \boldsymbol{x}(t)\big|_{t=t_0}=\boldsymbol{x}(t_0) \tag{4.46}$$

其解为

$$\boldsymbol{x}(t)=\boldsymbol{\Phi}(t,t_0)\boldsymbol{x}(t_0) \tag{4.47}$$

其中，$\boldsymbol{\Phi}(t,t_0)$ 为 $n\times n$ 阶非奇异方阵，它满足

$$\dot{\boldsymbol{\Phi}}(t,t_0)=\boldsymbol{A}(t)\boldsymbol{\Phi}(t,t_0) \tag{4.48}$$

及初始条件

$$\boldsymbol{\Phi}(t_0,t_0)=\boldsymbol{I} \tag{4.49}$$

证明

将式（4.47）对 t 求导，并考虑式（4.46），有

$$\frac{\mathrm{d}}{\mathrm{d}t}\left[\boldsymbol{\Phi}(t,t_0)\right]\boldsymbol{x}(t_0)=\boldsymbol{A}(t)\boldsymbol{\Phi}(t,t_0)\boldsymbol{x}(t_0)$$

即

$$\dot{\boldsymbol{\Phi}}(t,t_0)=\boldsymbol{A}(t)\boldsymbol{\Phi}(t,t_0)$$

并且当 $t=t_0$ 时，根据式（4.47）有

$$\boldsymbol{x}(t_0)=\boldsymbol{\Phi}(t_0,t_0)\boldsymbol{x}(t_0)$$

即

$$\boldsymbol{\Phi}(t_0,t_0)=\boldsymbol{I}$$

由于式（4.47）满足式（4.46）和初始条件，故式（4.47）是齐次状态方程（4.46）的解。这时系统的输入矢量为零，故为自由运动，并且由式（4.47）可知，线性时变系统齐次状态方程的解类似于前面所述线性定常系统中的 $\boldsymbol{\Phi}(t-t_0)$，即初始状态的转移，故 $\boldsymbol{\Phi}(t,t_0)$ 也被称为线性时变系统的状态转移矩阵。在一般情况下，只需将 $\boldsymbol{\Phi}(t)$ 或 $\boldsymbol{\Phi}(t-t_0)$ 改为 $\boldsymbol{\Phi}(t,t_0)$，在前几节中关于线性定常系统所得到的大部分结论就可推广应用于线性时变系统中。

4.4.2 状态转移矩阵 $\boldsymbol{\Phi}(t,t_0)$的基本性质

1. 不可交换性

$\boldsymbol{\Phi}(t,t_0)$ 满足自身的矩阵微分方程及初始条件，即

$$\dot{\boldsymbol{\Phi}}(t,t_0)=\boldsymbol{A}(t)\boldsymbol{\Phi}(t,t_0)$$

$$\boldsymbol{\Phi}(t_0,t_0)=\boldsymbol{I}$$

具体可参见式（4.48）和式（4.49）。在这里，$\boldsymbol{A}(t)$ 和 $\boldsymbol{\Phi}(t,t_0)$ 一般是不可交换的。

2. 传递性

$$\boldsymbol{\Phi}(t_2,t_0)=\boldsymbol{\Phi}(t_2,t_1)\boldsymbol{\Phi}(t_1,t_0) \tag{4.50}$$

证明

根据式（4.47），有

$$\boldsymbol{x}(t_1)=\boldsymbol{\Phi}(t_1,t_0)\boldsymbol{x}(t_0)$$
$$\boldsymbol{x}(t_2)=\boldsymbol{\Phi}(t_2,t_0)\boldsymbol{x}(t_0)$$

而

$$\boldsymbol{x}(t_2)=\boldsymbol{\Phi}(t_2,t_1)\boldsymbol{x}(t_1)=\boldsymbol{\Phi}(t_2,t_1)\boldsymbol{\Phi}(t_1,t_0)\boldsymbol{x}(t_0)$$

由于解的唯一性，故

$$\boldsymbol{\Phi}(t_2,t_0)=\boldsymbol{\Phi}(t_2,t_1)\boldsymbol{\Phi}(t_1,t_0)$$

3. 可逆性

$$\boldsymbol{\Phi}^{-1}(t,t_0)=\boldsymbol{\Phi}(t_0,t) \tag{4.51}$$

证明

$\boldsymbol{\Phi}(t,t_0)$ 右乘 $\boldsymbol{\Phi}(t_0,t)$，有

$$\boldsymbol{\Phi}(t,t_0)\boldsymbol{\Phi}(t_0,t)=\boldsymbol{\Phi}(t,t)=\boldsymbol{I}$$

$\boldsymbol{\Phi}(t,t_0)$ 左乘 $\boldsymbol{\Phi}(t_0,t)$，有

$$\boldsymbol{\Phi}(t_0,t)\boldsymbol{\Phi}(t,t_0)=\boldsymbol{\Phi}(t_0,t_0)=\boldsymbol{I}$$

4. $\boldsymbol{\Phi}(t,\tau)$ 对第二元 τ 的偏导数

$$\frac{\partial}{\partial\tau}\boldsymbol{\Phi}(t,\tau)=-\boldsymbol{\Phi}(t,\tau)\boldsymbol{A}(\tau) \tag{4.52}$$

证明

根据式（4.49）可得

$$\boldsymbol{\Phi}(t,\tau)\boldsymbol{\Phi}(\tau,t)=\boldsymbol{I}$$

对 τ 求导，有

$$\left[\frac{\partial}{\partial\tau}\boldsymbol{\Phi}(t,\tau)\right]\boldsymbol{\Phi}(\tau,t)+\boldsymbol{\Phi}(t,\tau)\left[\frac{\partial}{\partial\tau}\boldsymbol{\Phi}(\tau,t)\right]=\boldsymbol{0}$$

即

$$\left[\frac{\partial}{\partial\tau}\boldsymbol{\Phi}(t,\tau)\right]\boldsymbol{\Phi}(\tau,t)+\boldsymbol{\Phi}(t,\tau)\left[\boldsymbol{A}(\tau)\boldsymbol{\Phi}(\tau,t)\right]=\boldsymbol{0}$$

所以

$$\frac{\partial}{\partial\tau}\boldsymbol{\Phi}(t,\tau)+\boldsymbol{\Phi}(t,\tau)\boldsymbol{A}(\tau)=\boldsymbol{0}$$

即

$$\frac{\partial}{\partial\tau}\boldsymbol{\Phi}(t,\tau)=-\boldsymbol{\Phi}(t,\tau)\boldsymbol{A}(\tau)$$

4.4.3　线性时变系统的状态转移矩阵 $\boldsymbol{\Phi}(t,t_0)$的计算

尽管线性时变系统的状态转移矩阵 $\boldsymbol{\Phi}(t,t_0)$ 及线性定常系统的状态转移矩阵 $\boldsymbol{\Phi}(t-t_0)$ 和 $\boldsymbol{\Phi}(t)$ 在形式上与某些性质上有类似之处，但由于 $\boldsymbol{\Phi}(t,t_0)$ 既是时间 t 的函数，又是初始时刻 t_0 的函数，所以它的计算较 $\boldsymbol{\Phi}(t-t_0)$ 困难得多。可以分两种情况计算得到 $\boldsymbol{\Phi}(t,t_0)$，下面分别加以说明。

（1）若 $\boldsymbol{A}(t)$ 和 $\int_{t_0}^{t}\boldsymbol{A}(\tau)\mathrm{d}\tau$ 满足乘法可交换条件，即

$$\boldsymbol{A}(t)\int_{t_0}^{t}\boldsymbol{A}(\tau)\mathrm{d}\tau=\int_{t_0}^{t}\boldsymbol{A}(\tau)\mathrm{d}\tau\boldsymbol{A}(t) \tag{4.53}$$

则有

$$\boldsymbol{\Phi}(t,t_0)=\exp\left[\int_{t_0}^{t}\boldsymbol{A}(\tau)\mathrm{d}\tau\right] \tag{4.54}$$

证明

如果 $\boldsymbol{\Phi}(t,t_0)=\exp\left[\int_{t_0}^{t}\boldsymbol{A}(\tau)\mathrm{d}\tau\right]$，则表明 $\exp\left[\int_{t_0}^{t}\boldsymbol{A}(\tau)\mathrm{d}\tau\right]\boldsymbol{x}(t_0)$ 是齐次方程 $\dot{\boldsymbol{x}}=\boldsymbol{A}(t)\boldsymbol{x}$ 的解，那么 $\exp\left[\int_{t_0}^{t}\boldsymbol{A}(\tau)\mathrm{d}\tau\right]$ 必须满足

$$\frac{\mathrm{d}}{\mathrm{d}t}\exp\left[\int_{t_0}^{t}\boldsymbol{A}(\tau)\mathrm{d}\tau\right]=\boldsymbol{A}(t)\exp\left[\int_{t_0}^{t}\boldsymbol{A}(\tau)\mathrm{d}\tau\right] \tag{4.55}$$

将 $\exp\left[\int_{t_0}^{t}\boldsymbol{A}(\tau)\mathrm{d}\tau\right]$ 展开成幂级数，有

$$\exp\left[\int_{t_0}^{t}\boldsymbol{A}(\tau)\mathrm{d}\tau\right]=\boldsymbol{I}+\int_{t_0}^{t}\boldsymbol{A}(\tau)\mathrm{d}\tau+\frac{1}{2!}\int_{t_0}^{t}\boldsymbol{A}(\tau_1)\mathrm{d}\tau_1\int_{t_0}^{t}\boldsymbol{A}(\tau_2)\mathrm{d}\tau_2+\cdots \tag{4.56}$$

将上式两边对时间取导数，有

$$\frac{\mathrm{d}}{\mathrm{d}t}\exp\left[\int_{t_0}^{t}\boldsymbol{A}(\tau)\mathrm{d}\tau\right]=\boldsymbol{A}(t)+\frac{1}{2!}\boldsymbol{A}(t)\int_{t_0}^{t}\boldsymbol{A}(\tau_2)\mathrm{d}\tau_2+\frac{1}{2!}\int_{t_0}^{t}\boldsymbol{A}(\tau_1)\mathrm{d}\tau_1\boldsymbol{A}(t)+\cdots \tag{4.57}$$

式（4.56）两边左乘 $\boldsymbol{A}(t)$，有

$$\boldsymbol{A}(t)\exp\left[\int_{t_0}^{t}\boldsymbol{A}(\tau)\mathrm{d}\tau\right]=\boldsymbol{A}(t)+\boldsymbol{A}(t)\int_{t_0}^{t}\boldsymbol{A}(\tau)\mathrm{d}\tau+\cdots \tag{4.58}$$

比较式（4.57）和式（4.58），可以看到，要使

$$\frac{\mathrm{d}}{\mathrm{d}t}\exp\left[\int_{t_0}^{t}\boldsymbol{A}(\tau)\mathrm{d}\tau\right]=\boldsymbol{A}(t)\exp\left[\int_{t_0}^{t}\boldsymbol{A}(\tau)\mathrm{d}\tau\right]$$

成立，其充分必要条件是

$$\boldsymbol{A}(t)\int_{t_0}^{t}\boldsymbol{A}(\tau)\mathrm{d}\tau=\int_{t_0}^{t}\boldsymbol{A}(\tau)\mathrm{d}\tau\boldsymbol{A}(t)$$

即 $\boldsymbol{A}(t)$ 和 $\int_{t_0}^{t}\boldsymbol{A}(\tau)\mathrm{d}\tau$ 满足乘法可交换条件。

（2）通常 $\boldsymbol{A}(t)$ 和 $\int_{t_0}^{t}\boldsymbol{A}(\tau)\mathrm{d}\tau$ 不满足乘法可交换条件，这时线性时变系统的状态转移矩阵不能写成闭合形式，只能采用级数近似法计算，即

$$\begin{aligned}\boldsymbol{\Phi}(t,t_0)=&\boldsymbol{I}+\int_{t_0}^{t}\boldsymbol{A}(\tau_0)\mathrm{d}\tau_0+\int_{t_0}^{t}\boldsymbol{A}(\tau_0)\int_{t_0}^{\tau_0}\boldsymbol{A}(\tau_1)\mathrm{d}\tau_1\mathrm{d}\tau_0\\&+\int_{t_0}^{t}\boldsymbol{A}(\tau_0)\int_{t_0}^{\tau_0}\boldsymbol{A}(\tau_1)\int_{t_0}^{\tau_1}\boldsymbol{A}(\tau_2)\mathrm{d}\tau_2\mathrm{d}\tau_1\mathrm{d}\tau_0+\cdots\end{aligned}\tag{4.59}$$

证明

将式（4.59）两边对时间 t 求导，有

$$\begin{aligned}\dot{\boldsymbol{\Phi}}(t,t_0)&=\frac{\mathrm{d}}{\mathrm{d}t}\left\{\boldsymbol{I}+\int_{t_0}^{t}\boldsymbol{A}(\tau_0)\mathrm{d}\tau_0+\int_{t_0}^{t}\boldsymbol{A}(\tau_0)\left[\int_{t_0}^{\tau_0}\boldsymbol{A}(\tau_1)\mathrm{d}\tau_1\right]\mathrm{d}\tau_0+\cdots\right\}\\&=\boldsymbol{0}+\boldsymbol{A}(t)+\boldsymbol{A}(t)\int_{t_0}^{t}\boldsymbol{A}(\tau_0)\mathrm{d}\tau_0+\boldsymbol{A}(t)\int_{t_0}^{t}\boldsymbol{A}(\tau_0)\left[\int_{t_0}^{\tau_0}\boldsymbol{A}(\tau_1)\mathrm{d}\tau_1\right]\mathrm{d}\tau_0+\cdots\\&=\boldsymbol{A}(t)\left[\boldsymbol{I}+\int_{t_0}^{t}\boldsymbol{A}(\tau_0)\mathrm{d}\tau_0+\int_{t_0}^{t}\boldsymbol{A}(\tau_0)\left[\int_{t_0}^{\tau_0}\boldsymbol{A}(\tau_1)\mathrm{d}\tau_1\right]\mathrm{d}\tau_0+\cdots\right]\\&=\boldsymbol{A}(t)\boldsymbol{\Phi}(t,t_0)\end{aligned}\tag{4.60}$$

又有

$$\boldsymbol{\Phi}(t_0,t_0)=\boldsymbol{I}+\boldsymbol{0}+\boldsymbol{0}+\cdots\tag{4.61}$$

可见式（4.59）满足式（4.60）和式（4.61），所以式（4.59）是线性时变系统的状态转移矩阵。

【例 4.8】 已知线性时变系统的状态方程为

$$\dot{\boldsymbol{x}}=\begin{pmatrix}4t&1\\1&4t\end{pmatrix}\boldsymbol{x}，\quad t_0=0$$

试求其状态转移矩阵 $\boldsymbol{\Phi}(t,0)$。

解

$$\int_0^t\boldsymbol{A}(\tau)\mathrm{d}\tau=\int_0^t\begin{pmatrix}4\tau&1\\1&4\tau\end{pmatrix}\mathrm{d}\tau=\begin{pmatrix}2t^2&t\\t&2t^2\end{pmatrix}$$

由于

$$\boldsymbol{A}(t)\int_0^t\boldsymbol{A}(\tau)\mathrm{d}\tau=\begin{pmatrix}4t&1\\1&4t\end{pmatrix}\begin{pmatrix}2t^2&t\\t&2t^2\end{pmatrix}=\begin{pmatrix}8t^3+t&6t^2\\6t^2&8t^3+t\end{pmatrix}$$

$$\int_0^t\boldsymbol{A}(\tau)\mathrm{d}\tau\boldsymbol{A}(t)=\begin{pmatrix}2t^2&t\\t&2t^2\end{pmatrix}\begin{pmatrix}4t&1\\1&4t\end{pmatrix}=\begin{pmatrix}8t^3+t&6t^2\\6t^2&8t^3+t\end{pmatrix}$$

所以

$$\boldsymbol{A}(t)\int_{t_0}^t\boldsymbol{A}(\tau)\mathrm{d}\tau=\int_{t_0}^t\boldsymbol{A}(\tau)\mathrm{d}\tau\boldsymbol{A}(t)$$

满足乘法可交换性条件，可按式（4.54）计算，即

$$\begin{aligned}\boldsymbol{\Phi}(t,0)&=\exp\left[\int_0^t\boldsymbol{A}(\tau)\mathrm{d}\tau\right]=\boldsymbol{I}+\int_0^t\boldsymbol{A}(\tau)\mathrm{d}\tau+\frac{1}{2!}\int_0^t\boldsymbol{A}(\tau_1)\mathrm{d}\tau_1\int_0^t\boldsymbol{A}(\tau_2)\mathrm{d}\tau_2+\cdots\\&=\begin{pmatrix}1&0\\0&1\end{pmatrix}+\begin{pmatrix}2t^2&t\\t&2t^2\end{pmatrix}+\frac{1}{2}\begin{pmatrix}2t^2&t\\t&2t^2\end{pmatrix}^2+\cdots\\&=\begin{pmatrix}1+\frac{5}{2}t^2+2t^4+\cdots&t+2t^3+\cdots\\t+2t^3+\cdots&1+\frac{5}{2}t^2+2t^4+\cdots\end{pmatrix}\end{aligned}$$

【例 4.9】已知线性时变系统的状态方程为

$$\dot{\boldsymbol{x}}=\begin{pmatrix}0 & 1\\ 1 & 4t\end{pmatrix}\boldsymbol{x}，\quad t_0=0$$

试求其状态转移矩阵 $\boldsymbol{\Phi}(t,0)$ 。

解

$$\int_0^t \boldsymbol{A}(\tau)\mathrm{d}\tau=\int_0^t\begin{pmatrix}0 & 1\\ 1 & 4\tau\end{pmatrix}\mathrm{d}\tau=\begin{pmatrix}0 & t\\ t & 2t^2\end{pmatrix}$$

由于

$$\boldsymbol{A}(t)\int_0^t \boldsymbol{A}(\tau)\mathrm{d}\tau=\begin{pmatrix}0 & 1\\ 1 & 4t\end{pmatrix}\begin{pmatrix}0 & t\\ t & 2t^2\end{pmatrix}=\begin{pmatrix}t & 2t^2\\ 4t^2 & 8t^3+t\end{pmatrix}$$

$$\int_0^t \boldsymbol{A}(\tau)\mathrm{d}\tau\boldsymbol{A}(t)=\begin{pmatrix}0 & t\\ t & 2t^2\end{pmatrix}\begin{pmatrix}0 & 1\\ 1 & 4t\end{pmatrix}=\begin{pmatrix}t & 4t^2\\ 2t^2 & 8t^3+t\end{pmatrix}$$

所以

$$\boldsymbol{A}(t)\int_{t_0}^t \boldsymbol{A}(\tau)\mathrm{d}\tau\neq\int_{t_0}^t \boldsymbol{A}(\tau)\mathrm{d}\tau\boldsymbol{A}(t)$$

不满足乘法可交换性条件，则按式（4.59）计算 $\boldsymbol{\Phi}(t,0)$ ，即

$$\int_0^t \boldsymbol{A}(\tau)\mathrm{d}\tau=\int_0^t\begin{pmatrix}0 & 1\\ 1 & 4\tau\end{pmatrix}\mathrm{d}\tau=\begin{pmatrix}0 & t\\ t & 2t^2\end{pmatrix}$$

$$\begin{aligned}\int_0^t \boldsymbol{A}(\tau_0)\left[\int_0^{\tau_0}\boldsymbol{A}(\tau_1)\mathrm{d}\tau_1\right]\mathrm{d}\tau_0&=\int_0^t\begin{pmatrix}0 & 1\\ 1 & 4\tau_0\end{pmatrix}\left[\int_0^{\tau_0}\begin{pmatrix}0 & 1\\ 1 & 4\tau_1\end{pmatrix}\mathrm{d}\tau_1\right]\mathrm{d}\tau_0\\&=\int_0^t\begin{pmatrix}0 & 1\\ 1 & 4\tau_0\end{pmatrix}\begin{pmatrix}0 & \tau_0\\ \tau_0 & 2\tau_0^2\end{pmatrix}\mathrm{d}\tau_0\\&=\int_0^t\begin{pmatrix}\tau_0 & 2\tau_0^2\\ 4\tau_0^2 & 8\tau_0^3+\tau_0\end{pmatrix}\mathrm{d}\tau_0\\&=\begin{pmatrix}\dfrac{1}{2}t^2 & \dfrac{2}{3}t^3\\ \dfrac{4}{3}t^3 & \dfrac{1}{2}t^2+2t^4\end{pmatrix}\end{aligned}$$

所以

$$\begin{aligned}\boldsymbol{\Phi}(t,0)&=\exp\left[\int_0^t \boldsymbol{A}(\tau)\mathrm{d}\tau\right]=\boldsymbol{I}+\int_0^t \boldsymbol{A}(\tau_0)\mathrm{d}\tau_0+\int_0^t \boldsymbol{A}(\tau_0)\int_0^{\tau_0}\boldsymbol{A}(\tau_1)\mathrm{d}\tau_1\mathrm{d}\tau_0+\cdots\\&=\begin{pmatrix}1 & 0\\ 0 & 1\end{pmatrix}+\begin{pmatrix}0 & t\\ t & 2t^2\end{pmatrix}+\begin{pmatrix}\dfrac{1}{2}t^2 & \dfrac{2}{3}t^3\\ \dfrac{4}{3}t^3 & \dfrac{1}{2}t^2+2t^4\end{pmatrix}+\cdots\\&=\begin{pmatrix}1+\dfrac{1}{2}t^2+\cdots & t+\dfrac{2}{3}t^3+\cdots\\ t+\dfrac{4}{3}t^3+\cdots & 1+\dfrac{5}{2}t^2+2t^4+\cdots\end{pmatrix}\end{aligned}$$

4.4.4 线性时变系统非齐次状态方程的解

线性时变系统非齐次状态方程重写为

$$\dot{\boldsymbol{x}} = \boldsymbol{A}(t)\boldsymbol{x} + \boldsymbol{B}(t)\boldsymbol{u}\ ,\quad \boldsymbol{x}(t)\big|_{t=t_0} = \boldsymbol{x}(t_0) \tag{4.62}$$

其解的形式类似于线性定常系统，即

$$\boldsymbol{x}(t) = \boldsymbol{\Phi}(t,t_0)\boldsymbol{x}(t_0) + \int_{t_0}^{t} \boldsymbol{\Phi}(t,\tau)\boldsymbol{B}(\tau)\boldsymbol{u}(\tau)\mathrm{d}\tau \tag{4.63}$$

证明

根据线性系统的叠加原理，可将线性时变系统非齐次状态方程的解 $\boldsymbol{x}(t)$ 分解为两部分：第一部分是初始状态 $\boldsymbol{x}(t_0)$ 的转移；第二部分是由控制作用激励的状态 $\boldsymbol{x}_u(t)$ 的转移。即

$$\boldsymbol{x}(t) = \boldsymbol{\Phi}(t,t_0)\boldsymbol{x}(t_0) + \boldsymbol{\Phi}(t,t_0)\boldsymbol{x}_u(t)$$

将其代入式（4.62）中，有

$$\dot{\boldsymbol{\Phi}}(t,t_0)\boldsymbol{x}(t_0) + \left[\dot{\boldsymbol{\Phi}}(t,t_0)\boldsymbol{x}_u(t) + \boldsymbol{\Phi}(t,t_0)\dot{\boldsymbol{x}}_u(t)\right] = \boldsymbol{A}(t)\boldsymbol{x}(t) + \boldsymbol{B}(t)\boldsymbol{u}(t)$$

即

$$\dot{\boldsymbol{\Phi}}(t,t_0)\left[\boldsymbol{x}(t_0) + \boldsymbol{x}_u(t)\right] + \boldsymbol{\Phi}(t,t_0)\dot{\boldsymbol{x}}_u(t) = \boldsymbol{A}(t)\boldsymbol{x}(t) + \boldsymbol{B}(t)\boldsymbol{u}(t)$$

将式（4.48）代入，得到

$$\boldsymbol{A}(t)\boldsymbol{\Phi}(t,t_0)\left[\boldsymbol{x}(t_0) + \boldsymbol{x}_u(t)\right] + \boldsymbol{\Phi}(t,t_0)\dot{\boldsymbol{x}}_u(t) = \boldsymbol{A}(t)\boldsymbol{x}(t) + \boldsymbol{B}(t)\boldsymbol{u}(t)$$

即

$$\boldsymbol{A}(t)\boldsymbol{x}(t) + \boldsymbol{\Phi}(t,t_0)\dot{\boldsymbol{x}}_u(t) = \boldsymbol{A}(t)\boldsymbol{x}(t) + \boldsymbol{B}(t)\boldsymbol{u}(t)$$

则

$$\dot{\boldsymbol{x}}_u(t) = \boldsymbol{\Phi}^{-1}(t,t_0)\boldsymbol{B}(t)\boldsymbol{u}(t) = \boldsymbol{\Phi}(t_0,t)\boldsymbol{B}(t)\boldsymbol{u}(t)$$

在 (t_0,t) 区间进行积分，有

$$\boldsymbol{x}_u(t) = \int_{t_0}^{t} \boldsymbol{\Phi}(t_0,\tau)\boldsymbol{B}(\tau)\boldsymbol{u}(\tau)\mathrm{d}\tau + \boldsymbol{x}_u(t_0)$$

所以

$$\begin{aligned}\boldsymbol{x}(t) &= \boldsymbol{\Phi}(t,t_0)\boldsymbol{x}(t_0) + \int_{t_0}^{t} \boldsymbol{\Phi}(t,t_0)\boldsymbol{\Phi}(t_0,\tau)\boldsymbol{B}(\tau)\boldsymbol{u}(\tau)\mathrm{d}\tau + \boldsymbol{\Phi}(t,t_0)\boldsymbol{x}_u(t_0)\\ &= \boldsymbol{\Phi}(t,t_0)\boldsymbol{x}(t_0) + \int_{t_0}^{t} \boldsymbol{\Phi}(t,\tau)\boldsymbol{B}(\tau)\boldsymbol{u}(\tau)\mathrm{d}\tau + \boldsymbol{\Phi}(t,t_0)\boldsymbol{x}_u(t_0)\end{aligned}$$

上式取 $t=t_0$，并注意到 $\boldsymbol{\Phi}(t_0,t_0)=\boldsymbol{I}$，可知 $\boldsymbol{x}_u(t_0)=\boldsymbol{0}$，从而得到式（4.63）。

显然，要想把式（4.62）的求解公式（4.63）用于线性定常系统中，只需要将 $\boldsymbol{\Phi}(t,t_0)$ 和 $\boldsymbol{\Phi}(t,\tau)$ 分别换成 $\boldsymbol{\Phi}(t-t_0)$ 和 $\boldsymbol{\Phi}(t-\tau)$ 即可。从而再一次显示出定常系统是时变系统的特殊情况。另外，还可以看到，只有引入了状态转移矩阵才有可能使时变系统和定常系统的求解公式建立统一的形式。

由于计算时变系统的 $\boldsymbol{\Phi}(t,t_0)$ 是不容易的，所以，通常先将系统进行离散化，使得系统参数在时间增量期间没有明显的变化。这样求解连续时变系统状态方程的问题就变成了求解离散状态方程的问题。

4.4.5 线性时变系统的输出

如果线性时变系统的输出方程为

$$\boldsymbol{y}=\boldsymbol{C}(t)\boldsymbol{x}+\boldsymbol{D}(t)\boldsymbol{u} \tag{4.64}$$

将式（4.63）代入式（4.64）中，可得

$$\boldsymbol{y}(t)=\boldsymbol{C}(t)\boldsymbol{\Phi}(t,t_0)\boldsymbol{x}(t_0)+\boldsymbol{C}(t)\int_{t_0}^{t}\boldsymbol{\Phi}(t,\tau)\boldsymbol{B}(\tau)\boldsymbol{u}(\tau)\mathrm{d}\tau+\boldsymbol{D}(t)\boldsymbol{u}(t) \tag{4.65}$$

或

$$\boldsymbol{y}(t)=\boldsymbol{C}(t)\boldsymbol{\Phi}(t,t_0)\left[\boldsymbol{x}(t_0)+\int_{t_0}^{t}\boldsymbol{\Phi}(t_0,\tau)\boldsymbol{B}(\tau)\boldsymbol{u}(\tau)\mathrm{d}\tau\right]+\boldsymbol{D}(t)\boldsymbol{u}(t) \tag{4.66}$$

可见，线性时变系统的输出 $\boldsymbol{y}(t)$ 也可以分为三部分：零输入响应、零状态响应和直接传输部分。

4.5 线性系统的脉冲响应矩阵

4.5.1 线性时变系统的脉冲响应矩阵

式（4.65）或式（4.66）给出了线性时变系统在初始状态和输入矢量作用下的系统输出。设 $\boldsymbol{x}(t_0)=\boldsymbol{x}(0)=\boldsymbol{0}$，系统的输出 $\boldsymbol{u}(t)$ 为单位脉冲函数，即

$$\boldsymbol{u}(t)=\boldsymbol{e}_i\delta(t-\tau)$$

其中，τ 为施加单位脉冲的时刻。而

$$\boldsymbol{e}_i=\begin{pmatrix}0\\ \vdots\\ 0\\ 1\\ 0\\ \vdots\\ 0\end{pmatrix}\leftarrow i\text{ 位置}$$

$\boldsymbol{e}_i\delta(t-\tau)$ 则表示 $t=\tau$ 时刻，仅在第 i 个输入端施加一个单位脉冲。由式（4.65）可得系统的输出为

$$\begin{aligned}\boldsymbol{y}_i(t)&=\boldsymbol{C}(t)\int_{t_0}^{t}\boldsymbol{\Phi}(t,\tau_1)\boldsymbol{B}(\tau_1)\boldsymbol{e}_i\delta(\tau_1-\tau)\mathrm{d}\tau_1+\boldsymbol{D}(t)\boldsymbol{e}_i\delta(t-\tau)\\ &=\boldsymbol{C}(t)\boldsymbol{\Phi}(t,\tau)\boldsymbol{B}(\tau)\boldsymbol{e}_i+\boldsymbol{D}(t)\boldsymbol{e}_i\delta(t-\tau)\end{aligned}$$

所以有

$$\boldsymbol{h}_i(t,\tau)=\begin{cases}\boldsymbol{C}(t)\boldsymbol{\Phi}(t,\tau)\boldsymbol{B}(\tau)\boldsymbol{e}_i+\boldsymbol{D}(t)\boldsymbol{e}_i\delta(t-\tau), & t\geqslant\tau\\ \boldsymbol{0}, & t<\tau\end{cases}$$

可见，$\boldsymbol{h}_i$ 为 m 维矢量。它表示系统输出 $\boldsymbol{y}(t)$ 对输入 $\boldsymbol{u}(t)$ 的第 i 个元素在 $t=\tau$ 时刻施加单位脉冲的响应。

分别求出所有的 $\boldsymbol{h}_i(i=1,2,\cdots,r)$，并定义为

$$\begin{aligned}\boldsymbol{H}(t,\tau)&=\left[\boldsymbol{h}_1(t,\tau),\boldsymbol{h}_2(t,\tau),\cdots,\boldsymbol{h}_r(t,\tau)\right]\\&=\left[\boldsymbol{C}(t)\boldsymbol{\Phi}(t,\tau)\boldsymbol{B}(\tau)\boldsymbol{e}_1,\boldsymbol{C}(t)\boldsymbol{\Phi}(t,\tau)\boldsymbol{B}(\tau)\boldsymbol{e}_2,\cdots,\boldsymbol{C}(t)\boldsymbol{\Phi}(t,\tau)\boldsymbol{B}(\tau)\boldsymbol{e}_r\right]\\&\quad+\left[\boldsymbol{D}(t)\boldsymbol{e}_1,\boldsymbol{D}(t)\boldsymbol{e}_2,\cdots,\boldsymbol{D}(t)\boldsymbol{e}_r\right]\delta(t-\tau)\\&=\boldsymbol{C}(t)\boldsymbol{\Phi}(t,\tau)\boldsymbol{B}(\tau)\left[\boldsymbol{e}_1,\boldsymbol{e}_2,\cdots,\boldsymbol{e}_r\right]+\boldsymbol{D}(t)\left[\boldsymbol{e}_1,\boldsymbol{e}_2,\cdots,\boldsymbol{e}_r\right]\delta(t-\tau)\\&=\boldsymbol{C}(t)\boldsymbol{\Phi}(t,\tau)\boldsymbol{B}(\tau)+\boldsymbol{D}(t)\delta(t-\tau)\end{aligned}$$

当$t\geqslant\tau$时，上式成立；而当$t<\tau$时，$\boldsymbol{H}(t,\tau)=\boldsymbol{0}$。

因此

$$\boldsymbol{H}(t,\tau)=\begin{cases}\boldsymbol{C}(t)\boldsymbol{\Phi}(t,\tau)\boldsymbol{B}(\tau)+\boldsymbol{D}(t)\delta(t-\tau), & t\geqslant\tau\\ \boldsymbol{0}, & t<\tau\end{cases}\tag{4.67}$$

$\boldsymbol{H}(t,\tau)$为线性时变系统的脉冲响应矩阵。

4.5.2 线性定常系统的脉冲响应矩阵

对于线性定常系统而言，$\boldsymbol{A}$、$\boldsymbol{B}$、$\boldsymbol{C}$、$\boldsymbol{D}$均为常数矩阵，并且状态转移矩阵$\boldsymbol{\Phi}(t,\tau)=\boldsymbol{\Phi}(t-\tau)$，所以可由式（4.67）直接得到线性定常系统的脉冲响应矩阵

$$\boldsymbol{H}(t-\tau)=\begin{cases}\boldsymbol{C}\boldsymbol{\Phi}(t-\tau)\boldsymbol{B}+\boldsymbol{D}\delta(t-\tau), & t\geqslant\tau\\ \boldsymbol{0}, & t<\tau\end{cases}\tag{4.68}$$

因为线性定常系统的脉冲响应矩阵只与$(t-\tau)$有关，与τ本身的大小无关，所以方便起见，假定$\tau=0$，即假定单位脉冲出现在$\tau=0$时刻，则此时线性定常系统的脉冲响应矩阵为

$$\boldsymbol{H}(t)=\begin{cases}\boldsymbol{C}\boldsymbol{\Phi}(t)\boldsymbol{B}+\boldsymbol{D}\delta(t), & t\geqslant 0\\ \boldsymbol{0}, & t<0\end{cases}\tag{4.69}$$

4.5.3 传递函数矩阵与脉冲响应矩阵的关系

对式（4.69）进行拉普拉斯变换，得

$$\begin{aligned}\boldsymbol{H}(s)=L[\boldsymbol{H}(t)]&=\int_0^\infty\boldsymbol{H}(t)\mathrm{e}^{-st}\mathrm{d}t=\int_0^\infty\left[\boldsymbol{C}\boldsymbol{\Phi}(t)\boldsymbol{B}+\boldsymbol{D}\delta(t)\right]\mathrm{e}^{-st}\mathrm{d}t\\&=\int_0^\infty\boldsymbol{C}\boldsymbol{\Phi}(t)\boldsymbol{B}\mathrm{e}^{-st}\mathrm{d}t+\int_0^\infty\boldsymbol{D}\delta(t)\mathrm{e}^{-st}\mathrm{d}t=\boldsymbol{C}\int_0^\infty\mathrm{e}^{\boldsymbol{A}t}\mathrm{e}^{-st}\mathrm{d}t\boldsymbol{B}+\boldsymbol{D}\end{aligned}\tag{4.70}$$

而

$$\begin{aligned}\boldsymbol{A}\int_0^\infty\mathrm{e}^{\boldsymbol{A}t}\mathrm{e}^{-st}\mathrm{d}t&=\int_0^\infty\boldsymbol{A}\mathrm{e}^{\boldsymbol{A}t}\mathrm{e}^{-st}\mathrm{d}t=\mathrm{e}^{\boldsymbol{A}t}\mathrm{e}^{-st}\Big|_0^\infty-\int_0^\infty\mathrm{e}^{\boldsymbol{A}t}\mathrm{d}(\mathrm{e}^{-st})\\&=-\boldsymbol{I}+s\int_0^\infty\mathrm{e}^{\boldsymbol{A}t}\mathrm{e}^{-st}\mathrm{d}t\end{aligned}$$

整理后有

$$[s\boldsymbol{I}-\boldsymbol{A}]\int_0^\infty\mathrm{e}^{\boldsymbol{A}t}\mathrm{e}^{-st}\mathrm{d}t=\boldsymbol{I}$$

如果$[s\boldsymbol{I}-\boldsymbol{A}]^{-1}$存在，则

$$\int_0^\infty\mathrm{e}^{\boldsymbol{A}t}\mathrm{e}^{-st}\mathrm{d}t=[s\boldsymbol{I}-\boldsymbol{A}]^{-1}\tag{4.71}$$

将式（4.71）代入式（4.70）中，可得

$$\boldsymbol{H}(s)=\boldsymbol{C}[s\boldsymbol{I}-\boldsymbol{A}]^{-1}\boldsymbol{B}+\boldsymbol{D}=\boldsymbol{W}(s) \tag{4.72}$$

当 $\boldsymbol{D}=\boldsymbol{0}$ 时，有

$$\boldsymbol{H}(s)=\boldsymbol{C}[s\boldsymbol{I}-\boldsymbol{A}]^{-1}\boldsymbol{B}=\boldsymbol{W}(s) \tag{4.73}$$

式（4.73）表明，在初始条件为零的情况下，线性定常系统的脉冲响应矩阵的拉普拉斯变换就是系统的传递函数矩阵。这一关系与经典控制理论中脉冲响应和传递函数之间的关系是一致的。脉冲响应矩阵既可以由定义求得，也可以通过对传递函数矩阵进行拉普拉斯逆变换求得。

【例 4.10】 线性定常系统方程为

$$\dot{\boldsymbol{x}}=\begin{pmatrix}0 & 1\\ 0 & 2\end{pmatrix}\boldsymbol{x}+\begin{pmatrix}2\\ 1\end{pmatrix}\boldsymbol{u}$$

$$\boldsymbol{y}=\begin{pmatrix}1 & 0\\ 0 & 1\end{pmatrix}\boldsymbol{x}$$

试求系统的脉冲响应矩阵和传递函数矩阵。

解

$$(s\boldsymbol{I}-\boldsymbol{A})^{-1}=\begin{pmatrix}s & -1\\ 0 & s-2\end{pmatrix}^{-1}=\begin{pmatrix}\dfrac{1}{s} & \dfrac{1}{s(s-2)}\\ 0 & \dfrac{1}{s-2}\end{pmatrix}$$

$$\boldsymbol{\Phi}(t)=L^{-1}\left[(s\boldsymbol{I}-\boldsymbol{A})^{-1}\right]=L^{-1}\begin{pmatrix}\dfrac{1}{s} & \dfrac{1}{s(s-2)}\\ 0 & \dfrac{1}{s-2}\end{pmatrix}=\begin{pmatrix}1 & \dfrac{1}{2}(\mathrm{e}^{2t}-1)\\ 0 & \mathrm{e}^{2t}\end{pmatrix}$$

脉冲响应矩阵为

$$\boldsymbol{H}(t)=\boldsymbol{C}\boldsymbol{\Phi}(t)\boldsymbol{B}=\begin{pmatrix}1 & 0\\ 0 & 1\end{pmatrix}\begin{pmatrix}1 & \dfrac{1}{2}(\mathrm{e}^{2t}-1)\\ 0 & \mathrm{e}^{2t}\end{pmatrix}\begin{pmatrix}2\\ 1\end{pmatrix}=\begin{pmatrix}\dfrac{1}{2}(\mathrm{e}^{2t}+3)\\ \mathrm{e}^{2t}\end{pmatrix}$$

传递函数矩阵为

$$\boldsymbol{W}(s)=\boldsymbol{H}(s)=L[\boldsymbol{H}(t)]=L\begin{pmatrix}\dfrac{1}{2}(\mathrm{e}^{2t}+3)\\ \mathrm{e}^{2t}\end{pmatrix}=\begin{pmatrix}\dfrac{2s-3}{s(s-2)}\\ \dfrac{1}{s-2}\end{pmatrix}$$

4.5.4　利用脉冲响应矩阵计算控制系统的输出

当系统脉冲响应矩阵已知时，可利用脉冲响应矩阵 $\boldsymbol{H}(t)$ 求出系统在其他输入矢量作用下的输出 $\boldsymbol{y}(t)$。

如果用脉冲函数表示任意输入矢量 $\boldsymbol{u}(t)$，有

$$u(t)=\int_{t_0}^{t}u(\tau)\delta(t-\tau)\mathrm{d}\tau \tag{4.74}$$

将式（4.74）代入式（4.44）中，则

$$\begin{aligned}y(t)&=C\Phi(t-t_0)x(t_0)+C\int_{t_0}^{t}\Phi(t-\tau)Bu(\tau)\mathrm{d}\tau+Du(t)\\&=C\Phi(t-t_0)x(t_0)+C\int_{t_0}^{t}\Phi(t-\tau)Bu(\tau)\mathrm{d}\tau+D\int_{t_0}^{t}u(\tau)\delta(t-\tau)\mathrm{d}\tau\\&=C\Phi(t-t_0)x(t_0)+\int_{t_0}^{t}\left[C\Phi(t-\tau)B+D\delta(t-\tau)\right]u(\tau)\mathrm{d}\tau\\&=C\Phi(t-t_0)x(t_0)+\int_{t_0}^{t}H(t-\tau)u(\tau)\mathrm{d}\tau\end{aligned} \tag{4.75}$$

可见，当系统的初始状态 $x(t_0)$ 和脉冲响应矩阵 $H(t-\tau)$ 已知时，就可以求得任意输入矢量作用下的系统输出。当系统的初始状态为零，即 $x(t_0)=0$ 时，有

$$y(t)=\int_{t_0}^{t}H(t-\tau)u(\tau)\mathrm{d}\tau \tag{4.76}$$

4.6 连续系统的离散化

4.6.1 问题的提出

在离散控制系统中，各部分的信号和连续系统不同，不再都是时间变量 t 的连续函数，在系统的一处或多处，其信号呈脉冲序列或数码的形式。离散控制系统可分为以下两种情况。

（1）整个系统工作在单一的离散状态下。这种系统的状态变量全部是离散量。

（2）整个系统工作在连续和离散两种状态下。这种系统的状态变量既有连续的模拟量，又有离散量。例如，采样控制系统就属于这种情况。

对于第一种情况下的系统，可以直接根据系统输入—输出关系的差分方程或脉冲传递函数写出一个一阶差分方程组；对于第二种情况下的系统，其状态方程既有一阶差分方程组，又有一阶微分方程组。为了能对这种系统运用离散系统的分析和设计方法，要求整个系统统一用离散状态方程来进行描述，这就提出了连续时间系统的离散化问题。在利用计算机分析连续时间系统，或者利用计算机等离散控制装置来控制连续时间受控系统时，都会遇到将一个连续时间系统转化为等价的离散时间系统的问题。

线性连续系统离散化的实质就是由系统的连续时间状态空间描述导出其对应的离散时间状态空间描述，并建立两者系统矩阵间的关系式。

4.6.2 基本假设

为了使离散化后的描述具有简单的形式，并保证其能够复原，故引入以下几点假设。

（1）按采样周期 T 进行采样，即采样时刻 $t=kT$ ， $k=0,1,2,\cdots$ 。

采样时间间隔为 ΔT ，可近似为 $\Delta T\approx 0$ 。

（2）采样周期 T 的值满足香农（Shannon）采样定理所给出的条件，即离散信号 $u(kT)$ 可以不失真地复原为原来的连续信号 $u(t)$ 的条件是

$$\omega_s \geqslant 2\omega_m$$

其中，ω_s 为采样角频率；ω_m 为连续信号的上限角频率。

（3）认为输入量 $\boldsymbol{u}(t)$ 只在采样时刻发生变化，在相邻的两个采样时刻之间，$\boldsymbol{u}(t)$ 是通过零阶保持器保持不变的，且等于前一个采样时刻的值，即在 kT 和 $(k+1)T$ 之间，$\boldsymbol{u}(t)=\boldsymbol{u}(kT)=$ 常数。

4.6.3　线性定常系统的离散化

对于线性定常系统的状态空间描述

$$\begin{cases}\dot{\boldsymbol{x}}(t)=\boldsymbol{A}\boldsymbol{x}(t)+\boldsymbol{B}\boldsymbol{u}(t)\\ \boldsymbol{y}(t)=\boldsymbol{C}\boldsymbol{x}(t)+\boldsymbol{D}\boldsymbol{u}(t)\end{cases} \tag{4.77}$$

在基本假设的情况下，线性定常系统的状态空间描述可等效为

$$\begin{cases}\boldsymbol{x}[(k+1)T]=\boldsymbol{G}\boldsymbol{x}(kT)+\boldsymbol{H}\boldsymbol{u}(kT)\\ \boldsymbol{y}(kT)=\boldsymbol{C}\boldsymbol{x}(kT)+\boldsymbol{D}\boldsymbol{u}(kT)\end{cases} \tag{4.78}$$

若省略 T，则为

$$\begin{cases}\boldsymbol{x}(k+1)=\boldsymbol{G}\boldsymbol{x}(k)+\boldsymbol{H}\boldsymbol{u}(k)\\ \boldsymbol{y}(k)=\boldsymbol{C}\boldsymbol{x}(k)+\boldsymbol{D}\boldsymbol{u}(k)\end{cases} \tag{4.79}$$

其中，矩阵 $\boldsymbol{G}$ 和 $\boldsymbol{H}$ 为

$$\begin{cases}\boldsymbol{G}=\boldsymbol{\Phi}(T)\\ \boldsymbol{H}=\int_0^T \boldsymbol{\Phi}(T)\mathrm{d}t\boldsymbol{B}\end{cases} \tag{4.80}$$

而矩阵 $\boldsymbol{C}$ 和 $\boldsymbol{D}$ 与连续系统相同。

证明

输出方程是状态矢量和控制矢量的某种组合，离散化后，组合关系并不发生改变，所以矩阵 $\boldsymbol{C}$ 和 $\boldsymbol{D}$ 不变。

为了确定矩阵 $\boldsymbol{G}$ 和 $\boldsymbol{H}$，写出式（4.77）的状态方程的解

$$\boldsymbol{x}(t)=\boldsymbol{\Phi}(t-t_0)\boldsymbol{x}(t_0)+\int_{t_0}^{t}\boldsymbol{\Phi}(t-\tau)\boldsymbol{B}\boldsymbol{u}(\tau)\mathrm{d}\tau \tag{4.81}$$

设 $t_0=kT$，$t=(k+1)T$，在 kT 和 $(k+1)T$ 之间，$\boldsymbol{u}(t)=\boldsymbol{u}(kT)=$ 常数，从而有

$$\boldsymbol{x}[(k+1)T]=\boldsymbol{\Phi}(T)\boldsymbol{x}(kT)+\int_{kT}^{(k+1)T}\boldsymbol{\Phi}[(k+1)T-\tau]\boldsymbol{B}\mathrm{d}\tau\cdot\boldsymbol{u}(kT) \tag{4.82}$$

将式（4.82）和式（4.78）的状态方程进行比较，可得

$$\begin{cases}\boldsymbol{G}=\boldsymbol{\Phi}(T)\\ \boldsymbol{H}=\int_{kT}^{(k+1)T}\boldsymbol{\Phi}[(k+1)T-\tau]\boldsymbol{B}\mathrm{d}t\end{cases} \tag{4.83}$$

欲简化式（4.83），需令 $t=(k+1)T-\tau$，则 $\mathrm{d}\tau=-\mathrm{d}t$。

积分下限 $\tau=kT$ 时，相当于 $t=T$；积分上限 $\tau=(k+1)T$ 时，相当于 $t=0$。于是，式（4.83）简化为

$$\boldsymbol{H}=\int_T^0\boldsymbol{\Phi}(t)\boldsymbol{B}\mathrm{d}(-t)=\int_0^T\boldsymbol{\Phi}(t)\boldsymbol{B}\mathrm{d}t=\int_0^T\boldsymbol{\Phi}(t)\mathrm{d}t\cdot\boldsymbol{B}$$

4.6.4 近似离散化

当采样周期 T 较小时，一般当其为系统最小时间常数的 1/10 左右时，离散化的状态方程可近似表示为

$$\boldsymbol{x}[(k+1)T]=(T\boldsymbol{A}+\boldsymbol{I})\boldsymbol{x}(kT)+T\boldsymbol{B}\boldsymbol{u}(kT) \tag{4.84}$$

即

$$\boldsymbol{G}=T\boldsymbol{A}+\boldsymbol{I} \tag{4.85}$$

$$\boldsymbol{H}=T\boldsymbol{B} \tag{4.86}$$

证明

根据导数定义

$$\dot{\boldsymbol{x}}(t_0)=\lim_{\Delta t\to 0}\frac{\boldsymbol{x}(t_0+\Delta t)-\boldsymbol{x}(t_0)}{\Delta t}$$

$$\dot{\boldsymbol{x}}(kT)=\lim_{T\to 0}\frac{\boldsymbol{x}\left[(k+1)T\right]-\boldsymbol{x}(kT)}{T}\approx\frac{\boldsymbol{x}\left[(k+1)T\right]-\boldsymbol{x}(kT)}{T}$$

将上式代入 $\dot{\boldsymbol{x}}(t)=\boldsymbol{A}\boldsymbol{x}(t)+\boldsymbol{B}\boldsymbol{u}(t)$ 中，有

$$\frac{\boldsymbol{x}\left[(k+1)T\right]-\boldsymbol{x}(kT)}{T}=\boldsymbol{A}\boldsymbol{x}(kT)+\boldsymbol{B}\boldsymbol{u}(kT)$$

整理即得式（4.84）。

【**例 4.11**】线性定常系统的状态方程为

$$\dot{\boldsymbol{x}}(t)=\begin{pmatrix}0 & -1\\ 4 & 0\end{pmatrix}\boldsymbol{x}(t)+\begin{pmatrix}0\\ 1\end{pmatrix}\boldsymbol{u}(t)$$

试建立其离散化模型。

解

（1）按式（4.80）计算，根据前面内容，可得

$$\boldsymbol{\Phi}(t)=\begin{pmatrix}\cos 2t & -\dfrac{1}{2}\sin 2t\\ 2\sin 2t & \cos 2t\end{pmatrix}$$

$$\boldsymbol{G}=\boldsymbol{\Phi}(t)=\begin{pmatrix}\cos 2T & -\dfrac{1}{2}\sin 2T\\ 2\sin 2T & \cos 2T\end{pmatrix}$$

$$\boldsymbol{H}=\int_0^T\boldsymbol{\Phi}(t)\mathrm{d}t\cdot\boldsymbol{B}=\int_0^T\begin{pmatrix}\cos 2t & -\dfrac{1}{2}\sin 2t\\ 2\sin 2t & \cos 2t\end{pmatrix}\mathrm{d}t\cdot\begin{pmatrix}0\\ 1\end{pmatrix}$$

$$=\begin{pmatrix}\dfrac{1}{2}\sin 2T & \dfrac{1}{4}\cos 2T-\dfrac{1}{4}\\ -\cos 2T-1 & \dfrac{1}{2}\sin 2T\end{pmatrix}\begin{pmatrix}0\\ 1\end{pmatrix}=\begin{pmatrix}\dfrac{1}{4}\cos 2T-\dfrac{1}{4}\\ \dfrac{1}{2}\sin 2T\end{pmatrix}$$

（2）按式（4.85）和式（4.86）近似计算得到

$$\boldsymbol{G} \approx T\boldsymbol{A} + \boldsymbol{I} = \begin{pmatrix} 1 & -T \\ 4T & 1 \end{pmatrix}$$

$$\boldsymbol{H} \approx T\boldsymbol{B} = \begin{pmatrix} 0 \\ T \end{pmatrix}$$

（3）按以上两种方法得到不同采样周期 T 下的结果，并将结果列于表 4.1 中。由表 4.1 中的结果可见，当 T=0.05s 时，两者非常接近。

表 4.1　应用两种方法所得结果的比较

采样周期/s	**G**		**H**	
	$\begin{pmatrix} \cos 2T & -\frac{1}{2}\sin 2T \\ 2\sin 2T & \cos 2T \end{pmatrix}$	$\begin{pmatrix} 1 & -T \\ 4T & 1 \end{pmatrix}$	$\begin{pmatrix} \frac{1}{4}\cos 2T - \frac{1}{4} \\ \frac{1}{2}\sin 2T \end{pmatrix}$	$\begin{pmatrix} 0 \\ T \end{pmatrix}$
T=1	$\begin{pmatrix} -0.4161 & -0.4546 \\ 0.819 & -0.4161 \end{pmatrix}$	$\begin{pmatrix} 1 & -1 \\ 4 & 1 \end{pmatrix}$	$\begin{pmatrix} -0.354 \\ 0.4546 \end{pmatrix}$	$\begin{pmatrix} 0 \\ 1 \end{pmatrix}$
T=0.5	$\begin{pmatrix} 0.5403 & -0.4207 \\ 1.683 & 0.5403 \end{pmatrix}$	$\begin{pmatrix} 1 & -0.5 \\ 2 & 1 \end{pmatrix}$	$\begin{pmatrix} -0.1149 \\ 0.4207 \end{pmatrix}$	$\begin{pmatrix} 0 \\ 0.5 \end{pmatrix}$
T=0.05	$\begin{pmatrix} 0.9950 & -0.0499 \\ 0.1997 & 0.9950 \end{pmatrix}$	$\begin{pmatrix} 1 & -0.05 \\ 0.2 & 1 \end{pmatrix}$	$\begin{pmatrix} -0.0012 \\ 0.0499 \end{pmatrix}$	$\begin{pmatrix} 0 \\ 0.05 \end{pmatrix}$

4.6.5　线性时变系统的离散化

对于线性时变系统的状态空间描述

$$\begin{cases} \dot{\boldsymbol{x}}(t) = \boldsymbol{A}(t)\boldsymbol{x}(t) + \boldsymbol{B}(t)\boldsymbol{u}(t) \\ \boldsymbol{y}(t) = \boldsymbol{C}(t)\boldsymbol{x}(t) + \boldsymbol{D}(t)\boldsymbol{u}(t) \end{cases} \tag{4.87}$$

在基本假设的情况下，线性时变系统的状态空间描述可等效为

$$\begin{cases} \boldsymbol{x}\left[(k+1)T\right] = \boldsymbol{G}(kT)\boldsymbol{x}(kT) + \boldsymbol{H}(kT)\boldsymbol{u}(kT) \\ \boldsymbol{y}(kT) = \boldsymbol{C}(kT)\boldsymbol{x}(kT) + \boldsymbol{D}(kT)\boldsymbol{u}(kT) \end{cases} \tag{4.88}$$

或省略 T，可写为

$$\begin{cases} \boldsymbol{x}(k+1) = \boldsymbol{G}(k)\boldsymbol{x}(k) + \boldsymbol{H}(k)\boldsymbol{u}(k) \\ \boldsymbol{y}(k) = \boldsymbol{C}(k)\boldsymbol{x}(k) + \boldsymbol{D}(k)\boldsymbol{u}(k) \end{cases} \tag{4.89}$$

采用与线性定常系统类似的证明方法，可以得到

$$\boldsymbol{G}(kT) = \boldsymbol{\Phi}[(k+1)T, kT] \tag{4.90}$$

$$\boldsymbol{H}(kT) = \int_{kT}^{(k+1)T} \boldsymbol{\Phi}[(k+1)T, \tau]\boldsymbol{B}(\tau)\mathrm{d}\tau \tag{4.91}$$

$$\boldsymbol{C}(kT) = \boldsymbol{C}(t)\big|_{t=kT} \tag{4.92}$$

$$\boldsymbol{D}(kT) = \boldsymbol{D}(t)\big|_{t=kT} \tag{4.93}$$

则线性时变系统离散化的状态方程的解为

$$\begin{aligned}\boldsymbol{x}[(k+1)T]=\boldsymbol{\Phi}[(k+1)T,kT]\boldsymbol{x}(kT)+\\ \int_{kT}^{(k+1)T}\boldsymbol{\Phi}[(k+1)T,\tau]\boldsymbol{B}(\tau)\boldsymbol{u}(\tau)\mathrm{d}\tau\end{aligned} \tag{4.94}$$

其中，$\boldsymbol{\Phi}[(k+1)T,kT]$ 表示 $\boldsymbol{\Phi}(t,t_0)$ 在 $(k+1)T \leqslant t \leqslant kT$ 区间内的状态转移矩阵，可以对它在 $t_0=kT$ 附近进行泰勒级数展开并作近似计算。于是，有

$$\boldsymbol{\Phi}[(k+1)T,kT]=\boldsymbol{I}+\boldsymbol{A}(kT)T+\frac{1}{2!}\left[\boldsymbol{A}^2(kT)+\dot{\boldsymbol{A}}(kT)\right]T^2 \tag{4.95}$$

当采样周期 T 较小时，按照线性定常系统可得线性时变系统离散化的状态方程近似表示形式

$$\boldsymbol{x}[(k+1)T]=[T\boldsymbol{A}(kT)+\boldsymbol{I}]\boldsymbol{x}(kT)+T\boldsymbol{B}(kT)\boldsymbol{u}(kT) \tag{4.96}$$

即

$$\boldsymbol{G}(kT)\approx T\boldsymbol{A}(kT)+\boldsymbol{I} \tag{4.97}$$

$$\boldsymbol{H}(kT)\approx T\boldsymbol{B}(kT) \tag{4.98}$$

4.7 线性离散系统的运动分析

从数学角度，线性离散系统的运动分析可归结为对线性矩阵差分方程

$$\boldsymbol{x}(k+1)=\boldsymbol{G}(k)\boldsymbol{x}(kT)+\boldsymbol{H}(k)\boldsymbol{u}(k),\quad k=0,1,2,\cdots \tag{4.99}$$

进行求解。这种求解过程无疑比连续系统的状态方程的求解过程简单得多。离散时间系统状态方程的求解方法有两种：递推法和 z 变换法。递推法对于求解定常离散系统和时变离散系统都适用，而 z 变换法则只对于求解定常离散系统适用。

4.7.1 线性定常离散时间系统状态方程的解

当系统为线性定常离散时间系统时，其运动方程为

$$\begin{cases}\boldsymbol{x}(k+1)=\boldsymbol{G}\boldsymbol{x}(k)+\boldsymbol{H}\boldsymbol{u}(k),\quad \boldsymbol{x}(t_0)=\boldsymbol{x}(0)\\ \boldsymbol{y}(k)=\boldsymbol{C}\boldsymbol{x}(k)+\boldsymbol{D}\boldsymbol{u}(k)\end{cases} \tag{4.100}$$

其中，$\boldsymbol{x}(k)$ 为 n 维状态矢量；$\boldsymbol{u}(k)$ 为 r 维输入矢量；$\boldsymbol{y}(k)$ 为 m 维输出矢量；$k=0,1,2,\cdots$。可以采用递推法和 z 变换法对该运动方程进行求解，下面分别介绍这两种求解方法。

1. 递推法

设初始时刻为 $t_0=0$，初始状态为 $\boldsymbol{x}(0)$。假定该运动方程的解存在且唯一，要用递推法对式（4.100）中的状态方程求解，则依次令 $k=0,1,2,\cdots$，有

$$\begin{aligned}
&k=0, && \boldsymbol{x}(1)=\boldsymbol{G}\boldsymbol{x}(0)+\boldsymbol{H}\boldsymbol{u}(0)\\
&k=1, && \boldsymbol{x}(2)=\boldsymbol{G}\boldsymbol{x}(1)+\boldsymbol{H}\boldsymbol{u}(1)=\boldsymbol{G}^2\boldsymbol{x}(0)+\boldsymbol{G}\boldsymbol{H}\boldsymbol{u}(0)+\boldsymbol{H}\boldsymbol{u}(1)\\
&k=2, && \boldsymbol{x}(3)=\boldsymbol{G}\boldsymbol{x}(2)+\boldsymbol{H}\boldsymbol{u}(2)=\boldsymbol{G}^3\boldsymbol{x}(0)+\boldsymbol{G}^2\boldsymbol{H}\boldsymbol{u}(0)+\boldsymbol{G}\boldsymbol{H}\boldsymbol{u}(1)+\boldsymbol{H}\boldsymbol{u}(2)\\
&\quad\vdots && \qquad\qquad\vdots\\
&k=k-1, && \boldsymbol{x}(k)=\boldsymbol{G}\boldsymbol{x}(k-1)+\boldsymbol{H}\boldsymbol{u}(k-1)=\boldsymbol{G}^k\boldsymbol{x}(0)+\sum_{j=0}^{k-1}\boldsymbol{G}^{k-j-1}\boldsymbol{H}\boldsymbol{u}(j)
\end{aligned}$$

于是，线性定常离散时间系统状态方程的递推求解公式为

$$\boldsymbol{x}(k)=\boldsymbol{G}^k\boldsymbol{x}(0)+\sum_{j=0}^{k-1}\boldsymbol{G}^{k-j-1}\boldsymbol{Hu}(j) \tag{4.101}$$

或

$$\boldsymbol{x}(k)=\boldsymbol{G}^k\boldsymbol{x}(0)+\sum_{j=0}^{k-1}\boldsymbol{G}^{j}\boldsymbol{Hu}(k-j-1) \tag{4.102}$$

几点说明如下。

（1）线性定常离散时间系统状态方程的求解公式和线性定常连续系统状态方程的求解公式在形式上是类似的，它也由两部分响应组成。其中，第一部分 $\boldsymbol{G}^k\boldsymbol{x}(0)$ 是由初始状态 $\boldsymbol{x}(0)$ 所引起的响应，即由初始状态 $\boldsymbol{x}(0)$ 转移而来；第二部分则是由输入的各次采样信号所引起的响应，即由控制作用激励的状态转移。不同之处在于，线性定常离散时间系统状态方程的解是状态空间的一条离散轨迹。

（2）在由输入引起的响应中，第 k 个时刻的状态只取决于此采样时刻以前的输入采样值，而与该时刻的输入采样值无关。

（3）式（4.101）和式（4.102）是按初始时刻 k=0 得到的，若初始时刻由 k=h 开始，且相应的初始状态为 $\boldsymbol{x}(h)$，则其解为

$$\boldsymbol{x}(k)=\boldsymbol{G}^{k-h}\boldsymbol{x}(h)+\sum_{j=h}^{k-1}\boldsymbol{G}^{k-j-1}\boldsymbol{Hu}(j) \tag{4.103}$$

或

$$\boldsymbol{x}(k)=\boldsymbol{G}^{k-h}\boldsymbol{x}(h)+\sum_{j=h}^{k-1}\boldsymbol{G}^{j}\boldsymbol{Hu}(k-j-1) \tag{4.104}$$

（4）$\boldsymbol{G}^k$ 或 $\boldsymbol{G}^{k-h}$ 相当于连续系统中的 $\boldsymbol{\Phi}(t)=\mathrm{e}^{\boldsymbol{A}t}$ 或 $\boldsymbol{\Phi}(t-t_0)=\mathrm{e}^{\boldsymbol{A}(t-t_0)}$，称为线性定常离散时间系统的状态转移矩阵，记为

$$\boldsymbol{\Phi}(k)=\boldsymbol{G}^k \tag{4.105}$$

或

$$\boldsymbol{\Phi}(k-h)=\boldsymbol{G}^{k-h} \tag{4.106}$$

利用状态转移矩阵 $\boldsymbol{\Phi}(k)$ 可将求解式（4.101）和式（4.102）改写为

$$\boldsymbol{\Phi}(k-h)=\boldsymbol{G}^{k-h} \tag{4.107}$$

$$\boldsymbol{x}(k)=\boldsymbol{\Phi}(k)\boldsymbol{x}(0)+\sum_{j=0}^{k-1}\boldsymbol{\Phi}(k-j-1)\boldsymbol{Hu}(j) \tag{4.108}$$

或

$$\boldsymbol{x}(k)=\boldsymbol{\Phi}(k)\boldsymbol{x}(0)+\sum_{j=0}^{k-1}\boldsymbol{\Phi}(j)\boldsymbol{Hu}(k-j-1) \tag{4.109}$$

（5）状态转移矩阵的性质如下。

① 满足自身的矩阵差分方程及初始条件，即

$$\boldsymbol{\Phi}(k+1)=\boldsymbol{G\Phi}(k),\quad \boldsymbol{\Phi}(0)=\boldsymbol{I} \tag{4.110}$$

② 具有传递性，即

$$\boldsymbol{\Phi}(k_2)=\boldsymbol{\Phi}(k_2-k_1)\boldsymbol{\Phi}(k_1) \tag{4.111}$$

③ 具有可逆性，即

$$\boldsymbol{\Phi}^{-1}(k)=\boldsymbol{\Phi}(-k) \tag{4.112}$$

（6）系统的输出。将式（4.108）代入系统的输出方程中，可求得系统的输出为

$$\boldsymbol{y}(k)=\boldsymbol{C\Phi}(k)\boldsymbol{x}(0)+\boldsymbol{C}\sum_{j=0}^{k-1}\boldsymbol{\Phi}(k-j-1)\boldsymbol{Hu}(j)+\boldsymbol{Du}(k) \tag{4.113}$$

可见，系统的输出 $\boldsymbol{y}(k)$ 由三部分组成：第一部分是系统的零输入响应；第二部分是系统的零状态响应；第三部分是系统的直接传输部分。

2. *z* 变换法

要用 z 变换法对线性定常离散时间系统状态方程进行求解，则需对其状态方程

$$\boldsymbol{x}(k+1)=\boldsymbol{Gx}(k)+\boldsymbol{Hu}(k)\,,\quad \boldsymbol{x}(t)\big|_{t=0}=\boldsymbol{x}(0)$$

两边进行 z 变换，有

$$z\boldsymbol{X}(z)-z\boldsymbol{x}(0)=\boldsymbol{GX}(z)+\boldsymbol{HU}(z)$$

移项整理得

$$(z\boldsymbol{I}-\boldsymbol{G})\boldsymbol{X}(z)=z\boldsymbol{x}(0)+\boldsymbol{HU}(z)$$

上式两边左乘 $(z\boldsymbol{I}-\boldsymbol{G})^{-1}$，有

$$\boldsymbol{X}(z)=(z\boldsymbol{I}-\boldsymbol{G})^{-1}z\boldsymbol{x}(0)+(z\boldsymbol{I}-\boldsymbol{G})^{-1}\boldsymbol{HU}(z)$$

对上式两边取 z 反变换，得

$$\boldsymbol{X}(k)=Z^{-1}\left[(z\boldsymbol{I}-\boldsymbol{G})^{-1}z\right]\boldsymbol{x}(0)+Z^{-1}\left[(z\boldsymbol{I}-\boldsymbol{G})^{-1}\boldsymbol{HU}(z)\right] \tag{4.114}$$

比较式（4.108）和式（4.114），二者虽然形式不同，但实际上是等效的，即有

$$\boldsymbol{\Phi}(k)=\boldsymbol{G}^k=Z^{-1}\left[(z\boldsymbol{I}-\boldsymbol{G})^{-1}z\right] \tag{4.115}$$

$$\sum_{j=0}^{k-1}\boldsymbol{\Phi}(k-j-1)\boldsymbol{Hu}(j)=Z^{-1}\left[(z\boldsymbol{I}-\boldsymbol{G})^{-1}\boldsymbol{HU}(z)\right] \tag{4.116}$$

两种方法相比：

（1）递推法既适用于线性定常离散时间系统，又适用于线性时变离散系统，而 z 变换法则只适用于线性定常离散时间系统。

（2）用递推法求得的解是序列形式，而用 z 变换法求得的解是封闭形式。因此，在应用计算机进行计算时，采用递推法十分方便。

【例 4.12】线性定常离散时间系统状态方程为

$$\boldsymbol{x}(k+1)=\begin{pmatrix}0 & -1\\ -0.4 & 0.3\end{pmatrix}\boldsymbol{x}(k)+\begin{pmatrix}1\\ 1\end{pmatrix}\boldsymbol{u}(k)$$

$$\boldsymbol{x}(0)=\begin{pmatrix}1\\ -1\end{pmatrix},\quad \boldsymbol{u}(k)=1$$

试求 $\boldsymbol{x}(k)$。

解

$$(z\boldsymbol{I}-\boldsymbol{G})^{-1}=\begin{pmatrix} z & 1 \\ 0.4 & z-0.3 \end{pmatrix}^{-1}=\begin{pmatrix} \dfrac{z-0.3}{(z-0.8)(z+0.5)} & \dfrac{-1}{(z-0.8)(z+0.5)} \\ \dfrac{-0.4}{(z-0.8)(z+0.5)} & \dfrac{z}{(z-0.8)(z+0.5)} \end{pmatrix}$$

$$=\begin{pmatrix} \dfrac{5/13}{z-0.8}+\dfrac{8/13}{z+0.5} & -\dfrac{10/13}{z-0.8}+\dfrac{10/13}{z+0.5} \\ -\dfrac{4/13}{z-0.8}+\dfrac{4/13}{z+0.5} & \dfrac{8/13}{z-0.8}+\dfrac{5/13}{z+0.5} \end{pmatrix}$$

$$\boldsymbol{\Phi}(k)=\boldsymbol{G}^k=Z^{-1}\left[(z\boldsymbol{I}-\boldsymbol{G})^{-1}z\right]=\begin{pmatrix} \dfrac{5}{13}(0.8)^k+\dfrac{8}{13}(-0.5)^k & -\dfrac{10}{13}(0.8)^k+\dfrac{10}{13}(-0.5)^k \\ -\dfrac{4}{13}(0.8)^k+\dfrac{4}{13}(-0.5)^k & \dfrac{8}{13}(0.8)^k+\dfrac{5}{13}(-0.5)^k \end{pmatrix}$$

又

$$U(z)=\frac{z}{z-1}$$

则

$$z\boldsymbol{x}(0)+\boldsymbol{H}U(z)=\begin{pmatrix} z \\ -z \end{pmatrix}+\begin{pmatrix} \dfrac{z}{z-1} \\ \dfrac{z}{z-1} \end{pmatrix}=\begin{pmatrix} \dfrac{z^2}{z-1} \\ \dfrac{-z^2+2z}{z-1} \end{pmatrix}$$

于是

$$\boldsymbol{X}(z)=(z\boldsymbol{I}-\boldsymbol{G})^{-1}[z\boldsymbol{x}(0)+\boldsymbol{H}\boldsymbol{U}(z)]=\begin{pmatrix} \dfrac{(z^2+0.7z-2)z}{(z-0.8)(z+0.5)(z-1)} \\ \dfrac{(-z^2+1.6z)z}{(z-0.8)(z+0.5)(z-1)} \end{pmatrix}$$

$$=\begin{pmatrix} \dfrac{3.08z}{z-0.8}-\dfrac{1.08z}{z+0.5}-\dfrac{z}{z-1} \\ -\dfrac{2.46z}{z-0.8}-\dfrac{0.538z}{z+0.5}+\dfrac{2z}{z-1} \end{pmatrix}$$

所以

$$\boldsymbol{x}(k)=Z^{-1}[\boldsymbol{X}(z)]=\begin{pmatrix} 3.08\times0.8^k-1.08\times(-0.5)^k-1 \\ -2.46\times0.8^k-0.538\times(-0.5)^k+2 \end{pmatrix}$$

4.7.2　线性时变离散系统状态方程的解

线性时变离散系统的运动方程为

$$\begin{cases} \boldsymbol{x}(k+1)=\boldsymbol{G}(k)\boldsymbol{x}(k)+\boldsymbol{H}(k)\boldsymbol{u}(k) \\ \boldsymbol{y}(k)=\boldsymbol{C}(k)\boldsymbol{x}(k)+\boldsymbol{D}(k)\boldsymbol{u}(k) \end{cases}$$

设初始时刻为 k_0，初始状态为 $\boldsymbol{x}(k_0)$。假定系统的解存在且唯一，则状态方程的解为

$$\boldsymbol{x}(k)=\boldsymbol{\Phi}(k,k_0)\boldsymbol{x}(k_0)+\sum_{j=k_0}^{k-1}\boldsymbol{\Phi}(k,j+1)\boldsymbol{H}(j)\boldsymbol{u}(j) \tag{4.117}$$

证明

采用递推法进行证明。

$k=k_0$，$\boldsymbol{x}(k_0+1)=\boldsymbol{G}(k_0)\boldsymbol{x}(k_0)+\boldsymbol{H}(k_0)\boldsymbol{u}(k_0)$

$k=k_0+1$，
$$\begin{aligned}\boldsymbol{x}(k_0+2)&=\boldsymbol{G}(k_0+1)\boldsymbol{x}(k_0+1)+\boldsymbol{H}(k_0+1)\boldsymbol{u}(k_0+1)\\&=\boldsymbol{G}(k_0+1)\boldsymbol{G}(k_0)\boldsymbol{x}(k_0)+\boldsymbol{G}(k_0+1)\boldsymbol{H}(k_0)\boldsymbol{u}(k_0)+\boldsymbol{H}(k_0+1)\boldsymbol{u}(k_0+1)\end{aligned}$$

$k=k_0+2$，
$$\begin{aligned}\boldsymbol{x}(k_0+3)&=\boldsymbol{G}(k_0+2)\boldsymbol{x}(k_0+2)+\boldsymbol{H}(k_0+2)\boldsymbol{u}(k_0+2)\\&=\boldsymbol{G}(k_0+2)\boldsymbol{G}(k_0+1)\boldsymbol{G}(k_0)\boldsymbol{x}(k_0)+\boldsymbol{G}(k_0+2)\boldsymbol{G}(k_0+1)\boldsymbol{H}(k_0)\boldsymbol{u}(k_0)+\\&\quad\boldsymbol{G}(k_0+2)\boldsymbol{H}(k_0+1)\boldsymbol{u}(k_0+1)+\boldsymbol{H}(k_0+2)\boldsymbol{u}(k_0+2)\end{aligned}$$

$\vdots$ 　　　　$\vdots$

$k-1=k_0+(k-k_0-1)$，
$$\begin{aligned}\boldsymbol{x}(k)&=\boldsymbol{G}(k-1)\boldsymbol{x}(k-1)+\boldsymbol{H}(k-1)\boldsymbol{u}(k-1)\\&=\boldsymbol{G}(k-1)\boldsymbol{G}(k-2)\cdots\boldsymbol{G}(k_0+1)\boldsymbol{G}(k_0)\boldsymbol{x}(k_0)+\\&\quad\sum_{j=k_0}^{k-1}\boldsymbol{G}(k-1)\boldsymbol{G}(k-2)\cdots\boldsymbol{G}(j+1)\boldsymbol{H}(j)\boldsymbol{u}(j)\end{aligned}$$

若令

$$\boldsymbol{\Phi}(k,k_0)=\boldsymbol{G}(k-1)\boldsymbol{G}(k-2)\cdots\boldsymbol{G}(k_0+1)\boldsymbol{G}(k_0) \tag{4.118}$$

则

$$\boldsymbol{x}(k)=\boldsymbol{\Phi}(k,k_0)\boldsymbol{x}(k_0)+\sum_{j=k_0}^{k-1}\boldsymbol{\Phi}(k,j+1)\boldsymbol{H}(j)\boldsymbol{u}(j)\quad\text{得证}$$

其中，$\boldsymbol{\Phi}(k,k_0)$ 称为状态转移矩阵。它满足如下矩阵差分方程及初始条件，即

$$\boldsymbol{\Phi}(k+1,k_0)=\boldsymbol{G}(k)\boldsymbol{\Phi}(k,k_0),\quad \boldsymbol{\Phi}(k_0,k_0)=\boldsymbol{I} \tag{4.119}$$

由式（4.117）可知，线性时变离散系统状态方程的解也包括两项，即由初始状态所引起的零输入响应和由输入的各次采样信号所引起的零状态响应。

将式（4.108）代入系统的输出方程中，可求得系统的输出为

$$\boldsymbol{y}(k)=\boldsymbol{C}(k)\boldsymbol{\Phi}(k,k_0)\boldsymbol{x}(k_0)+\boldsymbol{C}(k)\sum_{j=k_0}^{k-1}\boldsymbol{\Phi}(k,j+1)\boldsymbol{H}(j)\boldsymbol{u}(j)+\boldsymbol{D}(k)\boldsymbol{u}(k) \tag{4.120}$$

可见，系统的输出 $\boldsymbol{y}(k)$ 也是由系统的零输入响应、零状态响应和直接传输部分组成的。

4.8 基于 MATLAB 的运动分析

4.8.1 基于 MATLAB 的线性定常系统的运动分析

利用 MATLAB 可以很方便地求解线性定常系统的各种时间响应：单位脉冲响应、零输入响应和在给定输入作用下的零状态响应等。

利用 MATLAB 求系统时间域的响应时有许多命令，下面列出一些常用命令的格式和功能。

（1）格式：expm(a*t)。

功能：求系统在 t 时刻的状态转移矩阵。

（2）格式：impulse(sys)。

功能：绘制系统输出的单位脉冲响应曲线。

格式：[y, t, x]=impulse(sys, iu)。

功能：只对第 iu 个输入计算系统所有状态和输出的单位脉冲响应。

说明：当系统为单输入—单输出系统时，用[y, t, x]=impulse(sys)命令即可。

（3）格式：step(sys)。

功能：绘制系统输出的单位阶跃响应曲线。

格式：[y, t, x]= step (sys, iu)。

功能：只对第 iu 个输入计算系统所有状态和输出的单位阶跃响应。

说明：当系统为单输入—单输出系统时，用[y, t, x]=step(sys)命令即可。

（4）格式：initial(sys, x0)。

功能：绘制初始状态为 x_0 时系统输出的零输入响应曲线。

格式：[y, t, x]= initial (sys, x0)。

功能：计算初始状态为 x_0 时系统所有状态和输出的零输入响应。

（5）格式：lsim(sys, u, t)。

功能：绘制在任意输入 u 下系统输出的零状态响应曲线。

格式：[y, t, x]= lsim (sys, u, t)。

功能：计算在任意输入 u 下系统所有状态和输出的零状态响应。

【例 4.13】利用 MATLAB 分别演算例 4.1、例 4.3 和例 4.5。

解

（1）直接计算法（求例 4.1）。

```
A=[1, -1; 4, 0];                    %输入系统矩阵 A
syms t;                             %定义变量
eat1=expm(A*t)                      %求状态转移矩阵
```

运行结果为

```
eat1 =
[(15^(1/2)*exp(t/2-(15^(1/2)*t*i)/2)*(t/2-(15^(1/2)*t*i)/2)*i)/(15*t)-
(15^(1/2)*exp(t/2+(15^(1/2)*t*i)/2)*(t/2+(15^(1/2)*t*i)/2)*i)/(15*t),
-(15^(1/2)*exp(t/2-(15^(1/2)*t*i)/2)*(1+15^(1/2)*i)*(t/2-(15^(1/2)*t
*i)/2)*i)/(120*t)-(15^(1/2)*exp(t/2+(15^(1/2)*t*i)/2)*(-1+15^(1/2)*i)
*(t/2+(15^(1/2)*t*i)/2)*i)/(120*t)][(4*15^(1/2)*exp(t/2-(15^(1/2)*t*i)
/2)*i)/15-(4*15^(1/2)*exp(t/2+(15^(1/2)*t*i)/2)*i)/15, -(15^(1/2)*exp(t/2
-(15^(1/2)*t*i)/2)*(1+15^(1/2)*i)*i)/30-(15^(1/2)*exp(t/2+(15^(1/2)*t*i)
/2)*(-1+15^(1/2)*i)*i)/30]
```

说明：其运行结果虽然与例 4.1 在表达形式上不同，但经过推算，均可写为以下封闭形式。

```
[cos(2*t), -1/2*sin(2*t)]
[2*sin(2*t), cos(2*t)]
```

（2）拉普拉斯变换法（求例 4.3）——在 MATLAB 中执行以下命令。

```
A=[0, 1, 0; 0, 0, 1; 1, -3, 3];               %输入系统矩阵 A
syms s;
sys=inv(s*eye(size(A))-A)                     %求预解矩阵
eat2=ilaplace(sys)                            %求拉普拉斯逆变换
运行结果为
sys =
[(s^2 - 3*s + 3)/(s - 1)^3,  (s - 3)/(s - 1)^3,    1/(s - 1)^3]
[1/(s - 1)^3,           (s*(s - 3))/(s - 1)^3,   s/(s - 1)^3]
[s/(s - 1)^3,          -(3*s - 1)/(s - 1)^3,   s^2/(s - 1)^3]

eat2 =
[exp(t)+(t^2*exp(t))/2-t*exp(t),    t*exp(t)-t^2*exp(t),     (t^2*exp(t))/2]
[(t^2*exp(t))/2,       exp(t) - t^2*exp(t) - t*exp(t),      (t^2*exp(t))/2 +
t*exp(t)]
[(t^2*exp(t))/2+t*exp(t),  -t^2*exp(t)-3*t*exp(t),  exp(t)+(t^2*exp(t))/2+
2*t*exp(t)]
```

（3）非奇异变换法——计算特征值及特征矢量矩阵（求例 4.5），在 MATLAB 中执行以下命令。

```
A=[1, 0, 0; 0, 1, 0; 0, 1, 2];                %输入系统矩阵 A
syms t;
[P, D]=eig(A);        %求特征值和特征矢量（P 为特征矢量构成的矩阵，D 为特征值构成的矩阵）
Q=inv(P);                                     %求变换阵的逆矩阵
eat3=P*expm(D*t)*Q
运行结果为
eat3 =
[ exp(t),              0,         0]
[ 0,              exp(t),         0]
[ 0,       exp(2*t) - exp(t),  exp(2*t)]
```

【例 4.14】 设系统状态空间描述为

$$\begin{cases}\dot{\boldsymbol{x}}(t)=\begin{pmatrix}0 & -1\\ 4 & 0\end{pmatrix}\boldsymbol{x}(t)+\begin{pmatrix}0\\ 1\end{pmatrix}u(t)\\ y(t)=(1,0)\,\boldsymbol{x}(t)\end{cases}，\quad \boldsymbol{x}(0)=\begin{pmatrix}1\\ 0\end{pmatrix}$$

试确定该系统在输入 $u(t)$为单位阶跃输入时的状态响应和输出响应，并绘制响应曲线。

解

在 MATLAB 中执行以下命令。

```
a=[0 -1; 4 0]; b=[0; 1];                 %输入系统矩阵 A
c=[1 0]; d=0;
G=ss(a, b, c, d);                        %建立状态空间描述的系统模型
```

```
x0=[1; 0];                              %初始状态
syms s t;
G0=inv(s*eye(size(a))-a);               %求零输入响应 x1
x1=ilaplace(G0)*x0
G1=inv(s*eye(size(a))-a)*b;
x2=ilaplace(G1/s)                       %求零状态响应 x2
x=x1+x2                                 %系统的状态响应 x
y=c*x                                   %系统的输出响应 y
for I=1:61;                             %计算各时间点的状态值 xt 和输出值 yt
tt=0.1*(I-1);
xt(:, I)=subs(x(:), 't', tt);
yt(I)=subs(y, 't', tt);
end;
plot(0: 60, [xt; yt]);                  %绘制响应曲线
```

运行结果为

```
x1 =
   cos(2*t)
 2*sin(2*t)
x2 =
  cos(2*t)/4 - 1/4
      sin(2*t)/2
 x =
  (5*cos(2*t))/4 - 1/4
      (5*sin(2*t))/2
 y =
 (5*cos(2*t))/4 - 1/4
```

系统状态响应和输出响应曲线如图 4.2 所示。

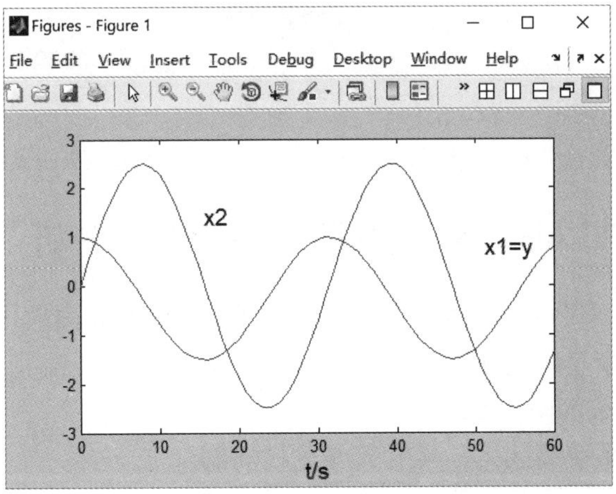

图 4.2　系统状态响应和输出响应曲线

【例 4.15】设系统状态空间描述为

$$\begin{cases}\dot{\boldsymbol{x}}(t)=\begin{pmatrix}1 & 0 & 3\\ 2 & 5 & 0\\ -4 & 3 & 1\end{pmatrix}\boldsymbol{x}(t)+\begin{pmatrix}0\\1\\2\end{pmatrix}u(t)\\ y(t)=\begin{pmatrix}1 & 0 & 0\end{pmatrix}\boldsymbol{x}(t)\end{cases},\quad \boldsymbol{x}(0)=\begin{pmatrix}1\\1\\1\end{pmatrix}$$

试确定该系统的零输入响应曲线。

解

在 MATLAB 中执行以下命令。

```
a=[1, 0, 3; 2, 5, 0; -4, 3, 1]; b=[0; 1; 2];
c=[1, 0, 0]; d=0;
G=ss(a, b, c, d);                          %建立状态空间描述的系统模型
x0=[1, 1, 1];
[y, t, x]=initial(G, x0)
```

结果给出零输入响应 y 和 x 的数据，如果执行以下命令。

```
plot(t, x)
```

则可得到零输入时系统的状态响应曲线，如图 4.3 所示。

如果执行命令 plot(t, y)，则可得到零输入时系统的输出响应曲线，如图 4.4 所示。

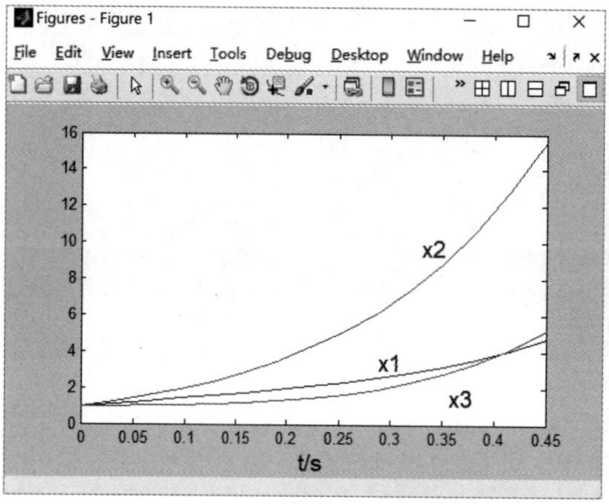

图 4.3　零输入时系统的状态响应曲线

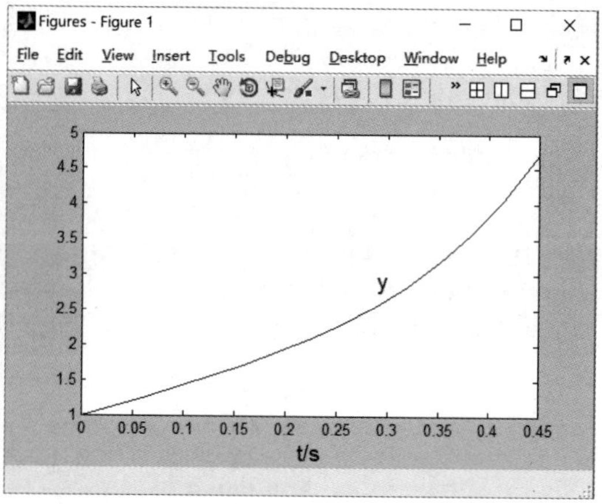

图 4.4　零输入时系统的输出响应曲线

4.8.2　基于 MATLAB 的线性离散系统的运动分析

利用 MATLAB 不仅可以将线性连续系统的状态空间描述离散化，而且可以求解线性离散系统的响应，其命令和线性连续系统的命令类似。

（1）格式：sysd=c2d(sys, Ts)。

功能：线性连续系统离散化，其中 T_s 是采样周期。

（2）格式：[y, x]=dimpulse(A, B, C, D)。

功能：计算线性离散系统所有状态和输出的单位脉冲响应。

格式：[y, x]=dimpulse(A, B, C, D, iu)。

功能：只对第 iu 个输入计算单位脉冲响应。

（3）格式：[y, x]=dstep(A, B, C, D)。

功能：计算线性离散系统所有状态和输出的单位阶跃响应。

格式：[y, x]=dstep(A, B, C, D, iu)。

功能：只对第 iu 个输入计算线性离散系统所有状态和输出的单位阶跃响应。

（4）格式：[y, x]=dinitial(A, B, C, D, x0, n)。

功能：计算线性离散系统由初始状态 x_0 引起的零输入响应，n 是采样数。

（5）格式：[y, x]=dlsim(A, B, C, D, x0, n)。

功能：计算线性离散系统在任意输入 u 和初始状态 x_0 下的响应。

【例 4.16】 线性定常系统的状态空间描述为

$$\begin{cases}\dot{\boldsymbol{x}}(t)=\begin{pmatrix}0 & -1\\ 4 & 0\end{pmatrix}\boldsymbol{x}(t)+\begin{pmatrix}0\\ 1\end{pmatrix}u(t)\\ y(t)=(1,0)\,\boldsymbol{x}(t)\end{cases}$$

设采样周期 T=0.05s，试求其离散化状态描述。

解

在 MATLAB 中执行以下命令。

```
A=[0, -1; 4, 0]; B=[0; 1]; C=[1, 0]; D=0; sys=ss(A, B, C, D);
Ts=0.05;                          %采样周期为 0.05s
sysd=c2d(sys, Ts)
```

运行结果为

```
a =

            x1       x2

   x1     0.995  -0.04992
   x2    0.1997     0.995


b =

            u1

   x1  -0.001249
   x2    0.04992


c =

        x1  x2

   y1    1   0


d =

        u1

   y1    0


Sampling time: 0.05
Discrete-time model.
```

【例 4.17】线性定常离散时间系统的状态空间描述为

$$\boldsymbol{x}(k+1)=\begin{pmatrix}0 & -1\\ -0.4 & 0.3\end{pmatrix}\boldsymbol{x}(k)+\begin{pmatrix}1\\1\end{pmatrix}u(k)$$

$$\boldsymbol{x}(0)=\begin{pmatrix}1\\-1\end{pmatrix},\qquad u(k)=1$$

试求 $\boldsymbol{x}(k)$ 。

解

在 MATLAB 中执行以下命令。

```
G=[0 -1; -0.4 0.3]; h=[1; 1];              %输入系统矩阵 G
x0=[1; -1];                                 %初始状态
syms z n k;
thta=inv(z*eye(size(G))-G)*z;               %求状态转移矩阵 thtak
thtak=iztrans(that, k)
uz=z/(z-1);                                 %求单位阶跃响应 xk
xk=iztrans(thta*x0+thta/z*h*uz)
```

运行结果为

```
thtak =
[ (8*(-1/2)^k)/13 + (5*(4/5)^k)/13, (10*(-1/2)^k)/13 - (10*(4/5)^k)/13]
[ (4*(-1/2)^k)/13 - (4*(4/5)^k)/13,   (5*(-1/2)^k)/13 + (8*(4/5)^k)/13]

xk =
  (40*(4/5)^n)/13 - (14*(-1/2)^n)/13 - 1
  2 - (32*(4/5)^n)/13 - (7*(-1/2)^n)/13
```

【例 4.18】设线性系统状态空间描述为

$$\begin{cases}\dot{\boldsymbol{x}}(t)=\begin{pmatrix}1 & 0 & 3\\ 2 & 5 & 0\\ -4 & 3 & 1\end{pmatrix}\boldsymbol{x}(t)+\begin{pmatrix}0\\1\\2\end{pmatrix}u(t)\\ y(t)=\begin{pmatrix}1 & 0 & 0\end{pmatrix}\boldsymbol{x}(t)\end{cases},\quad \boldsymbol{x}(0)=\begin{pmatrix}1\\1\\1\end{pmatrix}$$

设采样周期 T=0.05s，试求其离散化状态方程。

解

在 MATLAB 中执行以下命令。

```
A=[1, 0, 3; 2, 5, 0; -4, 3, 1]; B=[0; 1; 2];
C=[1, 0, 0]; D=0;
G=ss(A, B, C, D);                          %建立状态空间描述的系统模型
Ts=0.05;                                   %采样周期设定
[A, B, C, D]=c2dm(A, B, C, D, Ts)          %连续系统离散化
x0=[1; 1; 1]; n=20;
[y, x]=dinitial(A, B, C, D, x0, n)
```

结果给出零输入响应 y 和 x 的数据，如果执行以下命令。

```
    plot(x)
```

可得到零输入时离散系统的状态响应曲线，如图 4.5 所示。

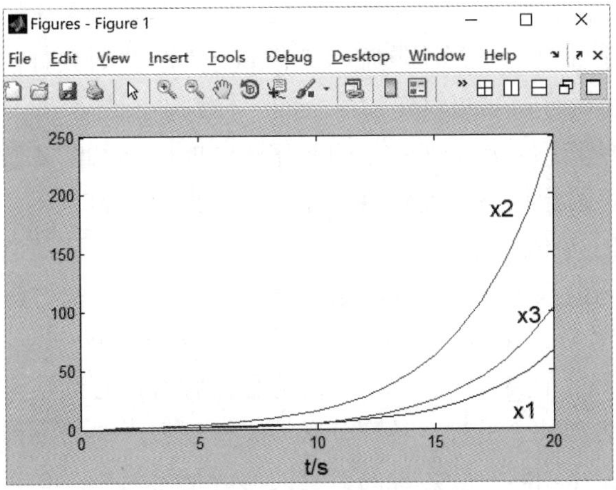

图 4.5　零输入时离散系统的状态响应曲线

如果执行命令 plot(y)，则可得到零输入时离散系统的输出响应曲线，如图 4.6 所示。

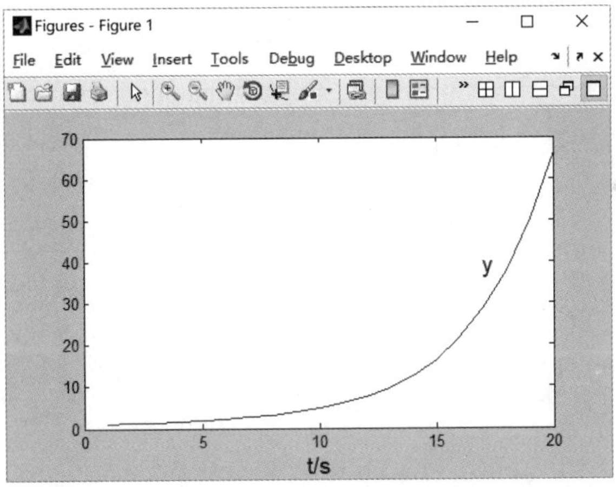

图 4.6　零输入时离散系统的输出响应曲线

本章小结及思政元素

本章以定量分析（对系统方程进行求解）的方法研究系统的运动特性。状态方程是矩阵微分（差分）方程，输出方程是矩阵代数方程。因此，求系统方程的解的关键在于求状态方程的解。

本章介绍了线性定常系统齐次和非齐次状态方程的解，以及线性时变系统和线性离散系统状态方程的解；分析了系统状态变量解的组成，系统状态运动由系统内部初始状态引起的自由分量和系统外部输入矢量作用引起的强制分量两部分所构成。

决定系统状态运动行为的是状态转移矩阵，它由系统矩阵唯一决定，是系统定量分析中非常重要的概念。本章介绍了状态转移矩阵的含义、基本性质和求解方法。线性时变系统的状态转移矩阵$\boldsymbol{\Phi}(t,t_0)$较难计算，但线性定常系统的状态转移矩阵$\boldsymbol{\Phi}(t-t_0)$是不难计算的。本章重点介绍了线性定常系统的状态转移矩阵$\boldsymbol{\Phi}(t-t_0)$的 4 种计算方法，并介绍了非常有用的凯莱–哈密顿定理。

求得状态方程的解$\boldsymbol{x}(t)$后，当不同输入矢量$\boldsymbol{u}(t)$是脉冲函数时，可以得到系统的脉冲响应矩阵$\boldsymbol{H}(t,\tau)$或$\boldsymbol{H}(t-\tau)$，它可以作为系统的一种数学模型。

本章结合离散系统状态方程的求解，讲解了连续时间系统的离散化问题。系统的离散化改变了系统的结构，因此状态方程系数阵$\boldsymbol{A}$、$\boldsymbol{B}$变为$\boldsymbol{G}$、$\boldsymbol{H}$。对于离散系统来说，可以得到与连续系统类似的结论。只是求解离散系统方程使用的方法是迭代法，这种方法很适合计算机计算，而且离散系统同样具有状态转移矩阵，但其形式与连续系统有所不同。

本章介绍了利用 MATLAB 进行控制运动分析的方法。

本章涉及的思政元素主要有：①当求状态方程的解时，必须结合状态转移矩阵、初始条件等，这意味着要达到某个目标，各部分必须紧密配合，缺一不可。因此，在日常学习和生活中，我们必须注意团队合作，提高自身的沟通交流能力；②状态转移矩阵的计算方法有 4 种，这意味着我们在处理实际问题时，要考虑事物的多面性，多发散思维，勤思考，这样往往能找到最佳处理方案，达到事半功倍的效果。

习题

4.1 计算下列矩阵的矩阵指数函数$\mathrm{e}^{\boldsymbol{A}t}$。

（1）$\boldsymbol{A}=\begin{pmatrix}1 & 1\\ 4 & 1\end{pmatrix}$　　（2）$\boldsymbol{A}=\begin{pmatrix}-2 & 0\\ 1 & 0\end{pmatrix}$

（3）$\boldsymbol{A}=\begin{pmatrix}-3 & 0 & 0\\ 0 & -2 & 0\\ 0 & 0 & -1\end{pmatrix}$　　（4）$\boldsymbol{A}=\begin{pmatrix}1 & 1 & 0\\ 0 & 1 & 0\\ 0 & 0 & 2\end{pmatrix}$

4.2 已知矩阵

$$\boldsymbol{A}=\begin{pmatrix}0 & 1 & 0\\ 0 & 0 & 1\\ -6 & -11 & -6\end{pmatrix}$$

试用拉普拉斯逆变换法求$\mathrm{e}^{\boldsymbol{A}t}$。

4.3 判断下列矩阵是否满足状态转移矩阵的条件，如果满足，试求与之对应的矩阵$\boldsymbol{A}$。

（1）$\boldsymbol{\Phi}(t)=\begin{pmatrix}1 & 0 & 0\\ 0 & \sin t & \cos t\\ 0 & -\cos t & \sin t\end{pmatrix}$　　（2）$\boldsymbol{\Phi}(t)=\begin{pmatrix}1 & \frac{1}{2}(1-\mathrm{e}^{-2t})\\ 0 & \mathrm{e}^{-2t}\end{pmatrix}$

（3）$\boldsymbol{\Phi}(t)=\begin{pmatrix}2\mathrm{e}^{-t}-\mathrm{e}^{-2t} & \mathrm{e}^{-2t}-\mathrm{e}^{-t}\\ \mathrm{e}^{-t}-\mathrm{e}^{-2t} & 2\mathrm{e}^{-2t}-\mathrm{e}^{-t}\end{pmatrix}$　　（4）$\boldsymbol{\Phi}(t)=\begin{pmatrix}2\mathrm{e}^{-t}+2\mathrm{e}^{3t} & -\mathrm{e}^{-t}+\mathrm{e}^{3t}\\ -4\mathrm{e}^{-t}+4\mathrm{e}^{3t} & 2\mathrm{e}^{-t}+2\mathrm{e}^{3t}\end{pmatrix}$

4.4 给定某二阶系统$\dot{\boldsymbol{x}}=\boldsymbol{A}\boldsymbol{x}$，$t\geqslant 0$，现知其对应的两个不同初始状态的状态响应为

$$\boldsymbol{x}(0)=\begin{pmatrix}0\\-1\end{pmatrix}\text{时，}\quad \boldsymbol{x}(t)=\begin{pmatrix}-2\mathrm{e}^{-t}\\ \mathrm{e}^{-t}\end{pmatrix}$$

$$\boldsymbol{x}(0)=\begin{pmatrix}2\\1\end{pmatrix}\text{时，}\quad \boldsymbol{x}(t)=\begin{pmatrix}-\mathrm{e}^{-2t}\\ 2\mathrm{e}^{-2t}\end{pmatrix}$$

试确定这个系统的转移矩阵 $\boldsymbol{\Phi}(t)$ 和系统矩阵 $\boldsymbol{A}$ 。

4.5 计算下列系统在单位脉冲输入、单位阶跃输入和单位斜坡输入下的时间响应 $\boldsymbol{x}(t)$ 。

（1） $\dot{\boldsymbol{x}}=\begin{pmatrix}0 & -1\\ 2 & -3\end{pmatrix}\boldsymbol{x}+\begin{pmatrix}1\\0\end{pmatrix}u$ ， $\boldsymbol{x}(0)=\begin{pmatrix}1\\2\end{pmatrix}$

（2） $\dot{\boldsymbol{x}}=\begin{pmatrix}0 & 1\\ 1 & 0\end{pmatrix}\boldsymbol{x}+\begin{pmatrix}0\\1\end{pmatrix}u$ ， $\boldsymbol{x}(0)=\begin{pmatrix}1\\1\end{pmatrix}$

4.6 已知系统的齐次状态方程为

$$\dot{\boldsymbol{x}}=\begin{pmatrix}0 & -1\\ -3 & 4\end{pmatrix}\boldsymbol{x}$$

并知该系统在某时刻的状态为

$$\boldsymbol{x}(t)=\begin{pmatrix}3\\4\end{pmatrix}$$

试求其初始状态 $\boldsymbol{x}(0)$ 。

4.7 计算下列线性时变系统的状态转移矩阵 $\boldsymbol{\Phi}(t,0)$ 和 $\boldsymbol{\Phi}^{-1}(t,0)$ 。

（1） $\boldsymbol{A}=\begin{pmatrix}t & 0\\ 0 & 0\end{pmatrix}$　　（2） $\boldsymbol{A}=\begin{pmatrix}0 & \mathrm{e}^{-t}\\ -\mathrm{e}^{-t} & 0\end{pmatrix}$

4.8 已知线性定常离散时间系统的差分方程如下：

$$y(k+2)+0.3y(k+1)+0.2y(k)=0.1u(k)$$

若 $u(k)=1$ ， $y(0)=1$ ， $y(1)=0$ ，试用递推法求 $y(k)$ ， $k=2,3,\cdots,10$ 。

4.9 设线性定常连续时间系统的状态方程为

$$\begin{pmatrix}\dot{x}_1\\ \dot{x}_2\end{pmatrix}=\begin{pmatrix}0 & 1\\ 1 & -2\end{pmatrix}\begin{pmatrix}x_1\\ x_2\end{pmatrix}+\begin{pmatrix}0\\1\end{pmatrix}u,\quad t\geqslant 0$$

取采样周期 T=0.05s，试将该系统的状态方程离散化。

4.10 已知线性定常离散时间系统的状态方程为

$$\begin{pmatrix}x_1(k+1)\\ x_2(k+1)\end{pmatrix}=\begin{pmatrix}1 & \frac{1}{4}\\ \frac{1}{4} & 1\end{pmatrix}\begin{pmatrix}x_1(k)\\ x_2(k)\end{pmatrix}+\begin{pmatrix}0 & 1\\ 1 & 0\end{pmatrix}\begin{pmatrix}u_1(k)\\ u_2(k)\end{pmatrix};$$

$$\begin{pmatrix}x_1(0)\\ x_2(0)\end{pmatrix}=\begin{pmatrix}-1\\ 2\end{pmatrix}$$

设 $u_1(k)$ 与 $u_2(k)$ 是同步采样， $u_1(k)$ 是来自斜坡函数 t 的采样， $u_2(k)$ 是来自指数函数 e^{-t} 的采样。试求该状态方程的解 $\boldsymbol{x}(k)$ 。

MATLAB 实验

M4.1 已知系统状态方程中的系统矩阵为 $\boldsymbol{A}$，求其状态转移矩阵。

（1）直接计算法：

$$\boldsymbol{A}=\begin{pmatrix}0 & -1\\ 1 & 0\end{pmatrix}$$

（2）拉普拉斯变换法：

$$\boldsymbol{A}=\begin{pmatrix}0 & 1 & 0\\ 0 & 0 & 1\\ 0 & 2 & 1\end{pmatrix}$$

（3）非奇异变换法：

$$\boldsymbol{A}=\begin{pmatrix}1 & 0 & 0\\ 0 & 1 & 0\\ 1 & 3 & 2\end{pmatrix}$$

M4.2 设系统状态空间描述为

$$\begin{cases}\dot{\boldsymbol{x}}(t)=\begin{pmatrix}0 & -1\\ 1 & 0\end{pmatrix}\boldsymbol{x}(t)+\begin{pmatrix}1\\ 1\end{pmatrix}u(t), \quad \boldsymbol{x}(0)=\begin{pmatrix}1\\ 0\end{pmatrix}\\ y(t)=\begin{pmatrix}1 & 0\end{pmatrix}\boldsymbol{x}(t)\end{cases}$$

试确定该系统在输入 $u(t)$ 为单位阶跃输入时的状态响应和输出响应，并绘制响应曲线。

M4.3 设系统状态空间描述为

$$\begin{cases}\dot{\boldsymbol{x}}(t)=\begin{pmatrix}1 & 0 & 1\\ 4 & 1 & 2\\ 3 & 1 & 6\end{pmatrix}\boldsymbol{x}(t)+\begin{pmatrix}1\\ 0\\ 2\end{pmatrix}u(t)\\ y(t)=\begin{pmatrix}1 & 0 & 0\end{pmatrix}\boldsymbol{x}(t)\end{cases}$$

试确定该系统的零输入响应曲线。

M4.4 线性定常系统的状态空间描述为

$$\begin{cases}\dot{\boldsymbol{x}}(t)=\begin{pmatrix}1 & 0 & 3\\ 2 & 5 & 0\\ -4 & 3 & 1\end{pmatrix}\boldsymbol{x}(t)+\begin{pmatrix}0\\ 1\\ 2\end{pmatrix}u(t)\\ y(t)=\begin{pmatrix}1 & 0 & 0\end{pmatrix}\boldsymbol{x}(t)\end{cases}$$

设采样周期 T=0.05s，试求其离散化状态方程。

M4.5 线性定常离散时间系统的状态空间描述为

$$\begin{cases}\boldsymbol{x}(k+1)=\begin{pmatrix}0 & -1\\ -0.2 & -0.1\end{pmatrix}\boldsymbol{x}(k)+\begin{pmatrix}1\\ 1\end{pmatrix}u(k)\\ \boldsymbol{x}(0)=\begin{pmatrix}1\\ -1\end{pmatrix},\ u(k)=1\end{cases}$$

试求 $\boldsymbol{x}(k)$。

第 5 章　系统的能控性和能观性

在现代控制理论中，能控性和能观性是两个重要的概念，是卡尔曼（Kalman）在 1960 年首先提出的，能控性和能观性是最优控制和最优估计的设计基础。

前面已提出，现代控制理论建立在状态空间描述的基础上。状态方程描述了由输入 $\boldsymbol{u}(t)$ 引起的状态 $\boldsymbol{x}(t)$ 的变化过程；输出方程则描述了由状态变化引起的输出 $\boldsymbol{y}(t)$ 的变化过程。通过能控性和能观性能分别分析 $\boldsymbol{u}(t)$ 对状态 $\boldsymbol{x}(t)$ 的控制能力，以及输出 $\boldsymbol{y}(t)$ 对状态 $\boldsymbol{x}(t)$ 的反映能力。显然，这两个概念与状态空间表达式对系统分段内部描述相对应，是状态空间描述系统所带来的新概念。而经典控制理论只限于讨论控制作用（输入）对输出的控制，二者之间的关系唯一地由系统传递函数确定，只要满足稳定性条件，系统对输出就是能控制的，而输出量本身就是被控制量，对于一个实际物理系统而言，它一般是能被观测到的。

本章将在详细讨论能控性和能观性定义的基础上，首先介绍有关判别系统能控性和能观性的准则，以及能控性和能观性之间的对偶关系；然后介绍如何通过非奇异变换将能控系统和能观系统的动力学方程转化为能控标准型和能观标准型，对不完全能控系统和不完全能观系统的动力学方程进行结构分解；最后在系统结构分解的基础上介绍传递函数的最小实现。

5.1　能控性的定义

能控性所考察的只是系统在输入 $\boldsymbol{u}(t)$ 的控制下，状态矢量 $\boldsymbol{x}(t)$ 的转移情况，而与输出 $\boldsymbol{y}(t)$ 无关，所以只需从系统的状态方程研究出发即可。

1. 线性定常连续系统的能控性

对于线性定常连续系统 $\dot{\boldsymbol{x}} = \boldsymbol{A}\boldsymbol{x} + \boldsymbol{B}\boldsymbol{u}$，如果存在一个分段连续的输入 $\boldsymbol{u}(t)$，能在有限时间区间 $[t_0, t_f]$ 内，使系统由某一个初始状态 $\boldsymbol{x}(t_0)$ 转移到指定的任一个终端状态 $\boldsymbol{x}(t_f)$，则称此状态是能控的。若系统的所有状态都是能控的，则称此系统是状态完全能控的，或简称系统是能控的。

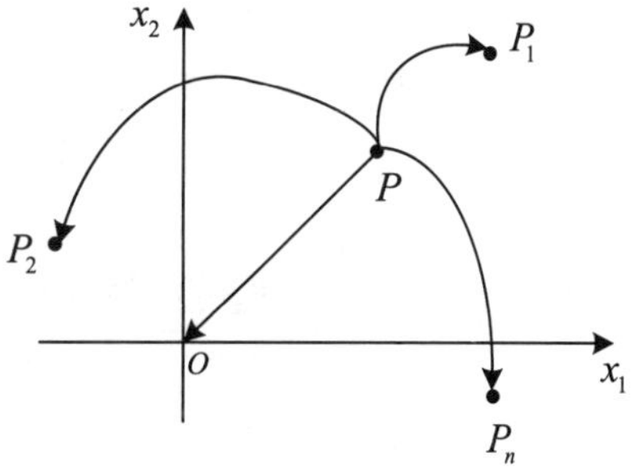

图 5.1　系统能控性示意图

上述定义可以在二阶系统的状态平面上来说明（见图 5.1）。如果状态平面中的 P 点能在输入的作用下被驱动到任一个指定状态 $P_1, P_2, \cdots, P_n$，则状态平面中的 P 点是能控状态。如果能控状态“充满”整个状态空间，即对于任意初始状态都能找到相应的控制输入 $\boldsymbol{u}(t)$，使得在有限的时间区间 $[t_0, t_f]$ 内，将状态转移到状态空间的任一个指定状态，则称该系统是状态完全能控的。读者可以看出，系统中某一个状态的能控和系统的状态完全能控在含义上是不同的。

在此进行如下几点说明。

（1）若系统状态不完全能控，可能仍有一部分状态能控，一部分状态不能控。此时，可把它们分解为完全能控子空间和完全不能控子空间。

（2）能控性的定义对输入 $\boldsymbol{u}(t)$ 和状态轨迹不加限制，只关心能控状态的分布。允许控制 $\boldsymbol{u}(t)$ 在理论上无约束，取值是非唯一的。

（3）只有整个状态空间中所有的有限点都是能控的，系统才是能控的。

（4）对于线性时变系统，其能控性是相对于时间区间 $[t_0, t_f]$ 而言的，而对于线性定常系统，其能控性与初始时刻 t_0 的选取无关。

（5）能控和能达。

能控：初始状态 $\boldsymbol{x}(t_0)$ 为任意非零点，终端状态 $\boldsymbol{x}(t_f)$ 为原点。

能达：初始状态 $\boldsymbol{x}(t_0)$ 为原点，终端状态 $\boldsymbol{x}(t_f)$ 为任意非零点。

对于线性定常连续系统，由状态转移的可逆性可知，能控与能达是等价的，即能控系统一定是能达系统，能达系统也一定是能控系统。

（6）可以证明，当系统存在不依赖于 $\boldsymbol{u}(t)$ 的确定性干扰 $\boldsymbol{f}(t)$ 时，系统的能控性不变。因此，在讨论系统的能控性时，不需要考虑系统的确定性干扰。

2. 线性时变连续系统的能控性

线性时变连续系统：

$$\dot{\boldsymbol{x}} = \boldsymbol{A}(t)\boldsymbol{x} + \boldsymbol{B}(t)\boldsymbol{u}$$

其能控性的定义与线性定常系统的定义相同，但是 $\boldsymbol{A}(t)$、$\boldsymbol{B}(t)$ 是时变矩阵而非常系数矩阵，其状态矢量 $\boldsymbol{x}(t)$ 的转移与初始时刻 t_0 的选取有关，所以在线性时变连续系统能控性定义中，应强调系统在 t_0 时刻是能控的。

3. 线性定常离散系统的能控性

这里只考虑单输入的 n 阶线性定常离散系统：

$$\boldsymbol{x}(k+1) = \boldsymbol{G}\boldsymbol{x}(k) + \boldsymbol{h}u(k)$$

其中，$u(k)$ 为标量控制作用，它在 $(k, k+1)$ 区间内是一个常值，其能控性定义：如果存在控制作用序列 $u(k), u(k+1), \cdots, u(l-1)$ 能使第 k 步的某个状态 $\boldsymbol{x}(k)$ 在第 l 步到达零状态，即 $\boldsymbol{x}(l) = \boldsymbol{0}$，其中，$l$ 是大于 k 的有限数，那么此状态是能控的。如果系统在第 k 步的所有状态 $\boldsymbol{x}(k)$ 都是能控的，那么此系统是状态完全能控的，称为能控系统。

5.2 线性定常连续系统的能控性

线性定常连续系统的能控性的判别有两种方法，一种方法是先将系统进行状态变换，把状态方程转化为约旦标准型（$\hat{\boldsymbol{A}}, \hat{\boldsymbol{B}}$），再根据 $\hat{\boldsymbol{B}}$ 阵确定系统的能控性；另一种方法是直接根据状态方程的 $\boldsymbol{A}$ 阵和 $\boldsymbol{B}$ 阵确定系统的能控性。

5.2.1　约旦标准型系统的能控性判别

1. 单输入系统

约旦标准型系统的单输入系统的状态方程为

$$\dot{\boldsymbol{x}} = \boldsymbol{\Lambda x} + \boldsymbol{b}u \tag{5.1}$$

或

$$\dot{\boldsymbol{x}} = \boldsymbol{Jx} + \boldsymbol{b}u \tag{5.2}$$

其中，

$$\boldsymbol{\Lambda} = \begin{pmatrix} \lambda_1 & & & & \\ & \lambda_2 & & & \\ & & \lambda_3 & & \\ & & & \ddots & \\ & & & & \lambda_n \end{pmatrix}$$

$\lambda_1 \neq \lambda_2 \neq \lambda_3 \neq \cdots \neq \lambda_n$，即它们为矩阵 $\boldsymbol{\Lambda}$ 的 n 个互异特征值。

$$\boldsymbol{J} = \left(\begin{array}{ccccc:cccc:ccc} \lambda_1 & 1 & & & \boldsymbol{0} & & & & & & & \\ & \ddots & \ddots & & & & & & & & & \\ & & \lambda_1 & 1 & & & \boldsymbol{0} & & & & \boldsymbol{0} & \\ & & & \lambda_1 & 1 & & & & & & & \\ & & & & \lambda_1 & & & & & & & \\ \hdashline & & & & & \lambda_m & 1 & & \boldsymbol{0} & & & \\ & & \boldsymbol{0} & & & & \ddots & \ddots & & & \boldsymbol{0} & \\ & & & & & & & \ddots & 1 & & & \\ & & & & & & & & \lambda_m & & & \\ \hdashline & & & & & & & & & \lambda_{m+1} & & \\ & & \boldsymbol{0} & & & & \boldsymbol{0} & & & & \ddots & \\ & & & & & & & & & & & \lambda_n \end{array}\right)$$

即矩阵 $\boldsymbol{J}$ 有 $m-l$ 重特征值 λ_1，l 重特征值 λ_m，其余为互异特征值。

$$\boldsymbol{b} = \begin{pmatrix} b_1 \\ b_1 \\ \vdots \\ b_n \end{pmatrix}$$

为简明起见，下面列举 3 个上述类型的二阶系统，并对其能控性加以剖析。

$$\dot{\boldsymbol{x}} = \begin{pmatrix} \lambda_1 & 0 \\ 0 & \lambda_2 \end{pmatrix}\boldsymbol{x} + \begin{pmatrix} 0 \\ b_2 \end{pmatrix}u，\quad y = \begin{pmatrix} c_1 & c_2 \end{pmatrix}\boldsymbol{x} \tag{5.3}$$

$$\dot{\boldsymbol{x}} = \begin{pmatrix} \lambda_1 & 1 \\ 0 & \lambda_1 \end{pmatrix}\boldsymbol{x} + \begin{pmatrix} 0 \\ b_2 \end{pmatrix}u，\quad y = \begin{pmatrix} c_1 & c_2 \end{pmatrix}\boldsymbol{x} \tag{5.4}$$

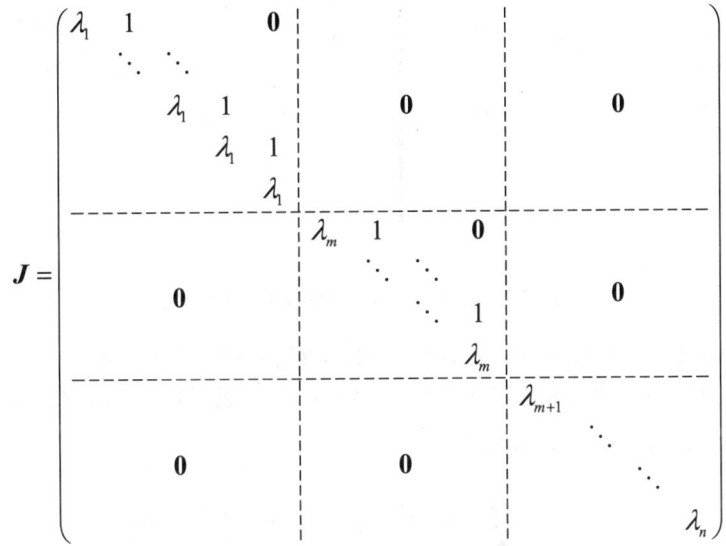

$$\dot{\boldsymbol{x}}=\begin{pmatrix}\lambda_1 & 1\\0 & \lambda_1\end{pmatrix}\boldsymbol{x}+\begin{pmatrix}b_1\\0\end{pmatrix}u,\quad y=\begin{pmatrix}c_1 & c_2\end{pmatrix}\boldsymbol{x} \tag{5.5}$$

（1）对于式（5.3）所示的系统，系统矩阵 $\boldsymbol{A}$ 为对角线型，其标量微分方程形式为

$$\dot{x}_1=\lambda_1 x_1 \tag{5.6}$$

$$\dot{x}_2=\lambda_2 x_2+b_2 u \tag{5.7}$$

由式（5.7）可知，$\dot{x}_2$ 可以受控制量 u 的控制，但是又由式（5.6）可知，$\dot{x}_1$ 与 u 无关，即 $\dot{x}_1$ 不受 u 的控制。因而，只有一个特殊状态：

$$\bar{\boldsymbol{x}}=\begin{pmatrix}0\\x_2\end{pmatrix}$$

是能控状态，故系统的状态不完全能控，因而系统为不能控系统。

就状态空间而言，如图 5.2 所示，能控部分是图中粗线所示的一条线，它属于能控状态子空间，此子空间以外的空间都是不能控的状态子空间。

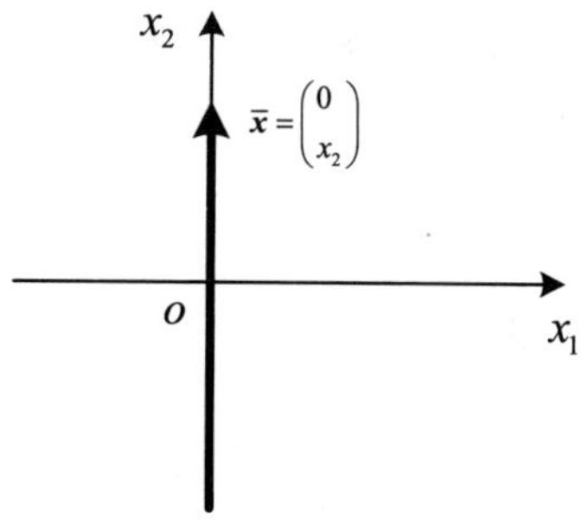

图 5.2　状态不完全能控的状态空间表示

不能控系统［式（5.3）所示的系统］的模拟结构图如图 5.3 所示。它是一个并联型结构，而 x_1 这个方块是一个与 u 无联系的孤立部分，即与它对应的自然模式 $\mathrm{e}^{\lambda_1 t}$ 是不能控的。而状态 x_2 受 u 的影响，其自然模式 $\mathrm{e}^{\lambda_2 t}$ 是能控的。

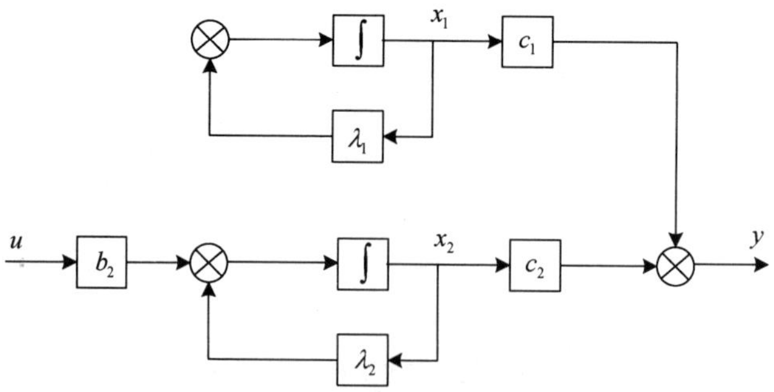

图 5.3　不能控系统的模拟结构图

（2）对于式（5.4）所示的系统，系统矩阵 $\boldsymbol{A}$ 为约旦标准型矩阵，其微分方程组为

$$\dot{x}_1=\lambda_1 x_1+x_2 \tag{5.8}$$

$$\dot{x}_2=\lambda_1 x_2+b_2 u \tag{5.9}$$

虽然式（5.8）与 u 无直接关系，但是它与 x_2 是有联系的，而 x_2 受控于 u，所以不难断定式（5.4）所示的系统是状态完全能控的。根据式（5.8）、式（5.9）画出能控系统的模拟结构图，如图 5.4 所示。它是一个串联结构，没有孤立部分，表明其状态是完全能控的。

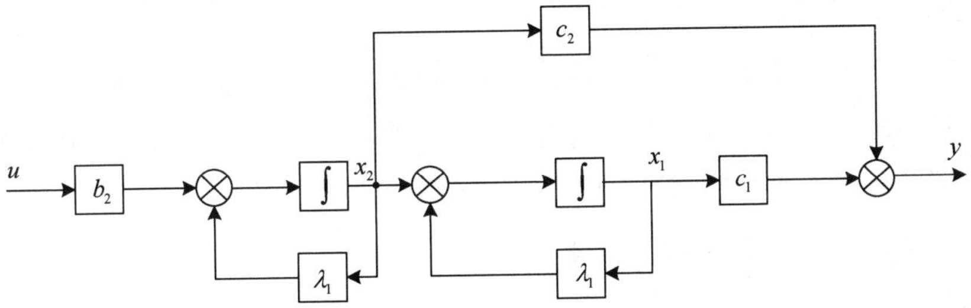

图 5.4　能控系统的模拟结构图

（3）对于式（5.5）所示的系统，该系统矩阵虽然也为约旦标准型矩阵，但控制矩阵第二行的元素却为零，其微分方程组为

$$\dot{x}_1 = \lambda_1 x_1 + x_2 + b_1 u \tag{5.10}$$

$$\dot{x}_2 = \lambda_1 x_2 \tag{5.11}$$

式（5.11）中只有 x_2 本身不受 u 的控制，从图 5.5 中看，存在一个与 u 无关的孤立部分。

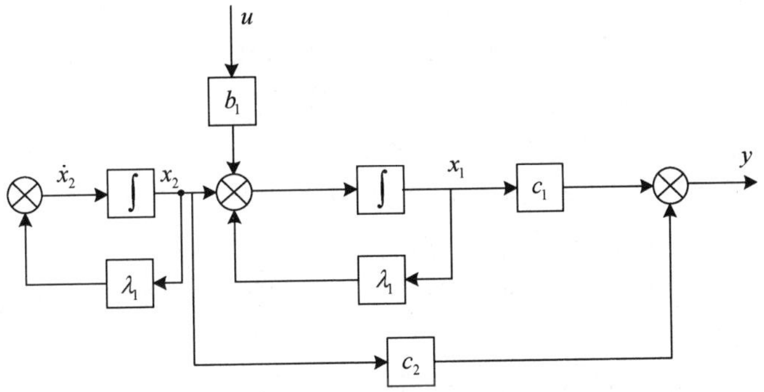

图 5.5　不完全能控系统的模拟结构图

通过以上分析可以得出以下几点结论。

（1）系统的能控性取决于状态方程中的系统矩阵 $\boldsymbol{A}$ 和控制矩阵 $\boldsymbol{b}$。

我们知道，系统矩阵 $\boldsymbol{A}$ 是由系统的结构和内部参数决定的，控制矩阵 $\boldsymbol{b}$ 与控制作用的施加点有关，因此，系统的能控性完全取决于系统的结构、参数，以及控制作用的施加点。如图 5.3 所示，控制作用只施加于 x_2，未施加于 x_1，图 5.5 则相反，这些与输入没有联系的孤立部分所对应的状态变量是不受控的。

（2）在 $\boldsymbol{A}$ 为对角矩阵的情况下，如果 $\boldsymbol{b}$ 的元素中有为零的，则与之对应的一阶标量状态方程必为齐次微分方程，而与 u 无关。这样，该方程的解无强制分量，在非零初始条件下，系统状态不可能在有限时间 t_f 内衰减到零状态，从状态空间上说，$\boldsymbol{x}^{\mathrm{T}} = (x_1, x_2, x_3, x_4)$ 是不完全能控的。

（3）在 $\boldsymbol{A}$ 为约旦标准型矩阵的情况下，由于前一个状态总是受下一个状态的控制，故只有当 $\boldsymbol{b}$ 中对应约旦块的最后一行的元素为零时，对应的方程才是一个一阶标量齐次微分方程，系统不完全能控。

（4）不能控的状态在模拟结构图中表现为存在与 u 无关的孤立方块，它对应的是一阶齐次微分方程的模拟结构图，其自由解是 $x_i(0)e^{\lambda_i t}$，故为不能控的状态，也表现为与之相对应的特征值的自然模式 $e^{\lambda_i t}$ 是不能控的。

【注意】约旦块具有串联结构，若状态 x_q 能够通过输入被控，则该状态之后的状态 $x_{q-1},\cdots,x_1$ 都能控；若能够直接被控的是后面某一个状态，则该状态之前的状态都与输入隔断而不能控，该状态之后的状态则能控。

2. 具有一般系统矩阵的多输入系统

系统的状态方程为

$$\dot{\boldsymbol{x}} = \boldsymbol{A}\boldsymbol{x} + \boldsymbol{B}\boldsymbol{u} \tag{5.12}$$

（1）若令 $\boldsymbol{x} = \boldsymbol{T}\boldsymbol{z}$，式（5.12）可变换为约旦标准型：

$$\dot{\boldsymbol{z}} = \boldsymbol{\Lambda}_z + \boldsymbol{T}^{-1}\boldsymbol{B}\boldsymbol{u} \tag{5.13}$$

或

$$\dot{\boldsymbol{z}} = \boldsymbol{J}\boldsymbol{z} + \boldsymbol{T}^{-1}\boldsymbol{B}\boldsymbol{u} \tag{5.14}$$

（2）可以证明，系统的线性变换不改变系统的能控性条件。

系统经过线性变换后不改变系统的特征值，由上述（4）可知，第 i 个状态 x_i 不能控，就是 $x_i(0)e^{\lambda_i t}$ 的自由分量不能控，也即相应特征值的自然模式 $e^{\lambda_i t}$ 不能控，既然系统的线性变换不改变系统的特征值，那么也不改变系统的能控性。

（3）据此，可推得一般系统的能控性判据如下。

若系统矩阵 $\boldsymbol{A}$ 的特征值互异，则式（5.12）可变换为式（5.13）的形式，此时系统能控的充分必要条件是控制矩阵 $\boldsymbol{T}^{-1}\boldsymbol{B}$ 的各行元素不全为零。

若系统矩阵 $\boldsymbol{A}$ 的特征值是相同的，则式（5.12）可变换为式（5.14）的形式，此时系统能控的充分必要条件如下。

① 在 $\boldsymbol{T}^{-1}\boldsymbol{B}$ 中对应相同特征值的部分，它与每个约旦块的最后一行相对应的行为非全零行。

② 在 $\boldsymbol{T}^{-1}\boldsymbol{B}$ 中对应互异特征值的部分，它的各行均为非全零行。

（4）应指出，$\boldsymbol{A}$ 的特征值互异时，其对应的特征矢量必然线性无关，故必然能变换为式（5.13）所示的对角线型。但即使 $\boldsymbol{A}$ 的特征值相同，其对应的特征矢量也有可能是线性无关的，故也有可能变换为式（5.13）所示的对角线型。因此，在 $\boldsymbol{J} = \boldsymbol{T}^{-1}\boldsymbol{A}\boldsymbol{T}$ 中会出现两个以上与同一特征值有关的约旦块。在这种情况下，我们不能简单地根据上述（3）判断系统的能控性。不加证明地说，在这种情况下，单输入系统是不能控的，对于多输入系统，则需考察在 $\boldsymbol{T}^{-1}\boldsymbol{B}$ 中，与那些相同特征值对应的约旦块的最后一行元素所形成的矢量是否为线性无关。若它们线性无关，系统才是能控的。

【例 5.1】 判断下列系统的能控性。

（1）$\begin{pmatrix} \dot{x}_1 \\ \dot{x}_2 \\ \dot{x}_3 \end{pmatrix} = \begin{pmatrix} \lambda_1 & 1 & 0 \\ 0 & \lambda_1 & 0 \\ 0 & 0 & \lambda_3 \end{pmatrix} \begin{pmatrix} x_1 \\ x_2 \\ x_3 \end{pmatrix} + \begin{pmatrix} 0 \\ b_2 \\ b_3 \end{pmatrix} u$

（2）
$$\begin{pmatrix}\dot{x}_1\\\dot{x}_2\\\dot{x}_3\\\dot{x}_4\\\dot{x}_5\end{pmatrix}=\left(\begin{array}{ccc:cc}\lambda_1&1&0&&\\0&\lambda_1&1&&\mathbf{0}\\0&0&\lambda_1&&\\\hdashline&\mathbf{0}&&\lambda_4&1\\&&&0&\lambda_4\end{array}\right)\begin{pmatrix}x_1\\x_2\\x_3\\x_4\\x_5\end{pmatrix}+\begin{pmatrix}0&1\\0&0\\3&0\\0&0\\1&2\end{pmatrix}\begin{pmatrix}u_1\\u_2\end{pmatrix}$$

（3）
$$\begin{pmatrix}\dot{x}_1\\\dot{x}_2\\\dot{x}_3\end{pmatrix}=\begin{pmatrix}\lambda_1&1&0\\0&\lambda_1&0\\0&0&\lambda_3\end{pmatrix}\begin{pmatrix}x_1\\x_2\\x_3\end{pmatrix}+\begin{pmatrix}b_{11}&b_{12}\\0&0\\b_{31}&b_{32}\end{pmatrix}\begin{pmatrix}u_1\\u_2\end{pmatrix}$$

（4）
$$\begin{pmatrix}\dot{x}_1\\\dot{x}_2\\\dot{x}_3\\\dot{x}_4\\\dot{x}_5\end{pmatrix}=\left(\begin{array}{ccc:cc}\lambda_1&1&0&&\\0&\lambda_1&1&&\mathbf{0}\\0&0&\lambda_1&&\\\hdashline&\mathbf{0}&&\lambda_4&1\\&&&0&\lambda_4\end{array}\right)\begin{pmatrix}x_1\\x_2\\x_3\\x_4\\x_5\end{pmatrix}+\begin{pmatrix}b_1\\b_2\\b_3\\b_4\\0\end{pmatrix}u$$

解

（1）、（2）两系统属于能控系统，而（3）、（4）两系统的状态不完全能控，为不能控系统。

【例 5.2】 有系统如下，试判断其是否能控。

$$\dot{\boldsymbol{x}}=\begin{pmatrix}-4&5\\1&0\end{pmatrix}\boldsymbol{x}+\begin{pmatrix}-5\\1\end{pmatrix}u$$

解

将其变换为约旦标准型矩阵，先求其特征根：

$$|\lambda\boldsymbol{I}-\boldsymbol{A}|=\begin{vmatrix}\lambda+4&-5\\-1&\lambda\end{vmatrix}=\lambda^2+4\lambda-5=(\lambda+5)(\lambda-1)$$

得

$$\lambda_1=-5，\quad \lambda_2=1$$

再求变换矩阵：

$$\boldsymbol{T}=(\boldsymbol{p}_1,\boldsymbol{p}_2)=\begin{pmatrix}-5&1\\1&1\end{pmatrix}，\quad \boldsymbol{T}^{-1}=\begin{pmatrix}-\dfrac{1}{6}&\dfrac{1}{6}\\\dfrac{1}{6}&\dfrac{5}{6}\end{pmatrix}$$

故

$$\boldsymbol{T}^{-1}\boldsymbol{b}=\begin{pmatrix}-\dfrac{1}{6}&\dfrac{1}{6}\\\dfrac{1}{6}&\dfrac{5}{6}\end{pmatrix}\begin{pmatrix}-5\\1\end{pmatrix}=\begin{pmatrix}1\\0\end{pmatrix}$$

得变换后的状态方程：

$$\dot{\boldsymbol{z}}=\boldsymbol{T}^{-1}\boldsymbol{A}\boldsymbol{T}\boldsymbol{z}+\boldsymbol{T}^{-1}\boldsymbol{b}u=\begin{pmatrix}-5&0\\0&1\end{pmatrix}\boldsymbol{z}+\begin{pmatrix}1\\0\end{pmatrix}u$$

$\boldsymbol{T}^{-1}\boldsymbol{b}$ 有一行元素为零，故系统是不能控的，其不能控的自然模式为 e^t 。

【例 5.3】分析如下系统的能控性：

$$\dot{x}=\left(\begin{array}{cc|c|c|cc|c} -1 & 1 & & & & & \\ & -1 & & & & & \\ \hline & & -1 & & & & \\ \hline & & & -1 & & & \\ \hline & & & & -2 & 1 & \\ & & & & & -2 & \\ \hline & & & & & & -2 \end{array}\right)x+\left(\begin{array}{ccc} 0 & 0 & 0 \\ 1 & 0 & 0 \\ \hline 0 & 1 & 0 \\ \hline 1 & 1 & 2 \\ \hline 0 & 0 & 0 \\ 1 & 1 & 1 \\ \hline 0 & 0 & 1 \\ \hline \end{array}\right)u$$

解

（1）各约旦块最后一行对应的 **B** 阵元素均不全为零，但出现两个以上与相同特征根有关的约旦块时，还要看 **B** 阵中与相同特征根对应的约旦块的最后一行元素所形成的矢量是否为行线性无关。

（2）已知 $\lambda_1=-1$，$\lambda_2=-2$，分别将相同特征根各约旦块的最后一行与 **B** 阵对应的元素组成矩阵

$$\boldsymbol{B}_{\lambda_1}=\begin{pmatrix}1&0&0\\0&1&0\\1&1&2\end{pmatrix},\quad \boldsymbol{B}_{\lambda_2}=\begin{pmatrix}1&1&1\\0&0&1\end{pmatrix}$$

可见，这两个矩阵均为行线性无关。综合以上两步可以判断出该系统能控。

5.2.2 直接根据矩阵 *A* 与矩阵 *B* 判断系统的能控性

1. 单输入系统

考虑单输入系统 $\dot{\boldsymbol{x}}=\boldsymbol{A}\boldsymbol{x}+\boldsymbol{b}u$，状态矢量的维数为 n。

📖 **定理 5.1** 线性定常连续系统状态完全能控的充分必要条件是系统 n 阶能控性判别矩阵满秩，即

$$\boldsymbol{M}=(\boldsymbol{b}\quad \boldsymbol{A}\boldsymbol{b}\quad \boldsymbol{A}^2\boldsymbol{b}\quad \cdots\quad \boldsymbol{A}^{n-1}\boldsymbol{b})$$

$$\mathrm{rank}\boldsymbol{M}=n \tag{5.15}$$

若 $\mathrm{rank}\boldsymbol{M}<n$，则系统不能控。

证明如下。

由于线性定常连续系统的能控性与初始时刻无关，为简化分析，设初始时刻 $t_0=0$，对于任意的初始状态 $\boldsymbol{x}(0)$，有

$$\boldsymbol{x}(t_f)=\boldsymbol{\Phi}(t_f)\boldsymbol{x}(0)+\int_0^{t_f}\boldsymbol{\Phi}(t_f-\tau)\boldsymbol{b}u(\tau)\mathrm{d}\tau \tag{5.16}$$

根据系统能控性定义，令终止状态为状态空间原点，即 $\boldsymbol{x}(t_f)=\boldsymbol{0}$，得

$$\boldsymbol{\Phi}(t_f)\boldsymbol{x}(0)=-\int_0^{t_f}\boldsymbol{\Phi}(t_f-\tau)\boldsymbol{b}u(\tau)\mathrm{d}\tau \tag{5.17}$$

即

$$\begin{aligned}\boldsymbol{x}(0) &= \int_0^{t_f} \boldsymbol{\Phi}^{-1}(t_f)\boldsymbol{\Phi}(t_f-\tau)\boldsymbol{b}u(\tau)\mathrm{d}\tau \\ &= -\int_0^{t_f} \boldsymbol{\Phi}(0-t_f)\boldsymbol{\Phi}(t_f-\tau)\boldsymbol{b}u(\tau)\mathrm{d}\tau = -\int_0^{t_f} \boldsymbol{\Phi}(0-\tau)\boldsymbol{b}u(\tau)\mathrm{d}\tau\end{aligned} \tag{5.18}$$

根据凯莱-哈密顿定理，将 $\mathrm{e}^{-A\tau}$ 写为 $\boldsymbol{A}$ 的有限项的形式，即

$$\boldsymbol{\Phi}(-\tau) = \mathrm{e}^{-At} = \sum_{k=0}^{n-1}\alpha_k(-\tau)\boldsymbol{A}^k \tag{5.19}$$

其中，$\alpha_k(-\tau)$ 为标量。

$$\boldsymbol{x}(0) = -\int_0^{t_f}\sum_{k=0}^{n-1}\alpha_k(-\tau)\boldsymbol{A}^k\boldsymbol{b}u(\tau)\mathrm{d}\tau = -\sum_{k=0}^{n-1}\boldsymbol{A}^k\boldsymbol{b}\int_0^{t_f}\alpha_k(-\tau)u(\tau)\mathrm{d}\tau \tag{5.20}$$

令 $\int_0^{t_f}\alpha_k(-\tau)u(\tau)\mathrm{d}\tau = \gamma_k$，由于 $u(\tau)$ 为标量，又是定积分，故 γ_k 也为标量，可推导出

$$\boldsymbol{x}(0) = -\sum_{k=0}^{n-1}\boldsymbol{A}^k\boldsymbol{b}\gamma_k = -\begin{pmatrix}\boldsymbol{b} & \boldsymbol{Ab} & \boldsymbol{A}^2\boldsymbol{b} & \cdots & \boldsymbol{A}^{n-1}\boldsymbol{b}\end{pmatrix}\begin{pmatrix}\gamma_1\\ \gamma_2\\ \gamma_3\\ \vdots\\ \gamma_k\end{pmatrix} = -\boldsymbol{M\gamma} \tag{5.21}$$

如果系统是能控的，则任意 $\boldsymbol{x}(0)$ 都应满足上式，即

$$\begin{pmatrix}\gamma_1\\ \gamma_2\\ \gamma_3\\ \vdots\\ \gamma_k\end{pmatrix} = -\begin{pmatrix}\boldsymbol{b} & \boldsymbol{Ab} & \boldsymbol{A}^2\boldsymbol{b} & \cdots & \boldsymbol{A}^{n-1}\boldsymbol{b}\end{pmatrix}^{-1}\boldsymbol{x}(0) = -\boldsymbol{M}^{-1}\boldsymbol{x}(0) \tag{5.22}$$

这就要求 n 阶矩阵 $\boldsymbol{M}$ 的秩为 n。定理得证。

【例 5.4】已知某三阶系统状态方程如下

$$\dot{\boldsymbol{x}} = \begin{pmatrix}0 & 1 & 0\\ 0 & 0 & 1\\ -a_0 & -a_1 & -a_2\end{pmatrix}\boldsymbol{x} + \begin{pmatrix}0\\ 0\\ 1\end{pmatrix}u$$

试说明它的能控性。

解

能控性判别矩阵 $\boldsymbol{M}$ 为

$$\boldsymbol{b} = \begin{pmatrix}0\\ 0\\ 1\end{pmatrix},\quad \boldsymbol{Ab} = \begin{pmatrix}0\\ 1\\ -a_2\end{pmatrix},\quad \boldsymbol{A}^2\boldsymbol{b} = \begin{pmatrix}1\\ -a_2\\ -a_1+a_2^2\end{pmatrix}$$

$$\boldsymbol{M} = \begin{pmatrix}\boldsymbol{b} & \boldsymbol{Ab} & \boldsymbol{A}^2\boldsymbol{b}\end{pmatrix} = \begin{pmatrix}0 & 0 & 1\\ 0 & 1 & -a_2\\ 1 & -a_2 & -a_1+a_2^2\end{pmatrix}$$

$\boldsymbol{M}$ 为三角形矩阵，有

$$|\boldsymbol{M}| = -1 \neq 0,\quad \mathrm{rank}\boldsymbol{M} = 3$$

可知系统必然能控。

【例 5.5】试用秩判据判断图 5.6 所示的二阶电网络系统的能控性。

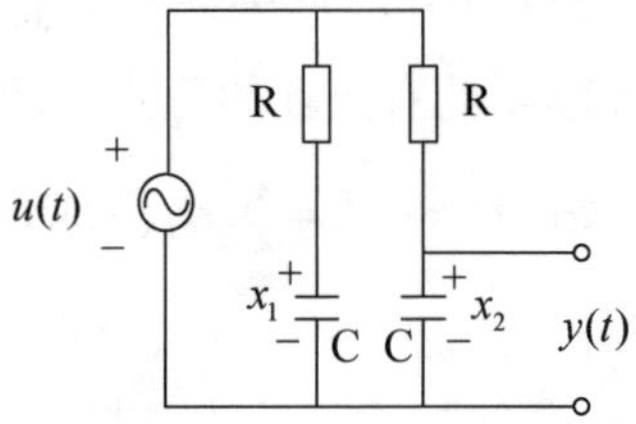

图 5.6　例 5.5 电路图

解

系统状态方程为

$$u = RC\dot{x}_1 + x_1,\quad \dot{x}_1 = -\frac{1}{RC}x_1 + \frac{1}{RC}u$$

$$u = RC\dot{x}_2 + x_2,\quad \dot{x}_2 = -\frac{1}{RC}x_2 + \frac{1}{RC}u$$

$$\dot{\boldsymbol{x}} = \begin{pmatrix} -\frac{1}{RC} & 0 \\ 0 & -\frac{1}{RC} \end{pmatrix}\boldsymbol{x} + \begin{pmatrix} \frac{1}{RC} \\ \frac{1}{RC} \end{pmatrix}u$$

能控性判别矩阵为

$$\boldsymbol{M} = \begin{pmatrix}\boldsymbol{b} & \boldsymbol{Ab}\end{pmatrix} = \begin{pmatrix} \frac{1}{RC} & -\frac{1}{(RC)^2} \\ \frac{1}{RC} & -\frac{1}{(RC)^2} \end{pmatrix}$$

$\text{rank}\boldsymbol{M} = 1 < 2$，系统不完全能控。实际上此系统矩阵为两个特征值均为$-\frac{1}{RC}$的约旦标准型矩阵，故由约旦标准型矩阵的判据也可直接判断该系统不完全能控。

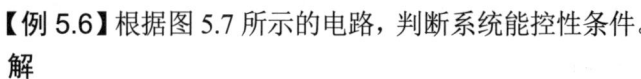

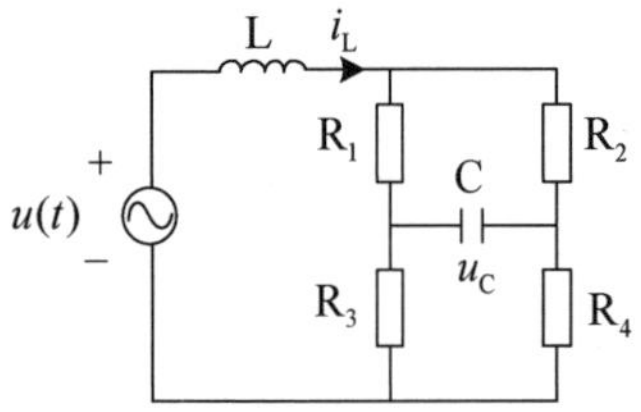

图 5.7　例 5.6 电路图

【例 5.6】根据图 5.7 所示的电路，判断系统能控性条件。

解

选取状态变量 $x_1 = i_{\mathrm{L}}$，$x_2 = u_{\mathrm{C}}$，得系统的状态方程为

$$\dot{\boldsymbol{x}} = \begin{pmatrix} -\frac{1}{L}\left(\frac{R_1R_2}{R_1+R_2} + \frac{R_3R_4}{R_3+R_4}\right) & \frac{1}{L}\left(\frac{R_1}{R_1+R_2} - \frac{R_3}{R_3+R_4}\right) \\ \frac{1}{C}\left(\frac{R_2}{R_1+R_2} - \frac{R_4}{R_3+R_4}\right) & -\frac{1}{C}\left(\frac{1}{R_1+R_2} - \frac{1}{R_3+R_4}\right) \end{pmatrix}\boldsymbol{x} + \begin{pmatrix} \frac{1}{L} \\ 0 \end{pmatrix}u$$

$$\boldsymbol{M} = \begin{pmatrix}\boldsymbol{b} & \boldsymbol{Ab}\end{pmatrix} = \begin{pmatrix} \frac{1}{L} & -\frac{1}{L^2}\left(\frac{R_1R_2}{R_1+R_2} + \frac{R_3R_4}{R_3+R_4}\right) \\ 0 & \frac{1}{LC}\left(\frac{R_2}{R_1+R_2} - \frac{R_4}{R_3+R_4}\right) \end{pmatrix}$$

当 $\dfrac{R_2}{R_1+R_2}\neq\dfrac{R_4}{R_3+R_4}$ （$R_1R_4\neq R_2R_3$）时，$\text{rank}\boldsymbol{M}=2$，系统能控；否则，系统不能控。

综合以上两种判据，在系统矩阵已经为对角线型、约旦标准型时，采用对角线型、约旦标准型矩阵判据十分方便；反之，采用秩判据较为适用，且根据其算法可直接通过 MATLAB 编程求解。

2. 多输入系统

$$\dot{\boldsymbol{x}}=\boldsymbol{A}\boldsymbol{x}+\boldsymbol{B}\boldsymbol{u}，\quad \boldsymbol{x}\in R^{n}，\quad \boldsymbol{u}\in R^{r}，\quad \boldsymbol{A}\in R^{n\times n}，\quad \boldsymbol{B}\in R^{n\times r}$$

📖 **定理 5.2** 线性定常连续系统状态完全能控的充分必要条件是系统能控性判别矩阵 $\boldsymbol{M}$ 满秩，即

$$\boldsymbol{M}=(\boldsymbol{B}\quad \boldsymbol{A}\boldsymbol{B}\quad \boldsymbol{A}^2\boldsymbol{B}\quad \cdots\quad \boldsymbol{A}^{n-1}\boldsymbol{B})$$

$$\text{rank}\boldsymbol{M}=n \tag{5.23}$$

本判据的证明与单输入系统类似。注意多输入系统的矩阵 $\boldsymbol{M}$ 是 $n\times nr$ 矩阵，而不是单输入系统的 $n\times n$ 矩阵。

【例 5.7】试利用秩判据证明线性变换不改变系统的能控性。

解

证明如下。

原系统 $\boldsymbol{\Sigma}(\boldsymbol{A},\boldsymbol{B})$ 经过线性变换 $\boldsymbol{T}$ 后转化为 $\boldsymbol{\Sigma}(\boldsymbol{A}',\boldsymbol{B}')$，各矩阵之间的关系为

$$\boldsymbol{A}'=\boldsymbol{T}^{-1}\boldsymbol{A}\boldsymbol{T}，\quad \boldsymbol{B}'=\boldsymbol{T}^{-1}\boldsymbol{B}$$

系统能控性矩阵的秩为

$$\begin{aligned}\text{rank}\boldsymbol{M}'&=\text{rank}\left(\boldsymbol{B}'\quad \boldsymbol{A}'\boldsymbol{B}'\quad \cdots\quad (\boldsymbol{A}')^{n-1}\boldsymbol{B}'\right)\\&=\text{rank}\left(\boldsymbol{T}^{-1}\boldsymbol{B}\quad (\boldsymbol{T}^{-1}\boldsymbol{A}\boldsymbol{T})\boldsymbol{T}^{-1}\boldsymbol{B}\quad \cdots\quad (\boldsymbol{T}^{-1}\boldsymbol{A}\boldsymbol{T})^{n-1}\boldsymbol{T}^{-1}\boldsymbol{B}\right)\\&=\text{rank}\left(\boldsymbol{T}^{-1}\boldsymbol{B}\quad \boldsymbol{T}^{-1}\boldsymbol{A}\boldsymbol{B}\quad \cdots\quad \boldsymbol{T}^{-1}\boldsymbol{A}^{n-1}\boldsymbol{B}\right)\end{aligned}$$

考虑 $\boldsymbol{T}$ 满秩，有

$$\begin{aligned}\text{rank}\boldsymbol{M}'&=\text{rank}\left[\boldsymbol{T}^{-1}\cdot\left(\boldsymbol{B}\quad \boldsymbol{A}\boldsymbol{B}\quad \cdots\quad \boldsymbol{A}^{n-1}\boldsymbol{B}\right)\right]\\&=\text{rank}\left(\boldsymbol{B}\quad \boldsymbol{A}\boldsymbol{B}\quad \cdots\quad \boldsymbol{A}^{n-1}\boldsymbol{B}\right)\\&=\text{rank}\boldsymbol{M}\end{aligned}$$

可见，线性变换不改变系统的能控性。

【例 5.8】已知如下系统，判断其能控性。

（1）$\begin{pmatrix}\dot{x}_1\\\dot{x}_2\\\dot{x}_3\end{pmatrix}=\begin{pmatrix}1&2&1\\0&1&0\\1&0&3\end{pmatrix}\begin{pmatrix}x_1\\x_2\\x_3\end{pmatrix}+\begin{pmatrix}1&0\\0&1\\0&0\end{pmatrix}\begin{pmatrix}u_1\\u_2\end{pmatrix}$

（2）$\begin{pmatrix}\dot{x}_1\\\dot{x}_2\\\dot{x}_3\end{pmatrix}=\begin{pmatrix}1&3&2\\0&2&0\\0&1&3\end{pmatrix}\begin{pmatrix}x_1\\x_2\\x_3\end{pmatrix}+\begin{pmatrix}2&1\\1&1\\-1&-1\end{pmatrix}\begin{pmatrix}u_1\\u_2\end{pmatrix}$

解

（1）系统能控性矩阵为

$$\boldsymbol{M}=\begin{pmatrix}\boldsymbol{B} & \boldsymbol{AB} & \boldsymbol{A}^2\boldsymbol{B}\end{pmatrix}=\begin{pmatrix}1 & 0 & 1 & 2 & 2 & 4\\0 & 1 & 0 & 1 & 0 & 1\\0 & 0 & 1 & 0 & 4 & 2\end{pmatrix}$$

$\text{rank}\boldsymbol{M}=3=n$，故系统能控。

（2）系统能控性矩阵为

$$\boldsymbol{M}=\begin{pmatrix}\boldsymbol{B} & \boldsymbol{AB} & \boldsymbol{A}^2\boldsymbol{B}\end{pmatrix}=\begin{pmatrix}2 & 1 & 3 & 2 & 5 & 4\\1 & 1 & 2 & 2 & 4 & 4\\-1 & -1 & -2 & -2 & -4 & -4\end{pmatrix}$$

$\text{rank}\boldsymbol{M}=2<n$，故系统不能控。

另外，在多输入系统中，有时并不需要求出全部的矩阵 $\boldsymbol{M}$，如（1），有

$$\begin{pmatrix}\boldsymbol{B} & \boldsymbol{AB}\end{pmatrix}=\begin{pmatrix}1 & 0 & 1 & 2\\0 & 1 & 0 & 1\\0 & 0 & 1 & 0\end{pmatrix}$$

可判断出行线性无关。

实际上，在（1）中

$$\boldsymbol{MM}^{\mathrm{T}}=\begin{pmatrix}26 & 6 & 17\\6 & 3 & 2\\17 & 2 & 21\end{pmatrix}$$

易知矩阵 $\boldsymbol{MM}^{\mathrm{T}}$ 为非奇异矩阵，故 $\boldsymbol{M}$ 满秩，系统是能控的。

在多输入系统中，由于矩阵 $\boldsymbol{M}$ 为 $n\times nr$ 维矩阵，如果阶次 n 与输入维数 r 较大，则判断矩阵 $\boldsymbol{M}$ 的秩比较困难，而利用 MATLAB 可迅速判断。实际上，多输入系统的能控性条件较易满足。多输入系统与单输入系统的能控性判据在形式上完全相同，但多输入系统有以下特点。

（1）根据判据，只要求能控性矩阵 $\boldsymbol{M}$ 的秩等于 n，所以在计算时不一定需要将 $n\times nr$ 维能控性矩阵算完，算到哪一步发现充分必要条件已满足就可以停止计算。

（2）把系统的某一个初始状态转移到零状态有多种方法，因此可以选择最优的控制方式，如选择控制矢量的范数最小。

5.3 线性定常连续系统的能观性

在现代控制理论中，反馈信息是通过系统的状态变量组合而成的。由于并非所有状态变量在物理上都可测量，于是提出了能否通过对输出的测量而获得全部状态变量的信息，这涉及系统的能观性问题。

系统的能观性问题研究的是状态和输出的关系，能观性表示的是输出对状态矢量进行反映的能力，其实质上是对系统初始状态的反映。

图 5.8（a）所示系统的状态能观，因为系统的每一个状态变量都会对输出产生影响。图 5.8（b）所示系统的状态不能观，因为状态 x_2 对输出 y 不产生任何影响，要从输出 y 的

信息中获得 x_2 的信息也是不可能的。

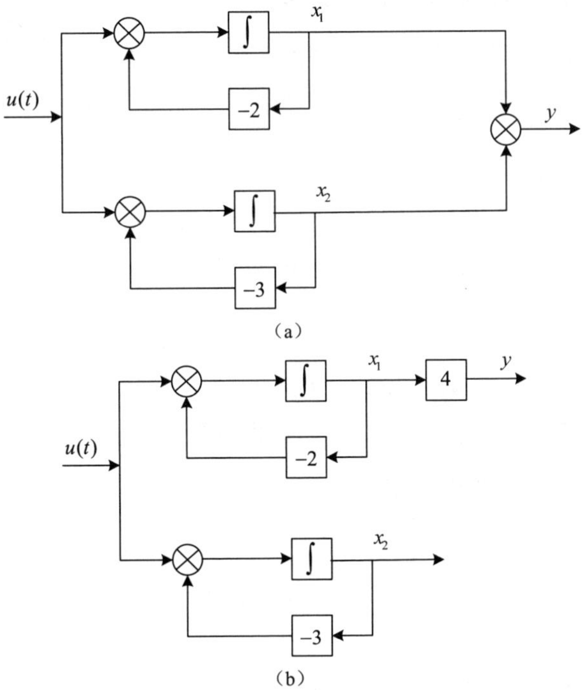

图 5.8　系统模拟结构图 1

5.3.1　能观性定义

能观性表示的是输出 $\boldsymbol{y}(t)$ 反映状态矢量 $\boldsymbol{x}(t)$ 的能力，与控制作用没有直接关系，所以分析能观性问题时，只需从齐次状态方程和输出方程出发，即

$$\begin{aligned}\dot{\boldsymbol{x}}&=\boldsymbol{A}\boldsymbol{x}\\ \boldsymbol{y}&=\boldsymbol{C}\boldsymbol{x}\end{aligned}\text{，}\quad \boldsymbol{x}(t_0)=\boldsymbol{x}_0 \tag{5.24}$$

如果对任意给定的输入 $\boldsymbol{u}(t)$，在有限观测时间内 $t_f>t_0$，根据 $\left[t_0,t_f\right]\left(t_f>t_0\right)$ 的输出 $\boldsymbol{y}(t)$ 能唯一地确定系统在初始时刻的状态 $\boldsymbol{x}(t_0)$，则称状态 $\boldsymbol{x}(t_0)$ 是能观的。若系统的每一个状态都是能观的，则称系统是**状态完全能观的**，简称是能观的。

对上述定义做如下几点说明。

（1）能观性表示 $\boldsymbol{y}(t)$ 反映状态矢量 $\boldsymbol{x}(t)$ 的能力，考虑控制作用所引起的输出可以通过计算得到，所以在分析能观性问题时，不妨令 $\boldsymbol{u}\equiv\boldsymbol{0}$，这样就只需从齐次状态方程和输出方程出发，或用符号 $\Sigma(\boldsymbol{A},\boldsymbol{C})$ 表示。

（2）由输出方程可以看出，如果输出量 $\boldsymbol{y}(t)$ 的维数等于状态的维数，即 $m=n$，并且 $\boldsymbol{C}$ 为非奇异矩阵，则求解状态非常简单，即

$$\boldsymbol{x}(t)=\boldsymbol{C}^{-1}\boldsymbol{y}(t)$$

显然，这不需要观测时间。可是在一般情况下，输出量的维数总是小于状态变量的个数，即 $m<n$。为了能唯一地求出 n 个状态变量，必须在不同的时刻多测量几组输出数据 $y(t_0)$，$y(t_1),\cdots,y(t_f)$，从而能构成 n 个方程式。若 $t_0,t_1,\cdots,t_f$ 相隔太近，则通过 $y(t_0),y(t_1),\cdots,y(t_f)$

构成的 n 个方程式虽然在结构上是独立的，但是其数值可能相差无几，破坏了其独立性。因此，在能观性定义中，观测时间应满足 $t_f \geqslant t_0$ 。

（3）在定义中之所以把能观性规定为对初始状态的确定，这是因为一旦确定了初始状态，便可根据给定的控制量（输入），利用状态转移方程

$$\boldsymbol{x}(t)=\boldsymbol{\Phi}(t-t_0)\boldsymbol{x}(t_0)+\int_{t_0}^{t}\boldsymbol{\Phi}(t-\tau)\boldsymbol{B}\boldsymbol{u}(\tau)\mathrm{d}\tau$$

求出各瞬时状态。

5.3.2 线性定常连续系统能观性的判断

线性定常连续系统能观性的判断也有两种方法，一种方法是先对系统进行坐标变换，将系统的状态空间表达式变换成约旦标准型矩阵，然后根据约旦标准型矩阵下的矩阵 $\boldsymbol{C}$，判断其能观性；另一种方法是直接根据矩阵 $\boldsymbol{A}$ 和矩阵 $\boldsymbol{C}$ 进行判断。

1. 转换成约旦标准型矩阵的方法

线性定常系统的状态空间表达式为

$$\begin{matrix}\dot{\boldsymbol{x}}=\boldsymbol{A}\boldsymbol{x}\\ \boldsymbol{y}=\boldsymbol{C}\boldsymbol{x}\end{matrix},\quad \boldsymbol{x}(t_0)=\boldsymbol{x}_0 \tag{5.25}$$

现分两种情况叙述如下。

（1）$\boldsymbol{A}$ 为对角矩阵。

$$\boldsymbol{A}=\boldsymbol{\Lambda}=\begin{pmatrix}\lambda_1 & & & & \\ & \lambda_2 & & & \\ & & \lambda_3 & & \\ & & & \ddots & \\ & & & & \lambda_n\end{pmatrix}$$

$$\boldsymbol{C}=\begin{pmatrix}c_{11} & c_{12} & \cdots & c_{1n}\\ c_{21} & c_{22} & \cdots & c_{2n}\\ \vdots & \vdots & & \vdots\\ c_{m1} & c_{m2} & \cdots & c_{mn}\end{pmatrix}$$

这时将式（5.25）用方程组的形式表示，有

$$\begin{cases}\dot{x}_1=\lambda_1 x_1\\ \dot{x}_2=\lambda_2 x_2\\ \quad\vdots\\ \dot{x}_n=\lambda_n x_n\end{cases},\quad \boldsymbol{x}(t)=\begin{pmatrix}\mathrm{e}^{\lambda_1 t}x_{10}\\ \mathrm{e}^{\lambda_2 t}x_{20}\\ \vdots\\ \mathrm{e}^{\lambda_n t}x_{n0}\end{pmatrix} \tag{5.26}$$

$$\begin{cases}y_1=c_{11}x_1+c_{12}x_2+\cdots c_{1n}x_n\\ y_2=c_{21}x_1+c_{22}x_2+\cdots c_{2n}x_n\\ \quad\vdots\\ y_m=c_{m1}x_1+c_{m2}x_2+\cdots c_{mn}x_n\end{cases} \tag{5.27}$$

从而可得系统模拟结构图，如图 5.9 所示。将式（5.26）代入式（5.27）中得

$$
\boldsymbol{y}(t)=\begin{pmatrix} c_{11} & c_{12} & \cdots & c_{1n} \\ c_{21} & c_{22} & \cdots & c_{2n} \\ \vdots & \vdots & & \vdots \\ c_{m1} & c_{m2} & \cdots & c_{mn} \end{pmatrix}\begin{pmatrix} \mathrm{e}^{\lambda_1 t}x_{10} \\ \mathrm{e}^{\lambda_2 t}x_{20} \\ \vdots \\ \mathrm{e}^{\lambda_n t}x_{n0} \end{pmatrix} \tag{5.28}
$$

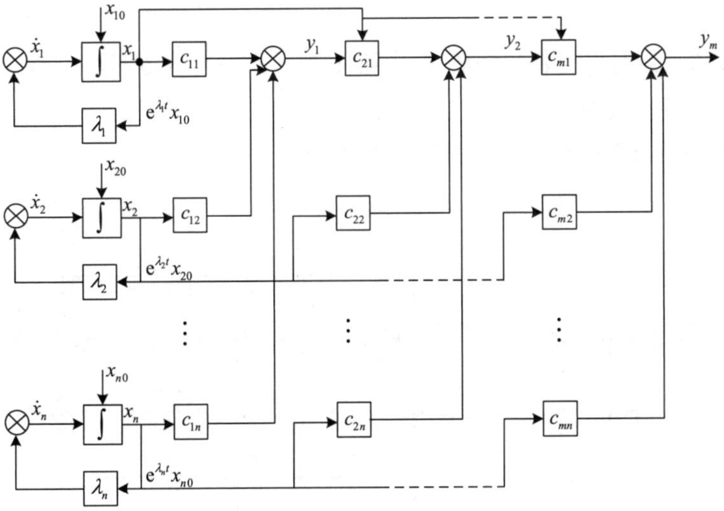

图 5.9　系统模拟结构图 2

由式（5.28）可知，假设输出矩阵 $\boldsymbol{C}$ 中某一列全为零，如第 2 列中的 $c_{12},c_{22},\cdots,c_{m2}$ 均为零，则 $\boldsymbol{y}(t)$ 中不包含 $\mathrm{e}^{\lambda_2 t}x_{20}$ 这个自由分量，亦即不包含 $x_2(t)$ 这个状态变量，很明显，$x_2(t)$ 不可能从 $\boldsymbol{y}(t)$ 的测量值中被推算出来，即 $x_2(t)$ 是不能观的，从状态矢量空间角度来说，只有 $\boldsymbol{x}(t)=\left(x_1,0,x_3,\cdots,x_n\right)^{\mathrm{T}}$ 是能观的，其余的是不能观的。

📖 **定理 5.3**　在系统矩阵 $\boldsymbol{A}$ 为对角线型的情况下，系统能观的充分必要条件是输出矩阵 $\boldsymbol{C}$ 中没有全为零的列。若第 i 列全为零，则与之对应的 $x_i(t)$ 是不能观的。

（2）矩阵 $\boldsymbol{A}$ 为约旦标准型矩阵。

以三阶为例，即

$$
\boldsymbol{A}=\boldsymbol{J}=\begin{pmatrix} \lambda_1 & 1 & 0 \\ 0 & \lambda_1 & 1 \\ 0 & 0 & \lambda_1 \end{pmatrix}
$$

$$
\boldsymbol{C}=\begin{pmatrix} c_{11} & c_{12} & c_{13} \\ c_{21} & c_{22} & c_{23} \\ c_{31} & c_{32} & c_{33} \end{pmatrix}
$$

这时，状态方程的解为

$$
\boldsymbol{x}(t)=\begin{pmatrix} x_1(t) \\ x_2(t) \\ x_3(t) \end{pmatrix}=\begin{pmatrix} \mathrm{e}^{\lambda_1 t}x_{10}+t\mathrm{e}^{\lambda_1 t}x_{20}+\dfrac{1}{2!}t^2\mathrm{e}^{\lambda_1 t}x_{30} \\ \mathrm{e}^{\lambda_1 t}x_{20}+t\mathrm{e}^{\lambda_1 t}x_{30} \\ \mathrm{e}^{\lambda_1 t}x_{30} \end{pmatrix}
$$

从而

$$\boldsymbol{y}(t)=\begin{pmatrix}y_1(t)\\y_2(t)\\y_3(t)\end{pmatrix}=\begin{pmatrix}c_{11}&c_{12}&c_{13}\\c_{21}&c_{22}&c_{23}\\c_{31}&c_{32}&c_{33}\end{pmatrix}\begin{pmatrix}\mathrm{e}^{\lambda_1 t}x_{10}+t\mathrm{e}^{\lambda_1 t}x_{20}+\dfrac{1}{2!}t^2\mathrm{e}^{\lambda_1 t}x_{30}\\ \mathrm{e}^{\lambda_1 t}x_{20}+t\mathrm{e}^{\lambda_1 t}x_{30}\\ \mathrm{e}^{\lambda_1 t}x_{30}\end{pmatrix} \tag{5.29}$$

由式（5.29）可知，当且仅当输出矩阵 $\boldsymbol{C}$ 中第 1 列元素不全为零时，$\boldsymbol{y}(t)$ 中总包含着系统的全部自由分量而完全能观。

约旦标准型系统具有串联结构，如图 5.10 所示。

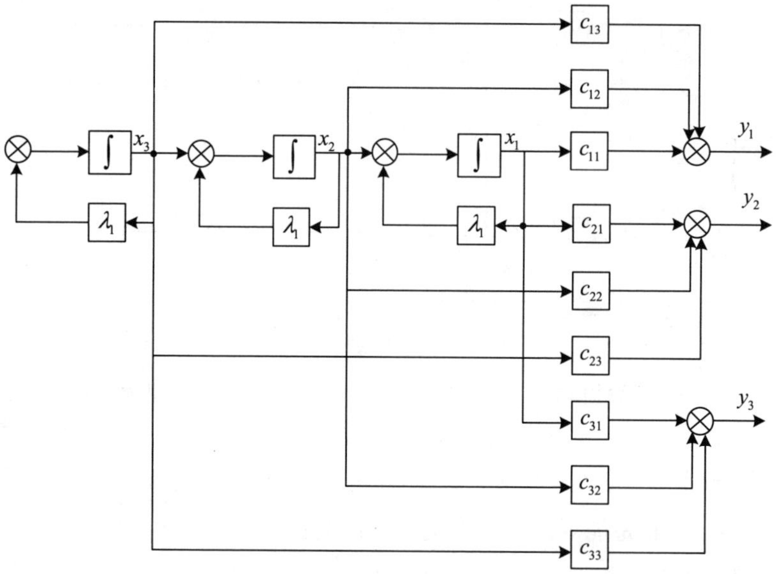

图 5.10　系统模拟结构图 3

从图 5.10 中也可以看出，若串联结构中的最后一个状态变量能够被观测到，则驱动该状态变量前面的状态变量 $x_2(t)$ 、$x_3(t)$ 也必然能够被观测到，因此只要 c_{11}、c_{21}、c_{31} 不全为零，就不可能出现与输出无关的孤立部分，此时系统就一定是能观的。若能够直接观测的是前面某一个状态，则该状态后面的状态都与输出隔断而不能观，但该状态之前的状态能观。

🕮 **定理 5.4** 在系统矩阵为约旦标准型矩阵的情况下，系统能观的充分必要条件是在输出矩阵 $\boldsymbol{C}$ 中，与每个约旦块首列对应的列的元素不全为零。

🕮 **定理 5.5** 任意系统矩阵 $\boldsymbol{A}$ 经 $\boldsymbol{T}^{-1}\boldsymbol{A}\boldsymbol{T}$ 变换后，均可演化为对角线型或约旦标准型矩阵，此时只需根据输出矩阵 $\boldsymbol{C}\boldsymbol{T}$ 是否有全为零的列，或 $\boldsymbol{C}\boldsymbol{T}$ 矩阵中与各约旦块首列对应的列是否为全为零的列，便可以判断系统的能观性。

【例 5.9】判断以下系统的能观性。

（1）$\dot{\boldsymbol{x}}=\begin{pmatrix}\lambda_1&0\\0&\lambda_2\end{pmatrix}\boldsymbol{x}$，$y=\begin{pmatrix}c_1&0\end{pmatrix}\boldsymbol{x}$，$\lambda_1\neq\lambda_2$

（2）$\dot{\boldsymbol{x}}=\begin{pmatrix}-2 & 1\\ 0 & -2\end{pmatrix}\boldsymbol{x}$，$\boldsymbol{x}(0)=\begin{pmatrix}x_1(0)\\ x_2(0)\end{pmatrix}$

① $y=\begin{pmatrix}0 & 1\end{pmatrix}\boldsymbol{x}$

② $y=\begin{pmatrix}1 & 0\end{pmatrix}\boldsymbol{x}$

解

（1）系统时域描述为

$$\begin{cases}\dot{x}_1=\lambda_1 x_1\\ \dot{x}_2=\lambda_2 x_2\end{cases}，\quad y=c_1 x_1$$

系统状态相互独立，矩阵 $\boldsymbol{c}$ 中与特征根 λ_2 对应的元素为零，说明 x_2 与输出 y 无关，系统不能观。

（2）
$$\boldsymbol{x}=\mathrm{e}^{\boldsymbol{A}t}\boldsymbol{x}(0)=\mathrm{e}^{-2t}\begin{pmatrix}1 & t\\ 0 & 1\end{pmatrix}\begin{pmatrix}x_1(0)\\ x_2(0)\end{pmatrix}=\begin{pmatrix}\mathrm{e}^{-2t}x_1(0)+t\mathrm{e}^{-2t}x_2(0)\\ \mathrm{e}^{-2t}x_2(0)\end{pmatrix}$$

①
$$y=x_2=\mathrm{e}^{-2t}x_2(0)$$

通过测量 y 可以预估初始状态 $x_2(0)$，但无法估计 $x_1(0)$，系统不能观。

②
$$y=x_1=\mathrm{e}^{-2t}x_1(0)+t\mathrm{e}^{-2t}x_2(0)$$

通过测量两组 y 即可以预估初始状态 $x_1(0)$ 与 $x_2(0)$，说明可以通过 x_1 间接观测 x_2，系统能观。

【例 5.10】判断以下系统的能观性。

（1）$\dot{\boldsymbol{x}}=\begin{pmatrix}-2 & 1 & 0\\ 0 & -2 & 1\\ 0 & 0 & -2\end{pmatrix}\boldsymbol{x}$，$y=\begin{pmatrix}0 & 4 & 0\end{pmatrix}\boldsymbol{x}$

（2）$\dot{\boldsymbol{x}}=\begin{pmatrix}-5 & 0 & 0\\ 0 & -2 & 0\\ 0 & 0 & 3\end{pmatrix}\boldsymbol{x}$，$\boldsymbol{y}=\begin{pmatrix}4 & 0 & 5\\ 0 & 3 & 1\end{pmatrix}\boldsymbol{x}$

（3）$\dot{\boldsymbol{x}}=\left(\begin{array}{cc:cc:c}-2 & 1 & & & \\ & -2 & & & \\ \hdashline & & -3 & 1 & \\ & & & -3 & \\ \hdashline & & & & -4\end{array}\right)\boldsymbol{x}$，$\boldsymbol{y}=\left(\begin{array}{cc:cc:c}0 & 1 & 2 & 0 & 0\\ 0 & 0 & 0 & 0 & 2\\ 0 & 0 & 3 & 0 & 0\end{array}\right)\boldsymbol{x}$

（4）$\dot{\boldsymbol{x}}=\left(\begin{array}{cc:c:c:cc:c}-2 & 1 & & & & & \\ & -2 & & & & & \\ \hdashline & & -2 & & & & \\ \hdashline & & & -2 & & & \\ \hdashline & & & & -3 & 1 & \\ & & & & & -3 & \\ \hdashline & & & & & & -3\end{array}\right)\boldsymbol{x}$，$\boldsymbol{y}=\left(\begin{array}{cc:c:c:cc:c}1 & 0 & 0 & 0 & 2 & 0 & 0\\ 0 & 0 & 2 & 0 & 0 & 0 & 1\\ 0 & 0 & 0 & 5 & 3 & 0 & 0\end{array}\right)\boldsymbol{x}$

解

（1）x_2、x_3能观，x_1不能观。

（2）由对角线型判据可知，系统能观。

（3）由对角线型判据可知，x_1不能观。

（4）需要在 $\boldsymbol{C}$ 中找到与相同特征根对应的各约旦块首列，并组成矩阵

$$\boldsymbol{C}_{(-2)}=\begin{pmatrix}1&0&0\\0&2&0\\0&0&5\end{pmatrix},\quad \boldsymbol{C}_{(-3)}=\begin{pmatrix}2&0\\0&1\\3&0\end{pmatrix}$$

可见，两个矩阵都是列线性无关的。由对角线型判据可知，系统能观。

2. 直接根据矩阵 A、C 判断系统的能观性

线性定常连续系统为

$$\begin{array}{l}\dot{\boldsymbol{x}}=\boldsymbol{Ax}+\boldsymbol{Bu}\\ \boldsymbol{y}=\boldsymbol{Cx}\end{array},\quad \boldsymbol{x}(t_0)=\boldsymbol{x}_0$$

其中，符号及维数定义如前所述，$\boldsymbol{x}(t_0)=\boldsymbol{x}_0$ 为初始状态。

📖 **定理 5.6** 线性定常连续系统状态完全能观的充分必要条件是系统能观性判别矩阵 $\boldsymbol{N}$ 满秩，即

$$\boldsymbol{N}=\begin{pmatrix}\boldsymbol{C}\\ \boldsymbol{CA}\\ \vdots\\ \boldsymbol{CA}^{n-1}\end{pmatrix}\tag{5.30}$$

$$\text{rank}\boldsymbol{N}=n\tag{5.31}$$

n 个列矢量线性无关。若 $\text{rank}\boldsymbol{N}<n$，则系统不能观。$\boldsymbol{N}$ 为 $mn\times n$ 矩阵。

证明

令 $\boldsymbol{u}(t)=\boldsymbol{0}$，则 n 维线性定常连续系统的动态方程的解为

$$\boldsymbol{x}(t)=\boldsymbol{\Phi}(t-t_0)\boldsymbol{x}(t_0)$$
$$\boldsymbol{y}(t)=\boldsymbol{C\Phi}(t-t_0)\boldsymbol{x}(t_0)$$

根据凯莱-哈密顿定理，有

$$\mathrm{e}^{\boldsymbol{A}t}=\sum_{k=0}^{n-1}\alpha_k(t)\boldsymbol{A}^k$$

$$\begin{aligned}\boldsymbol{y}(t)&=\boldsymbol{C}\sum_{k=0}^{n-1}\alpha_k(t)\boldsymbol{A}^k\boldsymbol{x}(t_0)\\&=\alpha_0(t)\boldsymbol{Cx}(t_0)+\alpha_1(t)\boldsymbol{CAx}(t_0)+\alpha_2(t)\boldsymbol{CA}^2\boldsymbol{x}(t_0)+\cdots+\alpha_{n-1}(t)\boldsymbol{CA}^{n-1}\boldsymbol{x}(t_0)\qquad(5.32)\\&=\begin{pmatrix}\alpha_0(t)\boldsymbol{I}_m & \alpha_1(t)\boldsymbol{I}_m & \cdots & \alpha_{n-1}(t)\boldsymbol{I}_m\end{pmatrix}\begin{pmatrix}\boldsymbol{C}\\ \boldsymbol{CA}\\ \vdots\\ \boldsymbol{CA}^{n-1}\end{pmatrix}\boldsymbol{x}(t_0)\end{aligned}$$

其中，$\boldsymbol{I}_m$ 为 m 阶单位矩阵。

这是一个含有 n 个未知量、m 个方程的线性方程组，当 $m<n$ 时，方程无唯一解。如果要唯一地确定 n 维初始状态 $\boldsymbol{x}(t_0)$，必须用不同时刻的输出值构成具有 n 个独立方程的线性方程组，即

$$\begin{pmatrix} \boldsymbol{y}(t_1) \\ \boldsymbol{y}(t_2) \\ \vdots \\ \boldsymbol{y}(t_f) \end{pmatrix} = \begin{pmatrix} \alpha_0(t_1)\boldsymbol{I}_m & \alpha_1(t_1)\boldsymbol{I}_m & \cdots & \alpha_{n-1}(t_1)\boldsymbol{I}_m \\ \alpha_0(t_2)\boldsymbol{I}_m & \alpha_1(t_2)\boldsymbol{I}_m & \cdots & \alpha_{n-1}(t_2)\boldsymbol{I}_m \\ \vdots & \vdots & & \vdots \\ \alpha_0(t_f)\boldsymbol{I}_m & \alpha_1(t_f)\boldsymbol{I}_m & \cdots & \alpha_{n-1}(t_f)\boldsymbol{I}_m \end{pmatrix} \begin{pmatrix} \boldsymbol{C} \\ \boldsymbol{CA} \\ \vdots \\ \boldsymbol{CA}^{n-1} \end{pmatrix} \boldsymbol{x}(t_0) \tag{5.33}$$

简记为

$$\boldsymbol{Q}\boldsymbol{x}(t_0) = \bar{\boldsymbol{y}}$$

$$\bar{\boldsymbol{y}} = \begin{pmatrix} \boldsymbol{y}(t_1) \\ \boldsymbol{y}(t_2) \\ \vdots \\ \boldsymbol{y}(t_f) \end{pmatrix},\ \boldsymbol{Q} = \begin{pmatrix} \alpha_0(t_1)\boldsymbol{I}_m & \alpha_1(t_1)\boldsymbol{I}_m & \cdots & \alpha_{n-1}(t_1)\boldsymbol{I}_m \\ \alpha_0(t_2)\boldsymbol{I}_m & \alpha_1(t_2)\boldsymbol{I}_m & \cdots & \alpha_{n-1}(t_2)\boldsymbol{I}_m \\ \vdots & \vdots & & \vdots \\ \alpha_0(t_f)\boldsymbol{I}_m & \alpha_1(t_f)\boldsymbol{I}_m & \cdots & \alpha_{n-1}(t_f)\boldsymbol{I}_m \end{pmatrix} \begin{pmatrix} \boldsymbol{C} \\ \boldsymbol{CA} \\ \vdots \\ \boldsymbol{CA}^{n-1} \end{pmatrix} \tag{5.34}$$

欲使式（5.34）所示的方程有解且唯一，则系数矩阵 $\boldsymbol{Q}$ 和增广矩阵 $(\boldsymbol{Q} \quad \bar{\boldsymbol{y}})$ 满足下式

$$\text{rank}\boldsymbol{Q} = \text{rank}(\boldsymbol{Q} \quad \bar{\boldsymbol{y}}) = n \tag{5.35}$$

而矩阵 $\boldsymbol{Q}$ 的秩为 n 的充分必要条件是 $mn \times n$ 维矩阵 $\boldsymbol{N}$（能观性判别矩阵）满足

$$\text{rank}\boldsymbol{N} = \text{rank}\begin{pmatrix} \boldsymbol{C} \\ \boldsymbol{CA} \\ \vdots \\ \boldsymbol{CA}^{n-1} \end{pmatrix} = n$$

因此，在 $\left[t_0, t_f\right]$ 时间间隔内，根据测量得到的输出 $\boldsymbol{y}(t)$，可由式（5.33）唯一地确定 $\boldsymbol{x}(t_f)$，即系统完全能观的充分必要条件是 $mn \times n$ 维能观性矩阵 $\boldsymbol{N}$ 满秩。该判据得证。

【例 5.11】判断以下系统的能观性。

$$\dot{\boldsymbol{x}} = \begin{pmatrix} 4 & 1 \\ 0 & -5 \end{pmatrix} \boldsymbol{x},\quad y = \begin{pmatrix} 0 & -6 \end{pmatrix} \boldsymbol{x}$$

解

$$\boldsymbol{cA} = \begin{pmatrix} 0 & -6 \end{pmatrix} \begin{pmatrix} 4 & 1 \\ 0 & -5 \end{pmatrix} = \begin{pmatrix} 0 & 30 \end{pmatrix}$$

$$\boldsymbol{N} = \begin{pmatrix} \boldsymbol{c} \\ \boldsymbol{cA} \end{pmatrix} = \begin{pmatrix} 0 & -6 \\ 0 & 30 \end{pmatrix}$$

$$\text{rank}\boldsymbol{N} = 1 < 2$$

实际上，系统微分方程为

$$\begin{cases} \dot{x}_1 = 4x_1 + x_2 \\ \dot{x}_2 = -5x_2 \end{cases}$$

$$y = -6x_2$$

可见，输出 y 和 x_1 无关，x_1 不能观，即自然模式 e^{4t} 不能观。

【例 5.12】试判断以下三阶系统的能观性。

$$\dot{\boldsymbol{x}}=\begin{pmatrix}0 & 0 & -a_0\\ 1 & 0 & -a_1\\ 0 & 1 & -a_2\end{pmatrix}\boldsymbol{x}$$

$$y=\begin{pmatrix}0 & 0 & 1\end{pmatrix}\boldsymbol{x}$$

解

$$\boldsymbol{cA}=\begin{pmatrix}0 & 0 & 1\end{pmatrix}\begin{pmatrix}0 & 0 & -a_0\\ 1 & 0 & -a_1\\ 0 & 1 & -a_2\end{pmatrix}=\begin{pmatrix}0 & 1 & -a_2\end{pmatrix}$$

$$\boldsymbol{cA}^2=\begin{pmatrix}1 & -a_2 & -a_1+a_2^2\end{pmatrix}$$

$$\boldsymbol{N}=\begin{pmatrix}\boldsymbol{c}\\ \boldsymbol{cA}\\ \boldsymbol{cA}^2\end{pmatrix}=\begin{pmatrix}0 & 0 & 1\\ 0 & 1 & -a_2\\ 1 & -a_2 & -a_1+a_2^2\end{pmatrix}$$

$\boldsymbol{N}$ 为三角形矩阵，必有 det$\boldsymbol{N}$=−1，rank$\boldsymbol{N}$=3，系统能观。

【例 5.13】试确定 a 与 b 的值，使下列系统能控或能观。

$$\begin{pmatrix}\dot{x}_1\\ \dot{x}_2\end{pmatrix}=\begin{pmatrix}1 & 12\\ 1 & 0\end{pmatrix}\begin{pmatrix}x_1\\ x_2\end{pmatrix}+\begin{pmatrix}a\\ -1\end{pmatrix}u$$

$$y=\begin{pmatrix}b & 1\end{pmatrix}\begin{pmatrix}x_1\\ x_2\end{pmatrix}$$

解

系统的能控性判别矩阵为

$$\boldsymbol{M}=\begin{pmatrix}\boldsymbol{b} & \boldsymbol{Ab}\end{pmatrix}=\begin{pmatrix}a & a-12\\ -1 & a\end{pmatrix}$$

其行列式为

$$\det\boldsymbol{M}=a^2+a-12$$

根据判定能控性的定理，若系统能控，则系统能控性矩阵的秩为 2，亦即 $\det\boldsymbol{M}\neq 0$，可知 $a\neq -4, 3$。

系统的能观性判别矩阵为

$$\boldsymbol{N}=\begin{pmatrix}\boldsymbol{c}\\ \boldsymbol{cA}\end{pmatrix}=\begin{pmatrix}b & 1\\ b+1 & 12b\end{pmatrix}$$

其行列式为

$$\det\boldsymbol{N}=12b^2-b-1$$

根据判定能观性的定理，若系统能观，则系统能观性矩阵的秩为 2，亦即 $\det\boldsymbol{N}\neq 0$，可知 $b\neq\frac{1}{3}$，$-\frac{1}{4}$。

5.4 线性定常离散系统的能控性与能观性

5.4.1 能控性判别矩阵 M

线性定常离散系统的状态方程如下：

$$\boldsymbol{x}(k+1)=\boldsymbol{G}\boldsymbol{x}(k)+\boldsymbol{h}u(k) \tag{5.36}$$

其中，当系统为单输入系统时，$u(k)$ 为标量控制作用，控制矩阵 $\boldsymbol{h}$ 为 n 维列矢量；$\boldsymbol{G}$ 为 $n\times n$ 维系统矩阵；$\boldsymbol{x}$ 为 $n\times 1$ 维状态矢量。

采样周期 T 为常数，式中未予表示。

根据能控性定义，在有限个采样周期内，若能找到阶梯控制信号，使得任意一个初始状态转移到零状态，那么系统是完全能控的，怎样才能判定能否找到控制信号呢？不妨先看一个实例，设式（5.36）中的

$$\boldsymbol{G}=\begin{pmatrix}1&0&0\\0&2&-2\\-1&1&0\end{pmatrix},\quad \boldsymbol{h}=\begin{pmatrix}1\\0\\1\end{pmatrix}$$

任意给一个初始状态，如 $\boldsymbol{x}(0)=\begin{pmatrix}2\\1\\0\end{pmatrix}$，看能否找到控制 $u(0)$、$u(1)$、$u(2)$，在 3 个采样周期内使 $\boldsymbol{x}(3)=\boldsymbol{0}$。

采用递推法：

$$k=0$$

$$\begin{aligned}\boldsymbol{x}(1)&=\boldsymbol{G}\boldsymbol{x}(0)+\boldsymbol{h}u(0)\\&=\begin{pmatrix}1&0&0\\0&2&-2\\-1&1&0\end{pmatrix}\begin{pmatrix}2\\1\\0\end{pmatrix}+\begin{pmatrix}1\\0\\1\end{pmatrix}u(0)=\begin{pmatrix}2\\2\\-1\end{pmatrix}+\begin{pmatrix}1\\0\\1\end{pmatrix}u(0)\end{aligned}$$

$$k=1$$

$$\begin{aligned}\boldsymbol{x}(2)&=\boldsymbol{G}\boldsymbol{x}(1)+\boldsymbol{h}u(1)=\boldsymbol{G}^2\boldsymbol{x}(0)+\boldsymbol{G}\boldsymbol{h}u(0)+\boldsymbol{h}u(1)\\&=\begin{pmatrix}1&0&0\\0&2&-2\\-1&1&0\end{pmatrix}\begin{pmatrix}2\\2\\-1\end{pmatrix}+\begin{pmatrix}1&0&0\\0&2&-2\\-1&1&0\end{pmatrix}\begin{pmatrix}1\\0\\1\end{pmatrix}u(0)+\begin{pmatrix}1\\0\\1\end{pmatrix}u(1)\\&=\begin{pmatrix}2\\6\\0\end{pmatrix}+\begin{pmatrix}1\\-2\\-1\end{pmatrix}u(0)+\begin{pmatrix}1\\0\\1\end{pmatrix}u(1)\end{aligned}$$

$$k=2$$

$$\begin{aligned}\boldsymbol{x}(3)&=\boldsymbol{G}\boldsymbol{x}(2)+\boldsymbol{h}u(2)=\boldsymbol{G}^3\boldsymbol{x}(0)+\boldsymbol{G}^2\boldsymbol{h}u(0)+\boldsymbol{G}\boldsymbol{h}u(1)+\boldsymbol{h}u(2)\\&=\begin{pmatrix}1&0&0\\0&2&-2\\-1&1&0\end{pmatrix}\begin{pmatrix}2\\6\\0\end{pmatrix}+\begin{pmatrix}1&0&0\\0&2&-2\\-1&1&0\end{pmatrix}\begin{pmatrix}1\\-2\\-1\end{pmatrix}u(0)\end{aligned}$$

$$
\begin{aligned}
&+\begin{pmatrix}1&0&0\\0&2&-2\\-1&1&0\end{pmatrix}\begin{pmatrix}1\\0\\1\end{pmatrix}u(1)+\begin{pmatrix}1\\0\\1\end{pmatrix}u(2)\\
&=\begin{pmatrix}2\\12\\4\end{pmatrix}+\begin{pmatrix}1\\-2\\-3\end{pmatrix}u(0)+\begin{pmatrix}1\\-2\\-1\end{pmatrix}u(1)+\begin{pmatrix}1\\0\\1\end{pmatrix}u(2)
\end{aligned}
\tag{5.37}
$$

现令 $\boldsymbol{x}(3)=\boldsymbol{0}$，由上式得 3 个标量方程，求解 3 个待求量 $u(0)$、$u(1)$、$u(2)$，写成矩阵方程形式，即

$$
\begin{pmatrix}1&1&1\\-2&-2&0\\-3&-1&1\end{pmatrix}\begin{pmatrix}u(0)\\u(1)\\u(2)\end{pmatrix}=-\begin{pmatrix}2\\12\\4\end{pmatrix}
\tag{5.38}
$$

由于 $\begin{pmatrix}u(0)\\u(1)\\u(2)\end{pmatrix}$ 的系数矩阵 $\begin{pmatrix}1&1&1\\-2&-2&0\\-3&-1&1\end{pmatrix}$ 是非奇异的，其逆存在，所以式（5.38）有解，其解为

$$
\begin{pmatrix}u(0)\\u(1)\\u(2)\end{pmatrix}=-\begin{pmatrix}1&1&1\\-2&-2&0\\-3&-1&1\end{pmatrix}^{-1}\begin{pmatrix}2\\12\\4\end{pmatrix}=\begin{pmatrix}-5\\11\\-8\end{pmatrix}
$$

也就是说，能找到 $u(0)$、$u(1)$、$u(2)$，使 $\boldsymbol{x}(3)=\boldsymbol{0}$ 在第 3 步时，系统状态转移到零，因此该系统为能控系统。所以有解的充分必要条件，即能控的充分必要条件是系数矩阵满秩。而系数矩阵是如何构成的呢？只要回顾一下式（5.37），不难看出它就是

$$
\left(\boldsymbol{G}^2\boldsymbol{h},\boldsymbol{G}\boldsymbol{h},\boldsymbol{h}\right)
\tag{5.39}
$$

只要式（5.39）满秩，系统就是能控的，此时可将此系数矩阵称为能控性判别矩阵，仿连续时间系统，记以

$$
\boldsymbol{M}=\left(\boldsymbol{h},\boldsymbol{G}\boldsymbol{h},\boldsymbol{G}^2\boldsymbol{h}\right)
$$

或称为 $(\boldsymbol{G},\boldsymbol{h})$ 对。

一般地，初始状态为 $\boldsymbol{x}(0)$ 时，式（5.36）的解为

$$
\boldsymbol{x}(k)=\boldsymbol{G}^k\boldsymbol{x}(0)+\sum_{j=0}^{k-1}\boldsymbol{G}^{k-j-1}\boldsymbol{h}u(j)
\tag{5.40}
$$

若系统是能控的，则应在 $k=n$ 时，根据上式解得 $u(0),u(1),\cdots,u(n-1)$，使 $\boldsymbol{x}(k)$ 在第 n 个采样时刻为零，即 $\boldsymbol{x}(n)=\boldsymbol{0}$，从而有

$$
\sum_{j=0}^{n-1}\boldsymbol{G}^{n-j-1}\boldsymbol{h}u(j)=-\boldsymbol{G}^n\boldsymbol{x}(0)
$$

或

$$
\boldsymbol{G}^{n-1}\boldsymbol{h}u(0)+\boldsymbol{G}^{n-2}\boldsymbol{h}u(1)+\cdots+\boldsymbol{G}\boldsymbol{h}u(n-2)+\boldsymbol{h}u(n-1)=-\boldsymbol{G}^n\boldsymbol{x}(0)
$$

或

$$\left(\boldsymbol{G}^{n-1}\boldsymbol{h},\boldsymbol{G}^{n-2}\boldsymbol{h},\cdots,\boldsymbol{G}\boldsymbol{h},\boldsymbol{h}\right)\begin{pmatrix} u(0) \\ u(1) \\ \vdots \\ u(n-2) \\ u(n-1) \end{pmatrix} = -\boldsymbol{G}^{n}\boldsymbol{x}(0) \tag{5.41}$$

故式（5.41）有解的充分必要条件是能控性判别矩阵

$$\boldsymbol{M} = \left(\boldsymbol{h},\boldsymbol{G}\boldsymbol{h},\cdots,\boldsymbol{G}^{n-2}\boldsymbol{h},\boldsymbol{G}^{n-1}\boldsymbol{h}\right) \tag{5.42}$$

的秩等于 n。

对于单输入系统来说，式（5.42）中的 $\boldsymbol{h}$ 是 n 维列矢量，因此矩阵 $\boldsymbol{M}$ 是 $n\times n$ 的系数矩阵。对于多输入系统来说，$\boldsymbol{h}$ 不再是 n 维列矢量而是 $n\times r$ 矩阵 $\boldsymbol{H}$，r 为控制信号（即输入）$\boldsymbol{u}$ 的维数，因此 $\boldsymbol{M}$ 是一个 $n\times nr$ 矩阵。

例如，有一个三阶的三输入系统：

$$\boldsymbol{x}(k+1) = \begin{pmatrix} 1 & 2 & 1 \\ 0 & 1 & 0 \\ 1 & 0 & 3 \end{pmatrix}\boldsymbol{x}(k) + \begin{pmatrix} 1 & 0 & 0 \\ 0 & 1 & 0 \\ 0 & 0 & 1 \end{pmatrix}\begin{pmatrix} u_1(k) \\ u_2(k) \\ u_3(k) \end{pmatrix}$$

$$\boldsymbol{H} = \begin{pmatrix} 1 & 0 & 0 \\ 0 & 1 & 0 \\ 0 & 0 & 1 \end{pmatrix},\quad \boldsymbol{G}\boldsymbol{H} = \begin{pmatrix} 1 & 2 & 1 \\ 0 & 1 & 0 \\ 1 & 0 & 3 \end{pmatrix},\quad \boldsymbol{G}^2\boldsymbol{H} = \begin{pmatrix} 2 & 4 & 4 \\ 0 & 1 & 0 \\ 4 & 2 & 10 \end{pmatrix}$$

故

$$\boldsymbol{M} = \begin{pmatrix} 1 & 0 & 0 & 1 & 2 & 1 & 2 & 4 & 4 \\ 0 & 1 & 0 & 0 & 1 & 0 & 0 & 1 & 0 \\ 0 & 0 & 1 & 1 & 0 & 3 & 4 & 2 & 10 \end{pmatrix}$$

为一个 $3\times(3\times3)=3\times9$ 的矩阵，显然上式是满秩的，即 $\boldsymbol{M}$ 的秩等于 3，系统是能控的。根据式（5.41）有

$$\begin{pmatrix} 2 & 4 & 4 & 1 & 2 & 1 & 1 & 0 & 0 \\ 0 & 1 & 0 & 0 & 1 & 0 & 0 & 1 & 0 \\ 4 & 2 & 10 & 1 & 0 & 3 & 0 & 0 & 1 \end{pmatrix}\begin{pmatrix} u_1(0) \\ u_2(0) \\ u_3(0) \\ u_1(0) \\ u_2(0) \\ u_3(0) \\ u_1(0) \\ u_2(0) \\ u_3(0) \end{pmatrix} = -\begin{pmatrix} 1 & 2 & 1 \\ 0 & 1 & 0 \\ 1 & 0 & 3 \end{pmatrix}^3\begin{pmatrix} x_1(0) \\ x_2(0) \\ x_3(0) \end{pmatrix} \tag{5.43}$$

可以看出，它是一个具有 9 个待求变量而只有 3 个方程的方程组。

一般在输入个数为 r 的 n 阶系统中，方程式的个数 n 总是小于未知数的个数 nr，在这种情况下，只要 $\boldsymbol{M}$ 满秩，方程组就有无穷多组解。在研究能控性问题时，关心的问题为是否有解，至于控制信号是什么样的，在此无关紧要。

在多输入系统中，n 阶系统的初始状态转移到原点，一般并不一定需要 n 个采样周期，即采样步数 $k \leqslant n$。如果在 n 阶系统中，输入个数 $r=n$，即 $\boldsymbol{H}$ 也是 $n\times n$ 方阵，而且 $\boldsymbol{H}$ 又是非奇异阵，那么只需要一个采样步数，$\boldsymbol{x}(0)$ 就能转移到原点。

如上例，$\boldsymbol{H}$ 是非奇异的，故采样步数 k 可以等于 1。的确，$k=1$ 时，式（5.43）为

$$\boldsymbol{Hu}(0) = -\boldsymbol{Gx}(0)$$

即

$$\begin{pmatrix} 1 & 0 & 0 \\ 0 & 1 & 0 \\ 0 & 0 & 1 \end{pmatrix}\begin{pmatrix} u_1(0) \\ u_2(0) \\ u_3(0) \end{pmatrix} = -\begin{pmatrix} 1 & 2 & 1 \\ 0 & 1 & 0 \\ 1 & 0 & 3 \end{pmatrix}\begin{pmatrix} x_1(0) \\ x_2(0) \\ x_3(0) \end{pmatrix}$$

由于 $\boldsymbol{x}(0)$ 已知，$\boldsymbol{H}$ 满秩，故可以唯一地确定第一步的控制信号，使 $\boldsymbol{x}(0)$ 能在第一个采样周期就达到零状态。

5.4.2 能观性判别矩阵 $\boldsymbol{N}$

判断线性定常离散系统的能观性是从下述两个方程出发的：

$$\begin{aligned} \boldsymbol{x}(k+1) &= \boldsymbol{Gx}(k) \\ \boldsymbol{y}(k) &= \boldsymbol{Cx}(k) \end{aligned} \tag{5.44}$$

其中，$\boldsymbol{y}$ 为 m 维列矢量；$\boldsymbol{C}$ 为 $m\times n$ 输出矩阵，其余同式（5.36）。

根据前面内容中能观性的定义，如果已知有限采样周期内的输出 $\boldsymbol{y}(t)$，就能唯一地确定任意初始状态矢量 $\boldsymbol{x}(0)$，则系统是完全能观的，现根据此定义推导能观性条件。根据式（5.44）有

$$\begin{aligned} \boldsymbol{x}(k+1) &= \boldsymbol{G}^k\boldsymbol{x}(0) \\ \boldsymbol{y}(k) &= \boldsymbol{CG}^k\boldsymbol{x}(0) \end{aligned} \tag{5.45}$$

若系统能观，那么在知道 $\boldsymbol{y}(0), \boldsymbol{y}(1), \cdots, \boldsymbol{y}(n-1)$ 时，应能确定 $\boldsymbol{x}(0) = [x_1(0), x_2(0), \cdots, x_n(0)]^{\mathrm{T}}$，现由式（5.45）可得

$$\begin{aligned} \boldsymbol{y}(0) &= \boldsymbol{Cx}(0) \\ \boldsymbol{y}(1) &= \boldsymbol{CGx}(0) \\ &\vdots \\ \boldsymbol{y}(n-1) &= \boldsymbol{CG}^{n-1}\boldsymbol{x}(0) \end{aligned}$$

写成矩阵形式

$$\begin{pmatrix} \boldsymbol{y}(0) \\ \boldsymbol{y}(1) \\ \vdots \\ \boldsymbol{y}(n-1) \end{pmatrix} = \begin{pmatrix} \boldsymbol{C} \\ \boldsymbol{CG} \\ \vdots \\ \boldsymbol{CG}^{n-1} \end{pmatrix}\begin{pmatrix} x_1(0) \\ x_2(0) \\ \vdots \\ x_n(0) \end{pmatrix} \tag{5.46}$$

$\boldsymbol{x}(0)$ 有唯一解的充分必要条件是其系数矩阵的秩等于 n。这个系数矩阵称为能观性判别矩阵，类似连续时间系统，记为 $\boldsymbol{N}$。即

$$N=\begin{pmatrix} C \\ CG \\ \vdots \\ CG^{n-1} \end{pmatrix} 或 N^{\mathrm{T}}=\left[C^{\mathrm{T}},G^{\mathrm{T}}C^{\mathrm{T}},\cdots,(G^{n-1})^{\mathrm{T}}C^{\mathrm{T}}\right] \tag{5.47}$$

5.5　线性时变连续系统的能控性和能观性

线性时变连续系统的系统矩阵 $A(t)$、控制矩阵 $B(t)$ 和输出矩阵 $C(t)$ 的元素是时间的函数，所以不能像线性定常连续系统那样，由 (A,B) 对与 (A,C) 对构成能控性矩阵和能观性矩阵，然后检验其秩，而必须由有关时变矩阵构成格拉姆（Gram）矩阵，并由其非奇异性作为判断的依据。

5.5.1　能控性判别

1. 有关线性时变连续系统能控性的几点说明

（1）定义中的允许控制 $u(t)$，在数学上要求其元在 $\left[t_0,t_f\right]$ 区间内是绝对平方可积的，即

$$\int_{t_0}^{t_f}\left|u_j\right|^2\mathrm{d}t<+\infty\text{，}\quad j=1,2,\cdots,r$$

这个限制条件是为了保证系统状态方程的解存在且唯一。任何一个分段连续的时间函数都是绝对平方可积的，上述对 u 的要求在工程上是容易保证的。从物理上看，这样的控制作用实际上是无约束的。

（2）定义中的 t_f 是系统在允许控制作用下，由初始状态 $x(t_0)$ 转移到目标状态（原点）的时刻。由于时变系统的状态转移与初始时刻 t_0 有关，所以对时变系统来说，t_f 和初始时刻 t_0 的选取有关。

（3）根据能控性定义可以导出能控状态和控制作用之间的关系式。

设状态空间中的某一个非零点 x_0 是能控状态，那么根据能控状态的定义必有

$$x(t_f)=\Phi(t_f,t_0)x_0+\int_{t_0}^{t_f}\Phi(t_f,\tau)B(\tau)u(\tau)\mathrm{d}\tau=\mathbf{0}$$

即

$$\begin{aligned} x_0&=-\Phi^{-1}(t_f,t_0)\int_{t_0}^{t_f}\Phi(t_f,\tau)B(\tau)u(\tau)\mathrm{d}\tau \\ &=-\int_{t_0}^{t_f}\Phi(t_0,\tau)B(\tau)u(\tau)\mathrm{d}\tau \end{aligned} \tag{5.48}$$

上述关系式说明，如果系统在 t_0 时刻是能控的，则对于某个任意指定的非零状态 x_0，满足上述关系式的 $u(t)$ 是存在的。或者说，如果系统在 t_0 时刻是能控的，那么由允许控制 $u(t)$ 按上述关系式所导出的 x_0 为状态空间中的任意非零有限点。

式（5.48）是一个很重要的关系式，下面一些有关能控性质的推论都是根据它推导出来的。

（4）非奇异变换不改变系统的能控性。

设系统在变换前是能控的，它必满足式（5.48）：

$$\boldsymbol{x}_0 = -\int_{t_0}^{t_f} \boldsymbol{\Phi}(t_0,\tau)\boldsymbol{B}(\tau)\boldsymbol{u}(\tau)\mathrm{d}\tau$$

若取变换矩阵为 $\boldsymbol{P}$，对 $\boldsymbol{x}$ 进行线性变换：

$$\boldsymbol{x} = \boldsymbol{P}\tilde{\boldsymbol{x}}$$

则有

$$\tilde{\boldsymbol{A}} = \boldsymbol{P}^{-1}\boldsymbol{A}\boldsymbol{P}\ ,\quad \tilde{\boldsymbol{B}} = \boldsymbol{P}^{-1}\boldsymbol{B}$$

即

$$\boldsymbol{A} = \boldsymbol{P}\tilde{\boldsymbol{A}}\boldsymbol{P}^{-1}\ ,\quad \boldsymbol{B} = \boldsymbol{P}\tilde{\boldsymbol{B}}$$

将上述关系代入式（5.48）中，有

$$\boldsymbol{P}\tilde{\boldsymbol{x}}_0 = -\int_{t_0}^{t_f} \boldsymbol{\Phi}(t_0,\tau)\boldsymbol{P}\tilde{\boldsymbol{B}}(\tau)\boldsymbol{u}(\tau)\mathrm{d}\tau$$

$$\tilde{\boldsymbol{x}}_0 = -\int_{t_0}^{t_f} \boldsymbol{P}^{-1}\boldsymbol{\Phi}(t_0,\tau)\boldsymbol{P}\tilde{\boldsymbol{B}}(\tau)\boldsymbol{u}(\tau)\mathrm{d}\tau$$

$$\tilde{\boldsymbol{x}}_0 = -\int_{t_0}^{t_f} \tilde{\boldsymbol{\Phi}}(t_0,\tau)\tilde{\boldsymbol{B}}(\tau)\boldsymbol{u}(\tau)\mathrm{d}\tau$$

推导表明，如果 $\boldsymbol{x}_0$ 是能控状态，那么变换后的 $\tilde{\boldsymbol{x}}_0$ 也满足能控状态的关系式，故 $\tilde{\boldsymbol{x}}_0$ 也是能控状态，从而证明了非奇异变换不改变系统的能控状态。

（5）如果 $\boldsymbol{x}_0$ 是能控状态，则 $\alpha\boldsymbol{x}_0$ 也是能控状态，α 是任意非零实数。

因为 $\boldsymbol{x}_0$ 是能控状态，所以必可构成允许控制 $\boldsymbol{u}$，其满足

$$\boldsymbol{x}_0 = -\int_{t_0}^{t_f} \boldsymbol{\Phi}(t_0,\tau)\boldsymbol{B}(\tau)\boldsymbol{u}(\tau)\mathrm{d}\tau$$

现选 $\boldsymbol{u}^* = \alpha\boldsymbol{u}$，因 α 是非零实数，故 $\boldsymbol{u}^*$ 也一定是允许控制的。上式两端同时乘以 α，并将 $\boldsymbol{u}^* = \alpha\boldsymbol{u}$ 代入其中，则有

$$-\int_{t_0}^{t_f} \boldsymbol{\Phi}(t_0,\tau)\boldsymbol{B}(\tau)\boldsymbol{u}^*(\tau)\mathrm{d}\tau = \alpha\boldsymbol{x}_0$$

从而表明 $\alpha\boldsymbol{x}_0$ 也是能控状态。

（6）如果 $\boldsymbol{x}_{01}$ 和 $\boldsymbol{x}_{02}$ 是能控状态，所以必存在相应的允许控制 $\boldsymbol{u}_1$ 和 $\boldsymbol{u}_2$，且 $\boldsymbol{u}_1 + \boldsymbol{u}_2$ 也是允许控制，若把 $\boldsymbol{u}_1 + \boldsymbol{u}_2$ 代入式（5.48）中，有

$$\begin{aligned}
&-\int_{t_0}^{t_f} \boldsymbol{\Phi}(t_0,\tau)\boldsymbol{B}(\tau)\left[\boldsymbol{u}_1(\tau) + \boldsymbol{u}_2(\tau)\right]\mathrm{d}\tau \\
&= -\left[\int_{t_0}^{t_f} \boldsymbol{\Phi}(t_0,\tau)\boldsymbol{B}(\tau)\boldsymbol{u}_1(\tau)\mathrm{d}\tau + \int_{t_0}^{t_f} \boldsymbol{\Phi}(t_0,\tau)\boldsymbol{B}(\tau)\boldsymbol{u}_2(\tau)\mathrm{d}\tau\right] \\
&= \boldsymbol{x}_{01} + \boldsymbol{x}_{02}
\end{aligned}$$

表明 $\boldsymbol{x}_{01} + \boldsymbol{x}_{02}$ 满足式（5.48），即 $\boldsymbol{x}_{01} + \boldsymbol{x}_{02}$ 也为能控状态。

（7）由线性代数关于线性空间的定义可知，系统中所有的能控状态构成了状态空间中的一个子空间，此子空间称为系统的能控子空间，记为 X_{c}。

例如，系统：

$$\begin{pmatrix} \dot{x}_1 \\ \dot{x}_2 \end{pmatrix} = \begin{pmatrix} 1 & 0 \\ 0 & 1 \end{pmatrix}\begin{pmatrix} x_1 \\ x_2 \end{pmatrix} + \begin{pmatrix} 1 \\ 1 \end{pmatrix}u$$

只有 $x_1 = x_2$ 的状态是能控状态。所有能控状态构成的能控子空间 X_{c} 是二维状态空间中的一条 45° 斜线，如图 5.11 中的粗线所示。显然，若 X_{c} 是整个状态空间，即 $X_{\mathrm{c}} = R^n$，则该系

统是完全能控的。

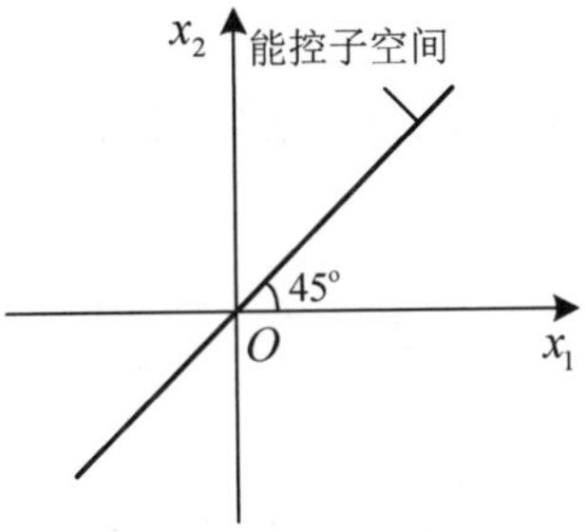

图 5.11 系统能控子空间的状态空间表示

2. 线性时变连续系统的能控性判别

线性时变连续系统的状态方程如下：

$$\dot{\boldsymbol{x}} = \boldsymbol{A}(t)\boldsymbol{x} + \boldsymbol{B}(t)\boldsymbol{u} \tag{5.49}$$

系统在$\left[t_0,t_f\right]$区间内状态完全能控的充分必要条件是格拉姆矩阵

$$\boldsymbol{W}_{\mathrm{c}}(t_0,t_f) = \int_{t_0}^{t_f} \boldsymbol{\Phi}(t_0,t_f)\boldsymbol{B}(t)\boldsymbol{B}^{\mathrm{T}}(t)\boldsymbol{\Phi}^{\mathrm{T}}(t_0,t)\mathrm{d}t \tag{5.50}$$

是非奇异的。

证明

先证充分性：假定$\boldsymbol{W}_{\mathrm{c}}(t_0,t_f)$是非奇异的，则$\boldsymbol{W}_{\mathrm{c}}^{-1}(t_0,t_f)$存在。

选择控制作用$\boldsymbol{u}(t)$如下式：

$$\boldsymbol{u}(t) = -\boldsymbol{B}^{\mathrm{T}}(t)\boldsymbol{\Phi}^{\mathrm{T}}(t_0,t)\boldsymbol{W}_{\mathrm{c}}^{-1}(t_0,t_f)\boldsymbol{x}(t_0) \tag{5.51}$$

考察在它的作用下能否使$\boldsymbol{x}(t_0)$在$\left[t_0,t_f\right]$区间内转移到原点。如果能，则说明存在式（5.51）中的$\boldsymbol{u}(t)$，系统完全能控。

已知式（5.49）的解为

$$\boldsymbol{x}(t) = \boldsymbol{\Phi}(t,t_0)\boldsymbol{x}(t_0) + \int_0^{t_f} \boldsymbol{\Phi}(t,\tau)\boldsymbol{B}(\tau)\boldsymbol{u}(\tau)\mathrm{d}\tau$$

令$t=t_f$，将τ换成t，并将式（5.51）中的$\boldsymbol{u}(t)$代入上式中，得

$$\begin{aligned}
\boldsymbol{x}(t_f) &= \boldsymbol{\Phi}(t_f,t_0)\boldsymbol{x}_0 - \int_{t_0}^{t_f} \boldsymbol{\Phi}(t_0,t)\boldsymbol{B}(t)\boldsymbol{B}^{\mathrm{T}}(t)\boldsymbol{\Phi}^{\mathrm{T}}(t_0,t)\boldsymbol{W}_{\mathrm{c}}^{-1}(t_0,t_f)\boldsymbol{x}(t_0)\mathrm{d}t \\
&= \boldsymbol{\Phi}(t_f,t_0)\boldsymbol{x}_0 - \boldsymbol{\Phi}(t_f,t_0)\int_{t_0}^{t_f} \boldsymbol{\Phi}(t_0,t)\boldsymbol{B}(t)\boldsymbol{B}^{\mathrm{T}}(t)\boldsymbol{\Phi}^{\mathrm{T}}(t_0,t)\mathrm{d}t \times \boldsymbol{W}_{\mathrm{c}}^{-1}(t_0,t_f)\boldsymbol{x}(t_0) \\
&= \boldsymbol{\Phi}(t_f,t_0)\boldsymbol{x}_0 - \boldsymbol{\Phi}(t_f,t_0)\boldsymbol{W}_{\mathrm{c}}(t_0,t_f)\boldsymbol{W}_{\mathrm{c}}^{-1}(t_0,t_f)\boldsymbol{x}(t_0) \\
&= \boldsymbol{\Phi}(t_f,t_0)\boldsymbol{x}_0 - \boldsymbol{\Phi}(t_f,t_0)\boldsymbol{x}(t_0) \\
&= \boldsymbol{0}
\end{aligned}$$

所以，只要$\boldsymbol{W}_{\mathrm{c}}(t_0,t_f)$是非奇异的，系统就完全能控。充分性得证。

再证必要性：若系统完全能控，则$\boldsymbol{W}_{\mathrm{c}}(t_0,t_f)$必定是非奇异的。

现用反证法，即系统完全能控，而$\boldsymbol{W}_{\mathrm{c}}(t_0,t_f)$却是奇异的。既然$\boldsymbol{W}_{\mathrm{c}}(t_0,t_f)$奇异，则必存在某非零$\boldsymbol{x}(t_0)$，使得$\boldsymbol{x}^{\mathrm{T}}(t_0)\boldsymbol{W}_{\mathrm{c}}(t_0,t_f)\boldsymbol{x}(t_0)=0$。即有

$$\int_{t_0}^{t_f} \boldsymbol{x}^{\mathrm{T}}(t_0)\boldsymbol{\Phi}(t_0,t)\boldsymbol{B}(t)\boldsymbol{B}^{\mathrm{T}}(t)\boldsymbol{\Phi}^{\mathrm{T}}(t_0,t)\boldsymbol{x}(t_0)\mathrm{d}t = 0$$

亦即

$$\int_{t_0}^{t_f} \left[\boldsymbol{B}^{\mathrm{T}}(t)\boldsymbol{\Phi}^{\mathrm{T}}(t_0,t)\boldsymbol{x}(t_0)\right]^{\mathrm{T}}\left[\boldsymbol{B}^{\mathrm{T}}(t)\boldsymbol{\Phi}^{\mathrm{T}}(t_0,t)\boldsymbol{x}(t_0)\right]\mathrm{d}t = 0$$

亦即

$$\int_{t_0}^{t_f} \left\|\boldsymbol{B}^{\mathrm{T}}(t)\boldsymbol{\Phi}^{\mathrm{T}}(t_0,t)\boldsymbol{x}(t_0)\right\|^2\mathrm{d}t = 0$$

但 $\boldsymbol{B}^{\mathrm{T}}(t)\boldsymbol{\Phi}^{\mathrm{T}}(t_0,t)$ 对 t 是连续的，故由上式，必有

$$\boldsymbol{B}^{\mathrm{T}}(t)\boldsymbol{\Phi}^{\mathrm{T}}(t_0,t)\boldsymbol{x}(t_0) = 0$$

又因为已假定系统是能控的，所以上述 $\boldsymbol{x}_0$ 是能控状态，必满足能控状态关系式（5.48），即

$$\boldsymbol{x}(t_0) = -\int_{t_0}^{t_f} \boldsymbol{\Phi}(t_0,t)\boldsymbol{B}(t)\boldsymbol{u}(t)\mathrm{d}t$$

由于

$$\begin{aligned}\|\boldsymbol{x}(t_0)\| = \boldsymbol{x}^{\mathrm{T}}(t_0)\boldsymbol{x}(t_0) &= \left[-\int_{t_0}^{t_f} \boldsymbol{\Phi}(t_0,t)\boldsymbol{B}(t)\boldsymbol{u}(t)\mathrm{d}t\right]^{\mathrm{T}}\boldsymbol{x}(t_0)\\ &= -\int_{t_0}^{t_f} \boldsymbol{u}^{\mathrm{T}}(t)\boldsymbol{B}^{\mathrm{T}}(t)\boldsymbol{\Phi}^{\mathrm{T}}(t_0,t)\boldsymbol{x}(t_0)\mathrm{d}t = 0\end{aligned}$$

上式说明如果 $\boldsymbol{x}(t_0)$ 是能控的，那么它绝不是任意的，且只有 $\boldsymbol{x}(t_0) = \boldsymbol{0}$，这与 $\boldsymbol{x}(t_0)$ 为非零的假设是矛盾的，因此反设 $\boldsymbol{W}_{\mathrm{c}}(t_0,t_f)$ 为奇异的不成立。从而必要性得证。

【例 5.14】试判断下列系统的能控性：

$$\begin{pmatrix}\dot{x}_1\\ \dot{x}_2\end{pmatrix} = \begin{pmatrix}0 & t\\ 0 & 0\end{pmatrix}\begin{pmatrix}x_1\\ x_2\end{pmatrix} + \begin{pmatrix}0\\ 1\end{pmatrix}u$$

解

（1）求系统的状态转移矩阵，考虑该系统的矩阵 $\boldsymbol{A}(t)$ 满足

$$\boldsymbol{A}(t_1)\boldsymbol{A}(t_2) = \boldsymbol{A}(t_2)\boldsymbol{A}(t_1)$$

故状态转移矩阵 $\boldsymbol{\Phi}(0,t)$ 可写成封闭形式：

$$\begin{aligned}\boldsymbol{\Phi}(0,t) &= \boldsymbol{I} + \int_0^t \begin{pmatrix}0 & \tau\\ 0 & 0\end{pmatrix}\mathrm{d}\tau + \frac{1}{2!}\left\{\int_0^t \begin{pmatrix}0 & \tau\\ 0 & 0\end{pmatrix}\mathrm{d}\tau\right\}^2 + \cdots\\ &= \begin{pmatrix}1 & -\frac{1}{2}t^2\\ 0 & 1\end{pmatrix}\end{aligned}$$

（2）计算能控性判别矩阵 $\boldsymbol{W}_{\mathrm{c}}(t_0,t_f)$：

$$\begin{aligned}\boldsymbol{W}_{\mathrm{c}}(t_0,t_f) &= \int_0^{t_f} \begin{pmatrix}1 & -\frac{1}{2}t^2\\ 0 & 1\end{pmatrix}\begin{pmatrix}0\\ 1\end{pmatrix}(0,\ \ 1)\begin{pmatrix}1 & 0\\ -\frac{1}{2}t^2 & 1\end{pmatrix}\mathrm{d}t\\ &= \int_0^{t_f} \begin{pmatrix}\frac{1}{4}t^4 & -\frac{1}{2}t^2\\ -\frac{1}{2}t^2 & 1\end{pmatrix}\mathrm{d}t = \begin{pmatrix}\frac{1}{20}t_f^5 & -\frac{1}{6}t_f^3\\ -\frac{1}{6}t_f^3 & t_f\end{pmatrix}\end{aligned}$$

（3）判断 $\boldsymbol{W}_{\mathrm{c}}(0,t_f)$ 是否为非奇异的：

$$\det \boldsymbol{W}_{\mathrm{c}}(0,t_f)=\frac{1}{20}t_f^6-\frac{1}{36}t_f^6=\frac{1}{45}t_f^6$$

当 $t_f>0$ 时，$\det \boldsymbol{W}_{\mathrm{c}}(0,t_f)>0$。所以系统在[0, t]区间内是能控的。

由上例可以看到，根据式（5.50）的非奇异性判别系统的能控性，必须先计算出系统的状态转移矩阵。但是，如果线性时变连续系统的状态转移矩阵无法给出闭合解，则上述方法就失去了工程意义。下面介绍一种较为实用的判别准则，根据该判别准则只需利用矩阵 $\boldsymbol{A}(t)$ 和 $\boldsymbol{B}(t)$ 的信息就可判断系统的能控性。

设系统的状态方程为

$$\dot{\boldsymbol{x}}=\boldsymbol{A}(t)\boldsymbol{x}+\boldsymbol{B}(t)\boldsymbol{u}$$

$\boldsymbol{A}(t)$、$\boldsymbol{B}(t)$ 的元对时间变量 t 分别是 n–2 和 n–1 次连续可微的，记为

$$\boldsymbol{B}_1(t)=\boldsymbol{B}(t)$$

$$\boldsymbol{B}_i(t)=-\boldsymbol{A}(t)\boldsymbol{B}_{i-1}(t)+\dot{\boldsymbol{B}}_{i-1}(t),\quad i=2,3,\cdots,n$$

令

$$\boldsymbol{Q}_{\mathrm{c}}(t)\equiv\left(\boldsymbol{B}_1(t),\boldsymbol{B}_2(t),\cdots,\boldsymbol{B}_n(t)\right)$$

如果存在某个时刻 t_f（$t_f>0$），使得

$$\operatorname{rank}\boldsymbol{Q}_{\mathrm{c}}(t_f)=n$$

则该系统在 $\left[0,t_f\right]$ 区间内是状态完全能控的。

必须注意，这是一个充分条件，即不满足这个条件的系统，并不一定是不能控的。

【例 5.15】 系统同例 5.14，用上述方法判断系统的能控性。

解

$$\boldsymbol{B}_1=\boldsymbol{B}=\begin{pmatrix}0\\1\end{pmatrix}$$

$$\boldsymbol{B}_2(t)=-\boldsymbol{A}(t)\boldsymbol{B}_1(t)+\dot{\boldsymbol{B}}_1=-\begin{pmatrix}0&t\\0&0\end{pmatrix}\begin{pmatrix}0\\1\end{pmatrix}=\begin{pmatrix}-t\\0\end{pmatrix}$$

$$\boldsymbol{Q}_{\mathrm{c}}(t)=\left[\boldsymbol{B}_1(t),\quad \boldsymbol{B}_2(t)\right]=\begin{pmatrix}0&-t\\0&0\end{pmatrix}$$

$$\det\boldsymbol{Q}_{\mathrm{c}}(t)=t$$

显然，如果 $t\neq0$，则 $\operatorname{rank}\boldsymbol{Q}_{\mathrm{c}}(t)=n=2$，所以系统在 $\left[0,\ t\right]$ 区间内是状态完全能控的。

5.5.2　能观性判别

1. 有关线性时变连续系统能观性的几点说明

（1）时间区间 $\left[t_0,\ t_f\right]$ 是识别初始状态 $\boldsymbol{x}(t_0)$ 所需要的观测时间，对线性时变连续系统来说，这个区间的大小与初始时刻 t_0 的选择有关。

（2）根据不能观的定义可以写出不能观状态的数学表达式，即

$$\boldsymbol{C}(t)\boldsymbol{\Phi}(t,t_0)\boldsymbol{x}(t_0)\equiv\boldsymbol{0},\quad t\in\left[t_0,\ t_f\right]\tag{5.52}$$

这是一个很重要的关系式，下面的几个结论都是根据它推证出来的。

（3）对系统做线性非奇异变换，不改变其观测性。

证明

若系统中 $\boldsymbol{x}(t_0)$ 是不能观的状态，它必满足

$$\boldsymbol{C}(t)\boldsymbol{\Phi}(t,t_0)\boldsymbol{x}(t_0)\equiv\mathbf{0}$$

取 $\boldsymbol{P}$ 为变换阵，有

$$\boldsymbol{x}=\boldsymbol{P}\tilde{\boldsymbol{x}}\text{，}\quad \tilde{\boldsymbol{C}}=\boldsymbol{C}\boldsymbol{P}$$

即

$$\boldsymbol{C}(t)=\tilde{\boldsymbol{C}}(t)\boldsymbol{P}^{-1}$$

将上式代入式（5.52）中，有

$$\tilde{\boldsymbol{C}}(t)\boldsymbol{P}^{-1}\boldsymbol{\Phi}(t,t_0)\boldsymbol{P}\tilde{\boldsymbol{x}}(t_0)\equiv\mathbf{0}$$

即

$$\tilde{\boldsymbol{C}}(t)\tilde{\boldsymbol{\Phi}}(t,t_0)\tilde{\boldsymbol{x}}(t_0)\equiv\mathbf{0}$$

上式表示 $\tilde{\boldsymbol{x}}(t_0)$ 为不能观的状态，亦即不能观状态的 $\boldsymbol{x}(t_0)$ 经奇异变换后仍是不能观的。

（4）如果 $\boldsymbol{x}(t_0)$ 是不能观的，当 α 为任意非零实数时，则 $\alpha\boldsymbol{x}(t_0)$ 也是不能观的。

证明

因为 $\boldsymbol{x}(t_0)$ 是不能观的，即

$$\boldsymbol{C}(t)\boldsymbol{\Phi}(t,t_0)\boldsymbol{x}(t_0)\equiv\mathbf{0}$$

所以

$$\boldsymbol{C}(t)\boldsymbol{\Phi}(t,t_0)\alpha\boldsymbol{x}(t_0)\equiv\mathbf{0}$$

故 $\alpha\boldsymbol{x}(t_0)$ 是不能观的。

（5）如果 $\boldsymbol{x}_{01}$ 和 $\boldsymbol{x}_{02}$ 都是不能观的，则 $\boldsymbol{x}_{01}+\boldsymbol{x}_{02}$ 也是不能观的。

证明

因为 $\boldsymbol{x}_{01}$、 $\boldsymbol{x}_{02}$ 都是不能观的，即

$$\boldsymbol{C}(t)\boldsymbol{\Phi}(t,t_0)\boldsymbol{x}_{01}=\boldsymbol{C}(t)\boldsymbol{\Phi}(t,t_0)\boldsymbol{x}_{02}\equiv\mathbf{0}$$

所以

$$\boldsymbol{C}(t)\boldsymbol{\Phi}(t,t_0)(\boldsymbol{x}_{01}+\boldsymbol{x}_{02})\equiv\mathbf{0}$$

故 $\boldsymbol{x}_{01}+\boldsymbol{x}_{02}$ 是不能观的。

（6）根据前面的分析可以看出，系统的不能观状态构成了状态空间的一个子空间，这个子空间称为不能观子空间，记为 $\tilde{\boldsymbol{x}}_0$。只有当系统的不能观子空间 $\tilde{\boldsymbol{x}}_0$ 在状态空间中是零空间时，该系统才是完全能观的。

例如：

$$\begin{pmatrix}\dot{x}_1\\ \dot{x}_2\end{pmatrix}=\begin{pmatrix}1 & 0\\ 0 & 1\end{pmatrix}\begin{pmatrix}x_1\\ x_2\end{pmatrix}$$

$$y=(1,\quad 1)\begin{pmatrix}x_1\\ x_2\end{pmatrix}$$

由初始状态 $\boldsymbol{x}(t_0)$ 所引起的系统输出 $y(t)$ 为

$$y(t) = x_1(t) + x_2(t) = \boldsymbol{\Phi}(t,t_0)x_1(t_0) + \boldsymbol{\Phi}(t,t_0)x_2(t_0)$$

若 $x_1(t_0) = -x_2(t_0)$，则

$$y(t) \equiv 0$$

即在状态空间中，所有满足

$$x_1(t_0) = -x_2(t_0)$$

的状态是不能观的状态。这些不能观的状态构成了一个不能观子空间，它是二维状态空间中的一条–45° 的斜线，如图 5.12 中的粗线所示。

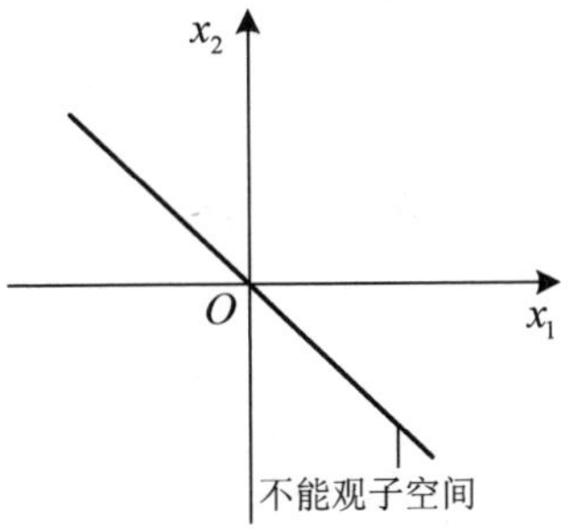

图 5.12　系统不能观子空间的状态空间表示

2. 线性时变连续系统的能观性判别

线性时变连续系统

$$\begin{aligned} \dot{\boldsymbol{x}} &= \boldsymbol{A}(t)\boldsymbol{x} + \boldsymbol{B}(t)\boldsymbol{u} \\ \boldsymbol{y} &= \boldsymbol{C}(t)\boldsymbol{x} \end{aligned} \tag{5.53}$$

在 $[t_0,\ t_f]$ 区间内状态完全能观的充分必要条件是格拉姆矩阵

$$\boldsymbol{W}_{\mathrm{o}}(t_0,t_f) = \int_{t_0}^{t_f} \boldsymbol{\Phi}^{\mathrm{T}}(t,t_0)\boldsymbol{C}^{\mathrm{T}}(t)\boldsymbol{C}(t)\boldsymbol{\Phi}(t,t_0)\mathrm{d}t \tag{5.54}$$

为非奇异的。

证明

系统状态方程式（5.53）的解为

$$\boldsymbol{x}(t) = \boldsymbol{\Phi}(t,t_0)\boldsymbol{x}(t_0) + \int_0^t \boldsymbol{\Phi}(t,\tau)\boldsymbol{B}(\tau)\boldsymbol{u}(\tau)\mathrm{d}\tau$$

输出为

$$\boldsymbol{y}(t) = \boldsymbol{C}(t)\boldsymbol{\Phi}(t,t_0)\boldsymbol{x}(t_0) + \boldsymbol{C}(t)\int_{t_0}^t \boldsymbol{\Phi}(t,\tau)\boldsymbol{B}(\tau)\boldsymbol{u}(\tau)\mathrm{d}\tau$$

在判断系统的能观性时，可以不计控制作用 $\boldsymbol{u}$，这时上边两式简化为

$$\boldsymbol{x}(t) = \boldsymbol{\Phi}(t,t_0)\boldsymbol{x}(t_0)$$

$$\boldsymbol{y}(t) = \boldsymbol{C}(t)\boldsymbol{\Phi}(t,t_0)\boldsymbol{x}(t_0)$$

上述第二个式子两边左乘 $\boldsymbol{\Phi}^{\mathrm{T}}(t,t_0)\boldsymbol{C}^{\mathrm{T}}(t)$，可得

$$\boldsymbol{\Phi}^{\mathrm{T}}(t,t_0)\boldsymbol{C}^{\mathrm{T}}(t)\boldsymbol{y}(t) = \boldsymbol{\Phi}^{\mathrm{T}}(t,t_0)\boldsymbol{C}^{\mathrm{T}}(t)\boldsymbol{C}(t)\boldsymbol{\Phi}(t,t_0)\boldsymbol{x}(t_0)$$

上式两边在 $[t_0,\ t_f]$ 区间内进行积分，可得

$$\int_{t_0}^{t_f}\boldsymbol{\Phi}^{\mathrm{T}}(t,t_0)\boldsymbol{C}^{\mathrm{T}}(t)\boldsymbol{y}(t)\mathrm{d}t=\int_{t_0}^{t_f}\boldsymbol{\Phi}^{\mathrm{T}}(t,t_0)\boldsymbol{C}^{\mathrm{T}}(t)\boldsymbol{C}(t)\boldsymbol{\Phi}(t,t_0)\boldsymbol{x}(t_0)$$
$$=\boldsymbol{W}_{\mathrm{o}}(t_0,t_f)\boldsymbol{x}(t_0)$$

显而易见，当且仅当$\boldsymbol{W}_{\mathrm{o}}(t_0,t_f)$为非奇异时，可根据$\left[t_0,\ t_f\right]$区间内的$\boldsymbol{y}(t)$唯一地确定$\boldsymbol{x}(t_0)$。判据得证。

和判断系统的能控性一样，计算$\boldsymbol{W}_{\mathrm{o}}(t_0,t_f)$的工作量很大。下面介绍一种与判断系统能控性的方法类似的一种方法。

设式（5.53）中的矩阵$\boldsymbol{A}(t)$和$\boldsymbol{C}(t)$的元对时间变量t分别是n−2 和n−1 次连续可微的，记为

$$\boldsymbol{C}_1(t)=\boldsymbol{C}(t)$$
$$\boldsymbol{C}_i(t)=\boldsymbol{C}_i\boldsymbol{A}(t)+\dot{\boldsymbol{C}}_{i-1}(t),\quad i=2,3,\cdots,n$$

令

$$\boldsymbol{R}(t)=\begin{pmatrix}\boldsymbol{C}_1(t)\\\boldsymbol{C}_2(t)\\\vdots\\\boldsymbol{C}_n(t)\end{pmatrix}$$

如果存在某个时刻t_f（$t_f>0$），使得$\mathrm{rank}\boldsymbol{R}(t_f)=n$，则系统在$\left[0,\ t_f\right]$区间内是能观的。

【例 5.16】 式（5.53）中的$\boldsymbol{A}(t)$、$\boldsymbol{C}(t)$分别为

$$\boldsymbol{A}(t)=\begin{pmatrix}t&1&0\\0&t&0\\0&0&t^2\end{pmatrix},\quad \boldsymbol{C}(t)=\left(1,0,1\right)$$

试判断其能观性。

解

$$\boldsymbol{C}_1=\boldsymbol{C}=\left(1,0,1\right)$$
$$\boldsymbol{C}_2=\boldsymbol{C}_1\boldsymbol{A}(t)+\dot{\boldsymbol{C}}_1=\left(t,1,t^2\right)$$
$$\boldsymbol{C}_3=\boldsymbol{C}_2\boldsymbol{A}(t)+\dot{\boldsymbol{C}}_2=\left(t^2+1,2t,t^4+2t\right)$$
$$\boldsymbol{R}(t)=\begin{pmatrix}\boldsymbol{C}_1(t)\\\boldsymbol{C}_2(t)\\\boldsymbol{C}_3(t)\end{pmatrix}=\begin{pmatrix}1&0&1\\t&1&t^2\\t^2+1&2t&t^4+2t\end{pmatrix}$$

容易判断，当$t>0$时，$\mathrm{rank}\boldsymbol{R}(t)=3=n$，所以该系统在$t>0$时是完全能观的。

必须注意，所述条件也只是一个充分条件，若系统不满足所述条件，则并不能得出该系统是不能观的结论。

5.5.3　线性时变连续系统和线性定常连续系统能控性与能观性判别准则之间的关系

众所周知，一个矩阵：

$$H(t_0,t)=\left(h_1(t_0,t)\quad h_2(t_0,t)\quad \cdots\quad h_n(t_0,t)\right)$$

其中，$h_i(t_0,t)$ 为列矢量，当且仅当由 $H(t_0,t)$ 构成的格拉姆矩阵 $G=\int_{t_0}^{t_f}H^{\mathrm{T}}(t_0,t)\times H(t_0,t)\mathrm{d}t$ 为非奇异矩阵时，$h_i(t_0,t)$（$i=1,2,\cdots,n$）列矢量才是线性无关的。此时

$$\begin{aligned}W_{\mathrm{c}}(t_0,t_f)&=\int_{t_0}^{t_f}\Phi(t_0,t_f)B(t)B^{\mathrm{T}}(t)\Phi^{\mathrm{T}}(t_0,t)\mathrm{d}t\\&=\int_{t_0}^{t_f}\left[B^{\mathrm{T}}(t)\Phi^{\mathrm{T}}(t_0,t)\right]^{\mathrm{T}}\left[B^{\mathrm{T}}(t)\Phi^{\mathrm{T}}(t_0,t)\right]\mathrm{d}t\end{aligned}$$

因此，$B^{\mathrm{T}}(t)\Phi^{\mathrm{T}}(t_0,t)$ 的列矢量线性无关与 $W_{\mathrm{c}}(t_0,t_f)$ 非奇异等价。

在线性定常连续系统中，$\Phi(t_0-t)=\mathrm{e}^{A(t_0-t)}$，故 $W_{\mathrm{c}}(t_0,t_f)$ 非奇异相当于 $\mathrm{e}^{A(t_0-t)}\times B$ 的行矢量线性无关，根据前面内容推导可知

$$\mathrm{e}^{A(t_0-t)}\times B=\left(B,AB,\cdots,A^{n-1}B\right)\begin{pmatrix}\beta_0\\\beta_1\\\vdots\\\beta_n\end{pmatrix}$$

故 $W_{\mathrm{c}}(t_0,t_f)$ 非奇异等价于 $\left(B,AB,\cdots,A^{n-1}B\right)$ 的行矢量线性无关，即等价于 $\mathrm{rank}M=n$。

综合上述分析，线性时变连续系统与线性定常连续系统的能控性判据是形异而实同的，是一脉相承的，格拉姆能控性矩阵是 (A,B) 对能控性矩阵的一般形式。

同样，格拉姆矩阵 $W_{\mathrm{o}}(t_0,t_f)$ 的非奇异矩阵等价于 $C(t)\Phi(t,t_0)$ 的列矢量线性无关。

$$\begin{aligned}W_{\mathrm{o}}(t_0,t_f)&=\int_{t_0}^{t_f}\Phi^{\mathrm{T}}(t,t_0)C^{\mathrm{T}}(t)C(t)\Phi(t,t_0)\mathrm{d}t\\&=\int_{0}^{t_f}[C(t)\Phi(t,t_0)]^{\mathrm{T}}[C(t)\Phi(t,t_0)]\mathrm{d}t\end{aligned}$$

根据时变矢量线性无关的判别定理可知 $W_{\mathrm{o}}(t_0,t_f)$ 非奇异等价于 $C(t)\Phi(t,t_0)$ 的列矢量线性无关。

在线性定常连续系统中：

$$C(t)\Phi(t-t_0)=C\mathrm{e}^{A(t-t_0)}$$

即

$$C\mathrm{e}^{A(t-t_0)}=\left(\beta_0,\beta_1,\cdots,\beta_n\right)\begin{pmatrix}C\\CA\\\vdots\\CA^{n-1}\end{pmatrix}$$

这说明线性时变连续系统中 $W_{\mathrm{o}}(t_0,t_f)$ 满秩与线性定常连续系统中能观性判别矩阵 N 满秩是等价的。

5.6　能控性与能观性的对偶关系

能控性与能观性有其内在关系，这种关系是根据卡尔曼提出的对偶原理确定的。利用对偶关系可以把对系统的能控性分析转化为对其对偶系统的能观性分析，从而梳理出最优控制问题和最优估计问题之间的关系。

5.6.1 线性系统的对偶关系

有两个系统，一个系统Σ_1为

$$\dot{\boldsymbol{x}}_1 = \boldsymbol{A}_1\boldsymbol{x}_1 + \boldsymbol{B}_1\boldsymbol{u}_1$$
$$\boldsymbol{y}_1 = \boldsymbol{C}_1\boldsymbol{x}_1$$

另一个系统Σ_2为

$$\dot{\boldsymbol{x}}_2 = \boldsymbol{A}_2\boldsymbol{x}_2 + \boldsymbol{B}_2\boldsymbol{u}_2$$
$$\boldsymbol{y}_2 = \boldsymbol{C}_2\boldsymbol{x}_2$$

在下述条件下，Σ_1和Σ_2是互为对偶的。

$$\boldsymbol{A}_2 = \boldsymbol{A}_1^{\mathrm{T}},\quad \boldsymbol{B}_2 = \boldsymbol{C}_1^{\mathrm{T}},\quad \boldsymbol{C}_2 = \boldsymbol{B}_1^{\mathrm{T}} \tag{5.55}$$

其中，$\boldsymbol{x}_1$、$\boldsymbol{x}_2$为n维状态矢量；$\boldsymbol{u}_1$与$\boldsymbol{u}_2$分别为r维与m维控制矢量；$\boldsymbol{y}_1$与$\boldsymbol{y}_2$分别为m维与r维输出矢量；$\boldsymbol{A}_1$、$\boldsymbol{A}_2$为$n\times n$维系统矩阵；$\boldsymbol{B}_1$、$\boldsymbol{B}_2$分别为$n\times r$维与$n\times m$维控制矩阵；$\boldsymbol{C}_1$、$\boldsymbol{C}_2$分别为$m\times n$维与$r\times n$维输出矩阵。

显然，Σ_1是一个r维输入、m维输出的n阶系统，其对偶系统Σ_2是一个m维输入、r维输出的n阶系统。图5.13所示为对偶系统Σ_1和Σ_2的模拟结构图，从图5.13中可以看出，互为对偶的两个系统，输入端和输出端互换，信号传递方向相反；信号引出点和综合点互换，对应矩阵转置。

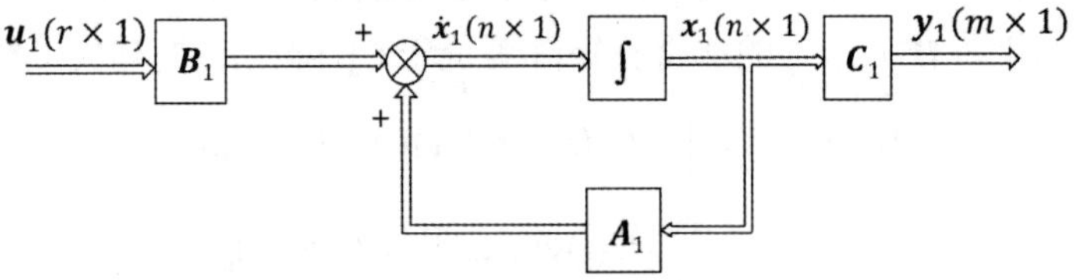

（a）

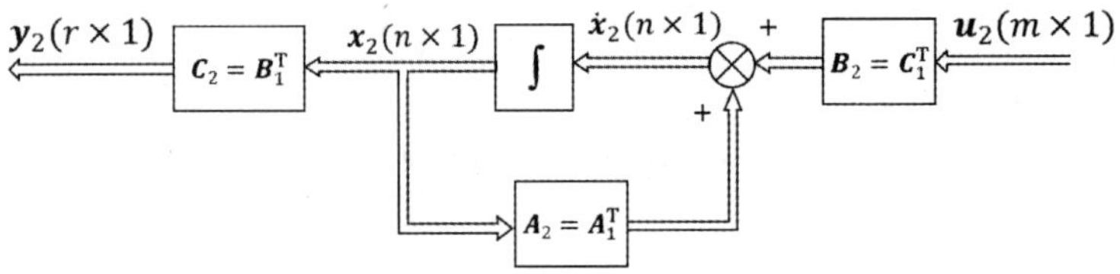

（b）

图5.13　对偶系统Σ_1和Σ_2的模拟结构图

再根据传递函数矩阵来看对偶系统的关系，图5.13（a）中的传递函数矩阵$\boldsymbol{W}_1(s)$为$m\times r$维矩阵，即

$$\boldsymbol{W}_1(s) = \boldsymbol{C}_1\left(s\boldsymbol{I} - \boldsymbol{A}_1\right)^{-1}\boldsymbol{B}_1 \tag{5.56}$$

图5.13（b）中的传递函数矩阵$\boldsymbol{W}_2(s)$为$r\times m$维矩阵，即

$$\begin{aligned}\boldsymbol{W}_2(s) &= \boldsymbol{C}_2\left(s\boldsymbol{I} - \boldsymbol{A}_2\right)^{-1}\boldsymbol{B}_2\\ &= \boldsymbol{B}_1^{\mathrm{T}}\left(s\boldsymbol{I} - \boldsymbol{A}_1^{\mathrm{T}}\right)^{-1}\boldsymbol{C}_1^{\mathrm{T}}\\ &= \boldsymbol{B}_1^{\mathrm{T}}\left[\left(s\boldsymbol{I} - \boldsymbol{A}_1\right)^{-1}\right]^{\mathrm{T}}\boldsymbol{C}_1^{\mathrm{T}}\end{aligned} \tag{5.57}$$

对 $\boldsymbol{W}_2(s)$ 取转置，有

$$[\boldsymbol{W}_2(s)]^{\mathrm{T}} = \boldsymbol{C}_1(s\boldsymbol{I}-\boldsymbol{A}_1)^{-1}\boldsymbol{B}_1 = \boldsymbol{W}_1(s) \tag{5.58}$$

由此可知，对偶系统的传递函数矩阵是互为转置的。

同样可求得输入—状态的传递函数矩阵 $(s\boldsymbol{I}-\boldsymbol{A}_1)^{-1}\boldsymbol{B}_1$ 与其对偶系统的状态—输出的传递函数矩阵 $\boldsymbol{C}_2(s\boldsymbol{I}-\boldsymbol{A}_2)^{-1}$ 是互为转置的。而原系统的状态—输出的传递函数矩阵 $\boldsymbol{C}_1(s\boldsymbol{I}-\boldsymbol{A}_1)^{-1}$ 与其对偶系统的输入—状态的传递函数矩阵 $(s\boldsymbol{I}-\boldsymbol{A}_2)^{-1}\boldsymbol{B}_2$ 是互为转置的。

此外，还应指出，互为对偶的两个系统的特征方程式是相同的，即

$$|s\boldsymbol{I}-\boldsymbol{A}_1| = |s\boldsymbol{I}-\boldsymbol{A}_2|$$

因为

$$|s\boldsymbol{I}-\boldsymbol{A}_2| = |s\boldsymbol{I}-\boldsymbol{A}_1^{\mathrm{T}}| = |s\boldsymbol{I}-\boldsymbol{A}_1|$$

5.6.2　对偶原理

系统 $\boldsymbol{\Sigma}_1=(\boldsymbol{A}_1,\ \boldsymbol{B}_1,\ \boldsymbol{C}_1)$ 和 $\boldsymbol{\Sigma}_2=(\boldsymbol{A}_2,\ \boldsymbol{B}_2,\ \boldsymbol{C}_2)$ 是互为对偶的两个系统，则 $\boldsymbol{\Sigma}_1$ 的能控性等价于 $\boldsymbol{\Sigma}_2$ 的能观性，$\boldsymbol{\Sigma}_1$ 的能观性等价于 $\boldsymbol{\Sigma}_2$ 的能控性。或者说，若 $\boldsymbol{\Sigma}_1$ 是完全能控的（完全能观的），则 $\boldsymbol{\Sigma}_2$ 是完全能观的（完全能控的）。

证明

对于 $\boldsymbol{\Sigma}_2$ 而言，若 $n \times mn$ 维能控性判别矩阵

$$\boldsymbol{M}_2 = \left(\boldsymbol{B}_2, \boldsymbol{A}_2\boldsymbol{B}_2, \cdots, \boldsymbol{A}_2^{n-1}\boldsymbol{B}_2\right)$$

的秩为 n，则系统是完全能控的。

将式（5.55）代入上式中，有

$$\boldsymbol{M}_2 = \left[\boldsymbol{C}_1^{\mathrm{T}}, \boldsymbol{A}_1^{\mathrm{T}}\boldsymbol{C}_1^{\mathrm{T}}, \cdots, \left(\boldsymbol{A}_1^{\mathrm{T}}\right)^{n-1}\boldsymbol{C}_1^{\mathrm{T}}\right] = \boldsymbol{N}_1^{\mathrm{T}}$$

说明 $\boldsymbol{\Sigma}_1$ 的能观性判别矩阵 $\boldsymbol{N}_1$ 的秩也为 n，进而说明 $\boldsymbol{\Sigma}_1$ 完全能观。同理有

$$\boldsymbol{N}_2^{\mathrm{T}} = \left[\boldsymbol{C}_2^{\mathrm{T}}, \boldsymbol{A}_2^{\mathrm{T}}\boldsymbol{C}_2^{\mathrm{T}}, \cdots, \left(\boldsymbol{A}_2^{\mathrm{T}}\right)^{n-1}\boldsymbol{C}_2^{\mathrm{T}}\right] = \left(\boldsymbol{B}_1, \boldsymbol{A}_1\boldsymbol{B}_1, \cdots, \boldsymbol{A}_1^{n-1}\boldsymbol{B}_1\right)$$

即若 $\boldsymbol{\Sigma}_2$ 的 $\boldsymbol{N}_2$ 满秩且系统完全能观，则 $\boldsymbol{\Sigma}_1$ 的 $\boldsymbol{M}_1$ 也满秩且系统完全能控。

对偶原理具有如下意义。

（1）能够由分析一种结构体系（能控性）转化为分析另一种结构体系（能观性）。

（2）能够建立系统控制问题和估计问题的基本结构间的对应关系。

（3）既有理论上的重要意义，又有应用上的实际意义，能控性和能观性的仿真程序可以通用。

（4）对偶原理对线性定常系统、时变系统、离散系统均适用。

（5）利用对偶原理研究某些复杂问题可转化为研究对偶系统的对偶性质，而后者可能是相对简单或者已经被解决的问题。

5.7 能控标准型与能观标准型

由于一般的状态变量选择的非唯一性，因此系统状态空间表达式不是唯一的。在实际应用中，常常根据所研究问题的需要，将系统状态空间表达式转化成几种相应的标准形式。例如，对于状态转移矩阵的计算、能控性和能观性的分析，将系统状态空间表达式转化为约旦标准型比较方便；对于系统的状态反馈，将系统状态空间表达式转化为能控标准型比较方便；对于系统状态观测器的设计及系统辨识，将系统状态空间表达式转化为能观标准型比较方便。

将系统状态空间表达式转化为能控标准型（能观标准型）的理论根据：状态的非奇异变换不改变其能控性（能观性），只有系统是完全能控的（能观的），系统状态空间表达式才能转化为能控（能观）标准型。

下面分别讨论单输入系统的能控标准型和单输出系统的能观标准型。

5.7.1 单输入系统的能控标准型

对于一般的 n 维定常系统

$$\begin{aligned}\dot{\boldsymbol{x}} &= \boldsymbol{A}\boldsymbol{x}+\boldsymbol{B}\boldsymbol{u}\\ \boldsymbol{y} &= \boldsymbol{C}\boldsymbol{x}\end{aligned}$$

如果系统是完全能控的，即满足

$$\operatorname{rank}\left(\boldsymbol{B},\boldsymbol{A}\boldsymbol{B},\cdots,\boldsymbol{A}^{n-1}\boldsymbol{B}\right)=n$$

则能控性判别矩阵中至少有 n 个 n 维列矢量是线性无关的，因此在这 nr 个列矢量中选取 n 个线性无关的列矢量，以某种线性组合，仍能导出一组 n 个线性无关的列矢量，从而导出状态空间表达式的某种能控标准型。对于单输入—单输出系统，在能控性判别矩阵中只有唯一的一组线性无关矢量，因此一旦组合规律确定，其能控标准型的形式是唯一的。而对于多输入—多输出系统，在能控性判别矩阵中，从 $n\times nr$ 矩阵中选择 n 个独立的列矢量的取法不是唯一的，因而其能控标准型的形式也不是唯一的。显然，当且仅当系统完全能控时，才能满足上述条件。

1. 能控标准Ⅰ型

若线性定常单输入系统

$$\begin{aligned}\dot{\boldsymbol{x}} &= \boldsymbol{A}\boldsymbol{x}+\boldsymbol{b}u\\ y &= \boldsymbol{c}\boldsymbol{x}\end{aligned} \tag{5.59}$$

是能控的，则存在线性非奇异变换，即

$$\boldsymbol{x}=\boldsymbol{T}_{c1}\bar{\boldsymbol{x}} \tag{5.60}$$

$$\boldsymbol{T}_{c1}=\left(\boldsymbol{A}^{n-1}\boldsymbol{b},\boldsymbol{A}^{n-2}\boldsymbol{b},\cdots,\boldsymbol{A}\boldsymbol{b},\boldsymbol{b}\right)\begin{pmatrix}1 & & & & \\ a_{n-1} & 1 & & \boldsymbol{0} & \\ \vdots & \vdots & \ddots & & \\ a_2 & a_3 & \cdots & 1 & \\ a_1 & a_2 & \cdots & a_{n-1} & 1\end{pmatrix} \tag{5.61}$$

使其状态空间表达式（5.59）转化为

$$\begin{aligned}\dot{\bar{\boldsymbol{x}}} &= \bar{\boldsymbol{A}}\bar{\boldsymbol{x}} + \bar{\boldsymbol{b}}u \\ y &= \bar{\boldsymbol{c}}\,\bar{\boldsymbol{x}}\end{aligned} \tag{5.62}$$

其中，

$$\bar{\boldsymbol{A}} = \boldsymbol{T}_{\mathrm{c1}}^{-1}\boldsymbol{A}\boldsymbol{T}_{\mathrm{c1}} = \begin{pmatrix} 0 & 1 & \cdots & 0 & 0 \\ 0 & 0 & \cdots & 0 & 0 \\ \vdots & \vdots & & \vdots & \vdots \\ 0 & 0 & \cdots & 0 & 1 \\ -a_0 & -a_1 & \cdots & -a_{n-2} & -a_{n-1} \end{pmatrix} \tag{5.63}$$

$$\bar{\boldsymbol{b}} = \boldsymbol{T}_{\mathrm{c1}}^{-1}\boldsymbol{b} = \begin{pmatrix} 0 \\ 0 \\ \vdots \\ 0 \\ 1 \end{pmatrix} \tag{5.64}$$

$$\bar{\boldsymbol{c}} = \boldsymbol{c}\boldsymbol{T}_{\mathrm{c1}} = (\beta_0, \beta_1, \cdots, \beta_{n-1}) \tag{5.65}$$

称形如式（5.62）的状态空间表达式为能控标准 I 型。其中，a_i（$i = 0,1,\cdots,n-1$）为特征多项式：

$$|\lambda \boldsymbol{I} - \boldsymbol{A}| = \lambda^n + a_{n-1}\lambda^{n-1} + \cdots + a_1\lambda + a_0$$

的各项系数。

β_i（$i = 0,1,\cdots,n-1$）是 $\boldsymbol{c}\boldsymbol{T}_{\mathrm{c1}}$ 相乘的结果，即

$$\begin{cases} \beta_0 = \boldsymbol{c}(\boldsymbol{A}^{n-1}\boldsymbol{b} + a_{n-1}\boldsymbol{A}^{n-2}\boldsymbol{b} + \cdots + a_1\boldsymbol{b}) \\ \qquad\vdots \\ \beta_{n-2} = \boldsymbol{c}(\boldsymbol{A}\boldsymbol{b} + a_{n-1}\boldsymbol{b}) \\ \beta_{n-1} = \boldsymbol{c}\boldsymbol{b} \end{cases} \tag{5.66}$$

证明

因假设系统是能控的，故 $n\times 1$ 列矢量 $\boldsymbol{b}, \boldsymbol{A}\boldsymbol{b}, \cdots, \boldsymbol{A}^{n-1}\boldsymbol{b}$ 是线性独立的。按下列组合方式构成的 n 个新矢量 $\boldsymbol{e}_1, \boldsymbol{e}_2, \cdots, \boldsymbol{e}_n$ 也是线性独立的。

$$\begin{cases} \boldsymbol{e}_1 = \boldsymbol{A}^{n-1}\boldsymbol{b} + a_{n-1}\boldsymbol{A}^{n-2}\boldsymbol{b} + a_{n-2}\boldsymbol{A}^{n-3}\boldsymbol{b} + \cdots + a_1\boldsymbol{b} \\ \boldsymbol{e}_2 = \boldsymbol{A}^{n-2}\boldsymbol{b} + a_{n-1}\boldsymbol{A}^{n-3}\boldsymbol{b} + \cdots + a_2\boldsymbol{b} \\ \qquad\vdots \\ \boldsymbol{e}_{n-1} = \boldsymbol{A}\boldsymbol{b} + a_{n-1}\boldsymbol{b} \\ \boldsymbol{e}_n = \boldsymbol{b} \end{cases} \tag{5.67}$$

其中，a_i（$i = 0,1,\cdots,n-1$）是特征多项式各项系数。

由 $\boldsymbol{e}_1, \boldsymbol{e}_2, \cdots, \boldsymbol{e}_n$ 组成变换阵 $\boldsymbol{T}_{\mathrm{c1}}$：

$$\boldsymbol{T}_{\mathrm{c1}} = (\boldsymbol{e}_1, \boldsymbol{e}_2, \cdots, \boldsymbol{e}_n) \tag{5.68}$$

由

$$\overline{A}=T_{c1}^{-1}AT_{c1}$$

有

$$T_{c1}\overline{A}=AT_{c1}=A\left(e_1,e_2,\cdots,e_n\right)=\left(Ae_1,Ae_2,\cdots,Ae_n\right) \tag{5.69}$$

把式（5.67）分别代入式（5.69）中，有

$$\begin{aligned}
Ae_1&=A(A^{n-1}b+a_{n-1}A^{n-2}b+\cdots+a_1b)\\
&=(A^nb+a_{n-1}A^{n-1}b+\cdots+a_1Ab+a_0b)-a_0b=-a_0b=-a_0e_n\\
Ae_2&=A(A^{n-2}b+a_{n-1}A^{n-3}b+\cdots+a_2b)\\
&=(A^{n-1}b+a_{n-1}A^{n-2}b+\cdots+a_2Ab+a_1b)-a_1b=e_1-a_1e_n\\
&\vdots\\
Ae_{n-1}&=A(Ab+a_{n-1}b)=(A^2b+a_{n-1}Ab+a_{n-2}b)-a_{n-2}b=e_{n-2}-a_{n-2}e_n\\
Ae_n&=Ab=(Ab+a_{n-1}b)-a_{n-1}b=e_{n-1}-a_{n-1}e_n
\end{aligned}$$

分别把 $Ae_1,Ae_2,\cdots,Ae_n$ 代入式（5.69）中，有

$$\begin{aligned}
T_{c1}\overline{A}&=\left(Ae_1,Ae_2,\cdots,Ae_n\right)=\left[-a_0e_n,\left(e_1-a_1e_n\right),\cdots,\left(e_{n-1}-a_{n-1}e_n\right)\right]\\
&=\left(e_1,e_2,\cdots,e_n\right)\begin{pmatrix}0&1&\cdots&0&0\\0&0&\cdots&0&0\\\vdots&\vdots&&\vdots&\vdots\\0&0&\cdots&0&1\\-a_0&-a_1&\cdots&-a_{n-2}&-a_{n-1}\end{pmatrix}
\end{aligned}$$

再证：

$$\overline{b}=\left(0,0,\cdots,1\right)^{\mathrm{T}}$$

由

$$\overline{b}=T_{c1}^{-1}b$$

有

$$T_{c1}\overline{b}=b$$

将式（5.67）中的 $b=e_n$ 代入上式中，有

$$T_{c1}\overline{b}=e_n=\left(e_1,e_2,\cdots,e_n\right)\begin{pmatrix}0\\0\\\vdots\\1\end{pmatrix}$$

从而证得

$$\overline{b}=\left(0,0,\cdots,1\right)^{\mathrm{T}}$$

最后推证 $\overline{c}$：

$$\overline{c}=cT_{c1}=c\left(e_1,e_2,\cdots,e_n\right)$$

将式（5.67）中 $e_1,e_2,\cdots,e_n$ 的表达式代入上式中，有

$$\begin{aligned}
\overline{c}=cT_{c1}&=c\left[\left(A^{n-1}b+a_{n-1}A^{n-2}b+a_{n-2}A^{n-3}b+\cdots+a_1b\right),\cdots,\left(Ab+a_{n-1}b\right),b\right]\\
&=\left(\beta_0,\beta_1,\cdots,\beta_{n-1}\right)
\end{aligned}$$

其中，

$$\begin{cases}\beta_0 = \boldsymbol{c}(\boldsymbol{A}^{n-1}\boldsymbol{b} + a_{n-1}\boldsymbol{A}^{n-2}\boldsymbol{b} + \cdots + a_1\boldsymbol{b}) \\ \quad\vdots \\ \beta_{n-2} = \boldsymbol{c}(\boldsymbol{A}\boldsymbol{b} + a_{n-1}\boldsymbol{b}) \\ \beta_{n-1} = \boldsymbol{c}\boldsymbol{b}\end{cases}$$

或者写成

$$\overline{\boldsymbol{c}} = \boldsymbol{c}\left(\boldsymbol{A}^{n-1}\boldsymbol{b}, \boldsymbol{A}^{n-2}\boldsymbol{b}, \cdots, \boldsymbol{b}\right)\begin{pmatrix} 1 & & & & \\ a_{n-1} & 1 & & \boldsymbol{0} & \\ \vdots & \vdots & \ddots & & \\ a_2 & a_3 & \cdots & 1 & \\ a_1 & a_2 & \cdots & a_{n-1} & 1 \end{pmatrix}$$

显然

$$\boldsymbol{T}_{\mathrm{c1}} = \left(\boldsymbol{A}^{n-1}\boldsymbol{b}, \boldsymbol{A}^{n-2}\boldsymbol{b}, \cdots, \boldsymbol{b}\right)\begin{pmatrix} 1 & & & & \\ a_{n-1} & 1 & & \boldsymbol{0} & \\ \vdots & \vdots & \ddots & & \\ a_2 & a_3 & \cdots & 1 & \\ a_1 & a_2 & \cdots & a_{n-1} & 1 \end{pmatrix}$$

采用能控标准 I 型的 $\overline{\boldsymbol{A}}$ 、$\overline{\boldsymbol{b}}$ 、$\overline{\boldsymbol{c}}$ 求系统的传递函数是很方便的。

$$\boldsymbol{W}(s) = \overline{\boldsymbol{c}}\left(s\boldsymbol{I} - \overline{\boldsymbol{A}}\right)^{-1}\overline{\boldsymbol{b}} = \frac{\beta_{n-1}s^{n-1} + \beta_{n-2}s^{n-2} + \cdots + \beta_1 s + \beta_0}{s^n + a_{n-1}s^{n-1} + \cdots + a_1 s + a_0} \tag{5.70}$$

由式（5.70）可以看出，传递函数分母多项式的各项系数是 $\overline{\boldsymbol{A}}$ 的最后一行的元素的负值；分子多项式的各项系数是矩阵 $\overline{\boldsymbol{c}}$ 的元素。那么根据传递函数的分母多项式和分子多项式的系数，便可以直接写出能控标准 I 型的 $\overline{\boldsymbol{A}}$ 、$\overline{\boldsymbol{b}}$ 、$\overline{\boldsymbol{c}}$ 。

【例 5.17】试将下列状态空间表达式变换成能控标准 I 型并求系统传递函数。

$$\dot{\boldsymbol{x}} = \begin{pmatrix} 1 & 2 & 0 \\ 3 & -1 & 1 \\ 0 & 2 & 0 \end{pmatrix}\boldsymbol{x} + \begin{pmatrix} 2 \\ 1 \\ 1 \end{pmatrix}u$$

$$y = (0,0,1)\boldsymbol{x}$$

解

先判断系统的能控性：

$$\boldsymbol{M} = \left(\boldsymbol{b}, \boldsymbol{A}\boldsymbol{b}, \boldsymbol{A}^2\boldsymbol{b}\right) = \begin{pmatrix} 2 & 4 & 6 \\ 1 & 6 & 8 \\ 1 & 2 & 12 \end{pmatrix}$$

$\mathrm{rank}\boldsymbol{M} = 3$，所以系统是能控的。

再计算系统的特征多项式：

$$\left|\lambda\boldsymbol{I} - \boldsymbol{A}\right| = \lambda^3 - 9\lambda + 2$$

即

$$a_2=0,\quad a_1=-9,\quad a_0=2$$

根据式（5.63）、式（5.64）及式（5.65）可得

$$\overline{\boldsymbol{A}}=\begin{pmatrix}0&1&0\\0&0&1\\-a_0&-a_1&-a_2\end{pmatrix}=\begin{pmatrix}0&1&0\\0&0&1\\-2&9&0\end{pmatrix}$$

$$\overline{\boldsymbol{c}}=\boldsymbol{c}\left(\boldsymbol{A}^2\boldsymbol{b},\boldsymbol{A}\boldsymbol{b},\boldsymbol{b}\right)\begin{pmatrix}1&0&0\\a_2&1&0\\a_1&a_2&1\end{pmatrix}$$

$$=(0,0,1)\begin{pmatrix}6&4&2\\8&6&1\\12&2&1\end{pmatrix}\begin{pmatrix}1&0&0\\0&1&0\\-9&0&1\end{pmatrix}=(3,2,1)$$

因此，系统的能控标准 I 型为

$$\dot{\overline{\boldsymbol{x}}}=\begin{pmatrix}0&1&0\\0&0&1\\-2&9&0\end{pmatrix}\overline{\boldsymbol{x}}+\begin{pmatrix}0\\0\\1\end{pmatrix}u$$

$$y=(3,2,1)\overline{\boldsymbol{x}}$$

采用式（5.70）可以直接写出该系统的传递函数：

$$W(s)=\frac{\beta_2s^2+\beta_1s+\beta_0}{s^3+a_2s^2+a_1s+a_0}=\frac{s^2+2s+3}{s^3-9s+2}$$

在本例中也可先求出系统的传递函数，而后再根据传递函数的分母多项式和分子多项式的系数，写出能控标准 I 型的状态空间表达式。

2. 能控标准 II 型

若线性定常单输入系统：

$$\begin{aligned}\dot{\boldsymbol{x}}&=\boldsymbol{A}\boldsymbol{x}+\boldsymbol{b}u\\ y&=\boldsymbol{c}\boldsymbol{x}\end{aligned}\tag{5.71}$$

是能控的，则存在线性非奇异变换：

$$\boldsymbol{x}=\boldsymbol{T}_{c2}\overline{\boldsymbol{x}}=\left(\boldsymbol{b},\boldsymbol{A}\boldsymbol{b},\cdots,\boldsymbol{A}^{n-1}\boldsymbol{b}\right)\overline{\boldsymbol{x}}\tag{5.72}$$

相应的状态空间表达式（5.71）转换为

$$\begin{aligned}\dot{\overline{\boldsymbol{x}}}&=\overline{\boldsymbol{A}}\overline{\boldsymbol{x}}+\overline{\boldsymbol{b}}u\\ y&=\overline{\boldsymbol{c}}\,\overline{\boldsymbol{x}}\end{aligned}\tag{5.73}$$

其中，

$$\overline{\boldsymbol{A}}=\boldsymbol{T}_{c2}^{-1}\boldsymbol{A}\boldsymbol{T}_{c2}=\begin{pmatrix}0&0&\cdots&0&-a_0\\1&0&\cdots&0&-a_1\\0&1&\cdots&0&-a_2\\\vdots&\vdots&&\vdots&\vdots\\0&0&\cdots&1&-a_{n-1}\end{pmatrix}\tag{5.74}$$

$$\bar{\boldsymbol{b}} = \boldsymbol{T}_{c2}^{-1}\boldsymbol{b} = \begin{pmatrix} 1 \\ 0 \\ 0 \\ \vdots \\ 0 \end{pmatrix} \tag{5.75}$$

$$\bar{\boldsymbol{c}} = \boldsymbol{c}\boldsymbol{T}_{c2} = (\beta_0, \beta_1, \cdots, \beta_{n-1}) \tag{5.76}$$

并称形如式（5.73）的状态空间表达式为能控标准 II 型。

式（5.74）中的 $a_0, a_1, \cdots, a_{n-1}$ 是系统特征多项式

$$|\lambda \boldsymbol{I} - \boldsymbol{A}| = \lambda^n + a_{n-1}\lambda^{n-1} + \cdots + a_1\lambda + a_0$$

的各项系数，也即系统的不变量。

式（5.76）中的 $\beta_0, \beta_1, \cdots, \beta_{n-1}$ 是 $\boldsymbol{c}\boldsymbol{T}_{c2}$ 相乘的结果，即

$$\begin{cases} \beta_0 = \boldsymbol{cb} \\ \beta_1 = \boldsymbol{cAb} \\ \quad\vdots \\ \beta_{n-1} = \boldsymbol{cA}^{n-1}\boldsymbol{b} \end{cases} \tag{5.77}$$

证明

因为系统为能控的，所以能控性判别矩阵

$$\boldsymbol{M} = (\boldsymbol{b}, \boldsymbol{Ab}, \cdots, \boldsymbol{A}^{n-1}\boldsymbol{b})$$

是非奇异的，令状态变换

$$\boldsymbol{x} = \boldsymbol{T}_{c2}\bar{\boldsymbol{x}}$$

的变换矩阵 $\boldsymbol{T}_{c2}$ 为

$$\boldsymbol{T}_{c2} = (\boldsymbol{b}, \boldsymbol{Ab}, \cdots, \boldsymbol{A}^{n-1}\boldsymbol{b})$$

其变换后的状态方程和输出方程为

$$\dot{\bar{\boldsymbol{x}}} = \bar{\boldsymbol{A}}\bar{\boldsymbol{x}} + \bar{\boldsymbol{b}}u = \boldsymbol{T}_{c2}^{-1}\boldsymbol{A}\boldsymbol{T}_{c2}\bar{\boldsymbol{x}} + \boldsymbol{T}_{c2}^{-1}\boldsymbol{b}u$$
$$y = \bar{\boldsymbol{c}}\,\bar{\boldsymbol{x}} = \boldsymbol{c}\boldsymbol{T}_{c2}\bar{\boldsymbol{x}}$$

首先推证式（5.74）中的 $\bar{\boldsymbol{A}}$，即

$$\boldsymbol{A}\boldsymbol{T}_{c2} = \boldsymbol{A}(\boldsymbol{b}, \boldsymbol{Ab}, \cdots, \boldsymbol{A}^{n-1}\boldsymbol{b}) = (\boldsymbol{Ab}, \boldsymbol{A}^2\boldsymbol{b}, \cdots, \boldsymbol{A}^n\boldsymbol{b}) \tag{5.78}$$

利用凯莱-哈密顿定理，有

$$\boldsymbol{A}^n = -a_{n-1}\boldsymbol{A}^{n-1} - a_{n-2}\boldsymbol{A}^{n-2} - \cdots - a_1\boldsymbol{A} - a_0\boldsymbol{I}$$

将上式代入式（5.78）中，有

$$\boldsymbol{A}\boldsymbol{T}_{c2} = \left[\boldsymbol{Ab}, \boldsymbol{A}^2\boldsymbol{b}, \cdots, (-a_{n-1}\boldsymbol{A}^{n-1} - a_{n-2}\boldsymbol{A}^{n-2} - \cdots - a_1\boldsymbol{A} - a_0\boldsymbol{I})\boldsymbol{b}\right]$$

写成矩阵形式，有

$$\boldsymbol{A}\boldsymbol{T}_{c2}=\left(\boldsymbol{b},\boldsymbol{A}\boldsymbol{b},\cdots,\boldsymbol{A}^{n-1}\boldsymbol{b}\right)\begin{pmatrix}0 & 0 & \cdots & 0 & -a_0\\ 1 & 0 & \cdots & 0 & -a_1\\ 0 & 1 & \cdots & 0 & -a_2\\ \vdots & \vdots & & \vdots & \vdots\\ 0 & 0 & \cdots & 1 & -a_{n-1}\end{pmatrix}$$

即

$$\boldsymbol{A}\boldsymbol{T}_{c2}=\boldsymbol{T}_{c2}\begin{pmatrix}0 & 0 & \cdots & 0 & -a_0\\ 1 & 0 & \cdots & 0 & -a_1\\ 0 & 1 & \cdots & 0 & -a_2\\ \vdots & \vdots & & \vdots & \vdots\\ 0 & 0 & \cdots & 1 & -a_{n-1}\end{pmatrix}$$

上式两边左乘$\boldsymbol{T}_{c2}^{-1}$，得

$$\bar{\boldsymbol{A}}=\boldsymbol{T}_{c2}^{-1}\boldsymbol{A}\boldsymbol{T}_{c2}=\begin{pmatrix}0 & 0 & \cdots & 0 & -a_0\\ 1 & 0 & \cdots & 0 & -a_1\\ 0 & 1 & \cdots & 0 & -a_2\\ \vdots & \vdots & & \vdots & \vdots\\ 0 & 0 & \cdots & 1 & -a_{n-1}\end{pmatrix}$$

再推证式（5.75）中的$\bar{\boldsymbol{b}}$，因

$$\bar{\boldsymbol{b}}=\boldsymbol{T}_{c2}^{-1}\boldsymbol{b}$$

即

$$\boldsymbol{b}=\boldsymbol{T}_{c2}\bar{\boldsymbol{b}}=\left(\boldsymbol{b},\boldsymbol{A}\boldsymbol{b},\cdots,\boldsymbol{A}^{n-1}\boldsymbol{b}\right)\bar{\boldsymbol{b}}$$

显然，欲使上式成立，必须

$$\bar{\boldsymbol{b}}=\begin{pmatrix}1\\0\\0\\ \vdots\\0\end{pmatrix}$$

$$\bar{\boldsymbol{c}}=\boldsymbol{c}\boldsymbol{T}_{c2}=\left(\boldsymbol{c}\boldsymbol{b},\boldsymbol{c}\boldsymbol{A}\boldsymbol{b},\cdots,\boldsymbol{c}\boldsymbol{A}^{n-1}\boldsymbol{b}\right)$$

即

$$\bar{\boldsymbol{c}}=\left(\beta_0,\beta_1,\cdots,\beta_{n-1}\right)$$

【例 5.18】试将例 5.17 中的状态空间表达式变换为能控标准 II 型。

解

例 5.17 中已经求得

$$a_2=0,\quad a_1=-9,\quad a_0=2$$

由式（5.74）、式（5.75）、式（5.76）及式（5.77）可得

$$\bar{A}=\begin{pmatrix}0&0&-a_0\\1&0&-a_1\\0&1&-a_2\end{pmatrix}=\begin{pmatrix}0&0&-2\\1&0&9\\0&1&0\end{pmatrix}$$

$$\bar{b}=\begin{pmatrix}1\\0\\0\end{pmatrix}$$

$$\bar{c}=\left(cb,cAb,cA^2b\right)=(1,2,12)$$

状态空间表达式的能控标准 II 型为

$$\dot{\bar{x}}=\begin{pmatrix}0&0&-2\\1&0&9\\0&1&0\end{pmatrix}\bar{x}+\begin{pmatrix}1\\0\\0\end{pmatrix}u$$
$$y=(1,2,12)\bar{x}$$

5.7.2 单输出系统的能观标准型

与变换为能控标准型的条件相似，只有系统完全能观时，即有

$$\operatorname{rank}\begin{pmatrix}c\\cA\\\vdots\\cA^{n-1}\end{pmatrix}=n$$

系统的状态空间表达式才可能导出能观标准型。

状态空间表达式的能观标准型也有两种形式，能观标准 I 型和能观标准 II 型，它们分别与能控标准 II 型和能控标准 I 型相对偶。

1. 能观标准 I 型

若线性定常单输出系统：

$$\begin{aligned}\dot{x}&=Ax+bu\\y&=cx\end{aligned}\tag{5.79}$$

是能观的，则存在非奇异变换：

$$x=T_{o1}\tilde{x}\tag{5.80}$$

使其状态空间表达式（5.79）转化为

$$\begin{aligned}\dot{\tilde{x}}&=\tilde{A}\tilde{x}+\tilde{b}u\\y&=\tilde{c}\tilde{x}\end{aligned}\tag{5.81}$$

其中，

$$\tilde{A}=T_{o1}^{-1}AT_{o1}=\begin{pmatrix}0&1&\cdots&0&0\\0&0&\cdots&0&0\\\vdots&\vdots&&\vdots&\vdots\\0&0&\cdots&0&1\\-a_0&-a_1&\cdots&-a_{n-2}&-a_{n-1}\end{pmatrix}\tag{5.82}$$

$$\tilde{\boldsymbol{b}} = \boldsymbol{T}_{o1}^{-1}\boldsymbol{b} = \begin{pmatrix} \beta_0 \\ \beta_1 \\ \vdots \\ \beta_{n-1} \end{pmatrix} \tag{5.83}$$

$$\tilde{\boldsymbol{c}} = \boldsymbol{c}\boldsymbol{T}_{o1} = (1,0,0,\cdots,0) \tag{5.84}$$

称形如式（5.81）的状态空间表达式为能观标准 I 型。其中，a_i（$i=0,1,\cdots,n-1$）是矩阵 $\boldsymbol{A}$ 的特征多项式的各项系数，β_i 的具体计算公式见式（5.77）。

取变换矩阵 $\boldsymbol{T}_{o1}$

$$\boldsymbol{T}_{o1}^{-1} = \boldsymbol{N} = \begin{pmatrix} \boldsymbol{c} \\ \boldsymbol{cA} \\ \vdots \\ \boldsymbol{cA}^{n-1} \end{pmatrix} \tag{5.85}$$

直接验证，或者用对偶原理来证明。

2. 能观标准 II 型

若线性定常单输出系统

$$\begin{aligned} \dot{\boldsymbol{x}} &= \boldsymbol{Ax} + \boldsymbol{b}u \\ y &= \boldsymbol{cx} \end{aligned} \tag{5.86}$$

是能观的，则存在非奇异变换

$$\boldsymbol{x} = \boldsymbol{T}_{o2}\tilde{\boldsymbol{x}}$$

$$\boldsymbol{T}_{o2}^{-1} = \begin{pmatrix} 1 & a_{n-1} & \cdots & a_2 & a_1 \\ 0 & 1 & \cdots & a_3 & a_2 \\ \vdots & \vdots & & \vdots & \vdots \\ 0 & 0 & \cdots & 1 & a_{n-1} \\ 0 & 0 & \cdots & 0 & 1 \end{pmatrix} \begin{pmatrix} \boldsymbol{cA}^{n-1} \\ \boldsymbol{cA}^{n-2} \\ \vdots \\ \boldsymbol{cA} \\ \boldsymbol{c} \end{pmatrix} \tag{5.87}$$

使其状态空间表达式（5.86）转化为

$$\begin{aligned} \dot{\tilde{\boldsymbol{x}}} &= \tilde{\boldsymbol{A}}\tilde{\boldsymbol{x}} + \tilde{\boldsymbol{b}}u \\ y &= \tilde{\boldsymbol{c}}\tilde{\boldsymbol{x}} \end{aligned} \tag{5.88}$$

其中，

$$\tilde{\boldsymbol{A}} = \boldsymbol{T}_{o2}^{-1}\boldsymbol{A}\boldsymbol{T}_{o2} = \begin{pmatrix} 0 & 0 & \cdots & 0 & -a_0 \\ 1 & 0 & \cdots & 0 & -a_1 \\ 0 & 1 & \cdots & 0 & -a_2 \\ \vdots & \vdots & & \vdots & \vdots \\ 0 & 0 & \cdots & 1 & -a_{n-1} \end{pmatrix} \tag{5.89}$$

$$\tilde{\boldsymbol{b}} = \boldsymbol{T}_{o2}^{-1}\boldsymbol{b} = \begin{pmatrix} \beta_0 \\ \beta_1 \\ \vdots \\ \beta_{n-1} \end{pmatrix} \tag{5.90}$$

$$\tilde{c} = cT_{o2} = (0,0,\cdots,1) \tag{5.91}$$

称形如式（5.88）的状态空间表达式为能观标准 II 型。其中，a_i（$i = 0,1,\cdots,n-1$）是矩阵 A 的特征多项式的各项系数。β_i（$i = 0,1,\cdots,n-1$）是 $T_{o2}^{-1}b$ 的相乘结果，β_i 的具体计算见式（5.66）。

上述变换可根据对偶原理直接由其对偶系统的能控标准 I 型导出，其过程与能观标准 I 型类似，不再重复。

和能控标准 I 型一样，也可以根据状态空间表达式的能观标准 II 型直接写出系统的传递函数：

$$W(s) = \frac{\beta_{n-1}s^{n-1} + \beta_{n-2}s^{n-2} + \cdots + \beta_1 s + \beta_0}{s^n + a_{n-1}s^{n-1} + \cdots + a_1 s + a_0}$$

其中，分母多项式的各项系数是矩阵 $\tilde{A}$ 的最后一列元素的负值，分子多项式的各项系数是矩阵 $\tilde{b}$ 的元素。这个现象用对偶原理不难解释。

【例 5.19】 试将例 5.17 中的状态空间表达式转化为能观标准型。

解

求能观性判别矩阵 N

$$N = \begin{pmatrix} c \\ cA \\ cA^2 \end{pmatrix} = \begin{pmatrix} 0 & 0 & 1 \\ 0 & 2 & 0 \\ 6 & -2 & 2 \end{pmatrix}$$

其秩为 3，故知此系统可以转化为能观标准型。

（1）求状态空间表达式的能观标准 I 型。

由式（5.82）、式（5.83）及式（5.84）可得

$$\tilde{A} = \begin{pmatrix} 0 & 1 & 0 \\ 0 & 0 & 1 \\ -2 & 9 & 0 \end{pmatrix},\quad \tilde{b} = \begin{pmatrix} 1 \\ 2 \\ 12 \end{pmatrix},\quad \tilde{c} = (1,0,0)$$

状态空间表达式的能观标准 I 型为

$$\dot{\tilde{x}} = \begin{pmatrix} 0 & 1 & 0 \\ 0 & 0 & 1 \\ -2 & 9 & 0 \end{pmatrix}\tilde{x} + \begin{pmatrix} 1 \\ 2 \\ 12 \end{pmatrix}u$$

$$y = (1,0,0)\tilde{x}$$

将其和例 5.17 的状态空间表达式的能控标准 II 型相比，可知二者之间是互为对偶的。

（2）求状态空间表达式的能观标准 II 型。

由式（5.89）、式（5.90）、式（5.91）可得

$$\tilde{A} = \begin{pmatrix} 0 & 0 & -2 \\ 1 & 0 & 9 \\ 0 & 1 & 0 \end{pmatrix},\quad \tilde{b} = \begin{pmatrix} 3 \\ 2 \\ 1 \end{pmatrix},\quad \tilde{c} = (0,0,1)$$

状态空间表达式的能观标准 II 型为

$$\dot{\tilde{x}}=\begin{pmatrix}0&0&-2\\1&0&9\\0&1&0\end{pmatrix}\tilde{x}+\begin{pmatrix}3\\2\\1\end{pmatrix}u$$

$$y=(0,0,1)\tilde{x}$$

显然以上两式与例 5.17 中系统的能控标准 I 型为对偶关系。

5.8 线性系统的结构分解

前面已说过，如果一个系统是不完全能控的，则其状态空间中所有的能控状态构成能控子空间，其余为不能控子空间；如果一个系统是不完全能观的，则其状态空间中所有的能观状态构成能观子空间，其余为不能观子空间。但是，在一般形式下，这些子空间并没有被明显地分解出来。本节将讨论如何通过非奇异变换（即坐标变换），将系统的状态空间按能控性和能观性进行结构分解。

把线性系统的状态空间按能控性和能观性进行结构分解是状态空间分析中的一个重要内容。在理论上，它揭示了状态空间的本质特征，为最小实现问题的提出提供了理论依据。在实践上，它与系统的状态反馈、系统镇定等问题的解决都有密切的关系。

5.8.1 按能控性分解

设线性定常连续系统

$$\begin{aligned}\dot{x}&=Ax+Bu\\y&=Cx\end{aligned}\tag{5.92}$$

是不完全能控的，其能控性判别矩阵

$$M=\left(B,AB,\cdots,A^{n-1}B\right)$$

的秩

$$\mathrm{rank}M=n_1<n$$

存在非奇异变换

$$x=R_c\hat{x}$$

将状态空间表达式（5.92）变换为

$$\begin{aligned}\dot{\hat{x}}&=\hat{A}\hat{x}+\hat{B}u\\y&=\hat{C}\hat{x}\end{aligned}\tag{5.93}$$

其中，

$$\hat{x}=\begin{pmatrix}\hat{x}_1\\ \hline \hat{x}_2\end{pmatrix}$$

$$\hat{A}=R_c^{-1}AR_c=\left(\begin{array}{c|c}\hat{A}_{11}&\hat{A}_{12}\\ \hline 0&\hat{A}_{22}\end{array}\right)\tag{5.94}$$

$$\hat{\boldsymbol{B}}=\boldsymbol{R}_{\mathrm{c}}^{-1}\boldsymbol{B}=\begin{pmatrix}\boldsymbol{B}_1\\ \hdashline \boldsymbol{0}\end{pmatrix} \tag{5.95}$$

$$\hat{\boldsymbol{C}}=\boldsymbol{C}\boldsymbol{R}_{\mathrm{c}}=\left(\hat{\boldsymbol{C}}_1 \;\vdots\; \hat{\boldsymbol{C}}_2\right) \tag{5.96}$$

其中，$\hat{\boldsymbol{x}}_1$ 为 n_1 维能控状态矢量；$\hat{\boldsymbol{x}}_2$ 为 $n-n_1$ 维不能控状态矢量。可以看出，系统的状态空间表达式变换为式（5.93）后，系统的状态空间就被分解成能控的和不能控的两部分，其中 n_1 维子空间

$$\dot{\hat{\boldsymbol{x}}}_1=\hat{\boldsymbol{A}}_{11}\hat{\boldsymbol{x}}_1+\boldsymbol{B}_1\boldsymbol{u}+\hat{\boldsymbol{A}}_{12}\hat{\boldsymbol{x}}_2$$

是能控的，而 $n-n_1$ 维子空间

$$\dot{\hat{\boldsymbol{x}}}_2=\hat{\boldsymbol{A}}_{22}\hat{\boldsymbol{x}}_2$$

是不能控的。系统能控性的结构划分如图 5.14 所示，因为 $\boldsymbol{u}$ 对 $\hat{\boldsymbol{x}}_2$ 不起作用，$\hat{\boldsymbol{x}}_2$ 仅做无控的自由运动。显然，若不考虑 $n-n_1$ 维子系统，便可得到一个低维的能控系统。

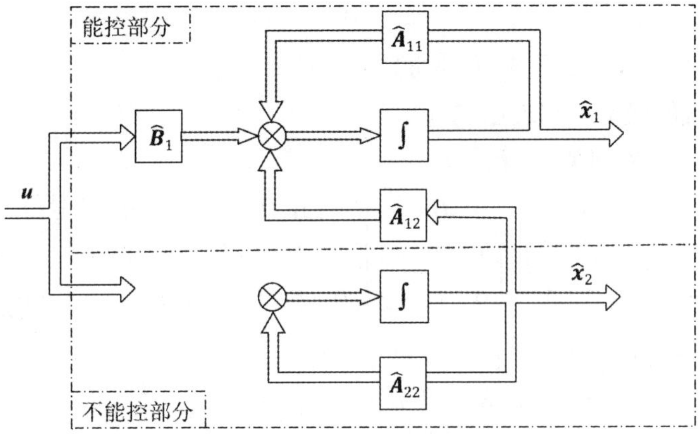

图 5.14　系统能控性的结构划分

至于非奇异变换阵

$$\boldsymbol{R}_{\mathrm{c}}=\left(\boldsymbol{R}_1,\boldsymbol{R}_2,\cdots,\boldsymbol{R}_{n_1},\cdots,\boldsymbol{R}_n\right) \tag{5.97}$$

其中，n 个列矢量可以按如下方法构成，前 n_1 个列矢量 $\boldsymbol{R}_1,\boldsymbol{R}_2,\cdots,\boldsymbol{R}_{n_1}$ 是能控性判别矩阵 $\boldsymbol{M}$ 中的 n_1 个线性无关的列，另外的 $n-n_1$ 个列 $\boldsymbol{R}_{n_1+1},\cdots,\boldsymbol{R}_n$ 在确保 $\boldsymbol{R}_{\mathrm{c}}$ 为非奇异的情况下，可以任意选取。

【例 5.20】设线性定常连续系统如下，判别其能控性，若其不完全能控，试将该系统按能控性进行结构分解。

$$\dot{\boldsymbol{x}}=\begin{pmatrix}0&0&-1\\1&0&-3\\0&1&-3\end{pmatrix}\boldsymbol{x}+\begin{pmatrix}1\\1\\0\end{pmatrix}u$$

$$y=(0,1,-2)\,\boldsymbol{x}$$

解

系统的能控性判别矩阵

$$\boldsymbol{M}=\left(\boldsymbol{b},\boldsymbol{Ab},\boldsymbol{A}^2\boldsymbol{b}\right)=\begin{pmatrix}1&0&-1\\1&1&-3\\0&1&-2\end{pmatrix}$$

$$\text{rank}\boldsymbol{M}=2<n$$

所以该系统不完全能控。

按式（5.97）构造非奇异变换矩阵 $\boldsymbol{R}_c$：

$$\boldsymbol{R}_1=\boldsymbol{b}=\begin{pmatrix}1\\1\\0\end{pmatrix},\quad \boldsymbol{R}_2=\boldsymbol{Ab}=\begin{pmatrix}0\\1\\1\end{pmatrix},\quad \boldsymbol{R}_3=\begin{pmatrix}0\\0\\1\end{pmatrix}$$

即

$$\boldsymbol{R}_c=\begin{pmatrix}1&0&0\\1&1&0\\0&1&1\end{pmatrix}$$

其中，$\boldsymbol{R}_3$ 是任意的，只要保证 $\boldsymbol{R}_c$ 为非奇异的即可。

变换后的系统的状态空间表达式为

$$\begin{aligned}\dot{\hat{\boldsymbol{x}}}&=\boldsymbol{R}_c^{-1}\boldsymbol{A}\boldsymbol{R}_c\hat{\boldsymbol{x}}+\boldsymbol{R}_c^{-1}\boldsymbol{b}u\\&=\begin{pmatrix}1&0&0\\1&1&0\\0&1&1\end{pmatrix}^{-1}\begin{pmatrix}0&0&-1\\1&0&-3\\0&1&-3\end{pmatrix}\begin{pmatrix}1&0&0\\1&1&0\\0&1&1\end{pmatrix}\hat{\boldsymbol{x}}+\begin{pmatrix}1&0&0\\1&1&0\\0&1&1\end{pmatrix}^{-1}\begin{pmatrix}1\\1\\0\end{pmatrix}u\\&=\left(\begin{array}{cc|c}0&-1&-1\\1&-2&-2\\\hline 0&0&-1\end{array}\right)\hat{\boldsymbol{x}}+\left(\begin{array}{c}1\\0\\\hline 0\end{array}\right)u\end{aligned}$$

$$y=\boldsymbol{c}\boldsymbol{R}_c\hat{\boldsymbol{x}}=\left(1,-1,-2\right)\hat{\boldsymbol{x}}$$

在构造变换矩阵 $\boldsymbol{R}_c$ 时，其中 $n-n_1$ 列是在保证 $\boldsymbol{R}_c$ 为非奇异的情况下任选的。现将 $\boldsymbol{R}_3$ 选取为另一个矢量 $\boldsymbol{R}_3=\left(1,0,1\right)^{\mathrm{T}}$，则

$$\boldsymbol{R}_c=\begin{pmatrix}1&0&1\\1&1&0\\0&1&1\end{pmatrix}$$

于是

$$\dot{\hat{\boldsymbol{x}}}=\left(\begin{array}{cc|c}0&-1&0\\1&-2&-2\\\hline 0&0&-1\end{array}\right)\hat{\boldsymbol{x}}+\left(\begin{array}{c}1\\0\\\hline 0\end{array}\right)u$$

$$y=\left(1,-1,-2\right)\hat{\boldsymbol{x}}$$

由两个状态空间表达式可以看出，它们都把系统分解成两部分，其中，一部分是二维能控子系统，另一部分是一维不能控子系统，且其二维能控子空间的状态空间表达式是相同的，均属于能控标准 II 型，即

$$\dot{\hat{x}}_1=\begin{pmatrix}0 & -1\\ 1 & -2\end{pmatrix}\hat{x}_1+\begin{pmatrix}1\\ 0\end{pmatrix}u$$

其实，这并非偶然现象，因为变换矩阵的前 n_1 列是能控性判别矩阵中的 n_1 个线性无关列。

5.8.2　按能观性分解

设线性定常连续系统

$$\begin{aligned}\dot{\boldsymbol{x}}&=\boldsymbol{Ax}+\boldsymbol{Bu}\\ \boldsymbol{y}&=\boldsymbol{Cx}\end{aligned}\tag{5.98}$$

是不完全能观的，则其能观性判别矩阵

$$\boldsymbol{N}=\begin{pmatrix}\boldsymbol{C}\\ \boldsymbol{CA}\\ \vdots\\ \boldsymbol{CA}^{n-1}\end{pmatrix}$$

的秩

$$\text{rank}\boldsymbol{N}=n_1<n$$

存在非奇异变换

$$\boldsymbol{x}=\boldsymbol{R}_{\text{o}}\tilde{\boldsymbol{x}}\tag{5.99}$$

将状态空间表达式（5.98）变换为

$$\begin{aligned}\dot{\tilde{\boldsymbol{x}}}&=\tilde{\boldsymbol{A}}\tilde{\boldsymbol{x}}+\tilde{\boldsymbol{B}}\boldsymbol{u}\\ \boldsymbol{y}&=\tilde{\boldsymbol{C}}\tilde{\boldsymbol{x}}\end{aligned}\tag{5.100}$$

其中，

$$\tilde{\boldsymbol{A}}=\boldsymbol{R}_{\text{o}}^{-1}\boldsymbol{A}\boldsymbol{R}_{\text{o}}=\left(\begin{array}{c|c}\tilde{\boldsymbol{A}}_{11} & \boldsymbol{0}\\ \hline \tilde{\boldsymbol{A}}_{21} & \tilde{\boldsymbol{A}}_{22}\end{array}\right)\tag{5.101}$$

$$\hat{\boldsymbol{B}}=\boldsymbol{R}_{\text{o}}^{-1}\boldsymbol{B}=\left(\begin{array}{c}\boldsymbol{B}_1\\ \hline \boldsymbol{B}_2\end{array}\right)\tag{5.102}$$

$$\hat{\boldsymbol{C}}=\boldsymbol{C}\boldsymbol{R}_{\text{o}}=\left(\begin{array}{c|c}\hat{\boldsymbol{C}}_1 & \boldsymbol{0}\end{array}\right)\tag{5.103}$$

$$\tilde{\boldsymbol{x}}=\left(\begin{array}{c}\tilde{\boldsymbol{x}}_1\\ \hline \tilde{\boldsymbol{x}}_2\end{array}\right)$$

可见，经上述变换后系统被分解为能观的 n_1 维子系统

$$\begin{aligned}\dot{\tilde{\boldsymbol{x}}}_1&=\tilde{\boldsymbol{A}}_{11}\tilde{\boldsymbol{x}}_1+\tilde{\boldsymbol{B}}_1\boldsymbol{u}\\ \boldsymbol{y}&=\tilde{\boldsymbol{C}}_1\tilde{\boldsymbol{x}}_1\end{aligned}$$

和不能观的 $n-n_1$ 维子系统

$$\dot{\tilde{\boldsymbol{x}}}_2=\tilde{\boldsymbol{A}}_{21}\tilde{\boldsymbol{x}}_1+\tilde{\boldsymbol{A}}_{22}\tilde{\boldsymbol{x}}_2+\tilde{\boldsymbol{B}}_2\boldsymbol{u}$$

系统能观性的结构划分如图 5.15 所示。显然，若不考虑 $n-n_1$ 维不能观的子系统，便得到一个 n_1 维的能观系统。

非奇异变换矩阵 $\boldsymbol{R}_{\text{o}}$ 是按如下方式构成的，取

$$\boldsymbol{R}_{\mathrm{o}}^{-1}=\begin{pmatrix}\boldsymbol{R}_1'\\ \boldsymbol{R}_2'\\ \vdots\\ \boldsymbol{R}_{n_1}'\\ \vdots\\ \boldsymbol{R}_n'\end{pmatrix} \tag{5.104}$$

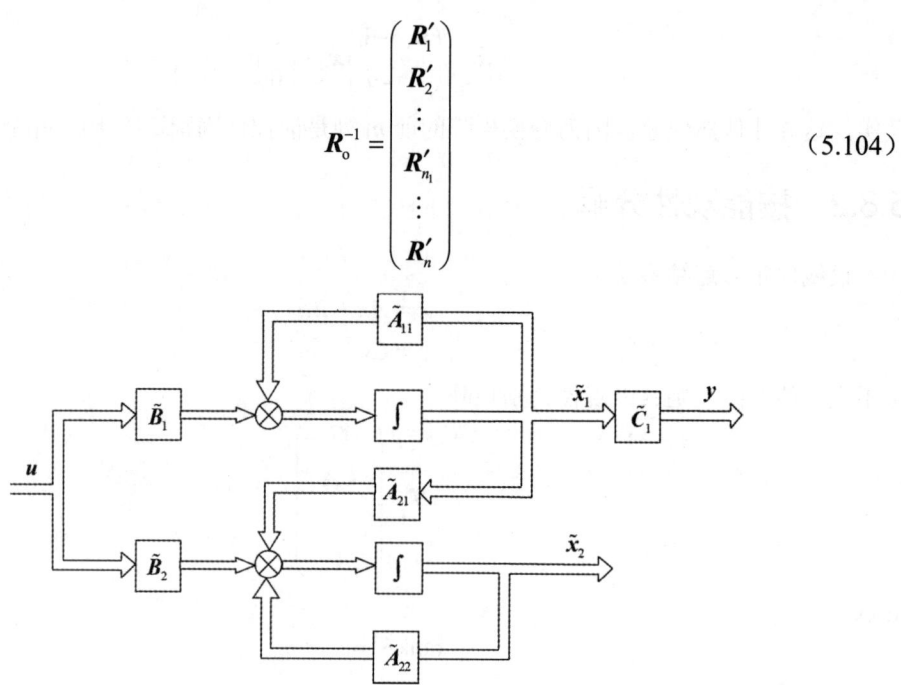

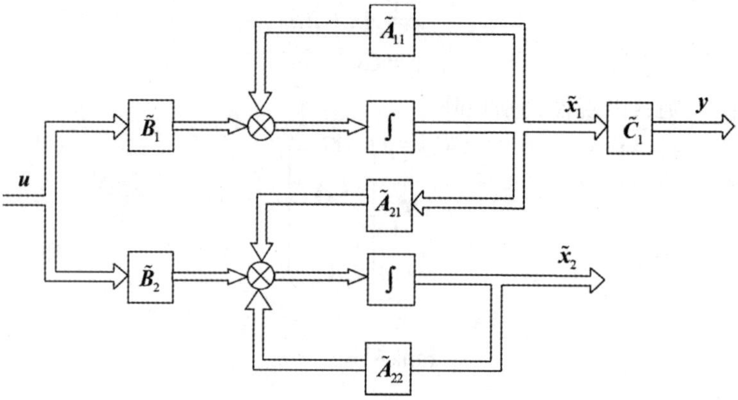

图 5.15　系统能观性的结构划分

其中，前 n_1 个行矢量 $\boldsymbol{R}_1',\boldsymbol{R}_2',\cdots,\boldsymbol{R}_{n_1}'$ 是能观性判别矩阵 $\boldsymbol{N}$ 中的 n_1 个线性无关的行，另外的 $n-n_1$ 个行矢量 $\boldsymbol{R}_{n_1+1}',\cdots,\boldsymbol{R}_n'$ 是在保证 $\boldsymbol{R}_{\mathrm{o}}^{-1}$ 为非奇异的情况下任选的。

【例 5.21】设线性定常系统如下，判断其能观性，若其不完全能观，试将该系统按能观性进行结构分解。

$$\dot{\boldsymbol{x}}=\begin{pmatrix}0&0&-1\\1&0&-3\\0&1&-3\end{pmatrix}\boldsymbol{x}+\begin{pmatrix}1\\1\\0\end{pmatrix}u$$

$$y=(0,1,-2)\boldsymbol{x}$$

解

系统的能观性判别矩阵

$$\boldsymbol{N}=\begin{pmatrix}\boldsymbol{c}\\ \boldsymbol{cA}\\ \boldsymbol{cA}^2\end{pmatrix}=\begin{pmatrix}0&1&-2\\1&-2&3\\-2&3&-4\end{pmatrix}$$

的秩

$$\mathrm{rank}\boldsymbol{N}=2<n$$

所以该系统不完全能观。

为构造非奇异变换矩阵 $\boldsymbol{R}_{\mathrm{o}}^{-1}$，取

$$\boldsymbol{R}_1'=\boldsymbol{c}=(0,1,-2)$$
$$\boldsymbol{R}_2'=\boldsymbol{cA}=(1,-2,3)$$
$$\boldsymbol{R}_3'=(0,0,1)$$

得

$$\boldsymbol{R}_o^{-1}=\begin{pmatrix}0&1&-2\\1&-2&3\\0&0&1\end{pmatrix},\quad \boldsymbol{R}_o=\begin{pmatrix}2&1&1\\1&0&2\\0&0&1\end{pmatrix}$$

其中，$\boldsymbol{R}_3'$ 是在保证 $\boldsymbol{R}_o^{-1}$ 为非奇异的情况下任选的。于是，系统状态空间表达式变换为

$$\begin{aligned}\dot{\tilde{\boldsymbol{x}}}&=\boldsymbol{R}_o^{-1}\boldsymbol{A}\boldsymbol{R}_o\tilde{\boldsymbol{x}}+\boldsymbol{R}_o^{-1}\boldsymbol{b}u\\&=\begin{pmatrix}0&1&0\\-1&-2&0\\0&1&-1\end{pmatrix}\tilde{\boldsymbol{x}}+\begin{pmatrix}1\\-1\\0\end{pmatrix}u\\y&=\boldsymbol{c}\boldsymbol{R}_o\tilde{\boldsymbol{x}}=(1,0,0)\,\tilde{\boldsymbol{x}}\end{aligned}$$

5.8.3　按能控性和能观性进行分解

（1）设某线性系统不完全能控和不完全能观，若对该系统同时按能控性和能观性进行结构分解，则可以把该系统分解成能控且能观、能控不能观、不能控能观、不能控不能观 4 个部分。当然，并非所有系统都能被分解成这 4 个部分。

若线性定常系统

$$\begin{aligned}\dot{\boldsymbol{x}}&=\boldsymbol{A}\boldsymbol{x}+\boldsymbol{B}\boldsymbol{u}\\\boldsymbol{y}&=\boldsymbol{C}\boldsymbol{x}\end{aligned}\tag{5.105}$$

不完全能控不完全能观，则存在非奇异变换

$$\boldsymbol{x}=\boldsymbol{R}\bar{\boldsymbol{x}}\tag{5.106}$$

把式（5.105）的状态空间表达式变换为

$$\begin{aligned}\dot{\bar{\boldsymbol{x}}}&=\bar{\boldsymbol{A}}\bar{\boldsymbol{x}}+\bar{\boldsymbol{B}}\boldsymbol{u}\\\boldsymbol{y}&=\bar{\boldsymbol{C}}\,\bar{\boldsymbol{x}}\end{aligned}\tag{5.107}$$

其中，

$$\bar{\boldsymbol{A}}=\boldsymbol{R}^{-1}\boldsymbol{A}\boldsymbol{R}=\left(\begin{array}{cc|cc}\boldsymbol{A}_{11}&\boldsymbol{0}&\boldsymbol{A}_{13}&\boldsymbol{0}\\\boldsymbol{A}_{21}&\boldsymbol{A}_{22}&\boldsymbol{A}_{23}&\boldsymbol{A}_{24}\\\hline\boldsymbol{0}&\boldsymbol{0}&\boldsymbol{A}_{33}&\boldsymbol{0}\\\boldsymbol{0}&\boldsymbol{0}&\boldsymbol{A}_{43}&\boldsymbol{A}_{44}\end{array}\right)\tag{5.108}$$

$$\bar{\boldsymbol{B}}=\boldsymbol{R}^{-1}\boldsymbol{B}=\begin{pmatrix}\boldsymbol{B}_1\\\boldsymbol{B}_2\\\boldsymbol{0}\\\boldsymbol{0}\end{pmatrix}\tag{5.109}$$

$$\bar{\boldsymbol{C}}=\boldsymbol{C}\boldsymbol{R}=(\boldsymbol{C}_1,\boldsymbol{0},\boldsymbol{C}_3,\boldsymbol{0})\tag{5.110}$$

由 $\bar{\boldsymbol{A}}$、$\bar{\boldsymbol{B}}$、$\bar{\boldsymbol{C}}$ 的结构可以看出，整个状态空间被分为能控且能观、能控不能观、不能控能观、不能控不能观 4 个部分，分别用 $\boldsymbol{x}_{co}$、$\boldsymbol{x}_{c\bar{o}}$、$\boldsymbol{x}_{\bar{c}o}$、$\boldsymbol{x}_{\bar{c}\bar{o}}$ 表示。于是根据式（5.107）可得

$$
\begin{pmatrix} \dot{x}_{co} \\ \dot{x}_{c\bar{o}} \\ \dot{x}_{\bar{c}o} \\ \dot{x}_{\bar{c}\bar{o}} \end{pmatrix} = \left(\begin{array}{cc:cc} A_{11} & 0 & A_{13} & 0 \\ A_{21} & A_{22} & A_{23} & A_{24} \\ \hdashline 0 & 0 & A_{33} & 0 \\ 0 & 0 & A_{43} & A_{44} \end{array}\right) \begin{pmatrix} x_{co} \\ x_{c\bar{o}} \\ x_{\bar{c}o} \\ x_{\bar{c}\bar{o}} \end{pmatrix} + \begin{pmatrix} B_1 \\ B_2 \\ 0 \\ 0 \end{pmatrix} u
$$

$$
y = (C_1, 0, C_3, 0) \begin{pmatrix} x_{co} \\ x_{c\bar{o}} \\ x_{\bar{c}o} \\ x_{\bar{c}\bar{o}} \end{pmatrix}
$$

并且（A_{11}, B_1, C_1）是能控且能观子系统。

系统的结构分解图如图 5.16 所示。

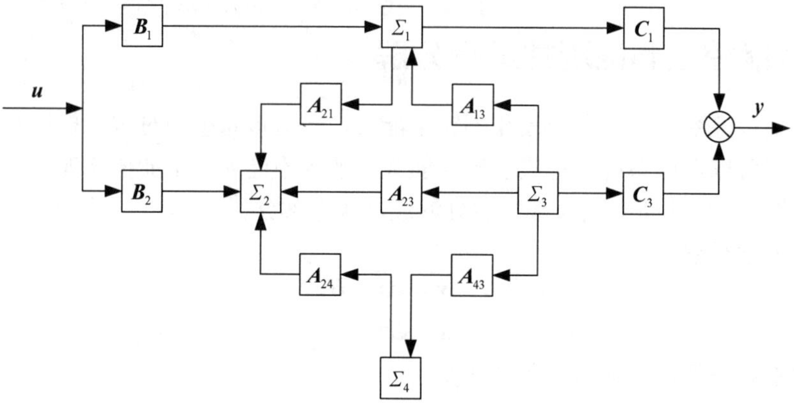

图 5.16　系统的结构分解图

由结构分解图可以清楚地看出 4 个子系统传递信息的情况。在系统的输入 u 和输出 y 之间只存在一条唯一的单向控制通道，即 $u \to B_1 \to \Sigma_1 \to C_1 \to y$。显然，反映系统输入—输出特性的传递函数矩阵 $W(s)$ 只能反映系统中能控且能观的那个子系统的动力学行为。

$$
W(s) = C(sI - A)^{-1}B = C_1(sI - A_{11})^{-1}B_1 \tag{5.111}
$$

从而也说明，传递函数矩阵只是对系统的一种不完全描述，如果在系统中添加（或去掉）不能控或不能观的子系统，并不影响系统的传递函数。因而在根据给定的传递函数矩阵求对应的状态空间表达式时，会得到无穷多个解。但是其中维数最小的那个状态空间表达式是最常用的，这就是**最小实现问题**。

（2）变换矩阵 R 确定之后，只需对其进行一次变换便可对系统同时按能控性和能观性进行结构分解，但是变换矩阵 R 的构造涉及较多的线性空间概念，下面介绍一种逐步分解的方法。虽然这种方法的计算过程较烦琐，但较直观，易于掌握，其步骤如下。

① 首先对系统 $\Sigma(A,B,C)$ 按能控性进行结构分解，取状态变换：

$$
x = R_c \begin{pmatrix} x_c \\ x_{\bar{c}} \end{pmatrix} \tag{5.112}
$$

将系统变换为

$$\begin{pmatrix}\dot{\boldsymbol{x}}_{\text{c}}\\ \dot{\boldsymbol{x}}_{\bar{\text{c}}}\end{pmatrix}=\boldsymbol{R}_{\text{c}}^{-1}\boldsymbol{A}\boldsymbol{R}_{\text{c}}\begin{pmatrix}\boldsymbol{x}_{\text{c}}\\ \boldsymbol{x}_{\bar{\text{c}}}\end{pmatrix}+\boldsymbol{R}_{\text{c}}^{-1}\boldsymbol{B}\boldsymbol{u}=\begin{pmatrix}\bar{\boldsymbol{A}}_1 & \bar{\boldsymbol{A}}_2\\ \boldsymbol{0} & \bar{\boldsymbol{A}}_4\end{pmatrix}\begin{pmatrix}\boldsymbol{x}_{\text{c}}\\ \boldsymbol{x}_{\bar{\text{c}}}\end{pmatrix}+\begin{pmatrix}\bar{\boldsymbol{B}}\\ \boldsymbol{0}\end{pmatrix}\boldsymbol{u}$$

$$\boldsymbol{y}=\boldsymbol{C}\boldsymbol{R}_{\text{c}}\begin{pmatrix}\boldsymbol{x}_{\text{c}}\\ \boldsymbol{x}_{\bar{\text{c}}}\end{pmatrix}=\left(\bar{\boldsymbol{C}}_1,\bar{\boldsymbol{C}}_2\right)\begin{pmatrix}\boldsymbol{x}_{\text{c}}\\ \boldsymbol{x}_{\bar{\text{c}}}\end{pmatrix}\tag{5.113}$$

其中，$\boldsymbol{x}_{\text{c}}$ 为能控状态；$\boldsymbol{x}_{\bar{\text{c}}}$ 为不能控状态；$\boldsymbol{R}_{\text{c}}$ 是根据式（5.97）构造的。

② 对式（5.113）中不能控的子系统 $\boldsymbol{\Sigma}_{\bar{\text{c}}}(\bar{\boldsymbol{A}}_4,\boldsymbol{0},\bar{\boldsymbol{C}}_2)$ 按能观性进行结构分解。

对 $\boldsymbol{x}_{\bar{\text{c}}}$ 取状态变换：

$$\boldsymbol{x}_{\bar{\text{c}}}=\boldsymbol{R}_{\text{o}2}\begin{pmatrix}\boldsymbol{x}_{\bar{\text{c}}\text{o}}\\ \boldsymbol{x}_{\bar{\text{c}}\bar{\text{o}}}\end{pmatrix}$$

将 $\boldsymbol{\Sigma}_{\bar{\text{c}}}(\bar{\boldsymbol{A}}_4,\boldsymbol{0},\bar{\boldsymbol{C}}_2)$ 分解为

$$\begin{pmatrix}\dot{\boldsymbol{x}}_{\bar{\text{c}}\text{o}}\\ \dot{\boldsymbol{x}}_{\bar{\text{c}}\bar{\text{o}}}\end{pmatrix}=\boldsymbol{R}_{\text{o}2}^{-1}\bar{\boldsymbol{A}}_4\boldsymbol{R}_{\text{o}2}\begin{pmatrix}\boldsymbol{x}_{\bar{\text{c}}\text{o}}\\ \boldsymbol{x}_{\bar{\text{c}}\bar{\text{o}}}\end{pmatrix}=\begin{pmatrix}\boldsymbol{A}_{33} & \boldsymbol{0}\\ \boldsymbol{A}_{43} & \boldsymbol{A}_{44}\end{pmatrix}\begin{pmatrix}\boldsymbol{x}_{\bar{\text{c}}\text{o}}\\ \boldsymbol{x}_{\bar{\text{c}}\bar{\text{o}}}\end{pmatrix}$$

$$\boldsymbol{y}=\bar{\boldsymbol{C}}_2\boldsymbol{R}_{\text{o}2}\begin{pmatrix}\boldsymbol{x}_{\bar{\text{c}}\text{o}}\\ \boldsymbol{x}_{\bar{\text{c}}\bar{\text{o}}}\end{pmatrix}=\left(\boldsymbol{C}_3,\boldsymbol{0}\right)\begin{pmatrix}\boldsymbol{x}_{\bar{\text{c}}\text{o}}\\ \boldsymbol{x}_{\bar{\text{c}}\bar{\text{o}}}\end{pmatrix}$$

其中，$\boldsymbol{x}_{\bar{\text{c}}\text{o}}$ 为不能控能观状态；$\boldsymbol{x}_{\bar{\text{c}}\bar{\text{o}}}$ 为不能控不能观状态；$\boldsymbol{R}_{\text{o}2}$ 为对根据式（5.104）构造的 $\boldsymbol{\Sigma}_{\bar{\text{c}}}(\bar{\boldsymbol{A}}_4,\boldsymbol{0},\bar{\boldsymbol{C}}_2)$ 按能观性进行结构分解的变换矩阵。

③ 对能控子系统 $\boldsymbol{\Sigma}_{\text{c}}(\bar{\boldsymbol{A}}_1,\bar{\boldsymbol{B}},\bar{\boldsymbol{C}}_1)$ 按能观性进行结构分解。

对 $\boldsymbol{x}_{\text{c}}$ 取状态变换：

$$\boldsymbol{x}_{\text{c}}=\boldsymbol{R}_{\text{o}1}\begin{pmatrix}\boldsymbol{x}_{\text{co}}\\ \boldsymbol{x}_{\text{c}\bar{\text{o}}}\end{pmatrix}$$

由式（5.113）有

$$\dot{\boldsymbol{x}}_{\text{c}}=\bar{\boldsymbol{A}}_1\boldsymbol{x}_{\text{c}}+\bar{\boldsymbol{A}}_2\boldsymbol{x}_{\bar{\text{c}}}+\boldsymbol{B}\boldsymbol{u}$$

把状态变换后的关系代入上式中，有

$$\boldsymbol{R}_{\text{o}1}\begin{pmatrix}\dot{\boldsymbol{x}}_{\text{co}}\\ \dot{\boldsymbol{x}}_{\text{c}\bar{\text{o}}}\end{pmatrix}=\bar{\boldsymbol{A}}_1\boldsymbol{R}_{\text{o}1}\begin{pmatrix}\boldsymbol{x}_{\text{co}}\\ \boldsymbol{x}_{\text{c}\bar{\text{o}}}\end{pmatrix}+\bar{\boldsymbol{A}}_2\boldsymbol{R}_{\text{o}2}\begin{pmatrix}\boldsymbol{x}_{\bar{\text{c}}\text{o}}\\ \boldsymbol{x}_{\bar{\text{c}}\bar{\text{o}}}\end{pmatrix}+\boldsymbol{B}\boldsymbol{u}$$

两边左乘 $\boldsymbol{R}_{\text{o}1}^{-1}$，有

$$\begin{aligned}\begin{pmatrix}\dot{\boldsymbol{x}}_{\text{co}}\\ \dot{\boldsymbol{x}}_{\text{c}\bar{\text{o}}}\end{pmatrix}&=\boldsymbol{R}_{\text{o}1}^{-1}\bar{\boldsymbol{A}}_1\boldsymbol{R}_{\text{o}1}\begin{pmatrix}\boldsymbol{x}_{\text{co}}\\ \boldsymbol{x}_{\text{c}\bar{\text{o}}}\end{pmatrix}+\boldsymbol{R}_{\text{o}1}^{-1}\bar{\boldsymbol{A}}_2\boldsymbol{R}_{\text{o}2}\begin{pmatrix}\boldsymbol{x}_{\bar{\text{c}}\text{o}}\\ \boldsymbol{x}_{\bar{\text{c}}\bar{\text{o}}}\end{pmatrix}+\boldsymbol{R}_{\text{o}1}^{-1}\boldsymbol{B}\boldsymbol{u}\\ &=\begin{pmatrix}\boldsymbol{A}_{11} & \boldsymbol{0}\\ \boldsymbol{A}_{21} & \boldsymbol{A}_{22}\end{pmatrix}\begin{pmatrix}\boldsymbol{x}_{\text{co}}\\ \boldsymbol{x}_{\text{c}\bar{\text{o}}}\end{pmatrix}+\begin{pmatrix}\boldsymbol{A}_{13} & \boldsymbol{0}\\ \boldsymbol{A}_{23} & \boldsymbol{A}_{24}\end{pmatrix}\begin{pmatrix}\boldsymbol{x}_{\bar{\text{c}}\text{o}}\\ \boldsymbol{x}_{\bar{\text{c}}\bar{\text{o}}}\end{pmatrix}+\begin{pmatrix}\boldsymbol{B}_1\\ \boldsymbol{B}_2\end{pmatrix}\boldsymbol{u}\end{aligned}$$

$$\boldsymbol{y}=\bar{\boldsymbol{C}}_1\boldsymbol{R}_{\text{o}1}\begin{pmatrix}\boldsymbol{x}_{\text{co}}\\ \boldsymbol{x}_{\text{c}\bar{\text{o}}}\end{pmatrix}=\left(\boldsymbol{C}_1,\boldsymbol{0}\right)\begin{pmatrix}\boldsymbol{x}_{\text{co}}\\ \boldsymbol{x}_{\text{c}\bar{\text{o}}}\end{pmatrix}$$

其中，$\boldsymbol{x}_{\text{co}}$ 为能控且能观状态；$\boldsymbol{x}_{\text{c}\bar{\text{o}}}$ 为能控不能观状态；$\boldsymbol{R}_{\text{o}1}$ 为对根据式（5.104）构造的 $\boldsymbol{\Sigma}_{\text{c}}(\bar{\boldsymbol{A}}_1,\bar{\boldsymbol{B}},\bar{\boldsymbol{C}}_1)$ 按能观性进行结构分解的变换矩阵。

综合以上三次变换便可导出对系统同时按能控性和能观性进行结构分解的表达式：

$$\begin{pmatrix}\dot{\boldsymbol{x}}_{co}\\ \dot{\boldsymbol{x}}_{c\bar{o}}\\ \dot{\boldsymbol{x}}_{\bar{c}o}\\ \dot{\boldsymbol{x}}_{\bar{c}\bar{o}}\end{pmatrix}=\begin{pmatrix}\boldsymbol{A}_{11} & \boldsymbol{0} & \boldsymbol{A}_{13} & \boldsymbol{0}\\ \boldsymbol{A}_{21} & \boldsymbol{A}_{22} & \boldsymbol{A}_{23} & \boldsymbol{A}_{24}\\ \boldsymbol{0} & \boldsymbol{0} & \boldsymbol{A}_{33} & \boldsymbol{0}\\ \boldsymbol{0} & \boldsymbol{0} & \boldsymbol{A}_{43} & \boldsymbol{A}_{44}\end{pmatrix}\begin{pmatrix}\boldsymbol{x}_{co}\\ \boldsymbol{x}_{c\bar{o}}\\ \boldsymbol{x}_{\bar{c}o}\\ \boldsymbol{x}_{\bar{c}\bar{o}}\end{pmatrix}+\begin{pmatrix}\boldsymbol{B}_1\\ \boldsymbol{B}_2\\ \boldsymbol{0}\\ \boldsymbol{0}\end{pmatrix}\boldsymbol{u}$$

$$\boldsymbol{y}=(\boldsymbol{C}_1,\boldsymbol{0},\boldsymbol{C}_3,\boldsymbol{0})\begin{pmatrix}\boldsymbol{x}_{co}\\ \boldsymbol{x}_{c\bar{o}}\\ \boldsymbol{x}_{\bar{c}o}\\ \boldsymbol{x}_{\bar{c}\bar{o}}\end{pmatrix}$$

【例 5.22】已知系统

$$\dot{\boldsymbol{x}}=\begin{pmatrix}0 & 0 & -1\\ 1 & 0 & -3\\ 0 & 1 & -3\end{pmatrix}\boldsymbol{x}+\begin{pmatrix}1\\ 1\\ 0\end{pmatrix}u$$

$$y=(0,1,-2)\boldsymbol{x}$$

不完全能控和不完全能观，试对该系统按能控性和能观性进行结构分解。

解

例 5.20 已对系统按能控性进行结构分解：

$$\boldsymbol{R}_c=\begin{pmatrix}1 & 0 & 0\\ 1 & 1 & 0\\ 0 & 1 & 1\end{pmatrix}$$

其经变换后，系统被分解为

$$\begin{pmatrix}\dot{\boldsymbol{x}}_c\\ \dot{\boldsymbol{x}}_{\bar{c}}\end{pmatrix}=\begin{pmatrix}0 & -1 & -1\\ 1 & -2 & -2\\ 0 & 0 & -1\end{pmatrix}\boldsymbol{x}+\begin{pmatrix}1\\ 0\\ 0\end{pmatrix}u$$

$$y=(1,-1,-2)\begin{pmatrix}\boldsymbol{x}_c\\ \boldsymbol{x}_{\bar{c}}\end{pmatrix}$$

由上面可见，不能控子空间 $\boldsymbol{x}_{\bar{c}}$ 是一维的，且是能观的，故无须再对其进行结构分解。

对能控子系统 $\boldsymbol{\Sigma}_c$ 按能观性进行结构分解，可得

$$\dot{\boldsymbol{x}}_c=\begin{pmatrix}0 & -1\\ 1 & -2\end{pmatrix}\boldsymbol{x}_c+\begin{pmatrix}-1\\ -2\end{pmatrix}\boldsymbol{x}_{\bar{c}}+\begin{pmatrix}1\\ 0\end{pmatrix}u$$

$$y_1=(1,-1)\boldsymbol{x}_c$$

根据式（5.104）构造非奇异变换矩阵：

$$\boldsymbol{R}_o^{-1}=\begin{pmatrix}1 & -1\\ 0 & 1\end{pmatrix}$$

对能控子系统 $\boldsymbol{\Sigma}_c$ 按能观性进行结构分解，可得

$$\begin{pmatrix}\dot{\boldsymbol{x}}_{co}\\ \dot{\boldsymbol{x}}_{c\bar{o}}\end{pmatrix}=\begin{pmatrix}1 & -1\\ 0 & 1\end{pmatrix}\begin{pmatrix}0 & -1\\ 1 & -2\end{pmatrix}\begin{pmatrix}1 & -1\\ 0 & 1\end{pmatrix}^{-1}\begin{pmatrix}\boldsymbol{x}_{co}\\ \boldsymbol{x}_{c\bar{o}}\end{pmatrix}+\begin{pmatrix}1 & -1\\ 0 & 1\end{pmatrix}\begin{pmatrix}-1\\ -2\end{pmatrix}\boldsymbol{x}_{\bar{c}}+\begin{pmatrix}1 & -1\\ 0 & 1\end{pmatrix}^{-1}\begin{pmatrix}1\\ 0\end{pmatrix}u$$

即

$$\begin{pmatrix}\dot{\boldsymbol{x}}_{\mathrm{co}}\\ \dot{\boldsymbol{x}}_{\mathrm{c\bar{o}}}\end{pmatrix}=\begin{pmatrix}-1 & 0\\ 1 & -1\end{pmatrix}\begin{pmatrix}\boldsymbol{x}_{\mathrm{co}}\\ \boldsymbol{x}_{\mathrm{c\bar{o}}}\end{pmatrix}+\begin{pmatrix}1\\ -2\end{pmatrix}\boldsymbol{x}_{\bar{\mathrm{c}}}+\begin{pmatrix}1\\ 0\end{pmatrix}u$$

$$y_1=(1,-1)\begin{pmatrix}1 & -1\\ 0 & 1\end{pmatrix}^{-1}\begin{pmatrix}\boldsymbol{x}_{\mathrm{co}}\\ \boldsymbol{x}_{\mathrm{c\bar{o}}}\end{pmatrix}=(1,0)\begin{pmatrix}\boldsymbol{x}_{\mathrm{co}}\\ \boldsymbol{x}_{\mathrm{c\bar{o}}}\end{pmatrix}$$

综合以上两次变换结果，对系统按能控性和能观性进行结构分解后，系统表达式为

$$\begin{pmatrix}\dot{\boldsymbol{x}}_{\mathrm{co}}\\ \dot{\boldsymbol{x}}_{\mathrm{c\bar{o}}}\\ \dot{\boldsymbol{x}}_{\mathrm{\bar{c}o}}\end{pmatrix}=\begin{pmatrix}-1 & 0 & 1\\ 1 & -1 & -2\\ 0 & 0 & -1\end{pmatrix}\begin{pmatrix}\boldsymbol{x}_{\mathrm{co}}\\ \boldsymbol{x}_{\mathrm{c\bar{o}}}\\ \boldsymbol{x}_{\mathrm{\bar{c}o}}\end{pmatrix}+\begin{pmatrix}1\\ 0\\ 0\end{pmatrix}u$$

$$y_1=(1,0,-2)\begin{pmatrix}\boldsymbol{x}_{\mathrm{co}}\\ \boldsymbol{x}_{\mathrm{c\bar{o}}}\\ \boldsymbol{x}_{\mathrm{\bar{c}o}}\end{pmatrix}$$

（3）结构分解的另一种方法：先把待分解的系统化为约旦标准型，然后按能控性判别准则和能观性判别准则判断各状态变量的能控性和能观性，最后按能控且能观、能控不能观、不能控能观、不能控不能观 4 种类型排列，即可组成相应的子系统。

例如，给定系统 $\boldsymbol{\Sigma}(\boldsymbol{A},\boldsymbol{B},\boldsymbol{C})$ 的约旦标准型为

$$\begin{pmatrix}\dot{x}_1\\ \dot{x}_2\\ \dot{x}_3\\ \dot{x}_4\\ \dot{x}_5\\ \dot{x}_6\end{pmatrix}=\left(\begin{array}{cc:cc:cc}-4 & 1 & & \mathbf{0} & & \mathbf{0}\\ 0 & -4 & & & & \\ \hdashline & & 3 & 1 & & \mathbf{0}\\ \mathbf{0} & & 0 & 3 & & \\ \hdashline & & & & -1 & 1\\ \mathbf{0} & & \mathbf{0} & & 0 & -1\end{array}\right)\begin{pmatrix}x_1\\ x_2\\ x_3\\ x_4\\ x_5\\ x_6\end{pmatrix}+\begin{pmatrix}1 & 3\\ 5 & 7\\ 4 & 3\\ 0 & 0\\ 1 & 6\\ 0 & 0\end{pmatrix}\begin{pmatrix}u_1\\ u_2\end{pmatrix}$$

$$\begin{pmatrix}y_1\\ y_2\end{pmatrix}=\begin{pmatrix}3 & 1 & 0 & 5 & 0 & 0\\ 1 & 4 & 0 & 2 & 0 & 0\end{pmatrix}\begin{pmatrix}x_1\\ x_2\\ x_3\\ x_4\\ x_5\\ x_6\end{pmatrix}$$

根据约旦标准型的能控性判别准则和能观性判别准则，容易做出如下判定。

能控且能观变量：

$$x_1,\quad x_2,\quad \boldsymbol{x}_{\mathrm{co}}=\begin{pmatrix}x_1\\ x_2\end{pmatrix}$$

能控不能观变量：

$$x_3,\quad x_5,\quad \boldsymbol{x}_{\mathrm{c\bar{o}}}=\begin{pmatrix}x_3\\ x_5\end{pmatrix}$$

不能控能观变量：

$$x_4,\quad \boldsymbol{x}_{\mathrm{\bar{c}o}}=x_4$$

不能控不能观变量：

$$x_6, \quad \boldsymbol{x}_{\bar{c}\bar{o}} = x_6$$

按此顺序重新排列，即可导出

$$\begin{pmatrix} \dot{\boldsymbol{x}}_{co} \\ \dot{\boldsymbol{x}}_{c\bar{o}} \\ \dot{\boldsymbol{x}}_{\bar{c}o} \\ \dot{\boldsymbol{x}}_{\bar{c}\bar{o}} \end{pmatrix} = \left(\begin{array}{cc|cc|c|c} -4 & 1 & 0 & 0 & 0 & 0 \\ 0 & -4 & 0 & 0 & 0 & 0 \\ \hline 0 & 0 & 3 & 0 & 1 & 0 \\ 0 & 0 & 0 & -1 & 0 & 1 \\ \hline 0 & 0 & 0 & 0 & 3 & 0 \\ \hline 0 & 0 & 0 & 0 & 0 & -1 \end{array}\right) \begin{pmatrix} \boldsymbol{x}_{co} \\ \boldsymbol{x}_{c\bar{o}} \\ \boldsymbol{x}_{\bar{c}o} \\ \boldsymbol{x}_{\bar{c}\bar{o}} \end{pmatrix} + \left(\begin{array}{cc} 1 & 3 \\ 5 & 7 \\ \hline 4 & 3 \\ 1 & 6 \\ \hline 0 & 0 \\ \hline 0 & 0 \end{array}\right) \begin{pmatrix} u_1 \\ u_2 \end{pmatrix}$$

$$\begin{pmatrix} y_1 \\ y_2 \end{pmatrix} = \begin{pmatrix} 3 & 1 & 0 & 0 & 5 & 0 \\ 1 & 4 & 0 & 0 & 2 & 0 \end{pmatrix} \begin{pmatrix} \boldsymbol{x}_{co} \\ \boldsymbol{x}_{c\bar{o}} \\ \boldsymbol{x}_{\bar{c}o} \\ \boldsymbol{x}_{\bar{c}\bar{o}} \end{pmatrix}$$

5.9 传递函数矩阵的实现问题

状态空间法是现代控制理论的基础，建立系统的状态空间表达式是分析、设计系统的前提；对于结构、参数已知的系统，可以直接通过理论方法建立系统的状态空间表达式；若系统物理过程复杂，可用实验方法先确定系统的传递函数矩阵 $\boldsymbol{W}(s)$，再根据 $\boldsymbol{W}(s)$导出系统的状态空间表达式，这称为系统的实现问题。也就是说，对于给定的传递函数矩阵，寻求一个状态空间描述，使

$$\boldsymbol{W}(s) = \boldsymbol{C}(s\boldsymbol{I} - \boldsymbol{A})^{-1}\boldsymbol{B} + \boldsymbol{D}$$

成立，考虑状态空间表达式的非唯一性，$\Sigma(\boldsymbol{A},\boldsymbol{B},\boldsymbol{C})$ 为传递函数矩阵$\boldsymbol{W}(s)$的一个实现。系统的实现也可看作识别问题，即通过输出端和输入端直接测量到的信息去识别系统的内部结构，以便采用各种类型的分析技术对系统进行模拟与研究。

5.9.1 实现的基本概念

1. 实现的存在性

首先，传递函数矩阵必须满足物理可实现条件，即

（1）$\boldsymbol{W}(s)$中每个元素 $W_{ij}(s)$（i=1, 2,⋯, m；j=1, 2,⋯, r）的分子、分母多项式的系数为实常数。

（2）$W_{ij}(s)$ 是真有理分式，分子多项式阶次≤分母多项式阶次，即 $m \leqslant n$ 。

2. 实现的形式

（1）若 $\boldsymbol{W}(s)$为严格真有理分式矩阵，实现为 $\Sigma(\boldsymbol{A},\boldsymbol{B},\boldsymbol{C})$ 。

（2）若 $\boldsymbol{W}(s)$为非严格真有理分式矩阵，实现为 $\Sigma(\boldsymbol{A},\boldsymbol{B},\boldsymbol{C},\boldsymbol{D})$ ，首先计算直接传递矩阵

$$\boldsymbol{D} = \lim_{s\to\infty}\boldsymbol{W}(s) \tag{5.114}$$

则 $\boldsymbol{W}(s)-\boldsymbol{D}$ 为严格真有理分式矩阵，即

$$W(s)-D=C(sI-A)^{-1}B \tag{5.115}$$

$W(s)-D$ 的实现为 $\Sigma(A,B,C)$，则原传递函数矩阵 $W(s)$的实现为 $\Sigma(A,B,C,D)$。

3. 实现的非唯一性（相似性）

（1）一个 $W(s)$有任意维数的状态空间表达式与之对应。

（2）一个 $W(s)$对应无穷个内部结构不同的系统。

5.9.2　多输入—多输出系统的能控与能观标准型实现

前面已经讨论过单输入—单输出系统的能控性与能观性实现问题，这里继续讨论多输入—多输出系统的能控性与能观性实现问题，其方法与单输入—单输出系统类似，主要区别在于单输入—单输出系统传递函数的分子系数是常数标量，而多输入—多输出系统传递函数的分子系数是常数矩阵。多输入—多输出系统的传递函数为

$$W(s)=\frac{\beta_{n-1}s^{n-1}+\beta_{n-2}s^{n-2}+\cdots+\beta_1 s+\beta_0}{s^n+a_{n-1}s^{n-1}+\cdots+a_1 s^n+a_0} \tag{5.116}$$

其中，$s^n+a_{n-1}s^{n-1}+\cdots+a_1 s^n+a_0$ 为系统的特征多项式，系统传递函数矩阵为 n 阶，有 r 个输入、m 个输出。$\beta_{n-1},\beta_{n-2},\cdots,\beta_1,\beta_0$ 为 $m\times r$ 维常数分子系数矩阵，如

$$\left(\frac{1}{s},\frac{1}{s^2}\right)=\left(\frac{s}{s^2},\frac{1}{s^2}\right)=\frac{1}{s^2}(s,1)=\frac{(1,0)s+(0,1)}{s^2}=\frac{\beta_1 s+\beta_0}{s^2}$$

显然 $W(s)$是一个严格真有理分式矩阵，且当 $m=r=1$ 时，$W(s)$对应的就是单输入—单输出系统的传递函数。

【思考】传递函数矩阵 $W(s)$的行数和列数与输入和输出的维数有何关系？

1. 能控标准型

式（5.116）所示形式的传递函数矩阵的能控标准型实现为

$$\begin{cases} A_c=\begin{pmatrix} 0_r & I_r & 0_r & \cdots & 0_r \\ 0_r & 0_r & I_r & \cdots & 0_r \\ \vdots & \vdots & \vdots & & \vdots \\ 0_r & 0_r & 0_r & \cdots & I_r \\ -a_0 I_r & -a_1 I_r & -a_2 I_r & \cdots & -a_{n-1} I_r \end{pmatrix} \\ B_c=\begin{pmatrix} 0_r \\ 0_r \\ \vdots \\ 0_r \\ I_r \end{pmatrix}, \qquad C_c=(\beta_0,\beta_1,\cdots,\beta_{n-1}) \end{cases} \tag{5.117}$$

其中，0_r 为 $r\times r$ 维零矩阵；I_r 为 $r\times r$ 维单位矩阵。

当 $m=r=1$ 时，式（5.117）为单变量系统 n 维的能控标准型实现。

2. 能观标准型

式（5.116）所描述的传递函数矩阵的能观标准型实现为

$$\begin{cases} \boldsymbol{A}_{\rm o}=\begin{pmatrix} \boldsymbol{0}_m & \boldsymbol{0}_m & \cdots & \boldsymbol{0}_m & -a_0\boldsymbol{I}_m \\ \boldsymbol{I}_m & \boldsymbol{0}_m & \cdots & \boldsymbol{0}_m & -a_1\boldsymbol{I}_m \\ \boldsymbol{0}_m & \boldsymbol{I}_m & \cdots & \boldsymbol{0}_m & -a_2\boldsymbol{I}_m \\ \vdots & \vdots & & \vdots & \vdots \\ \boldsymbol{0}_m & \boldsymbol{0}_m & \cdots & \boldsymbol{I}_m & -a_{n-1}\boldsymbol{I}_m \end{pmatrix} \\ \boldsymbol{B}_{\rm o}=\begin{pmatrix} \boldsymbol{\beta}_0 \\ \boldsymbol{\beta}_1 \\ \boldsymbol{\beta}_2 \\ \vdots \\ \boldsymbol{\beta}_{n-1} \end{pmatrix}, \quad \boldsymbol{C}_{\rm o}=\left(\boldsymbol{0}_m,\boldsymbol{0}_m,\cdots,\boldsymbol{I}_m\right) \end{cases} \tag{5.118}$$

其中，$\boldsymbol{0}_m$ 为 $m\times m$ 维零矩阵；$\boldsymbol{I}_m$ 为 $m\times m$ 维单位矩阵。

当 $m=r=1$ 时，式（5.118）为单变量系统 n 维的能观标准型实现。由式（5.117）与式（5.118）可以看出，多输入—多输出系统的能控标准型与能观标准型不是简单的转置关系。若 $m>r$，则最好由能控标准型实现；若 $m<r$，则最好由能观标准型实现。

【例 5.23】试求

$$\boldsymbol{W}(s)=\begin{pmatrix} \dfrac{s+2}{s+1} & \dfrac{1}{s+3} \\ \dfrac{s}{s+1} & \dfrac{s+1}{s+2} \end{pmatrix}$$

的能控标准型实现和能观标准型实现。

解

首先将 $\boldsymbol{W}(s)$ 转化成严格真有理分式矩阵，根据式（5.114）可算得

$$\boldsymbol{W}(s)=\boldsymbol{C}(s\boldsymbol{I}-\boldsymbol{A})^{-1}\boldsymbol{B}+\boldsymbol{D}=\begin{pmatrix} \dfrac{1}{s+1} & \dfrac{1}{s+3} \\ -\dfrac{1}{s+1} & -\dfrac{1}{s+2} \end{pmatrix}+\begin{pmatrix} 1 & 0 \\ 1 & 1 \end{pmatrix}$$

将 $\boldsymbol{C}(s\boldsymbol{I}-\boldsymbol{A})^{-1}\boldsymbol{B}$ 写成按 s 降幂排列的格式，即

$$\begin{aligned} \begin{pmatrix} \dfrac{1}{s+1} & \dfrac{1}{s+3} \\ -\dfrac{1}{s+1} & -\dfrac{1}{s+2} \end{pmatrix} &= \frac{1}{s^3+6s^2+11s+6}\begin{pmatrix} s^2+5s+6 & s^2+3s+2 \\ -(s^2+5s+6) & -(s^2+4s+3) \end{pmatrix} \\ &= \frac{1}{s^3+6s^2+11s+6}\left\{\begin{pmatrix} 1 & 1 \\ -1 & -1 \end{pmatrix}s^2+\begin{pmatrix} 5 & 3 \\ -5 & -4 \end{pmatrix}s+\begin{pmatrix} 6 & 2 \\ -6 & -3 \end{pmatrix}\right\} \end{aligned}$$

对照式（5.116），可得

$$a_0=6,\quad a_1=11,\quad a_2=6$$

$$\boldsymbol{\beta}_0=\begin{pmatrix}6 & 2\\ -6 & -3\end{pmatrix},\ \boldsymbol{\beta}_1=\begin{pmatrix}5 & 3\\ -5 & -4\end{pmatrix},\ \boldsymbol{\beta}_2=\begin{pmatrix}1 & 1\\ -1 & -1\end{pmatrix}$$

将上述系数及矩阵代入式（5.117）中，便可得能控标准型的各系数矩阵，即

$$\boldsymbol{A}_{\mathrm{c}}=\begin{pmatrix}\boldsymbol{0}_r & \boldsymbol{I}_r & \boldsymbol{0}_r\\ \boldsymbol{0}_r & \boldsymbol{0}_r & \boldsymbol{I}_r\\ -a_0\boldsymbol{I}_r & -a_1\boldsymbol{I}_r & -a_2\boldsymbol{I}_r\end{pmatrix}=\begin{pmatrix}0 & 0 & 1 & 0 & 0 & 0\\ 0 & 0 & 0 & 1 & 0 & 0\\ 0 & 0 & 0 & 0 & 1 & 0\\ 0 & 0 & 0 & 0 & 0 & 1\\ -6 & 0 & -11 & 0 & -6 & 0\\ 0 & -6 & 0 & -11 & 0 & -6\end{pmatrix},\ \boldsymbol{B}_{\mathrm{c}}=\begin{pmatrix}\boldsymbol{0}_r\\ \boldsymbol{0}_r\\ \boldsymbol{I}_r\end{pmatrix}=\begin{pmatrix}0 & 0\\ 0 & 0\\ 0 & 0\\ 0 & 0\\ 1 & 0\\ 0 & 1\end{pmatrix}$$

$$\boldsymbol{C}_{\mathrm{c}}=\left(\boldsymbol{\beta}_0,\boldsymbol{\beta}_1,\boldsymbol{\beta}_2\right)=\begin{pmatrix}6 & 2 & 5 & 3 & 1 & 1\\ -6 & -3 & -5 & -4 & -1 & -1\end{pmatrix},\ \boldsymbol{D}=\begin{pmatrix}1 & 0\\ 1 & 1\end{pmatrix}$$

类似地，将 a_i 及 $\boldsymbol{\beta}_i$（i=0,1,2）代入式（5.118）中，便可得能观标准型的各系数矩阵，即

$$\boldsymbol{A}_{\mathrm{o}}=\begin{pmatrix}\boldsymbol{0}_m & \boldsymbol{0}_m & -a_0\boldsymbol{I}_m\\ \boldsymbol{I}_m & \boldsymbol{0}_m & -a_1\boldsymbol{I}_m\\ \boldsymbol{0}_m & \boldsymbol{I}_m & -a_2\boldsymbol{I}_m\end{pmatrix}=\begin{pmatrix}0 & 0 & 0 & 0 & -6 & 0\\ 0 & 0 & 0 & 0 & 0 & -6\\ 1 & 0 & 0 & 0 & -11 & 0\\ 0 & 1 & 0 & 0 & 0 & -11\\ 0 & 0 & 1 & 0 & -6 & 0\\ 0 & 0 & 0 & 1 & 0 & -6\end{pmatrix},\ \boldsymbol{B}_{\mathrm{o}}=\begin{pmatrix}\boldsymbol{\beta}_0\\ \boldsymbol{\beta}_1\\ \boldsymbol{\beta}_2\end{pmatrix}=\begin{pmatrix}6 & 2\\ -6 & -3\\ 5 & 3\\ -5 & -4\\ 1 & 1\\ -1 & -1\end{pmatrix}$$

$$\boldsymbol{C}_{\mathrm{o}}=\left(\boldsymbol{0}_m,\boldsymbol{0}_m,\boldsymbol{I}_m\right)=\begin{pmatrix}0 & 0 & 0 & 0 & 1 & 0\\ 0 & 0 & 0 & 0 & 0 & 1\end{pmatrix}$$

所得结果也进一步表明，多变量系统的能控标准型实现和能观标准型实现之间并不是一个简单的转置关系。

5.9.3 最小实现

1. 定义

对于一个给定的可实现的传递函数矩阵来说，有无穷个状态空间表达式与之对应，而其中系统维数最小的实现，零极点不可约，反映具有给定传递函数矩阵的假定结构的最简形式称为最小实现。最小实现所用积分器数最少，具有重要的现实意义。

传递函数矩阵的实现是最小实现的充分必要条件是，该实现能控且能观。把系统中不能控不能观的状态分量消去，不会影响系统的传递函数矩阵。因此，最小实现又称为不可约实现。

2. 说明

传递函数矩阵的实现不是唯一的，最小实现的形式也不是唯一的，只有最小实现的维数是唯一的，两个最小实现之间是线性变换，是代数等价的。

根据上述判断最小实现的准则构造最小实现的基本算法如下。

（1）先求传递函数矩阵的任何一种能控型（或能观型）实现，再检查实现的能观性（或

能控性），若能控且能观，则必是最小实现。

（2）否则，采用结构分解定理对系统进行能观性（或能控性）分解，找出能控且能观的子空间，以得到最小实现。

【例 5.24】已知传递函数矩阵为

$$\boldsymbol{W}(s)=\begin{pmatrix}\dfrac{2(s+3)}{(s+1)(s+2)} & \dfrac{4(s+4)}{s+5}\end{pmatrix}$$

试求该系统的最小实现。

解

（1）由于$\boldsymbol{W}(s)$为非严格真有理分式矩阵，实现为$\boldsymbol{\varSigma}(\boldsymbol{A}, \boldsymbol{B}, \boldsymbol{C}, \boldsymbol{D})$，首先计算直接传递矩阵

$$\boldsymbol{D}=\lim_{s\to\infty}\boldsymbol{W}(s)=\begin{pmatrix}0 & 4\end{pmatrix}$$

（2）确定$\boldsymbol{W}(s)-\boldsymbol{D}$的实现$(\boldsymbol{A},\boldsymbol{B},\boldsymbol{C})$。

把$\boldsymbol{W}(s)-\boldsymbol{D}$写成标准形式，即

$$\boldsymbol{W}(s)-\boldsymbol{D}=\begin{pmatrix}\dfrac{2(s+3)}{(s+1)(s+2)} & \dfrac{-4}{s+5}\end{pmatrix}=\frac{\begin{pmatrix}2(s+3)(s+5) & -4(s+1)(s+2)\end{pmatrix}}{(s+1)(s+2)(s+5)}$$

$$=\frac{\begin{pmatrix}2s^2+16s+30 & -4s^2-12s-8\end{pmatrix}}{(s+1)(s+2)(s+5)}=\frac{\begin{pmatrix}2 & -4\end{pmatrix}s^2+\begin{pmatrix}16 & -12\end{pmatrix}s+\begin{pmatrix}30 & -8\end{pmatrix}}{s^3+8s^2+17s+10}$$

$\boldsymbol{W}(s)-\boldsymbol{D}$的最小公分母是

$$d(s)=(s+1)(s+2)(s+5)=s^3+8s^2+17s+10$$

可知特征多项式系数为

$$a_0=10，\ a_1=17，\ a_2=8$$

分子系数矩阵为

$$\boldsymbol{\beta}_0=\begin{pmatrix}30 & -8\end{pmatrix}，\ \boldsymbol{\beta}_1=\begin{pmatrix}16 & -12\end{pmatrix}，\ \boldsymbol{\beta}_2=\begin{pmatrix}2 & -4\end{pmatrix}$$

由于系统为两输入单输出系统，即$r=2$，$m=1$，故初选为能观标准型，有

$$\boldsymbol{A}_{\mathrm{o}}=\begin{pmatrix}\boldsymbol{0}_m & \boldsymbol{0}_m & -a_0\boldsymbol{I}_m\\ \boldsymbol{I}_m & \boldsymbol{0}_m & -a_1\boldsymbol{I}_m\\ \boldsymbol{0}_m & \boldsymbol{I}_m & -a_2\boldsymbol{I}_m\end{pmatrix}=\begin{pmatrix}0 & 0 & -10\\ 1 & 0 & -17\\ 0 & 1 & -8\end{pmatrix}，\ \boldsymbol{B}_{\mathrm{o}}=\begin{pmatrix}\boldsymbol{\beta}_0\\ \boldsymbol{\beta}_1\\ \boldsymbol{\beta}_2\end{pmatrix}=\begin{pmatrix}30 & -8\\ 16 & -12\\ 2 & -4\end{pmatrix}$$

$$\boldsymbol{C}_{\mathrm{o}}=\begin{pmatrix}\boldsymbol{0}_m, \boldsymbol{0}_m, \boldsymbol{I}_m\end{pmatrix}=\begin{pmatrix}0 & 0 & 1\end{pmatrix}$$

（3）原$\boldsymbol{W}(s)$的实现为$\boldsymbol{\varSigma}(\boldsymbol{A},\boldsymbol{B},\boldsymbol{C},\boldsymbol{D})$。

$$\dot{\boldsymbol{x}}=\begin{pmatrix}0 & 0 & -10\\ 1 & 0 & -17\\ 0 & 1 & -8\end{pmatrix}\boldsymbol{x}+\begin{pmatrix}30 & -8\\ 16 & -12\\ 2 & -4\end{pmatrix}\boldsymbol{u}$$

$$y=\begin{pmatrix}0 & 0 & 1\end{pmatrix}\boldsymbol{x}+\begin{pmatrix}0 & 4\end{pmatrix}\boldsymbol{u}$$

检验可得$\mathrm{rank}\boldsymbol{M}=3$，此实现能控，该实现为该系统的一个最小实现。

【例 5.25】求以下系统的最小实现。

$$\boldsymbol{W}(s)=\begin{pmatrix}\dfrac{2}{s+1} & \dfrac{1}{s+1}\\ \dfrac{1}{s+2} & \dfrac{1}{s+2}\end{pmatrix}$$

解

（1）初步实现，各个传递函数的最小公分母为

$$d(s)=(s+1)(s+2)=s^2+3s+2$$

特征多项式系数为

$$a_0=2\text{，}\quad a_1=3$$

把传递函数矩阵转化为标准形式，即

$$\boldsymbol{W}(s)=\frac{1}{s^2+3s+2}\begin{pmatrix}2(s+2) & (s+2)\\ (s+1) & (s+1)\end{pmatrix}=\frac{\begin{pmatrix}2 & 1\\ 1 & 1\end{pmatrix}s+\begin{pmatrix}4 & 2\\ 1 & 1\end{pmatrix}}{s^2+3s+2}$$

则分子系数矩阵为

$$\boldsymbol{\beta}_0=\begin{pmatrix}4 & 2\\ 1 & 1\end{pmatrix}\text{，}\quad \boldsymbol{\beta}_1=\begin{pmatrix}2 & 1\\ 1 & 1\end{pmatrix}$$

由于此系统的输入—输出维数均为 2，即 $r=m=2$，可选为能控型或能观型系统，初选为能控标准型系统，有

$$\boldsymbol{A}_c=\begin{pmatrix}\boldsymbol{0}_2 & \boldsymbol{I}_2\\ -a_0\boldsymbol{I}_2 & -a_1\boldsymbol{I}_2\end{pmatrix}=\begin{pmatrix}0 & 0 & 1 & 0\\ 0 & 0 & 0 & 1\\ -2 & 0 & -3 & 0\\ 0 & -2 & 0 & -3\end{pmatrix}\text{，}\quad \boldsymbol{B}_c=\begin{pmatrix}\boldsymbol{0}_2\\ \boldsymbol{I}_2\end{pmatrix}=\begin{pmatrix}0 & 0\\ 0 & 0\\ 1 & 0\\ 0 & 1\end{pmatrix}$$

$$\boldsymbol{C}_c=\begin{pmatrix}\boldsymbol{\beta}_0 & \boldsymbol{\beta}_1\end{pmatrix}=\begin{pmatrix}4 & 2 & 2 & 1\\ 1 & 1 & 1 & 1\end{pmatrix}$$

可以求得，此实现的能观性判别矩阵 $\boldsymbol{N}$ 的秩为 2，所以此实现不能观。

（2）结构分解。对此能控标准型系统按能观性进行结构分解，在 $\boldsymbol{N}$ 中选取两个线性无关行

$$\boldsymbol{R}_1=\begin{pmatrix}4 & 2 & 2 & 1\end{pmatrix}$$

$$\boldsymbol{R}_2=\begin{pmatrix}1 & 1 & 1 & 1\end{pmatrix}$$

另外，再选两行与 $\boldsymbol{R}_1$、$\boldsymbol{R}_2$ 线性无关的行矢量，组成变换矩阵，即

$$\boldsymbol{R}_o^{-1}=\begin{pmatrix}4 & 2 & 2 & 1\\ 1 & 1 & 1 & 1\\ 1 & 0 & 0 & 0\\ 0 & 1 & 0 & 0\end{pmatrix}\text{，}\quad \boldsymbol{R}_o=\begin{pmatrix}0 & 0 & 1 & 0\\ 0 & 0 & 0 & 1\\ 1 & -1 & -3 & -1\\ -1 & 2 & 2 & 0\end{pmatrix}$$

系统线性变换后，有

$$\dot{\tilde{x}} = R_o^{-1} A_c R_o \tilde{x} + R_o^{-1} B_c u = \begin{pmatrix} -1 & 0 & 0 & 0 \\ 0 & -2 & 0 & 0 \\ 1 & -1 & -3 & -1 \\ -1 & 2 & 2 & 0 \end{pmatrix} \tilde{x} + \begin{pmatrix} 2 & 1 \\ 1 & 1 \\ 0 & 0 \\ 0 & 0 \end{pmatrix} u = \begin{pmatrix} \tilde{A}_o & \mathbf{0} \\ \tilde{A}_{21} & \tilde{A}_{\bar{o}} \end{pmatrix} \begin{pmatrix} \tilde{x}_o \\ \tilde{x}_{\bar{o}} \end{pmatrix} + \begin{pmatrix} \tilde{B}_o \\ \tilde{B}_{\bar{o}} \end{pmatrix} u$$

$$y = C_c R_o \tilde{x} = \begin{pmatrix} 1 & 0 & 0 & 0 \\ 0 & 1 & 0 & 0 \end{pmatrix} \tilde{x} = \begin{pmatrix} \tilde{C}_o & \mathbf{0} \end{pmatrix} \begin{pmatrix} \tilde{x}_o \\ \tilde{x}_{\bar{o}} \end{pmatrix}$$

显然

$$\tilde{A}_o = \begin{pmatrix} -1 & 0 \\ 0 & -2 \end{pmatrix}, \quad \tilde{B}_o = \begin{pmatrix} 2 & 1 \\ 1 & 1 \end{pmatrix}, \quad \tilde{C}_o = \begin{pmatrix} 1 & 0 \\ 0 & 1 \end{pmatrix}$$

是$W(s)$的一个最小实现。

以上计算进一步说明传递函数矩阵的实现不是唯一的，最小实现也不是唯一的，只是最小实现的维数是唯一的。但是，可以证明，如果$\Sigma(A_m, B_m, C_m)$和$\Sigma(\tilde{A}_m, \tilde{B}_m, \tilde{C}_m)$是同一个传递函数矩阵$W(s)$的两个最小实现，那么它们之间必存在一种状态变换$x = P\tilde{x}$，使得

$$\tilde{A}_m = P^{-1} A_m P, \quad \tilde{B}_m = P^{-1} B_m, \quad \tilde{C}_m = C_m P$$

也就是说，同一个传递函数矩阵的最小实现是代数等价的。

多输入—多输出系统最小实现的算法还有很多，如由 Ho 和卡尔曼提出的 Ho-Kalman 算法，利用马尔可夫（Markov）参数构成汉克尔（Hankel）矩阵，再应用高斯消元法，得到系统的一个最小实现。

5.10 传递函数零极点对消与系统能控性和能观性的关系

既然系统的能控且能观与其传递函数矩阵的最小实现是同义的，那么能否通过系统传递函数矩阵的特征来判别其状态的能控性和能观性呢？可以证明，对于单输入系统、单输出系统或者单输入—单输出系统，要使系统是能控且能观的充分必要条件是其传递函数的分子、分母间没有零极点对消。可是对于多输入—多输出系统来说，传递函数矩阵没有零极点对消只是系统最小实现的充分条件，也就是说，即使出现零极点对消，这种系统仍可能是能控和能观的。鉴于此，本节只讨论单输入—单输出系统的传递函数中零极点对消与系统能控且能观之间的关系。

对于一个单输入—单输出系统$\Sigma(A, b, c)$，有

$$\begin{aligned} \dot{x} &= Ax + bu \\ y &= cx \end{aligned} \tag{5.119}$$

欲使该系统能控且能观的充分必要条件是传递函数

$$W(s) = c(sI - A)^{-1} b \tag{5.120}$$

的分子、分母间没有零极点对消。

证明

先证必要性。

如果$\Sigma(A, b, c)$不是$W(s)$的最小实现，则必存在另一个系统$\Sigma(\tilde{A}, \tilde{b}, \tilde{c})$

$$\dot{\tilde{x}} = \tilde{A}\tilde{x} + \tilde{b}u \\ y = \tilde{c}\tilde{x} \tag{5.121}$$

有更少的维数，使得

$$\tilde{c}(sI - \tilde{A})^{-1}\tilde{b} = c(sI - A)^{-1}b = W(s) \tag{5.122}$$

由于 $\tilde{A}$ 的阶次比 A 低，于是多项式 $\det(sI-\tilde{A})$ 的阶次也一定比 $\det(sI-A)$ 的阶次低。但是欲使式（5.122）成立，必然是 $c(sI-A)^{-1}b$ 的分子、分母间出现零极点对消。于是反设不成立，必要性得证。

再证充分性。

如果 $c(sI-A)^{-1}b$ 的分子、分母间不出现零极点对消，则 $\Sigma(A, b, c)$ 一定能控且能观。

反设 $c(sI-A)^{-1}b$ 的分子、分母间出现零极点对消，那么 $c(sI-A)^{-1}b$ 将退化为一个降阶的传递函数矩阵。根据这个降阶的没有零极点对消的传递函数，可以找到一个维数更小的实现。现假设 $c(sI-A)^{-1}b$ 的分子、分母间不出现零极点对消，于是对应的 $\Sigma(A, b, c)$ 一定是最小实现，即 $\Sigma(A, b, c)$ 能控且能观。充分性得证。

利用这个关系可以根据传递函数的分子和分母是否出现零极点对消，方便地判别相应的实现是否能控且能观。但是，如果传递函数出现了零极点对消现象，那么还不能确定系统是否为不能控的或者不能观的或者既不能控又不能观的。下面举例说明。

例如，系统的传递函数为

$$W(s) = \frac{Y(s)}{U(s)} = \frac{s+2.5}{(s+2.5)(s-1)}$$

分子、分母有相同因式（s+2.5），系统状态不完全能控或不完全能观，或既不完全能控又不完全能观。上述传递函数的实现可以是

$$\dot{x} = \begin{pmatrix} 1 & 0 \\ 0 & -2.5 \end{pmatrix} x + \begin{pmatrix} 1 \\ 1 \end{pmatrix} u \\ y = (1, 0)\, x$$

可见系统能控，但不能观。因此，上述实现不是最小实现，相应的模拟结构图如图 5.17（a）所示。

上述传递函数的实现又可以是

$$\dot{x} = \begin{pmatrix} 1 & 0 \\ 0 & -2.5 \end{pmatrix} x + \begin{pmatrix} 1 \\ 0 \end{pmatrix} u \\ y = (1, 1)\, x$$

这时系统不能控但能观。相应的模拟结构图如图 5.17（b）所示。

上述传递函数的实现还可以是

$$\dot{x} = \begin{pmatrix} 1 & 0 \\ 0 & -2.5 \end{pmatrix} x + \begin{pmatrix} 1 \\ 0 \end{pmatrix} u \\ y = (1, 0)\, x$$

系统既不能控又不能观。相应的模拟结构图如图 5.17（c）所示。

通过这个例子我们可以看到，在经典控制理论中基于传递函数零极点对消原则的设计

方法虽然简单直观，但是它破坏了系统的能控性或能观性。不能控部分的作用在某些情况下会导致系统品质变坏，甚至使系统不稳定。

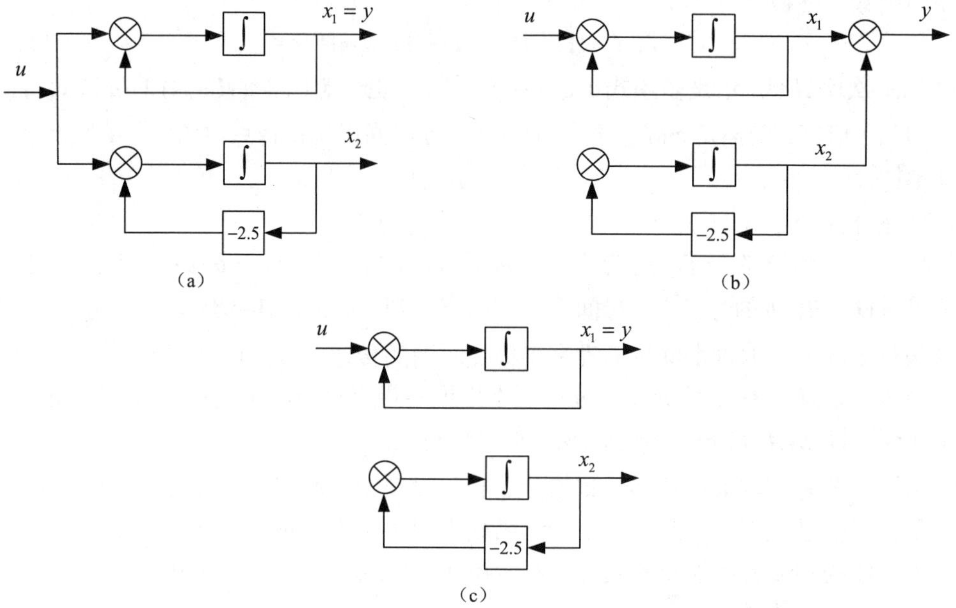

图 5.17　系统实现的模拟结构图

5.11　利用 MATLAB 分析能控性与能观性

5.11.1　常用函数

能控性与能观性分析中常用的有关 MATLAB 函数有如下几种。

size(A)，获取矩阵的行和列数目。

ctrb(A, B)，求取系统的可控性矩阵。

obsv(A, C)，求取系统的可观性矩阵。

rank(T)，求矩阵的秩。

inv(T)，求矩阵的逆。

[Abar, Bbar, Cbar, T, K]=ctrbf(A, B, C)，能控性分解，T 为变换矩阵，K 为各子系统的秩，sum(K)=rank(T)。

[Abar, Bbar, Cbar, T, K]=obsvf(A, B, C)，能观性分解，T 为变换矩阵，K 为各子系统的秩，sum(K)=rank(T)。

gram(G, ‘c’)，求连续系统的能控性格拉姆矩阵；gram(G, ‘o’)，求连续系统的能观性格拉姆矩阵；dgram，求离散系统的格拉姆矩阵。

mineral(sys)，求一个系统的最小实现。

另外，还有一个常用的函数是 eig( )，可以用它来获得相应矩阵的特征值和特征矢量。

函数的具体调用格式参见 MATLAB 软件的联机帮助。

5.11.2　控制实例

1. 利用 MATLAB 判断系统的能控性与能观性

【例 5.26】 分析例 5.8（2）系统的能控性。

解

相关程序指令如下。

```
A=[1 3 2; 0 2 0; 0 1 3];
B=[2 1; 1 1; -1 -1];
M=ctrb(A, B)                        %求能控性判别矩阵 M
Q=rank(M)                           %求能控性判别矩阵 M 的秩
```

或者

```
M=[B, A*B, A^2*B];                  %按照定义计算并显示能控性判别矩阵 M
Q=rank(M)
```

程序运行结果如下。

```
M =
     2     1     3     2     5     4
     1     1     2     2     4     4
    -1    -1    -2    -2    -4    -4
Q =
     2
```

由程序运行结果可知，能控性判别矩阵 $\boldsymbol{M}$ 的秩为 $2<n$，所以系统不完全能控。

【例 5.27】 分析多输入—多输出系统的能控性与能观性。

$$\boldsymbol{A}=\begin{pmatrix}0 & 1 & 0\\ 0 & 0 & 1\\ -6 & -11 & -6\end{pmatrix},\quad \boldsymbol{b}=\begin{pmatrix}0 & 1\\ 1 & 0\\ 0 & 1\end{pmatrix},\quad \boldsymbol{c}=\begin{pmatrix}1 & 0 & 1\\ 0 & 1 & 0\end{pmatrix}$$

解

首先定义系统的矩阵，相关指令如下。

```
a=[0 1 0; 0 0 1; -6 -11 -6]; b=[0 1; 1 0; 0 1];
c=[1 0 1; 0 1 0]; d=0;
n=length(a)                               %求系统的阶次
```

由前面理论分析部分可知，有三种方法可以判断线性定常系统的能控性与能观性。

（1）直接按照定义判断。

```
M=[b a*b a^2*b], Rc=rank(M)              %求系统能控性判别矩阵及其秩
if n==Rc, disp('system is controllable !'),
   else disp('system is uncontrollable !'),
end
N=[c; c*a; c*a^2], Ro=rank(N)            %求系统能观性判别矩阵及其秩
if n==Ro, disp('system is observable !'),
   else disp('system is unobservable !'),
end
```

（2）利用 ctrb(*a*, *b*)和 obsv(*a*, *b*)函数判断。

```
M=ctrb(a, b), Rc=rank(M)
if n==Rc, disp('system is controllable !'),
  else disp('system is uncontrollable !'),
end
N=obsv(a, c), Ro=rank(N)                          %求系统能观性判别矩阵及其秩
if n==Ro, disp('system is observable !'),
  else disp('system is unobservable !'),
end
```

（3）利用 gram 矩阵判断。

```
G=ss(a, b, c, d);                                 %定义系统为 G
wc=gram(G, 'c'), nc=det(wc)                       %求能控性格拉姆矩阵及其行列式的值
if nc~=0, disp('system is controllable !'),       %判断系统的能控性
  else disp('system is uncontrollable !'),
end
wo=gram(G, 'o'), no=det(wo)                       %求能观性格拉姆矩阵及其行列式的值
if no~=0, disp('system is observable !'),         %判断系统的能观性
  else disp('system is unobservable !'),
end
```

通过以上三种方法可以判断线性定常系统的能控性与能观性。

线性定常离散系统的能控性与能观性的判断方法与连续定常系统完全一样。

【例 5.28】试分析下列线性定常离散系统的能控性。

$$\boldsymbol{x}(k+1)=\begin{pmatrix}1 & 0 & 0\\ 0 & 2 & -2\\ -1 & 1 & 0\end{pmatrix}\boldsymbol{x}(k)+\begin{pmatrix}1\\ 0\\ 1\end{pmatrix}u(k)$$

解

```
A=[1 0 0; 0 2 -2; -1 1 0];
B=[1; 0; 1];
M=ctrb(A, B)
rank(M)
```

输出为

```
M =
     1     1     1
     0    -2    -2
     1    -1    -3
ans =
     3
```

因此该系统能控。

2. 转化为能控标准型与能观标准型

【例 5.29】将例 5.17 所示的系统转化为能控标准型与能观标准型。

解

```
a=[1 2 0; 3 -1 1; 0 2 0]; b=[2; 1; 1]; c=[0 0 1];
n=length(a); den=poly(a)                %求系统阶次及特征多项式
```

（1）求能控标准型。

```
qc=ctrb(a, b);
f=flipud(eye(n));                       %构造矩阵 f
f(1, 1)=den(3);
f(1, 2)=den(2);
f(2, 1)=den(2);
p=qc*f, q=inv(p);                       %构造变换矩阵 p，并求其逆
a1=q*a*p, b1=q*b, c1=c*p                %求变换后的系统各矩阵
```

（2）求能观标准型。

```
qo=obsv(a, c);
t=f*qo, tq=inv(t);                      %构造变换矩阵 t，并求其逆
a2=t*a*tq, b2=t*b, c2=c*tq              %求变换后的系统各矩阵
```

运行结果与例 5.17 和例 5.19 的计算结果完全一致。

3. 结构分解

【例 5.30】 对如下系统分别进行能控性结构分解与能观性结构分解。

$$\dot{\boldsymbol{x}}=\begin{pmatrix}0 & 0 & -1\\ 1 & 0 & -3\\ 0 & 1 & -3\end{pmatrix}\boldsymbol{x}+\begin{pmatrix}1\\ 1\\ 0\end{pmatrix}u$$

$$y=\begin{pmatrix}0 & 1 & -2\end{pmatrix}\boldsymbol{x}$$

解

```
a=[0 0 -1; 1 0 -3; 0 1 -3]; b=[1 1 0]'; c=[0 1 -2]; d=0
```

（1）能控性结构分解。

```
[Abar, Bbar, Cbar, T, K]=ctrbf(a, b, c)
```

运行结果如下。

```
Abar =
   -1.0000    0.0000    0.0000
    2.1213   -2.5000    0.8660
    1.2247   -2.5981    0.5000
Bbar =
    0.0000
   -0.0000
    1.4142
Cbar =
    1.7321   -1.2247    0.7071
T =
   -0.5774    0.5774   -0.5774
   -0.4082    0.4082    0.8165
```

```
    0.7071    0.7071         0
K =
     1     1     0
```

由于 MATLAB 中的 ctrbf(a, b, c)函数的实际算法为

$$\text{Abar}=\frac{|\text{Anc}\quad 0|}{|\text{A21}\quad \text{Ac}|},\quad \text{Bbar}=\frac{|\ 0\ |}{|\text{Bc}|},\quad \text{Cbar}=(\text{Cnc}\mid\text{Cc})$$

因此，能控子系统为

$$\dot{\hat{\boldsymbol{x}}}_{\text{c}}=\begin{pmatrix}-2.5 & 0.886\\ -2.5981 & 0.5\end{pmatrix}\hat{\boldsymbol{x}}_{\text{c}}+\begin{pmatrix}0\\ 1.4142\end{pmatrix}u$$

$$y_1=\begin{pmatrix}-1.2247 & 0.7071\end{pmatrix}\hat{\boldsymbol{x}}_{\text{c}}$$

求取能控子系统传递函数的程序如下。

```
a=[-2.5 0.886; -2.5981 0.5];
b=[0; -1.4142];
c=[1.2247 -0.7071]; [num, den]=ss2tf(a, b, c, d)
```

运行结果如下。

```
num =
         0    1.0000    0.9654
den =
    1.0000    2.0000    1.0519
```

说明此子系统的传递函数为

$$\hat{W}_{\text{c}}(s)=W(s)=\frac{s+1}{s^2+2s+1}$$

（2）能观性结构分解。

```
[Abar, Bbar, Cbar, T, K]=obsvf(a, b, c)
```

运行结果如下。

```
Abar =
   -1.0000    1.3416    3.8341
    0.0000   -0.4000   -0.7348
    0.0000    0.4899   -1.6000
Bbar =
    1.2247
    0.5477
    0.4472
Cbar =
    0.0000    0.0000    2.2361
T =
    0.4082    0.8165    0.4082
    0.9129   -0.3651   -0.1826
         0    0.4472   -0.8944
K =
     1     1     0
```

由于 MATLAB 中的 obsvf（a, b, c）函数的实际算法为

$$\text{Abar}=\left[\begin{array}{c|c}\text{Ano} & \text{A12}\\ \hline 0 & \text{Ao}\end{array}\right],\ \text{Bbar}=\left[\begin{array}{c}\text{Bno}\\ \hline \text{Bo}\end{array}\right],\ \text{Cbar}=\left(0\ |\ \text{Co}\right)$$

因此，系统的一个能观子系统的实现为

$$\dot{\hat{x}}_o=\begin{pmatrix}-0.4 & -0.7348\\ 0.4899 & -1.6\end{pmatrix}\hat{x}_o+\begin{pmatrix}0.5477\\ 0.4472\end{pmatrix}u$$

$$y_1=\begin{pmatrix}0 & 2.2361\end{pmatrix}\hat{x}_o$$

通过验算也可证明此子系统的传递函数与前述结果完全一致。

4. 传递函数矩阵的最小实现

由给定的传递函数矩阵求一个最小实现，对于单输入—单输出系统，若传递函数无零极点对消，直接由 tf2ss 或者 zp2ss 函数就可以得到一个最小实现。对于多输入—多输出系统，由 tf2ss 或者 zp2ss 函数直接得到的系统实现可能不是一个最小实现，利用 minreal 函数可以去掉不能控或不能观的状态，得到一个最小实现。

【例 5.31】 求如下系统的一个最小实现。

$$\boldsymbol{W}(s)=\begin{pmatrix}\dfrac{4s+6}{s^2+3s+2} & \dfrac{2s+3}{s^2+3s+2}\\ \dfrac{-2}{s^2+3s+2} & \dfrac{-1}{s^2+3s+2}\end{pmatrix}$$

解

（1）首先求取系统的一个实现。

```
num={[4 6], [2 3]; -2, -1};
den={[1 3 2], [1 3 2]; [1 3 2], [1 3 2]}
G=tf(num, den);
Gs=ss(G)
```

输出结果给出的原传递函数矩阵的一个实现为

```
a =
        x1  x2  x3  x4
    x1  -3  -2   0   0
    x2   1   0   0   0
    x3   0   0  -3  -2
    x4   0   0   1   0
 b =
        u1  u2
    x1   4   0
    x2   0   0
    x3   0   2
    x4   0   0
 c =
          x1    x2    x3    x4
    y1     1   1.5     1   1.5
```

```
   y2     0  -0.5     0  -0.5
 d =
       u1  u2
   y1   0   0
   y2   0   0
```

通过能控性与能观性判别矩阵可以判断，该系统有一个不能控的状态与一个不能观的状态。

（2）再求取系统的最小实现。

```
Gm=minreal(Gs)
Am=Gm.a
Bm=Gm.b
Cm=Gm.c
Dm=Gm.d
```

运行后，得到系统的一个最小实现为

```
Am =
   -2.0000    3.0000
    0.0000   -1.0000
Bm =
   -2.5298   -1.2649
    1.2649    0.6325
Cm =
   -0.3162    2.5298
   -0.3162   -0.6325
Dm =
     0     0
     0     0
```

（3）最后验算一次。

```
for i=1:2
[num, den]=ss2tf(Am, Bm, Cm, Dm, i)        % i 指第 i 个输入信号
end
```

输出为

```
num =
         0    4.0000    6.0000
         0   -0.0000   -2.0000
den =
     1     3     2
num =
         0    2.0000    3.0000
         0    0.0000   -1.0000
den =
     1     3     2
```

结果表明此实现的传递函数矩阵与原传递函数矩阵完全相同，此实现确实为所给传递

函数矩阵的一个最小实现。

对于例 5.25 的传递函数矩阵，输入以下指令。

```
num={[2] [1]; [1] [1]};
den={[1 1] [1 1]; [1 2] [1 2]};
G=tf(num, den)
Gs=ss(G)
```

可得到一个实现 Gs 为

$$\tilde{\boldsymbol{A}}_o=\begin{pmatrix}-1 & 0\\ 0 & -2\end{pmatrix},\quad \tilde{\boldsymbol{B}}_o=\begin{pmatrix}1 & 0.5\\ 0.5 & 0.5\end{pmatrix},\quad \tilde{\boldsymbol{C}}_o=\begin{pmatrix}2 & 0\\ 0 & 2\end{pmatrix}$$

根据 Gm=minreal(Gs)函数，可知 Gs 已经是一个最小实现，无不能控、不能观的状态。

本章小结及思政元素

本章所讨论的内容是现代控制理论的重要组成部分。通过状态空间描述来分析系统的内部特性可以揭示许多传递函数不能反映的系统特征。本章基于线性系统的状态空间描述具体研究了如下内容。

（1）线性定常连续系统、线性时变连续系统及线性定常离散系统的能控性和能观性。系统的能控性指的是控制作用对状态变量的影响，系统的能观性指的是能否从输出量中获得状态变量的信息。这两个概念是现代控制理论的基本内容。在给出这两个基本概念的定义后，重点讨论了线性定常连续系统、线性时变连续系统和线性定常离散系统能控性和能观性的基本判据。

（2）线性非奇异变换。状态空间表达式是以矩阵理论为数学基础的，线性非奇异变换是系统标准型实现和结构分解的基础，为此本章简要介绍了如何通过线性非奇异变换化系统为能控标准型和能观标准型实现。

（3）对偶原理和结构分解。对偶原理揭示了系统能控性和能观性之间的相似关系，使得对这两个问题的研究可以相互转换。对于不完全能控和不完全能观系统，可以通过线性非奇异变换对其按照能控性和能观性进行结构分解，这就是线性系统的结构分解。这对直观地分析系统状态变量的能控性和能观性有很大的帮助。

（4）传递函数矩阵的最小实现方法。可以先求得一个能控标准型（能观标准型）实现，再按照能观性（能控性）对系统进行分解，即可得到一个能控且能观的最小实现。

（5）系统的能控性、能观性与传递函数零极点的关系。

本章涉及的思政元素主要有：①由系统非奇异变换的不变量，引出对于个人来说，不管身在何处，必须保持初心不变，热爱祖国和人民，不忘初心，方得始终。②由系统最小实现，引出分析和解决问题时要抓住事物的本质，不管非核心部分的结构如何，它都不会影响问题解决方案的制定。另外也说明，在看待事物时，不要被其表面现象所迷惑，要有独立思考的能力，看到事物的核心本质。③由传递函数无零极点对消推导系统能控且能观的前提是系统为单输入—单输出系统，引出在分析问题时，要“具体问题具体分析”，灵活对待各种问题。

习题

5.1 试判断下列系统的能控性。

（1）$\begin{pmatrix}\dot{x}_1\\ \dot{x}_2\\ \dot{x}_3\end{pmatrix}=\begin{pmatrix}-1&1&0\\0&-1&0\\0&0&-2\end{pmatrix}\begin{pmatrix}x_1\\x_2\\x_3\end{pmatrix}+\begin{pmatrix}4&2\\0&0\\3&0\end{pmatrix}\begin{pmatrix}u_1\\u_2\end{pmatrix}$

（2）$\begin{pmatrix}\dot{x}_1\\ \dot{x}_2\\ \dot{x}_3\\ \dot{x}_4\\ \dot{x}_5\end{pmatrix}=\begin{pmatrix}-2&1&0&&\mathbf{0}\\0&-2&1&&\\0&0&-2&&\\&&&-5&1\\\mathbf{0}&&&0&-5\end{pmatrix}\begin{pmatrix}x_1\\x_2\\x_3\\x_4\\x_5\end{pmatrix}+\begin{pmatrix}0&1\\0&0\\3&0\\0&0\\2&1\end{pmatrix}\begin{pmatrix}u_1\\u_2\end{pmatrix}$

5.2 试判断下列系统的能观性。

（1）$\begin{cases}\begin{pmatrix}\dot{x}_1\\ \dot{x}_2\\ \dot{x}_3\end{pmatrix}=\begin{pmatrix}2&1&0\\0&2&1\\0&0&2\end{pmatrix}\begin{pmatrix}x_1\\x_2\\x_3\end{pmatrix}\\ \begin{pmatrix}y_1\\y_2\end{pmatrix}=\begin{pmatrix}3&0&0\\4&0&0\end{pmatrix}\begin{pmatrix}x_1\\x_2\\x_3\end{pmatrix}\end{cases}$

（2）$\begin{cases}\begin{pmatrix}\dot{x}_1\\ \dot{x}_2\\ \dot{x}_3\\ \dot{x}_4\\ \dot{x}_5\end{pmatrix}=\begin{pmatrix}2&1&0&&\mathbf{0}\\0&2&0&&\\0&0&-2&&\\&&&-3&1\\\mathbf{0}&&&0&-3\end{pmatrix}\begin{pmatrix}x_1\\x_2\\x_3\\x_4\\x_5\end{pmatrix}\\ \begin{pmatrix}y_1\\y_2\end{pmatrix}=\begin{pmatrix}1&1&1&0&0\\0&1&1&1&0\end{pmatrix}\begin{pmatrix}x_1\\x_2\\x_3\\x_4\\x_5\end{pmatrix}\end{cases}$

5.3 已知线性定常系统为

$$\dot{\boldsymbol{x}}=\begin{pmatrix}-3&1\\1&-3\end{pmatrix}\boldsymbol{x}+\begin{pmatrix}1&1\\1&1\end{pmatrix}\boldsymbol{u}$$

$$\boldsymbol{y}=\begin{pmatrix}1&1\\1&-1\end{pmatrix}\boldsymbol{x}$$

试用两种方法判断其能控性与能观性。

5.4 求使下列系统能控的参数 a、b 的关系式。

$$\dot{\boldsymbol{x}}=\begin{pmatrix}a&1\\-1&0\end{pmatrix}\boldsymbol{x}+\begin{pmatrix}b\\-1\end{pmatrix}u$$

5.5 已知系统状态空间表达式为

$$\dot{\boldsymbol{x}}=\begin{pmatrix}0&2\\-3&-5\end{pmatrix}\boldsymbol{x}+\begin{pmatrix}b_1\\b_2\end{pmatrix}u$$

$$y=\begin{pmatrix}c_1&c_2\end{pmatrix}\boldsymbol{x}$$

欲使系统中的 x_1 既可控又可观，x_2 既不可控又不可观，试确定 b_1、b_2 和 c_1、c_2 应满足的条件。

5.6 试判断题 5.6 图所示系统的能控性与能观性，系统中 a、b、c、d 的取值对系统的能控性与能观性有什么影响？

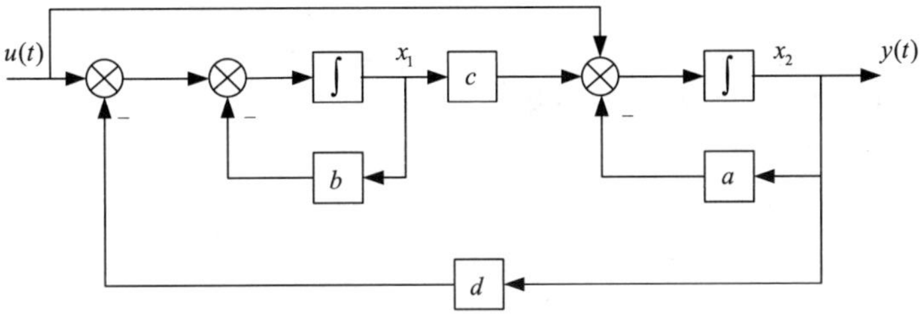

题 5.6 图

5.7 试判断下列线性时变连续系统的能控性与能观性。

$$\dot{\boldsymbol{x}}=\begin{pmatrix}0 & 0\\0 & 1\end{pmatrix}\boldsymbol{x}+\begin{pmatrix}1\\ \mathrm{e}^{-2t}\end{pmatrix}u,\quad t\geqslant 0$$

$$y=\begin{pmatrix}1 & 1\end{pmatrix}\boldsymbol{x}$$

5.8 试判断下列线性定常离散系统的能控性与能观性。

$$\boldsymbol{x}(k+1)=\begin{pmatrix}-2 & 1 & 0\\0 & -2 & 0\\0 & 0 & -3\end{pmatrix}\boldsymbol{x}(k)+\begin{pmatrix}1 & 2\\0 & 0\\0 & 1\end{pmatrix}\boldsymbol{u}(k)$$

$$y(k)=\begin{pmatrix}0 & 1 & 0\end{pmatrix}\boldsymbol{x}(k)$$

5.9 已知系统的微分方程为

$$\dddot{y}+6\ddot{y}+11\dot{y}+6y=6u$$

试写出其对偶系统的状态空间表达式及其传递函数。

5.10 已知能控系统的状态方程中，矩阵 $\boldsymbol{A}$ 、$\boldsymbol{b}$ 为

$$\boldsymbol{A}=\begin{pmatrix}1 & -2\\3 & 4\end{pmatrix},\quad \boldsymbol{b}=\begin{pmatrix}1\\1\end{pmatrix}$$

试将该状态方程转化为能控标准型。

5.11 将下列状态空间表达式转化为能观标准型。

$$\dot{\boldsymbol{x}}=\begin{pmatrix}1 & -1\\1 & 1\end{pmatrix}\boldsymbol{x}+\begin{pmatrix}2\\1\end{pmatrix}u$$

$$y=\begin{pmatrix}-1 & 1\end{pmatrix}\boldsymbol{x}$$

5.12 已知系统的传递函数为

$$W(s)=\frac{s^2+6s+8}{s^2+4s+3}$$

试求其能控标准型和能观标准型。

5.13 已知系统 $2\dddot{y}+2y=\ddot{u}+\dot{u}+2u$，试求其状态空间最小实现。

5.14 考虑由下式定义的系统

$$\boldsymbol{A}=\begin{pmatrix}-1 & -2 & -2\\0 & -1 & 1\\1 & 0 & -1\end{pmatrix},\quad \boldsymbol{b}=\begin{pmatrix}2\\0\\1\end{pmatrix},\quad \boldsymbol{c}=\begin{pmatrix}1 & 1 & 0\end{pmatrix}$$

（1）试判断该系统的能控性和能观性。

（2）若该系统不能控或不能观，试考察可控的状态变量数、可观的状态变量数有多少。

（3）写出能控子空间及能观子空间的状态空间表达式。

5.15 试对下列系统按能控性进行结构分解。

$$\boldsymbol{A}=\begin{pmatrix}1 & 2 & -1\\ 0 & 1 & 0\\ 0 & -4 & 3\end{pmatrix},\quad \boldsymbol{b}=\begin{pmatrix}0\\0\\1\end{pmatrix},\quad \boldsymbol{c}=(1,-1,1)$$

5.16 试对下列系统按能观性进行结构分解。

$$\boldsymbol{A}=\begin{pmatrix}-2 & 2 & -1\\ 0 & -2 & 0\\ 1 & -4 & 0\end{pmatrix},\quad \boldsymbol{b}=\begin{pmatrix}0\\0\\1\end{pmatrix},\quad \boldsymbol{c}=(1,-1,1)$$

5.17 试求下列传递函数矩阵的最小实现。

（1）$\boldsymbol{W}(s)=\begin{pmatrix}\dfrac{s+1}{s+2}\\ \dfrac{s+3}{(s+2)(s+4)}\end{pmatrix}$　　（2）$\boldsymbol{W}(s)=\begin{pmatrix}\dfrac{1}{s+1} & \dfrac{1}{s+1}\\ \dfrac{1}{s+1} & \dfrac{1}{s+1}\end{pmatrix}$

5.18 已知两个单输入—单输出系统 $\boldsymbol{\Sigma}_1$ 和 $\boldsymbol{\Sigma}_2$ 的状态方程和输出方程分别为

$$\boldsymbol{\Sigma}_1：\ \dot{\boldsymbol{x}}_1=\begin{pmatrix}0 & 1\\ -3 & -4\end{pmatrix}\boldsymbol{x}_1+\begin{pmatrix}0\\1\end{pmatrix}u_1,\ y_1=(2\quad 1)\boldsymbol{x}_1$$

$$\boldsymbol{\Sigma}_2：\ \dot{x}_2=-x_2+u_2,\ y_2=x_2$$

（1）试分析写出 $\boldsymbol{\Sigma}_1$ 串联在 $\boldsymbol{\Sigma}_2$ 之前所组成的串联系统的能控性和能观性，并求出其传递函数。

（2）试分析写出 $\boldsymbol{\Sigma}_2$ 串联在 $\boldsymbol{\Sigma}_1$ 之前所组成的串联系统的能控性和能观性，并求出其传递函数；

（3）试分析写出由 $\boldsymbol{\Sigma}_1$ 和 $\boldsymbol{\Sigma}_2$ 所组成的并联系统的能控性和能观性，并求出其传递函数。

MATLAB 实验

M5.1 分析下列系统的能控性。

（1）$\boldsymbol{A}=\begin{pmatrix}1 & 0 & 1\\ 0 & 4 & 3\\ 2 & 5 & 7\end{pmatrix},\ \boldsymbol{B}=\begin{pmatrix}1 & 0\\ 0 & 2\\ 3 & 0\end{pmatrix}$　　（2）$\boldsymbol{A}=\begin{pmatrix}1 & 0 & 1\\ 1 & 2 & 0\\ 0 & 0 & 3\end{pmatrix},\ \boldsymbol{b}=\begin{pmatrix}1\\0\\0\end{pmatrix}$

M5.2 分析下列系统的能观性。

（1）$\begin{cases}\dot{\boldsymbol{x}}=\begin{pmatrix}1 & 0 & 1\\ 0 & -1 & 0\\ 1 & 0 & 2\end{pmatrix}\boldsymbol{x}\\ y=(1\quad 0\quad -1)\boldsymbol{x}\end{cases}$　　（2）$\begin{cases}\dot{\boldsymbol{x}}=\begin{pmatrix}1 & -2 & 3\\ -2 & 4 & 0\\ 3 & 0 & 9\end{pmatrix}\boldsymbol{x}\\ \boldsymbol{y}=\begin{pmatrix}1 & 0 & 3\\ -1 & 2 & 0\end{pmatrix}\boldsymbol{x}\end{cases}$

M5.3 分析下列多输入—多输出系统的能控性与能观性。

$$\boldsymbol{A}=\begin{pmatrix}0&2&0\\3&1&2\\0&3&1\end{pmatrix},\quad \boldsymbol{B}=\begin{pmatrix}-1&1\\1&0\\0&-1\end{pmatrix},\quad \boldsymbol{C}=\begin{pmatrix}1&0&-1\\1&1&0\end{pmatrix},\quad \boldsymbol{D}=\boldsymbol{0}$$

M5.4 分析下列系统的能控性。

$$\begin{cases}\dot{\boldsymbol{x}}=\begin{pmatrix}1&1&0\\0&1&1\\0&0&1\end{pmatrix}\boldsymbol{x}+\begin{pmatrix}1\\-2\\0\end{pmatrix}u\\ y=\begin{pmatrix}1&0&0\end{pmatrix}\boldsymbol{x}\end{cases}$$

M5.5 分析下列线性定常离散系统的能控性和能观性。

（1）$$\begin{cases}\boldsymbol{x}(k+1)=\begin{pmatrix}1&-1\\0&2\end{pmatrix}\boldsymbol{x}(k)+\begin{pmatrix}2\\-1\end{pmatrix}u(k)\\ y=\begin{pmatrix}0&1\end{pmatrix}\boldsymbol{x}(k)\end{cases}$$

（2）$$\begin{cases}\boldsymbol{x}(k+1)=\begin{pmatrix}1&-1&0\\-1&0&-1\\0&-1&1\end{pmatrix}\boldsymbol{x}(k)+\begin{pmatrix}1\\-1\\-1\end{pmatrix}u(k)\\ y=\begin{pmatrix}1&0&0\end{pmatrix}\boldsymbol{x}(k)\end{cases}$$

M5.6 将下列系统转化为能控标准型与能观标准型。

（1）$$\begin{cases}\dot{\boldsymbol{x}}=\begin{pmatrix}0&2&0\\3&1&2\\0&3&1\end{pmatrix}\boldsymbol{x}+\begin{pmatrix}-1\\1\\0\end{pmatrix}u\\ y=\begin{pmatrix}1&0&-1\end{pmatrix}\boldsymbol{x}\end{cases}$$

（2）$$\begin{cases}\dot{\boldsymbol{x}}=\begin{pmatrix}1&-1&0\\-1&0&-1\\0&-1&1\end{pmatrix}\boldsymbol{x}+\begin{pmatrix}1\\-1\\-1\end{pmatrix}u\\ y=\begin{pmatrix}1&0&0\end{pmatrix}\boldsymbol{x}\end{cases}$$

M5.7 对下列系统分别进行能控性结构分解与能观性结构分解。

（1）$$\begin{cases}\dot{\boldsymbol{x}}=\begin{pmatrix}1&0&1\\1&2&0\\0&0&3\end{pmatrix}\boldsymbol{x}+\begin{pmatrix}1\\0\\0\end{pmatrix}u\\ y=\begin{pmatrix}1&0&0\end{pmatrix}\boldsymbol{x}\end{cases}$$

（2）$$\begin{cases}\dot{\boldsymbol{x}}=\begin{pmatrix}1&0&1\\0&-1&0\\1&0&2\end{pmatrix}\boldsymbol{x}+\begin{pmatrix}1\\0\\-1\end{pmatrix}u\\ y=\begin{pmatrix}1&0&-1\end{pmatrix}\boldsymbol{x}\end{cases}$$

M5.8 求下列系统的一个最小实现。

$$\boldsymbol{W}(s)=\begin{pmatrix}\dfrac{2s+5}{s^2+4s+3}&\dfrac{4s+10}{s^2+4s+3}\\ \dfrac{2}{s^2+4s+3}&\dfrac{4}{s^2+4s+3}\end{pmatrix}$$

第 6 章　控制系统的稳定性

对于一个给定的控制系统，稳定性（stability）是其重要特性。稳定性是系统正常工作的前提，并且属于系统的一个动态属性。在控制理论和控制工程中，无论是调节器理论、观测器理论，还是滤波预测、自适应理论，都不可避免地会遇到系统稳定性问题，而且稳定性分析的复杂程度也在急剧增大。因此，如何判断一个系统是否稳定，以及怎样改善其稳定性，乃是系统分析与设计中的重要问题。

系统的稳定性表示系统在遭受外界扰动后偏离原来的平衡状态，而扰动消失后，系统自身仍有能力恢复到原来平衡状态的一种"顽性"。在经典控制理论中，对于单输入—单输出线性定常连续系统，应用劳斯（Routh）判据和赫尔维茨（Hurwitz）判据等代数方法判断系统的稳定性，非常方便有效。至于频域中的奈奎斯特（Nyquist）判据则是更为通用的方法，它不仅能用于判断系统是否稳定，而且能指明改善系统稳定性的方向。上述方法都是以分析系统特征方程的根在根平面上的分布为基础的。但是对于非线性系统和时变系统，这些判据就不适用了。

1892 年，俄国数学家李雅普诺夫（Lyapunov）发表了《运动稳定性的一般问题》，提出了分析稳定性的两种有效方法。第一种方法，通过对线性化系统特征方程的根进行分析来判断系统的稳定性，此方法称为间接法。此时，非线性系统必须先线性近似，而且只适用于平衡状态附近的情况。第二种方法，从能量的角度对系统的稳定性进行研究，此方法称为直接法，对线性、非线性系统都适用。

截至目前，虽然有许多判据可应用于线性定常系统或其他各自相应类型的问题中，以判断系统稳定情况，但能同时有效地适用于线性、非线性、定常、时变等各类系统的方法仅有李雅普诺夫方法。李雅普诺夫稳定性理论是稳定性分析、应用与研究的最重要的基础。

本章重点讨论李雅普诺夫第二法（直接法）。它的特点是不求解系统方程，而是通过一个叫作李雅普诺夫函数的标量函数来直接判断系统的稳定性。因此，它特别适用于那些难以求解的非线性系统和时变系统。李雅普诺夫第二法除用于对系统进行稳定性分析外，还可用于对系统瞬时响应的质量进行评价，以及求解参数最优化问题。此外，在现代控制理论的许多方面，如最优系统设计、最优估值、最优滤波及自适应控制系统设计等，李雅普诺夫稳定性理论都有广泛的应用。

6.1　外部稳定性与内部稳定性

传递函数描述的是系统的外部特性，因此经典控制理论中的稳定性指的是外部（输出）稳定性。而状态空间描述法不仅研究系统的外部特性，而且全面揭示了系统的内部特性，因此关于系统平衡状态是否稳定的问题，研究的是系统的内部（状态）稳定性，系统因为受到扰动而偏离原静止平衡状态所产生的自由响应更能深刻地揭示系统的稳定性。

6.1.1　外部稳定性

在经典控制理论中，外部稳定性是系统在零初始条件下通过其外部状态，即系统的输入—输出关系所定义的。外部稳定性考虑系统的零状态响应，适用于线性系统。其定义为，初始条件为零的系统，在任何一个有界输入作用下其输出也是有界的，则称该系统是外部稳定的，又称该系统具有有界输入有界输出（Bounded input Bounded output）稳定性。有界的定义如下。

1. 单输入—单输出系统

输入 $u(t)$ 和输出 $y(t)$ 的有界性通过它们各自的模的有界性表示为

$$|u(t)| \leqslant \beta_1,\ 0<\beta_1<\infty,\ t\geqslant t_0 \tag{6.1}$$

$$|y(t)| \leqslant \beta_2,\ 0<\beta_2<\infty,\ t\geqslant t_0 \tag{6.2}$$

2. 多输入—多输出系统

输入矢量 $\boldsymbol{u}(t)$ 和输出矢量 $\boldsymbol{y}(t)$ 的有界性通过每个分量的模的有界性表示，若

$$\boldsymbol{u}(t)=\left[u_1(t),u_2(t),\cdots,u_r(t)\right]^{\mathrm{T}}$$

$$\boldsymbol{y}(t)=\left[y_1(t),y_2(t),\cdots,y_m(t)\right]^{\mathrm{T}}$$

则有界的含义为

$$|u_i(t)| \leqslant \beta_i,\quad i=1,2,\cdots,r,\quad 0<\beta_i<\infty,\ t\geqslant t_0 \tag{6.3}$$

$$|y_j(t)| \leqslant \beta_j,\quad j=1,2,\cdots,m,\quad 0<\beta_j<\infty,\ t\geqslant t_0 \tag{6.4}$$

线性定常连续系统的外部稳定性可根据系统脉冲响应矩阵 $\boldsymbol{H}(t,\tau)$ 或传递函数矩阵 $\boldsymbol{W}(s)$ 来判断。

6.1.2　内部稳定性

在状态空间中，以线性时变连续系统为例，系统的响应为

$$\boldsymbol{x}(t)=\boldsymbol{\Phi}(t,t_0)\boldsymbol{x}(t_0)+\int_{t_0}^{t}\boldsymbol{\Phi}(t,\tau)\boldsymbol{B}\boldsymbol{u}(\tau)\mathrm{d}\tau \tag{6.5}$$

包括零状态响应和零输入响应。零状态响应稳定性问题和经典控制理论中的稳定性问题一样，都属于外部稳定性的问题。而零输入响应稳定性问题为齐次方程中由任意非零初态引起的响应的稳定性问题，是一种内部稳定性问题。

零输入条件下的系统称为自治系统，其自治状态方程为

$$\dot{\boldsymbol{x}}=\boldsymbol{A}(t)\boldsymbol{x},\qquad \boldsymbol{x}(t_0)=\boldsymbol{x}_0,\qquad t\geqslant t_0 \tag{6.6}$$

内部稳定性完全由内部状态变化所定义，考虑的是系统的零输入响应，适用于线性、非线性、定常、时变等系统。其定义为系统由任意非零初态 $\boldsymbol{x}(t_0)$ 引起的响应 $\boldsymbol{x}(t)$ 有界，并满足渐近属性，即

$$\lim_{t\to\infty}\boldsymbol{x}(t)=\boldsymbol{0} \tag{6.7}$$

对于一般情况，内部稳定性指自治系统状态运动的稳定性，实质上，内部稳定性等同于下一节将要介绍的李雅普诺夫渐近稳定性。

【例 6.1】 已知一个单输入—单输出线性定常系统的初始状态为 $\boldsymbol{x}_0$，初始时刻为 0，试分析系统的外部稳定性与内部稳定性。

$$\dot{\boldsymbol{x}} = \boldsymbol{A}\boldsymbol{x} + \boldsymbol{b}u$$
$$y = \boldsymbol{c}\boldsymbol{x}$$

解

系统的输出响应为

$$y(t) = \boldsymbol{c}\boldsymbol{\Phi}(t)\boldsymbol{x}_0 + \boldsymbol{c}\int_0^t \boldsymbol{\Phi}(t-\tau)\boldsymbol{b}u(\tau)\mathrm{d}\tau = y_1 + y_2$$

其中，$y_1 = \boldsymbol{c}\boldsymbol{\Phi}(t)\boldsymbol{x}_0$，为初始状态 $\boldsymbol{x}_0$ 引起的零输入响应；

$y_2 = \boldsymbol{c}\int_0^t \boldsymbol{\Phi}(t-\tau)\boldsymbol{b}u(\tau)\mathrm{d}\tau$，为输入 u 作用下的零状态响应。

（1）根据外部稳定性的定义，假定 $\boldsymbol{x}_0 = \boldsymbol{0}$，若系统对任何有界输入

$$|u(t)| \leqslant \beta_1,\ 0 < \beta_1 < \infty,\ t \geqslant 0$$

的输出为

$$|y(t)| = |y_2(t)| = \left|\int_0^t \boldsymbol{c}\boldsymbol{\Phi}(t-\tau)\boldsymbol{b}u(\tau)\mathrm{d}\tau\right| \leqslant \beta_2,\quad 0 < \beta_2 < \infty,\quad t \geqslant 0$$

则该系统具有外部稳定性，即零状态响应为等幅振荡或衰减响应。线性定常系统具有外部稳定性的充分必要条件是传递函数

$$W(s) = \boldsymbol{c}(s\boldsymbol{I} - \boldsymbol{A})^{-1}\boldsymbol{b}$$

的所有极点都位于 s 平面的左半平面（包含临界稳定）。可见外部稳定性未考虑传递函数的零极点对消现象，只考虑了系统能控且能观的状态。

（2）根据内部稳定性的定义，有 $u = 0$，系统由任意非零初态 $\boldsymbol{x}_0$ 引起的响应 $\boldsymbol{x}(t)$ 为

$$\boldsymbol{x}(t) = y_1 = \boldsymbol{c}\boldsymbol{\Phi}(t)\boldsymbol{x}_0 = \boldsymbol{c}\mathrm{e}^{\boldsymbol{A}t}\boldsymbol{x}_0,\quad t \geqslant 0$$

由式（6.7）可知系统具有内部稳定性，即系统渐近稳定的充分必要条件是状态转移矩阵满足

$$\lim_{t\to\infty} \mathrm{e}^{\boldsymbol{A}t} = \boldsymbol{0}$$

对于线性定常系统，满足上式的条件是系统矩阵 $\boldsymbol{A}$ 的所有特征值都具有负实部。

可见，对于同一个系统，只有在一定条件下，外部稳定性与内部稳定性两种定义才具有等价性。

6.2 李雅普诺夫定义下的稳定性

李雅普诺夫定义下的稳定性针对系统的平衡状态，适用于单变量、线性、定常、多变量、非线性、时变系统，是对任何系统都适用的关于稳定性的一般定义。关于系统的平衡状态稳定性问题就是系统受到扰动偏离平衡状态后，能否只依靠系统内部的结构因素，返回初始平衡状态，或者被限制在平衡状态的有限邻域内。因此，首先需要讨论系统的平衡状态等概念。

6.2.1 系统的平衡状态

不受外部作用的自治系统为

$$\dot{\boldsymbol{x}} = \boldsymbol{f}(\boldsymbol{x},t) \tag{6.8}$$

其中，$\boldsymbol{x}$ 为 n 维状态矢量，$\boldsymbol{x} = (x_1, x_2, \cdots, x_n)^{\mathrm{T}}$；$\boldsymbol{f}(\boldsymbol{x},t)$ 为 n 维矢量函数，$\boldsymbol{f}(\boldsymbol{x},t) = [f_1(\boldsymbol{x},t), f_2(\boldsymbol{x},t), \cdots, f_n(\boldsymbol{x},t)]^{\mathrm{T}}$。

若对于任意时间 t 有

$$\dot{\boldsymbol{x}} = \boldsymbol{f}(\boldsymbol{x}_{\mathrm{e}},t) = \boldsymbol{0},\quad t \geqslant t_0 \tag{6.9}$$

则称 $\boldsymbol{x}_{\mathrm{e}}$ 为系统的平衡状态（Equilibrium State），也称系统的零解。

并非每个系统都存在平衡状态，有时即使存在也未必是唯一的。

1. 线性定常系统的平衡状态

对于线性定常系统，求解下式：

$$\dot{\boldsymbol{x}} = \boldsymbol{f}(\boldsymbol{x}_{\mathrm{e}}) = \boldsymbol{A}\boldsymbol{x} = \boldsymbol{0}$$

必然有 $\dot{\boldsymbol{0}} = \boldsymbol{A}\boldsymbol{0}$，可见，$n$ 维状态空间的坐标原点是一个平衡状态。

（1）$\boldsymbol{A}$ 为非奇异矩阵，原点是唯一的平衡状态。

（2）$\boldsymbol{A}$ 为奇异矩阵，除原点外，还有其他平衡状态。例如：

$$\boldsymbol{A} = \begin{pmatrix} 0 & 1 \\ 0 & 0 \end{pmatrix}$$

$$\boldsymbol{A}\boldsymbol{x} = \begin{pmatrix} 0 & 1 \\ 0 & 0 \end{pmatrix}\begin{pmatrix} x_1 \\ x_2 \end{pmatrix} = \begin{pmatrix} x_2 \\ 0 \end{pmatrix} = \begin{pmatrix} 0 \\ 0 \end{pmatrix}$$

由 $\boldsymbol{A}\boldsymbol{x} = \boldsymbol{0}$ 可知此系统的平衡状态为

$$x_1 \in R,\quad x_2 = 0$$

对于任何线性定常系统，其原点必为其一个平衡状态。

2. 非线性系统的平衡状态

非线性系统可能有不同的平衡状态，每个平衡状态的稳定性可能不同。例如，某非线性系统为

$$\dot{x}_1 = -x_1$$
$$\dot{x}_2 = x_1 + x_2 - x_2^3$$

它有 3 个平衡状态，即

$$\boldsymbol{x}_{\mathrm{e}} = \begin{pmatrix} x_{\mathrm{e}1} \\ x_{\mathrm{e}2} \end{pmatrix} = \begin{pmatrix} 0 \\ 0 \end{pmatrix}, \begin{pmatrix} 0 \\ -1 \end{pmatrix}, \begin{pmatrix} 0 \\ 1 \end{pmatrix}$$

【注意】（1）系统在 t_0 时刻的平衡状态，指 $t \geqslant t_0$ 时，所有满足 $\dot{\boldsymbol{x}} = \boldsymbol{0}$ 的状态。当系统处于平衡状态时，若无输入作用，则系统一直处于该状态。

（2）线性系统的任意孤立平衡状态均可通过坐标变换被移动到状态空间原点，其稳定性不变。不失一般性，认为线性系统的平衡状态确定为 $\boldsymbol{x}_{\mathrm{e}} = \boldsymbol{0}$。这种“原点稳定性”使复杂问题得到了极大的简化，为稳定性理论的建立奠定了坚实的基础，是李雅普诺夫的一个重

要贡献。

（3）对于线性定常系统，可以认为研究的是系统的稳定性；而对于其他系统，只能认为研究的是某一个平衡状态下的稳定性。

（4）在自治系统中，由任意非零初态 $\boldsymbol{x}(t_0)$ 引起的状态运动也称为受扰运动，相当于把非零初态 $\boldsymbol{x}(t_0)$ 看作相对于零平衡状态的一个状态扰动。

6.2.2 状态矢量范数

范数（Norm）$\|\boldsymbol{x}-\boldsymbol{x}_{\mathrm{e}}\|$ 表示状态矢量 $\boldsymbol{x}$ 与 $\boldsymbol{x}_{\mathrm{e}}$ 之间的距离，对于 n 维状态空间，其范数表示为

$$\|\boldsymbol{x}-\boldsymbol{x}_{\mathrm{e}}\|=\sqrt{(x_1-x_{\mathrm{e}1})^2+(x_2-x_{\mathrm{e}2})^2+\cdots+(x_n-x_{\mathrm{e}n})^2} \tag{6.10}$$

若平衡状态为状态空间的原点，即 $\boldsymbol{x}_{\mathrm{e}}=\boldsymbol{0}$，则式（6.10）变为

$$\|\boldsymbol{x}\|=\sqrt{x_1^2+x_2^2+\cdots+x_n^2}=\sqrt{\boldsymbol{x}^{\mathrm{T}}\boldsymbol{x}} \tag{6.11}$$

当系统维数 n 分别为 1、2、3 时，状态矢量范数的表达式如下。

（1）当 $n=1$ 时，$\|\boldsymbol{x}\|=\sqrt{x_1^2}=|x_1|$。

（2）当 $n=2$ 时，$\|\boldsymbol{x}\|=\sqrt{x_1^2+x_2^2}$。

（3）当 $n=3$ 时，$\|\boldsymbol{x}\|=\sqrt{x_1^2+x_2^2+x_3^2}$。

6.2.3 李雅普诺夫意义下的稳定性定义

小球运动分析示意图如图 6.1 所示，图中小球均位于初始平衡点，下面考察其受扰动作用偏离平衡点后的系统响应。

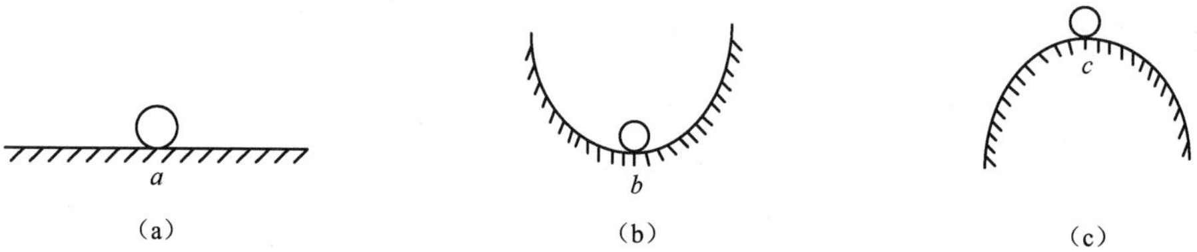

图 6.1　小球运动分析示意图

（1）平衡点 a：扰动作用使小球偏离初始平衡点，并到达另外一个平衡点，小球的自由响应有界。

（2）平衡点 b：考虑有摩擦，小球会围绕初始平衡点产生衰减振荡作用，小球的自由响应有界，且最终返回初始平衡点。

（3）平衡点 c：小球的自由响应无界。

李雅普诺夫将以上三种稳定性分别定义为稳定、渐近稳定、不稳定。

1. 稳定

（1）定义。设系统的初始状态 $\boldsymbol{x}_0$ 处于状态空间中，位于以 $\boldsymbol{x}_{\mathrm{e}}$ 为球心，半径为 δ 的闭球域 $S(\delta)$ 内，即

$$\|\boldsymbol{x}_0 - \boldsymbol{x}_e\| \leqslant \delta,\ t \geqslant t_0 \tag{6.12}$$

若从初态 $\boldsymbol{x}_0$ 出发的系统的自由响应 $\boldsymbol{x}(t;\boldsymbol{x}_0,t_0)$ 在 $t \to \infty$ 的过程中都位于以 $\boldsymbol{x}_e$ 为球心，半径为 ε 的闭球域 $S(\varepsilon)$ 内，即

$$\|\boldsymbol{x}(t;\boldsymbol{x}_0,t_0) - \boldsymbol{x}_e\| \leqslant \varepsilon,\ t \geqslant t_0 \tag{6.13}$$

则称 $\boldsymbol{x}_e$ 在李雅普诺夫意义下是稳定的，或称系统具有李雅普诺夫意义下的稳定性。式(6.13)中，$\|\bullet\|$ 表示矢量的范数（模）。

一般地，实数 δ 与 ε 有关，通常也与初始时刻 t_0 有关。如果 δ 的大小与 t_0 无关，则称 $\boldsymbol{x}_e$ 是李雅普诺夫意义下的一致稳定。对于时变系统，一致稳定比稳定更有实际意义。而对于定常系统，李雅普诺夫意义下的稳定与一致稳定等价。

（2）李雅普诺夫意义下的稳定的定义的几何解释。以上定义意味着：在状态空间中，任意一个以 $\boldsymbol{x}_e$ 为球心的闭球域 $S(\varepsilon)$ 无论多小，都能找到一个以原点为中心的闭球域 $S(\delta)$，使任何从 $S(\delta)$ 出发的运动轨迹都不超出 $S(\varepsilon)$。考虑二维状态空间，$\boldsymbol{x}_e$ 为坐标原点，$S(\varepsilon)$、$S(\delta)$ 均为一个圆，如图6.2所示。

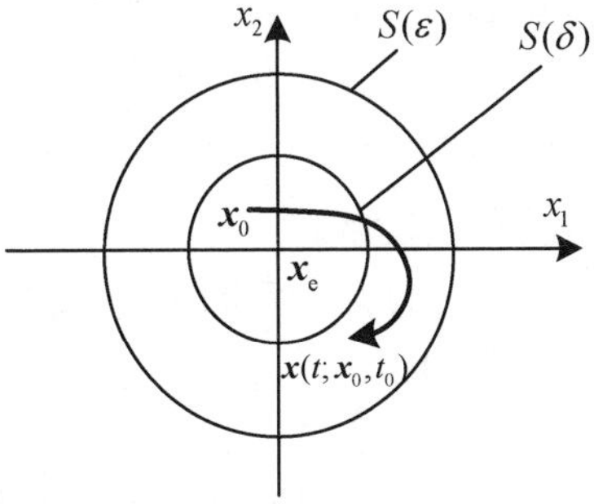

图6.2　二维状态空间中稳定的平衡状态

李雅普诺夫意义下的稳定只能保证系统受扰运动相对于平衡状态的有界性，而不能保证系统受扰运动相对于平衡状态的渐近性。李雅普诺夫意义下的稳定实质上就是工程意义下的临界不稳定。

2. 渐近稳定

（1）定义。如果 $\boldsymbol{x}_e$ 不仅在李雅普诺夫意义下是稳定的，而且当时间趋于无穷大时，从闭球域 $S(\delta)$ 出发的任意解 $\boldsymbol{x}(t;\boldsymbol{x}_0,t_0)$ 不仅不会超出闭球域 $S(\varepsilon)$，还最终会收敛于 $\boldsymbol{x}_e$ 或其邻域，即有

$$\lim_{t\to\infty}\|\boldsymbol{x}(t;\boldsymbol{x}_0,t_0) - \boldsymbol{x}_e\| \to 0 \tag{6.14}$$

则称 $\boldsymbol{x}_e$ 是渐近稳定的。其中，闭球域 $S(\delta)$ 被称为 $\boldsymbol{x}_e = \boldsymbol{0}$ 的吸引域，表示位于其内的所有状态点都可被“吸引”到 $\boldsymbol{x}_e$ 的邻域。

同样，如果 δ 的大小与 t_0 无关，则称 $\boldsymbol{x}_e$ 在李雅普诺夫意义下一致渐近稳定。对于时变系统，一致渐近稳定比渐近稳定更有实际意义。而对于定常系统，李雅普诺夫意义下的渐近稳定与一致渐近稳定等价。

（2）几何定义。渐近稳定首先应是李雅普诺夫意义下的稳定。在工程中往往倾向于渐近稳定，因为这样在去除干扰后，系统能够回到原来的工作状态，也就是前面所说的平衡状态。这个平衡状态正是设计系统时所期望的。图6.3所示为二维状态空间中渐近稳定的平衡状态。

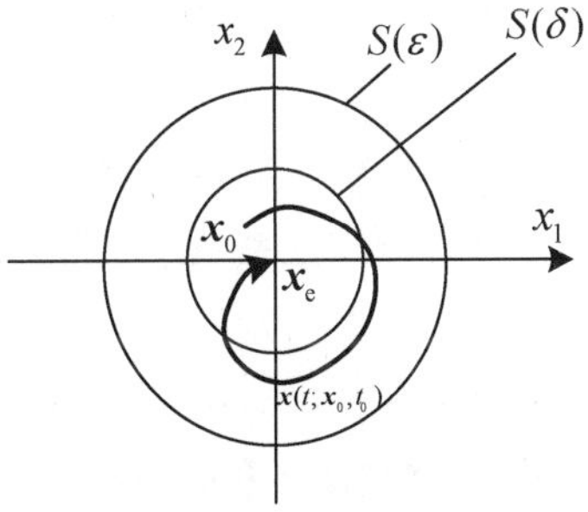

图6.3　二维状态空间中渐近稳定的平衡状态

实际上，渐近稳定比纯稳定更重要。因为非线性系统的渐近稳定是一个局部概念，所以简单

地确定系统是渐近稳定的，并不意味着系统能正常工作。通常有必要确定渐近稳定的最大范围或吸引域，其是发生渐近稳定轨迹的那部分状态空间。换句话说，发生于吸引域内的每一个轨迹都是渐近稳定的。

（3）大范围渐近稳定。

李雅普诺夫意义下的稳定、渐近稳定都属于系统在平衡状态附近小范围内的局部性质。因为对于系统来说，只要在包围 $\boldsymbol{x}_{\mathrm{e}}$ 的小范围内能找到 δ 和 ε，满足定义中的条件即可。从 $S(\delta)$ 外的状态出发的运动却完全可以超出 $S(\varepsilon)$ 的范围。因此，若为了满足稳定（或渐近稳定）条件，对初始状态 $\boldsymbol{x}_0$ 有一定的限制，则称系统为小范围稳定（或小范围渐近稳定），也称局部稳定（或局部渐近稳定）。

如果系统在任意初始条件下的解 $\boldsymbol{x}(t;\boldsymbol{x}_0,t_0)$ 在 $t\to\infty$ 的过程中收敛于 $\boldsymbol{x}_{\mathrm{e}}$ 或其邻域，则 $\boldsymbol{x}_{\mathrm{e}}$ 不仅是渐近稳定的，而且其范围包含整个状态空间，这时称 $\boldsymbol{x}_{\mathrm{e}}$ 是大范围渐近稳定或全局渐近稳定的平衡状态。

大范围渐近稳定的必要条件：状态空间系统中只有一个平衡状态。例如，某系统的状态方程为

$$\dot{\boldsymbol{x}}=\boldsymbol{A}\boldsymbol{x}\,,\quad |\boldsymbol{A}|\neq 0$$

可知零状态必然是系统的平衡状态，而若零状态渐近稳定，由于它是系统唯一的孤立平衡状态，则其必然是大范围渐近稳定的。可见，线性系统的稳定性与初始条件无关。

从实用观点出发，如果判断后仅得知系统是小范围渐近稳定的，那么该系统不一定能正常工作，一旦实际存在干扰，该系统就会偏离初始状态而超出闭球域 $S(\delta)$ 的范围，导致 $\boldsymbol{x}$ 有可能不返回 $\boldsymbol{x}_{\mathrm{e}}$。因此，工程上对大范围渐近稳定更感兴趣。如果平衡状态不是大范围渐近稳定的，那么问题就转化为确定渐近稳定的最大范围或吸引域，以确保扰动不会超出这个范围。

对于线性定常系统，渐近稳定等价于大范围渐近稳定。但对于非线性系统，一般只认为吸引域为有限范围的渐近稳定。

3. 不稳定

如果无论 δ 的值多么小，即无论 $\boldsymbol{x}_0$ 与 $\boldsymbol{x}_{\mathrm{e}}$ 多么接近，从闭球域 $S(\delta)$ 出发的轨迹，只要有一条超出闭球域 $S(\varepsilon)$ 的范围，就意味着至少存在一条状态轨迹 $\boldsymbol{x}(t;\boldsymbol{x}_0,t_0)$ 不满足下列不等式

$$\|\boldsymbol{x}(t;\boldsymbol{x}_0,t_0)-\boldsymbol{x}_{\mathrm{e}}\|\leqslant\varepsilon\,,\quad t\geqslant t_0 \tag{6.15}$$

则系统的 $\boldsymbol{x}_{\mathrm{e}}$ 是不稳定的。这说明对于某个实数 ε（$\varepsilon>0$）和任意一个实数 δ（$\delta>0$），不管这两个实数多么小，在闭球域 $S(\delta)$ 内总存在一个 $\boldsymbol{x}_0$，使得始于这种状态的轨迹最终会脱离闭球域 $S(\varepsilon)$。

不稳定平衡状态的轨迹虽然超出了闭球域 $S(\varepsilon)$ 的范围，但并不意味着轨迹一定趋无穷远处，如对于非线性系统，轨迹可能趋于闭球域 $S(\varepsilon)$ 外的某个平衡点。但对于线性系统，从不稳定平衡状态出发的轨迹，理论上一定趋于无穷远处。

由上述定义可以看出，闭球域 $S(\delta)$ 限制 $\boldsymbol{x}_0$ 的取值，闭球域 $S(\varepsilon)$ 规定了 $\boldsymbol{x}(t;\boldsymbol{x}_0,t_0)$ 的边界。如果 $\boldsymbol{x}(t;\boldsymbol{x}_0,t_0)$ 有界，则 $\boldsymbol{x}_{\mathrm{e}}$ 稳定；如果 $\boldsymbol{x}(t;\boldsymbol{x}_0,t_0)$ 不仅有界，而且收敛于 $\boldsymbol{x}_{\mathrm{e}}$，则 $\boldsymbol{x}_{\mathrm{e}}$ 渐近稳定；如果 $\boldsymbol{x}(t;\boldsymbol{x}_0,t_0)$ 无界，则 $\boldsymbol{x}_{\mathrm{e}}$ 不稳定。图 6.4 所示为二维状态空间中的不稳定平衡状态。

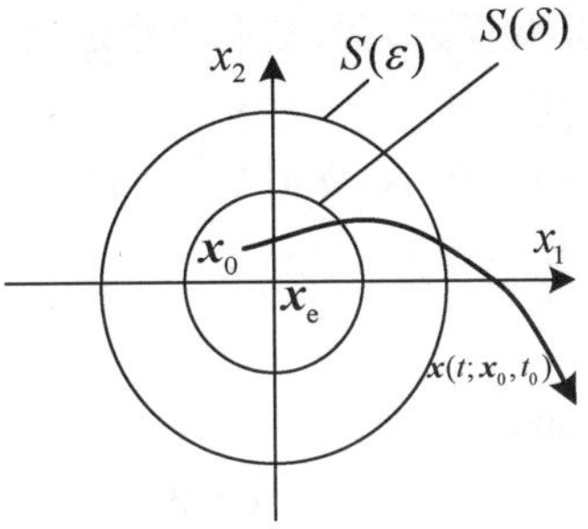

图 6.4　二维状态空间中的不稳定平衡状态

【注意】这些定义不是确定平衡状态稳定性概念的唯一根据。实际上，在其他文献中还有其他定义。

由于上述定义不能详细地说明可容纳初始条件的精确吸引域，因此除非闭球域 $S(\varepsilon)$ 对应整个状态平面，否则这些定义只适用于平衡状态的邻域，具有局部性能。图 6.5 所示为不同平衡状态稳定性示意图，平衡点 a、c 是局部渐近稳定的，平衡点 b、d 是局部不稳定的，平衡点 e 是局部稳定的。

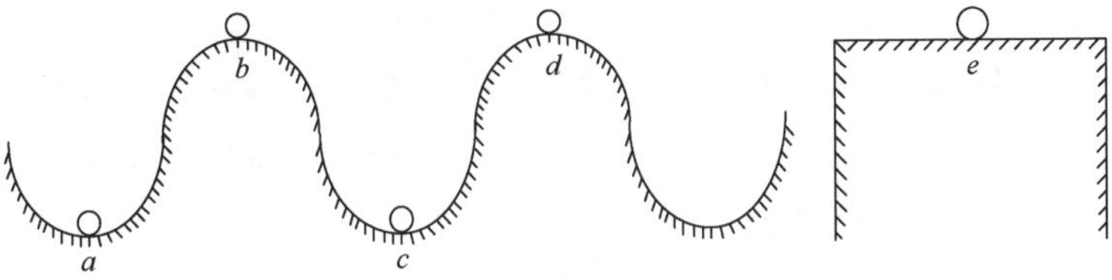

图 6.5　不同平衡状态稳定性示意图

由上述内容可得以下结论。

（1）线性定常系统：任一种孤立平衡状态都可通过坐标变换被移动到状态空间的原点，分析原点的稳定性具有代表性。

（2）非线性系统：鉴于各个平衡点的稳定性不同，应该分别分析各 $\boldsymbol{x}_e$ 的稳定性。

（3）稳定只要求状态轨迹在闭球域 $S(\varepsilon)$ 中，而渐近稳定要求 $\boldsymbol{x}(t;\boldsymbol{x}_0,t_0)$ 最终收敛于或无限接近 $\boldsymbol{x}_e$。

（4）在实际中往往希望 $\boldsymbol{x}_e$ 为大范围渐近稳定。

（5）若线性系统的平衡状态是渐近稳定的，则一定是大范围渐近稳定的。

（6）经典控制理论中的稳定性概念和李雅普诺夫意义下的稳定性概念具有一定的区别，如在经典控制理论中只有渐近稳定的系统才称为稳定系统；在李雅普诺夫意义下是稳定的，但不是渐近稳定的系统，则称为不稳定系统。经典控制理论中和李雅普诺夫意义下的稳定性概念的区别与联系如表 6.1 所示。

表 6.1　经典控制理论中和李雅普诺夫意义下的稳定性概念的区别与联系

经典控制理论（线性系统）	不稳定（$\mathrm{Re}(s)>0$）	临界情况（$\mathrm{Re}(s)=0$）	稳定（$\mathrm{Re}(s)<0$）
李雅普诺夫意义下	不稳定	稳定	渐近稳定

【例 6.2】分析下列系统在李雅普诺夫意义下的稳定性。

$$\boldsymbol{A}=\begin{pmatrix}0&0&0\\0&-1&0\\0&0&-2\end{pmatrix},\quad \boldsymbol{b}=\begin{pmatrix}0\\0\\2\end{pmatrix},\quad \boldsymbol{x}(0)=\boldsymbol{x}_0,\quad t\geqslant 0$$

解

令 u=0，求得系统的平衡状态为

$$\dot{\boldsymbol{x}}=\boldsymbol{A}\boldsymbol{x}=\boldsymbol{0}$$

$$\dot{\boldsymbol{x}}=\begin{pmatrix}0&0&0\\0&-1&0\\0&0&-2\end{pmatrix}\begin{pmatrix}x_1\\x_2\\x_3\end{pmatrix}=\begin{pmatrix}0\\-x_2\\-2x_3\end{pmatrix}=\begin{pmatrix}0\\0\\0\end{pmatrix}$$

可得系统的平衡状态为

$$\boldsymbol{x}_{\mathrm{e}}=\begin{pmatrix}x_{\mathrm{e}1}\\x_{\mathrm{e}2}\\x_{\mathrm{e}3}\end{pmatrix}=\begin{pmatrix}k\\0\\0\end{pmatrix}$$

输入为 0 时，系统状态方程的解为

$$\boldsymbol{x}(t;\boldsymbol{x}_0,t_0)=\mathrm{e}^{\boldsymbol{A}t}\boldsymbol{x}_0=\begin{pmatrix}\mathrm{e}^{0t}&0&0\\0&\mathrm{e}^{-t}&0\\0&0&\mathrm{e}^{-2t}\end{pmatrix}\begin{pmatrix}x_{01}\\x_{02}\\x_{03}\end{pmatrix}=\begin{pmatrix}x_{01}\\x_{02}\mathrm{e}^{-t}\\x_{03}\mathrm{e}^{-2t}\end{pmatrix}=\begin{pmatrix}x_1\\x_2\\x_3\end{pmatrix}$$

系统状态与平衡状态之间的范数为

$$\|\boldsymbol{x}-\boldsymbol{x}_{\mathrm{e}}\|=\sqrt{\left(x_{01}-k\right)^2+\left(x_{02}\mathrm{e}^{-t}\right)^2+\left(x_{03}\mathrm{e}^{-2t}\right)^2}$$

$$\lim_{t\to\infty}\|\boldsymbol{x}-\boldsymbol{x}_{\mathrm{e}}\|=|x_{01}-k|$$

在 $t\to\infty$ 的过程中，由于系统的解 $\boldsymbol{x}$ 不收敛于 $\boldsymbol{x}_{\mathrm{e}}$，因此系统是稳定的，但不是渐近稳定的。另外，虽然该系统有无穷多个平衡状态，但由于该系统是线性定常系统，因此在实际中分析原点的平衡状态的稳定性即可。

由例 6.2 可见，系统的内部（状态）稳定性取决于零输入下的状态轨迹，而状态的转移轨迹是通过系统的状态转移矩阵描述的，系统的状态转移矩阵又取决于系统的特征值。

【例 6.3】直接用定义判断下列系统的渐近稳定性和输入—输出稳定性。

$$\boldsymbol{A}=\begin{pmatrix}-2&0\\0&-3\end{pmatrix},\quad \boldsymbol{b}=\begin{pmatrix}0\\1\end{pmatrix},\quad \boldsymbol{c}=\begin{pmatrix}2&1\end{pmatrix}$$

解

令 $u=0$，求得

$$\boldsymbol{x}_{\mathrm{e}}=\boldsymbol{0}$$

系统零输入的状态解为

$$\boldsymbol{x}(t)=\mathrm{e}^{\boldsymbol{A}t}\boldsymbol{x}(0)=\begin{pmatrix}\mathrm{e}^{-2t}&0\\0&\mathrm{e}^{-3t}\end{pmatrix}\begin{pmatrix}x_1(0)\\x_2(0)\end{pmatrix}=\begin{pmatrix}\mathrm{e}^{-2t}x_1(0)\\\mathrm{e}^{-3t}x_2(0)\end{pmatrix}$$

$$\lim_{t\to\infty} x_1(t) = \lim_{t\to\infty} \mathrm{e}^{-2t} x_1(0) = 0$$
$$\lim_{t\to\infty} x_2(t) = \lim_{t\to\infty} \mathrm{e}^{-3t} x_2(0) = 0$$

所以，系统是渐近稳定的。

系统的输出为

$$y = \boldsymbol{c}\boldsymbol{x} = \begin{pmatrix} 2 & 1 \end{pmatrix}\begin{pmatrix} x_1 \\ x_2 \end{pmatrix} = 2x_1 + x_2$$
$$\lim_{t\to\infty} y(t) = 0$$

因此，系统的输出稳定。

可见，对于线性定常系统，如果系统矩阵 $\boldsymbol{A}$ 的每个特征值均具有负实部，则每个状态分量的零输入解将衰减为 0，即收敛于 0 平衡状态，系统是渐近稳定的。

6.2.4　外部稳定性与内部稳定性之间的关系

考虑单输入—单输出线性定常系统的传递函数为

$$W(s) = \frac{Y(s)}{U(s)} = \frac{b_m s^m + b_{m-1}s^{m-1} + \cdots + b_1 s + b_0}{s^n + a_{n-1}s^{n-1} + \cdots + a_1 s + a_0} = \frac{N(s)}{D(s)}，\quad m \leqslant n$$

传递函数极点决定系统的外部稳定性。

而系统状态空间表达式为

$$\dot{\boldsymbol{x}} = \boldsymbol{A}\boldsymbol{x} + \boldsymbol{b}u$$
$$y = \boldsymbol{c}\boldsymbol{x}$$

系统的内部稳定性取决于系统的特征值。考虑两种数学模型之间的转换关系，具体有如下两种情况。

（1）若传递函数无零极点对消，则有

$$W(s) = \boldsymbol{c}(s\boldsymbol{I} - \boldsymbol{A})^{-1}\boldsymbol{b} = \frac{\boldsymbol{c}\mathrm{adj}(s\boldsymbol{I} - \boldsymbol{A})}{|s\boldsymbol{I} - \boldsymbol{A}|} = \frac{N(s)}{D(s)} \tag{6.16}$$
$$\det(s\boldsymbol{I} - \boldsymbol{A}) = |s\boldsymbol{I} - \boldsymbol{A}| = D(s)$$

由于传递函数不存在可以相消的公因子，因此传递函数的极点与系统特征值相同，内部稳定性等价于外部稳定性。

（2）若传递函数存在零极点对消，则有

$$W(s) = \boldsymbol{c}(s\boldsymbol{I} - \boldsymbol{A})^{-1}\boldsymbol{b} = \frac{\boldsymbol{c}\mathrm{adj}(s\boldsymbol{I} - \boldsymbol{A})}{|s\boldsymbol{I} - \boldsymbol{A}|} = \frac{N(s)}{D(s)} \tag{6.17}$$
$$D(s) \neq |s\boldsymbol{I} - \boldsymbol{A}|$$

传递函数的极点数少于系统特征值数，$W(s)$ 的极点只是系统矩阵 $\boldsymbol{A}$ 的特征值子集。由于可能消去的是正实部的极点，因此系统可能具有外部稳定性，但不一定具有内部稳定性。

如果多输入系统既能控又能观，则依然有内、外部稳定性等价。

关于线性定常系统有以下结论。

（1）系统内部稳定就必然有系统外部稳定。

（2）系统外部稳定不一定保证系统内部稳定。

（3）若系统能控且能观，则系统内部稳定等价于系统外部稳定。

（4）若系统状态是稳定的，则系统输出是稳定的。

因此，只用传递函数的极点进行判断不一定能真正反映系统的稳定性。此时，系统内部可能有一些状态越界，导致系统饱和或出现危险。

6.3 李雅普诺夫第一法

李雅普诺夫第一法是利用齐次状态方程解的特性来判断系统的内部稳定性，适用于线性定常系统、线性时变系统、线性离散系统及可以线性化的非线性系统。经典控制理论中关于线性系统稳定性的各种判据的应用，都可以视为李雅普诺夫第一法的工程应用。

6.3.1 线性定常系统的稳定性分析

1. 线性定常连续系统稳定性的特征值判据

📖 **定理 6.1** 线性定常连续系统 $\dot{\boldsymbol{x}}=\boldsymbol{A}\boldsymbol{x}$ 的零平衡状态 $\boldsymbol{x}_{\mathrm{e}}$ 渐近稳定的充分必要条件：矩阵 $\boldsymbol{A}$ 的所有特征值均具有负实部。

渐近稳定性考虑的是系统零输入响应，属于内部稳定性，又称状态稳定性。与此相对应，系统外部稳定性，即输入—输出稳定性（也称 BIBO 稳定性），考虑的是系统的零状态响应，其充分必要条件是 $\boldsymbol{W}(s)$ 的所有极点均具有负实部。

【例 6.4】判断下列系统的渐近稳定性和 BIBO 稳定性。

$$\boldsymbol{A}=\begin{pmatrix}2 & 0\\ 0 & -3\end{pmatrix},\quad \boldsymbol{b}=\begin{pmatrix}1\\ 1\end{pmatrix},\quad \boldsymbol{c}=\begin{pmatrix}0 & 1\end{pmatrix}$$

解

直接根据特征值的实部可以判断出系统状态 x_1 不稳定。

$$y=\boldsymbol{c}\boldsymbol{x}=\begin{pmatrix}0 & 1\end{pmatrix}\begin{pmatrix}x_1\\ x_2\end{pmatrix}=x_2$$

$$\lim_{t\to\infty}y(t)=0$$

系统的输出稳定，即系统具有 BIBO 稳定性。系统的传递函数必然有零极点对消。

【例 6.5】判断下列系统的渐近稳定性和 BIBO 稳定性。

$$\boldsymbol{A}=\begin{pmatrix}0 & 6\\ 1 & -1\end{pmatrix},\quad \boldsymbol{b}=\begin{pmatrix}-2\\ 1\end{pmatrix},\quad \boldsymbol{c}=\begin{pmatrix}0 & 1\end{pmatrix}$$

解

（1）BIBO 稳定性分析：

$$W(s)=\boldsymbol{c}(s\boldsymbol{I}-\boldsymbol{A})^{-1}\boldsymbol{b}=\begin{pmatrix}0 & 1\end{pmatrix}\begin{pmatrix}s & -6\\ -1 & s+1\end{pmatrix}^{-1}\begin{pmatrix}-2\\ 1\end{pmatrix}$$

$$=\begin{pmatrix}0 & 1\end{pmatrix}\frac{\begin{pmatrix}s+1 & 6\\ 1 & s\end{pmatrix}}{(s+3)(s-2)}\begin{pmatrix}-2\\ 1\end{pmatrix}=\frac{\begin{pmatrix}1 & s\end{pmatrix}\begin{pmatrix}-2\\ 1\end{pmatrix}}{(s+3)(s-2)}$$

$$=\frac{s-2}{(s+3)(s-2)}=\frac{1}{s+3}$$

极点–3 具有负实部，系统具有 BIBO 稳定性。

（2）内部稳定性分析：

$$|\lambda\boldsymbol{I}-\boldsymbol{A}|=\begin{vmatrix}\lambda & -6\\ -1 & \lambda+1\end{vmatrix}=\lambda^2+\lambda-6=(\lambda+3)(\lambda-2)$$

系统虽然非渐近稳定，但是 BIBO 稳定。这是因为存在零极点对消，消掉了具有正实部的特征值 2。

【例 6.6】 试用李雅普诺夫第一法求满足下列线性系统大范围渐近稳定的条件。

$$\dot{\boldsymbol{x}}=\begin{pmatrix}a_{11} & a_{12}\\ a_{21} & a_{22}\end{pmatrix}\boldsymbol{x}$$

解

求系统矩阵 $\boldsymbol{A}$ 的特征方程：

$$|\lambda\boldsymbol{I}-\boldsymbol{A}|=\begin{vmatrix}\lambda-a_{11} & -a_{12}\\ -a_{21} & \lambda-a_{22}\end{vmatrix}=\lambda^2-(a_{11}+a_{22})\lambda+a_{11}a_{22}-a_{12}a_{21}=0$$

由劳斯判据可知，两个特征值同时具有负实部的充分必要条件为 $a_{11}+a_{22}<0$ 与 $a_{11}a_{22}>a_{12}a_{21}$。

【例 6.7】 分析此多输入—多输出系统的内部稳定性和外部稳定性。

$$\boldsymbol{A}=\begin{pmatrix}1 & 3 & 2\\ 0 & 4 & 2\\ 0 & 0 & 1\end{pmatrix},\quad \boldsymbol{B}=\begin{pmatrix}0 & 1\\ 0 & 0\\ 1 & 0\end{pmatrix},\quad \boldsymbol{C}=\begin{pmatrix}1 & 0 & 0\\ 0 & 0 & 1\end{pmatrix}$$

解

系统的传递函数为

$$\boldsymbol{W}(s)=\boldsymbol{C}(s\boldsymbol{I}-\boldsymbol{A})^{-1}\boldsymbol{B}=\frac{s-1}{(s-1)^2(s-4)}\begin{pmatrix}s-4 & 3 & 2\\ 0 & 0 & s-4\end{pmatrix}\begin{pmatrix}0 & 1\\ 0 & 0\\ 1 & 0\end{pmatrix}=\begin{pmatrix}\dfrac{2}{(s-1)(s-4)} & \dfrac{1}{s-1}\\ \dfrac{1}{s-1} & 0\end{pmatrix}$$

系统内部不稳定且外部不稳定。

2. 线性定常离散系统稳定性分析

📖 **定理 6.2**　线性定常离散系统 $\boldsymbol{x}(k+1)=\boldsymbol{G}\boldsymbol{x}(k)$ 的零平衡状态 $\boldsymbol{x}_\mathrm{e}$ 渐近稳定的充分必要条件：系统矩阵 $\boldsymbol{G}$ 的所有特征值的模全部位于根平面的单位圆内，即

$$|\lambda_i|<1,\quad i=1,2,\cdots,n \tag{6.18}$$

【例 6.8】试确定下列系统在原点的稳定性。

$$\begin{pmatrix} x_1(k+1) \\ x_2(k+1) \end{pmatrix} = \begin{pmatrix} 0 & 0.5 \\ -0.5 & -1 \end{pmatrix} \begin{pmatrix} x_1(k) \\ x_2(k) \end{pmatrix}$$

解

求系统的特征值：

$$|\lambda \boldsymbol{I} - \boldsymbol{G}| = \begin{vmatrix} \lambda & -0.5 \\ 0.5 & \lambda+1 \end{vmatrix} = \lambda^2 + \lambda + 0.25 = 0$$

$$\lambda_1 = \lambda_2 = -0.5$$

矩阵 $\boldsymbol{G}$ 的所有特征值的模都小于 1，加上系统只有一个平衡状态，因此该离散系统在原点处是大范围渐近稳定的。

6.3.2 线性时变系统的稳定性分析

判断线性时变系统平衡状态的稳定性同样有两种方法，即基于状态转移的方法与基于李雅普诺夫判据的方法。本节介绍第一种方法。

设线性时变系统为

$$\dot{\boldsymbol{x}} = \boldsymbol{A}(t)\boldsymbol{x}$$

该系统的 $\boldsymbol{x}_e$ 为 $\boldsymbol{0}$，状态方程的解为

$$\boldsymbol{x}(t) = \boldsymbol{\Phi}(t,t_0)\boldsymbol{x}(t_0), \quad t \geqslant t_0 \geqslant 0 \tag{6.19}$$

若有

$$\lim_{t\to\infty} \|\boldsymbol{\Phi}(t,t_0)\| = 0 \tag{6.20}$$

则 $\lim\limits_{t\to\infty} \boldsymbol{x}(t) = \boldsymbol{0}$ 必然成立，该系统的 $\boldsymbol{x}_e$ 在时刻 t_0 是渐近稳定的。

线性时变系统稳定性的相关结论如下。

（1）若 $\|\boldsymbol{\Phi}(t,t_0)\| \leqslant \beta(t_0)$，对于 $\forall t \geqslant t_0$，$\forall t_0$，$0 < \beta(t_0) < \infty$，$\beta(t_0)$ 是依赖于 t_0 的实数，则系统稳定。

（2）若 $\|\boldsymbol{\Phi}(t,t_0)\| \leqslant \beta$，对于 $\forall t \geqslant t_0$，$\forall t_0$，$0 < \beta < \infty$，β 是独立的实数，则系统一致稳定。

（3）若 $\|\boldsymbol{\Phi}(t,t_0)\| \to 0$，$t \to \infty$，对于 $\forall t_0$，则系统渐近稳定。

（4）若 $\|\boldsymbol{\Phi}(t,t_0)\| \leqslant \beta \mathrm{e}^{-c(t-t_0)}$，对于 $\forall t \geqslant t_0$，$\forall t_0$，$c > 0$，$\beta > 0$，则系统一致渐近稳定。

6.3.3 非线性系统的稳定性分析

由于非线性系统可能存在多个平衡状态，而且每个平衡状态的稳定性也可能不同，因此，需要分别对非线性系统的每个平衡状态进行研究。

非线性系统为

$$\dot{\boldsymbol{x}} = \boldsymbol{f}(\boldsymbol{x})$$

当 n 维状态矢量函数 $\boldsymbol{f}(\boldsymbol{x})$ 对 $\boldsymbol{x}$ 有连续的偏导数存在时，可将非线性矢量函数 $\boldsymbol{f}(\boldsymbol{x})$ 在 $\boldsymbol{x}_e$ 附近展开为泰勒级数。

$$\dot{\boldsymbol{x}}=\boldsymbol{f}(\boldsymbol{x})=\boldsymbol{f}(\boldsymbol{x})\big|_{\boldsymbol{x}_e}+\left.\frac{\partial \boldsymbol{f}}{\partial \boldsymbol{x}^{\mathrm{T}}}\right|_{\boldsymbol{x}_e}(\boldsymbol{x}-\boldsymbol{x}_e)+\Delta(\boldsymbol{x}) \tag{6.21}$$

$$\frac{\partial \boldsymbol{f}}{\partial \boldsymbol{x}^{\mathrm{T}}}=\begin{pmatrix} \dfrac{\partial f_1}{\partial x_1} & \dfrac{\partial f_1}{\partial x_2} & \cdots & \dfrac{\partial f_1}{\partial x_n} \\ \dfrac{\partial f_2}{\partial x_1} & \dfrac{\partial f_2}{\partial x_2} & \cdots & \dfrac{\partial f_2}{\partial x_n} \\ \vdots & \vdots & & \vdots \\ \dfrac{\partial f_n}{\partial x_1} & \dfrac{\partial f_n}{\partial x_2} & \cdots & \dfrac{\partial f_n}{\partial x_n} \end{pmatrix}_{n\times n} \tag{6.22}$$

式（6.22）称为雅可比（Jacobian）矩阵，其中，$\Delta(\boldsymbol{x})$为泰勒级数展开式中二次以上的高次项。

若令一个新的状态矢量$\boldsymbol{y}=\boldsymbol{x}-\boldsymbol{x}_e$，忽略二次以上的高次项$\Delta(\boldsymbol{x})$，由式（6.21）得到非线性系统的一次近似线性化数学模型：

$$\dot{\boldsymbol{y}}=\boldsymbol{A}\boldsymbol{y} \tag{6.23}$$

$$\boldsymbol{A}=\left.\frac{\partial \boldsymbol{f}}{\partial \boldsymbol{x}^{\mathrm{T}}}\right|_{\boldsymbol{x}_e} \tag{6.24}$$

其中，$\boldsymbol{A}$为$n\times n$常数方阵，$\boldsymbol{y}=\boldsymbol{0}$为系统的平衡状态，对应$\boldsymbol{x}=\boldsymbol{x}_e$，相当于把原平衡状态移到坐标原点。

实际系统如果非线性不严重，或者偏差不大，在分析稳定性时，可按上述线性化模型根据线性系统的稳定条件进行分析，那么分析结果是否符合实际系统的真实情况呢？

关于李雅普诺夫小偏差理论有以下结论。

（1）若式（6.24）所定义的矩阵$\boldsymbol{A}$的所有特征根都具有负实部，则系统在$\boldsymbol{x}_e$处渐近稳定，与忽略掉的$\Delta(\boldsymbol{x})$无关。

（2）只要矩阵$\boldsymbol{A}$有一个特征根具有正实部，则系统在$\boldsymbol{x}_e$处不稳定，与$\Delta(\boldsymbol{x})$无关。

（3）只要矩阵$\boldsymbol{A}$有一个特征根的实部为 0（纯虚根，0 根），则系统在$\boldsymbol{x}_e$处的稳定性与$\Delta(\boldsymbol{x})$有关，不能直接按线性化模型来判断系统的稳定性，只能应用李雅普诺夫第二法判断系统的稳定性。

【例 6.9】 分析下列系统平衡状态的稳定性。

$$\dot{x}_1=x_2,\quad \beta>0$$

$$\dot{x}_2=-\beta(1+x_2)^2x_2-x_1$$

解

（1）可求得系统的平衡状态为

$$\boldsymbol{x}_e=\boldsymbol{0}$$

（2）系统线性化：

$$\boldsymbol{A}=\left.\frac{\partial \boldsymbol{f}}{\partial \boldsymbol{x}^{\mathrm{T}}}\right|_{\boldsymbol{x}_e}=\left.\begin{pmatrix} 0 & 1 \\ -1 & -\beta(1+x_2)^2-2\beta(1+x_2)x_2 \end{pmatrix}\right|_{\boldsymbol{x}_e=\boldsymbol{0}}=\begin{pmatrix} 0 & 1 \\ -1 & -\beta \end{pmatrix}$$

（3）求系统线性化后的特征根：

$$|\lambda \boldsymbol{I}-\boldsymbol{A}|=\begin{vmatrix}\lambda & -1\\ 1 & \lambda+\beta\end{vmatrix}=\lambda^2+\beta\lambda+1$$

（4）由劳斯判据可知，系统的特征根全部具有负实部，系统在平衡状态处渐近稳定。

【例 6.10】求下面的非线性微分方程式的平衡点，并判断该平衡点是否稳定。

$$\dot{x}_1 = x_2$$
$$\dot{x}_2 = -\sin x_1 - x_2$$

解

（1）由 $x_2 = 0$，$-\sin x_1 - x_2 = 0$ 求得系统的平衡点是 $x_1 = 0, \pm\pi, \pm 2\pi, \cdots$，$x_2 = 0$。

（2）在 $x_1 = 0, \pm 2\pi, \pm 4\pi, \cdots$，$x_2 = 0$ 处，将系统近似线性化，得

$$\boldsymbol{A}=\left.\frac{\partial \boldsymbol{f}}{\partial \boldsymbol{x}^{\mathrm{T}}}\right|_{\boldsymbol{x}_e}=\left.\begin{pmatrix}0 & 1\\ -\cos x_1 & -1\end{pmatrix}\right|_{\boldsymbol{x}_e}=\begin{pmatrix}0 & 1\\ -1 & -1\end{pmatrix}$$

其特征多项式是 $f(\lambda)=\lambda^2+\lambda+1$，特征值具有负实部，这些平衡点渐近稳定。

（3）在 $x_1 = \pm\pi, \pm 3\pi, \cdots$，$x_2 = 0$ 处，将系统近似线性化，得

$$\boldsymbol{A}=\left.\frac{\partial \boldsymbol{f}}{\partial \boldsymbol{x}^{\mathrm{T}}}\right|_{\boldsymbol{x}_e}=\left.\begin{pmatrix}0 & 1\\ -\cos x_1 & -1\end{pmatrix}\right|_{\boldsymbol{x}_e}=\begin{pmatrix}0 & 1\\ 1 & -1\end{pmatrix}$$

其特征多项式是 $f(\lambda)=\lambda^2+\lambda-1$，特征值具有负实部，这些平衡点不稳定。

由此可见，非线性系统各个平衡点的稳定性可能并不相同，与前面的论述一致。

6.4 李雅普诺夫第二法

本节所要介绍的李雅普诺夫第二法（直接法）是判断非线性系统和线性时变系统稳定性的最一般的方法。当然，这种方法也适用于线性定常系统的稳定性分析。此外，它还可用于解决线性二次型最优控制问题。

李雅普诺夫第二法的基本思路不是求解系统的运动方程，而是借助一个李雅普诺夫函数来直接对系统平衡状态的稳定性做出判断。它是从能量观点进行稳定性分析的。如果一个系统被激励后，其储存的能量随着时间的推移逐渐衰减，到达平衡状态时，能量将达到最小值，那么，这个平衡状态是渐近稳定的。反之，如果系统不断地从外界吸收能量，储能越来越大，那么这个平衡状态就是不稳定的。如果系统的储能既不增加，也不消耗，那么这个平衡状态就在李雅普诺夫意义下是稳定的。例如，图 6.6 所示曲面上的小球 B 受到扰动作用后，偏离平衡点 *A* 到达状态 *C*，获得一定的能量（能量是系统状态的函数），然后便开始围绕平衡点 *A* 来回振荡。如果曲面绝对光滑，运动过程不消耗能量，也不再从外界吸收能量，储能便没有变化，那么振荡将等幅地一直维持下去，这就是李雅普诺夫意义下的稳定。如果曲面有摩擦，振荡过程将消耗能量，储能对时间的变化率为负值，那么振荡幅值将越来越小，直至最后小球又回到平衡点 *A*。根据定义，这个平衡状态便是

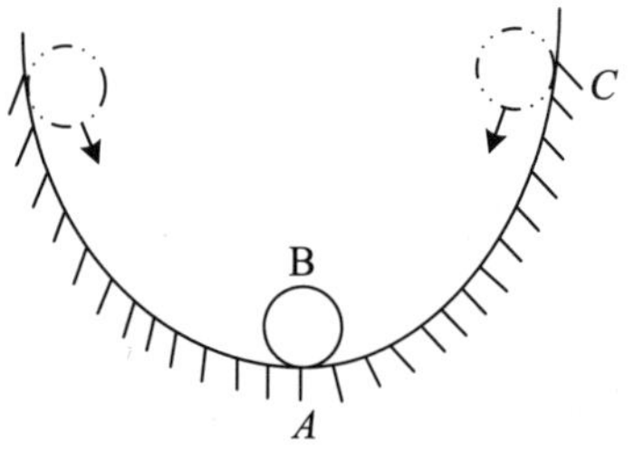

图 6.6　小球运动分析示意图

渐近稳定的。由此可见，按照系统运动过程中能量变化趋势的观点来分析系统的稳定性是直观且方便的。

但是，由于系统的复杂性和多样性，往往不能直观地找到一个能量函数来描述系统的能量关系，于是李雅普诺夫定义了一个正定的标量函数 $V(\boldsymbol{x})$ 作为虚构的广义能量函数，然后，根据 $\dot{V}(\boldsymbol{x})=\mathrm{d}V(\boldsymbol{x})/\mathrm{d}t$ 的符号特征来判断系统的稳定性。对于一个给定系统，如果能找到一个正定的标量函数 $V(\boldsymbol{x})$，而 $\dot{V}(\boldsymbol{x})$ 是负定的，则这个系统是渐近稳定的，$V(\boldsymbol{x})$ 称为李雅普诺夫函数。实际上，任何一个标量函数只要满足李雅普诺夫稳定性判据所假设的条件，均可作为李雅普诺夫函数。

由此可见，应用李雅普诺夫第二法的关键问题便可归结为寻找李雅普诺夫函数 $V(\boldsymbol{x})$ 的问题。过去，寻找李雅普诺夫函数主要靠试探，几乎完全凭借设计者的经验和技巧。这曾经严重阻碍李雅普诺夫第二法的推广应用。现在，随着计算机技术的发展，借助数字计算机不仅可以找到所需要的李雅普诺夫函数，而且能确定系统的稳定区域。但是要想找到一套对任何系统都普遍适用的方法仍很困难。

尽管采用李雅普诺夫第二法分析非线性系统的稳定性需要相当的经验和技巧，然而当其他方法无效时，使用这种方法能判断非线性系统的稳定性。

6.4.1 标量函数 $V(\boldsymbol{x})$的符号性质

设 $V(\boldsymbol{x})$ 为在域 Ω 中的 n 维状态矢量 $\boldsymbol{x}$ 所定义的一个标量函数，当 $\boldsymbol{x}=\boldsymbol{0}$ 时，$V(\boldsymbol{x})=0$。对于域 Ω 中的非零状态，即当 $\boldsymbol{x}\neq\boldsymbol{0}$ 时，有

（1）$V(\boldsymbol{x})>0$，称 $V(\boldsymbol{x})$ 为正定的，如 $V(\boldsymbol{x})=x_1^2+x_2^2$。

（2）$V(\boldsymbol{x})\geqslant 0$，称 $V(\boldsymbol{x})$ 为半正定的，如 $V(\boldsymbol{x})=(x_1+x_2)^2$。

（3）$V(\boldsymbol{x})<0$，称 $V(\boldsymbol{x})$ 为负定的，如 $V(\boldsymbol{x})=-(x_1^2+x_2^2)$。

（4）$V(\boldsymbol{x})\leqslant 0$，称 $V(\boldsymbol{x})$ 为半负定的，如 $V(\boldsymbol{x})=-(x_1+x_2)^2$。

（5）$V(\boldsymbol{x})$ 符号不定，称 $V(\boldsymbol{x})$ 为不定的，如 $V(\boldsymbol{x})=x_1x_2+x_2^2$。

6.4.2 二次型标量函数的符号性质

二次型标量函数是一类重要的标量函数，设 n 个状态变量分别为 $x_1,x_2,\cdots,x_n$，矩阵 $\boldsymbol{P}$ 为实对称矩阵，则二次型李雅普诺夫函数为

$$V(\boldsymbol{x})=\boldsymbol{x}^{\mathrm{T}}\boldsymbol{P}\boldsymbol{x}=\left(x_1,x_2,\cdots,x_n\right)\begin{pmatrix}p_{11} & p_{12} & \cdots & p_{1n}\\ p_{21} & p_{22} & \cdots & p_{2n}\\ \vdots & \vdots & & \vdots\\ p_{n1} & p_{n2} & \cdots & p_{nn}\end{pmatrix}\begin{pmatrix}x_1\\ x_2\\ \vdots\\ x_n\end{pmatrix} \tag{6.25}$$

$$=p_{11}x_1^2+p_{22}x_2^2+\cdots+p_{nn}x_n^2+2p_{12}x_1x_2+\cdots+2p_{1n}x_1x_n+2p_{23}x_2x_3+\cdots$$

$\boldsymbol{P}$ 的符号性质与由其所决定的二次型函数 $V(\boldsymbol{x})=\boldsymbol{x}^{\mathrm{T}}\boldsymbol{P}\boldsymbol{x}$ 的符号性质完全一致。因此，要判断 $V(\boldsymbol{x})$ 的符号只需判断 $\boldsymbol{P}$ 的符号即可。而 $\boldsymbol{P}$ 的符号可根据西尔维斯特判据进行判断。

关于西尔维斯特判据有如下说明。

设实对称矩阵

$$P=\begin{pmatrix} p_{11} & p_{12} & \cdots & p_{1n} \\ p_{21} & p_{22} & \cdots & p_{2n} \\ \vdots & \vdots & & \vdots \\ p_{n1} & p_{n2} & \cdots & p_{nn} \end{pmatrix},\quad p_{ij}=p_{ji} \tag{6.26}$$

Δ_i（$i=1,2,\cdots,n$）为其各阶顺序主子式，有

$$\Delta_1=p_{11},\Delta_2=\begin{vmatrix} p_{11} & p_{12} \\ p_{21} & p_{22} \end{vmatrix},\cdots,\Delta_n=|\boldsymbol{P}| \tag{6.27}$$

$\boldsymbol{P}$（或$V(\boldsymbol{x})$）定号性的充分必要条件如下。

（1）若$\Delta_i>0$（$i=1,2,\cdots,n$），则$\boldsymbol{P}$（或$V(\boldsymbol{x})$）为正定的。

（2）若$\Delta_i\begin{cases} >0, & i\text{为偶数} \\ <0, & i\text{为奇数} \end{cases}$，则$\boldsymbol{P}$（或$V(\boldsymbol{x})$）为负定的。

（3）若$\Delta_i\begin{cases} \geqslant 0, & i=1,2,\cdots,n-1 \\ =0, & i=n \end{cases}$，则$\boldsymbol{P}$（或$V(\boldsymbol{x})$）为半正定（非负定）的。

（4）若$\Delta_i\begin{cases} \geqslant 0, & i\text{为偶数} \\ \leqslant 0, & i\text{为奇数} \\ =0, & i=0 \end{cases}$，则$\boldsymbol{P}$（或$V(\boldsymbol{x})$）为半负定（非正定）的。

【例 6.11】证明下列二次型标量函数是正定的。

$$V(\boldsymbol{x})=10x_1^2+4x_2^2+x_3^2+2x_1x_2-2x_2x_3-4x_1x_3$$

解

$V(\boldsymbol{x})$可以改写为

$$V(\boldsymbol{x})=\boldsymbol{x}^{\mathrm{T}}\boldsymbol{P}\boldsymbol{x}=\begin{pmatrix} x_1 & x_2 & x_3 \end{pmatrix}\begin{pmatrix} 10 & 1 & -2 \\ 1 & 4 & -1 \\ -2 & -1 & 1 \end{pmatrix}\begin{pmatrix} x_1 \\ x_2 \\ x_3 \end{pmatrix}$$

根据西尔维斯特判据，$\boldsymbol{P}$的各阶主子式为

$$\Delta_1=p_{11}=10>0,\quad \Delta_2=\begin{vmatrix} p_{11} & p_{12} \\ p_{21} & p_{22} \end{vmatrix}=\begin{vmatrix} 10 & 1 \\ 1 & 4 \end{vmatrix}>0,$$

$$\Delta_3=|\boldsymbol{P}|=\begin{vmatrix} 10 & 1 & -2 \\ 1 & 4 & -1 \\ -2 & -1 & 1 \end{vmatrix}=40+2+2-16-1-10=17>0$$

所以$V(\boldsymbol{x})>0$，该函数是正定的。

6.4.3 李雅普诺夫第二法的稳定性判据

设系统的状态方程为

$$\dot{\boldsymbol{x}}=\boldsymbol{f}(\boldsymbol{x},t) \tag{6.28}$$

对于线性定常系统，一般可把状态空间的原点作为系统的平衡状态。若能找到一个单值标量函数$V(\boldsymbol{x})$，而且对状态矢量$\boldsymbol{x}$的每个分量，均有一阶连续偏导

$$\dot{V}(\boldsymbol{x})=\frac{\mathrm{d}V(\boldsymbol{x})}{\mathrm{d}t}=\frac{\partial V(\boldsymbol{x})}{\partial x_1}\dot{x}_1+\frac{\partial V(\boldsymbol{x})}{\partial x_2}\dot{x}_2+\cdots+\frac{\partial V(\boldsymbol{x})}{\partial x_n}\dot{x}_n$$
$$=\begin{pmatrix}\frac{\partial V(\boldsymbol{x})}{\partial x_1} & \frac{\partial V(\boldsymbol{x})}{\partial x_2} & \cdots & \frac{\partial V(\boldsymbol{x})}{\partial x_n}\end{pmatrix}\begin{pmatrix}\dot{x}_1\\ \dot{x}_2\\ \vdots\\ \dot{x}_n\end{pmatrix} \tag{6.29}$$

存在，那么可据此判断系统的稳定性。

1. **判据一**

设系统状态方程为 $\dot{\boldsymbol{x}}=\boldsymbol{f}(\boldsymbol{x},t)$，$\boldsymbol{x}_{\mathrm{e}}$ 为平衡状态，如果存在一个对 t 具有一阶连续偏导的标量函数 $V(\boldsymbol{x})$ 且其满足以下条件。

（1）$V(\boldsymbol{x})>0$，是正定的。

（2）$\dot{V}(\boldsymbol{x})<0$，是负定的。

则系统在 $\boldsymbol{x}_{\mathrm{e}}$ 处是渐近稳定的。

此外，若 $\|\boldsymbol{x}\|\to\infty$，有 $V(\boldsymbol{x})\to\infty$，则系统在 $\boldsymbol{x}_{\mathrm{e}}$ 处大范围渐近稳定。

【例 6.12】 试分析下列系统的稳定性。

$$\begin{cases}\dot{x}_1=x_2-ax_1(x_1^2+x_2^2)\\ \dot{x}_2=-x_1-ax_2(x_1^2+x_2^2)\end{cases}，a\text{ 为正实数}$$

解

应用李雅普诺夫第一法。

（1）求得系统的 $\boldsymbol{x}_{\mathrm{e}}$ 为 $\mathbf{0}$。

（2）在 $\boldsymbol{x}_{\mathrm{e}}=\mathbf{0}$ 处线性化：

$$\boldsymbol{A}=\left.\frac{\partial \boldsymbol{f}}{\partial \boldsymbol{x}^{\mathrm{T}}}\right|_{\boldsymbol{x}_{\mathrm{e}}}=\left.\begin{pmatrix}-ax_1(x_1^2+x_2^2) & 1-2ax_1x_2\\ -1-2ax_1x_2 & -ax_1(x_1^2+x_2^2)-2ax_2^2\end{pmatrix}\right|_{\boldsymbol{x}_{\mathrm{e}}=\mathbf{0}}=\begin{pmatrix}0 & 1\\ -1 & 0\end{pmatrix}$$

（3）求线性化后的特征根：

$$|\lambda\boldsymbol{I}-\boldsymbol{A}|=\begin{vmatrix}\lambda & -1\\ 1 & \lambda\end{vmatrix}=\lambda^2+1，\quad \lambda=\pm j$$

（4）由于系统的特征根的实部为 0，无法判断系统在平衡状态处的稳定性，因此只能用李雅普诺夫第二法进行分析。

选取 $V(\boldsymbol{x})$ 为正定的二次型函数：

$$V(\boldsymbol{x})=x_1^2+x_2^2>0$$

则

$$\dot{V}(\boldsymbol{x})=2x_1\dot{x}_1+2x_2\dot{x}_2=-2a(x_1^2+x_2^2)^2<0$$

由判据一可知，系统在零平衡状态是渐近稳定的；又由于 $\|\boldsymbol{x}\|\to\infty$，有 $V(\boldsymbol{x})\to\infty$，因此系统是大范围渐近稳定的。

系统渐近稳定时的能量变化示意图如图 6.7 所示。$V(\boldsymbol{x})=x_1^2+x_2^2=C$ 的几何图形是在 x_1x_2 平面上以原点为圆心，以 $\sqrt{C}$ 为半径的一簇圆。若使 $V(\boldsymbol{x})$ 取一系列常值 $0,C_1,C_2,\cdots$

（$0<C_1<C_2<\cdots$），则$V(\boldsymbol{x})=0$对应状态平面的原点，而$V(\boldsymbol{x})=C_1$，$V(\boldsymbol{x})=C_2$，…，描述了包围状态平面原点的互不相交的一簇圆。由于$\|\boldsymbol{x}\|\to\infty$，$V(\boldsymbol{x})\to\infty$，因此这簇圆可扩展到整个状态平面。圆$V(\boldsymbol{x})=C_k$完全处于$V(\boldsymbol{x})=C_{k+1}$的内部，所以典型轨迹从外向里通过圆$V$的边界。

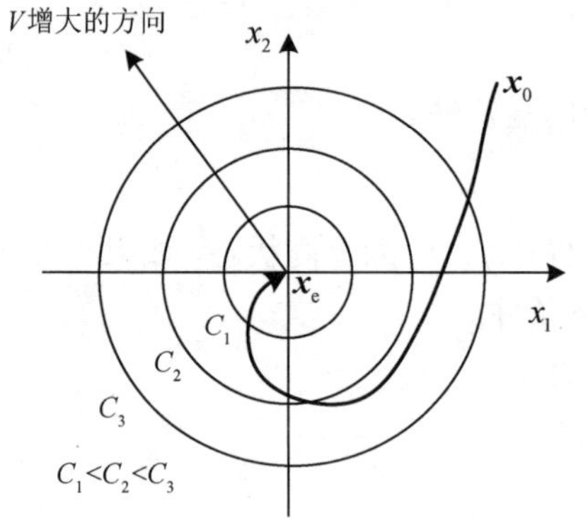

图 6.7　系统渐近稳定时的能量变化示意图

因此李雅普诺夫函数$V(\boldsymbol{x})$可作为状态$\boldsymbol{x}$到状态空间原点距离的一种度量。如果原点与状态$\boldsymbol{x}$之间的距离随t的增大而连续减小（即$\dot{V}(\boldsymbol{x})<0$），则$\boldsymbol{x}\to\boldsymbol{0}$。$\dot{V}(\boldsymbol{x})$表示状态沿运动轨迹从$\boldsymbol{x}_0$趋向$\boldsymbol{x}_\mathrm{e}$的速度。因此，可以利用函数$\dot{V}(\boldsymbol{x})$估算系统响应的快速性。

【例 6.13】试确定如下离散系统在原点处的稳定性。

$$\begin{pmatrix} x_1(k+1) \\ x_2(k+1) \end{pmatrix} = \begin{pmatrix} 0 & 0.5 \\ -0.5 & -1 \end{pmatrix} \begin{pmatrix} x_1(k) \\ x_2(k) \end{pmatrix}$$

解

取正定实对称矩阵：

$$\boldsymbol{P} = \begin{pmatrix} p_{11} & p_{12} \\ p_{12} & p_{22} \end{pmatrix} = \begin{pmatrix} \dfrac{52}{27} & \dfrac{40}{27} \\ \dfrac{40}{27} & \dfrac{100}{27} \end{pmatrix} > 0$$

则系统能量函数为

$$V(\boldsymbol{x}(k)) = \boldsymbol{x}^\mathrm{T}(k)\boldsymbol{P}\boldsymbol{x}(k) = \frac{52}{27}x_1^2(k) + \frac{80}{27}x_1(k)x_2(k) + \frac{100}{27}x_2^2(k)$$

由于该离散系统不存在能量函数对时间的导数，而是代之以能量函数的增量：

$$\Delta V(\boldsymbol{x}(k)) = V(\boldsymbol{x}(k+1)) - V(\boldsymbol{x}(k)) = -\left(x_1^2(k) + x_2^2(k)\right)$$

$\Delta V(\boldsymbol{x}(k))$负定，因此系统在原点处的平衡状态是大范围渐近稳定的，与例 6.8 中的李雅普诺夫第一法结论相同。

2. 判据二

若$V(\boldsymbol{x})$及其$\dot{V}(\boldsymbol{x})$满足：

（1）$V(\boldsymbol{x})>0$，正定。

（2）$\dot{V}(\boldsymbol{x}) \leqslant 0$，半负定。

则系统在 $\boldsymbol{x}_e$ 处是稳定的。

此外，虽然 $\dot{V}(\boldsymbol{x}) \leqslant 0$，为半正定的，但对任意初始状态 $\boldsymbol{x}(t_0) \neq \boldsymbol{0}$ 来说，除 $\boldsymbol{x} = \boldsymbol{0}$ 外，对任意 $\boldsymbol{x} \neq \boldsymbol{0}$，$\dot{V}(\boldsymbol{x})$ 不恒为零，那么原点平衡状态是渐近稳定的。如果进一步还有 $\|\boldsymbol{x}\| \to \infty$ 时，$V(\boldsymbol{x}) \to \infty$，则系统是大范围渐近稳定的，如图 6.8 所示。

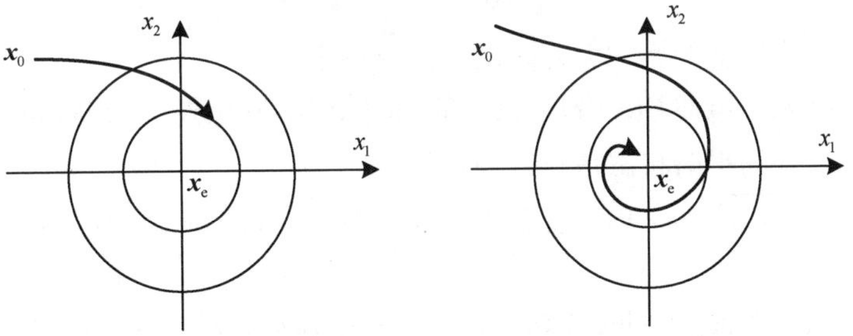

轨迹相切于能量等值线

（a）$\dot{V}(\boldsymbol{x}) \equiv 0$

运动轨迹通过切点

（b）$\dot{V}(\boldsymbol{x})$ 不恒为零

图 6.8　$\dot{V}(\boldsymbol{x}) = 0$ 时的运动分析

（1）$\dot{V}(\boldsymbol{x}) \equiv 0$，运动轨迹将落在某个特定的曲面 $V(\boldsymbol{x}) = C$ 上，而不会收敛至原点。这个情况可能对应线性系统中作等幅振荡的临界稳定，或非线性系统中出现的极限环。

（2）$\dot{V}(\boldsymbol{x})$ 不恒为零，运动轨迹只在某个特定时刻与某个特定曲面 $V(\boldsymbol{x}) = C$ 相切，运动轨迹通过切点后继续向原点收敛，因此，这种情况属于渐近稳定。

【例 6.14】 分析下列非线性系统的稳定性。

$$\begin{cases} \dot{x}_1 = x_2 \\ \dot{x}_2 = -x_1 - (1 + x_2)^2 x_2 \end{cases}$$

解

（1）系统的平衡状态为

$$\boldsymbol{x}_e = \boldsymbol{0}$$

（2）选择能量函数：

$$V(\boldsymbol{x}) = x_1^2 + x_2^2 > 0$$

$$\dot{V}(\boldsymbol{x}) = 2x_1\dot{x}_1 + 2x_2\dot{x}_2 = -2x_2^2(1 + x_2)^2 \leqslant 0$$

容易看出，除以下两种情况外：

$$x_2 = 0，\quad x_1 \neq 0，\quad \dot{V}(\boldsymbol{x}) = 0$$

$$x_2 = -1，\quad x_1 \neq 0，\quad \dot{V}(\boldsymbol{x}) = 0$$

对任意 $\boldsymbol{x} \neq \boldsymbol{0}$，均有 $\dot{V}(\boldsymbol{x}) < 0$，所以，$\dot{V}(\boldsymbol{x})$ 为半负定的。由判据二可知，系统在平衡状态是稳定的。

（3）考察 $\dot{V}(\boldsymbol{x})$ 在系统方程的非零状态运动轨迹上是否恒为零。

假设对于非零状态，有 $\dot{V}(\boldsymbol{x}) \equiv 0$，由于 $\dot{V}(\boldsymbol{x}) = -2x_2^2(1 + x_2)^2$，因此有以下两种情况。

① $x_2 \equiv 0$，x_1 任意，有

$$x_2 \equiv 0 \Rightarrow \begin{cases} x_2 = 0 \\ \dot{x}_2 = 0 \end{cases} \Rightarrow \begin{cases} x_1 = 0 \\ \dot{x}_1 = 0 \end{cases}$$

意味着只有零平衡状态才满足$\dot{V}(\boldsymbol{x})$=0，与假设矛盾。

② $x_2 \equiv -1$，x_1任意，有

$$x_2 \equiv -1 \Rightarrow \begin{cases} x_2 = -1 \\ \dot{x}_2 = 0 \end{cases} \Rightarrow \begin{cases} x_1 = -\dot{x}_2 - (1+x_2)^2 x_2 \equiv 0 \\ \dot{x}_1 = x_2 \equiv -1 \end{cases}$$

结果矛盾，即该情况不会发生在方程解的运动轨迹上。

以上两种情况表明虽然$\dot{V}(\boldsymbol{x})$为半负定的，但除坐标原点外，其在状态轨迹上不恒为零，因此，系统在原点处的平衡状态是渐近稳定的。

（4）当$\|\boldsymbol{x}\| = \sqrt{x_1^2 + x_2^2} \to \infty$时，显然有$V(\boldsymbol{x}) = \|\boldsymbol{x}\|^2 \to \infty$，此系统的原点平衡状态是大范围渐近稳定的。

【例 6.15】给定下列线性时变系统，试判断系统在原点处（$\boldsymbol{x}_{\mathrm{e}} = \boldsymbol{0}$）是否是大范围渐近稳定的。

$$\dot{\boldsymbol{x}} = \begin{pmatrix} 0 & 1 \\ -\dfrac{1}{t+1} & -10 \end{pmatrix} \boldsymbol{x}, \quad t \geqslant 0$$

解

取正定矩阵：

$$\boldsymbol{P} = \begin{pmatrix} \dfrac{1}{2} & 0 \\ 0 & \dfrac{1}{2}(t+1) \end{pmatrix}$$

则系统的李雅普诺夫函数及其对时间t的导数分别为

$$V(\boldsymbol{x}) = \frac{1}{2}\left[x_1^2 + (t+1)x_2^2\right] > 0$$

$$\begin{aligned} \dot{V}(\boldsymbol{x}) &= x_1\dot{x}_1 + \frac{1}{2}x_2^2 + (t+1)x_2\dot{x}_2 \\ &= x_1x_2 + \frac{1}{2}x_2^2 + (t+1)x_2\left(-\frac{1}{t+1}x_1 - 10x_2\right) \\ &= -\left(10t + \frac{19}{2}\right)x_2^2 \leqslant 0 \end{aligned}$$

经验证，只有$\boldsymbol{x} = \boldsymbol{0}$时，$\dot{V}(\boldsymbol{x}) = 0$，对任意$\boldsymbol{x} \neq \boldsymbol{0}$，$\dot{V}(\boldsymbol{x}) < 0$，因此，系统渐近稳定，又因为$\|\boldsymbol{x}\| \to \infty$时，$V(\boldsymbol{x}) \to \infty$，所以系统在原点处大范围渐近稳定。

【例 6.16】已知系统状态方程：

$$\dot{\boldsymbol{x}} = \begin{pmatrix} 0 & 1 \\ -1 & -1 \end{pmatrix} \boldsymbol{x}$$

试分析该系统平衡状态的稳定性。

解

原点（$\boldsymbol{x}_{\mathrm{e}}=\boldsymbol{0}$）是系统唯一的平衡状态点。选取标准二次型函数为李雅普诺夫函数，即

$$V(\boldsymbol{x})=x_1^2+x_2^2>0$$

则

$$\dot{V}(\boldsymbol{x})=2x_1\dot{x}_1+2x_2\dot{x}_2=-2x_2^2\leqslant 0$$

当 $x_2=0$ 时，$\dot{V}(\boldsymbol{x})=0$，因此 $\dot{V}(\boldsymbol{x})$ 为半负定的。根据判据，可知该系统在李雅普诺夫意义下是稳定的，那么能否是渐近稳定的呢？为此，还需要进一步分析，当 $x_1\neq 0$，$x_2=0$ 时，$\dot{V}(\boldsymbol{x})$ 是否恒为零。

假设 $\dot{V}(\boldsymbol{x})=-2x_2^2$ 恒等于零，必然要求 x_2 在 $t>t_0$ 时恒等于零；而 x_2 恒等于零又要求 $\dot{x}_2$ 恒等于零。由状态方程 $\dot{x}_2=-x_1-x_2$ 可知，$t>t_0$ 时，若要求 $\dot{x}_2=0$ 和 $x_2=0$，则必须满足 $x_1=0$。这就表明，$x_1\neq 0$ 时，$\dot{V}(\boldsymbol{x})$ 不可能恒等于零。因此，当 $x_1\neq 0$，$x_2=0$ 时，$\dot{V}(\boldsymbol{x})=0$ 的情况只会出现在状态轨迹与等 V 圆相切的某一个时刻，如图 6.8（b）所示。又由于 $\|\boldsymbol{x}\|\to\infty$ 时，$V(\boldsymbol{x})\to\infty$，因此系统在原点处大范围渐近稳定。

如果另选一个李雅普诺夫函数：

$$V(\boldsymbol{x})=\frac{1}{2}\left[(x_1+x_2)^2+2x_1^2+x_2^2\right]=\begin{pmatrix}x_1 & x_2\end{pmatrix}\begin{pmatrix}\frac{3}{2} & \frac{1}{2}\\ \frac{1}{2} & 1\end{pmatrix}\begin{pmatrix}x_1\\ x_2\end{pmatrix}>0$$

该函数为正定的，则

$$\dot{V}(\boldsymbol{x})=(x_1+x_2)(\dot{x}_1+\dot{x}_2)+2x_1\dot{x}_1+x_2\dot{x}_2=-(x_1^2+x_2^2)<0$$

该函数为负定的，且当 $\|\boldsymbol{x}\|\to\infty$ 时，$V(\boldsymbol{x})\to\infty$。因此也能得出系统在原点处大范围渐近稳定的结论。

【思考】已知系统状态空间描述为

$$\begin{cases}\dot{x}_1=x_2\\ \dot{x}_2=-x_1^3-x_2\end{cases}$$

试分析该系统平衡状态的稳定性。

【例 6.17】设结构不稳定系统如图 6.9 所示。试分析该系统的稳定性。

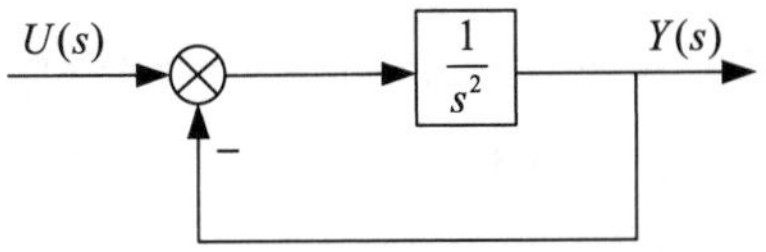

图 6.9　结构不稳定系统

解

由经典控制理论可知，该系统是一个结构不稳定的系统。它的自由解是一个等幅的正弦振荡。要想使这个系统稳定，必须改变系统的结构。

该闭环系统的状态方程为

$$\dot{\boldsymbol{x}}=\begin{pmatrix}0 & 1\\ -1 & 0\end{pmatrix}\boldsymbol{x}+\begin{pmatrix}0\\ 1\end{pmatrix}u$$

其齐次方程为

$$\begin{cases}\dot{x}_1=x_2\\ \dot{x}_2=-x_1\end{cases}$$

显然，原点为系统唯一的平衡状态点。试选择李雅普诺夫函数：

$$V(\boldsymbol{x})=x_1^2+x_2^2>0$$

则有

$$\dot{V}(\boldsymbol{x})=2x_1\dot{x}_1+2x_2\dot{x}_2=2(x_1x_2-x_1x_2)\equiv 0$$

可见，对于任意 $\boldsymbol{x}\neq\boldsymbol{0}$ 的值，$\dot{V}(\boldsymbol{x})$ 均保持为零，而 $V(\boldsymbol{x})$ 保持为某常数，即

$$V(\boldsymbol{x})=x_1^2+x_2^2=C$$

这表明系统运动的相轨迹是一系列以原点为圆心，以 $\sqrt{C}$ 为半径的圆。这时系统在李雅普诺夫意义下稳定。但在经典控制理论中，系统不稳定。

3. 判据三

若 $V(\boldsymbol{x})$ 及其 $\dot{V}(\boldsymbol{x})$ 满足下列条件。

（1）$V(\boldsymbol{x})>0$，正定。

（2）$\dot{V}(\boldsymbol{x})>0$，正定。

则系统在 $\boldsymbol{x}_e$ 处是不稳定的。

类似于判据二，若除原点外，$\dot{V}(\boldsymbol{x})$ 不恒为零，则条件（2）可改为半正定。

【例 6.18】 分析下列系统的稳定性。

$$\dot{\boldsymbol{x}}=\begin{pmatrix}1 & 1\\ -1 & 1\end{pmatrix}\boldsymbol{x}$$

解

（1）系统的 $\boldsymbol{x}_e$ 为 $\boldsymbol{0}$。

（2）选择能量函数及其导数：

$$\begin{aligned}V(\boldsymbol{x})&=x_1^2+x_2^2>0\\ \dot{V}(\boldsymbol{x})&=2x_1\dot{x}_1+2x_2\dot{x}_2\\ &=2x_1(x_1+x_2)+2x_2(-x_1+x_2)=2(x_1^2+x_2^2)>0\end{aligned}$$

由判据三可知，该系统的零平衡状态是不稳定的。

【说明】（1）应用李雅普诺夫第二法分析稳定性的关键在于找到李雅普诺夫函数 $V(\boldsymbol{x})$。李雅普诺夫稳定性定理本身没有提供构造李雅普诺夫函数的一般方法。李雅普诺夫函数是一个标量函数，对于渐近稳定的平衡状态，总是存在李雅普诺夫函数。对于渐近稳定的线性系统，李雅普诺夫函数一定可以通过二次型函数 $V(\boldsymbol{x})=\boldsymbol{x}^{\mathrm{T}}\boldsymbol{P}\boldsymbol{x}$ 来构造。

（2）以上判据给出的仅为稳定性的充分条件，即所构造的李雅普诺夫函数不符合要求，不能说明系统不稳定，也许是没有找到恰当的函数而已。

（3）对于给定系统，李雅普诺夫函数不是唯一的。因此，满足稳定性条件的各种方案有

相应的稳定范围，这些稳定性范围不一定相同。

（4）满足负定的条件并不容易，可用半负定来代替，常用判据二。

（5）以上讨论均假设 $\boldsymbol{x}_e=\boldsymbol{0}$ 处为平衡点，如果平衡点不在原点，则需要通过恰当的坐标变换将它移到原点。

（6）对于非线性系统，通过构造某个具体的李雅普诺夫函数，可以证明系统在某个稳定域内是渐近稳定的，但这并不意味着稳定域外的运动是不稳定的。由于非线性系统的稳定具有局部性，因此在寻找李雅普诺夫函数时，通常要确定平衡状态周围的最大稳定范围，即满足稳定性条件的李雅普诺夫函数的适用范围是有上限的。

（7）李雅普诺夫函数除提供稳定性判据外，还可用于线性和非线性系统的瞬时性能分析与参数选择。

6.5　李雅普诺夫法在线性系统中的应用

利用李雅普诺夫函数分析线性系统的李雅普诺夫稳定性是一种代数方法，其不要求对特征多项式进行因式分解。应用李雅普诺夫第二法不仅可以分析线性定常系统的稳定性，而且可以分析线性时变系统和线性离散系统的稳定性。

利用李雅普诺夫第二法对线性系统进行分析有如下几个特点。

（1）都是充分必要条件，而非仅充分条件。

（2）系统渐近稳定时，必存在二次型李雅普诺夫函数 $V(\boldsymbol{x})=\boldsymbol{x}^{\mathrm{T}}\boldsymbol{P}\boldsymbol{x}$ 及 $\dot{V}(\boldsymbol{x})=-\boldsymbol{x}^{\mathrm{T}}\boldsymbol{Q}\boldsymbol{x}$ 。

（3）对于线性自治系统，当系统矩阵 $\boldsymbol{A}$ 非奇异时，仅有唯一平衡点，即原点 $\boldsymbol{x}_e=\boldsymbol{0}$ 。

（4）渐近稳定就是大范围渐近稳定，两者完全等价。

6.5.1　李雅普诺夫矩阵方程

考虑如下线性定常连续自治系统：

$$\dot{\boldsymbol{x}}=\boldsymbol{A}\boldsymbol{x}$$

其中，$\boldsymbol{x}\in R^n$ ，$\boldsymbol{A}\in R^{n\times n}$ 。如果 $\boldsymbol{A}$ 为非奇异矩阵，则有唯一的 $\boldsymbol{x}_e$ 为 $\boldsymbol{0}$ ，其平衡状态的稳定性很容易通过李雅普诺夫第二法进行研究。

初选一个李雅普诺夫函数，取为二次型，即令

$$V(\boldsymbol{x})=\boldsymbol{x}^{\mathrm{T}}\boldsymbol{P}\boldsymbol{x} \tag{6.30}$$

其中，$\boldsymbol{P}$ 为正定实对称矩阵。由于 $V(\boldsymbol{x})$ 为正定的，对于渐近稳定性，要求 $\dot{V}(\boldsymbol{x})$ 为负定的，因此，必须有

$$\dot{V}(\boldsymbol{x})=-\boldsymbol{x}^{\mathrm{T}}\boldsymbol{Q}\boldsymbol{x}<0 \tag{6.31}$$

$\boldsymbol{Q}$ 为正定矩阵，则有

$$\begin{aligned}\dot{V}(\boldsymbol{x})&=\dot{\boldsymbol{x}}^{\mathrm{T}}\boldsymbol{P}\boldsymbol{x}+\boldsymbol{x}^{\mathrm{T}}\boldsymbol{P}\dot{\boldsymbol{x}}=(\boldsymbol{A}\boldsymbol{x})^{\mathrm{T}}\boldsymbol{P}\boldsymbol{x}+\boldsymbol{x}^{\mathrm{T}}\boldsymbol{P}(\boldsymbol{A}\boldsymbol{x})\\&=\boldsymbol{x}^{\mathrm{T}}\boldsymbol{A}^{\mathrm{T}}\boldsymbol{P}\boldsymbol{x}+\boldsymbol{x}^{\mathrm{T}}\boldsymbol{P}\boldsymbol{A}\boldsymbol{x}=\boldsymbol{x}^{\mathrm{T}}(\boldsymbol{A}^{\mathrm{T}}\boldsymbol{P}+\boldsymbol{P}\boldsymbol{A})\boldsymbol{x}\\&=-\boldsymbol{x}^{\mathrm{T}}\boldsymbol{Q}\boldsymbol{x}<0\end{aligned}$$

显然，

$$Q=-(A^{\mathrm{T}}P+PA)>0 \tag{6.32}$$

此为李雅普诺夫矩阵方程。于是，稳定性判断问题可以简化为：只要找到一对正定矩阵 $\boldsymbol{P}$、$\boldsymbol{Q}$ 满足李雅普诺夫矩阵方程，那么 $V(\boldsymbol{x})$ 就为正定的，$\dot{V}(\boldsymbol{x})$ 为负定的，系统零平衡状态是大范围渐近稳定的。

在判断系统的稳定性时，不是先指定一个正定矩阵 $\boldsymbol{P}$，然后检查 $\boldsymbol{Q}$ 是否为正定的，而是先指定一个正定矩阵 $\boldsymbol{Q}$，然后检查通过式(6.32)确定的 $\boldsymbol{P}$ 是否为正定的，通常可选 $\boldsymbol{Q}=\boldsymbol{I}$。上述内容可归纳为如下定理。

6.5.2 李雅普诺夫矩阵方程在线性定常系统稳定性判断中的应用

定理 6.3 对于线性连续定常系统 $\dot{\boldsymbol{x}}=\boldsymbol{A}\boldsymbol{x}$，其零平衡状态渐近稳定的充分必要条件是，对于任意给定的一个正定矩阵 $\boldsymbol{Q}$，都存在一个正定矩阵 $\boldsymbol{P}$ 满足李雅普诺夫矩阵方程：

$$\boldsymbol{Q}=-(\boldsymbol{A}^{\mathrm{T}}\boldsymbol{P}+\boldsymbol{P}\boldsymbol{A})$$

这里 $\boldsymbol{P}$、$\boldsymbol{Q}$ 均为实对称矩阵。此时，系统的一个李雅普诺夫函数及其导数分别为

$$V(\boldsymbol{x})=\boldsymbol{x}^{\mathrm{T}}\boldsymbol{P}\boldsymbol{x},\quad \dot{V}(\boldsymbol{x})=-\boldsymbol{x}^{\mathrm{T}}\boldsymbol{Q}\boldsymbol{x}$$

【注意】(1) 判据结果与正定矩阵 $\boldsymbol{Q}$ 的形式选择无关，可取 $\boldsymbol{Q}=\boldsymbol{I}$，即

$$\dot{V}(\boldsymbol{x})=-\boldsymbol{x}^{\mathrm{T}}\boldsymbol{Q}\boldsymbol{x}=-\left(x_1^2+x_2^2+\cdots x_n^2\right)$$

(2) 如 $\dot{V}(\boldsymbol{x})$ 沿任意运动轨迹都不恒等于零，则 $\boldsymbol{Q}$ 取半正定也可以，即 $\dot{V}(\boldsymbol{x})=-x_n^2$。

(3) 求出 $\boldsymbol{P}$，按照 $\boldsymbol{P}$ 的符号判决：$\boldsymbol{P}$ 为正定的，系统渐近稳定；$\boldsymbol{P}$ 为半正定的，系统稳定；$\boldsymbol{P}$ 为负定的，系统不稳定。

(4) 如果 $\boldsymbol{Q}=\boldsymbol{I}$，而李雅普诺夫方程没有解，或具有多个解，或具有唯一解但解为非正定矩阵，则都表明系统不是渐近稳定的。

【例 6.19】利用李雅普诺夫第二法判断下列系统是否大范围渐近稳定：

$$\dot{\boldsymbol{x}}=\begin{pmatrix}-1 & 1\\ 2 & -3\end{pmatrix}\boldsymbol{x}$$

解

(1) 系统平衡状态为

$$\boldsymbol{x}_{\mathrm{e}}=\boldsymbol{0}$$

(2) 选取李雅普诺夫函数为

$$V(\boldsymbol{x})=\boldsymbol{x}^{\mathrm{T}}\boldsymbol{P}\boldsymbol{x},\quad \boldsymbol{P}=\begin{pmatrix}p_{11} & p_{12}\\ p_{12} & p_{22}\end{pmatrix}$$

$\boldsymbol{P}$ 为实对称矩阵。

选择正定矩阵 $\boldsymbol{Q}=\boldsymbol{I}$，则由

$$\boldsymbol{A}^{\mathrm{T}}\boldsymbol{P}+\boldsymbol{P}\boldsymbol{A}=-\boldsymbol{I}$$

得

$$\begin{pmatrix}-1 & 2\\ 1 & -3\end{pmatrix}\begin{pmatrix}p_{11} & p_{12}\\ p_{12} & p_{22}\end{pmatrix}+\begin{pmatrix}p_{11} & p_{12}\\ p_{12} & p_{22}\end{pmatrix}\begin{pmatrix}-1 & 1\\ 2 & -3\end{pmatrix}=\begin{pmatrix}-1 & 0\\ 0 & -1\end{pmatrix}$$

解上述矩阵方程：

$$P=\begin{pmatrix}p_{11} & p_{12}\\ p_{12} & p_{22}\end{pmatrix}=\begin{pmatrix}\frac{7}{4} & \frac{5}{8}\\ \frac{5}{8} & \frac{3}{8}\end{pmatrix}$$

（3）判断 $\boldsymbol{P}$ 是否为正定。

根据西尔维斯特判据判断各阶主子式：

$$\Delta_1=\frac{7}{4}>0\text{，}\quad \Delta_2=|\boldsymbol{P}|=\frac{17}{64}>0$$

可知 $\boldsymbol{P}$ 是正定的。因此，系统在原点处是大范围渐近稳定的。或者由于系统的李雅普诺夫函数及其导数分别为

$$V(\boldsymbol{x})=\boldsymbol{x}^{\mathrm{T}}\boldsymbol{P}\boldsymbol{x}=\frac{1}{4}\left(7x_1^2+5x_1x_2+\frac{3}{2}x_2^2\right)>0$$

$$\dot{V}(\boldsymbol{x})=-\boldsymbol{x}^{\mathrm{T}}\boldsymbol{Q}\boldsymbol{x}=-\left(x_1^2+x_2^2\right)<0$$

又因为 $\|\boldsymbol{x}\|\to\infty$ 时，$V(\boldsymbol{x})\to\infty$，所以系统在原点处大范围渐近稳定。

【例 6.20】 系统框图如图 6.10 所示。试确定该系统的增益 K 的稳定范围。

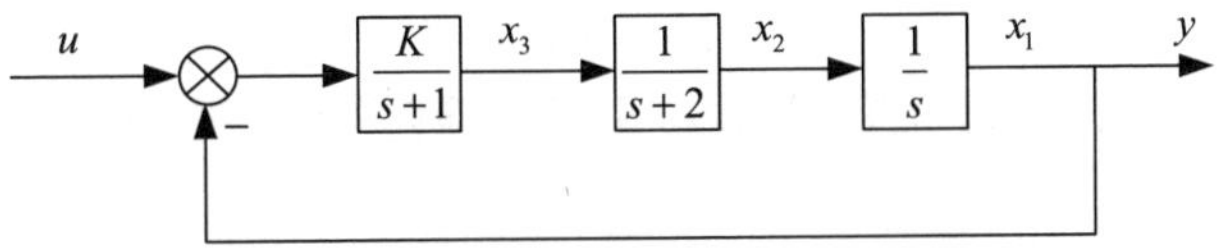

图 6.10　系统框图

解

由该系统框图推得该系统的状态方程为

$$\begin{pmatrix}\dot{x}_1\\ \dot{x}_2\\ \dot{x}_3\end{pmatrix}=\begin{pmatrix}0 & 1 & 0\\ 0 & -2 & 1\\ -K & 0 & -1\end{pmatrix}\begin{pmatrix}x_1\\ x_2\\ x_3\end{pmatrix}+\begin{pmatrix}0\\ 0\\ K\end{pmatrix}u$$

在 K 的稳定范围内，假设输入 u 为零，则求得原点处为平衡状态。取半正定的实对称矩阵 $\boldsymbol{Q}$ 为

$$\boldsymbol{Q}=\begin{pmatrix}0 & 0 & 0\\ 0 & 0 & 0\\ 0 & 0 & 1\end{pmatrix}$$

除原点外，$\dot{V}(\boldsymbol{x})=-\boldsymbol{x}^{\mathrm{T}}\boldsymbol{Q}\boldsymbol{x}=-x_3^2$，不恒等于零。假设对任意 $\boldsymbol{x}\neq\boldsymbol{0}$，有 $\dot{V}(\boldsymbol{x})\equiv 0$，则意味着 x_3 也恒等于零。由系统状态方程可以推出，如果 x_3 恒等于零，则 $\dot{x}_3=0$，x_1 也必恒等于零；如果 x_1 恒等于零，则 x_2 也恒等于零。于是，$\dot{V}(\boldsymbol{x})$ 只在原点处才恒等于零，与假设矛盾。因此，为了简化稳定性分析，可选择上式的 $\boldsymbol{Q}$。

求解如下李雅普诺夫方程：

$$\boldsymbol{A}^{\mathrm{T}}\boldsymbol{P}+\boldsymbol{P}\boldsymbol{A}=-\boldsymbol{Q}$$

$$\begin{pmatrix} 0 & 0 & -K \\ 1 & -2 & 0 \\ 0 & 1 & -1 \end{pmatrix}\begin{pmatrix} p_{11} & p_{12} & p_{13} \\ p_{12} & p_{22} & p_{23} \\ p_{13} & p_{23} & p_{33} \end{pmatrix}+\begin{pmatrix} p_{11} & p_{12} & p_{13} \\ p_{12} & p_{22} & p_{23} \\ p_{13} & p_{23} & p_{33} \end{pmatrix}\begin{pmatrix} 0 & 1 & 0 \\ 0 & -2 & 1 \\ -K & 0 & -1 \end{pmatrix}=\begin{pmatrix} 0 & 0 & 0 \\ 0 & 0 & 0 \\ 0 & 0 & -1 \end{pmatrix}$$

对 $\boldsymbol{P}$ 的各元素求解，可得

$$\boldsymbol{P}=\begin{pmatrix} \dfrac{K^2+12K}{12-12K} & \dfrac{6K}{12-2K} & 0 \\ \dfrac{6K}{12-2K} & \dfrac{3K}{12-2K} & \dfrac{K}{12-2K} \\ 0 & \dfrac{K}{12-2K} & \dfrac{6K}{12-2K} \end{pmatrix}$$

使 $\boldsymbol{P}$ 为正定矩阵的充分必要条件为

$$12-2K>0 \text{ 和 } K>0$$

因此，当 $0<K<6$ 时，系统在李雅普诺夫意义下是大范围渐近稳定的。

6.5.3 基于李雅普诺夫第二法的线性时变系统的稳定性分析

设线性时变系统为

$$\dot{\boldsymbol{x}}=\boldsymbol{A}(t)\boldsymbol{x}$$

系统的 $\boldsymbol{x}_e$ 为 $\boldsymbol{0}$。取一个连续正定实对称时变矩阵 $\boldsymbol{P}(t)$，构造一个李雅普诺夫函数 $V(\boldsymbol{x},t)=\boldsymbol{x}^{\mathrm{T}}\boldsymbol{P}(t)\boldsymbol{x}$。

取 $V(\boldsymbol{x},t)$ 对时间的一阶导数，得

$$\begin{aligned}\dot{V}(\boldsymbol{x},t)&=\dot{\boldsymbol{x}}^{\mathrm{T}}\boldsymbol{P}(t)\boldsymbol{x}+\boldsymbol{x}^{\mathrm{T}}\dot{\boldsymbol{P}}(t)\boldsymbol{x}+\boldsymbol{x}^{\mathrm{T}}\boldsymbol{P}(t)\dot{\boldsymbol{x}}\\&=\boldsymbol{x}^{\mathrm{T}}[\boldsymbol{A}(t)\boldsymbol{P}(t)+\dot{\boldsymbol{P}}(t)+\boldsymbol{P}(t)\boldsymbol{A}(t)]\boldsymbol{x}\end{aligned} \tag{6.33}$$

令

$$\boldsymbol{Q}(t)=-[\boldsymbol{A}(t)\boldsymbol{P}(t)+\dot{\boldsymbol{P}}(t)+\boldsymbol{P}(t)\boldsymbol{A}(t)] \tag{6.34}$$

则

$$\dot{V}(\boldsymbol{x},t)=-\boldsymbol{x}^{\mathrm{T}}\boldsymbol{Q}(t)\boldsymbol{x} \tag{6.35}$$

若 $\boldsymbol{Q}(t)$ 是正定实对称矩阵，则系统是渐近稳定的。

定理 6.4 线性时变系统在平衡点（$\boldsymbol{x}_e=\boldsymbol{0}$）大范围渐近稳定的充分必要条件是：给定一个正定实对称矩阵 $\boldsymbol{Q}(t)$，存在正定实对称矩阵 $\boldsymbol{P}(t)$ 使黎卡提（Riccati）矩阵微分方程

$$\dot{\boldsymbol{P}}(t)=-\boldsymbol{A}^{\mathrm{T}}(t)\boldsymbol{P}(t)-\boldsymbol{P}(t)\boldsymbol{A}(t)-\boldsymbol{Q}(t) \tag{6.36}$$

成立。

此黎卡提矩阵微分方程的解为

$$\boldsymbol{P}(t)=\boldsymbol{\Phi}^{\mathrm{T}}(t_0,t)\boldsymbol{P}(t_0)\boldsymbol{\Phi}(t_0,t)-\int_{t_0}^{t}\boldsymbol{\Phi}^{\mathrm{T}}(\tau,t)\boldsymbol{Q}(\tau)\boldsymbol{\Phi}(\tau,t)\mathrm{d}\tau \tag{6.37}$$

其中，$\boldsymbol{\Phi}(t_0,t)$ 为系统的状态转移矩阵；$\boldsymbol{P}(t_0)$ 为黎卡提方程的初始条件。

若取 $\boldsymbol{Q}(t)=\boldsymbol{Q}=\boldsymbol{I}$，则

$$\boldsymbol{P}(t)=\boldsymbol{\Phi}^{\mathrm{T}}(t_0,t)\boldsymbol{P}(t_0)\boldsymbol{\Phi}(t_0,t)-\int_{t_0}^{t}\boldsymbol{\Phi}^{\mathrm{T}}(\tau,t)\boldsymbol{\Phi}(\tau,t)\mathrm{d}\tau \tag{6.38}$$

6.5.4　线性定常离散系统的稳定性

设线性定常离散系统为

$$\boldsymbol{x}(k+1)=\boldsymbol{G}\boldsymbol{x}(k)$$

$\boldsymbol{x}_e=\boldsymbol{0}$ 为其平衡状态。可取李雅普诺夫函数为

$$V(\boldsymbol{x}(k))=\boldsymbol{x}^{\mathrm{T}}(k)\boldsymbol{P}\boldsymbol{x}(k) \tag{6.39}$$

$\boldsymbol{P}$ 为正定实对称矩阵。对于线性定常离散系统，用差分 $\Delta V(\boldsymbol{x}(k))$ 代替该系统中的 $\dot{V}(\boldsymbol{x})$，则

$$\begin{aligned}\Delta V(\boldsymbol{x}(k))&=V(\boldsymbol{x}(k+1))-V(\boldsymbol{x}(k))\\&=\boldsymbol{x}^{\mathrm{T}}(k+1)\boldsymbol{P}\boldsymbol{x}(k+1)-\boldsymbol{x}^{\mathrm{T}}(k)\boldsymbol{P}\boldsymbol{x}(k)\\&=[\boldsymbol{G}\boldsymbol{x}(k)]^{\mathrm{T}}\boldsymbol{P}\boldsymbol{G}\boldsymbol{x}(k)-\boldsymbol{x}^{\mathrm{T}}(k)\boldsymbol{P}\boldsymbol{x}(k)\\&=\boldsymbol{x}^{\mathrm{T}}(k)[\boldsymbol{G}^{\mathrm{T}}\boldsymbol{P}\boldsymbol{G}-\boldsymbol{P}]\boldsymbol{x}(k)\end{aligned}$$

令

$$\boldsymbol{Q}=-[\boldsymbol{G}^{\mathrm{T}}\boldsymbol{P}\boldsymbol{G}-\boldsymbol{P}] \tag{6.40}$$

则

$$\Delta V(\boldsymbol{x}(k))=-\boldsymbol{x}^{\mathrm{T}}(k)\boldsymbol{Q}\boldsymbol{x}(k) \tag{6.41}$$

若 $\boldsymbol{Q}$ 是正定实对称矩阵，则系统是渐近稳定的。

📖 **定理 6.5**　线性定常离散系统渐近稳定的充分必要条件是：给定一个正定实对称矩阵 $\boldsymbol{Q}$，存在一个正定实对称矩阵 $\boldsymbol{P}$，使 $\boldsymbol{Q}=-[\boldsymbol{G}^{\mathrm{T}}\boldsymbol{P}\boldsymbol{G}-\boldsymbol{P}]$ 成立，此时 $V(\boldsymbol{x}(k))=\boldsymbol{x}^{\mathrm{T}}(k)\boldsymbol{P}\boldsymbol{x}(k)$。

与连续系统类似，可以取 $\boldsymbol{Q}=\boldsymbol{I}$，若 $\Delta V(\boldsymbol{x}(k))=-\boldsymbol{x}^{\mathrm{T}}(k)\boldsymbol{Q}\boldsymbol{x}(k)$ 沿任意解序列不恒为零，那么 $\boldsymbol{Q}$ 可取为半正定矩阵。

【例 6.21】试确定下列系统在平衡点大范围渐近稳定的条件。

$$\boldsymbol{x}(k+1)=\begin{pmatrix}\lambda_1 & 0\\ 0 & \lambda_2\end{pmatrix}\boldsymbol{x}(k)$$

解

取 $\boldsymbol{Q}=\boldsymbol{I}$，由 $\boldsymbol{Q}=-[\boldsymbol{G}^{\mathrm{T}}\boldsymbol{P}\boldsymbol{G}-\boldsymbol{P}]$ 得

$$\boldsymbol{P}=\begin{pmatrix}\dfrac{1}{1-\lambda_1^2} & 0\\ 0 & \dfrac{1}{1-\lambda_2^2}\end{pmatrix}$$

根据 $\boldsymbol{P}$ 为正定实对称矩阵的要求，得

$$|\lambda_1|<1，\ |\lambda_2|<1$$

也可根据李雅普诺夫第一法进行判断，由于线性定常离散系统的特征值是 λ_1、λ_2，根据稳定性定理，线性定常离散系统在平衡点处是大范围渐近稳定的充分必要条件是矩阵 $\boldsymbol{G}$ 特征值的模都小于 1，即 $|\lambda_1|<1$，$|\lambda_2|<1$。

【例 6.22】试确定下列系统在原点处的稳定性。

$$\begin{pmatrix}x_1(k+1)\\ x_2(k+1)\end{pmatrix}=\begin{pmatrix}0 & 0.5\\ -0.5 & -1\end{pmatrix}\begin{pmatrix}x_1(k)\\ x_2(k)\end{pmatrix}$$

解

在李雅普诺夫方程中，选$\boldsymbol{Q}=\boldsymbol{I}$，有

$$\boldsymbol{G}^{\mathrm{T}}\boldsymbol{P}\boldsymbol{G}-\boldsymbol{P}=-\boldsymbol{Q}$$

$$\begin{pmatrix}0 & -0.5\\0.5 & -1\end{pmatrix}\begin{pmatrix}p_{11} & p_{12}\\p_{12} & p_{22}\end{pmatrix}\begin{pmatrix}0 & 0.5\\-0.5 & -1\end{pmatrix}-\begin{pmatrix}p_{11} & p_{12}\\p_{12} & p_{22}\end{pmatrix}=\begin{pmatrix}-1 & 0\\0 & -1\end{pmatrix}$$

解得

$$\boldsymbol{P}=\begin{pmatrix}p_{11} & p_{12}\\p_{12} & p_{22}\end{pmatrix}=\begin{pmatrix}\dfrac{52}{27} & \dfrac{40}{27}\\\dfrac{40}{27} & \dfrac{100}{27}\end{pmatrix}>0$$

因此系统在原点处是大范围渐近稳定的。

【例 6.23】试求下列系统在平衡状态渐近稳定的 m 值的范围。

$$\boldsymbol{x}(k+1)=\begin{pmatrix}0 & 1 & 0\\0 & 0 & 1\\0 & \dfrac{m}{2} & 0\end{pmatrix}\boldsymbol{x}(k),\quad m>0$$

解

令$\boldsymbol{Q}=\boldsymbol{I}$，由方程$\boldsymbol{G}^{\mathrm{T}}\boldsymbol{P}\boldsymbol{G}-\boldsymbol{P}=-\boldsymbol{Q}$得

$$\begin{pmatrix}0 & 0 & 0\\1 & 0 & \dfrac{m}{2}\\0 & 1 & 0\end{pmatrix}\begin{pmatrix}p_{11} & p_{12} & p_{13}\\p_{12} & p_{22} & p_{23}\\p_{13} & p_{23} & p_{33}\end{pmatrix}\begin{pmatrix}0 & 1 & 0\\0 & 0 & 1\\0 & \dfrac{m}{2} & 0\end{pmatrix}-\begin{pmatrix}p_{11} & p_{12} & p_{13}\\p_{12} & p_{22} & p_{23}\\p_{13} & p_{23} & p_{33}\end{pmatrix}=-\begin{pmatrix}1 & 0 & 0\\0 & 1 & 0\\0 & 0 & 1\end{pmatrix}$$

解得

$$\boldsymbol{P}=\begin{pmatrix}1 & 0 & 0\\0 & \dfrac{8+m^2}{4-m^2} & 0\\0 & 0 & \dfrac{12}{4-m^2}\end{pmatrix}$$

若要使系统在平衡状态渐近稳定，则 $\boldsymbol{P}$ 必为正定矩阵，应有 $0<m<2$。

6.6 李雅普诺夫第二法在非线性系统中的应用

在线性定常系统中，若平衡状态是局部渐近稳定的，则必是大范围渐近稳定的，然而在非线性系统中，不是大范围渐近稳定的平衡状态可能是局部渐近稳定的。因此，线性定常系统平衡状态的渐近稳定性的含义和非线性系统完全不同。

要检验非线性系统平衡状态的渐近稳定性，只进行非线性系统的线性化模型稳定性分析远远不够，必须研究没有线性化的非线性系统。通过几种基于李雅普诺夫第二法的方法可达到这一目的，包括用于判断非线性系统渐近稳定性充分条件的克拉索夫斯基法，用

于构成非线性系统李雅普诺夫函数的舒茨—基布逊变量梯度法，用于某些特殊非线性控制系统稳定性分析的阿尔曼法（线性近似法）、鲁里叶法，以及用于构成吸引域的波波夫方程等。它们并不总是有效的，但某些复杂的非线性系统提供了构造李雅普诺夫函数的非试凑的方法。

由于非线性系统的稳定性具有局部特性，因此在寻找李雅普诺夫函数时，通常要确定平衡状态周围领域的最大稳定范围，即满足稳定性条件的李雅普诺夫函数的适用范围是有界限的。此外，李雅普诺夫第二法仅能给出判断非线性系统渐近稳定的充分条件，不能给出必要条件。

虽然在非线性系统的稳定性问题中，李雅普诺夫稳定性分析方法具有基础性的地位，但在确定许多具体的非线性系统的稳定性时，技巧和经验非常重要。本节对于实际非线性系统的稳定性分析仅限于几种简单的情况。

6.6.1 克拉索夫斯基法

克拉索夫斯基法又称雅可比法，其给出了非线性系统平衡状态大范围渐近稳定的充分条件。在非线性系统中可能存在多个平衡状态，可通过适当的坐标变换将所要研究的平衡状态变换到状态空间的原点处。因此，可以把要研究的平衡状态取为原点。

设非线性控制系统为

$$\dot{\boldsymbol{x}} = \boldsymbol{f}(\boldsymbol{x})$$

其中，$\boldsymbol{x}$ 为 n 维列矢量；$\boldsymbol{f}(\boldsymbol{x})$ 为与 $\boldsymbol{x}$ 同维的非线性矢量函数。

假设 $\boldsymbol{f}(\boldsymbol{0}) = \boldsymbol{0}$，即 $\boldsymbol{x}_e = \boldsymbol{0}$ 为系统的平衡状态，且设 $\boldsymbol{f}(\boldsymbol{x})$ 对 $\boldsymbol{x}$ 在整个状态空间可导，系统的雅可比矩阵为

$$\boldsymbol{J}(\boldsymbol{x}) = \frac{\mathrm{d}\boldsymbol{f}(\boldsymbol{x})}{\mathrm{d}\boldsymbol{x}^{\mathrm{T}}} = \begin{pmatrix} \dfrac{\partial f_1}{\partial x_1} & \dfrac{\partial f_1}{\partial x_2} & \cdots & \dfrac{\partial f_1}{\partial x_n} \\ \dfrac{\partial f_2}{\partial x_1} & \dfrac{\partial f_2}{\partial x_2} & \cdots & \dfrac{\partial f_2}{\partial x_n} \\ \vdots & \vdots & & \vdots \\ \dfrac{\partial f_n}{\partial x_1} & \dfrac{\partial f_n}{\partial x_2} & \cdots & \dfrac{\partial f_n}{\partial x_n} \end{pmatrix}_{n\times n} \tag{6.42}$$

📖 **定理 6.6**（克拉索夫斯基定理） 如果任意给定一个正定对称矩阵 $\boldsymbol{P}$，矩阵

$$\boldsymbol{Q}(\boldsymbol{x}) = -[\boldsymbol{J}^{\mathrm{T}}(\boldsymbol{x})\boldsymbol{P} + \boldsymbol{P}\boldsymbol{J}(\boldsymbol{x})] \tag{6.43}$$

是正定的，那么系统的平衡状态 $\boldsymbol{x}_e = \boldsymbol{0}$ 是渐近稳定的。其中，$\boldsymbol{J}(\boldsymbol{x})$ 是雅可比矩阵。系统的李雅普诺夫函数可为

$$V(\boldsymbol{x}) = \dot{\boldsymbol{x}}^{\mathrm{T}}\boldsymbol{P}\dot{\boldsymbol{x}} = \boldsymbol{f}^{\mathrm{T}}(\boldsymbol{x})\boldsymbol{P}\boldsymbol{f}(\boldsymbol{x}) \tag{6.44}$$

证明

由于 $\boldsymbol{P}$ 为正定对称矩阵，因此 $V(\boldsymbol{x}) = \dot{\boldsymbol{x}}^{\mathrm{T}}\boldsymbol{P}\dot{\boldsymbol{x}} = \boldsymbol{f}^{\mathrm{T}}(\boldsymbol{x})\boldsymbol{P}\boldsymbol{f}(\boldsymbol{x})$，为正定的。

$\boldsymbol{f}(\boldsymbol{x})$ 是 $\boldsymbol{x}$ 的显函数，不是时间 t 的显函数，有如下关系

$$\frac{\mathrm{d}\boldsymbol{f}(\boldsymbol{x})}{\mathrm{d}t}=\dot{\boldsymbol{f}}(\boldsymbol{x})=\frac{\partial \boldsymbol{f}(\boldsymbol{x})}{\partial \boldsymbol{x}^{\mathrm{T}}}\cdot\frac{\mathrm{d}\boldsymbol{x}}{\mathrm{d}t}=\boldsymbol{J}(\boldsymbol{x})\boldsymbol{f}(\boldsymbol{x}) \tag{6.45}$$

将$V(\boldsymbol{x})$沿状态轨迹对t求一阶导数，得

$$\begin{aligned}\dot{V}(\boldsymbol{x})&=\dot{\boldsymbol{f}}^{\mathrm{T}}(\boldsymbol{x})\boldsymbol{P}\boldsymbol{f}(\boldsymbol{x})+\boldsymbol{f}^{\mathrm{T}}(\boldsymbol{x})\boldsymbol{P}\dot{\boldsymbol{f}}(\boldsymbol{x})\\&=[\boldsymbol{J}(\boldsymbol{x})\boldsymbol{f}(\boldsymbol{x})]^{\mathrm{T}}\boldsymbol{P}\boldsymbol{f}(\boldsymbol{x})+\boldsymbol{f}^{\mathrm{T}}(\boldsymbol{x})\boldsymbol{P}\boldsymbol{J}(\boldsymbol{x})\boldsymbol{f}(\boldsymbol{x})\\&=\boldsymbol{f}^{\mathrm{T}}(\boldsymbol{x})\boldsymbol{J}^{\mathrm{T}}(\boldsymbol{x})\boldsymbol{P}\boldsymbol{f}(\boldsymbol{x})+\boldsymbol{f}^{\mathrm{T}}(\boldsymbol{x})\boldsymbol{P}\boldsymbol{J}(\boldsymbol{x})\boldsymbol{f}(\boldsymbol{x})\\&=\boldsymbol{f}^{\mathrm{T}}(\boldsymbol{x})[\boldsymbol{J}^{\mathrm{T}}(\boldsymbol{x})\boldsymbol{P}+\boldsymbol{P}\boldsymbol{J}(\boldsymbol{x})]\boldsymbol{f}(\boldsymbol{x})\\&=-\boldsymbol{f}^{\mathrm{T}}(\boldsymbol{x})\boldsymbol{Q}(\boldsymbol{x})\boldsymbol{f}(\boldsymbol{x})\end{aligned} \tag{6.46}$$

其中，$\boldsymbol{Q}(\boldsymbol{x})$满足式（6.43）。

因为$\boldsymbol{Q}(\boldsymbol{x})$为正定的，所以$\dot{V}(\boldsymbol{x})$为负定的，故$V(\boldsymbol{x})$是一个李雅普诺夫函数。由此可知，系统的平衡状态$\boldsymbol{x}_{\mathrm{e}}=\boldsymbol{0}$是渐近稳定的，定理得证。如果随着$\|\boldsymbol{x}\|\to\infty$，$V(\boldsymbol{x})=\boldsymbol{f}^{\mathrm{T}}(\boldsymbol{x})\boldsymbol{P}\boldsymbol{f}(\boldsymbol{x})\to\infty$，则系统的平衡状态是大范围渐近稳定的。

【注意】克拉索夫斯基定理与通常的线性化方法不同，它不局限于稍稍偏离平衡状态。$V(\boldsymbol{x})$和$\dot{V}(\boldsymbol{x})$以$\boldsymbol{f}(\boldsymbol{x})$或$\dot{\boldsymbol{x}}$的形式表示，而不是以$\boldsymbol{x}$的形式表示。

通常可取$\boldsymbol{P}=\boldsymbol{I}$，则有

$$\boldsymbol{Q}(\boldsymbol{x})=-[\boldsymbol{J}^{\mathrm{T}}(\boldsymbol{x})+\boldsymbol{J}(\boldsymbol{x})] \tag{6.47}$$

$$V(\boldsymbol{x})=\boldsymbol{f}^{\mathrm{T}}(\boldsymbol{x})\boldsymbol{f}(\boldsymbol{x}) \tag{6.48}$$

推论：对于线性定常系统$\dot{\boldsymbol{x}}=\boldsymbol{A}\boldsymbol{x}$，若矩阵$\boldsymbol{A}$非奇异，且矩阵$-(\boldsymbol{A}^{\mathrm{T}}+\boldsymbol{A})$正定，则系统的零平衡状态是大范围渐近稳定的。

使用克拉索夫斯基法时，对于所有$\boldsymbol{x}\neq\boldsymbol{0}$的情况，要求$\boldsymbol{Q}(\boldsymbol{x})$正定的条件过严，许多非线性系统不一定满足这一个条件。上述定理对非线性系统给出了大范围渐近稳定的充分条件，对线性系统则给出了充分必要条件。非线性系统的平衡状态即使不满足上述定理所要求的条件，也可能是稳定的。因此，在应用克拉索夫斯基定理时必须十分小心，以防止在给定的非线性系统平衡状态的稳定性分析中得出错误的结论。

【例 6.24】考虑具有两个非线性因素的二阶系统：

$$\begin{cases}\dot{x}_1=f_1(x_1)+f_2(x_2)\\\dot{x}_2=x_1+ax_2\end{cases}$$

假设原点为平衡点，$f_1(0)+f_2(0)=0$，$f_1(x_1)$和$f_2(x_2)$是实函数且可微。又假定$\|\boldsymbol{x}\|\to\infty$时，$[f_1(x_1)+f_2(x_2)]^2+(x_1+ax_2)^2\to\infty$。试确定使平衡状态$\boldsymbol{x}_{\mathrm{e}}=\boldsymbol{0}$渐近稳定的充分必要条件。

解

取$\boldsymbol{P}=\boldsymbol{I}$，在该系统中，

$$\boldsymbol{J}(\boldsymbol{x})=\begin{pmatrix}f_1'(x_1) & f_2'(x_2)\\1 & a\end{pmatrix}$$

其中，

$$f_1'(x_1)=\frac{\partial f_1}{\partial x_1},\quad f_2'(x_2)=\frac{\partial f_2}{\partial x_2}$$

于是，

$$\boldsymbol{Q}(\boldsymbol{x})=-[\boldsymbol{J}^{\mathrm{T}}(\boldsymbol{x})+\boldsymbol{J}(\boldsymbol{x})]=-\begin{pmatrix}2f_1'(x_1) & 1+f_2'(x_2)\\ 1+f_2'(x_2) & 2a\end{pmatrix}$$

由克拉索夫斯基定理可知，如果

（1）对所有 $x_1\neq 0$，$f_1'(x_1)<0$。

（2）对所有 $x_1\neq 0$，$x_2\neq 0$，有 $4af_1'(x_1)-[1+f_2'(x_2)]^2<0$，说明 $\boldsymbol{Q}(\boldsymbol{x})$ 是正定的，则考虑系统的平衡状态 $\boldsymbol{x}_{\mathrm{e}}=\mathbf{0}$ 是渐近稳定的。

这两个条件是系统渐近稳定的充分条件。李雅普诺夫函数为

$$V(\boldsymbol{x})=\boldsymbol{f}^{\mathrm{T}}(\boldsymbol{x})\boldsymbol{P}\boldsymbol{f}(\boldsymbol{x})=[f_1(x_1)+f_2(x_2)]^2+(x_1+ax_2)^2$$

由于 $\|\boldsymbol{x}\|\to\infty$ 时，$[f_1(x_1)+f_2(x_2)]^2+(x_1+ax_2)^2\to\infty$，因此系统的平衡状态 $\boldsymbol{x}_{\mathrm{e}}=\mathbf{0}$ 是大范围渐近稳定的。

【例 6.25】确定下列系统平衡状态 $\boldsymbol{x}_{\mathrm{e}}=\mathbf{0}$ 的稳定性。

$$\begin{cases}\dot{x}_1=-x_1\\ \dot{x}_2=x_1-x_2-x_2^3\end{cases}$$

解

$$\boldsymbol{f}(\boldsymbol{x})=\begin{pmatrix}-x_1\\ x_1-x_2-x_2^3\end{pmatrix},\quad \boldsymbol{J}(\boldsymbol{x})=\begin{pmatrix}-1 & 0\\ 1 & -1-3x_2^2\end{pmatrix}，取 \boldsymbol{P}=\boldsymbol{I}，有$$

$$\boldsymbol{Q}(\boldsymbol{x})=-[\boldsymbol{J}^{\mathrm{T}}(\boldsymbol{x})+\boldsymbol{J}(\boldsymbol{x})]=-\begin{pmatrix}-2 & 1\\ 1 & -2-6x_2^2\end{pmatrix}=\begin{pmatrix}2 & -1\\ -1 & 2+6x_2^2\end{pmatrix}$$

其为正定对称矩阵，所以系统的平衡状态 $\boldsymbol{x}_{\mathrm{e}}=\mathbf{0}$ 是渐近稳定的。

李雅普诺夫函数为

$$V(\boldsymbol{x})=\boldsymbol{f}^{\mathrm{T}}(\boldsymbol{x})\boldsymbol{f}(\boldsymbol{x})=x_1^2+(x_1-x_2-x_2^3)^2$$

当 $\|\boldsymbol{x}\|\to\infty$ 时，$V(\boldsymbol{x})\to\infty$，所以系统的平衡状态 $\boldsymbol{x}_{\mathrm{e}}=\mathbf{0}$ 是大范围渐近稳定的。

【例 6.26】试用克拉索夫斯基定理判断下列系统的稳定性。

$$\begin{cases}\dot{x}_1=-2x_1+x_1x_2^2+3x_3^2\\ \dot{x}_2=-x_1^2x_2-3x_3\\ \dot{x}_3=3x_2-3x_3^3\end{cases}$$

解

显然 $\boldsymbol{x}_{\mathrm{e}}=\mathbf{0}$ 是系统的一个平衡状态，系统的雅可比矩阵为

$$\boldsymbol{J}(\boldsymbol{x})=\begin{pmatrix}-2 & 2x_1x_2 & 6x_3\\ -2x_1x_2 & -x_1^2 & -3\\ 0 & 3 & -9x_3^2\end{pmatrix}$$

$$\boldsymbol{Q}(\boldsymbol{x})=-[\boldsymbol{J}^{\mathrm{T}}(\boldsymbol{x})+\boldsymbol{J}(\boldsymbol{x})]=-\begin{pmatrix}-4 & 0 & 6x_3\\ 0 & -2x_2^2 & 0\\ 6x_3 & 0 & -18x_3^2\end{pmatrix}=\begin{pmatrix}4 & 0 & -6x_3\\ 0 & 2x_2^2 & 0\\ -6x_3 & 0 & -18x_3^2\end{pmatrix}$$

由

$$\Delta_1=4>0\text{，}\quad \Delta_2=\begin{vmatrix}4 & 0\\ 0 & 2x_2^2\end{vmatrix}=8x_2^2>0\text{，}\quad \Delta_3=\begin{vmatrix}4 & 0 & -6x_3\\ 0 & 2x_2^2 & 0\\ -6x_3 & 0 & -18x_3^2\end{vmatrix}=72x_2^2x_3^2>0$$

可知$\boldsymbol{Q}(\boldsymbol{x})$是正定的。由克拉索夫斯基定理可知系统在原点处渐近稳定。又因为系统的李雅普诺夫能量函数为

$$V(\boldsymbol{x})=\boldsymbol{f}^{\mathrm{T}}(\boldsymbol{x})\boldsymbol{f}(\boldsymbol{x})=(-3x_1^2+x_1x_2+3x_3^2)^2+(x_1^2x_2+3x_3)^2+(3x_2-3x_3^3)^2$$

并且当$\|\boldsymbol{x}\|\to\infty$时，$V(\boldsymbol{x})\to\infty$，所以系统在原点处大范围渐近稳定。

由上述几个例题可以看出，对于非线性系统，利用试凑法去寻找合适的李雅普诺夫函数是非常困难的，必须充分利用规范的方法去构造李雅普诺夫函数。

6.6.2 阿塞尔曼法

阿塞尔曼法也称线性近似法，应用这种方法可以对非线性系统中的非线性元件做线性近似。

设系统的动态方程为

$$\begin{cases}\dot{x}_1=a_{11}x_1+a_{12}x_2+\cdots+a_{1n}x_n+f(x_1)\\ \dot{x}_2=a_{21}x_1+a_{22}x_2+\cdots+a_{2n}x_n+f(x_2)\\ \qquad\vdots\\ \dot{x}_n=a_{n1}x_1+a_{n2}x_2+\cdots+a_{nn}x_n+f(x_n)\end{cases}\tag{6.49}$$

$\boldsymbol{x}_{\mathrm{e}}=\boldsymbol{0}$为系统的平衡状态。$f(x_i)$为单值非线性函数，并满足

$$K_1<\frac{f(x_i)}{x_i}<K_2\text{，}\quad x_i\neq 0\tag{6.50}$$

显然，单值非线性函数$f(x_i)$是通过坐标原点且位于直线K_1x_i和K_2x_i之间的曲线。

阿塞尔曼指出：用线性函数取代非线性函数，即令

$$f(x_i)=K_ix_i\text{，}\quad K_1<K_i<K_2\tag{6.51}$$

按照线性化方程可对线性化后的系统建立李雅普诺夫函数$V(\boldsymbol{x})$，若$\dot{V}(\boldsymbol{x})$在$K_1\leqslant K_i\leqslant K_2$区间内是负定的，则当非线性函数不超过上述区间时，非线性系统的平衡状态$\boldsymbol{x}_{\mathrm{e}}=\boldsymbol{0}$是大范围渐近稳定的。

【例 6.27】设系统状态方程如下，单值非线性函数如图 6.11 所示，判断$\boldsymbol{x}_{\mathrm{e}}=\boldsymbol{0}$的稳定性。

$$\begin{cases}\dot{x}_1=x_2\\ \dot{x}_2=-2x_2-f(x_1)\end{cases}$$

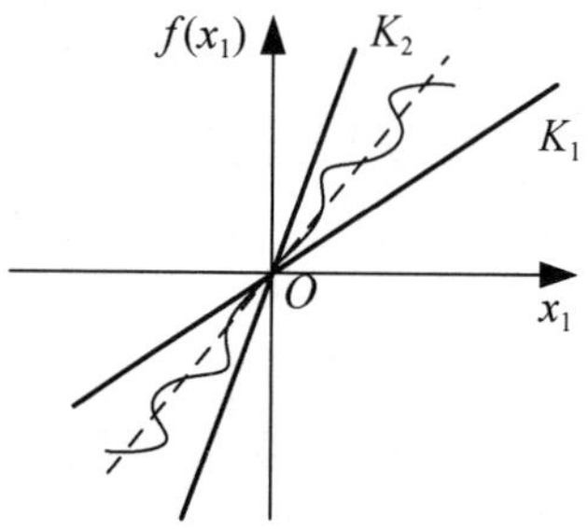

图 6.11　单值非线性函数

解

令 $f(x_1)=2x_1$，线性化后的系统方程为

$$\begin{cases}\dot{x}_1=x_2\\ \dot{x}_2=-2x_2-2x_1\end{cases}$$

令

$$V(\boldsymbol{x})=\boldsymbol{x}^{\mathrm{T}}\boldsymbol{P}\boldsymbol{x}$$

$$\dot{V}(\boldsymbol{x})=-(x_1^2+x_2^2)$$

通过求解李雅普诺夫方程可得

$$\boldsymbol{P}=\begin{pmatrix}\dfrac{5}{4} & \dfrac{1}{4}\\ \dfrac{1}{4} & \dfrac{3}{8}\end{pmatrix}$$

$\boldsymbol{P}$ 为正定对称矩阵，则非线性系统的李雅普诺夫函数为

$$V(\boldsymbol{x})=\frac{5}{4}x_1^2+\frac{1}{2}x_1x_2+\frac{3}{8}x_2^2$$

$$\begin{aligned}\dot{V}(\boldsymbol{x})&=\frac{5}{2}x_1\dot{x}_1+\frac{1}{2}\dot{x}_1x_2+\frac{1}{2}x_1\dot{x}_2+\frac{3}{4}x_2\dot{x}_2\\
&=-\frac{1}{2}x_1f(x_1)+\frac{3}{2}x_1x_2-\frac{3}{4}x_2f(x_1)-x_2^2\\
&=-\frac{1}{2}\frac{f(x_1)}{x_1}x_1^2+\frac{3}{2}x_1x_2-\frac{3}{4}x_1x_2\frac{f(x_1)}{x_1}-x_2^2\\
&=-\left[\frac{1}{2}\frac{f(x_1)}{x_1}x_1^2+\left(\frac{3}{4}\frac{f(x_1)}{x_1}-\frac{3}{2}\right)x_1x_2+x_2^2\right]\\
&=-\boldsymbol{x}^{\mathrm{T}}\begin{bmatrix}\dfrac{1}{2}\dfrac{f(x_1)}{x_1} & \dfrac{1}{2}\left(\dfrac{3}{4}\dfrac{f(x_1)}{x_1}-\dfrac{3}{2}\right)\\ \dfrac{1}{2}\left(\dfrac{3}{4}\dfrac{f(x_1)}{x_1}-\dfrac{3}{2}\right) & 1\end{bmatrix}\boldsymbol{x}\end{aligned}$$

根据 $\dot{V}(\boldsymbol{x})$ 是负定的，系统稳定时，要求：

$$K_1=0.573,\quad K_2=6.966$$

$$K_1<\frac{f(x_1)}{x_1}<K_2$$

只要非线性特性在此范围内，如图 6.11 所示，则系统大范围渐近稳定。

阿塞尔曼法的优点如下。

（1）其针对的是大范围的线性近似，而泰勒级数展开法针对的是平衡点附近，因此通过阿塞尔曼法可以判断系统的大范围渐近稳定性。

（2）非线性特性的线性近似可以由解析法求得，也可以由实验数据求得。

（3）可以选择通常的二次型函数作为李雅普诺夫函数 $V(\boldsymbol{x})$。

阿塞尔曼法的特点是分析过程很简单，但分析结果不一定是正确的，即使如此，工程

上仍将其作为试探非线性系统稳定性的一种方法。

除上述方法外，其他文献中还有其他判断系统平衡状态稳定性的方法。对于线性系统，渐近稳定等价于大范围渐近稳定。但对于非线性系统，一般只考虑吸引域为有限范围的渐近稳定。

6.7 基于 MATLAB 的系统稳定性分析

6.7.1 系统稳定性分析常用的函数

用李雅普诺夫第一法分析系统的内部稳定性和外部稳定性时，会判断系统的传递函数的极点位置或系统矩阵 $\boldsymbol{A}$ 的特征值实部的正负。可利用的函数如下。

roots(P)，求特征多项式的特征根；

eig(A)，求矩阵特征值；

poly(A)，求矩阵的特征多项式；

[z, p, k]=ss2zp(A, B, C, D)，将系统状态空间形式变换为传递函数的零极点形式；

[z, p, k]=tt2zp(num, den)，将系统传递函数形式变换为零极点形式。

当用李雅普诺夫第二法分析系统的稳定性时，可以利用以下函数系统的李雅普诺夫函数。

P=lyap(A, P)，可用于求解线性定常连续系统的矩阵方程 $\boldsymbol{Q}=-(\boldsymbol{A}^{\mathrm{T}}\boldsymbol{P}+\boldsymbol{P}\boldsymbol{A})$；

P=dlyap(G, Q)，可用于求解线性定常离散系统的矩阵方程 $\boldsymbol{Q}=-(\boldsymbol{G}\boldsymbol{P}\boldsymbol{G}^{\mathrm{T}}-\boldsymbol{P})$。

但由于 lyap 函数与 dlyap 函数的实际算法分别是 $\boldsymbol{Q}=-(\boldsymbol{A}\boldsymbol{P}+\boldsymbol{P}\boldsymbol{A}^{\mathrm{T}})$ 与 $\boldsymbol{Q}=-(\boldsymbol{G}\boldsymbol{P}\boldsymbol{G}^{\mathrm{T}}-\boldsymbol{P})$，因此，求解时，需要对系统矩阵 $\boldsymbol{A}$ 或 $\boldsymbol{P}$ 做一次转置运算才能得到正确的结论。

6.7.2 基于 MATLAB 的系统稳定性分析实例

1. 李雅普诺夫第一法

【例 6.28】 试用 MATLAB 分析如下系统的状态稳定性与输出稳定性。

$$\dot{\boldsymbol{x}}=\begin{pmatrix}0 & 6\\ 1 & -1\end{pmatrix}\boldsymbol{x}+\begin{pmatrix}-2\\ 1\end{pmatrix}u$$

$$y=(0,1)\boldsymbol{x}$$

解

根据题意编程：

```
A=[0 6; 1 -1];
B=[-2; 1];
C=[0 1];
D=0;
[z, p, k]=ss2zp(A, B, C, D)
```

程序运行结果为

```
z =
    2
```

```
p =
    2
   -3
k =
    1
```

说明系统的传递函数为

$$W(s)=\frac{s-2}{(s+3)(s-2)}=\frac{1}{s+3}$$

由于系统的传递函数的极点具有负实部，所以系统具有 BIBO 稳定性；又因为传递函数有零极点相消，消去了正实部的极点 2，所以系统是状态不稳定的。

【例 6.29】 试用 MATLAB 分析以下矩阵描述的系统的状态稳定性与输出稳定性。

$$\boldsymbol{A}=\begin{pmatrix}1 & 3 & 2\\0 & 4 & 2\\0 & 0 & 1\end{pmatrix},\quad \boldsymbol{B}=\begin{pmatrix}0 & 1\\0 & 0\\1 & 0\end{pmatrix},\quad \boldsymbol{C}=\begin{pmatrix}1 & 0 & 0\\0 & 0 & 1\end{pmatrix}$$

解

程序指令为

```
A=[1 3 2; 0 4 2; 0 0 1];
B=[0 1; 0 0; 1 0];
C=[1 0 0; 0 0 1];
D=[0 0; 0 0];
for i=1:2
   [z, p, k]=ss2zp(A, B, C, D, i)        % i是系统的第i个输入信号
end
```

程序运行结果为

```
z =
   1.0000    4.0000
      Inf    1.0000
p =
    1
    4
    1
k =
   2.0000
   1.0000
z =
    1    4
    4    1
p =
    1
    4
    1
```

```
k =
     1
     0
```

系统的传递函数矩阵与例 6.7 的结果相同，可得系统的内部、外部均不稳定。

【例 6.30】 分析下列系统的稳定性。

$$W(s)=\frac{\begin{pmatrix} s+2 \\ s^2+5s+3 \end{pmatrix}}{s^3+2s^2+3s+4}$$

解

程序指令为

```
num=[0 1 2; 1 5 3];
den=[1 2 3 4];
[z, p, k]=tf2zp(num, den)
```

程序运行结果为

```
z =
   -2.0000   -4.3028
       Inf   -0.6972
p =
  -1.6506
  -0.1747 + 1.5469i
  -0.1747 - 1.5469i
k =
     1
     1
```

可得系统的内部、外部均稳定。

2. 李雅普诺夫第二法

利用李雅普诺夫第二法判断下列系统是否大范围渐近稳定。

【例 6.31】 试用 MATLAB 分析例 6.22 中的系统的稳定性。

解

取 $\boldsymbol{Q}=\boldsymbol{I}$，求取对称矩阵 $\boldsymbol{P}$ 的程序为

```
G=[0 0.5; -0.5 -1];
Q=[1 0; 0 1];
P=dlyap(G', Q)
```

程序运行结果为

```
P =
    1.9259    1.4815
    1.4815    3.7037
```

对于高阶对称矩阵 $\boldsymbol{P}$，需要利用西尔维斯特判据判断其是否是正定的。

【例 6.32】 某系统选择 $\boldsymbol{Q}=\boldsymbol{I}$，求得的矩阵 $\boldsymbol{P}$ 如例 6.31 所示，试用 MATLAB 分析 $\boldsymbol{P}$ 的正定性与系统的稳定性。

解

```
flag=0;                              %判断系统是否稳定的标志位
n=length(P)
for i=1: n
   Det=det(P(1: i, 1: i))
   if (det(P(1: i, 1: i))<=0)       %显示矩阵的各阶主子式的值
       flag=1;
   end
end
if flag==1;
  disp('System is unstable')
  else
  disp('System is stable')
end
```

程序运行结果为

```
n =
     2
Det =
    1.9259
Det =
    4.9383
System is stable
```

由于 $\boldsymbol{P}$ 是正定的，因此系统是渐近稳定的。

本章小结及思政元素

本章采用李雅普诺夫第一法和李雅普诺夫第二法分析了系统的稳定性。本章就系统的稳定性问题研究了以下主要内容。

（1）李雅普诺夫意义下稳定和渐近稳定的含义。研究系统的稳定性，实质上是研究系统平衡状态的稳定性。在李雅普诺夫意义下，系统稳定和渐近稳定反映了系统在平衡点受到一定程度的扰动以后，恢复到平衡点的能力。工程中的稳定指的都是渐近稳定。

（2）李雅普诺夫稳定性判据。李雅普诺夫第一法是根据系统的特征根实部的符号来判断系统的稳定性的，所以又称特征值判据。李雅普诺夫第二法是从系统运动过程中能量变化的角度来分析系统的稳定性的。应用李雅普诺夫第二法时选取合适的李雅普诺夫函数是很重要的，但选取该函数时没有通用的方法，并且李雅普诺夫稳定性定理只给出了系统稳定的充分条件。

（3）线性定常系统李雅普诺夫稳定性分析。线性定常连续系统和线性定常离散系统的李雅普诺夫稳定性分析可以通过求解李雅普诺夫方程的矩阵解来实现。如果求出的矩阵满足正定条件，则系统是渐近稳定的，并且这是线性定常系统稳定的充分必要条件。此外，对非线性系统提供了构造李雅普诺夫能量函数的非试凑的方法。

（4）李雅普诺夫函数除能提供稳定性判据外，还可用于解决线性和非线性系统的瞬态性能分析问题和参数最优问题，也可用于设计模型参考控制系统。

本章涉及的思政元素主要有：①由稳定性是系统能正常工作的首要条件，引出正确的意识形态是一切行为的前提，做任何工作之前，必须以正确的意识形态为准绳，约束、规范自己的言行。②由可以采用李雅普诺夫第一法或李雅普诺夫第二法判断线性定常系统的稳定性，引出对同一种问题可以采用不同的方法解决，在面对问题时应灵活发散思维，不要局限于某种固定方法，可以从多方面进行思考，力求选择成本低、效率高的解决方案。③由李雅普诺夫稳定性定理只是系统稳定的充分条件，如果无法找到合适的李雅普诺夫函数，则不能直接对系统的稳定性下结论，引出看待事物要综合全面，不能根据某些片面因素轻易下结论。

习题

6.1 试确定下列二次型函数的符号。

（1）$V(\boldsymbol{x})=x_1^2+4x_2^2+x_3^2+2x_1x_2-6x_2x_3-2x_1x_3$

（2）$V(\boldsymbol{x})=-x_1^2-3x_2^2-11x_3^2+2x_1x_2-4x_2x_3-2x_1x_3$

6.2 试判断系统

$$\dot{\boldsymbol{x}}=\begin{pmatrix}-1 & 1\\ 0 & 2\end{pmatrix}\boldsymbol{x}+\begin{pmatrix}1\\ 0\end{pmatrix}u$$

$$y=\begin{pmatrix}2 & 1\end{pmatrix}\boldsymbol{x}$$

的状态稳定性与 BIBO 稳定性。

6.3 试写出下列系统的李雅普诺夫函数，并判断该系统在原点处的稳定性。

（1）$\dot{\boldsymbol{x}}=\begin{pmatrix}-1 & 1\\ 2 & -3\end{pmatrix}\boldsymbol{x}$　　（2）$\dot{\boldsymbol{x}}=\begin{pmatrix}1 & 0 & 0\\ 0 & -1 & 0\\ 0 & 0 & -2\end{pmatrix}\boldsymbol{x}$

6.4 线性离散系统为

$$\boldsymbol{x}(k+1)=\begin{pmatrix}1 & 4 & 0\\ -3 & -2 & -3\\ 2 & 0 & 0\end{pmatrix}\boldsymbol{x}(k)$$

试分别用李雅普诺夫第一法和李雅普诺夫第二法判断该系统的稳定性。

6.5 应用李雅普诺夫第一法分析下列非线性系统在 $\boldsymbol{x}_{\rm e}=\boldsymbol{0}$ 时的稳定性。

$$\begin{cases}\dot{x}_1=-2x_1+3x_2+x_1x_2^3\\ \dot{x}_2=x_1-x_2-{\rm e}^{x_1}+1\end{cases}$$

6.6 试确定下列非线性系统在原点处的稳定性。

$$\begin{cases}\dot{x}_1=-x_1+x_2+x_1(x_1^2+x_2^2)\\ \dot{x}_2=x_1-x_2+x_2(x_1^2+x_2^2)\end{cases}$$

考虑二次型函数 $V(\boldsymbol{x})=x_1^2+x_2^2$ 是否可以作为一个可能的李雅普诺夫函数。

6.7 应用李雅普诺夫第二法分析下列系统在 $\boldsymbol{x}_{\mathrm{e}}=\mathbf{0}$ 时的稳定性。

$$\begin{cases}\dot{x}_1=x_1(x_1^2+x_2^2-1)-x_2\\ \dot{x}_2=x_2(x_1^2+x_2^2-1)+x_1\end{cases}$$

6.8 已知非线性系统

$$\begin{cases}\dot{x}_1=-x_1+x_2\\ \dot{x}_2=-2\sin x_1-a_1x_2\end{cases}$$

试确定可以保证该系统零平衡点大范围渐近稳定的 a_1 的范围。

6.9 应用克拉索夫斯基法分析下列非线性系统在 $\boldsymbol{x}_{\mathrm{e}}=\mathbf{0}$ 时的稳定性。

$$\begin{cases}\dot{x}_1=-2x_1+x_2\\ \dot{x}_2=x_1-x_2-x_2^5\end{cases}$$

6.10 分析下列时变系统的稳定性，并求一个能量函数 $V(\boldsymbol{x})$。

$$\begin{cases}\dot{x}_1=\dfrac{1-t}{2t}x_1+\dfrac{1-t}{t}x_2\\ \dot{x}_2=\dfrac{1-t}{2t}\sin x_1+\dfrac{1+t^2}{2t(1-t)}x_2\end{cases}$$

（提示，可以取 $\boldsymbol{Q}=\boldsymbol{I}$）

MATLAB 实验

M6.1 试用 MATLAB 分析下列系统的渐近稳定性和 BIBO 稳定性。

$$\boldsymbol{A}=\begin{pmatrix}0&3\\-1&2\end{pmatrix},\quad \boldsymbol{b}=\begin{pmatrix}-4\\2\end{pmatrix},\quad \boldsymbol{c}=\begin{pmatrix}0&1\end{pmatrix}$$

M6.2 试用 MATLAB 分析下列多输入—多输出系统的渐近稳定性和 BIBO 稳定性。

$$\boldsymbol{A}=\begin{pmatrix}1&0&1\\0&1&2\\0&2&0\end{pmatrix},\quad \boldsymbol{B}=\begin{pmatrix}1&1\\1&0\\0&1\end{pmatrix},\quad \boldsymbol{C}=\begin{pmatrix}1&0&0\\0&0&1\end{pmatrix}$$

M6.3 试用 MATLAB 分析下列系统的内部稳定性和外部稳定性。

$$\boldsymbol{W}(s)=\frac{\begin{pmatrix}s+4\\s^2+3s+5\end{pmatrix}}{s^3+4s^2+s+2}$$

M6.4 试用 MATLAB 分析下列离散系统的稳定性。

$$\begin{pmatrix}x_1(k+1)\\x_2(k+1)\end{pmatrix}=\begin{pmatrix}0&-1\\0.5&1\end{pmatrix}\begin{pmatrix}x_1(k)\\x_2(k)\end{pmatrix}$$

M6.5 试用 MATLAB 分析下列离散系统的稳定性。

$$\boldsymbol{x}(k+1)=\begin{pmatrix}0&2\\-5&-3\end{pmatrix}\boldsymbol{x}(k)$$

第 7 章　线性定常系统的综合

前面介绍的内容都属于系统的描述与分析。系统的描述主要涉及系统的建模、各种数学模型之间的相互转换等；系统的分析则主要研究系统的定量变换规律（如系统的运动分析）和定性行为（如能控性、能观性、稳定性等）。而综合与设计问题则与此相反，即在已知系统结构和参数（被控系统数学模型）的基础上寻求控制规律，以使系统具有某种期望的性能。一般来说，这种控制规律常取反馈形式，因为无论是在抗干扰性还是在鲁棒性能方面，反馈闭环系统的性能都远优于非反馈系统或开环系统。本章将以状态空间描述和状态空间方法为基础，仍然在时域中讨论线性反馈控制系统的综合与设计方法。

7.1　线性反馈控制系统的基本结构及其特性

在现代控制理论中，控制系统的基本结构和经典控制理论中的一样，其仍然是由受控对象和反馈控制器两部分构成的闭环系统。不过在经典控制理论中习惯采用**输出反馈**，而在现代控制理论中则更多地采用**状态反馈**。由于状态反馈能提供更丰富的状态信息和可供选择的自由度，因此容易使系统获得更为优异的性能。

7.1.1　状态反馈

状态反馈是使系统的每个状态变量乘以相应的反馈系数，反馈到输入端并与参考输入相减形成控制律，将其作为受控系统的控制输入。图 7.1 所示为一个多输入—多输出系统状态反馈的基本结构。

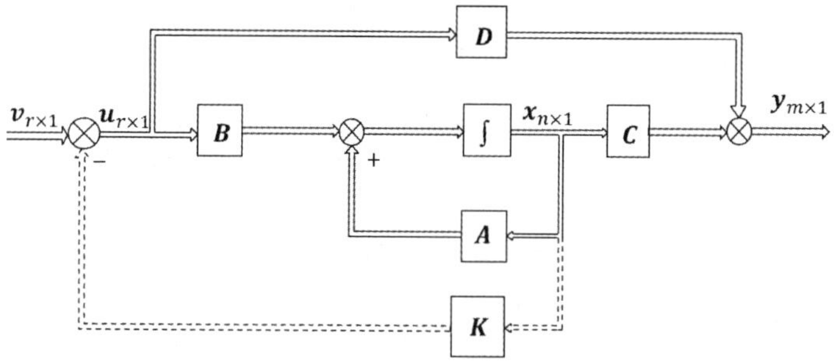

图 7.1　一个多输入—多输出系统状态反馈的基本结构

图 7.1 所示系统的状态空间表达式为

$$\begin{aligned}\dot{\boldsymbol{x}} &= \boldsymbol{Ax} + \boldsymbol{Bu} \\ \boldsymbol{y} &= \boldsymbol{Cx} + \boldsymbol{Du}\end{aligned} \tag{7.1}$$

其中，$\boldsymbol{x}\in R^n$；$\boldsymbol{u}\in R^r$；$\boldsymbol{y}\in R^m$；$\boldsymbol{A}\in R^{n\times n}$；$\boldsymbol{B}\in R^{n\times r}$；$\boldsymbol{C}\in R^{m\times n}$；$\boldsymbol{D}\in R^{m\times r}$。

若 $\boldsymbol{D}=\boldsymbol{0}$，则受控系统

$$\begin{aligned}\dot{\boldsymbol{x}}&=\boldsymbol{A}\boldsymbol{x}+\boldsymbol{B}\boldsymbol{u}\\ \boldsymbol{y}&=\boldsymbol{C}\boldsymbol{x}\end{aligned} \tag{7.2}$$

简记为 $\Sigma_0=(\boldsymbol{A},\ \boldsymbol{B},\ \boldsymbol{C})$。

关于状态线性反馈控制律 $\boldsymbol{u}$ 有

$$\boldsymbol{u}=\boldsymbol{v}-\boldsymbol{K}\boldsymbol{x} \tag{7.3}$$

其中，$\boldsymbol{v}$ 为 $r\times1$ 维参考输入；$\boldsymbol{K}$ 为 $r\times n$ 维状态反馈系数阵或**状态反馈增益矩阵**。对于单输入系统，$\boldsymbol{K}$ 为 $1\times n$ 维行矢量。

把式（7.3）代入式（7.1）中，整理后可得闭环系统的状态空间表达式：

$$\begin{aligned}\dot{\boldsymbol{x}}&=(\boldsymbol{A}-\boldsymbol{B}\boldsymbol{K})\boldsymbol{x}+\boldsymbol{B}\boldsymbol{v}\\ \boldsymbol{y}&=(\boldsymbol{C}-\boldsymbol{D}\boldsymbol{K})\boldsymbol{x}+\boldsymbol{D}\boldsymbol{v}\end{aligned} \tag{7.4}$$

若 $\boldsymbol{D}=\boldsymbol{0}$，则

$$\begin{aligned}\dot{\boldsymbol{x}}&=(\boldsymbol{A}-\boldsymbol{B}\boldsymbol{K})\boldsymbol{x}+\boldsymbol{B}\boldsymbol{v}\\ \boldsymbol{y}&=\boldsymbol{C}\boldsymbol{x}\end{aligned} \tag{7.5}$$

简记为 $\Sigma_K=((\boldsymbol{A}-\boldsymbol{B}\boldsymbol{K}),\ \boldsymbol{B},\ \boldsymbol{C})$。

闭环系统的传递函数矩阵为

$$\boldsymbol{W}_K(s)=\boldsymbol{C}[s\boldsymbol{I}-(\boldsymbol{A}-\boldsymbol{B}\boldsymbol{K})]^{-1}\boldsymbol{B} \tag{7.6}$$

比较开环系统 $\Sigma_0=(\boldsymbol{A},\ \boldsymbol{B},\ \boldsymbol{C})$ 与闭环系统 $\Sigma_K=((\boldsymbol{A}-\boldsymbol{B}\boldsymbol{K}),\ \boldsymbol{B},\ \boldsymbol{C})$ 可见，状态反馈增益矩阵 $\boldsymbol{K}$ 的引入并不会增加系统的维数，但可通过 $\boldsymbol{K}$ 的选择自由地改变闭环系统的特征值，使系统获得所要求的性能。

7.1.2 输出反馈

输出反馈是采用输出矢量 $\boldsymbol{y}$ 构成线性反馈律。在经典控制理论中主要讨论这种反馈形式。图 7.2 所示为一个多输入—多输出系统输出反馈的基本结构。

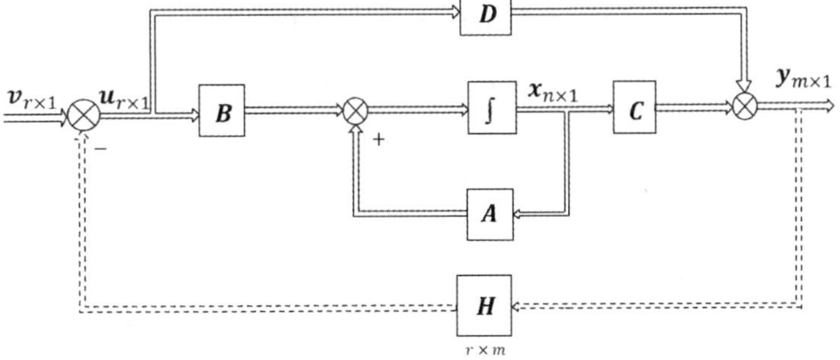

图 7.2 一个多输入—多输出系统输出反馈的基本结构

受控系统 $\Sigma_0=(\boldsymbol{A},\ \boldsymbol{B},\ \boldsymbol{C},\ \boldsymbol{D})$

$$\begin{aligned}\dot{\boldsymbol{x}}&=\boldsymbol{A}\boldsymbol{x}+\boldsymbol{B}\boldsymbol{u}\\ \boldsymbol{y}&=\boldsymbol{C}\boldsymbol{x}+\boldsymbol{D}\boldsymbol{u}\end{aligned} \tag{7.7}$$

或 $\Sigma_0=(\boldsymbol{A},\ \boldsymbol{B},\ \boldsymbol{C})$

$$\begin{aligned}\dot{\boldsymbol{x}} &= \boldsymbol{A}\boldsymbol{x} + \boldsymbol{B}\boldsymbol{u}\\ \boldsymbol{y} &= \boldsymbol{C}\boldsymbol{x}\end{aligned} \tag{7.8}$$

输出状态线性反馈控制律 $\boldsymbol{u}$:

$$\boldsymbol{u} = \boldsymbol{v} - \boldsymbol{H}\boldsymbol{y} \tag{7.9}$$

其中，$\boldsymbol{H}$ 为 $r\times m$ 维**输出反馈增益矩阵**。对于单输出系统，$\boldsymbol{H}$ 为 $r\times 1$ 维列矢量。

将式（7.7）代入式（7.9）中可得闭环系统的状态空间表达式

$$\boldsymbol{u} = \boldsymbol{v} - \boldsymbol{H}(\boldsymbol{C}\boldsymbol{x} + \boldsymbol{D}\boldsymbol{u}) = \boldsymbol{v} - \boldsymbol{H}\boldsymbol{C}\boldsymbol{x} - \boldsymbol{H}\boldsymbol{D}\boldsymbol{u} \tag{7.10}$$

整理后得

$$\boldsymbol{u} = (\boldsymbol{I} + \boldsymbol{H}\boldsymbol{D})^{-1}(\boldsymbol{v} - \boldsymbol{H}\boldsymbol{C}\boldsymbol{x}) \tag{7.11}$$

再把式（7.11）代入式（7.7）中可得

$$\begin{aligned}\dot{\boldsymbol{x}} &= \left[\boldsymbol{A} - \boldsymbol{B}\left(\boldsymbol{I} + \boldsymbol{H}\boldsymbol{D}\right)^{-1}\boldsymbol{H}\boldsymbol{C}\right]\boldsymbol{x} + \boldsymbol{B}\left(\boldsymbol{I} + \boldsymbol{H}\boldsymbol{D}\right)^{-1}\boldsymbol{v}\\ \boldsymbol{y} &= \left[\boldsymbol{C} - \boldsymbol{D}\left(\boldsymbol{I} + \boldsymbol{H}\boldsymbol{D}\right)^{-1}\boldsymbol{H}\boldsymbol{C}\right]\boldsymbol{x} + \boldsymbol{D}\left(\boldsymbol{I} + \boldsymbol{H}\boldsymbol{D}\right)^{-1}\boldsymbol{v}\end{aligned} \tag{7.12}$$

若 $\boldsymbol{D} = \boldsymbol{0}$，则

$$\begin{aligned}\dot{\boldsymbol{x}} &= (\boldsymbol{A} - \boldsymbol{B}\boldsymbol{H}\boldsymbol{C})\boldsymbol{x} + \boldsymbol{B}\boldsymbol{v}\\ \boldsymbol{y} &= \boldsymbol{C}\boldsymbol{x}\end{aligned} \tag{7.13}$$

简记 $\boldsymbol{\Sigma}_H = ((\boldsymbol{A} - \boldsymbol{B}\boldsymbol{H}\boldsymbol{C}), \boldsymbol{B}, \boldsymbol{C})$。由式（7.13）可见，通过选择输出反馈增益矩阵 $\boldsymbol{H}$ 也可改变闭环系统的特征值，从而改变系统的控制特性。

闭环系统的传递函数矩阵为

$$\boldsymbol{W}_H(s) = \boldsymbol{C}[s\boldsymbol{I} - (\boldsymbol{A} - \boldsymbol{B}\boldsymbol{H}\boldsymbol{C})]^{-1}\boldsymbol{B} \tag{7.14}$$

若受控系统的传递函数矩阵为

$$\boldsymbol{W}_0(s) = \boldsymbol{C}(s\boldsymbol{I} - \boldsymbol{A})^{-1}\boldsymbol{B} \tag{7.15}$$

则 $\boldsymbol{W}_0(s)$ 和 $\boldsymbol{W}_H(s)$ 存在下列关系：

$$\boldsymbol{W}_H(s) = \boldsymbol{W}_0(s)[\boldsymbol{I} + \boldsymbol{H}\boldsymbol{W}_0(s)]^{-1} \tag{7.16}$$

或

$$\boldsymbol{W}_H(s) = [\boldsymbol{I} + \boldsymbol{W}_0(s)\boldsymbol{H}]^{-1}\boldsymbol{W}_0(s) \tag{7.17}$$

比较上述两种基本结构的反馈可以看出，输出反馈中的 $\boldsymbol{HC}$ 与状态反馈中的 $\boldsymbol{K}$ 相当。但由于 $m<n$，因此 $\boldsymbol{H}$ 可供选择的自由度远比 $\boldsymbol{K}$ 小，输出反馈只相当于部分状态反馈。只有 $\boldsymbol{C}=\boldsymbol{I}$ 时，$\boldsymbol{HC}=\boldsymbol{K}$，输出反馈才等同于全部状态反馈。因此，在不增加补偿器的条件下，输出反馈系统的效果显然不如状态反馈系统的效果好，但输出反馈在技术实现上的方便性则是其优点。

7.1.3 从输出到状态矢量导数 $\dot{\boldsymbol{x}}$ 的线性反馈

从输出到状态矢量导数 $\dot{\boldsymbol{x}}$ 的线性反馈形式在状态观测器中获得了应用。图 7.3 所示为多输入—多输出系统从输出到状态矢量导数 $\dot{\boldsymbol{x}}$ 的线性反馈的结构。

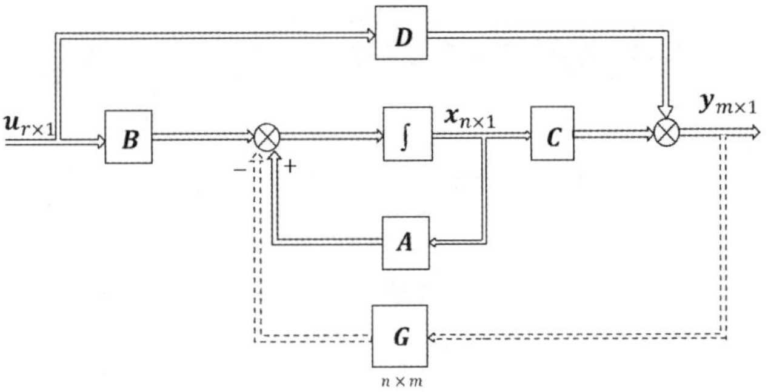

图 7.3　多输入—多输出系统从输出到状态矢量导数 $\dot{x}$ 的线性反馈的结构

设受控系统 $\Sigma_0=(\boldsymbol{A},\ \boldsymbol{B},\ \boldsymbol{C},\ \boldsymbol{D})$：

$$\begin{aligned}\dot{\boldsymbol{x}}&=\boldsymbol{Ax}+\boldsymbol{Bu}\\ \boldsymbol{y}&=\boldsymbol{Cx}+\boldsymbol{Du}\end{aligned}\tag{7.18}$$

对式（7.18）加入从输出 $\boldsymbol{y}$ 到状态矢量导数 $\dot{\boldsymbol{x}}$ 的反馈增益矩阵 $\boldsymbol{G}$（$\boldsymbol{G}\in R^{n\times m}$），可得闭环系统：

$$\begin{aligned}\dot{\boldsymbol{x}}&=\boldsymbol{Ax}-\boldsymbol{Gy}+\boldsymbol{Bu}\\ \boldsymbol{y}&=\boldsymbol{Cx}+\boldsymbol{Du}\end{aligned}\tag{7.19}$$

将式（7.19）中的 $\boldsymbol{y}$ 代入 $\dot{\boldsymbol{x}}$ 中，整理后可得

$$\begin{aligned}\dot{\boldsymbol{x}}&=(\boldsymbol{A}-\boldsymbol{GC})\boldsymbol{x}+(\boldsymbol{B}-\boldsymbol{GD})\boldsymbol{u}\\ \boldsymbol{y}&=\boldsymbol{Cx}+\boldsymbol{Du}\end{aligned}\tag{7.20}$$

若 $\boldsymbol{D}=\boldsymbol{0}$，则

$$\begin{aligned}\dot{\boldsymbol{x}}&=(\boldsymbol{A}-\boldsymbol{GC})\boldsymbol{x}+\boldsymbol{Bu}\\ \boldsymbol{y}&=\boldsymbol{Cx}\end{aligned}\tag{7.21}$$

记作 $\Sigma_G=((\boldsymbol{A}-\boldsymbol{GC}),\ \boldsymbol{B},\ \boldsymbol{C})$。

闭环系统的传递函数矩阵为

$$\boldsymbol{W}_G(s)=\boldsymbol{C}[s\boldsymbol{I}-(\boldsymbol{A}-\boldsymbol{GC})]^{-1}\boldsymbol{B}\tag{7.22}$$

由式（7.21）可以看出，通过选择矩阵 $\boldsymbol{G}$ 也能改变闭环系统的特征值，从而影响系统的特性。

7.1.4　动态补偿器

上述三种基本结构的反馈的共同点是，不增加新的状态变量，系统开环与闭环同维。反馈增益矩阵都是常矩阵，反馈为**线性反馈**。在更复杂的情况下，常常要引入一个动态子系统来改善系统性能，这种动态子系统称为**动态补偿器**。带动态补偿器的闭环系统结构如图 7.4 所示，其中，图 7.4（a）为串联连接，图 7.4（b）为反馈连接。

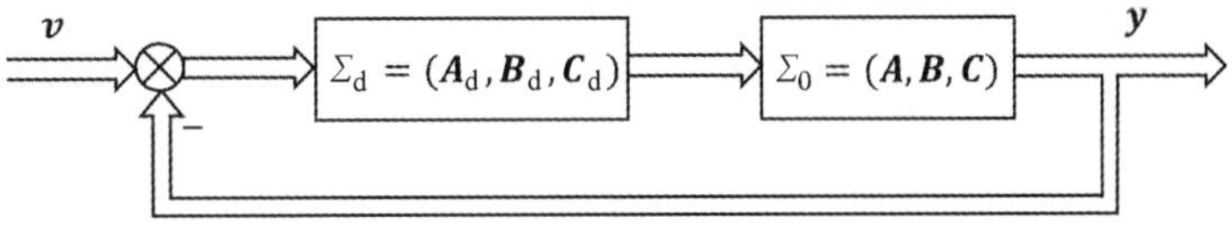

(a)

图 7.4　带动态补偿器的闭环系统结构

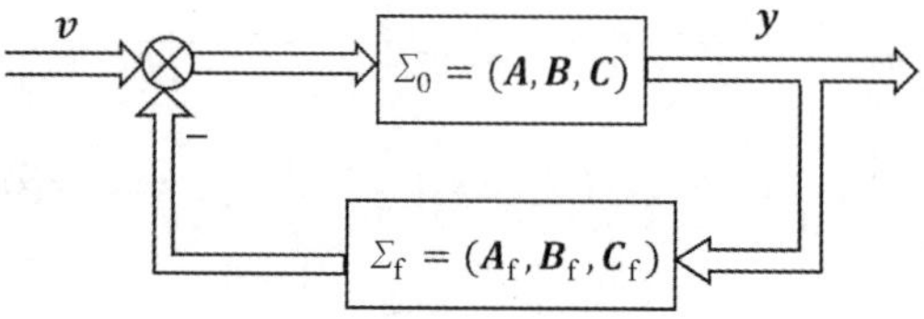

(b)

图 7.4 带动态补偿器的闭环系统结构（续）

这类系统的典型例子是使用状态观测器的状态反馈系统。这类系统的维数等于受控系统与动态补偿器二者的维数之和。采用反馈连接比采用串联连接容易获得更好的性能。

7.1.5 闭环系统的能控性与能观性

引入各种反馈构成闭环系统后，系统的能控性与能观性关系着能否实现状态控制与状态观测。

定理 7.1 状态反馈不改变受控系统 $\boldsymbol{\Sigma}_0=(\boldsymbol{A},\boldsymbol{B},\boldsymbol{C})$ 的能控性，但不保证系统的能观性不变。

证明 证明系统的能控性不变。要想证明系统的能控性不变，只需证明受控系统和状态反馈系统的能控性判别矩阵同秩即可。

受控系统 $\boldsymbol{\Sigma}_0$ 和状态反馈系统 $\boldsymbol{\Sigma}_K$ 的能控性判别矩阵为

$$\boldsymbol{Q}_{c0}=(\boldsymbol{B},\ \boldsymbol{AB},\ \boldsymbol{A}^2\boldsymbol{B},\ \cdots,\ \boldsymbol{A}^{n-1}\boldsymbol{B}) \tag{7.23}$$

$$\boldsymbol{Q}_{cK}=(\boldsymbol{B},\ (\boldsymbol{A}-\boldsymbol{BK})\boldsymbol{B},\ (\boldsymbol{A}-\boldsymbol{BK})^2\boldsymbol{B},\ \cdots,\ (\boldsymbol{A}-\boldsymbol{BK})^{n-1}\boldsymbol{B}) \tag{7.24}$$

比较式（7.24）与式（7.23）中两个矩阵的各对应分块，可以看到：

第一分块 $\boldsymbol{B}$ 相同。

第二分块 $(\boldsymbol{A}-\boldsymbol{BK})\boldsymbol{B}=\boldsymbol{AB}-\boldsymbol{B}(\boldsymbol{KB})$，其中，$(\boldsymbol{KB})$ 是一个常矩阵，因此 $(\boldsymbol{A}-\boldsymbol{BK})\boldsymbol{B}$ 的列矢量可表示成 $(\boldsymbol{B},\ \boldsymbol{AB})$ 的线性组合。

同理，第三分块 $(\boldsymbol{A}-\boldsymbol{BK})^2\boldsymbol{B}=\boldsymbol{A}^2\boldsymbol{B}-\boldsymbol{AB}(\boldsymbol{KB})-\boldsymbol{B}(\boldsymbol{KAB})-\boldsymbol{B}(\boldsymbol{KBKB})$ 的列矢量亦可用 $(\boldsymbol{B},\ \boldsymbol{AB},\ \boldsymbol{A}^2\boldsymbol{B})$ 的线性组合表示。其余各分块类同。因此 $\boldsymbol{Q}_{cK}$ 可看作 $\boldsymbol{Q}_{c0}$ 经初等变换得到的，而矩阵做初等变换并不改变矩阵的秩。所以 $\boldsymbol{Q}_{cK}$ 与 $\boldsymbol{Q}_{c0}$ 的秩相同，定理得证。

对于状态反馈不保证系统的能观性不变，可做如下解释。例如，状态反馈会改变单输入—单输出系统的极点，但不影响它的零点。这样就有可能使传递函数出现零极点对消现象，破坏系统的能观性。

实际上，受控系统 $\boldsymbol{\Sigma}_0=(\boldsymbol{A},\ \boldsymbol{b},\ \boldsymbol{c},\ d)$ 的传递函数为

$$W_0(s)=\boldsymbol{c}(s\boldsymbol{I}-\boldsymbol{A})^{-1}\boldsymbol{b}+d \tag{7.25}$$

将 $\boldsymbol{\Sigma}_0$ 的能控标准 I 型代入上式中，得

$$\begin{aligned}W_0(s)&=\frac{b_{n-1}s^{n-1}+b_{n-2}s^{n-2}+\cdots+b_1s+b_0}{s^n+a_{n-1}s^{n-1}+\cdots+a_1s+a_0}+d\\&=\frac{ds^n+(b_{n-1}+da_{n-1})s^{n-1}+\cdots+(b_1+da_1)s+(b_0+da_0)}{s^n+a_{n-1}s^{n-1}+\cdots+a_1s+a_0}\end{aligned} \tag{7.26}$$

引入状态反馈后，闭环系统的传递函数为

$$
\begin{aligned}
W_K(s) &= \boldsymbol{c}[s\boldsymbol{I}-(\boldsymbol{A}-\boldsymbol{bK})]^{-1}\boldsymbol{b}+d \\
&= \frac{[(b_{n-1}+da_{n-1})-d(a_{n-1}+k_{n-1})]s^{n-1}+\cdots+[(b_0+da_0)-d(a_0+k_0)]}{s^n+(a_{n-1}+k_{n-1})s^{n-1}+\cdots+(a_1+k_1)s+(a_0+k_0)}+d \qquad (7.27) \\
&= \frac{ds^n+(b_{n-1}+da_{n-1})s^{n-1}+\cdots+(b_1+da_1)s+(b_0+da_0)}{s^n+(a_{n-1}+k_{n-1})s^{n-1}+\cdots+(a_1+k_1)s+(a_0+k_0)}
\end{aligned}
$$

比较式（7.26）和式（7.27）可以看出，引入状态反馈后，闭环系统的传递函数的分子多项式不变，即零点保持不变。但分母多项式的每一项系数均可通过选择 $\boldsymbol{K}$ 来改变，这就有可能使传递函数出现零极点对消现象，破坏系统的能观性。

【例 7.1】试分析下列系统引入状态反馈增益矩阵 $\boldsymbol{K}=(1,0)$ 后的能控性与能观性。

$$
\begin{cases}
\dot{\boldsymbol{x}}=\begin{pmatrix}0 & 1\\ 1 & 0\end{pmatrix}\boldsymbol{x}+\begin{pmatrix}0\\1\end{pmatrix}u \\
y=(0,1)\boldsymbol{x}
\end{cases}
$$

解

容易验证原系统是能控且能观的。

因为
$$\operatorname{rank}(\boldsymbol{b},\ \boldsymbol{Ab})=\operatorname{rank}\begin{pmatrix}0 & 1\\ 1 & 0\end{pmatrix}=2$$

和
$$\operatorname{rank}\begin{pmatrix}\boldsymbol{c}\\ \boldsymbol{cA}\end{pmatrix}=\operatorname{rank}\begin{pmatrix}0 & 1\\ 1 & 0\end{pmatrix}=2$$

加入 $\boldsymbol{K}=(1,0)$ 后，得闭环系统状态矩阵

$$\boldsymbol{A}-\boldsymbol{bK}=\begin{pmatrix}0 & 1\\ 1 & 0\end{pmatrix}-\begin{pmatrix}0\\1\end{pmatrix}(1\quad 0)=\begin{pmatrix}0 & 1\\ 0 & 0\end{pmatrix}$$

相应地，有

$$\operatorname{rank}(\boldsymbol{b},\ (\boldsymbol{A}-\boldsymbol{bK})\boldsymbol{b})=\operatorname{rank}\begin{pmatrix}0 & 1\\ 1 & 0\end{pmatrix}=2 \qquad \text{满秩}$$

$$\operatorname{rank}\begin{pmatrix}\boldsymbol{c}\\ \boldsymbol{c}(\boldsymbol{A}-\boldsymbol{bK})\end{pmatrix}=\operatorname{rank}\begin{pmatrix}0 & 1\\ 0 & 0\end{pmatrix}=1 \qquad \text{降秩}$$

可见，引入状态反馈增益矩阵 $\boldsymbol{K}=(1,0)$ 后，系统的能控性保持不变，但系统的能观性被破坏了。

实际上，传递函数出现了零极点对消现象。因为

$$W_0(s)=\boldsymbol{c}(s\boldsymbol{I}-\boldsymbol{A})^{-1}\boldsymbol{b}=(0,1)\begin{pmatrix}s & -1\\ -1 & s\end{pmatrix}^{-1}\begin{pmatrix}0\\1\end{pmatrix}=\frac{s}{s^2-1}$$

$$W_K(s)=\boldsymbol{c}[s\boldsymbol{I}-(\boldsymbol{A}-\boldsymbol{bK})]^{-1}\boldsymbol{b}=(0,1)\begin{pmatrix}s & -1\\ 0 & s\end{pmatrix}^{-1}\begin{pmatrix}0\\1\end{pmatrix}=\frac{s}{s^2}=\frac{1}{s}$$

📖 **定理 7.2** 输出反馈不改变受控系统 $\boldsymbol{\Sigma}_0=(\boldsymbol{A},\ \boldsymbol{B},\ \boldsymbol{C})$ 的能控性和能观性。

证明

关于能控性不变：因为

$$\dot{\boldsymbol{x}}=(\boldsymbol{A}-\boldsymbol{BHC})\boldsymbol{x}+\boldsymbol{Bu} \tag{7.28}$$

若把 $\boldsymbol{HC}$ 看作等效的状态反馈增益矩阵 $\boldsymbol{K}$，那么状态反馈会使受控系统的能控性保持不变。

关于能观性不变：对于能观性判别矩阵

$$\boldsymbol{Q}_{o0}=\begin{pmatrix}\boldsymbol{C}\\ \boldsymbol{CA}\\ \vdots\\ \boldsymbol{CA}^{n-1}\end{pmatrix} \tag{7.29}$$

和

$$\boldsymbol{Q}_{oH}=\begin{pmatrix}\boldsymbol{C}\\ \boldsymbol{C}(\boldsymbol{A}-\boldsymbol{BHC})\\ \vdots\\ \boldsymbol{C}(\boldsymbol{A}-\boldsymbol{BHC})^{n-1}\end{pmatrix} \tag{7.30}$$

仿照定理 7.1 的证明方法，同样可以把 $\boldsymbol{Q}_{oH}$ 看作 $\boldsymbol{Q}_{o0}$ 经初等变换后的结果。而初等变换不改变矩阵的秩，因此受控系统的能观性保持不变。

7.2 极点配置问题

控制系统的性能主要取决于系统极点在根平面的分布情况。因此，将其作为一种衡量系统的综合性能指标，往往给定一组期望极点，或者根据时域指标转换得到一组等价的期望极点。**极点配置**问题就是通过选择反馈增益矩阵将闭环系统的极点恰好配置在根平面上所期望的位置，以获得所希望的动态性能。经典控制理论中的根轨迹法就是一种极点配置法，不过，它只是通过改变一个参数，使闭环系统的极点沿着某一组特定的根轨迹曲线配置而已。因此，广义地说，不论系统的综合性能指标是何种形式，究其实质都是运用各种技术手段（特别是反馈）来实现系统极点、零点的重新配置，以获得所期望的性能。

本节将介绍闭环系统的极点配置方法。可以证明，如果被控系统是状态完全能控的，则可通过选取合适的状态反馈增益矩阵 $\boldsymbol{K}$，使闭环系统的极点配置到任意期望的位置。

本节仅研究控制输入为标量的情况。当控制输入为矢量时，极点配置方法的数学表达式变得十分复杂，状态反馈增益矩阵并非唯一的，可以比较自由地选择多于 n 个参数；除适当地配置 n 个闭环极点外，即使闭环系统还有其他要求，这些要求也有可能被满足。

7.2.1 期望极点对系统动态性能的影响

期望极点在复平面上的分布是决定系统动态性能的主要因素。二阶系统的动态性能指标与系统参数之间有一一对应的关系：

$$\sigma\%=\mathrm{e}^{-\xi\pi/\sqrt{1-\xi^2}}\%,\quad t_{\mathrm{s}}=\frac{3}{\xi\omega_{\mathrm{n}}}\quad (\pm 5\%\text{ 误差带}) \tag{7.31}$$

其中，$\sigma\%$ 为系统单位阶跃响应的最大超调量；t_{s} 为调整时间；ξ 为系统阻尼比；ω_{n} 为无阻尼自然振荡频率。二阶系统特征值在 s 平面上的位置与相关参数的关系如图 7.5 所示，其中，$\beta=\arccos\xi$，为阻尼角。

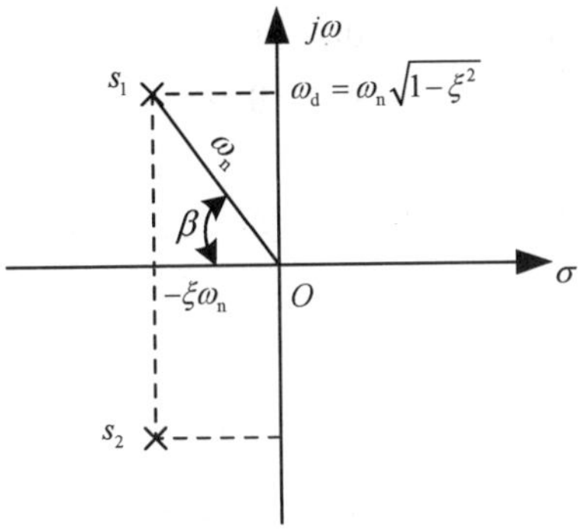

图 7.5　二阶系统特征值在 s 平面上的位置与相关参数的关系

可以根据主导极点的概念，近似按照二阶系统设计高阶系统。对于一个给定的系统，实现状态反馈的增益矩阵不是唯一的，而是依赖于选择的期望闭环极点的位置（由期望的响应速度与超调量决定）。控制方案与性能指标之间，以及各个性能指标与极点分布间的关系互相矛盾，其选择非常麻烦。所期望的闭环极点是系统动态性能、干扰及测量噪声的灵敏性的一种折中。因此，在决定给定系统的状态反馈增益矩阵 $\boldsymbol{K}$ 时，最好通过计算机仿真来检验系统在几种不同矩阵（基于几种不同的所期望的特征方程）下的响应特性，并且选出使系统总体性能最好的 $\boldsymbol{K}$。

7.2.2　采用状态反馈进行极点配置

1. 闭环极点任意配置的充分必要条件

定理 7.3　采用状态反馈对系统 $\Sigma_0 = (\boldsymbol{A}, \boldsymbol{b}, \boldsymbol{c})$ 任意配置极点的充分必要条件是 Σ_0 完全能控。

证明

只证充分性。若 Σ_0 完全能控，通过状态反馈，下式必成立：

$$\det[\lambda \boldsymbol{I} - (\boldsymbol{A} - \boldsymbol{bK})] = f^*(\lambda) \tag{7.32}$$

其中，$f^*(\lambda)$ 为期望特征多项式。

$$f^*(\lambda) = \prod_{i=1}^{n}(\lambda - \lambda_i^*) = \lambda^n + a_{n-1}^*\lambda^{n-1} + \cdots + a_1^*\lambda + a_0^* \tag{7.33}$$

其中，λ_i^*（$i = 1,2,\cdots,n$）为期望的闭环极点（实数极点或共轭复数极点）。

（1）若 Σ_0 完全能控，必存在非奇异变换

$$\boldsymbol{x} = \boldsymbol{T}_{c1}\bar{\boldsymbol{x}}$$

将 Σ_0 转化成能控标准 I 型：

$$\begin{aligned} \dot{\bar{\boldsymbol{x}}} &= \bar{\boldsymbol{A}}\bar{\boldsymbol{x}} + \bar{\boldsymbol{b}}u \\ y &= \overline{\boldsymbol{c}\boldsymbol{x}} \end{aligned} \tag{7.34}$$

其中，

$$\overline{A}=T_{c1}^{-1}AT_{c1}=\begin{pmatrix}0&1&0&\cdots&0\\0&0&1&\cdots&0\\\vdots&\vdots&\vdots&&\vdots\\0&0&0&\cdots&1\\-a_0&-a_1&-a_2&\cdots&-a_{n-1}\end{pmatrix}$$

$$\overline{b}=T_{c1}^{-1}b=\begin{pmatrix}0\\\vdots\\0\\1\end{pmatrix}$$

$$\overline{c}=cT_{c1}=\left(c_0,c_1,\cdots,c_{n-1}\right)$$

受控系统 $\varSigma_0$ 的传递函数为

$$W_0(s)=\overline{c}(sI-\overline{A})^{-1}\overline{b}=\frac{c_{n-1}s^{n-1}+c_{n-2}s^{n-2}+\cdots+c_1s+c_0}{s^n+a_{n-1}s^{n-1}+\cdots+a_1s+a_0} \tag{7.35}$$

（2）加入状态反馈增益矩阵：

$$\overline{K}=\left(\overline{k}_0,\overline{k}_1,\cdots,\overline{k}_{n-1}\right) \tag{7.36}$$

可求得对 $\overline{x}$ 的闭环状态空间表达式：

$$\begin{aligned}\dot{\overline{x}}&=(\overline{A}-\overline{b}\overline{K})\overline{x}+\overline{b}u\\y&=\overline{c}\,\overline{x}\end{aligned} \tag{7.37}$$

其中，

$$\overline{A}-\overline{b}\overline{K}=\begin{pmatrix}0&1&0&\cdots&0\\0&0&1&\cdots&0\\\vdots&\vdots&\vdots&&\vdots\\0&0&0&\cdots&1\\-(a_0+\overline{k}_0)&-(a_1+\overline{k}_1)&-(a_2+\overline{k}_2)&\cdots&-(a_{n-1}+\overline{k}_{n-1})\end{pmatrix}$$

闭环特征多项式为

$$\begin{aligned}f(\lambda)&=\left|\lambda I-(\overline{A}-\overline{b}\overline{K})\right|\\&=\lambda^n+(a_{n-1}+\overline{k}_{n-1})\lambda^{n-1}+\cdots+(a_1+\overline{k}_1)\lambda+(a_0+\overline{k}_0)\end{aligned} \tag{7.38}$$

闭环传递函数为

$$\begin{aligned}W_K(s)&=\overline{c}[sI-(\overline{A}-\overline{b}\overline{K})]^{-1}\overline{b}\\&=\frac{c_{n-1}s^{n-1}+c_{n-2}s^{n-2}+\cdots+c_1s+c_0}{s^n+(a_{n-1}+\overline{k}_{n-1})s^{n-1}+\cdots+(a_1+\overline{k}_1)s+(a_0+\overline{k}_0)}\end{aligned} \tag{7.39}$$

（3）使闭环极点与给定的期望极点相符，必须满足：

$$f(\lambda)=f^*(\lambda)$$

由等式两边 λ 同次幂系数对应相等可解得反馈矩阵各系数：

$$\overline{k}_i=a_i^*-a_i\text{，}(i=0,\ 1,\ \cdots,\ n-1) \tag{7.40}$$

于是得

$$\bar{\boldsymbol{K}} = \left(a_0^* - a_0, a_1^* - a_1, \cdots, a_{n-1}^* - a_{n-1}\right)$$

（4）最后，对相应 $\bar{\boldsymbol{x}}$ 的 $\bar{\boldsymbol{K}}$ 做如下变换，得到对应状态 $\boldsymbol{x}$ 的 $\boldsymbol{K}$：

$$\boldsymbol{K} = \bar{\boldsymbol{K}}\boldsymbol{T}_{\mathrm{c1}}^{-1} \tag{7.41}$$

这是由于 $\boldsymbol{u} = \boldsymbol{v} - \boldsymbol{K}\bar{\boldsymbol{x}} = \boldsymbol{v} - \bar{\boldsymbol{K}}\boldsymbol{T}_{\mathrm{c1}}^{-1}\boldsymbol{x}$。

2. 极点配置算法

实现状态反馈极点任意配置的方法有好几种，这里介绍最基本、最常用的方法。

1）非奇异变换法

非奇异变换法与定理 7.3 的证明步骤相同。

（1）判断系统的能控性。

（2）确定系统 $\boldsymbol{\Sigma}(\boldsymbol{A}, \boldsymbol{b}, \boldsymbol{c})$ 的非奇异变换矩阵 $\boldsymbol{T}$，化系统为能控标准型。

（3）引入与系统能控标准型对应的状态反馈增益矩阵 $\bar{\boldsymbol{K}} = \left(\bar{k}_0, \bar{k}_1, \cdots, \bar{k}_{n-1}\right)$，直接确定系统反馈后的闭环系统的特征多项式 $f(\lambda) = \left|\lambda \boldsymbol{I} - (\bar{\boldsymbol{A}} - \bar{\boldsymbol{b}}\bar{\boldsymbol{K}})\right|$，如式（7.38）所示。

（4）根据闭环系统期望特征值 λ_1^*、λ_2^*、…、λ_n^* 导出期望特征多项式：

$$f^*(\lambda) = \prod_{i=1}^{n}(\lambda - \lambda_i^*) = \lambda^n + a_{n-1}^*\lambda^{n-1} + \cdots + a_1^*\lambda + a_0^*$$

（5）确定能控标准型下的状态反馈增益矩阵 $\bar{\boldsymbol{K}}$。

$$f(\lambda) = f^*(\lambda)$$

$$\bar{k}_i = a_i^* - a_i \text{，}(i=0, 1, \cdots, n-1)$$

（6）求与原给定状态对应的状态反馈增益矩阵 $\boldsymbol{K}$：

$$\boldsymbol{K} = \bar{\boldsymbol{K}}\boldsymbol{T}_{\mathrm{c1}}^{-1}$$

根据以上标准算法，可用 MATLAB 编写程序，求解对给定系统进行极点配置所需的状态反馈增益矩阵 $\boldsymbol{K}$。

2）直接代入法

如果低阶能控系统（$n \leqslant 3$）可以不转化为能控标准型，则直接将线性状态反馈增益矩阵 $\boldsymbol{K}$ 代入期望的特征多项式中可能更为简便。例如，可将三阶系统的状态反馈增益矩阵 $\boldsymbol{K}$ 写为

$$\boldsymbol{K} = \left(k_0, k_1, k_2\right)$$

然后将 $\boldsymbol{K}$ 代入反馈后的特征多项式 $f(\lambda) = \left|\lambda \boldsymbol{I} - (\boldsymbol{A} - \boldsymbol{b}\boldsymbol{K})\right|$ 中，使其等于期望特征多项式 $f^*(\lambda)$，即

$$f(\lambda) = f^*(\lambda) = \lambda^3 + a_2^*\lambda^2 + a_1^*\lambda + a_0^*$$

由于该特征多项式的两端均为 λ 的多项式，因此可通过使其两端的 λ 同次幂系数相等，来确定状态反馈增益矩阵 $\boldsymbol{K}$。但这种方法对于四阶及以上的高阶系统来说可能非常烦琐。

【例 7.2】设系统的传递函数为

$$W(s) = \frac{10}{s(s+1)(s+2)}$$

试设计其状态反馈控制器，使闭环系统的极点为-2、$-1 \pm j$。

解

（1）因为传递函数没有零极点对消现象，所以原系统能控且能观。可直接写出它的能控标准 I 型实现：

$$\dot{\boldsymbol{x}}=\begin{pmatrix}0&1&0\\0&0&1\\0&-2&-3\end{pmatrix}\boldsymbol{x}+\begin{pmatrix}0\\0\\1\end{pmatrix}u$$

$$y=(10,0,0)\boldsymbol{x}$$

系统结构图如图 7.6 中的实线所示。

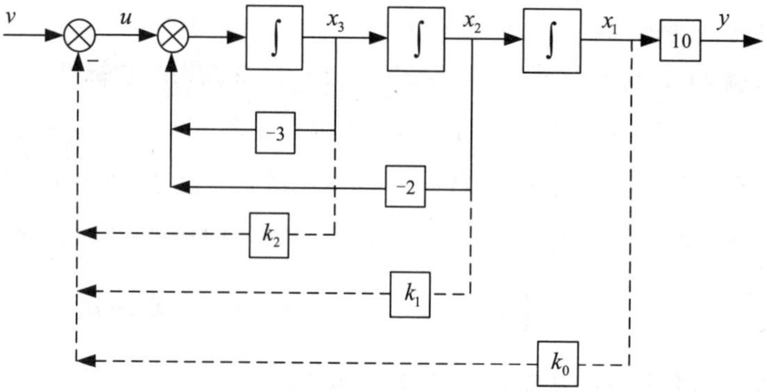

图 7.6　系统结构图及状态反馈增益矩阵

（2）加入状态反馈增益矩阵 $\boldsymbol{K}=(k_0,k_1,k_2)$，如图 7.6 中的虚线所示，闭环系统特征多项式为

$$f(\lambda)=\det[\lambda\boldsymbol{I}-(\boldsymbol{A}-\boldsymbol{bK})]=\lambda^3+(3+k_2)\lambda^2+(2+k_1)\lambda+k_0$$

（3）根据给定的极点值得到期望特征多项式：

$$f^*(\lambda)=(\lambda+2)(\lambda+1-j)(\lambda+1+j)=\lambda^3+4\lambda^2+6\lambda+4$$

（4）比较 $f(\lambda)$ 与 $f^*(\lambda)$ 各对应项的系数，可解得

$$k_0=4,\quad k_1=4,\quad k_2=1$$

即

$$\boldsymbol{K}=(4,4,1)$$

由本例可见，如果一开始就采用能控标准型，可以免去状态变换步骤，根据特征多项式系数直接计算状态反馈增益矩阵 $\boldsymbol{K}$。像例 7.2 中的系统，如果按串联分解法来选择状态变量，那么实现起来要方便得多。例 7.2 按串联实现的系统结构图如图 7.7 所示。

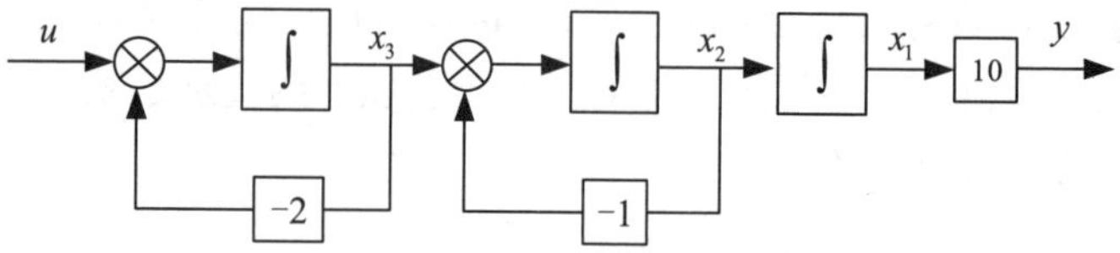

（a）

图 7.7　例 7.2 按串联实现的系统结构图

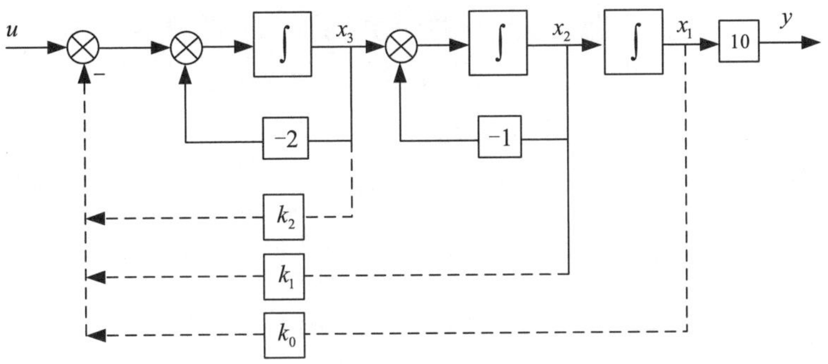

（b）

图 7.7　例 7.2 按串联实现的系统结构图（续）

对图 7.7（a），有

$$\begin{pmatrix}\dot{x}_1\\ \dot{x}_2\\ \dot{x}_3\end{pmatrix}=\begin{pmatrix}0 & 1 & 0\\ 0 & -1 & 1\\ 0 & 0 & -2\end{pmatrix}\begin{pmatrix}x_1\\ x_2\\ x_3\end{pmatrix}+\begin{pmatrix}0\\ 0\\ 1\end{pmatrix}u$$

$$y=(10,0,0)\begin{pmatrix}x_1\\ x_2\\ x_3\end{pmatrix}$$

各状态变量 x_1、x_2、x_3 实际上就是各子系统 $\frac{1}{s}$、$\frac{1}{s+1}$、$\frac{1}{s+2}$ 的输出，因而是易于检测的。

引入状态反馈增益矩阵：

$$\boldsymbol{K}=(k_0,k_1,k_2)$$

形成闭环系统，结构如图 7.7（b）所示。闭环系统的特征多项式为

$$f(\lambda)=\det[\lambda\boldsymbol{I}-(\boldsymbol{A}-\boldsymbol{bK})]=\lambda^3+(3+k_2)\lambda^2+(2+k_1+k_2)\lambda+k_0$$

将 $f(\lambda)$ 与 $f^*(\lambda)$ 进行比较，得

$$\begin{cases}k_0=4\\ 2+k_1+k_2=6\\ 3+k_2=4\end{cases}$$

可解得

$$k_0=4\text{，}\quad k_1=3\text{，}\quad k_2=1$$

即

$$\boldsymbol{K}=(4,3,1)$$

应当指出，当系统阶数较低时，根据原系统状态方程直接计算状态反馈增益矩阵 $\boldsymbol{K}$ 的代数方程比较简单，无须将它转化为能控标准 I 型。但随着系统阶数的提高，直接计算 $\boldsymbol{K}$ 的方程将更加复杂。这时不如先将系统转化为能控标准 I 型 $\Sigma_{c1}(\bar{\boldsymbol{A}}, \bar{\boldsymbol{b}}, \bar{\boldsymbol{c}})$，用式（7.40）直接求出 $\bar{\boldsymbol{x}}$ 下的 $\bar{\boldsymbol{K}}$，再按式（7.41）把 $\bar{\boldsymbol{K}}$ 变换为原状态 $\boldsymbol{x}$ 下的 $\boldsymbol{K}$。

可根据系统状态方程与能控标准型之间的代数等价关系计算 $\boldsymbol{T}_{c1}^{-1}$：

$$\begin{aligned}&\bar{\boldsymbol{A}}\boldsymbol{T}_{\mathrm{c1}}^{-1}=\boldsymbol{T}_{\mathrm{c1}}^{-1}\boldsymbol{A}\\&\bar{\boldsymbol{b}}=\boldsymbol{T}_{\mathrm{c1}}^{-1}\boldsymbol{b}\\&\bar{\boldsymbol{c}}\boldsymbol{T}_{\mathrm{c1}}^{-1}=\boldsymbol{c}\end{aligned}\tag{7.42}$$

结合本例，可设：

$$\boldsymbol{T}_{\mathrm{c1}}^{-1}=\begin{pmatrix}r_{11}&r_{12}&r_{13}\\r_{21}&r_{22}&r_{23}\\r_{31}&r_{32}&r_{33}\end{pmatrix}$$

将上式代入式（7.42）中，可解得

$$\boldsymbol{T}_{\mathrm{c1}}^{-1}=\begin{pmatrix}1&0&0\\0&1&0\\0&-1&1\end{pmatrix}$$

于是

$$\boldsymbol{K}=\bar{\boldsymbol{K}}\boldsymbol{T}_{\mathrm{c1}}^{-1}=(4,4,1)\begin{pmatrix}1&0&0\\0&1&0\\0&-1&1\end{pmatrix}=(4,3,1)$$

显然，此结果与前面的计算结果相同。

【例 7.3】设计如图 7.8 所示系统的状态反馈增益矩阵 $\boldsymbol{K}=(k_0,k_1,k_2)$，使闭环系统满足下列性能指标。

（1）最大超调量 $\sigma\%\leqslant5\%$。

（2）调整时间 $t_{\mathrm{s}}\leqslant0.5s$。

（3）跟踪单位阶跃信号的稳态误差为零。

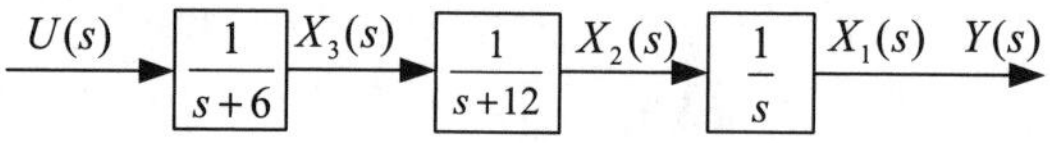

图 7.8　原受控系统的传递函数框图

解

（1）图 7.9 所示为原受控系统内部物理结构。

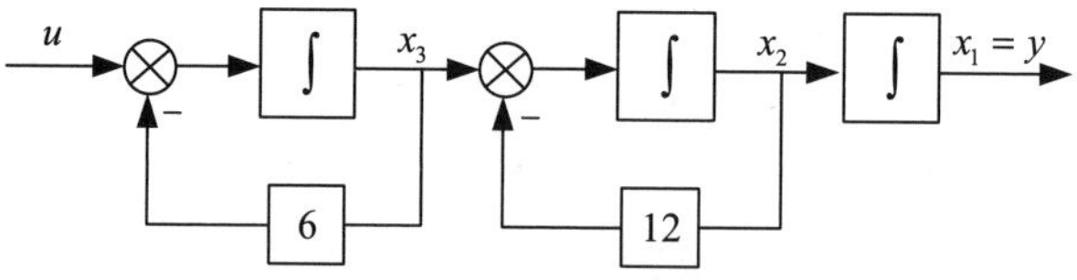

图 7.9　原受控系统内部物理结构

根据原系统实际的状态变量可建立对应的状态空间表达式：

$$\dot{\boldsymbol{x}}=\begin{pmatrix}0&1&0\\0&-12&1\\0&0&-6\end{pmatrix}\boldsymbol{x}+\begin{pmatrix}0\\0\\1\end{pmatrix}u$$

$$y=(1,0,0)\boldsymbol{x}$$

原受控系统为非能控标准型。

（2）求期望的共轭闭环主导极点和其他闭环极点。

由于原系统为三阶，因此期望极点数为 3 个。根据主导极点的概念，选取一对共轭复数极点 λ_1^*、λ_2^*，其主要决定系统的动态性能；而第 3 个实数极点 λ_3^* 远离 λ_1^*、λ_2^*，其对系统动态性能的影响可以忽略。因此系统可近似为二阶系统。

由二阶系统的动态性能指标公式［见式（7.31）］与给定的期望性能可得 $\xi \geqslant 0.707$，$\xi\omega_{\rm n} \geqslant 6$，选定 $\xi = 0.707$，$\omega_{\rm n} = 10$，得期望闭环主导极点为

$$\lambda_{1,2}^* = -\xi\omega_{\rm n} \pm j\omega_{\rm n}\sqrt{1-\xi^2} = -7.07 \pm j7.07$$

考虑 λ_3^* 应该远离虚轴与主导极点，选择其实部大于 $5|\lambda_1^*|$，可取 $\lambda_3^* = -100$，则期望特征多项式为

$$f^*(\lambda) = (\lambda+100)(\lambda+7.07+j7.07)(\lambda+7.07-j7.07) = \lambda^3 + 114.1\lambda^2 + 1510\lambda + 10000$$

（3）求状态反馈增益矩阵 $\boldsymbol{K}$。

求 $\boldsymbol{K}$ 可以按照前述三种方法。这里采用第二种方法，直接按照定义求解 $\boldsymbol{K}$。在系统中加入 $\boldsymbol{K} = (k_0, k_1, k_2)$ 后的闭环系统的特征多项式为

$$f(\lambda) = |\lambda \boldsymbol{I} - (\boldsymbol{A} - \boldsymbol{bK})| = \left| \begin{pmatrix} \lambda & 0 & 0 \\ 0 & \lambda & 0 \\ 0 & 0 & \lambda \end{pmatrix} - \begin{pmatrix} 0 & 1 & 0 \\ 0 & -12 & 1 \\ -k_0 & -k_1 & -6-k_2 \end{pmatrix} \right|$$

$$= \begin{vmatrix} \lambda & -1 & 0 \\ 0 & \lambda+12 & -1 \\ k_0 & k_1 & \lambda+6+k_2 \end{vmatrix} = \lambda^3 + (18+k_2)\lambda^2 + (k_1 + 12k_2 + 72)\lambda + k_0$$

其与期望闭环系统的特征多项式 $f^*(\lambda)$ 相等，通过推导可得

$$\boldsymbol{K} = (10000, 284.8, 96.1)$$

（4）确定输入放大系数 f。

由于要求跟踪单位阶跃信号的稳态误差为零，故闭环系统的闭环传递系数应该为 1，添加输入变换放大器，状态反馈后的系统的闭环结构如图 7.10 所示。

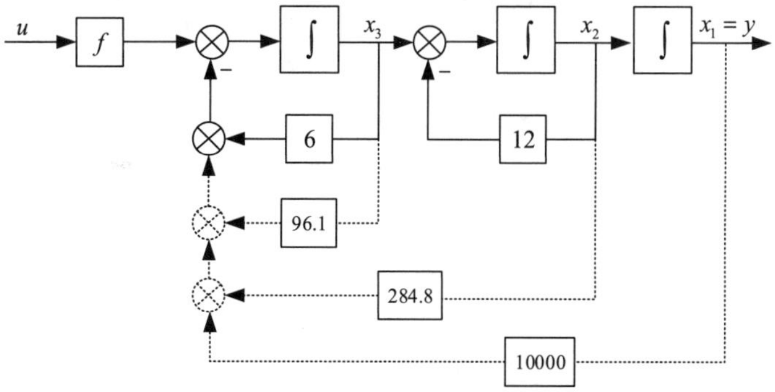

图 7.10 状态反馈后的系统的闭环结构

根据式（7.39）得到闭环系统的传递函数为

$$W(s)=\frac{f}{s^3+114.1s^2+1510s+10000}$$

为保证闭环系统的闭环传递系数为 1，则有 f=10000。

几点讨论如下。

（1）选择期望极点是一个确定综合指标的复杂问题。一般应注意以下两点。

① 对于一个 n 维系统，必须指定 n 个实极点或共轭复极点。

② 确定极点位置时，要充分考虑它们对系统性能的主要影响及系统零点分布状况的关系。同时还要兼顾系统的抗干扰能力和对参数漂移低敏感性的要求。

（2）如果单输入系统能控，则必能通过状态反馈实现闭环极点的任意配置，而且不影响原系统零点的分布。但是如果故意制造零极点对消，那么此时闭环系统不能观。

（3）上述原理同样适用于多输入系统，但具体设计要困难得多。因为将综合指标转化为期望极点需要经过工程处理。把受控系统转化为能控标准型也相当麻烦，而且状态反馈增益矩阵 $\boldsymbol{K}$ 的解也不是唯一的。此外，还可能改变系统零点的形态等。

【思考】给定 SISO 系统的传递函数：

$$W_0(s)=\frac{(s+2)(s+3)}{(s+1)(s-2)(s+4)}$$

试判断是否存在状态反馈增益矩阵 $\boldsymbol{K}$，使闭环系统的传递函数为

$$W(s)=\frac{s+3}{(s+2)(s+4)}$$

如果存在，求出一个符合要求的 $\boldsymbol{K}$。

7.2.3 采用输出反馈进行极点配置

定理 7.4 对于完全能控的单输入—单输出系统 $\Sigma_0=(\boldsymbol{A}, \boldsymbol{b}, \boldsymbol{c})$，不能采用输出线性反馈来实现闭环系统极点的任意配置。

证明 单输入—单输出反馈系统 $\Sigma_h=((\boldsymbol{A}-\boldsymbol{bhc}), \boldsymbol{b}, \boldsymbol{c})$ 的闭环传递函数为

$$W_h(s)=\boldsymbol{c}[s\boldsymbol{I}-(\boldsymbol{A}-\boldsymbol{bhc})]^{-1}\boldsymbol{b}=\frac{W_0(s)}{1+hW_0(s)} \tag{7.43}$$

其中，$W_0(s)=\boldsymbol{c}(s\boldsymbol{I}-\boldsymbol{A})^{-1}\boldsymbol{b}$ 为受控系统的开环传递函数。

由闭环系统特征方程可得闭环根轨迹方程：

$$hW_0(s)=-1 \tag{7.44}$$

当 $W_0(s)$ 已知时，以 h（从 0 到 ∞）为参变量，可求得闭环系统的一组根轨迹。显然，不管怎样选择 h，都不能使根轨迹落在那些不属于根轨迹的期望极点位置上。定理得证。

不能任意配置极点正是输出线性反馈的基本弱点。为了克服这个弱点，在经典控制理论中，往往引入附加校正网络，通过增加开环零点、极点的方法改变根轨迹走向，使其落在期望的位置上。在现代控制理论中，有如下定理。

定理 7.5 对于完全能控的单输入—单输出系统 $\Sigma_0=(\boldsymbol{A}, \boldsymbol{b}, \boldsymbol{c})$，通过带动态补偿器的输出反馈实现极点任意配置的充分必要条件如下。

（1）Σ_0 完全能观。

（2）动态补偿器的阶数为 $n-1$。

证明　略。

下面对定理 7.5 做一些说明。

（1）在定理 7.5 中，动态补偿器的阶数为 $n-1$ 是任意配置极点的条件之一。但在处理具体问题时，如果并不要求“任意”配置极点，那么所选动态补偿器的阶数可进一步降低。

（2）这种闭环系统的零点，在串联连接的情况下，是受控系统零点与动态补偿器零点的总和；在反馈连接的情况下，则是受控系统零点与动态补偿器极点的总和。

7.2.4　采用从输出到 $\dot{x}$ 的线性反馈进行极点配置

📖 **定理 7.6**　对于系统 $\Sigma_0=(\boldsymbol{A}, \boldsymbol{b}, \boldsymbol{c})$，采用从输出到 $\dot{\boldsymbol{x}}$ 的线性反馈实现闭环极点任意配置的充分必要条件是 Σ_0 完全能观。

证明

根据对偶原理，如果 $\Sigma_0=(\boldsymbol{A}, \boldsymbol{b}, \boldsymbol{c})$ 能观，则 $\tilde{\Sigma}_0=(\boldsymbol{A}^{\mathrm{T}}, \boldsymbol{c}^{\mathrm{T}}, \boldsymbol{b}^{\mathrm{T}})$ 必能控，因而可以任意配置（$\boldsymbol{A}^{\mathrm{T}}-\boldsymbol{c}^{\mathrm{T}}\boldsymbol{G}^{\mathrm{T}}$）的特征值。而（$\boldsymbol{A}^{\mathrm{T}}-\boldsymbol{c}^{\mathrm{T}}\boldsymbol{G}^{\mathrm{T}}$）的特征值和 $(\boldsymbol{A}^{\mathrm{T}}-\boldsymbol{c}^{\mathrm{T}}\boldsymbol{G}^{\mathrm{T}})^{\mathrm{T}}$ 的特征值相同，又因为

$$(\boldsymbol{A}^{\mathrm{T}}-\boldsymbol{c}^{\mathrm{T}}\boldsymbol{G}^{\mathrm{T}})^{\mathrm{T}}=\boldsymbol{A}-\boldsymbol{G}\boldsymbol{c}$$

因此，对（$\boldsymbol{A}^{\mathrm{T}}-\boldsymbol{c}^{\mathrm{T}}\boldsymbol{G}^{\mathrm{T}}$）任意配置极点就等价于对 $\boldsymbol{A}-\boldsymbol{G}\boldsymbol{c}$ 任意配置极点。于是，设计 Σ_0 的反馈矩阵 $\boldsymbol{G}$ 的问题便转化为对其对偶系统 $\tilde{\Sigma}_0$ 设计状态反馈增益矩阵 $\boldsymbol{K}$ 的问题。具体步骤如下。

（1）取线性变换：

$$\boldsymbol{x}=\boldsymbol{T}_{\mathrm{oII}}\bar{\boldsymbol{x}} \tag{7.45}$$

其中，$\boldsymbol{T}_{\mathrm{oII}}$ 为能将系统转化为能观标准 II 型的变换矩阵。

将系统 $\Sigma_0=(\boldsymbol{A}, \boldsymbol{b}, \boldsymbol{c})$ 转化为能观标准 II 型：

$$\begin{cases}\dot{\bar{\boldsymbol{x}}}=\bar{\boldsymbol{A}}\bar{\boldsymbol{x}}+\bar{\boldsymbol{b}}u\\ y=\bar{\boldsymbol{c}}\,\bar{\boldsymbol{x}}\end{cases} \tag{7.46}$$

其中，

$$\bar{\boldsymbol{A}}=\boldsymbol{T}_{\mathrm{oII}}^{-1}\boldsymbol{A}\boldsymbol{T}_{\mathrm{oII}}=\begin{pmatrix}0 & 0 & \cdots & 0 & -a_0\\ 1 & 0 & \cdots & 0 & -a_1\\ \vdots & \vdots & & \vdots & \vdots\\ 0 & 0 & \cdots & 0 & -a_{n-2}\\ 0 & 0 & \cdots & 1 & -a_{n-1}\end{pmatrix},\quad \bar{\boldsymbol{b}}=\boldsymbol{T}_{\mathrm{oII}}^{-1}\boldsymbol{b}=\begin{pmatrix}b_0\\ b_1\\ \vdots\\ b_{n-1}\end{pmatrix},\quad \bar{\boldsymbol{c}}=\boldsymbol{c}\boldsymbol{T}_{\mathrm{oII}}=(0,0,\cdots,0,1)$$

（2）在系统中引入反馈矩阵 $\bar{\boldsymbol{G}}=(\bar{g}_0,\bar{g}_1,\cdots,\bar{g}_{n-1})^{\mathrm{T}}$ 后，得闭环系统矩阵

$$\bar{A}-\bar{G}\bar{c}=\begin{pmatrix}0 & 0 & \cdots & 0 & -(a_0+\bar{g}_0)\\ 1 & 0 & \cdots & 0 & -(a_1+\bar{g}_1)\\ \vdots & \vdots & & \vdots & \vdots\\ 0 & 0 & \cdots & 0 & -(a_{n-2}+\bar{g}_{n-2})\\ 0 & 0 & \cdots & 1 & -(a_{n-1}+\bar{g}_{n-1})\end{pmatrix} \tag{7.47}$$

和闭环系统的特征多项式

$$f(\lambda)=\left|\lambda \boldsymbol{I}-(\bar{\boldsymbol{A}}-\bar{\boldsymbol{G}}\bar{\boldsymbol{c}})\right|=\lambda^n+(a_{n-1}+\bar{g}_{n-1})\lambda^{n-1}+\cdots+(a_0+\bar{g}_0) \tag{7.48}$$

（3）由期望极点得到期望特征多项式：

$$f^*(\lambda)=\prod_{i=1}^{n}(\lambda-\lambda_i^*)=\lambda^n+a_{n-1}^*\lambda^{n-1}+\cdots+a_1^*\lambda+a_0^*$$

（4）比较 $f(\lambda)$ 与 $f^*(\lambda)$ 各对应项的系数，可解得

$$\bar{g}_i=a_i^*-a_i\text{，}\quad i=0,1,\cdots,n-1$$

即

$$\bar{\boldsymbol{G}}=\left(a_0^*-a_0,a_1^*-a_1,\cdots,a_{n-1}^*-a_{n-1}\right)^{\mathrm{T}} \tag{7.49}$$

（5）将在 $\bar{\boldsymbol{x}}$ 状态下求得的 $\bar{\boldsymbol{G}}$ 变换到 $\boldsymbol{x}$ 状态下便得

$$\boldsymbol{G}=\boldsymbol{T}_{\mathrm{oII}}\bar{\boldsymbol{G}} \tag{7.50}$$

和求状态反馈增益矩阵 $\boldsymbol{K}$ 的情况类似，当系统的维数较低时，只要系统能观，其也可以不被转化为能观标准 II 型，可以通过直接比较特征多项式系数来确定 $\boldsymbol{G}$ 。

【例 7.4】设系统：

$$\dot{\boldsymbol{x}}=\begin{pmatrix}0 & \omega_{\mathrm{s}}^2\\ -1 & 0\end{pmatrix}\boldsymbol{x}+\begin{pmatrix}1 & 0\\ 0 & 1\end{pmatrix}\boldsymbol{u}$$
$$y=(1,0)\boldsymbol{x}$$

试选择 $\boldsymbol{G}$ ，将其极点配置为−5、−8。

解

（1）检验能观性。因为

$$\mathrm{rank}\boldsymbol{N}=\mathrm{rank}\begin{pmatrix}\boldsymbol{c}\\ \boldsymbol{cA}\end{pmatrix}=\begin{pmatrix}1 & 0\\ 0 & \omega_{\mathrm{s}}^2\end{pmatrix}=2$$

所以系统能观。

（2）设 $\boldsymbol{G}=\begin{pmatrix}g_0\\ g_1\end{pmatrix}$，得闭环系统的特征多项式：

$$f(\lambda)=\left|\lambda\boldsymbol{I}-(\boldsymbol{A}-\boldsymbol{G}\boldsymbol{c})\right|=\lambda^2+g_0\lambda+\omega_{\mathrm{s}}^2(1+g_1)$$

（3）期望特征多项式为

$$f^*(\lambda)=(\lambda+5)(\lambda+8)=\lambda^2+13\lambda+40$$

（4）比较系数得

$$G=\begin{pmatrix}13\\ \dfrac{40}{\omega_s^2}-1\end{pmatrix}$$

闭环系统模拟结构图如图 7.11 所示。

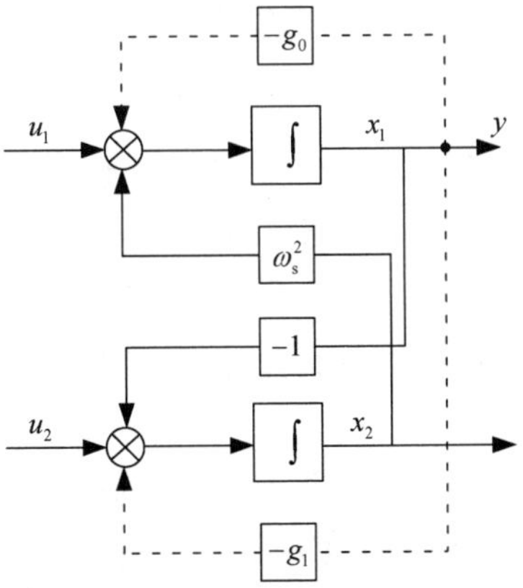

图 7.11　闭环系统模拟结构图

7.3　系统镇定问题

系统稳定是控制系统正常工作的必要前提。**系统镇定**则是通过反馈使 $\Sigma_0=(\boldsymbol{A},\boldsymbol{B},\boldsymbol{C})$ 的极点均具有负实部，保证系统渐近稳定。如果一个系统 Σ_0 能通过状态反馈渐近稳定，则称系统是状态反馈能镇定的。类似地，也可定义输出反馈能镇定的概念。

镇定问题是系统极点配置问题的一种特殊情况。它只要求将极点配置在根平面的左侧，并不要求将极点严格地配置在期望的位置上。显然，为了使系统镇定，只需将那些不稳定因子，即具有非负实部的极点配置到根平面的左侧即可。因此，在某种条件下，可通过部分状态反馈来实现上述目标。

📖 **定理 7.7**　对于系统 $\Sigma_0=(\boldsymbol{A},\boldsymbol{B},\boldsymbol{C})$，采用状态反馈能镇定的充分必要条件是其不能控子系统渐近稳定。

证明

（1）设系统 $\Sigma_0=(\boldsymbol{A},\boldsymbol{B},\boldsymbol{C})$ 不完全能控，则通过线性变换可将其按能控性分解为

$$\tilde{\boldsymbol{A}}=\boldsymbol{R}_c^{-1}\boldsymbol{A}\boldsymbol{R}_c=\begin{pmatrix}\tilde{\boldsymbol{A}}_{11}&\tilde{\boldsymbol{A}}_{12}\\ \boldsymbol{0}&\tilde{\boldsymbol{A}}_{22}\end{pmatrix},\quad \tilde{\boldsymbol{B}}=\boldsymbol{R}_c^{-1}\boldsymbol{B}=\begin{pmatrix}\tilde{\boldsymbol{B}}_1\\ \boldsymbol{0}\end{pmatrix},\quad \tilde{\boldsymbol{C}}=\boldsymbol{C}\boldsymbol{R}_c=\left(\tilde{\boldsymbol{C}}_1,\tilde{\boldsymbol{C}}_2\right)\tag{7.51}$$

其中，$\tilde{\Sigma}_c=\left(\tilde{\boldsymbol{A}}_{11},\tilde{\boldsymbol{B}}_1,\tilde{\boldsymbol{C}}_1\right)$ 为能控子系统；$\tilde{\Sigma}_{\bar{c}}=\left(\tilde{\boldsymbol{A}}_{22},\boldsymbol{0},\tilde{\boldsymbol{C}}_2\right)$ 为不能控子系统。

（2）由于线性变换不改变系统的特征值，所以有

$$\begin{aligned}\det(s\boldsymbol{I}-\boldsymbol{A})&=\det(s\boldsymbol{I}-\tilde{\boldsymbol{A}})=\det\begin{pmatrix}s\boldsymbol{I}-\tilde{\boldsymbol{A}}_{11}&-\tilde{\boldsymbol{A}}_{12}\\ \boldsymbol{0}&s\boldsymbol{I}-\tilde{\boldsymbol{A}}_{22}\end{pmatrix}\\&=\det(s\boldsymbol{I}_1-\tilde{\boldsymbol{A}}_{11})\cdot\det(s\boldsymbol{I}_2-\tilde{\boldsymbol{A}}_{22})\end{aligned}\tag{7.52}$$

（3）由于 $\tilde{\boldsymbol{\Sigma}}_0 = (\tilde{\boldsymbol{A}}, \tilde{\boldsymbol{B}}, \tilde{\boldsymbol{C}})$ 与 $\boldsymbol{\Sigma}_0 = (\boldsymbol{A}, \boldsymbol{B}, \boldsymbol{C})$ 在能控性和稳定性上等价，因此考虑对 $\tilde{\boldsymbol{\Sigma}}_0$ 引入状态反馈增益矩阵：

$$\tilde{\boldsymbol{K}} = \left(\tilde{\boldsymbol{K}}_1, \tilde{\boldsymbol{K}}_2\right) \tag{7.53}$$

于是，得闭环系统的状态矩阵

$$\tilde{\boldsymbol{A}} - \tilde{\boldsymbol{B}}\tilde{\boldsymbol{K}} = \begin{pmatrix} \tilde{\boldsymbol{A}}_{11} & \tilde{\boldsymbol{A}}_{12} \\ \boldsymbol{0} & \tilde{\boldsymbol{A}}_{22} \end{pmatrix} - \begin{pmatrix} \tilde{\boldsymbol{B}}_1 \\ \boldsymbol{0} \end{pmatrix} \left(\tilde{\boldsymbol{K}}_1, \tilde{\boldsymbol{K}}_2\right) = \begin{pmatrix} \tilde{\boldsymbol{A}}_{11} - \tilde{\boldsymbol{B}}_1\tilde{\boldsymbol{K}}_1 & \tilde{\boldsymbol{A}}_{12} - \tilde{\boldsymbol{B}}_1\tilde{\boldsymbol{K}}_2 \\ \boldsymbol{0} & \tilde{\boldsymbol{A}}_{22} \end{pmatrix} \tag{7.54}$$

和闭环系统的特征多项式

$$\det[s\boldsymbol{I} - (\tilde{\boldsymbol{A}} - \tilde{\boldsymbol{B}}\tilde{\boldsymbol{K}})] = \det[s\boldsymbol{I}_1 - (\tilde{\boldsymbol{A}}_{11} - \tilde{\boldsymbol{B}}_1\tilde{\boldsymbol{K}}_1)] \cdot \det(s\boldsymbol{I}_2 - \tilde{\boldsymbol{A}}_{22}) \tag{7.55}$$

比较式(7.55)与式(7.52)可知，引入状态反馈增益矩阵 $\tilde{\boldsymbol{K}}$，只能通过选择 $\tilde{\boldsymbol{K}}_1$ 使 $(\tilde{\boldsymbol{A}}_{11} - \tilde{\boldsymbol{B}}_1\tilde{\boldsymbol{K}}_1)$ 的特征值均具有负实部，从而使 $\tilde{\boldsymbol{\Sigma}}_c$ 这个子系统渐近稳定。但 $\tilde{\boldsymbol{K}}$ 的选择并不能影响 $\tilde{\boldsymbol{\Sigma}}_{\bar{c}}$ 的特征值分布。因此，仅当 $\tilde{\boldsymbol{A}}_{22}$ 的特征值均具有负实部，即不能控子系统 $\tilde{\boldsymbol{\Sigma}}_{\bar{c}}$ 渐近稳定时，整个系统 $\boldsymbol{\Sigma}_0$ 才是状态反馈能镇定的。

定理 7.8 系统 $\boldsymbol{\Sigma}_0 = (\boldsymbol{A}, \boldsymbol{B}, \boldsymbol{C})$ 通过输出反馈能镇定的充分必要条件是，$\boldsymbol{\Sigma}_0$ 结构分解中的能控且能观子系统是输出反馈能镇定的，其余子系统渐近稳定。

证明

（1）对 $\boldsymbol{\Sigma}_0 = (\boldsymbol{A}, \boldsymbol{B}, \boldsymbol{C})$ 进行能控性、能观性结构分解，有

$$\tilde{\boldsymbol{A}} = \begin{pmatrix} \tilde{\boldsymbol{A}}_{11} & \boldsymbol{0} & \tilde{\boldsymbol{A}}_{13} & \boldsymbol{0} \\ \tilde{\boldsymbol{A}}_{21} & \tilde{\boldsymbol{A}}_{22} & \tilde{\boldsymbol{A}}_{23} & \tilde{\boldsymbol{A}}_{24} \\ \boldsymbol{0} & \boldsymbol{0} & \tilde{\boldsymbol{A}}_{33} & \boldsymbol{0} \\ \boldsymbol{0} & \boldsymbol{0} & \tilde{\boldsymbol{A}}_{43} & \tilde{\boldsymbol{A}}_{44} \end{pmatrix}, \quad \tilde{\boldsymbol{B}} = \begin{pmatrix} \tilde{\boldsymbol{B}}_1 \\ \tilde{\boldsymbol{B}}_2 \\ \boldsymbol{0} \\ \boldsymbol{0} \end{pmatrix}, \quad \tilde{\boldsymbol{C}} = \begin{pmatrix} \tilde{\boldsymbol{C}}_1 & \boldsymbol{0} & \tilde{\boldsymbol{C}}_3 & \boldsymbol{0} \end{pmatrix} \tag{7.56}$$

（2）因为 $\tilde{\boldsymbol{\Sigma}}_0 = (\tilde{\boldsymbol{A}}, \tilde{\boldsymbol{B}}, \tilde{\boldsymbol{C}})$ 与 $\boldsymbol{\Sigma}_0 = (\boldsymbol{A}, \boldsymbol{B}, \boldsymbol{C})$ 在能控性、能观性和能镇定性上完全等价，所以对 $\tilde{\boldsymbol{\Sigma}}_0$ 引入输出反馈矩阵 $\tilde{\boldsymbol{H}}$，可得闭环系统的状态矩阵

$$\begin{aligned} \tilde{\boldsymbol{A}} - \tilde{\boldsymbol{B}}\tilde{\boldsymbol{H}}\tilde{\boldsymbol{C}} &= \begin{pmatrix} \tilde{\boldsymbol{A}}_{11} & \boldsymbol{0} & \tilde{\boldsymbol{A}}_{13} & \boldsymbol{0} \\ \tilde{\boldsymbol{A}}_{21} & \tilde{\boldsymbol{A}}_{22} & \tilde{\boldsymbol{A}}_{23} & \tilde{\boldsymbol{A}}_{24} \\ \boldsymbol{0} & \boldsymbol{0} & \tilde{\boldsymbol{A}}_{33} & \boldsymbol{0} \\ \boldsymbol{0} & \boldsymbol{0} & \tilde{\boldsymbol{A}}_{43} & \tilde{\boldsymbol{A}}_{44} \end{pmatrix} - \begin{pmatrix} \tilde{\boldsymbol{B}}_1 \\ \tilde{\boldsymbol{B}}_2 \\ \boldsymbol{0} \\ \boldsymbol{0} \end{pmatrix} \tilde{\boldsymbol{H}} \begin{pmatrix} \tilde{\boldsymbol{C}}_1 & \boldsymbol{0} & \tilde{\boldsymbol{C}}_3 & \boldsymbol{0} \end{pmatrix} \\ &= \begin{pmatrix} \tilde{\boldsymbol{A}}_{11} - \tilde{\boldsymbol{B}}_1\tilde{\boldsymbol{H}}\tilde{\boldsymbol{C}}_1 & \boldsymbol{0} & \tilde{\boldsymbol{A}}_{13} - \tilde{\boldsymbol{B}}_1\tilde{\boldsymbol{H}}\tilde{\boldsymbol{C}}_3 & \boldsymbol{0} \\ \tilde{\boldsymbol{A}}_{21} - \tilde{\boldsymbol{B}}_2\tilde{\boldsymbol{H}}\tilde{\boldsymbol{C}}_1 & \tilde{\boldsymbol{A}}_{22} & \tilde{\boldsymbol{A}}_{23} - \tilde{\boldsymbol{B}}_2\tilde{\boldsymbol{H}}\tilde{\boldsymbol{C}}_3 & \tilde{\boldsymbol{A}}_{24} \\ \boldsymbol{0} & \boldsymbol{0} & \tilde{\boldsymbol{A}}_{33} & \boldsymbol{0} \\ \boldsymbol{0} & \boldsymbol{0} & \tilde{\boldsymbol{A}}_{43} & \tilde{\boldsymbol{A}}_{44} \end{pmatrix} \end{aligned} \tag{7.57}$$

和闭环系统的特征多项式

$$\begin{aligned} &\det[s\boldsymbol{I} - (\tilde{\boldsymbol{A}} - \tilde{\boldsymbol{B}}\tilde{\boldsymbol{H}}\tilde{\boldsymbol{C}})] \\ &= \det[s\boldsymbol{I} - (\tilde{\boldsymbol{A}}_{11} - \tilde{\boldsymbol{B}}_1\tilde{\boldsymbol{H}}\tilde{\boldsymbol{C}}_1)] \cdot \det(s\boldsymbol{I} - \tilde{\boldsymbol{A}}_{22}) \cdot \det(s\boldsymbol{I} - \tilde{\boldsymbol{A}}_{33}) \cdot \det(s\boldsymbol{I} - \tilde{\boldsymbol{A}}_{44}) \end{aligned} \tag{7.58}$$

式（7.58）表明，当且仅当 $(\tilde{\boldsymbol{A}}_{11} - \tilde{\boldsymbol{B}}_1\tilde{\boldsymbol{H}}\tilde{\boldsymbol{C}}_1)$、$\tilde{\boldsymbol{A}}_{22}$、$\tilde{\boldsymbol{A}}_{33}$、$\tilde{\boldsymbol{A}}_{44}$ 的特征值均具有负实部时，闭环系统才渐近稳定。定理得证。

应当指出，既然不能通过输出线性反馈对一个能控且能观的系统任意配置极点，自然

也不能保证这类系统一定具有输出反馈的能镇定性。

【例 7.5】设系统：

$$\dot{\boldsymbol{x}} = \begin{pmatrix} 0 & 1 & 0 \\ 0 & 0 & -1 \\ -1 & 0 & 0 \end{pmatrix}\boldsymbol{x} + \begin{pmatrix} 0 \\ 1 \\ 0 \end{pmatrix}u$$

$$y = \begin{pmatrix} 1 & 0 & 0 \\ 0 & 0 & 1 \end{pmatrix}\boldsymbol{x}$$

试证明不能通过输出反馈使之镇定。

解

经检验，该系统能控且能观，但由特征多项式

$$\det(s\boldsymbol{I}-\boldsymbol{A}) = \begin{vmatrix} s & -1 & 0 \\ 0 & s & 1 \\ 1 & 0 & s \end{vmatrix} = s^3 - 1$$

可以看出各系数异号且缺项，故该系统是不稳定的。

若对该系统引入输出反馈矩阵 $\boldsymbol{H} = (h_0, h_1)$，则有

$$\boldsymbol{A} - \boldsymbol{bHC} = \begin{pmatrix} 0 & 1 & 0 \\ 0 & 0 & -1 \\ -1 & 0 & 0 \end{pmatrix} - \begin{pmatrix} 0 \\ 1 \\ 0 \end{pmatrix}(h_0, h_1)\begin{pmatrix} 1 & 0 & 0 \\ 0 & 0 & 1 \end{pmatrix} = \begin{pmatrix} 0 & 1 & 0 \\ -h_0 & 0 & -1-h_1 \\ -1 & 0 & 0 \end{pmatrix}$$

和

$$\det[s\boldsymbol{I}-(\boldsymbol{A}-\boldsymbol{bHC})] = \begin{vmatrix} s & -1 & 0 \\ -h_0 & s & 1-h_1 \\ 1 & 0 & s \end{vmatrix} = s^3 - h_0 s + (h_1 - 1)$$

由上式可见，经 $\boldsymbol{H}$ 反馈闭环后的特征式仍缺少 s^2 项，因此无论怎样选择 $\boldsymbol{H}$，都不能使系统镇定。这个例子表明，利用输出反馈未必能使能控且能观的系统镇定。

定理 7.9　*对于系统 $\Sigma_0 = (\boldsymbol{A}, \boldsymbol{B}, \boldsymbol{C})$，采用从输出到 $\dot{\boldsymbol{x}}$ 的线性反馈实现镇定的充分必要条件是 Σ_0 的不能观子系统渐近稳定。*

证明

（1）对系统 $\Sigma_0 = (\boldsymbol{A}, \boldsymbol{B}, \boldsymbol{C})$ 进行能观性分解，得

$$\bar{\boldsymbol{A}} = \boldsymbol{R}_o^{-1}\boldsymbol{A}\boldsymbol{R}_o = \begin{pmatrix} \bar{\boldsymbol{A}}_{11} & \boldsymbol{0} \\ \bar{\boldsymbol{A}}_{21} & \bar{\boldsymbol{A}}_{22} \end{pmatrix},\quad \bar{\boldsymbol{B}} = \boldsymbol{R}_o^{-1}\boldsymbol{B} = \begin{pmatrix} \bar{\boldsymbol{B}}_1 \\ \bar{\boldsymbol{B}}_2 \end{pmatrix},\quad \bar{\boldsymbol{C}} = \boldsymbol{C}\boldsymbol{R}_o = (\bar{\boldsymbol{C}}_1, \boldsymbol{0}) \tag{7.59}$$

其中，$\bar{\Sigma}_o = (\bar{\boldsymbol{A}}_{11}, \bar{\boldsymbol{B}}_1, \bar{\boldsymbol{C}}_1)$ 为能观子系统；$\bar{\Sigma}_{\bar{o}} = (\bar{\boldsymbol{A}}_{22}, \bar{\boldsymbol{B}}_2, \boldsymbol{0})$ 为不能观子系统。

开环系统的特征多项式为

$$\begin{aligned}\det(s\boldsymbol{I}-\bar{\boldsymbol{A}}) &= \det\begin{pmatrix} s\boldsymbol{I}_1 - \bar{\boldsymbol{A}}_{11} & \boldsymbol{0} \\ -\bar{\boldsymbol{A}}_{21} & s\boldsymbol{I}_2 - \bar{\boldsymbol{A}}_{22} \end{pmatrix} \\ &= \det(s\boldsymbol{I}_1 - \bar{\boldsymbol{A}}_{11})\cdot\det(s\boldsymbol{I}_2 - \bar{\boldsymbol{A}}_{22})\end{aligned} \tag{7.60}$$

（2）由于 $(\bar{\boldsymbol{A}}, \bar{\boldsymbol{B}}, \bar{\boldsymbol{C}})$ 与 $(\boldsymbol{A}, \boldsymbol{B}, \boldsymbol{C})$ 在能控性和稳定性上等价，因此考虑对 $(\bar{\boldsymbol{A}}, \bar{\boldsymbol{B}}, \bar{\boldsymbol{C}})$ 引入从输出到 $\dot{\boldsymbol{x}}$ 的反馈矩阵 $\bar{\boldsymbol{G}} = (\bar{\boldsymbol{G}}_1, \bar{\boldsymbol{G}}_2)^{\mathrm{T}}$，于是有

$$\bar{A}-\bar{G}\bar{C}=\begin{pmatrix}\bar{A}_{11} & 0\\ \bar{A}_{21} & \bar{A}_{22}\end{pmatrix}-\begin{pmatrix}\bar{G}_1\\ \bar{G}_2\end{pmatrix}(\bar{C}_1,\quad 0)=\begin{pmatrix}\bar{A}_{11}-\bar{G}_1\bar{C}_1 & 0\\ \bar{A}_{21}-\bar{G}_2\bar{C}_1 & \bar{A}_{22}\end{pmatrix} \tag{7.61}$$

和

$$\begin{aligned}\det[sI-(\bar{A}-\bar{G}\bar{C})]&=\det\begin{pmatrix}sI_1-(\bar{A}_{11}-\bar{G}_1\bar{C}_1) & 0\\ -(\bar{A}_{21}-\bar{G}_2\bar{C}_1) & sI_2-\bar{A}_{22}\end{pmatrix}\\ &=\det[sI_1-(\bar{A}_{11}-\bar{G}_1\bar{C}_1)]\cdot\det(sI_2-\bar{A}_{22})\end{aligned} \tag{7.62}$$

式（7.62）表明，引入反馈矩阵 $\bar{G}$ 只影响 $(\bar{A}_{11}, \bar{B}_1, \bar{C}_1)$ 的特征值。因此，要使系统镇定，仅在 $(\bar{A}_{22}, \bar{B}_2, 0)$ 渐近稳定时才能做到。

【思考】已知系统的状态方程为

$$\begin{pmatrix}\dot{x}_1\\ \dot{x}_2\end{pmatrix}=\begin{pmatrix}-1 & 1\\ 0 & 2\end{pmatrix}\begin{pmatrix}x_1\\ x_2\end{pmatrix}+\begin{pmatrix}1\\ 0\end{pmatrix}u$$

试证明无论选择什么样的状态反馈增益矩阵 K，该系统均不能通过状态反馈来实现稳定。

7.4 系统解耦问题

解耦问题是多输入—多输出系统综合理论的重要组成部分。其设计目的是寻求适当的控制规律，使输入—输出相互关联的多变量系统实现每个输出仅受相应的一个输入的控制，每个输入也仅能控制相应的一个输出。

设 $\Sigma_0=(A, B, C)$ 是一个 m 维输入、m 维输出的受控系统，即

$$\begin{aligned}\dot{x}&=Ax+Bu\\ y&=Cx\end{aligned} \tag{7.63}$$

若其传递函数矩阵：

$$W_0(s)=C(sI-A)^{-1}B=\begin{pmatrix}W_{11}(s) & & & \\ & W_{22}(s) & & \\ & & \ddots & \\ & & & W_{mm}(s)\end{pmatrix} \tag{7.64}$$

是一个对角型有理多项式矩阵，则称该系统是解耦的。由式（7.64）可见，一个多变量系统实现解耦以后，可被看作一组相互独立的单变量系统，实现自治控制。图 7.12 所示为多变量解耦系统示意图。

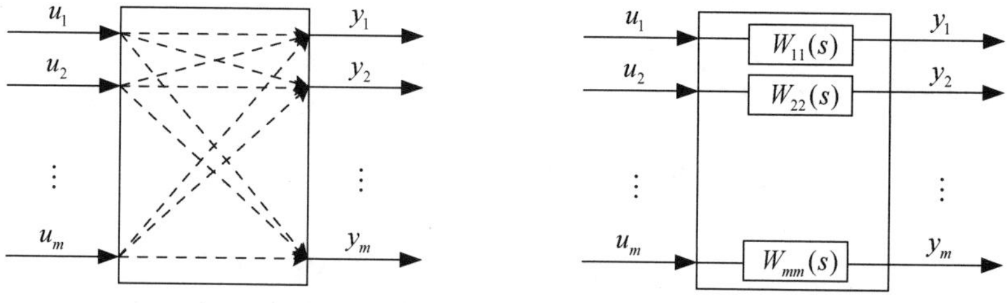

（a）解耦前　　（b）解耦后

图 7.12　多变量解耦系统示意图

要完全解决上述解耦问题必须回答两个问题：一是确定系统能够解耦的充分必要条件，即解耦性的判断问题。二是确定解耦控制律和解耦系统的结构，即解耦系统的具体综合问题。这两个问题的解决方法随着解耦方法的不同而不同。

实现系统解耦目前主要有以下两种方法。

（1）前馈补偿器解耦。这种方法最简单，只需在待解系统的前面串接一个前馈补偿器，使串联组合系统的传递函数矩阵成为对角型有理函数矩阵。显然，这种方法将使系统的维数增加。

（2）状态反馈解耦。这种方法虽然不增加系统的维数，但实现解耦的条件要比前馈补偿器解耦苛刻得多。本节重点讨论这种方法。

7.4.1 前馈补偿器解耦

前馈补偿器解耦的框图如图 7.13 所示。

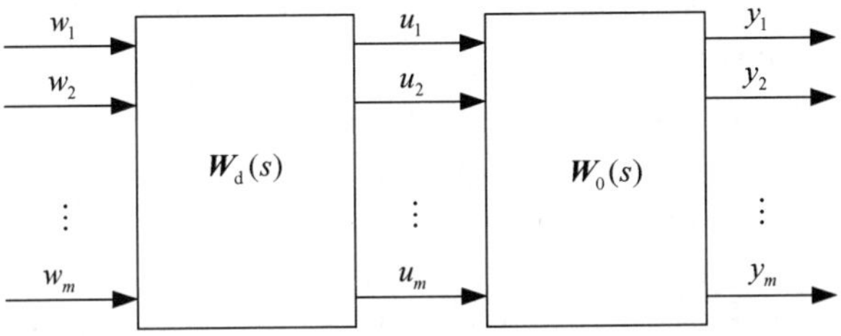

图 7.13 前馈补偿器解耦的框图

图中 $\boldsymbol{W}_0(s)$ 为待解耦系统的传递函数矩阵；$\boldsymbol{W}_\mathrm{d}(s)$ 为前馈补偿器的传递函数矩阵。

根据串联组合系统可写出整个系统的传递函数矩阵：

$$\boldsymbol{W}(s)=\boldsymbol{W}_0(s)\boldsymbol{W}_\mathrm{d}(s) \tag{7.65}$$

其中，$\boldsymbol{W}(s)$ 为串接补偿器后系统的传递函数矩阵。

$$\boldsymbol{W}(s)=\begin{pmatrix} W_{11}(s) & & & \\ & W_{22}(s) & & \\ & & \ddots & \\ & & & W_{mm}(s) \end{pmatrix} \tag{7.66}$$

显然，只要 $\boldsymbol{W}_0^{-1}(s)$ 存在，串接补偿器后系统的传递函数矩阵就为

$$\boldsymbol{W}_\mathrm{d}(s)=\boldsymbol{W}_0^{-1}(s)\boldsymbol{W}(s) \tag{7.67}$$

式（7.67）表明，如果待解耦系统 $\boldsymbol{W}_0(s)$ 满秩，则总可以设计一个补偿器，使系统获得解耦。解耦后各独立子系统所要求的特性则可由 $W_{ii}(s)$ 规定。

7.4.2 状态反馈解耦

1. 状态反馈解耦中的几个特征量

状态反馈解耦系统的结构如图 7.14 所示。

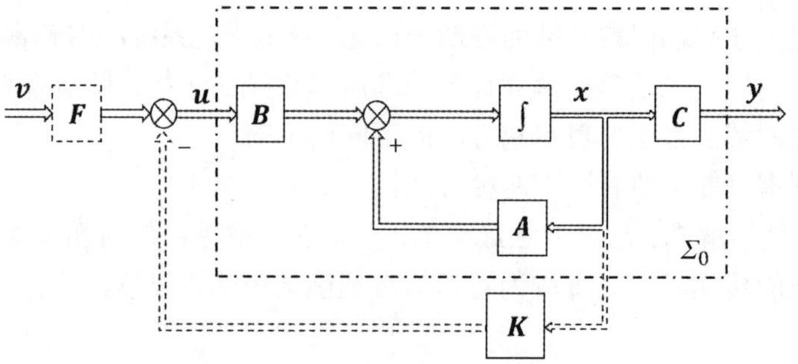

图 7.14　状态反馈解耦系统的结构

图 7.14 中点画线框内为待解耦系统 $\Sigma_0=(\boldsymbol{A},\ \boldsymbol{B},\ \boldsymbol{C})$；$\boldsymbol{K}$ 为 $m\times n$ 实常数状态反馈增益矩阵；$\boldsymbol{F}$ 为 $m\times n$ 实常数非奇异变换矩阵；$\boldsymbol{v}$ 为 $m\times 1$ 输入矢量。

现在的问题是如何设计 $\boldsymbol{K}$ 和 $\boldsymbol{F}$，使系统从 $\boldsymbol{v}$ 到 $\boldsymbol{y}$ 是解耦的。应当指出，使系统解耦的 $\boldsymbol{K}$ 并不是唯一的，$\boldsymbol{K}$ 的这种不唯一性可满足配置极点的要求。

为了便于讨论状态反馈解耦的条件，首先定义几个特征量。

（1）定义 d_i，满足不等式：

$$\boldsymbol{c}_i\boldsymbol{A}^l\boldsymbol{B}\neq \boldsymbol{0}\qquad (l=0,1,\cdots,m-1) \tag{7.68}$$

其中，$\boldsymbol{c}_i$ 为系统输出矩阵 $\boldsymbol{C}$ 中的第 i 行矢量（$i=1,2,\cdots,m$），因此，d_i 的下标 i 表示行数。

（2）根据 d_i 定义下列矩阵：

$$\boldsymbol{D}=\begin{pmatrix}\boldsymbol{c}_1\boldsymbol{A}^{d_1}\\ \boldsymbol{c}_2\boldsymbol{A}^{d_2}\\ \vdots\\ \boldsymbol{c}_m\boldsymbol{A}^{d_m}\end{pmatrix},\quad \boldsymbol{E}=\boldsymbol{D}\boldsymbol{B}=\begin{pmatrix}\boldsymbol{c}_1\boldsymbol{A}^{d_1}\boldsymbol{B}\\ \boldsymbol{c}_2\boldsymbol{A}^{d_2}\boldsymbol{B}\\ \vdots\\ \boldsymbol{c}_m\boldsymbol{A}^{d_m}\boldsymbol{B}\end{pmatrix},\quad \boldsymbol{L}=\boldsymbol{D}\boldsymbol{A}=\begin{pmatrix}\boldsymbol{c}_1\boldsymbol{A}^{d_1+1}\\ \boldsymbol{c}_2\boldsymbol{A}^{d_2+1}\\ \vdots\\ \boldsymbol{c}_m\boldsymbol{A}^{d_m+1}\end{pmatrix} \tag{7.69}$$

2. 解耦性判据

📖 **定理 7.10**　受控系统 $\Sigma_0=(\boldsymbol{A},\ \boldsymbol{B},\ \boldsymbol{C})$ 是状态反馈能解耦的充分必要条件是 $m\times m$ 维矩阵 $\boldsymbol{E}$ 为非奇异矩阵。即

$$\det\boldsymbol{E}=\det\begin{pmatrix}\boldsymbol{c}_1\boldsymbol{A}^{d_1}\boldsymbol{B}\\ \boldsymbol{c}_2\boldsymbol{A}^{d_2}\boldsymbol{B}\\ \vdots\\ \boldsymbol{c}_m\boldsymbol{A}^{d_m}\boldsymbol{B}\end{pmatrix}\neq 0 \tag{7.70}$$

3. 积分型解耦系统

📖 **定理 7.11**　若系统 $\Sigma_0=(\boldsymbol{A},\ \boldsymbol{B},\ \boldsymbol{C})$ 是状态反馈能解耦的，则闭环系统 $\Sigma_{\mathrm{p}}=(\boldsymbol{A}_{\mathrm{p}},\ \boldsymbol{B}_{\mathrm{p}},\ \boldsymbol{C}_{\mathrm{p}})$：

$$\begin{aligned}\dot{\boldsymbol{x}}&=\boldsymbol{A}_{\mathrm{p}}\boldsymbol{x}+\boldsymbol{B}_{\mathrm{p}}\boldsymbol{v}=(\boldsymbol{A}-\boldsymbol{B}\boldsymbol{K})\boldsymbol{x}+\boldsymbol{B}\boldsymbol{F}\boldsymbol{v}\\ \boldsymbol{y}&=\boldsymbol{C}_{\mathrm{p}}\boldsymbol{x}=\boldsymbol{C}\boldsymbol{x}\end{aligned} \tag{7.71}$$

是一个积分型解耦系统。其中状态反馈增益矩阵为

$$\boldsymbol{K}=\boldsymbol{E}^{-1}\boldsymbol{L} \tag{7.72}$$

输入变换矩阵为

$$\boldsymbol{F}=\boldsymbol{E}^{-1} \tag{7.73}$$

闭环系统的传递函数为

$$W_{K,F}(s)=C[sI-(A-BK)]^{-1}BF=\begin{pmatrix}\frac{1}{s^{d_1+1}} & & & \\ & \frac{1}{s^{d_2+1}} & & \\ & & \ddots & \\ & & & \frac{1}{s^{d_m+1}}\end{pmatrix} \tag{7.74}$$

式（7.74）表明，用式（7.72）和式（7.73）实现（K, F）解耦的系统，其每个子系统都相当于一个d_i+1阶积分器的独立子系统。

综合以上分析，系统解耦步骤总结如下。

（1）求出系统的d_i，$i=1,2,\cdots,m$。

（2）构成矩阵E，若E为非奇异矩阵，则可实现状态反馈解耦；否则，不能实现状态反馈解耦。

（3）求取矩阵F和K，$u=Fv-Kx$就是所需的状态反馈控制律。

（4）系统解耦后，每个 SISO 系统的传递函数均为d_i+1重积分形式，需对它进一步施以极点配置。

【例 7.6】 已知系统$\Sigma_0=(A, B, C)$：

$$A=\begin{pmatrix}0&1&0\\2&3&0\\1&1&1\end{pmatrix},\quad B=\begin{pmatrix}0&0\\1&0\\0&1\end{pmatrix},\quad C=\begin{pmatrix}1&1&0\\0&0&1\end{pmatrix}$$

试用状态反馈将该系统转化为积分型解耦系统。

解

（1）判断系统能否解耦，由于

$$c_1A^0B=(1,0)\neq(0,0)$$
$$c_2A^0B=(0,1)\neq(0,0)$$

可知$d_1=0$，$d_2=0$。又可以通过计算得

$$E=\begin{pmatrix}1&0\\0&1\end{pmatrix}$$

因为E为非奇异矩阵，所以能够对该系统进行解耦。

（2）选择状态反馈增益矩阵K与输入变换矩阵F。

$$L=\begin{pmatrix}c_1A^{d_1+1}\\c_2A^{d_2+1}\end{pmatrix}=\begin{pmatrix}2&4&0\\1&1&1\end{pmatrix}$$

$$K=E^{-1}L=\begin{pmatrix}2&4&0\\1&1&1\end{pmatrix},\quad F=E^{-1}=\begin{pmatrix}1&0\\0&1\end{pmatrix}$$

（3）求解耦后系统的动态方程。

解耦后系统的动态方程为

$$\dot{x}=(A-BK)x+BFv=\begin{pmatrix}0&1&0\\0&-1&0\\0&0&0\end{pmatrix}x+\begin{pmatrix}0&0\\1&0\\0&1\end{pmatrix}v$$

$$y=Cx=\begin{pmatrix}1&1&0\\0&0&1\end{pmatrix}x$$

解耦后闭环系统的传递函数矩阵为

$$W(s)=C[sI-(A-BK)]^{-1}BF=\begin{pmatrix}\dfrac{1}{s^{d_1+1}}&0\\0&\dfrac{1}{s^{d_2+1}}\end{pmatrix}=\begin{pmatrix}\dfrac{1}{s}&0\\0&\dfrac{1}{s}\end{pmatrix}$$

状态反馈解耦后的闭环系统结构如图 7.15 所示。

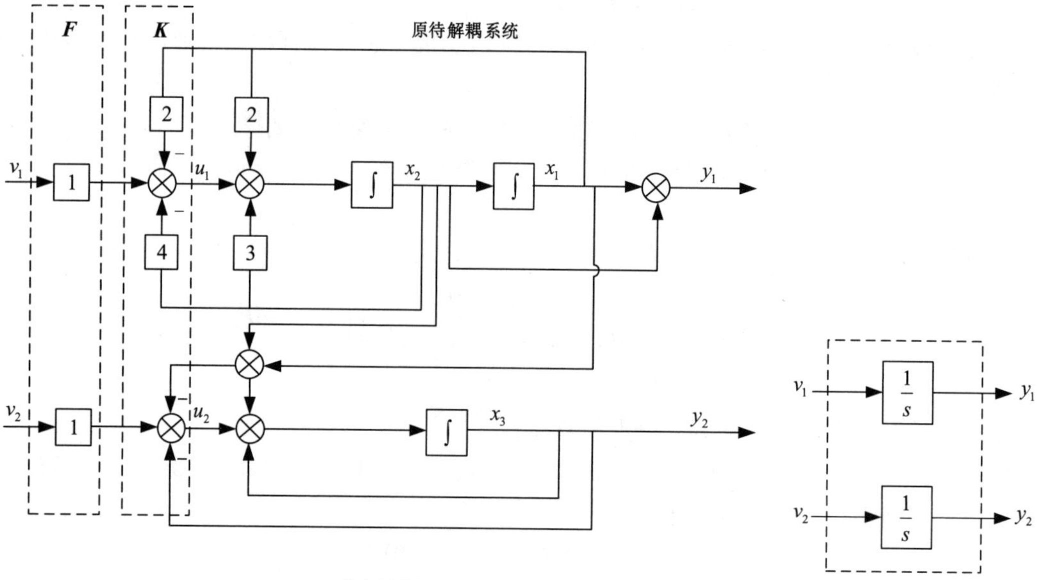

（a）状态结构图　（b）解耦后的输入—输出信息传递关系

图 7.15　状态反馈解耦后的闭环系统结构

由图 7.15 可见，在状态反馈增益矩阵 $\boldsymbol{K}$ 中，每个反馈元素的作用在于抵消状态变量间的交叉耦合关系，实现一个输入仅控制一个输出的目的。

最后还应指出，对不能用状态反馈实现解耦的系统，如果传递函数矩阵是非奇异的，则除单独采用前馈补偿器外，还可以兼用状态反馈矩阵和串联补偿器进行解耦，如图 7.16 所示。

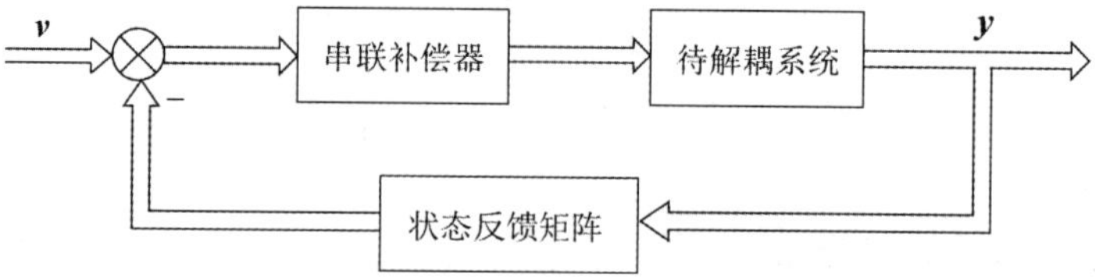

图 7.16　兼用状态反馈矩阵和串联补偿器进行解耦

实际上，前面所介绍的状态反馈解耦系统只不过是串联补偿器退化为零阶矩阵的一种特殊情形而已。因为倘若图 7.16 中的串联补偿器退化成零阶常数矩阵，则系统可立即转化为状态反馈系统。

7.5　状态观测器

由前几节可以看出，要实现闭环极点的任意配置或实现系统解耦，以及最优控制系统，都离不开全状态反馈。然而，系统的状态变量并非都易于被直接检测到，有些甚至无法被检测到。这样就出现了所谓的**状态观测**或者**状态重构**问题。根据龙伯格（Luenberger）提出的状态观测器理论，能解决确定性条件下受控系统的状态重构问题，使状态反馈成为一种可实现的控制律。噪声环境下的状态观测涉及随机最优估计理论，即卡尔曼滤波技术，读者可参阅有关资料。本节只介绍在无噪声干扰下，单输入—单输出系统状态观测器的设计原理和方法。

7.5.1　状态观测器的定义

设线性定常系统 $\boldsymbol{\Sigma}_0=(\boldsymbol{A}, \boldsymbol{B}, \boldsymbol{C})$ 的状态矢量 $\boldsymbol{x}$ 不能直接被检测到。如果动态系统 $\hat{\boldsymbol{\Sigma}}$ 以 $\boldsymbol{\Sigma}_0$ 的输入 $\boldsymbol{u}$ 和输出 $\boldsymbol{y}$ 作为输入量，能产生一组输出量 $\hat{\boldsymbol{x}}$ 渐近于 $\boldsymbol{x}$，即 $\lim\limits_{t\to\infty}\hat{\boldsymbol{x}}=\lim\limits_{t\to\infty}\boldsymbol{x}$，则称 $\hat{\boldsymbol{\Sigma}}$ 为 $\boldsymbol{\Sigma}_0$ 的一个状态观测器。

根据上述定义，可得构造状态观测器的原则如下。

（1）状态观测器 $\hat{\boldsymbol{\Sigma}}$ 应以 $\boldsymbol{\Sigma}_0$ 的输入 $\boldsymbol{u}$ 和输出 $\boldsymbol{y}$ 为其输入量。

（2）为满足 $\lim\limits_{t\to\infty}\hat{\boldsymbol{x}}=\lim\limits_{t\to\infty}\boldsymbol{x}$，$\boldsymbol{\Sigma}_0$ 必须完全能观，或其不能观子系统是渐近稳定的。

（3）$\hat{\boldsymbol{\Sigma}}$ 的输出 $\hat{\boldsymbol{x}}$ 应以足够快的速度渐近于 $\boldsymbol{x}$，即 $\hat{\boldsymbol{\Sigma}}$ 应有足够宽的频带，但从抑制干扰的角度看，又希望频带不要太宽。因此，要兼顾很多条件。

（4）$\hat{\boldsymbol{\Sigma}}$ 在结构上应尽量简单，即应具有尽可能低的维数，以便于物理实现。

7.5.2　状态观测器的存在性

📖 **定理 7.12**　对于线性定常系统 $\boldsymbol{\Sigma}_0=(\boldsymbol{A}, \boldsymbol{B}, \boldsymbol{C})$，状态观测器存在的充分必要条件是 $\boldsymbol{\Sigma}_0$ 的不能观子系统渐近稳定。

证明

（1）设 $\boldsymbol{\Sigma}_0=(\boldsymbol{A}, \boldsymbol{B}, \boldsymbol{C})$ 不完全能观，可对其进行能观性结构分解。这里，不妨设 $\boldsymbol{\Sigma}_0=(\boldsymbol{A}, \boldsymbol{B}, \boldsymbol{C})$ 已具有能观性结构分解形式。即

$$\boldsymbol{x}=\begin{pmatrix}\boldsymbol{x}_o\\ \boldsymbol{x}_{\bar{o}}\end{pmatrix},\quad \boldsymbol{A}=\begin{pmatrix}\boldsymbol{A}_{11} & \boldsymbol{0}\\ \boldsymbol{A}_{21} & \boldsymbol{A}_{22}\end{pmatrix},\quad \boldsymbol{B}=\begin{pmatrix}\boldsymbol{B}_1\\ \boldsymbol{B}_2\end{pmatrix},\quad \boldsymbol{C}=(\boldsymbol{C}_1,\boldsymbol{0}) \tag{7.75}$$

其中，$\boldsymbol{x}_o$ 为能观子状态；$\boldsymbol{x}_{\bar{o}}$ 为不能观子状态；（$\boldsymbol{A}_{11}, \boldsymbol{B}_1, \boldsymbol{C}_1$）为能观子系统；（$\boldsymbol{A}_{22}, \boldsymbol{B}_2, \boldsymbol{0}$）为不能观子系统。

（2）构造状态观测器 $\hat{\Sigma}$ 。设 $\hat{\boldsymbol{x}}=\begin{pmatrix}\hat{\boldsymbol{x}}_{\mathrm{o}}\\ \hat{\boldsymbol{x}}_{\bar{\mathrm{o}}}\end{pmatrix}$ 为状态 $\boldsymbol{x}$ 的估值，$\boldsymbol{G}=(\boldsymbol{G}_1,\boldsymbol{G}_2)^{\mathrm{T}}$ 为调节 $\hat{\boldsymbol{x}}$ 渐近于 $\boldsymbol{x}$ 的速度的反馈增益矩阵。于是得观测器方程：

$$\dot{\hat{\boldsymbol{x}}}=\boldsymbol{A}\hat{\boldsymbol{x}}+\boldsymbol{B}\boldsymbol{u}+\boldsymbol{G}(\boldsymbol{y}-\boldsymbol{C}\hat{\boldsymbol{x}})=\boldsymbol{A}\hat{\boldsymbol{x}}+\boldsymbol{B}\boldsymbol{u}+\boldsymbol{G}\boldsymbol{y}-\boldsymbol{G}\boldsymbol{C}\hat{\boldsymbol{x}}$$

或

$$\dot{\hat{\boldsymbol{x}}}=(\boldsymbol{A}-\boldsymbol{G}\boldsymbol{C})\hat{\boldsymbol{x}}+\boldsymbol{B}\boldsymbol{u}+\boldsymbol{G}\boldsymbol{C}\boldsymbol{x} \tag{7.76}$$

定义 $\tilde{\boldsymbol{x}}=\boldsymbol{x}-\hat{\boldsymbol{x}}$，为状态误差矢量，可导出状态误差方程：

$$\begin{aligned}\dot{\tilde{\boldsymbol{x}}}=\dot{\boldsymbol{x}}-\dot{\hat{\boldsymbol{x}}}&=\begin{pmatrix}\dot{\boldsymbol{x}}_{\mathrm{o}}-\dot{\hat{\boldsymbol{x}}}_{\mathrm{o}}\\ \dot{\boldsymbol{x}}_{\bar{\mathrm{o}}}-\dot{\hat{\boldsymbol{x}}}_{\bar{\mathrm{o}}}\end{pmatrix}\\ &=\begin{pmatrix}\boldsymbol{A}_{11}\boldsymbol{x}_{\mathrm{o}}+\boldsymbol{B}_1\boldsymbol{u}\\ \boldsymbol{A}_{21}\boldsymbol{x}_{\mathrm{o}}+\boldsymbol{A}_{22}\hat{\boldsymbol{x}}_{\bar{\mathrm{o}}}+\boldsymbol{B}_2\boldsymbol{u}\end{pmatrix}-\begin{pmatrix}(\boldsymbol{A}_{11}-\boldsymbol{G}_1\boldsymbol{C}_1)\hat{\boldsymbol{x}}_{\mathrm{o}}+\boldsymbol{B}_1\boldsymbol{u}+\boldsymbol{G}_1\boldsymbol{C}_1\boldsymbol{x}_{\mathrm{o}}\\ (\boldsymbol{A}_{21}-\boldsymbol{G}_2\boldsymbol{C}_1)\hat{\boldsymbol{x}}_{\mathrm{o}}+\boldsymbol{A}_{22}\hat{\boldsymbol{x}}_{\bar{\mathrm{o}}}+\boldsymbol{B}_2\boldsymbol{u}+\boldsymbol{G}_2\boldsymbol{C}_1\boldsymbol{x}_{\mathrm{o}}\end{pmatrix}\\ &=\begin{pmatrix}(\boldsymbol{A}_{11}-\boldsymbol{G}_1\boldsymbol{C}_1)(\boldsymbol{x}_{\mathrm{o}}-\hat{\boldsymbol{x}}_{\mathrm{o}})\\ (\boldsymbol{A}_{21}-\boldsymbol{G}_2\boldsymbol{C}_1)(\boldsymbol{x}_{\mathrm{o}}-\hat{\boldsymbol{x}}_{\mathrm{o}})+\boldsymbol{A}_{22}(\boldsymbol{x}_{\bar{\mathrm{o}}}-\hat{\boldsymbol{x}}_{\bar{\mathrm{o}}})\end{pmatrix}\end{aligned} \tag{7.77}$$

（3）确定使 $\hat{\boldsymbol{x}}$ 渐近于 $\boldsymbol{x}$ 的条件。

由式（7.77）可得

$$\dot{\boldsymbol{x}}_{\mathrm{o}}-\dot{\hat{\boldsymbol{x}}}_{\mathrm{o}}=(\boldsymbol{A}_{11}-\boldsymbol{G}_1\boldsymbol{C}_1)(\boldsymbol{x}_{\mathrm{o}}-\hat{\boldsymbol{x}}_{\mathrm{o}}) \tag{7.78}$$

$$\dot{\boldsymbol{x}}_{\bar{\mathrm{o}}}-\dot{\hat{\boldsymbol{x}}}_{\bar{\mathrm{o}}}=(\boldsymbol{A}_{21}-\boldsymbol{G}_2\boldsymbol{C}_1)(\boldsymbol{x}_{\mathrm{o}}-\hat{\boldsymbol{x}}_{\mathrm{o}})+\boldsymbol{A}_{22}(\boldsymbol{x}_{\bar{\mathrm{o}}}-\hat{\boldsymbol{x}}_{\bar{\mathrm{o}}}) \tag{7.79}$$

由式（7.78）可知，通过适当选择 $\boldsymbol{G}_1$ 可使（ $\boldsymbol{A}_{11}-\boldsymbol{G}_1\boldsymbol{C}_1$ ）的特征值均具有负实部，因此有

$$\lim_{t\to\infty}(\boldsymbol{x}_{\mathrm{o}}-\hat{\boldsymbol{x}}_{\mathrm{o}})=\lim_{t\to\infty}\mathrm{e}^{(\boldsymbol{A}_{11}-\boldsymbol{G}_1\boldsymbol{C}_1)t}[\boldsymbol{x}_{\mathrm{o}}(0)-\hat{\boldsymbol{x}}_{\mathrm{o}}(0)]=\boldsymbol{0} \tag{7.80}$$

同理，可得式（7.79）的解为

$$\begin{aligned}\boldsymbol{x}_{\bar{\mathrm{o}}}-\hat{\boldsymbol{x}}_{\bar{\mathrm{o}}}&=\mathrm{e}^{\boldsymbol{A}_{22}t}[\boldsymbol{x}_{\bar{\mathrm{o}}}(0)-\hat{\boldsymbol{x}}_{\bar{\mathrm{o}}}(0)]\\ &\quad+\int_0^t\mathrm{e}^{\boldsymbol{A}_{22}(t-\tau)}(\boldsymbol{A}_{21}-\boldsymbol{G}_2\boldsymbol{C}_1)\mathrm{e}^{(\boldsymbol{A}_{11}-\boldsymbol{G}_1\boldsymbol{C}_1)\tau}[\boldsymbol{x}_{\mathrm{o}}(0)-\hat{\boldsymbol{x}}_{\mathrm{o}}(0)]\mathrm{d}\tau\end{aligned} \tag{7.81}$$

由于 $\lim\limits_{t\to\infty}\mathrm{e}^{(\boldsymbol{A}_{11}-\boldsymbol{G}_1\boldsymbol{C}_1)t}=\boldsymbol{0}$，因此仅当

$$\lim_{t\to\infty}\mathrm{e}^{\boldsymbol{A}_{22}t}=\boldsymbol{0} \tag{7.82}$$

成立时，才对任意 $\boldsymbol{x}_{\bar{\mathrm{o}}}(0)$ 和 $\hat{\boldsymbol{x}}_{\bar{\mathrm{o}}}(0)$，有

$$\lim_{t\to\infty}(\boldsymbol{x}_{\bar{\mathrm{o}}}-\hat{\boldsymbol{x}}_{\bar{\mathrm{o}}})=\boldsymbol{0} \tag{7.83}$$

而 $\lim\limits_{t\to\infty}\mathrm{e}^{\boldsymbol{A}_{22}t}=\boldsymbol{0}$ 意味着 $\boldsymbol{A}_{22}$ 的特征值均具有负实部。因此，只有 $\Sigma_0=(\boldsymbol{A},\ \boldsymbol{B},\ \boldsymbol{C})$ 的不能观子系统渐近稳定时，才能使 $\lim\limits_{t\to\infty}(\boldsymbol{x}-\hat{\boldsymbol{x}})=\boldsymbol{0}$ 。定理得证。

7.5.3 状态观测器的实现

🕮 **定理 7.13** 若线性定常系统 $\Sigma_0=(\boldsymbol{A},\ \boldsymbol{B},\ \boldsymbol{C})$ 完全能观，则其状态矢量 $\boldsymbol{x}$ 可由输出 $\boldsymbol{y}$ 和输入 $\boldsymbol{u}$ 来重构。

证明

将输出方程对 t 逐次求导，代之以状态方程，整理后可得

$$\begin{gathered} \boldsymbol{y}=\boldsymbol{C}\boldsymbol{x} \\ \dot{\boldsymbol{y}}-\boldsymbol{C}\boldsymbol{B}\boldsymbol{u}=\boldsymbol{C}\boldsymbol{A}\boldsymbol{x} \\ \ddot{\boldsymbol{y}}-\boldsymbol{C}\boldsymbol{B}\dot{\boldsymbol{u}}-\boldsymbol{C}\boldsymbol{A}\boldsymbol{B}\boldsymbol{u}=\boldsymbol{C}\boldsymbol{A}^2\boldsymbol{x} \\ \vdots \\ \boldsymbol{y}^{(n-1)}-\boldsymbol{C}\boldsymbol{B}\boldsymbol{u}^{(n-2)}-\boldsymbol{C}\boldsymbol{A}\boldsymbol{B}\boldsymbol{u}^{(n-3)}-\cdots-\boldsymbol{C}\boldsymbol{A}^{n-2}\boldsymbol{B}\boldsymbol{u}=\boldsymbol{C}\boldsymbol{A}^{n-1}\boldsymbol{x} \end{gathered} \tag{7.84}$$

将式（7.84）中各式等号左边用矢量 $\boldsymbol{z}$ 表示，则有

$$\begin{aligned} \boldsymbol{z}&=\begin{pmatrix} z_1 \\ z_2 \\ \vdots \\ z_n \end{pmatrix}=\begin{pmatrix} \boldsymbol{y} \\ \dot{\boldsymbol{y}}-\boldsymbol{C}\boldsymbol{B}\boldsymbol{u} \\ \vdots \\ \boldsymbol{y}^{(n-1)}-\boldsymbol{C}\boldsymbol{B}\boldsymbol{u}^{(n-2)}-\boldsymbol{C}\boldsymbol{A}\boldsymbol{B}\boldsymbol{u}^{(n-3)}-\cdots-\boldsymbol{C}\boldsymbol{A}^{n-2}\boldsymbol{B}\boldsymbol{u} \end{pmatrix} \\ &=\begin{pmatrix} \boldsymbol{C} \\ \boldsymbol{C}\boldsymbol{A} \\ \vdots \\ \boldsymbol{C}\boldsymbol{A}^{n-1} \end{pmatrix}\boldsymbol{x}=\boldsymbol{N}\boldsymbol{x} \end{aligned} \tag{7.85}$$

若系统完全能观， $\mathrm{rank}\boldsymbol{N}=n$ ，则有

$$\boldsymbol{x}=(\boldsymbol{N}^{\mathrm{T}}\boldsymbol{N})^{-1}\boldsymbol{N}^{\mathrm{T}}\boldsymbol{z} \tag{7.86}$$

根据式（7.85）可以构造一个新系统 $\boldsymbol{z}$ ，它以原系统的输入 $\boldsymbol{u}$ 、输出 $\boldsymbol{y}$ 为输入，它的输出 $\boldsymbol{z}$ 经 $(\boldsymbol{N}^{\mathrm{T}}\boldsymbol{N})^{-1}\boldsymbol{N}^{\mathrm{T}}$ 变换后便成为状态矢量 $\boldsymbol{x}$ 。换句话说，只要系统完全能观，那么状态矢量 $\boldsymbol{x}$ 便可由系统的输入 $\boldsymbol{u}$ 、输出 $\boldsymbol{y}$ 及其各阶导数估计出来，状态估值记为 $\hat{\boldsymbol{x}}$ 。利用 $\boldsymbol{u}$ 和 $\boldsymbol{y}$ 重构 $\boldsymbol{x}$ 的状态观测器的结构如图 7.17 所示。

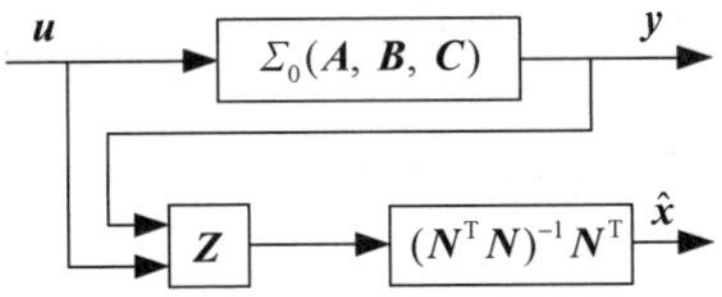

图 7.17　利用 $\boldsymbol{u}$ 和 $\boldsymbol{y}$ 重构 $\boldsymbol{x}$ 的状态观测器的结构

系统 $\boldsymbol{z}$ 包含 0 阶到 $n-1$ 阶微分器，这些微分器将使测量噪声对状态估值准确性的影响变大。因此，这样构造的状态观测器是没有工程价值的。

为了避免微分器出现，一个直观的想法是仿照系统 $\boldsymbol{\Sigma}_0=(\boldsymbol{A}, \boldsymbol{B}, \boldsymbol{C})$ 的结构，设计一个相同的系统来观测状态矢量 $\boldsymbol{x}$ ，如图 7.18 所示。

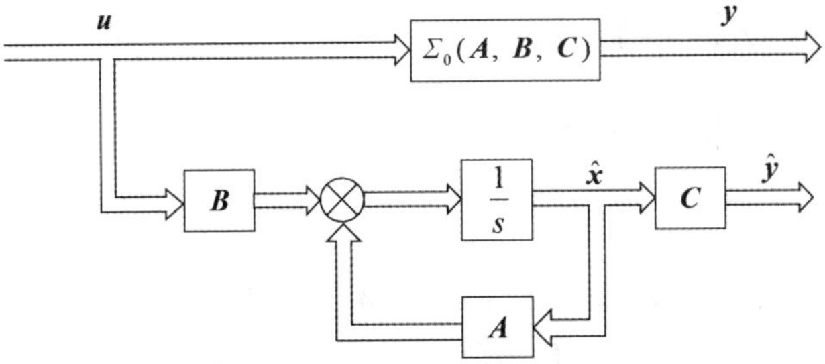

图 7.18　开环状态观测器

容易证明，只有状态观测器初态与系统初态完全相同时，图 7.18 所示的开环状态观测器的 $\hat{\boldsymbol{x}}$ 才严格等于系统的 $\boldsymbol{x}$。否则，二者可能相差很大。但是要严格保持系统初态与状态观测器初态完全一致，实际上是不可能的。此外，干扰和系统参数变化的不一致也将加大它们之间的差别，所以这种开环状态观测器是没有实用意义的。

利用输出信息对状态误差进行校正，便可构成渐近状态观测器，其结构如图 7.19（a）所示。它和开环状态观测器的差别在于其增加了反馈校正通道。当 $\hat{\boldsymbol{x}}$ 与 $\boldsymbol{x}$ 不相等时，它们的输出 $\hat{\boldsymbol{y}}$ 和 $\boldsymbol{y}$ 也不相等，于是产生误差信号 $\boldsymbol{y}-\hat{\boldsymbol{y}}=\boldsymbol{y}-\boldsymbol{C}\hat{\boldsymbol{x}}$。该误差信号被反馈矩阵 $\boldsymbol{G}$ 馈送到状态观测器中每个积分器的输入端，参与调整状态观测器的 $\hat{\boldsymbol{x}}$，使 $\hat{\boldsymbol{x}}$ 以一定的精度和速度渐近于 $\boldsymbol{x}$。渐近状态观测器因此得名。

根据图 7.19 可得状态观测器方程：

$$\dot{\hat{\boldsymbol{x}}}=\boldsymbol{A}\hat{\boldsymbol{x}}+\boldsymbol{B}\boldsymbol{u}+\boldsymbol{G}(\boldsymbol{y}-\hat{\boldsymbol{y}})=\boldsymbol{A}\hat{\boldsymbol{x}}+\boldsymbol{B}\boldsymbol{u}+\boldsymbol{G}\boldsymbol{y}-\boldsymbol{G}\boldsymbol{C}\hat{\boldsymbol{x}}$$

即

$$\dot{\hat{\boldsymbol{x}}}=(\boldsymbol{A}-\boldsymbol{G}\boldsymbol{C})\hat{\boldsymbol{x}}+\boldsymbol{G}\boldsymbol{y}+\boldsymbol{B}\boldsymbol{u} \tag{7.87}$$

其中，$\hat{\boldsymbol{x}}$ 为状态观测器的状态矢量，是状态 $\boldsymbol{x}$ 的估值；$\hat{\boldsymbol{y}}$ 为状态观测器的输出矢量；$\boldsymbol{G}$ 为状态观测器的输出误差反馈矩阵。

根据式（7.87）可将状态观测器表示为图 7.19（b）。从图 7.19（b）中可以看出，它有两个输入，一个是待观测系统的输入 $\boldsymbol{u}$，另一个是待观测系统的输出 $\boldsymbol{y}$。它的一个输出就是 $\hat{\boldsymbol{x}}$。

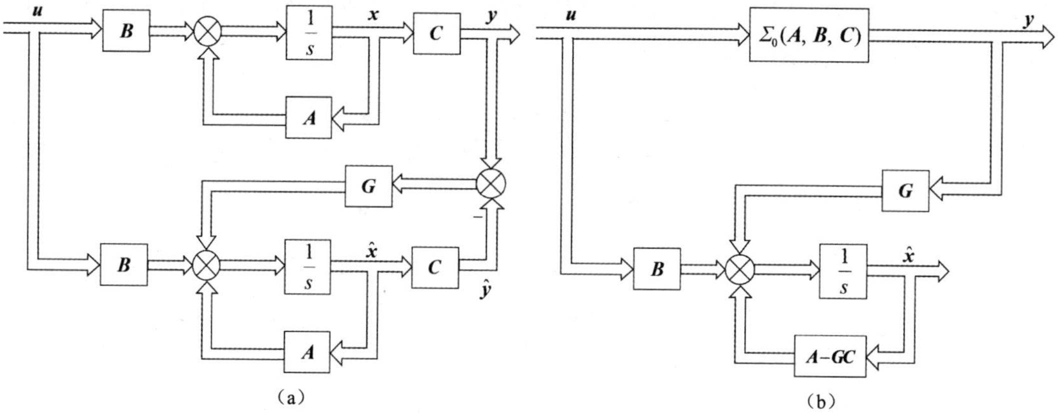

图 7.19　渐近状态观测器的结构

7.5.4　反馈矩阵 G 的设计

为了讨论 $\hat{\boldsymbol{x}}$ 渐近于 $\boldsymbol{x}$ 的速度，引入状态误差矢量：

$$\tilde{\boldsymbol{x}}=\boldsymbol{x}-\hat{\boldsymbol{x}} \tag{7.88}$$

可得状态误差方程：

$$\begin{aligned}\dot{\tilde{\boldsymbol{x}}}&=\dot{\boldsymbol{x}}-\dot{\hat{\boldsymbol{x}}}=\boldsymbol{A}\boldsymbol{x}+\boldsymbol{B}\boldsymbol{u}-(\boldsymbol{A}-\boldsymbol{G}\boldsymbol{C})\hat{\boldsymbol{x}}-\boldsymbol{G}\boldsymbol{y}-\boldsymbol{B}\boldsymbol{u}\\&=\boldsymbol{A}\boldsymbol{x}-(\boldsymbol{A}-\boldsymbol{G}\boldsymbol{C})\hat{\boldsymbol{x}}-\boldsymbol{G}\boldsymbol{C}\boldsymbol{x}\\&=(\boldsymbol{A}-\boldsymbol{G}\boldsymbol{C})(\boldsymbol{x}-\hat{\boldsymbol{x}})\end{aligned} \tag{7.89}$$

即

$$\dot{\tilde{\boldsymbol{x}}} = (\boldsymbol{A} - \boldsymbol{GC})\tilde{\boldsymbol{x}} \tag{7.90}$$

式（7.90）是一个关于 $\tilde{\boldsymbol{x}}$ 的齐次微分方程，其解为

$$\tilde{\boldsymbol{x}} = \mathrm{e}^{(\boldsymbol{A}-\boldsymbol{GC})t}\tilde{\boldsymbol{x}}(0), \quad t \geqslant 0 \tag{7.91}$$

由式（7.91）可以看出，若 $\tilde{\boldsymbol{x}}(0) = \boldsymbol{0}$，则在 $t \geqslant 0$ 的所有时间内，$\tilde{\boldsymbol{x}} \equiv \boldsymbol{0}$，即 $\hat{\boldsymbol{x}}$ 与 $\boldsymbol{x}$ 严格相等。若 $\tilde{\boldsymbol{x}}(0) \neq \boldsymbol{0}$，$\hat{\boldsymbol{x}}$ 与 $\boldsymbol{x}$ 的初值不相等，但 $\boldsymbol{A} - \boldsymbol{GC}$ 的特征值均具有负实部，则 $\tilde{\boldsymbol{x}}$ 将渐近衰减至零，状态观测器的 $\hat{\boldsymbol{x}}$ 将渐近地逼近 $\boldsymbol{x}$。逼近的速度取决于 $\boldsymbol{G}$ 的选择和 $\boldsymbol{A} - \boldsymbol{GC}$ 特征值的配置。关于 $\boldsymbol{G}$ 的设计方法和步骤，前面已有详细介绍，读者可自行参阅。

应当指出，如果系统（$\boldsymbol{A}, \boldsymbol{B}, \boldsymbol{C}$）不完全能观，但其不能观子系统是渐近稳定的，则仍可构造状态观测器。但这时 $\hat{\boldsymbol{x}}$ 渐近于 $\boldsymbol{x}$ 的速度不能由 $\boldsymbol{G}$ 任意选择，而是会受到不能观子系统极点位置的限制。

【例 7.7】已知被控系统的状态空间表达式如下所示，试设计一个状态观测器，并将其极点配置为−9，−9。

$$\dot{\boldsymbol{x}} = \begin{pmatrix} 0 & 1 \\ -2 & -3 \end{pmatrix}\boldsymbol{x} + \begin{pmatrix} 0 \\ 1 \end{pmatrix}u$$

$$y = (2, 0)\boldsymbol{x}$$

解

可以判断原受控系统完全能观，设反馈矩阵 $\boldsymbol{G}$ 为

$$\boldsymbol{G} = \begin{pmatrix} g_0 \\ g_1 \end{pmatrix}$$

由于原受控系统为二阶，因此可以直接求解反馈矩阵 $\boldsymbol{G}$，闭环状态观测器的特征多项式为

$$f(\lambda) = \det[\lambda\boldsymbol{I} - (\boldsymbol{A} - \boldsymbol{GC})] = \begin{vmatrix} \lambda + 2g_0 & -1 \\ 2 + 2g_1 & \lambda + 3 \end{vmatrix} = \lambda^2 + (2g_0 + 3)\lambda + (6g_0 + 2g_1 + 2)$$

期望特征多项式为

$$f^*(\lambda) = (\lambda + 9)^2 = \lambda^2 + 18\lambda + 81$$

比较 $f^*(\lambda)$ 与 $f(\lambda)$，使 λ 的同次项系数相等，得

$$\boldsymbol{G} = \begin{pmatrix} 7.5 \\ 17 \end{pmatrix}$$

因此，全维状态观测器方程为

$$\begin{aligned} \dot{\hat{\boldsymbol{x}}} &= (\boldsymbol{A} - \boldsymbol{Gc})\boldsymbol{x} + \boldsymbol{b}u + \boldsymbol{G}y \\ &= \begin{pmatrix} -15 & 1 \\ -36 & -3 \end{pmatrix}\hat{\boldsymbol{x}} + \begin{pmatrix} 0 \\ 1 \end{pmatrix}u + \begin{pmatrix} 7.5 \\ 17 \end{pmatrix}y \end{aligned}$$

或者 $\dot{\hat{\boldsymbol{x}}} = \boldsymbol{A}\hat{\boldsymbol{x}} + \boldsymbol{b}u + \boldsymbol{G}(y - \hat{y}) = \begin{pmatrix} 0 & 1 \\ -2 & -3 \end{pmatrix}\hat{\boldsymbol{x}} + \begin{pmatrix} 0 \\ 1 \end{pmatrix}u + \begin{pmatrix} 7.5 \\ 17 \end{pmatrix}(y - \hat{y})$

闭环状态观测器的系统结构如图 7.20 所示。

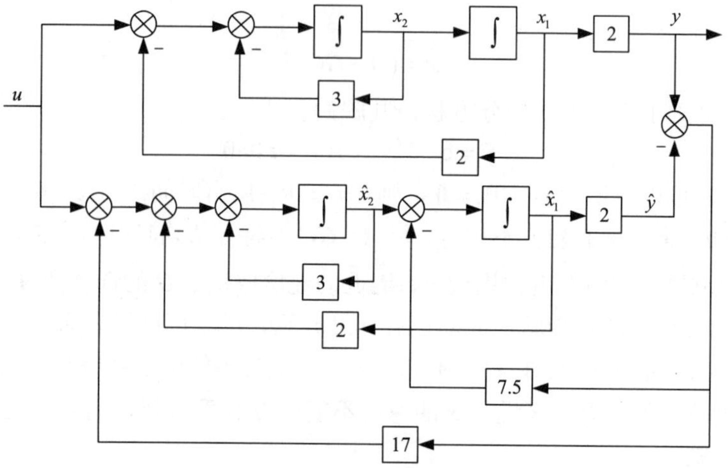

图 7.20 闭环状态观测器的系统结构

【思考】考虑如下线性定常系统：

$$\dot{\boldsymbol{x}}=\begin{pmatrix}0 & 20.6\\ 1 & 0\end{pmatrix}\boldsymbol{x}+\begin{pmatrix}0\\ 1\end{pmatrix}u$$
$$y=(0,1)\boldsymbol{x}$$

试设计一个状态观测器，其期望极点为 $-1.8\pm j2.4$ 。

7.5.5 降维状态观测器

上面介绍的状态观测器是建立在对原系统模拟的基础上的，其维数和受控系统维数相同，称为**全维状态观测器**。实际上，系统的输出 $\boldsymbol{y}$ 总是能够测量的。因此，可以利用系统的输出 $\boldsymbol{y}$ 直接产生部分状态变量，降低状态观测器的维数。可以证明，若系统能观，输出矩阵 $\boldsymbol{C}$ 的秩是 m，则它的 m 个状态分量可由输出 $\boldsymbol{y}$ 直接获得，那么，其余的 $n-m$ 个状态分量便只需用 $n-m$ 维降维观测器重构即可。降维观测器的设计方法有很多，下面介绍其一般设计方法。

首先，设系统 $\varSigma_0=(\boldsymbol{A},\boldsymbol{B},\boldsymbol{C})$ 为

$$\begin{aligned}\dot{\boldsymbol{x}}&=\boldsymbol{A}\boldsymbol{x}+\boldsymbol{B}\boldsymbol{u}\\ \boldsymbol{y}&=\boldsymbol{C}\boldsymbol{x}\end{aligned} \tag{7.92}$$

能观，且 $\mathrm{rank}\boldsymbol{C}=m$ ，则必存在线性变换 $\boldsymbol{x}=\boldsymbol{T}\bar{\boldsymbol{x}}$ 使：

$$\begin{aligned}\bar{\boldsymbol{A}}&=\boldsymbol{T}^{-1}\boldsymbol{A}\boldsymbol{T}=\begin{pmatrix}\bar{\boldsymbol{A}}_{11} & \bar{\boldsymbol{A}}_{12}\\ \bar{\boldsymbol{A}}_{21} & \bar{\boldsymbol{A}}_{22}\end{pmatrix}\begin{matrix}\}n-m\\ \}\ m\end{matrix}\\ \bar{\boldsymbol{B}}&=\boldsymbol{T}^{-1}\boldsymbol{B}=\begin{pmatrix}\bar{\boldsymbol{B}}_1\\ \bar{\boldsymbol{B}}_2\end{pmatrix}\begin{matrix}\}n-m\\ \}\ m\end{matrix}\\ \bar{\boldsymbol{C}}&=\boldsymbol{C}\boldsymbol{T}=(\boldsymbol{0},\boldsymbol{I})\}\ m\end{aligned} \tag{7.93}$$

选择变换矩阵 $\boldsymbol{T}$ ：

$$T^{-1}=\begin{pmatrix} C_0 \\ C \end{pmatrix}\begin{matrix} \}n-m \\ \}\ m \end{matrix},\quad T=\begin{pmatrix} C_0 \\ C \end{pmatrix}^{-1} \tag{7.94}$$

其中，C_0 为保证 T 为非奇异矩阵的任意 $(n-m)\times n$ 维矩阵。

容易验证：

$$CT=C\begin{pmatrix} C_0 \\ C \end{pmatrix}^{-1}=(0,I)$$

上式两边同时右乘 $\begin{pmatrix} C_0 \\ C \end{pmatrix}$，有

$$C\begin{pmatrix} C_0 \\ C \end{pmatrix}^{-1}\begin{pmatrix} C_0 \\ C \end{pmatrix}=(0,I)\begin{pmatrix} C_0 \\ C \end{pmatrix}$$

故

$$C=C$$

这样经过 T 变换后，系统的状态空间表达式将具有如下典型形式：

$$\begin{aligned} \begin{pmatrix} \dot{\bar{x}}_1 \\ \dot{\bar{x}}_2 \end{pmatrix} &= \begin{pmatrix} \bar{A}_{11} & \bar{A}_{12} \\ \bar{A}_{21} & \bar{A}_{22} \end{pmatrix}\begin{pmatrix} \bar{x}_1 \\ \bar{x}_2 \end{pmatrix}+\begin{pmatrix} \bar{B}_1 \\ \bar{B}_2 \end{pmatrix}u \\ \bar{y} &= (0,I)\begin{pmatrix} \bar{x}_1 \\ \bar{x}_2 \end{pmatrix}=\bar{x}_2 \end{aligned} \tag{7.95}$$

由于系统 $\Sigma_0=(A,\ B,\ C)$ 能观，故 $\bar{\Sigma}_0=(\bar{A},\ \bar{B},\ \bar{C})$ 也能观。由式（7.95）可见，在 $\bar{x}$ 坐标系中，后 m 个状态分量 $\bar{x}_2$ 可由输出 $\bar{y}$ 直接检测到。前 $n-m$ 个状态分量 $\bar{x}_1$ 则通过构造 $n-m$ 维状态观测器进行估计。经变换分解后的系统结构如图 7.21 所示。其中点画线框内的子系统 $\bar{\Sigma}_1$ 是待重构的子系统。

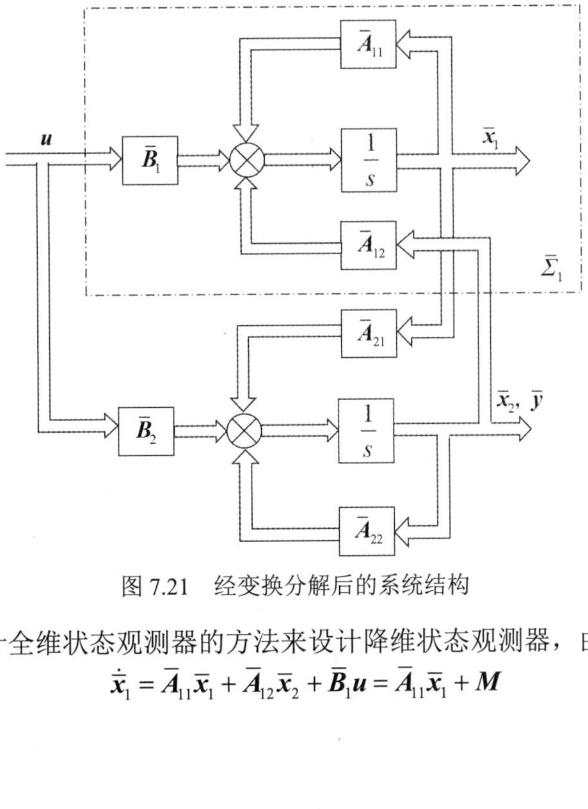

图 7.21　经变换分解后的系统结构

现在，仿照设计全维状态观测器的方法来设计降维状态观测器，由式（7.95）可得

$$\dot{\bar{x}}_1=\bar{A}_{11}\bar{x}_1+\bar{A}_{12}\bar{x}_2+\bar{B}_1u=\bar{A}_{11}\bar{x}_1+M \tag{7.96}$$

令 $z=\bar{A}_{21}\bar{x}_1$，因为 u 已知， $\bar{y}$ 可直接测出，所以可把

$$\begin{aligned}M&=\bar{A}_{12}\bar{x}_2+\bar{B}_1u\\ z&=\dot{\bar{x}}_2-\bar{A}_{22}\bar{x}_2-\bar{B}_2u\end{aligned}\tag{7.97}$$

作为待重构的子系统 $\bar{\Sigma}_1$ 已知的输入量和输出量进行处理。$\bar{A}_{21}$ 相当于 $\bar{\Sigma}_1$ 的输出矩阵。由于（$\bar{A},\bar{C}$）是能观对，因此对于 $\bar{\Sigma}_1$ 来说，（$\bar{A}_{11},\bar{A}_{21}$）也是能观对，所以 $\bar{\Sigma}_1$ 存在状态观测器。参照式（7.76）便得状态观测器方程：

$$\dot{\hat{\bar{x}}}_1=(\bar{A}_{11}-\bar{G}\bar{A}_{21})\hat{\bar{x}}_1+M+\bar{G}z\tag{7.98}$$

类似地，通过选择$(n-m)\times n$ 维矩阵 G，可将矩阵 $\bar{A}_{11}-\bar{G}\bar{A}_{21}$ 的特征值配置在期望的位置上。

将式（7.97）代入式（7.98）中，得

$$\dot{\hat{\bar{x}}}_1=(\bar{A}_{11}-\bar{G}\bar{A}_{21})\hat{\bar{x}}_1+(\bar{A}_{12}-\bar{G}\bar{A}_{22})\bar{y}+(\bar{B}_1-\bar{G}\bar{B}_2)u+\bar{G}\dot{\bar{y}}\tag{7.99}$$

方程中出现 $\dot{\bar{y}}$ 增加了实现上的困难。为了消去 $\dot{\bar{y}}$，引入变量：

$$\hat{\bar{w}}=\hat{\bar{x}}_1-\bar{G}\bar{y}$$

于是，状态观测器方程变为

$$\begin{aligned}\dot{\hat{\bar{w}}}&=(\bar{A}_{11}-\bar{G}\bar{A}_{21})\hat{\bar{x}}_1+(\bar{A}_{12}-\bar{G}\bar{A}_{22})\bar{y}+(\bar{B}_1-\bar{G}\bar{B}_2)u\\ \hat{\bar{x}}_1&=\hat{\bar{w}}+\bar{G}\bar{y}\end{aligned}\tag{7.100}$$

或者将 $\hat{\bar{x}}_1$ 代入式（7.100）中，得

$$\begin{aligned}\dot{\hat{\bar{w}}}=&(\bar{A}_{11}-\bar{G}\bar{A}_{21})\hat{\bar{w}}+[(\bar{A}_{11}-\bar{G}\bar{A}_{21})\bar{G}+(\bar{A}_{12}-\bar{G}\bar{A}_{22})]\bar{y}\\ &+(\bar{B}_1-\bar{G}\bar{B}_2)u\\ \hat{\bar{x}}_1=&\hat{\bar{w}}+\bar{G}\bar{y}\end{aligned}\tag{7.101}$$

其中，$\hat{\bar{x}}_1$ 为 $\bar{x}_1$ 的观测值或估计值。

整个状态矢量 $\bar{x}$ 的估计值为

$$\hat{\bar{x}}=\begin{pmatrix}\hat{\bar{x}}_1\\ \bar{x}_2\end{pmatrix}=\begin{pmatrix}\hat{\bar{w}}+\bar{G}\bar{y}\\ \bar{y}\end{pmatrix}=\begin{pmatrix}I\\ 0\end{pmatrix}\hat{\bar{w}}+\begin{pmatrix}\bar{G}\\ I\end{pmatrix}\bar{y}\tag{7.102}$$

再将 $\hat{\bar{x}}$ 变换到 $\hat{x}$ 状态下，则有

$$\hat{x}=T\hat{\bar{x}}\tag{7.103}$$

根据式（7.100）可得整个降维状态观测器结构图，如图 7.22 所示。

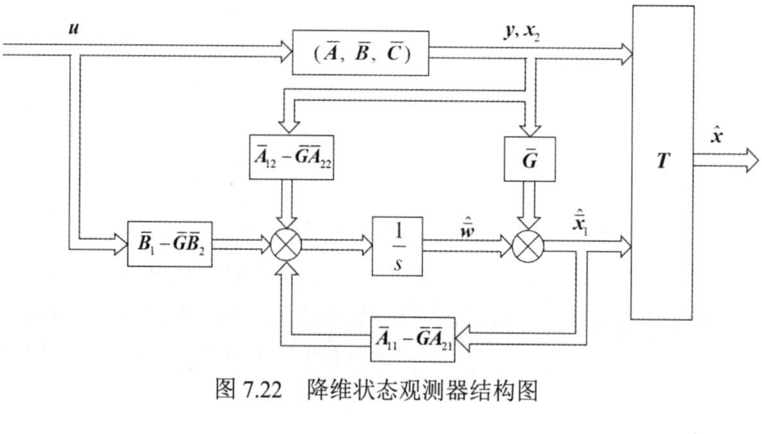

图 7.22 降维状态观测器结构图

由式（7.95）可知，$\bar{x}_2=\bar{y}$ 是直接可测的，所以这 m 个状态分量没有估值误差。为了证实 $\bar{x}_1$ 的估值误差具有所希望的衰减速率，可将式（7.96）减去式（7.99），得到状态估值误差方程：

$$\begin{aligned}\dot{\tilde{x}}_1=\dot{\bar{x}}_1-\dot{\hat{\bar{x}}}_1=&\bar{A}_{11}\bar{x}_1+\bar{A}_{12}\bar{y}+\bar{B}_1u-(\bar{A}_{11}-\bar{G}\bar{A}_{21})\hat{\bar{x}}_1\\&-(\bar{A}_{12}-\bar{G}\bar{A}_{22})\bar{y}-(\bar{B}_1-\bar{G}\bar{B}_2)u-\bar{G}\dot{\bar{y}}\end{aligned}$$

考虑 $\bar{A}_{21}\bar{x}_1=\dot{\bar{y}}-\bar{A}_{22}\bar{y}-\bar{B}_2u$，经消项整理后可得

$$\dot{\tilde{x}}_1=(\bar{A}_{11}-\bar{G}\bar{A}_{21})(\bar{x}_1-\hat{\bar{x}}_1)=(\bar{A}_{11}-\bar{G}\bar{A}_{21})\tilde{x}_1 \tag{7.104}$$

其中，$\tilde{x}_1=\bar{x}_1-\hat{\bar{x}}_1$ 为状态估值误差。

由于系统能观，因此必能通过选择 $\bar{G}$ 使（$\bar{A}_{11}-\bar{G}\bar{A}_{21}$）的极点获得任意配置，保证 $\tilde{x}_1$ 能按设计者的愿望尽快衰减到零。

【例7.8】 给定系统 $\Sigma_0=(A,\ b,\ c)$

$$\dot{x}=\begin{pmatrix}4&4&4\\-11&-12&-12\\13&14&13\end{pmatrix}x+\begin{pmatrix}1\\-1\\0\end{pmatrix}u$$

$$y=(1,1,1)x$$

试设计极点为−3，−4 的降维状态观测器。

解

（1）经检验，系统完全能观，因此存在降维状态观测器，且 $\mathrm{rank}\,c=1$。

（2）构造变换矩阵并对其做线性变换，设

$$T^{-1}=\begin{pmatrix}1&0&0\\0&1&0\\1&1&1\end{pmatrix},\quad T=\begin{pmatrix}1&0&0\\0&1&0\\-1&-1&1\end{pmatrix}$$

得

$$\bar{A}=T^{-1}AT=\begin{pmatrix}1&0&0\\0&1&0\\1&1&1\end{pmatrix}\begin{pmatrix}4&4&4\\-11&-12&-12\\13&14&13\end{pmatrix}\begin{pmatrix}1&0&0\\0&1&0\\-1&-1&1\end{pmatrix}=\left(\begin{array}{cc|c}0&0&4\\1&0&-12\\\hline 1&1&5\end{array}\right)$$

$$\bar{b}=T^{-1}b=\begin{pmatrix}1&0&0\\0&1&0\\1&1&1\end{pmatrix}\begin{pmatrix}1\\-1\\0\end{pmatrix}=\left(\begin{array}{c}1\\-1\\\hline 0\end{array}\right)$$

$$\bar{c}=cT=(1,1,1)\begin{pmatrix}1&0&0\\0&1&0\\-1&-1&1\end{pmatrix}=\left(\begin{array}{cc|c}0&0&1\end{array}\right)$$

由于状态分量 x_3 可由 $\bar{y}$ 直接提供，因此只需设计二维状态观测器。

（3）引入$\bar{\boldsymbol{G}}=\begin{pmatrix}\bar{g}_0\\ \bar{g}_1\end{pmatrix}$得降维状态观测器特征多项式：

$$\begin{aligned}f(\lambda)&=\det[\lambda\boldsymbol{I}-(\bar{\boldsymbol{A}}_{11}-\bar{\boldsymbol{G}}\bar{\boldsymbol{A}}_{21})]\\&=\det\left[\begin{pmatrix}\lambda&0\\0&\lambda\end{pmatrix}-\begin{pmatrix}0&0\\1&0\end{pmatrix}+\begin{pmatrix}\bar{g}_0\\ \bar{g}_1\end{pmatrix}(1,\quad 1)\right]\\&=\det\begin{pmatrix}\lambda+\bar{g}_0&\bar{g}_0\\-1+\bar{g}_1&\lambda+\bar{g}_1\end{pmatrix}=\lambda^2+(\bar{g}_0+\bar{g}_1)\lambda+\bar{g}_0\end{aligned}$$

（4）期望特征多项式为

$$f^*(\lambda)=(\lambda+3)(\lambda+4)=\lambda^2+7\lambda+12$$

（5）比较$f(\lambda)$与$f^*(\lambda)$各相应项的系数，得

$$\bar{g}_0=12\text{，}\quad \bar{g}_1=-5$$

即

$$\bar{\boldsymbol{G}}=\begin{pmatrix}12\\-5\end{pmatrix}$$

（6）根据式（7.100）可得降维状态观测器方程：

$$\dot{\hat{\boldsymbol{w}}}=\begin{pmatrix}-12&-12\\6&5\end{pmatrix}\hat{\bar{\boldsymbol{x}}}_1+\begin{pmatrix}-56\\13\end{pmatrix}\bar{\boldsymbol{y}}+\begin{pmatrix}1\\-1\end{pmatrix}u$$

$$\hat{\bar{\boldsymbol{x}}}_1=\hat{\boldsymbol{w}}+\begin{pmatrix}12\\-5\end{pmatrix}\bar{\boldsymbol{y}}$$

或由式（7.101）得

$$\dot{\hat{\boldsymbol{w}}}=\begin{pmatrix}-12&-12\\6&5\end{pmatrix}\hat{\boldsymbol{w}}+\begin{pmatrix}-140\\60\end{pmatrix}\bar{\boldsymbol{y}}+\begin{pmatrix}1\\-1\end{pmatrix}u$$

$$\hat{\bar{\boldsymbol{x}}}_1=\hat{\boldsymbol{w}}+\begin{pmatrix}12\\-5\end{pmatrix}\bar{\boldsymbol{y}}$$

原系统经线性变换后得状态估计值为

$$\hat{\bar{\boldsymbol{x}}}=\begin{pmatrix}\hat{\bar{\boldsymbol{x}}}_1\\ \bar{x}_3\end{pmatrix}=\begin{pmatrix}\hat{\boldsymbol{w}}+\bar{\boldsymbol{G}}\bar{\boldsymbol{y}}\\ \bar{\boldsymbol{y}}\end{pmatrix}=\begin{pmatrix}1&0\\0&1\\0&0\end{pmatrix}\begin{pmatrix}\hat{\boldsymbol{w}}_1\\ \hat{\boldsymbol{w}}_2\end{pmatrix}+\begin{pmatrix}12\\-5\\1\end{pmatrix}\bar{\boldsymbol{y}}=\begin{pmatrix}\hat{\boldsymbol{w}}_1+12\bar{\boldsymbol{y}}\\ \hat{\boldsymbol{w}}_2-5\bar{\boldsymbol{y}}\\ \bar{\boldsymbol{y}}\end{pmatrix}$$

（7）为得到原系统的状态估计值，还要做如下变换：

$$\hat{\boldsymbol{x}}=\boldsymbol{T}\hat{\bar{\boldsymbol{x}}}=\begin{pmatrix}1&0&0\\0&1&0\\-1&-1&1\end{pmatrix}\begin{pmatrix}\hat{\boldsymbol{w}}_1+12\bar{\boldsymbol{y}}\\ \hat{\boldsymbol{w}}_2-5\bar{\boldsymbol{y}}\\ \bar{\boldsymbol{y}}\end{pmatrix}=\begin{pmatrix}\hat{\boldsymbol{w}}_1+12\bar{\boldsymbol{y}}\\ \hat{\boldsymbol{w}}_2-5\bar{\boldsymbol{y}}\\ -\hat{\boldsymbol{w}}_1-\hat{\boldsymbol{w}}_2-6\bar{\boldsymbol{y}}\end{pmatrix}$$

例 7.8 降维状态观测器结构如图 7.23 所示。

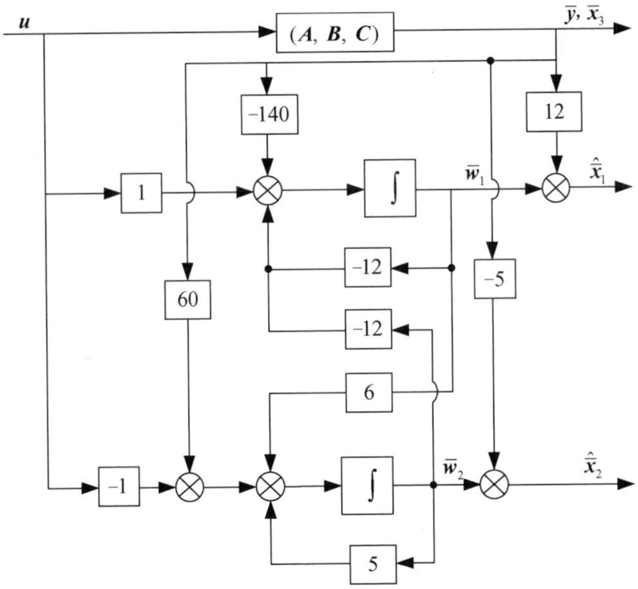

图 7.23　例 7.8 降维状态观测器结构

【思考】已知线性定常系统描述如下：

$$\dot{x}=\begin{pmatrix}-1 & 1\\ 1 & -2\end{pmatrix}x+\begin{pmatrix}0\\ 1\end{pmatrix}u$$

$$y=(1,0)x$$

（1）试设计一个全维状态观测器，其极点为 $\lambda_1^*=\lambda_2^*=-5$。

（2）若输出 y 可测量，试设计一个最小阶状态观测器，该状态观测器矩阵所期望的特征值为 $\lambda^*=-5$。

7.6　带状态观测器的状态反馈系统

状态观测器解决了受控系统的状态重构问题，可使状态反馈系统得以实现。但是，利用状态观测器进行状态估值反馈的系统，与状态直接反馈的系统究竟有何异同，是本节要讨论的问题。带状态观测器的状态反馈系统的设计过程分为两个阶段，第一个阶段是确定状态反馈增益矩阵 $\boldsymbol{K}$，以获取期望的反馈闭环系统的特征方程；第二个阶段是确定状态观测器的反馈矩阵 $\boldsymbol{G}$，以获取期望的状态观测器特征方程。

7.6.1　系统的结构与状态空间表达式

图 7.24 所示为一个带有全维状态观测器的状态反馈系统。

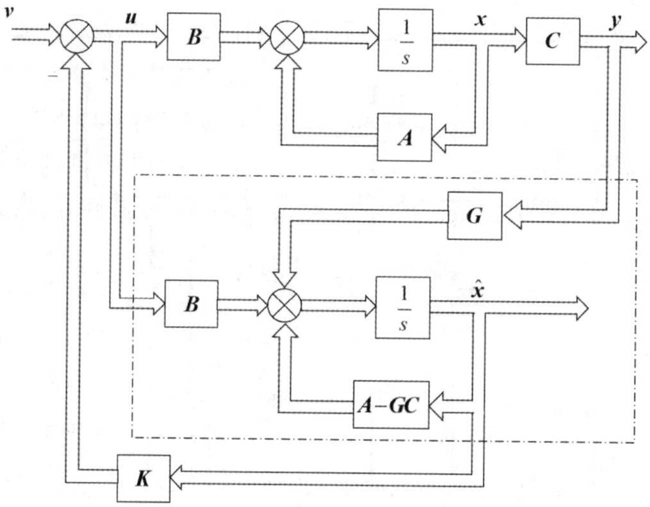

图 7.24　带有全维状态观测器的状态反馈系统

设能控且能观的受控系统 $\varSigma_0=(\boldsymbol{A},\ \boldsymbol{B},\ \boldsymbol{C})$ 为

$$\begin{aligned}\dot{\boldsymbol{x}}&=\boldsymbol{A}\boldsymbol{x}+\boldsymbol{B}\boldsymbol{u}\\ \boldsymbol{y}&=\boldsymbol{C}\boldsymbol{x}\end{aligned} \tag{7.105}$$

状态观测器 $\varSigma_G$ 为

$$\begin{aligned}\dot{\hat{\boldsymbol{x}}}&=(\boldsymbol{A}-\boldsymbol{G}\boldsymbol{C})\hat{\boldsymbol{x}}+\boldsymbol{G}\boldsymbol{y}+\boldsymbol{B}\boldsymbol{u}\\ \hat{\boldsymbol{y}}&=\boldsymbol{C}\hat{\boldsymbol{x}}\end{aligned} \tag{7.106}$$

状态反馈控制律为

$$\boldsymbol{u}=\boldsymbol{v}-\boldsymbol{K}\boldsymbol{x} \tag{7.107}$$

将式（7.107）代入式（7.105）和式（7.106）中，并对其进行整理，或者直接由系统结构图得整个闭环系统的状态空间表达式为

$$\begin{aligned}\dot{\boldsymbol{x}}&=\boldsymbol{A}\boldsymbol{x}-\boldsymbol{B}\boldsymbol{K}\hat{\boldsymbol{x}}+\boldsymbol{B}\boldsymbol{v}\\ \dot{\hat{\boldsymbol{x}}}&=\boldsymbol{G}\boldsymbol{C}\boldsymbol{x}+(\boldsymbol{A}-\boldsymbol{G}\boldsymbol{C}-\boldsymbol{B}\boldsymbol{K})\hat{\boldsymbol{x}}+\boldsymbol{B}\boldsymbol{v}\\ \boldsymbol{y}&=\boldsymbol{C}\boldsymbol{x}\end{aligned} \tag{7.108}$$

写成矩阵形式为（$\boldsymbol{A}_1,\boldsymbol{B}_1,\boldsymbol{C}_1$），即

$$\begin{aligned}\begin{pmatrix}\dot{\boldsymbol{x}}\\ \dot{\hat{\boldsymbol{x}}}\end{pmatrix}&=\begin{pmatrix}\boldsymbol{A} & -\boldsymbol{B}\boldsymbol{K}\\ \boldsymbol{G}\boldsymbol{C} & \boldsymbol{A}-\boldsymbol{G}\boldsymbol{C}-\boldsymbol{B}\boldsymbol{K}\end{pmatrix}\begin{pmatrix}\boldsymbol{x}\\ \hat{\boldsymbol{x}}\end{pmatrix}+\begin{pmatrix}\boldsymbol{B}\\ \boldsymbol{B}\end{pmatrix}\boldsymbol{v}\\ \boldsymbol{y}&=(\boldsymbol{C},\boldsymbol{0})\begin{pmatrix}\boldsymbol{x}\\ \hat{\boldsymbol{x}}\end{pmatrix}\end{aligned} \tag{7.109}$$

由此可见，这是一个 $2n$ 维的闭环控制系统。

7.6.2　闭环系统的基本特性

1. 闭环系统极点设计的分离性

闭环系统的极点包括 $\varSigma_0$ 直接状态反馈系统 $\varSigma_K=(\boldsymbol{A}-\boldsymbol{B}\boldsymbol{K},\boldsymbol{B},\boldsymbol{C})$ 的极点和状态观测器 $\varSigma_G$ 的极点两部分。但二者独立，相互分离。

状态估计误差为 $\tilde{\boldsymbol{x}}=\boldsymbol{x}-\hat{\boldsymbol{x}}$，引入等效变换：

$$\begin{pmatrix}\boldsymbol{x}\\ \tilde{\boldsymbol{x}}\end{pmatrix}=\begin{pmatrix}\boldsymbol{I} & \boldsymbol{0}\\ \boldsymbol{I} & -\boldsymbol{I}\end{pmatrix}\begin{pmatrix}\boldsymbol{x}\\ \hat{\boldsymbol{x}}\end{pmatrix}=\begin{pmatrix}\boldsymbol{x}\\ \boldsymbol{x}-\hat{\boldsymbol{x}}\end{pmatrix} \tag{7.110}$$

令变换矩阵为

$$\boldsymbol{T}=\begin{pmatrix}\boldsymbol{I} & \boldsymbol{0}\\ \boldsymbol{I} & -\boldsymbol{I}\end{pmatrix},\quad \boldsymbol{T}^{-1}=\begin{pmatrix}\boldsymbol{I} & \boldsymbol{0}\\ \boldsymbol{I} & -\boldsymbol{I}\end{pmatrix}^{-1}=\begin{pmatrix}\boldsymbol{I} & \boldsymbol{0}\\ \boldsymbol{I} & -\boldsymbol{I}\end{pmatrix}=\boldsymbol{T} \tag{7.111}$$

经线性变换后的系统（$\bar{\boldsymbol{A}}_1,\bar{\boldsymbol{B}}_1,\bar{\boldsymbol{C}}_1$）为

$$\begin{aligned}\bar{\boldsymbol{A}}_1&=\boldsymbol{T}^{-1}\boldsymbol{A}_1\boldsymbol{T}=\begin{pmatrix}\boldsymbol{I} & \boldsymbol{0}\\ \boldsymbol{I} & -\boldsymbol{I}\end{pmatrix}\begin{pmatrix}\boldsymbol{A} & -\boldsymbol{BK}\\ \boldsymbol{GC} & \boldsymbol{A}-\boldsymbol{GC}-\boldsymbol{BK}\end{pmatrix}\begin{pmatrix}\boldsymbol{I} & \boldsymbol{0}\\ \boldsymbol{I} & -\boldsymbol{I}\end{pmatrix}\\ &=\begin{pmatrix}\boldsymbol{A}-\boldsymbol{BK} & -\boldsymbol{BK}\\ \boldsymbol{0} & \boldsymbol{A}-\boldsymbol{GC}\end{pmatrix}\\ \bar{\boldsymbol{B}}_1&=\boldsymbol{T}^{-1}\boldsymbol{B}_1=\begin{pmatrix}\boldsymbol{I} & \boldsymbol{0}\\ \boldsymbol{I} & -\boldsymbol{I}\end{pmatrix}\begin{pmatrix}\boldsymbol{B}\\ \boldsymbol{B}\end{pmatrix}=\begin{pmatrix}\boldsymbol{B}\\ \boldsymbol{0}\end{pmatrix}\\ \bar{\boldsymbol{C}}_1&=\boldsymbol{C}_1\boldsymbol{T}=(\boldsymbol{C},\boldsymbol{0})\begin{pmatrix}\boldsymbol{I} & \boldsymbol{0}\\ \boldsymbol{I} & -\boldsymbol{I}\end{pmatrix}=(\boldsymbol{C},\boldsymbol{0})\end{aligned} \tag{7.112}$$

或者展开为

$$\begin{aligned}\dot{\boldsymbol{x}}&=(\boldsymbol{A}-\boldsymbol{BK})\boldsymbol{x}-\boldsymbol{BK}\tilde{\boldsymbol{x}}+\boldsymbol{Bv}\\ \dot{\tilde{\boldsymbol{x}}}&=(\boldsymbol{A}-\boldsymbol{GC})\tilde{\boldsymbol{x}}\\ \boldsymbol{y}&=\boldsymbol{Cx}\end{aligned} \tag{7.113}$$

带状态观测器的状态反馈系统的等效结构图如图 7.25 所示。

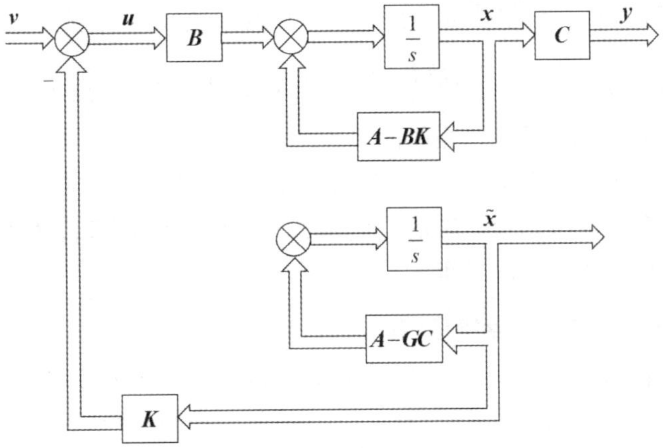

图 7.25　带状态观测器的状态反馈系统的等效结构图

由于线性变换不改变系统的极点，因此，有

$$\begin{aligned}\det[s\boldsymbol{I}-\bar{\boldsymbol{A}}_1]&=\det\begin{pmatrix}s\boldsymbol{I}-(\boldsymbol{A}-\boldsymbol{BK}) & \boldsymbol{BK}\\ \boldsymbol{0} & s\boldsymbol{I}-(\boldsymbol{A}-\boldsymbol{GC})\end{pmatrix}\\ &=\det[s\boldsymbol{I}-(\boldsymbol{A}-\boldsymbol{BK})]\cdot\det[s\boldsymbol{I}-(\boldsymbol{A}-\boldsymbol{GC})]\end{aligned} \tag{7.114}$$

式（7.114）表明，由状态观测器构成状态反馈的闭环系统，其特征多项式等于矩阵 $\boldsymbol{A}-\boldsymbol{BK}$

的特征多项式与矩阵 $\boldsymbol{A}-\boldsymbol{GC}$ 的特征多项式的乘积，也即闭环系统的极点等于直接状态反馈 $\boldsymbol{A}-\boldsymbol{BK}$ 的极点和状态观测器 $\boldsymbol{A}-\boldsymbol{GC}$ 的极点的总和，而且二者相互独立。因此只要系统（$\boldsymbol{A}$，$\boldsymbol{B}$，$\boldsymbol{C}$）能控且能观，就可分别设计系统的状态反馈增益矩阵 $\boldsymbol{K}$ 和状态观测器的反馈矩阵 $\boldsymbol{G}$。这个性质称为闭环系统极点设计的分离性。

2. 传递函数矩阵的不变性

这个不变性表示由状态观测器构成的状态反馈系统和状态直接反馈系统具有相同的传递函数矩阵。

根据分块矩阵的性质可知，对于一个分块矩阵：

$$\boldsymbol{Q}=\begin{pmatrix}\boldsymbol{R} & \boldsymbol{S}\\ \boldsymbol{0} & \boldsymbol{T}\end{pmatrix} \tag{7.115}$$

若 $\boldsymbol{R}$ 和 $\boldsymbol{T}$ 均可逆，则下式成立：

$$\boldsymbol{Q}^{-1}=\begin{pmatrix}\boldsymbol{R} & \boldsymbol{S}\\ \boldsymbol{0} & \boldsymbol{T}\end{pmatrix}^{-1}=\begin{pmatrix}\boldsymbol{R}^{-1} & -\boldsymbol{R}^{-1}\boldsymbol{S}\boldsymbol{T}^{-1}\\ \boldsymbol{0} & \boldsymbol{T}^{-1}\end{pmatrix} \tag{7.116}$$

利用上式计算 $(s\boldsymbol{I}-\bar{\boldsymbol{A}}_1)^{-1}$，可方便地求得（$\bar{\boldsymbol{A}}_1,\bar{\boldsymbol{B}}_1,\bar{\boldsymbol{C}}_1$）的传递函数矩阵：

$$\begin{aligned}\boldsymbol{W}(s)&=\bar{\boldsymbol{C}}_1(s\boldsymbol{I}-\bar{\boldsymbol{A}}_1)^{-1}\bar{\boldsymbol{B}}_1\\ &=(\boldsymbol{C},\boldsymbol{0})\begin{pmatrix}s\boldsymbol{I}-(\boldsymbol{A}-\boldsymbol{BK}) & \boldsymbol{BK}\\ \boldsymbol{0} & s\boldsymbol{I}-(\boldsymbol{A}-\boldsymbol{GC})\end{pmatrix}^{-1}\begin{pmatrix}\boldsymbol{B}\\ \boldsymbol{0}\end{pmatrix}\\ &=(\boldsymbol{C},\boldsymbol{0})\begin{pmatrix}[s\boldsymbol{I}-(\boldsymbol{A}-\boldsymbol{BK})]^{-1} & -[s\boldsymbol{I}-(\boldsymbol{A}-\boldsymbol{BK})]^{-1}\boldsymbol{BK}[s\boldsymbol{I}-(\boldsymbol{A}-\boldsymbol{GC})]^{-1}\\ \boldsymbol{0} & [s\boldsymbol{I}-(\boldsymbol{A}-\boldsymbol{GC})]^{-1}\end{pmatrix}^{-1}\begin{pmatrix}\boldsymbol{B}\\ \boldsymbol{0}\end{pmatrix}\\ &=\boldsymbol{C}[s\boldsymbol{I}-(\boldsymbol{A}-\boldsymbol{BK})]^{-1}\boldsymbol{B}\end{aligned} \tag{7.117}$$

式（7.117）表明，带状态观测器的状态反馈闭环系统的传递函数矩阵等于状态直接反馈闭环系统的传递函数矩阵。或者说，系统的传递函数矩阵与是否采用状态观测器反馈无关。这一点可从图 7.25 中看出。实际上，由于状态观测器的极点已全部与闭环系统的零点相消了，因此这类闭环系统是不完全能控的。但由于不能控的分状态是估计误差 $\tilde{\boldsymbol{x}}$，因此这种不完全能控性并不影响系统正常工作。

3. 状态观测器反馈与状态直接反馈的等效性

由式（7.113）可以看出，通过选择 $\boldsymbol{G}$ 可使 $\boldsymbol{A}-\boldsymbol{GC}$ 的特征值均具有负实部，所以必有 $\lim\limits_{t\to\infty}\tilde{\boldsymbol{x}}=\boldsymbol{0}$，因此 $t\to\infty$ 时，必有

$$\begin{aligned}\dot{\boldsymbol{x}}&=(\boldsymbol{A}-\boldsymbol{BK})\boldsymbol{x}+\boldsymbol{Bv}\\ \boldsymbol{y}&=\boldsymbol{Cx}\end{aligned} \tag{7.118}$$

成立。这就表明，只有 $t\to\infty$ 并进入稳态时，带状态观测器的状态反馈系统才会与状态直接反馈系统完全等价。但是，可通过选择 $\boldsymbol{G}$ 来加速 $\tilde{\boldsymbol{x}}\to\boldsymbol{0}$，即 $\hat{\boldsymbol{x}}$ 渐近于 $\boldsymbol{x}$ 的速度。

【例 7.9】设受控系统的传递函数为 $W_0(s)=\dfrac{1}{s(s+6)}$，通过状态反馈将闭环系统极点配置为 $-4\pm j6$，并设计实现上述状态反馈的全维状态观测器及降维状态观测器（设其极点为

−10，−10）。

解

（1）由传递函数可知，系统能控且能观，因而存在状态反馈及状态观测器。根据分离特性可分别对二者进行设计。

（2）求状态反馈增益矩阵 $\boldsymbol{K}$，为方便设计状态观测器，可直接写出系统的能观标准 II 型实现为

$$\dot{\boldsymbol{x}} = \begin{pmatrix} 0 & 0 \\ 1 & -6 \end{pmatrix}\boldsymbol{x} + \begin{pmatrix} 1 \\ 0 \end{pmatrix}u$$

$$y = (0,1)\boldsymbol{x}$$

令 $\boldsymbol{K} = (k_0, k_1)$，可得闭环系统矩阵

$$\boldsymbol{A} - \boldsymbol{bK} = \begin{pmatrix} 0 & 0 \\ 1 & -6 \end{pmatrix} - \begin{pmatrix} 1 \\ 0 \end{pmatrix}(k_0, k_1) = \begin{pmatrix} -k_0 & -k_1 \\ 1 & -6 \end{pmatrix}$$

及闭环系统的特征多项式

$$f(\lambda) = \det[\lambda\boldsymbol{I} - (\boldsymbol{A} - \boldsymbol{bK})] = \det\begin{pmatrix} \lambda + k_0 & k_1 \\ -1 & \lambda + 6 \end{pmatrix} = \lambda^2 + (6 + k_0)\lambda + (6k_0 + k_1)$$

与期望特征多项式

$$f^*(\lambda) = (\lambda + 4 - j6)(\lambda + 4 + j6) = \lambda^2 + 8\lambda + 52$$

通过比较，可得

$$\boldsymbol{K} = (2, 40)$$

（3）求全维状态观测器。

令 $\boldsymbol{G} = \begin{pmatrix} g_0 \\ g_1 \end{pmatrix}$，得

$$\boldsymbol{A} - \boldsymbol{Gc} = \begin{pmatrix} 0 & 0 \\ 1 & -6 \end{pmatrix} - \begin{pmatrix} g_0 \\ g_1 \end{pmatrix}(0,1) = \begin{pmatrix} 0 & -g_0 \\ 1 & -(6 + g_1) \end{pmatrix}$$

及

$$f(\lambda) = \det[\lambda\boldsymbol{I} - (\boldsymbol{A} - \boldsymbol{Gc})] = \det\begin{pmatrix} \lambda & g_0 \\ -1 & \lambda + (6 + g_1) \end{pmatrix} = \lambda^2 + (6 + g_1)\lambda + g_0$$

与

$$f^*(\lambda) = (\lambda + 10)^2 = \lambda^2 + 20\lambda + 100$$

通过比较，可得

$$\boldsymbol{G} = \begin{pmatrix} 100 \\ 14 \end{pmatrix}$$

全维状态观测器方程为

$$\begin{aligned} \dot{\hat{\boldsymbol{x}}} &= (\boldsymbol{A} - \boldsymbol{Gc})\hat{\boldsymbol{x}} + \boldsymbol{G}y + \boldsymbol{b}u \\ &= \begin{pmatrix} 0 & -100 \\ 1 & -20 \end{pmatrix}\hat{\boldsymbol{x}} + \begin{pmatrix} 100 \\ 14 \end{pmatrix}y + \begin{pmatrix} 1 \\ 0 \end{pmatrix}u \end{aligned}$$

例 7.9 全维状态观测器闭环系统结构如图 7.26 所示。

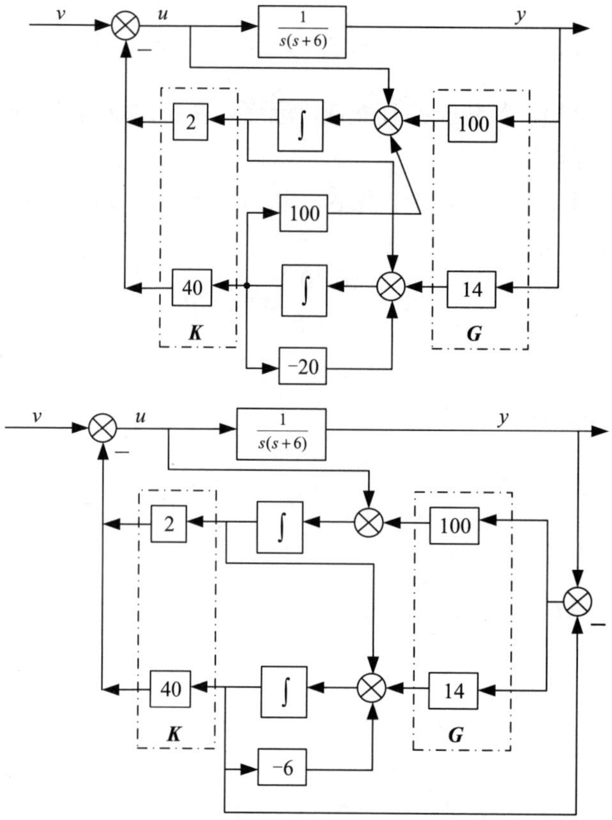

图 7.26 例 7.9 全维状态观测器闭环系统结构

（4）求降维状态观测器。

本例能观标准 II 型已满足式（7.93），有

$$\begin{pmatrix}\bar{\boldsymbol{A}}_{11} & \bar{\boldsymbol{A}}_{12}\\ \bar{\boldsymbol{A}}_{21} & \bar{\boldsymbol{A}}_{22}\end{pmatrix}=\begin{pmatrix}0 & 0\\ 1 & -6\end{pmatrix},\ \begin{pmatrix}\bar{\boldsymbol{B}}_1\\ \bar{\boldsymbol{B}}_2\end{pmatrix}=\begin{pmatrix}1\\ 0\end{pmatrix},\ (\boldsymbol{0},\boldsymbol{I})=(0,1)$$

因此不需要对系统进行线性变换，可以直接进行降维状态观测器设计。

已知降维状态观测器的期望极点为–10，假设状态观测器矩阵 $\bar{\boldsymbol{G}}=g$，根据特征多项式 $f(\lambda)=\lambda+g$ 与 $f^*(\lambda)=\lambda+10$ 相等，通过比较，可得 $g=10$。

根据式（7.100），降维状态观测器方程为

$$\dot{\hat{\boldsymbol{w}}}=(\bar{\boldsymbol{A}}_{11}-\bar{\boldsymbol{G}}\bar{\boldsymbol{A}}_{21})\hat{\boldsymbol{x}}_1+(\bar{\boldsymbol{A}}_{12}-\bar{\boldsymbol{G}}\bar{\boldsymbol{A}}_{22})\bar{\boldsymbol{y}}+(\bar{\boldsymbol{B}}_1-\bar{\boldsymbol{G}}\bar{\boldsymbol{B}}_2)\boldsymbol{u}$$
$$\hat{\boldsymbol{x}}_1=\hat{\boldsymbol{w}}+\bar{\boldsymbol{G}}\bar{\boldsymbol{y}}$$

对照本例，有

$$\bar{\boldsymbol{A}}_{11}=a_{11}=0,\ \bar{\boldsymbol{A}}_{12}=a_{12}=0,\ \bar{\boldsymbol{A}}_{21}=a_{21}=1$$
$$\bar{\boldsymbol{A}}_{22}=a_{22}=-6,\ \bar{\boldsymbol{B}}_1=b_1=1,\ \bar{\boldsymbol{B}}_2=b_2=0$$
$$\bar{\boldsymbol{G}}=g,\ \bar{\boldsymbol{y}}=y,\ \bar{\boldsymbol{x}}_1=x_1,\ \hat{\boldsymbol{w}}=\hat{w}$$

将其代入降维状态观测器方程中可得

$$\dot{\hat{w}} = -gx_1 + 6gy + u$$
$$x_1 = \hat{w} + gy$$

即

$$\dot{\hat{w}} + g\hat{w} = (6g - g^2)y + u$$

因此降维状态观测器的方程为

$$\dot{\hat{w}} = -10\hat{w} + (6\times 10 - 100)y + u = -10\hat{w} - 40y + u$$
$$\hat{x}_1 = \hat{w} + 10y$$

例 7.9 降维状态观测器闭环系统结构如图 7.27 所示。

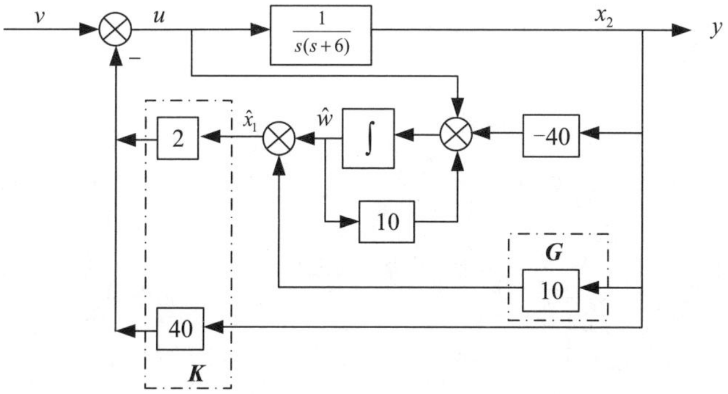

图 7.27　例 7.9 降维状态观测器闭环系统结构

【思考】已知系统状态空间描述为

$$\dot{\boldsymbol{x}} = \begin{pmatrix} 0 & 1 \\ -2 & -3 \end{pmatrix}\boldsymbol{x} + \begin{pmatrix} 0 \\ 1 \end{pmatrix}u$$
$$y = (1,0)\boldsymbol{x}$$

试用状态反馈将闭环系统极点配置为 $-1 \pm j$，设计实现上述状态反馈的全维状态观测器及降维状态观测器（设其极点为 -3，-3）。

7.7　基于 MATLAB 的系统综合

7.7.1　常用函数指令

设 $\boldsymbol{A}$、$\boldsymbol{B}$ 分别为系统矩阵和输入矩阵，期望极点用行阵 $\boldsymbol{p}$ 表示，状态反馈控制 $\boldsymbol{u}=\boldsymbol{v}-\boldsymbol{Kx}$。通过 MATLAB 函数 K=place（A,B,p）或 K=acker（A,B,p）可求得状态反馈增益矩阵 $\boldsymbol{K}$，实现极点配置。利用 place 函数可求解多变量系统，但其不适用于多重极点的情况；利用 acker 函数可求解多重极点，但其不能用于求解多变量系统。

另外，由于应用 acker 函数等时需要计算矩阵多项式 $f(\boldsymbol{A})$，因此可以改为利用 polyvalm 函数。

7.7.2 应用举例

1. 极点配置

【例 7.10】某系统的状态空间描述如下，试确定状态反馈增益矩阵 $\boldsymbol{K}$ ，使闭环系统的极点为 -2 ， $-1\pm j$ 。

$$\dot{\boldsymbol{x}}=\begin{pmatrix}0 & 1 & 0\\0 & 0 & 1\\0 & -2 & -3\end{pmatrix}\boldsymbol{x}+\begin{pmatrix}0\\0\\1\end{pmatrix}u$$
$$y=(10,0,0)\boldsymbol{x}$$

并计算状态反馈后的闭环系统的状态矩阵。

解

相关程序指令为

```
a=[0 1 0; 0 0 1; 0 -2 -3];
b=[0; 0; 1];
p=[-2 -1+i -1-i];            % p=[ ]为指定期望极点
k=place(a, b, p)
A=a-b*k                      % A为状态反馈后的闭环系统的状态矩阵
```

程序运行结果为

```
k =
    4.0000    4.0000    1.0000
A =
         0    1.0000         0
         0         0    1.0000
   -4.0000   -6.0000   -4.0000
```

或者采用 acker 函数，则程序运行结果为

```
k =
     4     4     1
```

与理论计算结果一致。

【例 7.11】已知如下系统，试将其极点配置在 -5 ， $-1\pm j$ 。

$$\dot{\boldsymbol{x}}=\begin{pmatrix}1 & 2 & 1\\0 & 1 & 0\\1 & 0 & 3\end{pmatrix}\boldsymbol{x}+\begin{pmatrix}1 & 0\\0 & 1\\0 & 0\end{pmatrix}\boldsymbol{u}$$

解

已经证明此多输入—多输出系统能控，可以采用 place 函数求解。

```
A=[1 2 1; 0 1 0; 1 0 3];
B=[1 0; 0 1; 0 0];
p=[-1+i -1-i -5];
K=place(A, B, p)
```

所需状态反馈增益矩阵可为

```
K =

    6.0000    2.0000   18.0000
         0    6.0000         0
```

【例 7.12】求解例 7.3。

解

（1）求解系统的状态反馈增益矩阵。

```
clear                                  %清除变量
close all                              %关闭数据窗口
A=input('请输入系统矩阵 A=');
b=input('请输入系统矩阵 b=');
c=eig(A); disp('原系统特征值为'), disp(c')
p=input('请输入期望极点 p=');
charA=poly(A);                         %求矩阵的特征多项式的系数
charN=conv([1, -p(1)], conv([1, -p(2)], [1, -p(3)]));  %求期望特征值多项式
ii=length(charA): -1: 2;
diffA=charN(ii)-charA(ii);             %期望特征值多项式与状态反馈前特征值多项式的对应系数相
减，求出对应能控型 K
cc=b;
bb=b;
for i=2: length(A)
   bb=A*bb;
   cc=[bb, cc];                        %组成矩阵[A²b Ab b]
end
T=cc*flipud(hankel([charA(length(charA) -1: -1: 2)'; 1]));  %通过 hankel 行调
换，求解化系统为能控标准型的变换矩阵 T
disp('变换矩阵 T=')
disp(T)
K=diffA*inv(T);                        %求对应原系统的 K
disp('状态反馈增益矩阵 K=')
disp(K)
```

程序运行结果为

```
请输入系统矩阵 A=[0 1 0; 0 -12 1; 0 0 -6];
请输入系统矩阵 b=[0; 0; 1];
原系统特征值为
     0   -12    -6
请输入期望极点 p=[-7.07+7.07i -7.07-7.07i -100]
变换矩阵 T=
     1     0     0
     0     1     0
     0    12     1
```

```
状态反馈增益矩阵 K=
  1.0e+003 *
    9.9970    0.2883    0.0961
```

也可直接调用 place 函数或 acker 函数，答案均与理论分析一致。

（2）通过仿真比较状态反馈前后系统的性能。

状态反馈前：

可以继续输入如下程序指令，求取单位阶跃响应。

```
sys=ss(a, b, c, d)          %首先需要定义原系统各个矩阵
step(sys)                   %求单位阶跃响应曲线
```

或者在 Simulink 仿真界面下构建原系统，均可得到单位阶跃响应曲线，如图 7.28 所示，原系统非渐近稳定，无法跟踪阶跃信号。

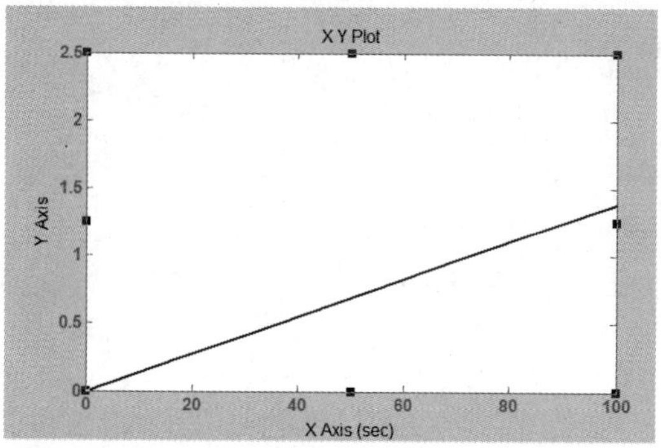

图 7.28　例 7.11 原系统单位阶跃响应曲线

状态反馈后：

在 Simulink 仿真界面下搭建状态反馈结构图，并补偿输入放大系数，保持稳态性能，如图 7.29 所示。状态反馈后单位阶跃响应曲线如图 7.30 所示，可见状态反馈后，动态性能与稳态性能均满足要求。

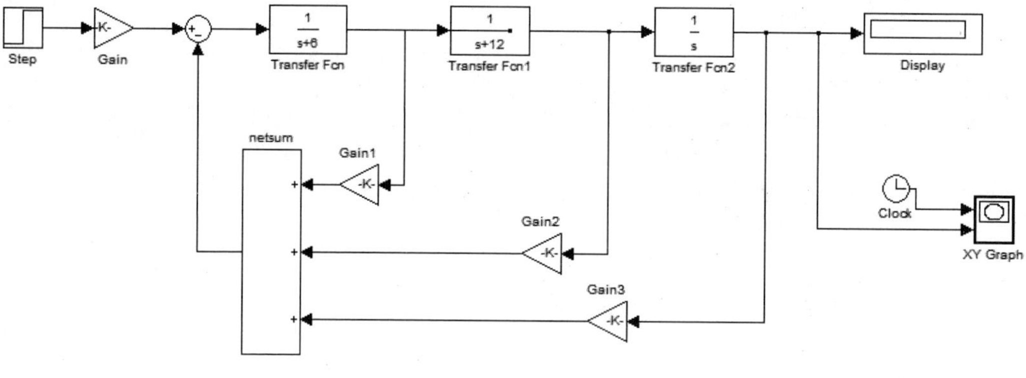

图 7.29　例 7.11 状态反馈后的仿真结构图

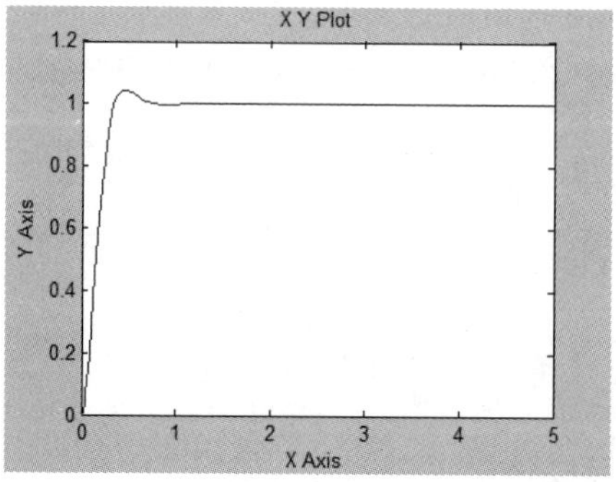

图 7.30　状态反馈后单位阶跃响应曲线

【例 7.13】有如下线性定常系统状态方程：

$$\dot{\boldsymbol{x}}=\begin{pmatrix}0&1&0\\0&0&1\\-1&-5&-6\end{pmatrix}\boldsymbol{x}+\begin{pmatrix}0\\0\\1\end{pmatrix}u$$

已知存在状态反馈增益矩阵 $\boldsymbol{K}$ 使得期望闭环极点为$-2+j4$ 和-10。计算矩阵 $\boldsymbol{A}$ 自身的多项式 $f(\boldsymbol{A})$ 与所定义的矩阵多项式 $f^*(\boldsymbol{A})$。

解

（1）计算矩阵 $\boldsymbol{A}$ 自身的 $f(\boldsymbol{A})$。

```
A=[0 1 0; 0 0 1; -1 -5 -6];
J=poly(A)              %求矩阵 A 的特征多项式的各项系数
fA=polyvalm(J, A)        %fA 为矩阵 A 自身的多项式 f(A)
```

运行结果为

```
J =
    1.0000    6.0000    5.0000    1.0000
fA =
  1.0e-014 *
   -0.2331   -0.1776         0
         0   -0.2331   -0.1776
    0.1776    0.8882    0.8327
```

可见，矩阵 $\boldsymbol{A}$ 必定满足其自身的特征方程，有 $f(\boldsymbol{A})=\boldsymbol{0}$，证实了凯莱-哈密顿定理。

（2）计算所定义的 $f^*(\boldsymbol{A})$。

```
J=[1 14 60 200];              %输入期望特征多项式的各项系数
f=polyvalm(J, A)              %f 为所定义的矩阵多项式 f*(A)
```

运行结果为

```
f =
   199    55     8
    -8   159     7
    -7   -43   117
```

2. 状态观测器设计

给定线性定常系统的状态观测器设计问题，也即其对偶系统的极点配置问题。为解决这一问题，可以根据前述相关算法自行编程，也可以采用 place 函数或 acker 函数。例如，调用格式可为 K=place(A, B, p)，其中，A 为原系统矩阵的转置矩阵，B 为原系统输出矩阵 $\boldsymbol{C}$ 的转置，p 为状态观测器的期望极点，最终求解出的状态观测器反馈矩阵 $\boldsymbol{G}$ 应该是状态反馈增益矩阵 $\boldsymbol{K}$ 的转置矩阵；直接调用 G=place(A’, C’, p’)。

【例 7.14】已知被控系统的状态空间描述，设计状态观测器，将状态观测器极点配置为-9，-9。

$$\dot{\boldsymbol{x}}=\begin{pmatrix}0&1\\-2&-3\end{pmatrix}\boldsymbol{x}+\begin{pmatrix}0\\1\end{pmatrix}u$$

$$y=(2,0)\boldsymbol{x}$$

解

计算状态观测器的反馈矩阵。

```
A=[0 1; -2 -3];
c=[2 0];
p=[-9 -9];
A=A';
b=c';
K=acker(A, b, p);
G=K'
```

由于期望极点为重根，因此不能采用 place 函数。程序运行结果为

```
G =
   7.5000
  17.0000
```

状态观测器的方程为

$$\dot{\tilde{\boldsymbol{x}}}=(\boldsymbol{A}-\boldsymbol{G}\boldsymbol{c})\tilde{\boldsymbol{x}}+\boldsymbol{b}u+\boldsymbol{G}y$$
$$=\begin{pmatrix}-15 & 1\\ -36 & -3\end{pmatrix}\begin{pmatrix}\tilde{x}_1\\ \tilde{x}_2\end{pmatrix}+\begin{pmatrix}0\\ 1\end{pmatrix}u+\begin{pmatrix}7.5\\ 17\end{pmatrix}y$$

例 7.13 中的系统及其状态观测器的结构如图 7.31 所示。输入信号为单位阶跃信号，将状态 x_2 所在积分器 Integrator 的初始值设置为 2，即设置被控系统状态 $x_2(0)=2$。观察状态 x_2 的估计误差 x'_2-x_2 的变化情况，如图 7.32（a）所示；测量系统输出 y，如图 7.32（b）所示。

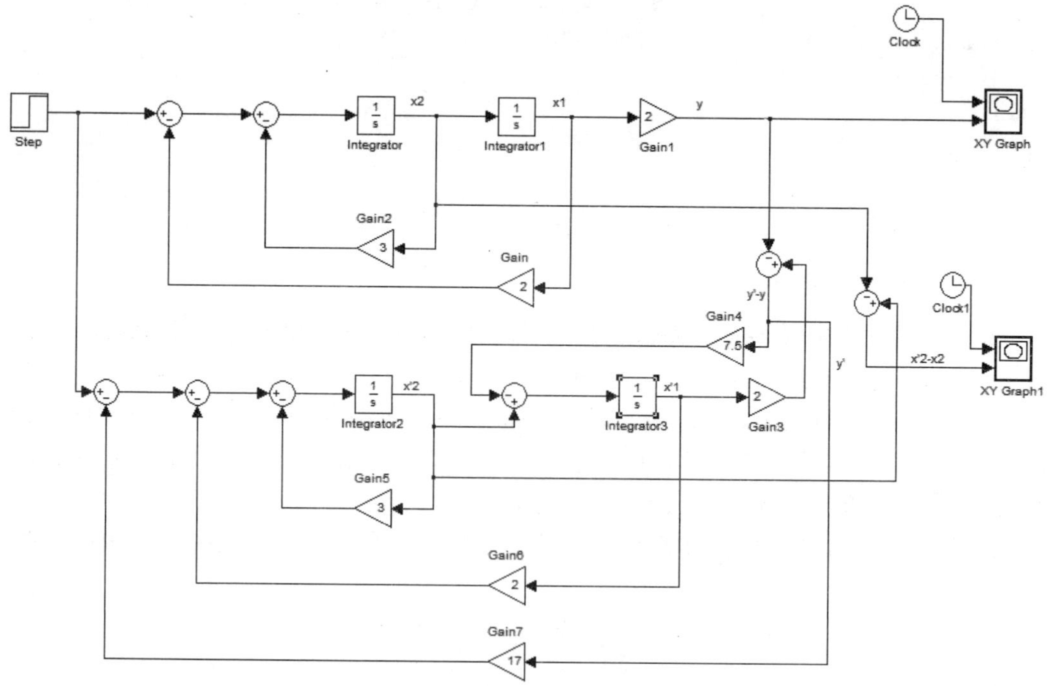

图 7.31　例 7.13 中的系统及其状态观测器的结构

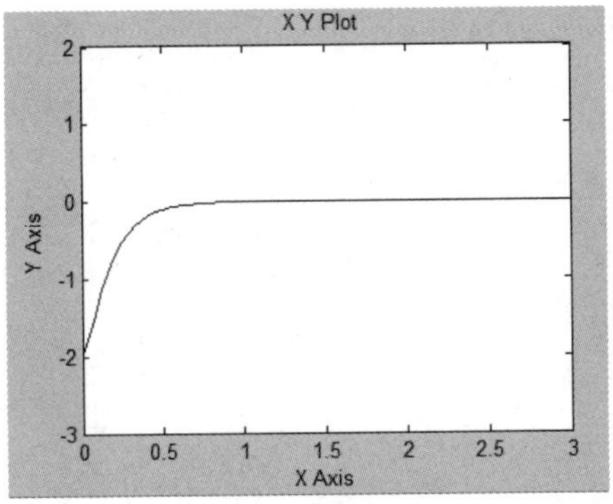

（a）估计误差 x'_2-x_2

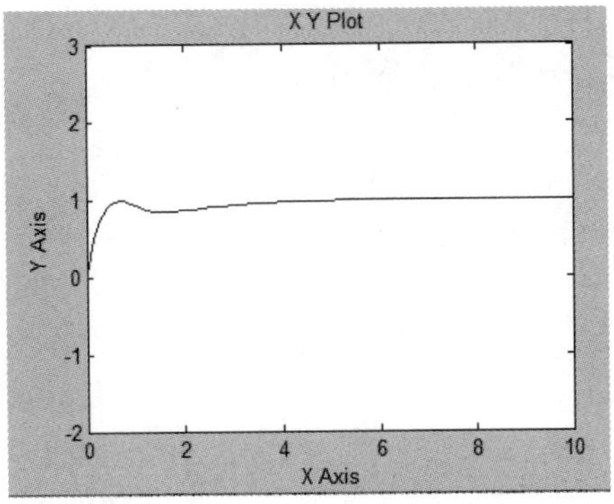

（b）输出 y

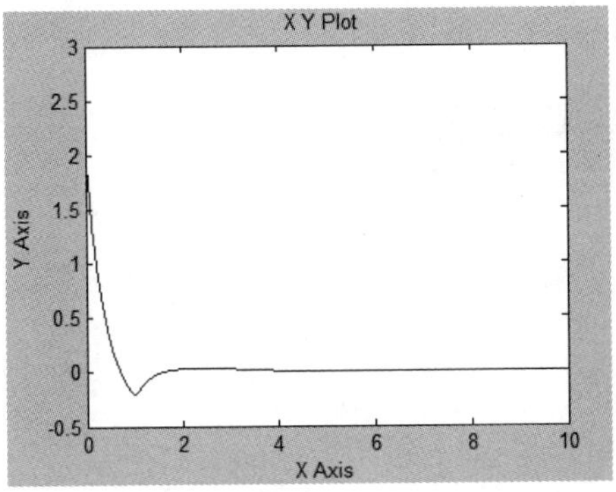

（c）状态 x_2

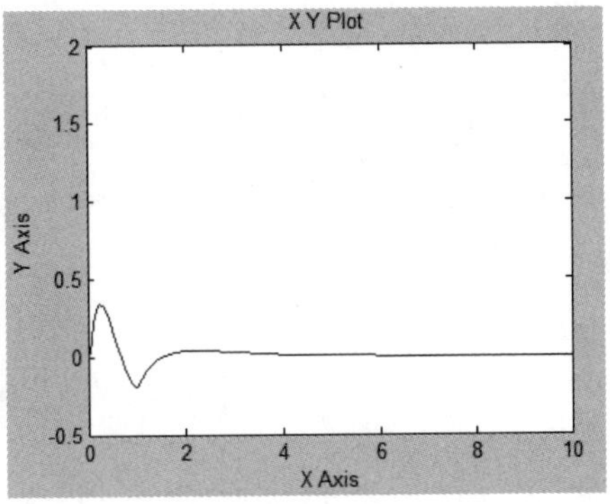

（d）估计状态 x'_2

图 7.32　系统的单位阶跃响应

由仿真结果可知，状态 x_2 的估计误差 x'_2-x_2 为 0，状态误差的收敛时间为 0.5s，与状态观测器的极点–9 相对应。可见，虽然 $x_2(0)=2$，$x'_2(0)=0$，但是只要状态观测器的极点配置得当，估计值就会很快趋近实际值。系统的输出 y 也准确跟踪了输入的单位阶跃信号，所需的过渡时间约为 4s，此时间由原系统矩阵 $\boldsymbol{A}$ 的特征值决定。状态观测器的响应速度快于系统的动态响应速度。也可以直接测量各个状态，图 7.32（c）和图 7.32（d）所示分别为状态 x_2 及估计状态 x'_2 的时间响应曲线。

因此，设计的状态观测器完全可以替代原系统。为实际中危险、高温或无法接近的那些系统的状态观测提供了一种有效途径。

【例 7.15】给定系统的状态空间表达式如下，设计一个特征值为–3，–4 的降维状态观测器。

$$\dot{\boldsymbol{x}}=\begin{pmatrix}-1 & -1 & 1\\ 1 & -1 & 0\\ -2 & -1 & -1\end{pmatrix}\boldsymbol{x}+\begin{pmatrix}1\\ 0\\ 2\end{pmatrix}u$$

$$y=(0,0,1)\boldsymbol{x}$$

解

以非奇异变换后的 $\begin{pmatrix}\bar{\boldsymbol{x}}_1\\ \bar{x}_2\end{pmatrix}$ 为对象设计降维状态观测器的程序，如下所示。

```
A=[-1 -1 1; 1 -1 0; -2 -1 -1];
b=[1; 0; 2];
```

```
c=[0 0 1];
a11=[A(1: 2, 1: 2)];            %定义 a11 为Ā11
a12=[A(1: 2, 3)];               %定义 a12 为Ā12
a21=[A(3, 1: 2)];               %定义 a21 为Ā21
a22=[A(3, 3)];                  %定义 a22 为Ā22
b1=b(1: 2, 1);
b2=b(3, 1);
a1=a11;
c1=a21;
ax=(a1)';
bx=(c1)';
p=[-3 -4];                      %定义降维状态观测器的期望极点
k=acker(ax, bx, p);
h=k'                            %求状态观测器所需的反馈矩阵
ahaz=(a11-h*a21)                %以下指令均是用来求降维状态观测器方程的矩阵
bhbu=b1-h*b2
ahay=(a11-h*a21)*h+a12-h*a22
```

程序运行结果为

```
h =
   -3
    1
ahaz =
   -7   -4
    3    0
bhbu =
    7
   -2
ahay =
   15
   -8
```

说明降维状态观测器的方程为

$$\begin{aligned}\dot{\boldsymbol{w}}&=(\bar{\boldsymbol{A}}_{11}-\bar{\boldsymbol{G}}\bar{\boldsymbol{A}}_{21})\boldsymbol{w}+(\bar{\boldsymbol{B}}_1-\bar{\boldsymbol{G}}\bar{\boldsymbol{B}}_2)\boldsymbol{u}+[\bar{\boldsymbol{A}}_{12}-\bar{\boldsymbol{G}}\bar{\boldsymbol{A}}_{22}+(\bar{\boldsymbol{A}}_{11}-\bar{\boldsymbol{G}}\bar{\boldsymbol{A}}_{21})\bar{\boldsymbol{G}}]\boldsymbol{y}\\&=\begin{pmatrix}-7&-4\\3&0\end{pmatrix}\boldsymbol{w}+\begin{pmatrix}7\\-2\end{pmatrix}u+\begin{pmatrix}15\\-8\end{pmatrix}y\end{aligned}$$

3. 带状态观测器的极点配置

【例 7.16】已知以下被控系统，采用状态观测器实现该系统的状态反馈，将闭环系统极点配置为$-1\pm j$。

$$\dot{\boldsymbol{x}}=\begin{pmatrix}0&1\\-2&-3\end{pmatrix}\boldsymbol{x}+\begin{pmatrix}0\\1\end{pmatrix}u$$

$$y=(1,0)\boldsymbol{x}$$

解

求解此问题的 MATLAB 程序如下。

```
A=[0 1; -2 -3];
B=[0; 1];
C=[1 0];
ps=[-1+i -1-i];
po=[-3 -3];
K=acker(A, B, ps)
G=acker(A', C', po)'
```

程序运行结果为

```
K =
     0    -1
G =
     3
    -2
```

4. 解耦控制

【例 7.17】 某多输入—多输出系统的状态空间表达式如下，设计解耦控制器，并将极点分别配置到−2，−3。

$$\dot{\boldsymbol{x}}=\begin{pmatrix}0 & 1 & 0\\ 1 & 0 & 1\\ -1 & -1 & 2\end{pmatrix}\boldsymbol{x}+\begin{pmatrix}1 & 0\\ 0 & 0\\ 0 & 1\end{pmatrix}\boldsymbol{u}$$

$$\boldsymbol{y}=\begin{pmatrix}1 & 0 & 0\\ 0 & 1 & 1\end{pmatrix}\boldsymbol{x}+\begin{pmatrix}0 & 0\\ 0 & 0\end{pmatrix}\boldsymbol{u}$$

解

（1）在 MATLAB 中输入系统的各矩阵。

```
A=[0 1 0; 1 0 1; -1 -1 2];
B=[1 0; 0 0; 0 1];
C=[1 0 0; 0 1 1];
D=zeros(2, 2);
```

（2）解耦控制器设计。

① 求解阶常数 d 与输入变换矩阵 $\boldsymbol{F}$。

```
[m, n]=size(C);
E=C(1, : )*B;
d(1)=0;                %求解阶常数 d
for i=2: m
for j=0: n-1
E=[E; C(i, : )*A^j*B];
if rank(E)==i
d(i)=j
break
else
```

```
E=E(1: i-1, :);
end
end
end
F=inv(E)            %求解输入变换矩阵 F
L=C(1, : )*A^(d(1)+1);
for i=2: m
L=[L; C(i, : )*A^(d(i)+1)];
end
```

程序运行结果为

```
d =
     0     0
F =
     1     0
     0     1
```

② 求状态反馈增益矩阵 ***K*** 及状态反馈后的系统矩阵。

```
K1=F*L
B1=B*F
A1=A-B*K1
```

程序运行结果为

```
K1 =
     0     1     0
     0    -1     3
B1 =
     1     0
     0     0
     0     1
A1 =
     0     0     0
     1     0     1
    -1     0    -1
```

③ 求解状态反馈后的系统的传递函数。

```
[numd1, dend1]=ss2tf(A1, B1, C, D, 1)
[numd2, dend2]=ss2tf(A1, B1, C, D, 2)
```

由[numd1, dend1]与[numd2, dend2]结果可得解耦后系统的传递函数矩阵为

$$\boldsymbol{W}(s)=\frac{1}{s^3}\begin{pmatrix} s^2 & 0 \\ 0 & s^2 \end{pmatrix}=\begin{pmatrix} \dfrac{1}{s} & 0 \\ 0 & \dfrac{1}{s} \end{pmatrix}$$

④ 解耦系统的极点配置。

```
beta=[-2, -3];              %期望极点
L=zeros(size(C));
```

```
for i=1: m
L(i, : )= C(i, : )*A-beta(i)* C(i, : ); %定义 L 为求解极点配置所需的状态反馈增益矩阵 K̃
end
K2=F*L                                   %定义 K2 为求解极点配置所需的状态反馈增益矩阵 FK̃
A2=A-B* K2
B2= B* F
[numdp1, dendp1]=ss2tf(A2, B2, C, D, 1)
[numdp2, dendp2]=ss2tf(A2, B2, C, D, 2)
```

程序运行结果为

```
K2 =
    2     1     0
    0     2     6
A2 =
   -2     0     0
    1     0     1
   -1    -3    -4
B2 =
    1     0
    0     0
    0     1
numdp1 =
        0    1.0000    4.0000    3.0000
        0         0   -0.0000   -0.0000
dendp1 =
    1     6    11     6
numdp2 =
    0     0     0     0
    0     1     3     2
dendp2 =
    1     6    11     6
```

即解耦后的传递函数为

$$\boldsymbol{W}(s)=\frac{1}{s^3+6s^2+11s+6}\begin{pmatrix} s^2+4s+3 & 0 \\ 0 & s^2+3s+2 \end{pmatrix}=\frac{1}{s^2+5s+6}\begin{pmatrix} \dfrac{1}{s+3} & 0 \\ 0 & \dfrac{1}{s+2} \end{pmatrix}$$

可求得所需的实现系统解耦和极点配置的反馈矩阵为

$$\boldsymbol{K}=\boldsymbol{K}'+\boldsymbol{F}\tilde{\boldsymbol{K}}=\begin{pmatrix} 0 & 1 & 0 \\ 0 & -1 & 3 \end{pmatrix}+\begin{pmatrix} 2 & 1 & 0 \\ 0 & 2 & 6 \end{pmatrix}=\begin{pmatrix} 2 & 2 & 0 \\ 0 & 1 & 9 \end{pmatrix}$$

本章小结及思政元素

本章从状态空间的角度研究了线性反馈控制系统的时间域综合问题。主要讨论了以下几个方面的内容。

（1）反馈的两种基本形式。系统的反馈量可以是系统输出，也可以是系统的内部状态，相应的反馈形式分别称为输出反馈和状态反馈。由于以传递函数为基础的数学模型只研究系统的输入—输出特性，因此采用的反馈形式是输出反馈。而以状态空间表达式描述的系统能反映系统的内部特性，在满足能控性条件时，可以将系统的状态变量作为反馈量，构成状态反馈。状态反馈提供的信息远多于输出反馈提供的信息，因此通常情况下，采用状态反馈控制方式可以取得比较好的控制效果。

（2）线性定常系统的极点配置。系统的极点在一定程度上反映了系统的性能要求，如果通过某种控制策略能使闭环系统的极点与希望的极点重合，那么就可以保证闭环系统具有期望的性能。线性定常系统的极点配置就是在状态反馈控制下，使得系统闭环极点与期望极点重合。线性定常系统极点任意配置的充分必要条件是系统完全能控。状态反馈还可用于研究系统的镇定问题。

（3）状态重构和状态观测器设计。通过状态反馈可以获得比较好的闭环系统特性，但是如果系统的内部状态不可直接测量，就需要根据一定的等价指标重构系统的状态。实现状态重构的装置称为状态观测器。由于要求重构的状态能快速地反映系统的真实状态，因此对状态观测器提出了一定的设计要求，这一要求通常也可以通过一组希望的状态观测器极点来体现。状态观测器极点任意配置的充分必要条件是控制对象的状态完全能观。当系统输出为 m 维时，还可以设计系统的 $n-m$ 维降维状态观测器。

（4）解耦控制。解耦控制是多输入—多输出系统的重要设计内容，控制的目的是将系统转化为若干单输入—单输出系统，可以通过串联补偿器和状态解耦来转化系统，其中，状态解耦是积分解耦，还需要重新进行状态反馈，以获得满意的动态性能。

（5）MATLAB 在线性反馈控制系统时间域综合中的应用。线性系统极点配置、状态观测器设计及最优状态调节器问题都可以通过 MATLAB 提供的函数解决。本章通过例题分别说明了 MATLAB 在线性反馈控制系统时间域综合中的若干应用。

本章涉及的思政元素主要有：①由系统进行极点任意配置获得期望性能指标的前提是系统必须能控，引出实现个人期望目标的前提是人必须经过不懈奋斗，要注重培养自身的顽强拼搏精神。②由状态反馈是一类性能比较好的反馈，但是如果系统内部的状态变量不能被测量，则即使是性能很好的控制器也无法应用于系统中，必须设计一个状态观测器使其近似代替不能观测的状态变量以实现控制作用，引出在某项工作中，发现缺少能完成工作的必备条件后，不应气馁，要发挥主观能动性，勤于思考，创造工作条件，努力实现目标。③由系统有多个输入时会对各输出产生交叉耦合影响，分析问题的复杂性较大，引出在分析问题设计解决方案时，只有充分考虑所有影响因素，化繁为简，找到每种因素对系统的具体作用，才能客观地对系统进行综合衡量。

习题

7.1 给定线性定常系统：

$$\dot{\boldsymbol{x}}=\begin{pmatrix}-2 & 1\\ 0 & -1\end{pmatrix}\boldsymbol{x}+\begin{pmatrix}0\\ 1\end{pmatrix}u$$

判断该系统是否能够进行任意极点配置；若能，要求该系统的闭环极点为–3，–3。试确定系统的状态反馈增益矩阵 $\boldsymbol{K}$。

7.2 已知系统的状态方程为

$$\dot{\boldsymbol{x}}=\begin{pmatrix}1 & -1 & 1\\ 0 & 1 & 1\\ 1 & 0 & 1\end{pmatrix}\boldsymbol{x}+\begin{pmatrix}0\\ 0\\ 1\end{pmatrix}u$$

试设计一个状态反馈矩阵，使闭环系统的极点为–1，–2，–3。

7.3 设系统的传递函数为

$$W(s)=\frac{(s-1)(s+2)}{(s+1)(s-2)(s+3)}$$

试问可否利用状态反馈将该传递函数变为

$$W(s)=\frac{s-1}{(s+2)(s+3)}$$

若有可能，试求其状态反馈矩阵，并画出系统结构图。

7.4 给定系统的状态方程为

$$\dot{\boldsymbol{x}}=\begin{pmatrix}-1 & -2 & 0\\ 0 & -1 & 1\\ 1 & 0 & -1\end{pmatrix}\boldsymbol{x}+\begin{pmatrix}2\\ 0\\ 1\end{pmatrix}u$$

确定一个状态反馈增益矩阵 $\boldsymbol{K}$，使得单位阶跃响应的期望性能满足：最大超调量 $\sigma\%\leqslant 20\%$，调整时间 $t_s\leqslant 0.4\text{s}$。

7.5 判断下列系统能否通过状态反馈镇定。

（1）$\dot{\boldsymbol{x}}=\begin{pmatrix}-1 & -2 & -2\\ 0 & -1 & 1\\ 1 & 0 & -1\end{pmatrix}\boldsymbol{x}+\begin{pmatrix}2\\ 0\\ 1\end{pmatrix}u$

（2）$\dot{\boldsymbol{x}}=\begin{pmatrix}-2 & 1 & 0 & & \boldsymbol{0}\\ 0 & -2 & 1 & & \\ 0 & 0 & -2 & & \\ & & & -5 & 1\\ \boldsymbol{0} & & & 0 & -5\end{pmatrix}\boldsymbol{x}+\begin{pmatrix}4\\ 5\\ 0\\ 7\\ 0\end{pmatrix}u$

7.6 设系统的状态方程为

$$\dot{\boldsymbol{x}}=\begin{pmatrix}0 & 1 & 0 & 0\\ 0 & 0 & -1 & 0\\ 0 & 0 & 0 & 1\\ 0 & 0 & 11 & 0\end{pmatrix}\boldsymbol{x}+\begin{pmatrix}0\\ 1\\ 0\\ -1\end{pmatrix}u$$

（1）判断该系统的稳定性；

（2）判断该系统能否通过状态反馈镇定，若能，则设计状态反馈增益矩阵 $\boldsymbol{K}$ 使之渐近稳定。

7.7 已知系统：

$$\dot{\boldsymbol{x}}=\begin{pmatrix}-1 & 0 & 0\\ 0 & -2 & -3\\ 1 & 0 & 1\end{pmatrix}\boldsymbol{x}+\begin{pmatrix}1 & 0\\ 0 & 1\\ 0 & -1\end{pmatrix}\boldsymbol{u}$$

$$\boldsymbol{y}=\begin{pmatrix}1 & 0 & 0\\ 0 & 1 & 1\end{pmatrix}\boldsymbol{x}$$

（1）判断该系统能否用状态反馈实现解耦。

（2）设计状态反馈使系统解耦，且极点为–1，–2，–3。

7.8 试设计一个前馈补偿器，使系统

$$\boldsymbol{W}(s)=\begin{pmatrix}\dfrac{1}{s+1} & \dfrac{1}{s+2}\\ \dfrac{1}{s(s+1)} & \dfrac{1}{s}\end{pmatrix}$$

解耦，且解耦后的极点为–1，–1，–2，–2。

7.9 已知系统为

$$\dot{\boldsymbol{x}}=\begin{pmatrix}-5 & -1\\ 6 & 0\end{pmatrix}\boldsymbol{x}+\begin{pmatrix}0\\ 2\end{pmatrix}u$$

$$y=(0,1)\boldsymbol{x}$$

（1）设计全维状态观测器，将极点配置在 $-1\pm j10$。

（2）设计降维状态观测器，将极点配置在–10。

（3）设计状态反馈增益矩阵 $\boldsymbol{K}$，使闭环系统极点为 $-5\pm j5$。

（4）分别画出带全维状态观测器、降维状态观测器的闭环状态反馈系统的结构图。

7.10 设受控对象的传递函数为 $\dfrac{1}{s^3}$。

（1）设计状态反馈，使闭环系统的极点为 -3，$-\dfrac{1}{2}\pm j\dfrac{\sqrt{3}}{2}$。

（2）设计极点为–5 的降维观测器。

（3）在（2）的结果下，求等效的反馈校正和串联校正装置。

MATLAB 实验

M7.1 某系统的状态方程如下，试将极点配置在 -3，$-1\pm j2$ 处。

$$\dot{\boldsymbol{x}}=\begin{pmatrix}0 & 2 & 0\\ 3 & 1 & 2\\ 0 & 3 & 1\end{pmatrix}\boldsymbol{x}+\begin{pmatrix}-1\\ 1\\ 0\end{pmatrix}u$$

M7.2 某系统的系统矩阵和输入矩阵如下，求解所需的状态反馈增益矩阵 $\boldsymbol{K}$，将极点配置在 -1，$-2\pm j$ 处，并计算状态反馈后的闭环系统的系统矩阵。

$$\boldsymbol{A}=\begin{pmatrix}1&0&1\\0&4&3\\2&5&7\end{pmatrix},\quad \boldsymbol{B}=\begin{pmatrix}1&0\\0&2\\3&0\end{pmatrix}$$

M7.3 已知某系统的系统矩阵和输入矩阵如下，期望闭环系统的极点为 -10，$-4\pm j$。计算矩阵 $\boldsymbol{A}$ 自身的多项式 $f(\boldsymbol{A})$ 与所定义的矩阵多项式 $f^*(\boldsymbol{A})$。

$$\boldsymbol{A}=\begin{pmatrix}0&1&0\\0&0&1\\-2&-1&-3\end{pmatrix},\quad \boldsymbol{b}=\begin{pmatrix}0\\0\\1\end{pmatrix}$$

M7.4 已知被控系统的状态空间表达式如下，设计一个状态观测器，将状态观测器的极点配置为-2，-3，-7，求状态观测器的方程。

$$\dot{\boldsymbol{x}}=\begin{pmatrix}1&0&1\\0&4&3\\2&5&7\end{pmatrix}\boldsymbol{x}+\begin{pmatrix}1\\0\\3\end{pmatrix}u$$
$$y=(1,0,2)\boldsymbol{x}$$

M7.5 已知系统的状态空间表达式如下，设计一个特征值为-1，-3 的降维状态观测器。

$$\dot{\boldsymbol{x}}=\begin{pmatrix}3&0&-3\\0&2&1\\1&0&1\end{pmatrix}\boldsymbol{x}+\begin{pmatrix}2\\0\\1\end{pmatrix}u$$
$$y=(1,1,0)\boldsymbol{x}$$

M7.6 已知系统的状态空间表达式如下，采用状态观测器实现状态反馈，将闭环系统的极点配置为 -1，$-2\pm j2$，将状态观测器的期望极点配置为 -4，$-4\pm j$。

$$\dot{\boldsymbol{x}}=\begin{pmatrix}1&-1&0\\-1&0&-1\\0&-1&1\end{pmatrix}\boldsymbol{x}+\begin{pmatrix}1\\-1\\-1\end{pmatrix}u$$
$$y=(1,0,0)\boldsymbol{x}$$

M7.7 已知某系统的系统矩阵、输入矩阵、输出矩阵、直接传递矩阵分别如下，设计解耦控制器，将极点分别配置在-1，-2 处。

$$\boldsymbol{A}=\begin{pmatrix}0&2&0\\3&1&2\\0&3&1\end{pmatrix},\quad \boldsymbol{B}=\begin{pmatrix}-1&1\\1&0\\0&-1\end{pmatrix},\quad \boldsymbol{C}=\begin{pmatrix}1&0&-1\\1&1&0\end{pmatrix},\quad \boldsymbol{D}=\begin{pmatrix}0&0\\0&0\end{pmatrix}$$

M7.8 编辑一个独立的 m 函数来计算 M7.2 中的状态反馈增益矩阵 $\boldsymbol{K}$。

参考文献

[1] 刘豹. 现代控制理论[M]. 3 版. 北京：机械工业出版社，2006.

[2] 张莲，胡晓倩，余成波，等. 现代控制理论[M]. 2 版. 北京：清华大学出版社，2016.

[3] 尤昌德. 现代控制理论基础[M]. 北京：电子工业出版社，1996.

[4] 郑大钟. 线性系统理论[M]. 北京：清华大学出版社，2003.

[5] 张嗣瀛，高立群. 现代控制理论基础[M]. 北京：清华大学出版社，2006.

[6] 胡寿松. 自动控制原理[M]. 4 版. 北京：科学出版社，2001.

[7] 钟秋海，付梦印. 现代控制理论与应用[M]. 北京：机械工业出版社，1997.

[8] 王宏华. 现代控制理论[M]. 北京：电子工业出版社，2006.

[9] 于长官等. 现代控制理论及应用[M]. 2 版. 哈尔滨：哈尔滨工业大学出版社，2007.

[10] 王孝武. 现代控制理论基础[M]. 北京：机械工业出版社，2003.

[11] 王翼. 现代控制理论[M]. 北京：机械工业出版社，2005.

[12] 常春馨. 现代控制理论基础[M]. 北京：机械工业出版社，1988.

[13] 蔡宣三. 最优化与最优控制[M]. 北京：清华大学出版社，1982.

[14] 吴晓燕，张双选. MATLAB 在自动控制中的应用[M]. 西安：西安电子科技大学出版社，2006.

[15] 曾癸铨. 李雅普诺夫直接法在自动控制中的应用[M]. 上海：上海科学技术出版社，1985.

[16] 荆海英. 最优控制理论与方法[M]. 沈阳：东北大学出版社，2002.

[17] 胡寿松，王执铨，胡维礼. 最优控制理论与系统[M]. 2 版. 北京：科学出版社，2005.

[18] 关肇直，陈翰馥. 线性控制系统的能控性和能观测性[M]. 北京：科学出版社，1975.

[19] 薛定宇. 控制系统仿真与计算机辅助设计[M]. 北京：机械工业出版社，2005.

[20] 魏巍. MATLAB 控制工程工具箱技术手册[M]. 北京：国防工业出版社，2004.